“十二五”国家林业公益性行业科研专项重大项目
——西北盐碱地生态恢复关键技术研究与示范（201504402）
“十三五”宁夏回族自治区重点研发计划项目
——中阿节水设备技术转移产业化配套技术研发项目（2017EZ02）
“十三五”国家科技援助项目
——中埃旱区绿色智能节水关键技术研究与示范（2019DFA13856）
“十二五”国家科技支撑计划子课题
——河套地区盐碱地脱硫石膏/改良剂施用专用设备研制（2013BAC02B04-2）
“十一五”国家科技支撑计划课题
——脱硫废弃物改良盐碱地水盐调控技术研究与示范（2007BAC08B02）
“十一五”国家林业公益性行业科研专项
——河套灌区宜林荒地植被快速恢复关键技术研究（200804012）
“十三五”宁夏回族自治区重点研发计划项目
——中阿绿色智能节水装备与技术研发平台建设（2016EZ01）
“十三五”宁夏回族自治区重点研发计划项目
——中阿智能化节水设备检测平台建设（2017EZ04）
“十三五”宁夏回族自治区重点研发计划项目
——宁夏入黄排水沟水体综合治理关键技术研究（2019BFG02032）
“十三五”宁夏回族自治区重点研发计划项目
——高温条件下风光互补节水灌溉设备开发与示范（2016EZ12）
“十二五”宁夏回族自治区科技支撑计划项目
——椰枣高产栽培技术转移与示范（2015EZ01）
2018年中央财政林业科技推广示范项目
——宁夏平罗县盐碱地改良及耐盐碱树种造林示范（2018ZY02）

联合资助

Sustainable Utilization of Water and Land Resources in the World's Typical Arid Regions

全球典型旱区水土资源持续利用

孙兆军 等/著

科学出版社
北京

内 容 简 介

本书针对全球典型旱区水土资源开发利用的重大需求，深入探讨中国、阿拉伯国家、澳大利亚、美国等全球典型旱区水土资源持续利用问题，分析总结水土资源持续利用的重点方向、关键技术、配套装备等，提出了水土资源持续利用的若干技术模式。并通过重点总结中国西北旱区水土资源持续利用的新技术、新方法和新成果，为“一带一路”沿线国家和全球典型旱区经济社会发展提供借鉴。

本书可供相关从业者和地方管理部门使用，也可供农业、林业、水资源、生态学、机械工程等领域的科研与教学人员参考。

图书在版编目(CIP)数据

全球典型旱区水土资源持续利用／孙兆军等著. —北京：科学出版社，2019. 10

ISBN 978-7-03-062242-6

Ⅰ.①全… Ⅱ.①孙… Ⅲ.①干旱区-水资源-资源利用-研究-世界②干旱区-土地资源-资源利用-研究-世界 Ⅳ.①TV213. 9②F301. 24

中国版本图书馆 CIP 数据核字（2019）第 195588 号

责任编辑：李晓娟 王勤勤／责任校对：樊雅琼

责任印制：肖 兴／封面设计：无极书装

科学出版社 出版

北京东黄城根北街 16 号

邮政编码：100717

http://www.sciencep.com

中国科学院印刷厂 印刷

科学出版社发行 各地新华书店经销

*

2019 年 10 月第 一 版 开本：787×1092 1/16

2019 年 10 月第一次印刷 印张：30

字数：700 000

定价：298. 00 元

（如有印装质量问题，我社负责调换）

《全球典型旱区水土资源持续利用》撰写委员会

主　笔　孙兆军

副主笔　何　俊　苏宁虎　孙振源　李　茜　王　芳　韩　磊
　　　　孙振涛　范秀华　王　珍　王　旭　李梦刚　李兴强

成　员　(按编写任务量排序)
　　　　余海龙　刘艳晖　李国峰　靳爱仙　刘吉利　马　飞
　　　　王　瑛　韩效洲　李慧琴　万书勤　齐拓野　徐万里
　　　　赵　娜　焦炳忠　王　力　郭媛姣　任秋实　禹　昭
　　　　王　正　李　明　吕　雯　秦　萍　董　良　梁云峰
　　　　韩永贵　黄晓宇　韩懂懂　陈文轩　曾玉霞　王　莹
　　　　赵彬玥　Fegle Asita（美国）　Sameh Mohamed（埃及）
　　　　Shafaat Ali（阿曼）　Slim Zekri（阿曼）　郑艳艳　杨　军
　　　　Sunen Tengde（澳大利亚）　鲍怀宁　边荣荣　李骏奇
　　　　杨　洋　张佩华　王建保　苏德喜　程凤芝

序

水土资源是人类赖以生存的重要资源，但随着人口的增长、工农业生产规模的扩大及水土资源的不合理利用等，水资源短缺和土地资源退化直接威胁着全球人口、资源、环境的协调与可持续发展。为此，1992 年 6 月，联合国环境与发展大会通过了在全世界范围推行可持续发展的行动计划——《21 世纪议程》。2019 年 3 月，第四届联合国环境与发展大会提出了“寻找创新解决方案，以应对环境挑战并实现可持续的消费和生产”。人类赖以生存的水土资源的可持续利用，尤其是亚洲、非洲、美洲和大洋洲等干旱半干旱地区的水土资源的可持续利用，已成为未来必须全面破解的重大课题。

我国科技工作者在可持续发展理念的引领下，将中国、阿曼、阿联酋、埃及、澳大利亚和美国的典型旱区作为研究对象，持续不断地开展水土资源持续利用研究，开发并建立了提高旱区水土资源利用效率的新技术、新方法和新理论，为破解全球旱区水土资源持续利用做了大量开创性工作，对推进全球旱区水土资源持续利用起到了重要支撑作用。

《全球典型旱区水土资源持续利用》一书结合全球典型旱区水土资源开发利用的现状和需求，广泛凝聚了众多专家学者智慧和心血，在全球典型旱区水土资源持续利用关键技术研究、配套装备研发、技术模式构建等方面，进行了长期的研究与积累，建立了适应亚洲、非洲、大洋洲和美洲等典型旱区水土资源持续利用关键技术体系，对于今后我国乃至全球经济社会可持续发展战略制定及与资源环境协调发展都具有重要参考价值。

中国工程院　院士

中国水利水电科学研究院　教授级高级工程师

2019 年 5 月

Foreword

Water and land are the most important natural resources for human existence, however, water scarcity and land degradation have posed direct threats to the sustainable development in population, resources and environment with the world's rapid growth of population, expanded production scales of industry and agriculture and irrational utilization of water and land resources. In this regard, therefore, "Agenda 21" regarding the world's sustainable development is issued in the United Nations Conference on Environment and Development in June 1992 and "Innovative Solutions for Environmental Challenges and Sustainable Consumption and Production" is issued as the theme of the Fourth Session of the UN Environment Assembly in March 2019, all of which has highlighted the issues about sustainable utilization of water and land resources in the world. These issues especially in arid and semi-arid regions of Asia, Africa, America and Oceania have become a major concern and need to be fully resolved in the future.

Chinese scientists and researchers, holding to the principle of sustainable development, have been putting all efforts to their studies on sustainable utilization of water and land resources in typical arid regions of west China, Oman, United Arab Emirates, Egypt, Australia and the USA etc. and have proposed new technologies, new methods and new models to improve water and land utilization efficiency. All these findings have brought about a new situation and laid solid foundation to the final resolution for sustainable utilization of water and land resources in typical arid regions of the world.

The book *Sustainable Utilization of Water and Land Resources in the World's Typical Arid Regions*, base on a careful analysis of the current situation and demands, presents us the key technological systems for the typical arid regions of Asia, Africa, Oceania and America in terms of key technologies, facilities needed and model construction through the authors and their team's sustained and joint efforts over an extended period of time. The book can be taken as the reference point in figuring out the sustainable development strategy for China and even the global economy.

Wang Hao

Academician, The Chinese Academy of Engineering

Research Professor, China Institute of Water Resources and Hydropower Research

May, 2019

前　　言

水土资源是地球上分布最广泛、与人类关系最密切的资源。地球表面70%以上被水覆盖，总水量高达14.5亿km^3。其中，淡水只占2.7%，而最容易被人类利用的淡水资源仅占淡水总量的1%。全球土地总面积约为134亿hm^2，其中耕地总面积约为15亿hm^2。随着人口的增长、工农业生产规模的扩大、水土资源的不合理利用与浪费、水土资源的污染、水质下降与土壤退化问题的加剧，人类对水土资源的需求持续增长，供需矛盾日益突出，水土资源短缺和土地退化已成为全球性问题，尤其是中国西北、阿拉伯国家等全球干旱半干旱地区，自然环境恶劣、水土资源更加短缺，且土地退化现象更加严重，不仅严重制约区域经济社会的稳定、可持续发展，而且成为未来全球必须面对和急需破解的重大问题。

人们通过长期不断的探索，提出要树立可持续发展理念，持续加强旱区水土资源的保护，防止生态恶化。更重要的是全面进行旱区水土资源可持续利用管理的理论与方法研究，建立能够提高旱区水土资源利用率的新技术、新方法和新理论，解决全球旱区水土资源持续利用的关键性问题，并作为一项紧迫任务全面攻关，在全球范围内形成一个具有农、林、牧、渔等多种水土资源利用的新格局。

鉴于全球旱区水土资源持续利用的现实需求和重要性及紧迫性，在综合集成“十二五”国家林业公益性行业科研专项重大项目“西北盐碱地生态恢复关键技术研究与示范”(201504402)、国家科技支撑计划项目子课题“河套地区盐碱地脱硫石膏/改良剂施用专用设备研制”(2013BAC02B04-2)、宁夏回族自治区科技支撑计划项目“风光互补节水灌溉设备研制与盐碱地改良技术示范”、宁夏回族自治区科技支撑计划项目“椰枣高产栽培技术转移与示范”(2015EZ01)、国家科技支撑计划项目“干旱半干旱节水农业技术集成与示范”(2011BAD29B00)和“十一五”国家科技支撑计划课题“脱硫废弃物改良盐碱地水盐调控技术研究与示范”(2007BAC08B02)、国家林业公益性行业科研专项“河套灌区宜林荒地植被快速恢复关键技术研究”(200804012)，以及“十三五”国家科技援助项目“中埃旱区绿色智能节水关键技术研究与示范(2019DFA13856)”、宁夏回族自治区重点研发计划项目“中阿绿色智能节水装备与技术研发平台建设”(2016EZ01)、“中阿节水设备技术转移产业化配套技术研发”(2017EZ02)、“中阿智能化节水设备检测平台建设”(2017EZ04)、“中阿现代农业节水技术培训”(2017EZ05)、“高温条件下风光互补节水灌溉设备开发与示范”(2016EZ12)、“宁夏入黄排水沟水体综合治理关键技术研究”(2019BFG02032)、国家自然科学基金项目“节水灌溉对宁夏干旱区枸杞园土壤活性有机碳库及碳排放的影响机制”（41761066）和 2018 年中央财政林业科技推广示范项目“宁夏平罗县盐碱地改良及耐盐碱树种造林示范”（2018ZY02）等研究成果的基础上，我们组织编写了本书，力求为全球旱区水土资源的持续利用提供理论与技术支撑。

本书以中国、阿拉伯国家、澳大利亚、美国等全球典型旱区水土资源为对象，结合 1992 年 6 月联合国环境与发展大会通过的《21 世纪议程》和 2019 年 3 月提出的“寻找创新解决方案，以应对环境挑战并实现可持续的消费和生产”等全球宏观决策对水土资源利用的总体思路，综合国内外研究进展，全面阐述全球典型旱区水土资源分布与利用现状，深入探讨全球典型旱区水土资源持续利用存在的问题，分析总结水土资源持续利用的重点方向、关键技术、配套装备，提出全球典型旱区水土资源持续利用的模式，为应对全球水资源短缺和土地退化问题提供技术支撑，也希望为保障全球不同国家和地区的稳定、可持续发展尽绵薄之力。

本书是众多专家学者智慧的结晶。前言部分由孙兆军、何俊、刘艳晖负责撰写；第 1 章由韩磊、孙振涛、孙振源等负责编写；第 2 章由孙兆军、王珍、余海龙、孙振源等负责编写；第 3 章由王旭、何俊、孙振源等负责编写；第 4 章由何俊、孙兆军、李梦刚、徐万里等负责编写；第 5 章由何俊、李兴强、禹昭、Slim Zekri、Sameh Mohamed 等负责编写；第 6 章由苏宁虎、李茜、马飞等负责编写；第 7 章由王芳、Fegle Asita、李梦刚等负责编写；第 8 章由孙振源、孙兆军、李兴强等负责编写；统稿由孙兆军、何俊、孙振源、李梦刚、李兴强完成。本书编写过程中得到了国家林业和草原局、清华大学、西北农林科技大学、河海大学、北京林业大学、中国林业科学研究院、中国科学院地理科学与资源研究所、宁夏回族自治区科学技术厅、宁夏回族自治区林业和草原局、宁夏农林科学院、宁夏水利科学研究院、宁夏大学及平罗县林业技术推广中心等有关部门和众多不同领域专家的大力支持，以及王浩院士、唐守正院士、吴普特教授、赵秀海教授、田军仓教授、许兴教授、孟平研究员、张建国研究员、康跃虎研究员、王淑娟教授、鲍子云研究员等专家的悉心指导，谨以此向他们表示诚挚的谢意！

由于编著者研究领域和学识有限，书中难免存在不足之处，恳请广大读者不吝赐教，我们将在今后的工作中不断改进。

作者于宁夏大学

2019 年 6 月

Preface

Water and land are the most widely distributed natural resources and are the most closely related to human activities in the world. More than 70% of the surface of the Earth is covered by water with the total volume of 1.45 billion cubic kilometres (km^3), of which only 2.7% is freshwater and the accessible freshwater available to humans is only 1% of the total. The total Land area of the countries in the world is about 13.4 billion ha, of which about 1.5 billion ha is arable land. With the increasing population and expanding industrial and agricultural activities as well as irrational utilization, wastage and pollution of water and land resources and the deterioration of water and land quality, the demand for water and land resources is increasing, and the contradiction between the supply and demand of water and soil has become increasingly prominent. The water shortage and land degradation are worldwide problems, particularly in arid and semi-arid regions in northwest China, Arabic countries and so on. The problems of water shortage and land degradation have important effect on the regions' sustainable socio-economic development, and have already become major problems facing the world and awaiting solutions.

Research over time has shown that our urgent task is to be fully aware of sustainable development with sustained efforts in protecting water and land resources and preventing ecosystem degradation. Thorough studies both theoretically and practically have become significant to providing new technologies, new methods and new models to improve water and land utilization efficiency and solve the crucial problems in the world's arid regions, thereby leading to an integrated pattern of sustainable utilization of water and land resources for multiple purposes like agriculture, forestry, animal husbandry and fishing etc.

The book *Sustainable Utilization of Water and Land Resources in the World's Typically Arid Regions*, therefore, aims to provide a frame reference both theoretically and technologically for the sustainable utilization and management of water and land resources in the world's arid regions. It is an integration of a number of studies by the scholars from China and some other countries, including "The 12th Five-Year Plan" China National Forestry Public Welfare Key Research Project "Research and Demonstration of Key Technologies for Ecological Restoration of Saline and Alkali land in Northwest China (Grant No. 201504402)", China National Science and Technology Research Project "Research and Development of Special Equipment for Desulfurizing Gypsum/improver Application in Saline-alkali Land in Hetao Area (Grant No. 2013BAC02B04-

2)", Ningxia Science and Technology Research Project "Development of Wind-solar Complementary Water-saving Irrigation Equipment and Demonstration of Saline-alkali Land Improvement Technology"、"Transfer and Demonstration of High Yield Cultivation Technology of Date Palm (Grant No. 2015EZ01) ",China National Science and Technology Support Project "Integration and Demonstration of Water-saving Agricultural Technologies in Arid and Semi-arid Regions (Grant No. 2011BAD29B00) ", "The 11th Five-Year Plan" National Science and Technology Support Project "Research and Demonstration on Improving Water and Salt Control Technology of Desulfurized Waste in Saline and Alkaline Land (Grant No. 2007BAC08B02)", China National Forestry Public Welfare Research Project "Research on Key Technologies for Rapid Vegetation Restoration of Suitable Forested Land in Hetao Irrigated Area (Grant No. 200804012)", "The 13th Five-Year Plan" National Science and Technology Assistance Project "Research and Demonstration of Key Technologies of Green Intelligent Water-saving irrigation in Dry Regions of China-Egypt (Grant No. 2019DFA13856)", Ningxia Science and Technology Support Project "Construction of China-Arab Green Intelligent Water-saving Equipment and Technology Platform (Grant No. 2016 EZ01)","Research and Development of China-Arab Supporting Technologies for the Industrialization of Water-saving Equipment Transfer (Grant No. 2017EZ02)", "Construction of China-Arab Detection Platform of Intelligent Water-saving Equipment (Grant No. 2017EZ04)", "Training on China-Arab Modern Agricultural Water-saving Technology (Grant No. 2017EZ05)","Development and Demonstration of Wind-solar Complementary Water-saving Irrigation Equipment under High Temperature Conditions (Grant No. 2016EZ12) ", "Research on Key Technologies of Water Body Comprehensive Treatment in the Yellow Drainage Ditch in Ningxia (Grant No. 2019BFG02032)", China National Natural Science Foundation Project "Influence Mechanism of Water-saving Irrigation on Soil Active Organic Carbon Storage and Carbon Emission of Chinese Wolfberry Garden in Arid Regions of Ningxia (Grant No. 41761066)", and Demonstration Project of China Forestry Science and Technology "Demonstration Project of Improving Saline-Alkali Land and Planting Saline-Alkali Resistant Tree Species in Pingluo County, Ningxia"(2018ZY02).

These studies were conducted in the arid regions of China, Arab Countries, Australia and the United State of America. Based on the principles of "Agenda 21", the action plan regarding the world's sustainable development issued in the United Nations Conference on Environment & Development in June 1992, and "Innovative Solutions for Environmental Challenges and Sustainable Consumption and Production", the theme of the Fourth Session of the UN Environment Assembly in March 2019, the book reviews previous studies in China and other countries, describes the current situation and existing problems and proposes the models in terms of major concerns and key technologies and facilities needed. It is expected that these models can be the technological solutions to global water scarcity and land degradation, thereby contributing to steady and sustainable development of different countries and regions in the world.

The book is a product of joint efforts by quite a few scholars and researchers, including the Initial Pages edited by Sun Zhaojun, He Jun and Liu Yanhui; Chapter 1 by Han Lei, Sun Zhentao and Sun Zhenyuan; Chapter 2 by Sun Zhaojun, Wang Zhen, Yu Hailong and Sun Zhenyuan; Chapter 3 by Wang Xu, He Jun and Sun Zhenyuan; Chapter 4 by He Jun, Sun Zhaojun, Li Menggang and Xu Wanli; Chapter 5 by He Jun, Li Xingqiang, Yu Zhao, Slim Zekri and Sameh Mohamed; Chapter 6 by Su Ninghu, Li Qian and Ma Fei; Chapter 7 by Wang Fang, Fegle Asita and Li Menggang; Chapter 8 by Sun Zhenyuan, Sun Zhaojun and Li Xingqiang; and Sun Zhaojun, He Jun, Sun Zhenyuan, Li Menggang and Li Xingqiang for an overall review.

We gratefully acknowledge the support and assistance of the following institutions: China National Forestry and Grassland Administration, Tsinghua University, Northwest A&F University, Hohai University, Beijing Forestry University, Chinese Academy of Forestry, China Institute of Geographical Science and Natural Resources Research, Chinese Academy of Science (CAS), Science and Technology Department of Ningxia, Forestry and Grassland Department of Ningxia, Ningxia Academy of Agricultural and Forestry Sciences, Ningxia Institute of Water Resources Research, Ningxia University, Pingluo County Forestry Technology Promotion Center. Special thanks are due to the many experts in different areas: Academician Wang Hao, Academician Tang Shouzheng, Prof. Wu Pute, Prof. Zhao Xiuhai, Prof. Tian Juncang, Prof. Xu Xing, Prof. Meng Ping, Prof. Zhang Jianguo, Prof. Kang Yaohu, Prof. Wang Shujuan and Prof. Bao Ziyun!

Finally, we would like to thank those who can provide us any feedback to improve our research in the future.

The Authors

June 2019

目　　录

Table of Contents

第1章　全球典型旱区水土资源利用概况

1.1　全球水资源分布与利用概况

1.1.1　全球水资源分布

全球总储水量非常丰富，约有14.5亿km^3，但可供人类生产和生活直接利用的水非常少，仅占全球总储水量的2.7%。其中，近70%为两极冰盖和大陆冰川水，其余多为土壤水或深层地下水，难以被人类直接利用。另外，全球的淡水资源分布极不平衡，部分国家严重缺水。2006年，巴西、俄罗斯、加拿大、中国、美国、印度尼西亚、印度、哥伦比亚和刚果（金）9个国家的淡水资源占全球淡水资源的60%；有80个国家和地区约15亿人面临淡水资源不足问题，其中26个国家和地区约3亿人极度缺水。预计到2025年可能有30亿人面临缺水。与此同时，越来越多的国家和地区面临严重的水资源短缺问题，一些国家和地区甚至年人均水资源量不足1000$m^3$①。

1.1.2　全球水资源持续利用面临的问题

从全球水资源利用过程存在的问题来看，水已不仅仅是一个资源问题，更是关系到各个国家和地区经济、社会可持续发展的重大战略问题。20世纪以来，随着人口的增加和工农业的快速发展，各个国家和地区淡水用量迅速增长。1900～1975年，全球农业用水量增加了7倍，工业用水量增加了20倍。近几十年来，随着工农业生产规模的不断扩大，各个国家和地区的用水量增速更快，淡水供需矛盾日益突出。目前，全球500余条大河中，超过半数严重枯竭。各大洲都不同程度面临水资源短缺的危机，农业用水已经占到全球人类淡水消耗的近70%。在这种情况下，“生命之源”——水又在持续接纳着大量的有害污染物，致使全球有限的水资源持续利用雪上加霜。总体来看，全球水资源持续利用面临的主要问题包括如下几方面。

1）人口的增长使淡水资源消耗加剧。随着人口的增加和工农业等的快速发展，人均用水量下降20%以上，部分严重缺水地区甚至下降40%以上，缺水地区土地干裂（图1-1）。

① 中国数字科技馆．全球水资源分布现状．http：//amuseum.cdstm.cn/AMuseum/diqiuziyuan/wr0_3.html。

2）生态环境破坏导致淡水资源减少。森林砍伐、土壤退化等导致地面对水的吸收保护能力下降，雨季发生洪灾，旱季发生旱灾，区域旱涝灾情不断，对人类的生产和生活产生了严重的影响，如中国西北干旱导致土壤退化（图1-2）。

3）水资源污染导致水质下降。随着工农业的快速发展，“三废”的大量排放使全球水污染问题越来越严重，许多原来可以供人类利用的水资源变成了不可利用的水资源，地下水污染也日益严重（图1-3）。

图1-1　缺水地区土地干裂

图1-2　土壤退化

图1-3　水体污染

4）水资源浪费。主要包括水资源输送过程的渗漏、不合理农业灌溉方式的浪费等。

由此可见，水资源短缺是一个区域性乃至全球性问题，如2/3的非洲地区每年都面临干旱的威胁。亚洲是水资源最丰富的地区，但由于人口多、工农业增长过快，年人均水资源量较少，仅为2980m^3。其中，中国西北和西亚多个国家或地区在水资源利用过程面临严重短缺的威胁。中国水资源总量居世界第6位，人均水资源量仅为2240m^3，在世界银行连续统计的153个国家中居第88位①，其中宁夏、河北、山东等9个省（自治区）年人均水资源量还不到500m^3，仅为国际最低标准（1000m^3）的一半。中国已被列为世界贫水国之一。拉美也是水资源丰富的地区，但地区分布不均。

1.1.3　全球水资源持续利用的对策

由于水资源越来越短缺，水质越来越恶化，水资源变得日益珍贵。水资源是人类生存和发展的重要战略资源，它会像石油等战略物资一样引起国家间的争夺和冲突，引发一系列与水有关的安全问题。因此，要从以下几方面着手解决水资源持续利用问题。

（1）持续破解生态系统退化问题

生态系统退化是水资源管理挑战日益严峻的主要原因。目前，全球约1/3的土地被森林覆盖，且至少有2/3的林地处于退化状态。全球大部分土壤资源（尤其是农田）处于一般、差或极差的状态，且有持续恶化的趋势。全球64%～71%的天然湿地因人类活动而消失，因此要通过增加土壤蓄水量、减少土壤侵蚀、重构生态系统等措施保护水资源。

（2）发挥生态系统在水文循环中的作用

景观中的生态过程影响水质和水在生态系统中移动的方式，成土过程、土壤侵蚀以及

① 中国数字科技馆. 我国水资源分布现状. http：//amuseum. cdstm. cn/AMuseum/diqiuziyuan/wr0_ 4. html。

泥沙输移和沉积等因素均对水文循环产生重大影响。一般在谈及土地覆盖和水文循环时，森林受到的关注最多，但草地和耕地也发挥着重要作用。土壤对控制水的移动、储存和转化至关重要。多样性对生态系统有重要作用，而生态系统对从局部到大陆的降水再循环起到重要作用，使植被可能更适合作为水资源的“回收者”，而非水资源的“消费者”。

全球 40% 的降水来自植物的蒸腾作用和其他蒸发作用，这一降水来源成为部分地区降水的主要来源。因此，某一地区的土地利用方式可能对其他地区的水资源和环境造成重大影响。

绿色水基础设施采用自然或半自然系统（如基于自然的解决方案），提供具有与常规灰色（建造/实物）水基础设施等效或相似效益的水资源管理选项（如基于灰色的解决方案）。在某些情况下，基于自然的解决方案可提供主要的或唯一的可行解决方案（如对景观进行恢复以防止土地退化和荒漠化），然而出于不同目的，仅有基于灰色的解决方案（如通过管道和水龙头向家庭供水）能够发挥作用。在大多数情况下，我们可以且应当结合绿色水基础设施和灰色水基础设施。在基于自然的解决方案部署的最佳案例中，基于自然的解决方案提高了灰色水基础设施的性能。而当前，全球范围内灰色水基础设施的老化、不当或不足这一状况为基于自然的解决方案提供了机会，基于自然的解决方案能够作为整合生态系统服务视角、增强水资源规划和管理中的恢复力与生计考量的创新解决方案。

（3）加强水资源管理促进水资源持续利用

首先，农业需要通过提高资源利用效率来提高粮食的产投比，应当大幅度减少由于粗放的水资源管理造成的水资源浪费和过度开发问题；其次，需要通过改善土壤和植被管理，发展“保护性农业”，减少对土体的扰动；最后，保持土壤覆盖和规范作物轮作是水资源可持续利用的最佳解决方案，包括雨养农业系统在全球范围内的推广应用等。这些方式都是实现水资源持续利用的有效途径。

鉴于全球大部分人口居住在城市，加强水资源管理对于解决城市水资源可利用量问题具有非常重要的意义，这将是商业和工业在科学管理的驱动下实现水安全的重要手段。

（4）建立有利于水资源持续利用的政策

当前，全球各个国家或组织的水资源管理政策与法规在不断优化和完善。因此，与其期待全球整体监管体制出现重大变化，不如大幅度地提高水资源管理水平，通过多种可行的解决方案使有限的水资源发挥更大的效益。少数（但越来越多的）国家或组织采用了在国家层级促进水资源高效利用的立法框架，如欧盟通过协调农业、水资源和环境立法与政策，推进水资源持续利用。

（5）促进跨部门、跨区域和跨国合作，推进水资源持续利用

在全球层级，各个国家或组织通过多边环境协定［如《生物多样性公约》、《联合国气候变化框架公约》、《拉姆萨尔公约》（《国际湿地公约》）、《仙台减灾框架》和《巴黎协定》］，达成了推进水资源持续利用的框架协定，如《2030 年可持续发展议程》及其可持续发展目标是促进水资源高效利用的有效解决方案。

由于淡水资源的缺乏，在许多国家，尤其处在干旱区域的国家，政治生态虽然呈现高度碎片化和不稳定化，但在水资源跨部门、跨区域合作上，意见都是一致的，并由此促进了各国之间和国内跨部门之间的合作。

1.2 全球土地资源分布与利用概况

1.2.1 全球土地资源分布

全球土地资源主要有耕地、草地、林地和建筑用地等。其中，耕地主要分布在亚热带和温带平原地区，草地主要分布在热带疏林草原、温带草原和高原地区，林地主要分布在热带雨林和亚寒带针叶林地区，建筑用地主要分布在城镇、工厂和矿山地区。2003 年全球土地资源分布见表 1-1。

表 1-1 2003 年全球土地资源分布

<table>
<tr><th>地区</th><th>土地面积/万 hm²</th><th>耕地面积/万 hm²</th><th>人均耕地面积/hm²</th><th>草地面积/万 hm²</th><th>林地面积/万 hm²</th><th>人均林地面积/hm²</th><th>林地覆盖率/%</th><th>其他土地面积/万 hm²</th></tr>
<tr><td>全球</td><td>13 414 225</td><td>1 365 548</td><td>0. 23</td><td>3 463 163</td><td>345 338</td><td>0. 61</td><td>26. 6</td><td>400 000</td></tr>
<tr><td>亚洲</td><td>3 087 109</td><td>483 484</td><td>0. 13</td><td>1 095 003</td><td>47 417</td><td>0. 14</td><td>17. 7</td><td>6 600（不含中国）</td></tr>
<tr><td>大洋洲</td><td>849 137</td><td>55 550</td><td>1. 89</td><td>423 899</td><td>9 069</td><td>0. 72</td><td>10. 7</td><td></td></tr>
<tr><td>非洲</td><td>2 963 313</td><td>177 686</td><td>0. 23</td><td>891 788</td><td>52 023</td><td>0. 84</td><td>17. 7</td><td>7 000</td></tr>
<tr><td>北美洲</td><td>2 137 037</td><td>259 740</td><td>0. 60</td><td>367 279</td><td rowspan="2">140 712</td><td rowspan="2">1. 82</td><td rowspan="2">36. 5</td><td>3 000</td></tr>
<tr><td>南美洲</td><td>1 752 946</td><td>96 123</td><td>0. 29</td><td>502 981</td><td>4 200</td></tr>
<tr><td>欧洲</td><td>2 260 984</td><td>292 985</td><td>0. 40</td><td>182 213</td><td>14 598</td><td>0. 29</td><td>30. 9</td><td>600</td></tr>
<tr><td>中国</td><td>932 742</td><td>124 144</td><td>0. 10</td><td>400 001</td><td></td><td></td><td></td><td></td></tr>
<tr><td>美国</td><td>915 896</td><td>176 950</td><td>0. 65</td><td>239 250</td><td></td><td></td><td></td><td></td></tr>
</table>

资料来源：联合国粮食及农业组织（Food and Agriculture Organization of the United Nations，FAO）。

1.2.2 全球土地资源持续利用面临的问题

1.2.2.1 人口增加带来的问题

持续增加的人口对粮食等农产品需求产生压力，迫使人们高强度地使用耕地，加之土地的不合理开发，大量耕地被毁，人均土地面积逐年下降，1975 年全球人均土地面积为 0. 31hm²，到 2000 年仅为 0. 1hm²。人口的快速增加（表 1-2），破坏了生态平衡，造成自然灾害频繁发生，污染灾害加重。许多发展中国家土地退化，粮食产量赶不上人口的增加速度（姚发业等，2001）。

表 1-2　人口数量　　　　单位：10^3 人

地区	1950 年	1998 年	2025 年（预计）	2050 年（预计）
全球	2 523 878	5 929 840	8 039 130	9 366 724
亚洲	1 402 021	3 588 877	4 784 833	5 442 567
欧洲	547 318	729 406	701 077	637 585
非洲	223 974	778 484	1 453 899	2 048 401
北美洲	171 617	304 078	369 016	384 054
中美洲	36 925	130 710	189 143	230 425
南美洲	112 372	331 889	452 265	523 778
大洋洲	12 612	29 460	23 931	25 286
中国	554 760	1 255 091	1 480 430	1 516 664
发达国家	812 687	1 181 530	1 220 250	1 161 741
发展中国家	1 711 191	4 748 310	6 818 880	8 204 983

资料来源：刘黎明（2010）。

1.2.2.2　土地不合理开发带来的问题

全球永久性草地和放牧地 1973 年为 32.23 亿 hm^2，1978 年下降到 32.02 亿 hm^2。由于大量不合理的开发，全球土地退化、荒漠化、盐碱化面积已达 28 600 万 hm^2，占可利用土地面积的 1/5，不仅产草量大幅度下降 30% ~50%，而且土地退化已成为世界性难以快速恢复的问题（王秋兵，2003）。

1.2.2.3　土地污染带来的问题

2018 年，联合国粮食及农业组织（FAO）在全球土壤污染研讨会（GSOP18）上发布的《土壤污染：隐藏的现实》中指出，澳大利亚约有 8 万个点位存在土壤污染，中国 19% 的农业土壤被列为受污染土壤，欧洲经济区和西巴尔干地区约有 300 万个潜在污染点位。2014 年 4 月，中国的环境保护部和国土资源部公开发布的《全国土壤污染状况调查公报》显示，中国土壤总的点位超标率为 16.1%，其中轻微污染点位、轻度污染点位、中度污染点位和重度污染点位分别占 11.2%、2.3%、1.5% 和 1.1%。中国受镉、砷、铬、铅等重金属污染的耕地面积近 2000 万 hm^2，污水灌溉的农田面积已达 330 万公顷。此外，中国是世界上酸雨危害最严重的地区之一，仅次于欧洲和北美洲，每年因酸雨造成的经济损失达 140 亿元。土壤应对污染的潜力是有限的，防止土地污染已成为世界各国高度关注和重点解决的问题。

1.2.3　土地资源持续利用的对策

土地资源是人类赖以生存和发展的基础，是经济社会可持续发展的保障。随着城市化进程的不断推进，土地资源短缺问题正日益成为各国经济社会可持续发展的制约瓶颈，合理利用土地资源和提高土地资源利用率已成为全球各国面临的新问题。

(1) 树立可持续发展的观念

地球上的资源是有限的，而人类过度消耗及人口不断增加、自然环境被破坏，很难再满足人类的需要。因此，人类唯一的选择是实施可持续发展战略，保护环境、保护土地资源。

(2) 进行土地资源持续利用管理的理论和方法的研究

土地资源持续利用研究是可持续发展战略在土地评价领域的体现。因此，需要针对一个国家或一个地区的实际情况，提出切实可行、便于操作、容易定量、具有区域性的不同尺度的评价指标体系和研究方法。

(3) 进行土地资源持续利用管理评价方法的研究

目前无论是评价指标体系，还是评价方法（包括评价指标的选取方法和运用指标体系进行综合评价的方法）都没有确切的定论，有待深入研究。

(4) 进行土地资源人口承载力的研究

随着社会经济的发展、城市化进程的加剧，土地资源变得越来越少，粮食短缺、社会可持续发展问题面临新的挑战。特别是在 2016 年之后，中国实行二孩政策，意味着部分地区可能面临新的人口增长高峰，进而使土地资源人口承载力成为人们关注的关键问题。

(5) 提高土地资源利用率技术的研究

土地资源利用率是指在生产活动过程中，如何用最低的土地利用成本创造最大的效益，主要包含两层含义：一是在总的土地面积中有多少土地被开发和运用，从量的方面说明人类利用土地的能力；二是在有限的土地上创造多少效益，从质的方面说明人类利用土地的能力。首先要明确土地利用中存在的问题，然后因地制宜，对症下药，才能解决问题。

(6) 加强土地保护，防止生态恶化

土地资源总量是有限的，土地荒漠化、土壤侵蚀等造成土壤肥力下降，应加强对土地资源的保护，尤其要完善相关管理制度，落实土地保护政策，使生态环境朝着好的方向不断发展。

1.3 中国旱区水土资源利用现状

1.3.1 中国水资源分布特征及其利用

1.3.1.1 中国水资源利用概况

水资源是人类生存和社会发展必不可缺的重要资源。随着中国经济快速发展、城镇化和工业化进程推进，需水量快速增加。以现行用水方式推算，中国到 2030 年用水高峰期将达 8800 亿 m^3，将超过水资源、水环境承载力极限。同时，日益严重的水污染问题，加剧了中国水资源短缺的矛盾，解决水资源短缺及水污染问题成为迫在眉睫却又任重道远的任务。从中国供水结构来看，地表水源供水量为4912.4亿m^3，占总供水量的81.3%；地下水源供水量为1057.0亿m^3，占总供水量的17.5%；其他水源供水量为70.8亿m^3，占总供水量的1.2%。2016年全国总用水量为6040亿m^3，其中生活用水、工业用水、农业用水、人工生态环境补水分别占总用水量的13.6%、21.6%、62.4%和2.4%（《中国水资源公报2016》）。

（1）水资源短缺

中国城市水资源存在极其匮乏且涉及面广的问题，城市每年缺水60亿m^3，每年因缺水造成经济损失约2000亿元，且严重的缺水问题限制了中国城镇现代化建设进程、GDP的增长和居民生活水平的提高。

（2）地下水超采

由于中国城镇化的快速发展，城市用水需求也大幅度增长，部分城市的水资源已接近或达到开发利用的极限，地下水处于超采状态。当地下水开采量超过补给量时，水资源质与量的状态便失去平衡，同时还会引起一系列环境工程地质问题。大量开采利用水资源的同时，会增大生活污水和工业废水的排放，使地表水和地下水遭受不同程度的污染。过量开采地下水导致地下水位逐年下降，单井出水量减少，供水成本增加，水资源逐渐枯竭，进而产生地面沉降、塌陷、地裂缝等问题。

（3）水资源污染

虽然中国水资源总量多，但由于人口数量庞大，人均用水量低，且能作为饮用水的水资源有限。工业废水、生活污水和其他废弃物进入江河湖海等水体，超过水体自净能力，导致水体的物理、化学、生物学性质及生物多样性等发生改变，从而影响水的利用价值，危害人体健康，破坏生态环境，造成水质恶化。

随着城市规模的不断扩大，排出的污水数量不断增多，水质发生恶化，水体遭受污染，从而影响水资源的可持续利用。根据《2014中国环境状况公报》，2014年全国202个地级及以上城市的地下水质监测情况中，水质为优良级的监测点占比仅为10.8%，较差级的监测点占比达到45.4%。城市区域污染源点多、面广、强度大，极易污染水资源，即使是发生局部污染，也会因水的流动性而使污染范围逐渐扩大。目前，中国工业、城市污水总的排放量中经过集中处理的不到一半，其余的大都直接排入江河，导致大量的水质发生恶化，水体遭受污染。

中国的水质分为Ⅴ类，能作为饮用水源的是Ⅰ类～Ⅲ类。2016年中国达不到饮用水源标准的Ⅳ类、Ⅴ类及劣Ⅴ类水体在河流、湖泊（水库）、省界水体及地表水中占比分别高达28.8%、33.9%、32.9%及32.3%，且与西方发达国家相比，中国水体污染以重金属和有机物等严重污染为主。

1.3.1.2 中国西北地区水资源利用

西北地区包括新疆、甘肃、青海、陕西、宁夏5省（自治区）涉及4个一级流域，即内陆河流域、黄河流域、长江流域及西南流域，总面积为308.37万km^2，区内总人口近

1 亿人（2012 年）。

西北地区深居内陆腹地，远离海洋，加之高山峻岭的阻隔，气候十分干旱。该地区蒸发量为降水量的 5 ~ 10 倍，水资源稀缺程度远高于国内其他地区。同时，该地区也是我国水资源时空变化最大的地区，有限的降水主要集中在夏季和秋季，且多暴雨，春季缺水十分严重，水资源不仅不能满足农业灌溉和工业生产的需要，甚至许多地方人畜用水也非常困难。据统计，2001 年西北地区多年平均地表水资源量为 1463 亿 m^3，地下水资源量为 998 亿 m^3，地下水资源与地表水资源重复计算量为 789 亿 m^3，水资源总量为 1672 亿 m^3，人均水资源量为 2189m^3，耕地亩①均水资源量为 857m^3（袁安贵和李俊，2005）。从表面上看，内陆河流域的人均、亩均水资源量并不算少，但由于水资源与人口、耕地的地区分布极不均衡，地势高寒、自然条件较差的人烟稀少地区及无人区水资源量占相当大一部分，而自然条件较好、人口稠密、经济发达的绿洲地区水资源量却十分有限。此外，西北地区黄河流域河川径流具有地区分布不均、年际变化大等特点，内陆河流域的水资源以冰雪融水补给为主，年内分配高度集中，汛期径流量可占全年径流量的 80%，部分河流汛期陡涨，枯季断流，开发利用的难度较大。

1.3.1.3 中国西北地区水资源利用的主要问题

自然条件的改变和人类活动的影响，导致西北地区水资源和水环境面临重大问题，具体表现在以下几个方面。

1）水土流失严重，增加水资源的需求并降低水体质量。西北地区植被覆盖率低，严重的水土流失导致土壤肥力下降，加剧了干旱，增加了水资源的需求，且大量泥沙进入水体，对水质产生一定影响。

2）内陆河流域湖泊严重萎缩，矿化度升高，水资源调蓄能力降低，利用困难。西北内陆河地区的湖泊主要分布在新疆和青海两省（自治区），这些湖泊由于农业灌溉或强烈蒸发，湖泊萎缩或咸化，减少了水资源储量，降低了水资源的调节能力，增加了水资源开发利用的难度。

3）湖库淤积严重，减弱水利工程对水资源的调配能力。西北地区水土流失严重，导致湖库大量淤积，甚至导致水库报废，降低了人类对水资源在年内年际的调配能力，不利于水资源的合理有效利用。

4）农田灌溉用水大量浪费，农区土壤发生严重的次生盐碱化。西北地区不合理的灌溉制度（如大水漫灌）不仅浪费大量宝贵的水资源，还导致农区土壤发生严重的次生盐碱化，限制了农区经济的发展，降低了水资源的利用效益。

5）水质污染严重。西北地区水资源的缺乏，一方面表现在总量的缺乏，另一方面表现在与人类活动主要区域分布的不完全一致，因而在人类主要活动区域内的水环境容量非常有限。随着人口的增加和人类活动的加剧，大量废污水排入水体，造成水质严重恶化。

6）灌区土壤盐碱化严重。灌区盐碱化土地面积一般占有效灌溉面积的 15% ~ 30%，

① 1 亩≈666.67m^2。

而在较大内陆河流的下游灌区，盐碱化土地面积占有效灌溉面积的50%左右，其原因一方面是灌溉引水中有大量上游地区的灌溉退水，含盐量高；另一方面是缺乏有效的灌排措施，下游灌区排水不畅，土壤盐碱化严重。

7）随着天然水循环关系改变，干旱区人工绿洲稳定扩大，流域水循环关系改变，各支流与干流间的联系明显减弱，而干流上中下游之间的联系明显增强。水资源主要消耗在中游，致使下游的天然绿洲萎缩，土地荒漠化进展加快。水资源短缺、灌溉方式不当和过樵过牧引起土壤荒漠化、草场退化和灌区盐碱化，已成为西北各内陆河下游地带生态退化的集中表现。

针对西北地区的水资源现状，主要采取如下对策：第一，强化水资源开发利用与保护的规划和监督管理，严格实施建设项目审批和管理制度。一方面，要制定合理的水资源开发与保护方面的规划与制度；另一方面，要加强管理人员执法能力、技术能力等能力培养，加强执法必要设备的配置。第二，加强水利基本建设，如建设必要的调水工程，将部分水资源从富裕水区调往贫水区，或将优质水调往劣质水区，以改善缺水地区或不良水质地区的生产和生活环境，为区域生态环境建设提供必要的支持。第三，建设现代化的高效节水型经济社会，如适当提高水价，尤其是工业行业的水价，减少对水资源的浪费。发展集雨节水灌溉，以解决农村用水困难，补充城市生态环境用水。第四，坚决实施有计划地退耕还林还草，退耕还林还草是改善西北生态环境和水资源涵养能力的重要手段，应予以高度重视。

1.3.2 中国土地资源特征及其利用

中国是土地资源大国，国土面积居世界第3位，但人均土地面积约为世界人均土地面积的1/3。由于中国人口众多，长期以来都认真贯彻十分珍惜、合理利用土地和切实保护耕地的基本国策，加强国土资源规划、管理，目的是确保国民经济的持续、快速、健康发展。

1.3.2.1 中国土地资源利用概况

（1）中国土地资源主要特征

1）中国土地资源绝对数量大、人均占有量少。2010年，中国土地面积约为144亿亩，其中，耕地约为20亿亩，约占13.9%；林地约为18.7亿亩，约占3.0%，草地约为43.0亿亩，约占29.9%，城市、工矿、交通用地约为12亿亩，约占8.3%，内陆水域约为4.3亿亩，约占3.0%，宜农宜林荒地约为19.3亿亩，约占13.4%。中国耕地面积居世界第4位，林地面积居第8位，草地面积居第2位，但人均占有量很低。截至2014年，中国人均耕地面积仅为1.48亩，远低于世界平均水平，不及世界人均耕地面积的44%，有666个县人均耕地面积低于0.8亩。

2）土地资源地区分布不平衡。由于水热条件不同和复杂的地形、地质组合，中国土地类型多种多样，但各类型的土地资源分布并不平衡。从东到西又可分为湿润地区（占土地面积的 32.2%)、半湿润地区(占土地面积的 17.8%)、半干旱地区(占土地面积的 19.2%)、干旱地区(占土地面积的 30.8%)。中国 90% 以上的耕地和陆地水域分布在东南部,50% 以上的林地分布在东北和西南山地;80% 以上的草地分布在西北干旱和半干旱地区,土地资源生产力集中在耕地上。

3)土地资源质量不高。在现有耕地中,涝洼地占 4.0%,盐碱地占 6.7%,水土流失地占 6.7%,红壤低产地占 12%,次生潜育性水稻土地占 6.7%,各类低产地合计 5.4 亿亩。从草场资源来看,年降水量在 250mm 以下的荒漠、半荒漠草场有 9 亿亩,分布在青藏高原的高寒草场约有 20 亿亩,草质差、产草量低,需 60~70 亩,甚至 100 亩草地才能养 1 只羊,草利用价值低。全国单位面积森林集蓄量只有 $79m^3/hm^2$,为世界平均水平($110m^3/hm^2$)的 71.8%。

4)后备耕地不足。人多地少,耕地资源稀缺是中国土地资源的主要特征,截至 2010 年,全国集中连片耕地后备资源仅 734.39 万 hm^2,后备耕地资源严重不足,如上海、天津、北京等城市可供开垦的未利用土地接近枯竭。

(2)中国耕地质量等别总体情况

中国土地资源持续利用主要表现在耕地的利用程度上。由于降水量、地势及海河湖泊分布等,中国耕地质量有明显差异。

1)中国耕地质量等别面积结构。据 2014 年全国土地变更调查的耕地质量等别成果显示,中国耕地质量等别调查与评定总面积为 13 509.75 万 hm^2。全国耕地评定为 15 个等别,1 等耕地质量最好,15 等耕地质量最差。其中,7~13 等耕地每个等别的面积均大于 1000 万 hm^2,7~13 等耕地总面积占全国耕地评定总面积的 78.43%(表 1-3)。

表 1-3 中国耕地质量等别面积比例

等别	面积/万 hm^2	比例/%
1	48.84	0.36
2	59.93	0.44
3	115.85	0.86
4	172.76	1.28
5	366.48	2.71
6	886.22	6.56
7	1 143.89	8.47
8	1 188.01	8.79
9	1 410.69	10.44
10	1 790.55	13.25
11	2 045.43	15.14
12	1 891.85	14.01

续表

等别	面积/万 hm^2	比例/%
13	1 125.50	8.33
14	765.63	5.67
15	498.12	3.69
合计	13 509.75	100.00

由表 1-3 和图 1-4 可得出，全国耕地平均质量等别为 9.96 等。与平均质量等别相比，高于平均质量等别的 1～9 等耕地占全国耕地评定总面积的 39.92%，低于平均质量等别的 10～15 等耕地占 60.08%。

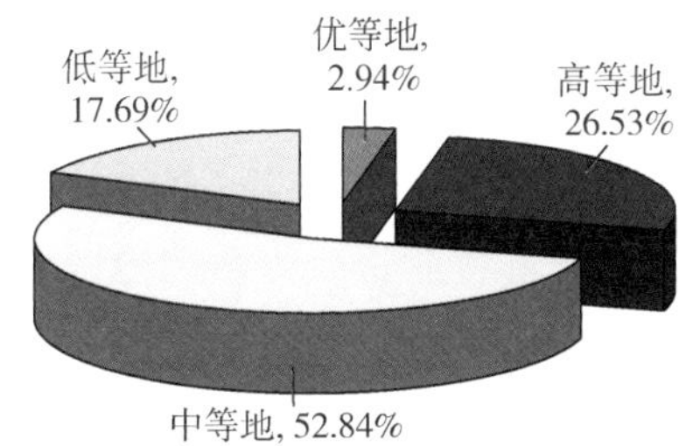

图 1-4　中国优高中低等地面积比例构成

中国耕地按照 1～4 等、5～8 等、9～12 等、13～15 等划分为优等地、高等地、中等地和低等地。其中，优等地面积为 397.38 万 hm^2，占全国耕地评定总面积的 2.94%；高等地面积为 3584.60 万 hm^2，占全国耕地评定总面积的 26.53%；中等地面积为 7138.52 万 hm^2，占全国耕地评定总面积的 52.84%；低等地面积为 2389.25 万 hm^2，占全国耕地评定总面积的 17.69%（图 1-4）。

2）中国耕地质量等别空间分布。从优等地、高等地、中等地、低等地在全国的分布来看，优等地主要分布在湖北、广东、湖南 3 个省，总面积为 359.61 万 hm^2，占全国优等地总面积的 90.50%；高等地主要分布在河南、江苏、山东、湖北、安徽、江西、广西、四川、广东、湖南、河北、浙江 12 个省（自治区），总面积为 3207.94 万 hm^2，占全国高等地总面积的 89.49%；中等地主要分布在黑龙江、吉林、云南、辽宁、四川、新疆、贵州、安徽、河北、山东 10 个省（自治区），总面积为 5261.65 万 hm^2，占全国中等地总面积的 73.71%；低等地主要分布在内蒙古、甘肃、黑龙江、河北、山西、陕西、贵州 7 个省（自治区），总面积为 2119.61 万 hm^2，占全国低等地总面积的 88.71%。

3）区域耕地质量等别状况。东部地区和中部地区耕地平均质量等别较高，分别为 8.19 等和 7.98 等；东北地区和西部地区耕地平均质量等别较低，分别为 11.25 等和 11.33 等。

西部地区耕地评定总面积为 5017.23 万 hm^2，质量等别为 3～15 等，平均质量等别为 11.33 等，以 10～14 等为主，占西部地区评定总面积的 69.10%。

东北地区耕地评定总面积为2792.92万hm^2，质量等别为6～14等，平均质量等别为11.25等，以10～12等为主，占东北地区评定总面积的78.04%。

中部地区耕地评定总面积为3064.33万hm^2，质量等别为1～15等，平均质量等别为7.98等，以6～10等为主，占中部地区评定总面积的65.85%。

东部地区耕地评定总面积为2635.29万hm^2，质量等别为1～15等，平均质量等别为8.19等，以6～10等为主，占东部地区评定总面积的73.83%。

1.3.2.2 中国西北地区土地资源利用

中国西北地区土地面积辽阔，自然资源丰富，发展潜力巨大。土地资源特点是山地多，平原少，土层较薄，土壤肥力低，坡度大，地形气候条件差，降水稀少，多为戈壁沙漠，加上植被匮乏，水土流失严重。2014年，西北地区已利用土地面积为16 088.04万hm^2，土地开发利用程度为52.2%，比全国72.5%的水平低20.3个百分点。在已利用土地中，耕地、林地、牧草地的面积比为1∶1.87∶6.23，与全国同类指标面积1∶1.57∶2.09相比，西北地区牧草地占比较大。西北地区草地资源丰富，拥有中国五大牧区中的两大牧区（即新疆和青海），以草地资源为基础的畜牧业将成为西北地区农业中最具优势和发展前景的产业，见表1-4。

表1-4 2014年中国西北地区土地利用结构及占全国的比例

土地类型	面积/万hm^2	占全国土地面积的比例/%	占西北地区土地面积的比例/%
耕地	1 636.98	1.71	5.31
园地	176.24	0.18	0.57
林地	3 057.41	3.18	9.91
牧草地	10 194.88	10.62	33.06
湿地	143.01	0.15	0.46
居民点及工矿用地	295.79	0.31	0.96
交通用地	23.90	0.02	0.08
水利设施用地	31.94	0.03	0.10
未利用地	14 748.93	15.36	47.83

注：表中仅列出了主要的土地类型，并不是所有土地利用类型。

土地利用程度可用土地利用率、农用地指数、土地垦殖率、耕地复种指数和森林覆盖率等指标来衡量，见表1-5。

表1-5 中国西北地区土地利用程度

省（自治区）	土地利用率/%	农用地指数	垦殖率/%	耕地复种指数	森林覆盖率/%
陕西	95.1	89.6	25.0	132.5	32.0
甘肃	55.2	56.7	12.4	108.4	6.7
青海	66.4	63.5	1.0	96.4	6.7
宁夏	83.9	78.9	24.4	118.4	2.3
新疆	38.7	38.1	7.49	97.5	1.4

西北地区各省区土地利用比较结果表明，土地利用率最高的是陕西，高达95.1%，宁夏次之，为83.9%。除陕西和宁夏外，西北其他三省（自治区）土地利用率较低，特别是新疆，仅为38.7%，提高土地利用率还有较大的潜力。

农用地指数最高的是陕西，高达89.6，其次是宁夏，为78.9，说明这两省（自治区）农用地利用程度较高。利用程度最低的是新疆，仅为38.1，其次是甘肃，为56.7。

土地垦殖率和耕地复种指数最高的均是陕西，分别为25.0%和132.5，其次是宁夏，分别为24.4%和118.4，甘肃分别为12.4%和108.4。青海和新疆两省（自治区）土地垦殖率较低，其中青海的土地垦殖率极低，仅为1%。耕地复种指数最低的也是青海，仅为96.4。

1.3.2.3 中国西北地区土地资源利用的主要问题

耕地的减少与建设用地的增长使西北地区粮食生产安全面临较大挑战，土地结构单一、土地资源利用率较低成为制约西北地区土地可持续利用和健康发展的主要因素。另外，土壤盐碱化、荒漠化在西北地区所占面积较大，成为西北干旱和半干旱地区农业产量下降的主要原因。

（1）中国西北地区土壤盐碱化及其治理

据不完全统计，世界盐碱土面积约为9.54×10^8hm^2，占陆地面积的6%。中国盐碱土面积约为3.46×10^7hm^2（不包括滨海滩涂），其中西北地区盐碱土面积约为2.27×10^7hm^2，占中国盐碱土总面积的43.6%。面对耕地资源减少，单位面积增产难以有大突破的问题，保护和合理开发利用水土资源是我们面临的一项重要任务。盐碱土作为一种土地资源，在全国乃至世界范围内分布广泛，到目前为止，中国约80%的盐碱土尚未开发利用，开发潜力巨大。

A. 中国西北地区盐碱土面积

中国西北地区包括陕西、宁夏、甘肃、青海和新疆5个省（自治区），占国土面积的32.1%，是重要的农业区和商品粮生产基地。由于干旱的气候条件和不合理的灌溉方式，整个西北地区受盐碱化威胁的耕地面积约占耕地总面积的30%，粮食大量减产，经济损失巨大，土地盐碱化已成为西北地区农业经济发展的制约因素之一（表1-6）。

表1-6　中国西北地区盐碱土面积

省（自治区）	总面积/10^6hm^2	耕地面积/10^6hm^2	盐碱土		
			面积/10^6hm^2	占总面积的比例/%	占耕地面积的比例/%
新疆	166.49	5.17	11.0	6.61	212.77
甘肃	42.58	5.37	1.04	2.44	19.36
青海	72.10	0.53	2.3	3.19	433.96
陕西	20.56	4.00	0.35	1.70	8.75
宁夏	6.64	1.29	0.39	5.87	30.23

B. 中国西北地区盐碱土类型

盐碱土是土壤中含可溶性盐分过多的盐土和含代换性钠较多的碱土的统称，虽然盐土和碱土的性质差异很大，但在发生、形成过程中彼此关系密切，且常常交错分布，所以统称为盐碱土（郭文聪和樊贵盛，2011）。

盐土是盐碱土中面积最大的一类，是指土壤表层含可溶性盐超过 0.6% ~2% 的一类土壤。氯化物为主的盐土毒性较大，含盐量的下限为 0.6%；硫酸盐为主的盐土毒性较小，含盐量的下限为 2%；氯化物-硫酸盐或硫酸盐-氯化物组成的混合盐土毒性居中，含盐量的下限为 1%。含盐量小于这个指标的，不列入盐土范围，列为某种土壤盐化类型，如盐化棕钙土、碱化盐土等。

碱土是盐碱土中面积很小的一类，碱土中吸收性复合土体中代换性钠的含量占代换总量的 20% 以上，低于这个指标的，只将它列入某种碱化类型土壤，如碱化盐土、碱化栗钙土。土壤的碱化程度越高，土壤的理化性状越差，表现出湿时膨胀、分散、泥泞，干时收缩、板结、坚硬，通气透水性都非常差的特征。这些特征的形成主要是因为 Na^+ 的高度分散作用，Na^+ 与土壤中的其他盐类发生代换作用，形成碱性很强的碳酸钠，碱土对植物的危害作用很大程度就是碳酸钠的毒害作用。而大多数土壤在盐化的同时，碱化的程度也很高，两者在形成过程中有密切的联系。碱土又可分为：草甸碱土、草原碱土、龟裂碱土和镁质碱土等。

中国西北地区分布着较大面积的盐碱土，尤其是河西走廊、新疆、青海等地区。该区域气候条件与东部不同，主要特征是降水量小、蒸发强烈。受成土母质的影响，河西走廊分布着 173 万 hm^2 的盐碱土，土壤含盐量为 30 ~200g/kg。土壤类型主要为沼泽盐土、草甸盐土和苏打盐土等（表 1-7）。

表 1-7 中国西北地区盐碱土主要类型

省（自治区）	主要盐碱土类型
新疆	盐土：草甸盐土、沼泽盐土、典型盐土、残余盐土、矿质盐土、潮盐土、洪积盐土； 碱土：漠境龟裂碱土、镁质碱土
甘肃	盐土：草甸盐土、碱化盐土、潮盐土、沼泽盐土、典型盐土； 碱土：镁质碱土
青海	盐土：沼泽盐土、典型盐土、洪积盐土、残余盐土
陕西	盐土：草甸盐土、潮盐土、沼泽盐土、残余盐土
宁夏	盐土：草甸盐土、潮盐土、沼泽盐土、残余盐土； 碱土：漠境龟裂碱土

西北盐碱土分布区域可以划分为半漠境内陆盐土区和青新极端干旱漠境盐土区。其中半漠境内陆盐土区包括甘肃河西走廊和宁夏，青新极端干旱漠境盐土区包括青海盐碱土区、新疆伊犁河谷与南疆。西北地区盐碱土土壤含盐量高，盐分组成复杂，大部分为氯化物-硫酸盐或硫酸盐-氯化物。

C. 中国西北地区盐碱土成因

盐碱土由自然因素和人类对土地的不合理使用所致，其形成与气候、地形、地貌、土壤质地、灌溉方式、土壤耕作方式等有关。

土壤盐碱化分为原生盐碱化和次生盐碱化。原生盐碱化一般认为是一定的气候、地形和水文地质等自然因素对水盐运动共同影响的结果，通常发生在气候干旱、蒸发强烈、地下水位高且含有较多可溶性盐分离子的地区。西北黄河灌区是中国土壤盐碱化发育的典型地区，独特的地理位置和多变的气候条件，造成这一地区冬季严寒少雪，夏季高温干热，昼夜温差大，加之降水少，蒸发量大，灌溉水含盐高，造成黄河灌区盐碱化程度较严重。此外，地势高低对盐碱化土壤的形成有很大的作用，地势高低影响区域土壤表层水分和地下水的运动过程，水中含有的可溶性盐离子会随着水的不断运动而迁移至低地势的区域，并不断累积形成积盐地带。

次生盐碱化指由不合理的耕作灌溉引起的土壤盐碱化过程。人类对土地的开发利用对土壤盐碱化产生巨大的影响。中国西北盐碱化地区降水资源普遍不足，农业生产主要依赖于灌溉，内蒙古河套灌区、宁夏平原灌区、新疆的绿洲农业以及河西走廊等，都是以灌溉为主的农业区。但这些灌区灌溉技术落后，用水效率不高，引水量大多超过作物需水量数倍，既浪费了水资源又破坏了土壤结构，加剧了土壤水上升力度，使地下水位逐渐升高，从而导致土壤次生盐碱化的发生。总体来说，西北地区土壤盐碱化是自然因素与人为因素共同作用的结果，在当地蒸发量大于降水量的条件下，不合理的农业种植结构、灌溉和耕作措施使地下水位进一步抬升，土壤表层盐分增加，引起土壤盐碱化。

D. 中国西北地区盐碱土治理措施

1）生物措施。耐盐植物的选择是生物改良盐碱土的首要前提。目前，国内外已经研究了 120 多种植物的耐盐性，从分子生物学的角度探讨了植物的抗盐机理。李海英等（2002）利用生物技术改良柴达木盆地弃耕盐碱地种植苜蓿，结果表明，含盐量随着苜蓿种植年限的增加而降低，0 ~ 30cm 耕作层含盐量由种植前的 1.518% 下降到种植后的 0.126%，脱盐率达 91.7%。赵芸晨和秦嘉海（2005）在河西走廊盐碱化土地上种植老芒麦、扁穗冰草、碱茅和紫花苜蓿 4 种牧草进行试验，明确其对盐碱化土壤改良效果显著。郭蓓等（1999）总结概括了有关植物盐诱导基因的研究进展，主要涉及与以下几个方面有关的分子克隆或基因：①渗透调节，包括对脯氨酸、甜菜碱、糖醇代谢的调节；②光合作用与代谢；③钙调蛋白；④通道蛋白；⑤胚相关蛋白等。山东省逆境植物重点实验室 2002 年从碱蓬中成功克隆出 1 个耐盐的关键基因。李金耀等（2003）采用 RT-PCR 扩增方法，从犁苞滨藜中分离克隆出高效耐盐基因 *NHX*，为将来利用野生植物特有基因资源提供了可借鉴的方法。但是，有学者指出，目前还没有得到真正意义上的耐盐转基因植物，这是因为植物的耐盐机理极其复杂，受多基因控制，涉及一系列形态和代谢过程的变化（陈伟，2016）。

2）工程措施。主要包括水利工程、地表覆盖以及施用土壤改良剂等措施。水利工程措施主要采用开沟排水，降低地下水位和淡水冲洗，减少耕作层含盐量等。中国对开沟排水措施改良盐碱土的应用历史已超过 2000 年，但是系统地研究始于 20 世纪 50 年代。50

年代末至60年代，在盐碱地治理上侧重水利工程措施，以排为主，重视灌溉冲洗，70年代开始强调多种治理措施相结合，逐步确立了“因地制宜，综合防治”和“水利工程措施必须与农业生物措施紧密结合”的原则与观点。有学者提出“以排水为基础，培肥为根本”的观点，强调通过种植绿肥、秸秆还田、施用厩肥等农业措施，利用肥料来调控土壤水盐，进行综合治理（魏由庆，1995），不过对于西北干旱区来说，水利工程措施是不经济的，因为要排水洗盐，同时要控制地下水位，需要消耗大量的水，且需要良好的排水条件，建立水利措施成本也非常昂贵，用于维护的费用也很高。因此，一些研究者主张寻求其他治理措施，如地表覆盖、施用土壤改良剂等（牛东玲和王启基，2002）。

通过对盐碱化土壤进行地面覆盖，可以减少地面蒸发，抑制盐分向地表聚集。例如，吴凯和王千（1997）对秸秆类覆盖物的覆盖参数进行了研究，并推导出秸秆类物质覆盖率和秸秆广义间距、秸秆平均直径的关系。土壤盐碱化程度不同，秸秆覆盖效果也不同，土壤盐分轻者优于重者，并且随着覆盖量的增加，其效果也逐渐增加。土壤质地不同，秸秆覆盖效果也不同，砂壤土效果最好，轻壤土次之。

应用土壤改良剂是修复退化土壤的重要措施之一。土壤改良剂能有效地改善土壤理化性状和土壤养分状况，并对土壤微生物产生积极影响，从而提高退化土壤的生产力。左建和孔庆瑞（1987）研究了沸石改良碱化土壤的效果，结果表明土壤中的 Na^+、Cl^- 都可以进入沸石内部且被沸石吸附，使土壤中的盐分减少，碱化度降低，并对土壤 pH 起到缓冲作用。邵玉翠等（2009）研究指出，膨润土、石膏也能降低土壤的含盐量。张俊华等（2009）系统地分析了利用系列专用土壤改良剂对宁夏银北盐化土壤的改良效应，土壤 pH 和含盐量均有不同程度的下降。王新平等（2010）也认为土壤改良剂能使新疆重度盐碱化土壤迅速脱盐，降低土壤盐碱性，改善盐碱土土壤性质。但是，也有学者指出土壤改良剂存在以下问题：①天然改良剂改良效果有限，且有持续期短或储量的限制等。②人工合成的高分子化合物的高成本以及潜在的环境污染风险限制了改良剂的广泛应用。③单一土壤改良剂存在改良效果不全面或有不同程度的负面影响等不足之处。

在盐碱地改良与治理方面，宁夏、内蒙古等地经过十几年的努力，通过兴建大批灌溉排水工程，降低地下水位，并施用有机肥及绿肥，盐碱地改良取得了显著的成效。在甘肃、新疆、青海等干旱地区，通过合理利用水源和地下水，排灌结合，合理地改良利用了部分盐碱化土壤，通过植树造林和种草，不仅起到了防风固沙的作用，也到达了改良盐碱化土壤的作用。由于中国干旱地区有其独特的自然地理条件，在进行盐碱土改良时，不能照搬其他地区的改良措施，应做到因地制宜地改良和治理干旱区的盐碱化问题。

3）现代综合改良措施。①建立合理的灌排系统。根据各地地下水位、水资源等条件，建立灌溉+明沟排水系统是关键，主要有井渠结合+渠灌沟排+明沟暗沟结合冲洗排盐碱技术。保持区域灌水洗盐碱畅通。②完善的田间改良技术。包括深翻晒田+激光平地+深松耕的土地整理技术、施用有机肥+脱硫石膏改良技术、黄沙施用土壤改良技术、局部防止返盐垫层技术等。③耐盐碱优势特色品种配置技术。选配耐盐碱、耐瘠薄、抗性好的林草品种，并根据改良产出需要，进行必要的配置。④破板结+去除盐斑碱斑+田间防止返盐管理技术。

(2) 中国西北土壤荒漠化及其治理

中国是世界上受荒漠化危害最严重的国家之一，约有 4 亿人受荒漠化影响。主要是由于中国境内分布着腾格里沙漠、库布齐沙漠、乌兰布和沙漠、塔克拉玛干沙漠等主要沙源地，形成了一条东西长约 4500km 的风沙地带，严重威胁中国北方人民的生活环境及生命安全（赵哈林等，2011）。

A. 中国西北地区土壤荒漠化面积

据第五次全国荒漠化和沙化盐测结果，截至 2014 年，中国荒漠化土地总面积为 261.16 万 km^2，其中风蚀荒漠化土地面积为 182.62 万 km^2。风蚀荒漠化土地主要分布在新疆、甘肃、宁夏、内蒙古、青海 5 省（自治区）及华北地区。每年因荒漠化造成的直接经济损失达 541 亿元。

B. 中国西北地区土壤荒漠化类型

根据土壤基质的不同，中国西北地区土壤荒漠化类型可分为土质荒漠、沙质荒漠、砾石荒漠和石质荒漠四大类（马艳平和周清，2007）。

土质荒漠又称土质戈壁、覆土戈壁，主要分布在甘肃河西走廊冲积平原的下部、阿拉善高原东部和南部部分地区、塔克拉玛干沙漠西侧洪积扇下部、新疆天山南北两侧山前洪积扇边缘、青海海西地区。这些地区年均降水量为 150～200mm，有一定的旱生丛生小禾草、小半灌木或半灌木，植被覆盖度一般只有 5%～30%。

沙质荒漠又称沙漠，主要分布在腾格里沙漠、古尔班通古特沙漠、塔克拉玛干沙漠、库木塔格沙漠、巴丹吉林沙漠、乌兰布和沙漠等区域，在青海柴达木盆地、甘肃敦煌等地也有小片沙漠分布。这里的沙漠多为固定、半固定沙丘沙地覆盖，其他沙漠均以流动、半流动沙丘沙地为主，土壤均为风沙土，主要植物种有柽柳、白刺、沙蒿、沙拐枣、沙米、猪毛菜等，植被覆盖度平均不足 5%。

砾石荒漠又称砾石戈壁、沙砾戈壁，石质荒漠也可以归于其中。砾石荒漠主要分布在阿拉善高原东部和北部、东天山南北两侧及昆仑山与阿尔金山山前洪积扇和洪积平原、马鬃山山前洪积扇和洪积平原、祁连山山前洪积扇和洪积平原，砾石戈壁主要分布于内蒙古阿拉善地区的巴丹吉林沙漠以北，以及新疆哈密以南（噶顺戈壁）、天山以北（诺明戈壁），这里环境条件恶劣，土壤条件、地表气候都比土质荒漠和沙质荒漠差，地下水很深，植被覆盖很少，有些甚至成为不毛之地。主要植物有棉刺、合头草、梭梭、木本猪毛菜等，植被覆盖度不足 10%。

C. 中国西北地区土壤荒漠化治理状况

中国西北地区沙化土壤荒漠化的类型多样，环境条件差异大，治理状况也比较复杂，但核心是解决防风固沙和水资源补充的问题，主要有植物治理、工程治理和沙漠资源化利用等技术手段。

1）植物治理。主要是在荒漠化土壤中，播种水分蒸腾少，机械组织、输导组织发达的沙生植物，以阻止沙漠扩张及改善荒漠化土地。同时，在治理荒漠化土壤过程中，要把补充水资源作为整个治理过程中最为重要的工作。

2）工程治理。主要是通过在沙土上覆盖一些致密植物秸秆或建立防护林，如使用麦草、稻草、芦苇等材料扎草方格，形成挡风墙，以削弱风力的侵蚀，同时可截留降水，提高沙层的含水量，有利于沙生植物的生长。另外，通过在荒漠化土壤表层涂微生物黏结剂或铺设黏土或覆盖砂、煤矸石及覆盖水泥+篱笆等，起到固沙效果，此方法具有良好的保水能力，但需要大量的覆盖材料和能在沙漠中前行的运砂石车辆。

3）沙漠资源化利用。一是通过在沙漠中建立温室大棚，发展设施农业；二是通过添加各种黏结剂，将沙漠砂制成混凝土砌块，作墙体建筑材料和路基材料，将沙漠变废为宝，进而得到持续利用。

1.3.3 中国旱区水资源持续利用与展望

干旱区在世界上分布广泛，且集中了大部分贫困人口，是全球环境变化与可持续发展研究中的重点区域之一。由于水资源缺乏，生态环境脆弱，干旱区水资源开发利用引起的生态环境问题十分普遍，一直为世人关注。随着人口的不断增加，各行业间争水争地的矛盾日趋尖锐，导致生态环境日益恶化。此种背景下，水土资源持续利用及其生态环境效应成为当前的研究热点。

1.3.3.1 中国旱区水资源开发利用对生态环境的影响

中国的干旱区主要包括新疆全境、甘肃河西走廊及内蒙古贺兰山以西地区，地表水和地下水分别占全国的3.3%和5.5%（1995年），水资源和生态环境问题十分严峻。干旱区人口和经济规模的膨胀，导致生产、生活用水不断挤占生态环境用水，部分地区水资源开发利用甚至严重超过最大极限，导致生态系统不断恶化甚至难以恢复。中国干旱区水资源开发利用引起的生态环境问题或生态环境效应总体可归纳为三种。

1）水资源开发利用引发土地利用与土地覆盖变化、水系和水域面积变化、动植物生境与多样性变化、地表水和地下水质变化、土壤质量变化、局部气候和空气质量变化等。

2）不同类型的水资源开发利用活动对干旱区生态环境的影响，主要包括修建水库、开采地下水、调水、灌溉、排水、增加城市和工业用水等对生态环境造成的影响。

3）当干旱区出现地表水域萎缩、地下水位下降、泉水资源量衰减、水质污染与植被退化、土地荒漠化等一系列生态环境问题后，需要对全球或区域气候变化以及人类的水资源开发利用活动等进行更加深入的研究，以期待寻求新的水资源持续利用的有效方案，破解长期困扰陆地环境改善的严峻局面。尤其是要从水的资源开发、合理利用、循环再用、保护机制等进行系统研究和改善。

1.3.3.2 中国旱区水资源开发合理阈值与生态环境需水研究

在逐渐认识干旱区水资源开发利用对生态环境的胁迫与驱动作用的基础上，人们开始尝试探讨干旱区水资源开发利用的合理标准，即水资源开发利用到何等程度会对生态环境造成胁迫作用、胁迫强度如何，何种程度会对生态环境产生驱动作用、改善程度如何等问题。水资源开发利用合理阈值、生态环境需水或与之类似的概念不断出现并成为相关研究领域的热点。目前国际上一般以 40% 作为流域水资源开发利用的警戒线，近年来中国工程院有关专家通过总结各方面的研究成果，认为西北内陆干旱区生态环境和社会经济耗水以各占 50% 为宜（钱正英等，2004），即流域至少需要 50% 的水资源留给生态系统，否则会造成流域生态系统退化，并根据最小生态环境需水、最佳生态环境需水、最大生态环境需水确定流域合理生态用水的阈值区间，在此区间之外，水资源开发利用都会对流域生态系统造成不利影响（占车生等，2005）。对于干旱区的湖泊和地下水，人们提出了合理生态水位的概念，并提出了不同的计算方法，还分析了低于最低生态水位和超过最大生态水位对干旱区植被、土壤等的不利影响（陈永金等，2006；李新虎等，2007）。水资源开发利用的合理阈值、水资源开发利用的最大极限、流域合理生态用水比例等的确定，最终都要进行生态环境需水的研究，即只要计算出流域或区域的生态环境需水，就可以根据流域或区域的水资源总量和已经开发利用的水资源量，来准确判断水资源开发利用对生态环境的影响程度。因此，生态环境需水是研究水资源与生态环境之间相互作用和关系的核心。目前，国内外已经从理论、方法与实践等多个层面对生态环境需水进行了大量研究（杨志峰等，2003），在中国西北地区、西北干旱区、内陆河干旱区均对生态环境需水进行了具体测算，但由于不同学者对生态环境需水的概念理解不同，提出的河道外和河道内生态环境需水都有几种甚至数十种计算方法（粟晓玲和康绍忠，2003；钟华平等，2006），因此，生态环境需水研究还存在着诸多问题，亟待从机理剖析的角度，结合区域水资源的科学配置与管理实践，构建适合的理论框架与技术体系（严登华等，2007）。

1.3.3.3 中国旱区水资源合理开发及利用对策

根据干旱地区水资源开发利用引起的生态环境效应、水资源开发利用对生态环境的影响机理、水资源合理开发利用阈值、水资源开发利用对生态环境的影响过程与变化趋势等研究，人们最终关注的是如何调整干旱区的水资源开发利用模式来减轻对生态环境的不利影响，如何从数量和质量上保证合理的生态环境需水。在水资源总量有限的干旱区，如何探寻有效的对策，尽量减少社会经济用水，同时减少水污染，是当前干旱区水资源开发利用对生态环境响应对策的研究重点。

目前，多数研究都以节水、高效、防污、人水和谐、可持续发展为目标，从技术、社会、制度、政策、法律、市场、金融、财政等各个层面提出了干旱区水资源开发利用对生态环境的响应对策，研究的热点和主要进展包括以下五个方面。

(1) 加强流域水资源综合管理及制度建设

尽管人类可以通过大规模建设水库、跨流域调水和引水渠道等水利工程来实现水资源的人工调节，解决水资源时空分布不均的问题，而且过去几十年干旱区在水利建设和供水技术上的研究也不遗余力，甚至认为人类可以通过技术进步完全控制水文过程（如人工降雨），但实践证明，以有限的水资源供给来满足无限的用水增长需求，结果就是“水涨船高”，水利工程和技术狂热不断刺激社会经济系统在扩张型的发展道路上越走越远，而社会经济系统扩张又带来生态破坏和水环境污染，大大加剧了水资源的时空分布不均。因此，在研究供水和节水技术的同时，人们逐渐认识到水资源管理的重要；在研究水资源供给管理的同时，人们逐渐认识到水资源需求管理的重要。目前，流域水资源综合管理被认为是解决干旱区水资源开发利用对生态环境影响的重要手段（Lai，2000）。它要求将流域上中下游和河流的左右岸作为一个有机联系的整体，将水资源作为生态系统的一个有机组成部分，在保持流域生态系统完整性和不危及流域生态系统安全的前提下，以流域社会经济福利最大化和共同繁荣为目标，对水资源的供给和需求统筹考虑，对水土和其他相关资源进行统一协调、规划和管理（Adil，1999；Matondo，2002）。但从目前的研究和实践来看，虽然流域水资源综合管理为干旱区提供了一种解决水资源和生态环境问题的新方法与新视角，但同它面临的机遇一样，也面临着诸多挑战（Van der Zaag，2005）。其中，水资源管理制度的建设和完善仍然存在不少问题（万育生等，2005），尤其是直接关系干旱地区生态系统健康的生态用水量控制及补偿制度、水功能区划及排污总量控制制度、污水处理回用及中水利用制度等，亟待具体和深化。

（2）持续推进社会经济增长方式转变与节水型社会建设

中国干旱地区经济社会发展水平低，农业产值和用水比例大，用水效益低，通过城市化，用水结构与产业结构双向优化，发展循环经济、生态经济和推行清洁生产等，转变社会经济增长方式，也是解决干旱区水资源开发利用对生态环境影响的重要手段（Portnov and Safriel，2004；金蓉等，2005；鲍超和方创琳，2006）。其中，节水型社会建设是当前研究和实践的重中之重。建立与水资源优化配置相适应的节水工程和技术体系，实现从“以需水定供水”到“以供水定经济结构”的转变；同时还要综合采用法律、工程、经济、行政、科技等措施，建立与用水权管理为核心的水资源管理制度体系。

（3）引入新理念，实施虚拟水战略

虚拟水概念由 Tony Allan 于 1993 年提出，由程国栋于 2003 年引入中国，是指在生产工农业产品和提供服务中所需要的水资源数量，即凝结在产品和服务中的虚拟水量，其数量上相当于生产产品时所消耗的水量。自虚拟水的概念诞生之后，许多学者对其理论和方法进行了大量研究，并取得了明显进展。其中，虚拟水贸易的提出为干旱缺水地区解决水资源和生态危机提供了一种新途径，干旱缺水地区可以通过从富水地区进口水密集型工农业产品，以降低自身社会经济对水资源的需求，从而提供更多的生态环境用水，减少对生态系统的不利影响（徐中民等，2003；刘宝勤等，2006）。

（4）实施流域水资源开发、社会经济发展与生态环境保护合作

当干旱区流域尤其是跨国界或跨区界流域的水资源综合管理机制还很难有效建立时，通过流域上中下游水资源开发、社会经济发展与生态环境保护合作，甚至通过流域上-中-下游的三段耦合、山地-绿洲-荒漠系统的三片耦合以及生态-生产-生活系统的三生耦合等模式来推行流域生态经济带建设，化解干旱区水资源开发利用带来的生态危机（方创琳，2002；张宁，2005）。虽然目前全球从理论和实践层面都对流域水资源开发、社会经济发展与生态环境保护的合作机制和合作框架进行了卓有成效的探讨，但由于流域不同利益主体发展目标和立场不同，如何合理分配流域有限的水资源、建立长效的合作机制和合作框架，仍有待进一步研究。

（5）推进山水林田湖草生态修复

从目前中国研究情况来看，山水林田湖草生态修复虽然取得一定成就，但仍处于探索阶段，应从以下几方面着手建设。

1）因地制宜，统筹兼顾。合理安排山水林田湖草生态系统优化布局。注重山水林田湖草生态系统适宜性，宜林则林，宜耕则耕，宜草则草。

2）加强山水林田湖草生态系统保护。努力使山水林田湖草恢复“近自然状态”，确保 18 亿亩耕地红线，加强耕地数量、质量、生态“三位一体”保护。

3）加强山水林田湖草生态景观连通性，全面打造江河林网，形成山水林田湖草的生命共同体。

4）定期进行山水林田湖草生态修复效益评价，注重后期管理，阶段整治。

5）建立自然资源资产核算机制，保障山水林田湖草生态修复资源价值的不减少，生态功能的不倒退。

6）开展山水林田湖草责任目标考核，约束当地政府土地财政行为。

7）积极引入社会资本，为山水林田湖草生态修复注入源头活水。

1.3.3.4 展望

今后干旱区水资源开发利用对生态环境影响的研究应从以下几个方面着手。

(1) 注重干旱区水资源开发利用对生态环境影响的机理研究

在阐明生态环境需水机理的基础上，从干旱区水资源开发利用对生态环境的正负效应入手，从宏观、中观以及微观层面量化水-生态-经济系统及其各要素之间的相互关系和相互作用。

(2) 注重干旱区水资源开发利用对生态环境影响的过程模拟与情景预测研究

广泛运用 GIS、RS 等现代先进技术手段，对干旱区水资源与生态环境及其要素的变化进行动态监测和过程反演，设定不同气候变化与水资源开发利用情景，对生态系统及其要素的变化趋势进行预测，同时区分并比较人类对水资源的开发利用活动和自然因素变化对干旱区生态环境的影响强度。

(3) 注重面向干旱区生态环境的水资源开发利用对策体系建设

构建流域水资源综合管理、虚拟水贸易、节水型社会建设、水资源与生态环境合作的统一框架，综合运用技术、经济、法律等多种手段，建立集成的干旱区水资源开发利用与生态环境保护的政策体系和管理体系。

1.3.4 中国旱区土地资源持续利用与展望

1.3.4.1 中国旱区耕地资源持续利用

多年来，中国用不到世界 10% 的耕地生产了世界 20% 的粮食，养活了世界近 1/4 的人口。随着人口的快速增长和经济建设的快速发展，耕地面临着前所未有的压力，耕地资源现状堪忧。此外，水土流失和次生盐碱化对耕地资源造成严重的破坏，已成为制约耕地资源持续利用的重要因素。因此，节约和保护现有耕地资源，提高耕地利用率和产出率，有利于实现耕地资源持续利用，对保障农业和国民经济的持续、稳定发展具有重要意义。

（1）防治水土流失

长期以来，中国水土保持工作取得了巨大成就。截至2004年，全国水土流失综合治理保存面积累计85.9万km^2，水土保持设施每年拦蓄泥沙15亿t，增加蓄水能力250亿m^3，减少流入黄河泥沙3亿t。然而，21世纪水土保持形势仍然十分严峻，一是水土流失面积增加；二是水土流失强度继续增大；三是边治理边破坏现象严重。要通过因地制宜、合理规划、依法治理、多措并举优化配置各种防治措施，构建综合治理体系，切实防止水土流失。

（2）提高耕地质量

耕地水土流失动态主要取决于坡度、土壤性质、降水量和耕作方式。通过改变地形坡度，增加地面粗糙度，拦截地表径流等水土保持措施，减少土壤水分蒸发，提高土壤储水能力，从而达到减少水土流失的目的；通过生物措施结合农业耕作措施，改善土壤结构和理化性质，降低土壤有机质分解率，促进土壤微生物活性，提高土壤生产力；通过各种水土保持工程措施，对现有耕地资源进行深度开发，提高耕地利用率和产量。

（3）有序增加耕地面积

由于各种人为因素，截至2004年，中国废弃地累计达1333万hm^2，土地复垦率只有6%，与发达国家的50%以上相比差距较大，因此中国土地复垦的潜力很大。如果按规划将城镇和农村居民点人均用地标准从现在的150m^2降到100m^2，便可多出633万hm^2土地，比中国近10年非农业建设项目占用的耕地面积之和还要多。

（4）推动耕地资源持续利用

加强水土保持生态建设，显著提高林草植被已成为中国土地资源持续利用可供选择的基本模式。生态农业兼顾经济效益、生态效益和社会效益，推动生物物质进行综合利用和循环利用，尤其是持续不断地提高太阳能利用率、饲料利用率和农业废弃物利用率，构建耕地资源持续利用的机制和合理的实施方案。

1.3.4.2 中国旱区土地资源持续利用的问题

（1）土地资源总量大，人均占有量少，耕地质量差

因中国特殊的地理环境，土地资源分布严重失衡。中国旱区主要分布于西部地区，气候干旱，降水稀少，地广人稀。2001年，人口只占全国总人口的28.4%，而土地面积却占全国土地总面积的56.5%，其中耕地占全国耕地总面积的28.4%，林地占全国林地总面积的38.3%，牧草地占全国牧草地总面积的72%。就人均占有量而言，西部地区人均土地面积为28.8亩，人均耕地面积、人均林地面积、人均牧草地面积分别为2.0亩、4.7亩、10.3亩，分别是全国平均水平的1.3倍、1.7倍和3.1倍。西部地区土地虽然总量较大，人均占有量也较高，但耕地质量却远远不能满足该区域发展。在西部，优质高产旱涝保收农田约有1.8亿亩，只占耕地总面积的32%，低于全国40%的平均水平。而大于25°的坡耕地共计6810万亩，占耕地总面积的12%，大大高于全国4%的平均水平。在2000年中国耕地调查中发现，全国耕地面积为12 823.31万hm^2，人均耕地面积为0.101hm^2，不足世界人均耕地的一半。

(2) 生态环境脆弱

土地质量退化是指人类对土地的不合理利用导致土地下降的过程，主要表现在如下几方面。

1) 较低的植被覆盖率和植被的不断破坏造成水土流失越来越严重。水土流失使耕层变薄，全国每年流失的土壤超过 50 亿 t，约占世界总流失量的 1/5，相当于全国耕地削去 10mm 厚的肥沃的表土层，损失的氮、磷、钾养分相当于 4000 万 t 化肥的养分含量，其中黄河流域流失面积已占流域总面积的 67%，是世界上水土流失最严重的地区。北方的风力、冻融侵蚀等造成农业土地承载力减弱或土地荒废，如内蒙古风力、冻融侵蚀面积占到全区总面积的 85%。

2) 荒漠化及其引发的土地荒漠化已成为严重制约区域经济社会可持续发展的重大环境问题。据第五次全国荒漠化和沙化盐测结果，截至 2014 年，中国荒漠化土地总面积为 261.16 万 km^2，其中风蚀荒漠化土地面积为 182.62 万 km^2，每年因荒漠化造成的直接经济损失达 541 亿元。

3) 中国旱区盐碱地面积大，且呈连片分布，治理难度大。西北黄河灌区盐碱化土地约为 2000 万 hm^2，盐碱耕地约为 677 万 hm^2。盐碱化土壤有机质含量低，微生物活动能力差，土壤板结，并且已形成中国主要中低产田类型之一。

4) 环境恶化，土壤污染随着城市规模不断扩大、工业扩张以及乡镇企业兴起，大量的工业废水、废气、废渣排放到土壤中，造成土地污染。据统计，中国耕地受各种污染的面积达 2700 多万亩。

(3) 土地利用效率不高

在现有农业用地中，有相当一部分土地的质量不高，投入少，重用轻养，生产力水平较低。主要表现在如下几方面。

1) 中低产田面积较大，约占耕地总面积的 71.3%；林地资源中，有林地面积占农业用地总面积的 45.7%，在有林地中，过熟林比例较大，林木枯竭率较高（1%左右），造成林木资源的严重浪费；草地利用面积占可利用面积的 57.8%，高于世界平均水平约 0.5 倍，而生产能力却远比世界平均水平低，每公顷可利用草地平均生产畜产品还不及美国同等草地的 1/27。

2) 土地浪费严重。一是城市用地粗放，土地利用率低，低效利用土地约占 40%；二是盲目审批闲置土地多；三是农村人均用地面积不断增加。

(4) 后备土地资源严重不足

中国的后备耕地不足 0.7 亿 hm^2，主要分布在人口稀少、干旱少雨的新疆、内蒙古和云南三个省（自治区）。开发利用难度大，所需投入也较大；同时，开垦不当还会导致严重的水土流失。

(5) 土地利用结构布局差

由于盲目进行农业结构调整，不遵循因地制宜的原则，在不适宜水果种植的区域大力发展果园，导致许多优质耕地被挤占。此外，西部的建设用地开发设计不合理，也是严重制约西部社会经济可持续发展的重要因素之一。

1.3.4.3 中国旱区土地资源持续利用的对策

(1) 科学规划，加强耕地和基本农田保护

随着工业化进程的加快，对耕地的需求量会日益增多，解决耕地资源稀缺问题的出路主要包括：①“开源”，即加大对耕地后备资源的开发和复垦；②“节流”，即节约和合理利用及保护耕地，提高土壤质量，提高耕地的产出水平。切实保护耕地要重视以下几个方面，一是提高土地规划的质量和效率就要对规划程序和方法进行总结，提炼有代表性的模式，以减少规划工作中的重复劳动，并增强规划的标准化；二是严格执行用途管制；三是加强农村集体土地产权制度建设，建立长期稳定激励机制；四是防止因利益驱动而多占、乱占耕地；五是建立全国耕地变化的动态监测系统，为土地持续开发提供科学依据。

(2) 推进综合整治，提高用地质量

合理规划统筹安排有关土地整理的工作，重点治理利用不合理、使用效率低以及尚未利用的土地，力求在土地利用模式方面不断探索创新，开发能够良性循环的新模式。通过具体举措，尽量避免土地荒漠化、水土流失和土地质量下降的情况；针对围垦与过度开垦区域，要根据规划稳步开展退耕还林还草还湖活动，在规模较大的江河两岸或自然环境极其脆弱的区域，要及时退出陡坡耕地；颁布有关土地复垦、整理、利用的支持政策，提供新增耕地异地开发、土地置换、产业化运作等经济帮助。

(3) 构建管理规范的运行机制

中国土地可持续利用不仅要保护土地资源，而且要建立土地资源利用宏观调控与微观管理运行机制，确保全社会的健康稳定发展。需针对各级土地利用的法律地位和作用，制定切实可行的土地利用总体规划，并实施一整套措施，同时结合对具体土地利用活动的微观管理，为同级国民经济和社会的可持续发展提供土地保障。

(4) 加大科技投入

依托科技进步，科学推动种植业结构调整；采取退耕还湖、放牧还草、退耕还林等战略措施，促进植被恢复；持续实施可持续发展战略，大力发展生态工业和绿色工业，提高城市和工矿区国家工业资源质量。

(5) 制定切实可行的政策措施

随着人与自然关系认知的不断深化，在土地利用方面应秉持因地制宜的原则，合理布局结构，以优势产业的发展，构建颇具地方特色的城市群、经济带、特色农业区、专业生产基地；实施分类管理的区域政策，大力发展基础项目和基础设施的建设，更好地带动工业化和城镇化发展。

1.3.4.4 展望

中国旱区地域辽阔，自然资源丰富，是中国粮食生产的重要储备基地。但是，该地区地形复杂，地貌多样，沙漠、丘陵、平原、山脉等类型并存，地区间地理差异明显，社会经济发展水平差异较大。因此，了解干旱半干旱地区自然地理分异特征和农业水土资源利用现状，已成为实现农业水土资源高效可持续利用的重要前提和基础，对于制定合理的水土资源管理措施和规划方案具有指导意义。

(1) 荒漠化地区土地资源保护与利用

荒漠化是全球面临的重大生态问题，中国是世界上荒漠化面积最大、受风沙危害严重的国家。据第五次全国荒漠化和沙化监测结果，截至2014年，中国有荒漠化土地261.16万km^2，约占国土面积的27.2%；风蚀荒漠化土地182.62万km^2，约占国土面积的19.0%。土地荒漠化与贫困相伴相生，互为因果。中国近35%的贫困县、近30%的贫困人口分布在西北沙区。沙区既是全国生态脆弱区，又是深度贫困区；既是生态建设主战场，又是脱贫攻坚的重点难点区。通过逐步改善沙区生态状况，加快发展沙区绿色产业，实现治沙增绿和脱贫致富协调发展。

一要加强生态保护修复，促进沙区生态改善。生态问题是沙区最突出的问题，严重制约沙区经济社会可持续发展。要牢固树立尊重自然、顺应自然、保护自然的理念，坚持生态优先、保护优先、自然修复为主的方针，实行最严格的保护制度，全面落实荒漠生态保护红线，严格保护荒漠天然植被，促进自然植被休养生息。

二要发展特色沙产业，助力沙区精准脱贫。在保护优先的前提下，正确处理防沙、治沙、用沙之间的关系。引导更多有劳动能力的贫困人口参与林业重点工程建设，大力推进造林种草劳务扶贫，有效增加贫困人口经济收入。要充分利用沙区光热资源充足、土地资源广阔的优势，积极发展以灌草饲料、中药材、经济林果等为重点的沙区特色种植业、精深加工业、生物质能源、沙漠旅游业等绿色产业，构建企业带大户、大户带小户、千家万户共同参与的发展格局，治沙与治穷双管齐下，使沙害变沙利，黄沙变黄金。

三要坚持改革创新，促进沙区共治共享。防沙治沙既要有守护生态的底线思维，也要有穷则思变的创新理念；既要依靠政府主导，也要撬动市场力量，探索建立荒漠化土地资产产权制度，推动建立荒漠生态效益补偿制度和防沙治沙奖励补助政策，大力推动政府和社会资本合作治沙，坚持政府主导、企业主体、群众参与、科技引领，努力实现防沙治沙人人参与、建设成果人人共享。

(2) 盐碱化土地资源开发与利用

盐碱土作为中国重要的土壤和农业资源，其利用与管理成为中国旱区水土资源开发利用研究的重点。一方面，要加强土壤盐碱化的监测、评估、预测和预警研究，包括对土壤水盐动态监测技术的研究、土壤盐分优化评价方法的研究、不同条件下盐碱化利用与管理的多尺度风险评价和预警技术与方法，开展典型盐碱地或次生盐碱化土地的开发与研究、预警与风险评估研究、盐渍灾害指数和土壤盐碱化破坏诊断指标体系研究，完善盐碱地分类指标体系。另一方面，要加强盐碱地改良利用工作，通过采用工程改良（包括排水、冲洗、松土和施肥、铺沙压碱等）、生物改良（种植树木、种植耐盐性较强的牧草、利用高抗盐植物、提高植物的抗盐能力等）和化学改良（包括施用石膏、过磷酸钙、腐殖酸类改良剂和硫酸亚铁等）技术措施，未来研究的方向有以下几个方面。

1）植物与土壤盐分的相互作用机制研究及其生物治理，包括植物对土壤盐分的响应机理、植物种植对土壤盐分动态的影响机理、生物作用对土壤盐分运移和积累的影响机理、植物抗盐分的机理及其调控理论、盐碱土的生物调控机理、农业综合利用等。

2）土壤水盐优化调控机制与技术研究，包括水利工程、排灌、田间耕作、生物农艺调控措施、土壤水盐机理、土壤水盐综合调控目标、区域土壤水盐平衡调控规划技术、优化控制技术及一体化模式、潜在盐碱地和边缘水质灌溉区土壤和盐分调控机制。

3）盐碱障碍治理、修复与盐碱土资源利用的优化管理研究，包括中低产田盐碱障碍、灌溉扩展条件下的盐碱障碍、新型灌溉方式下的盐碱障碍、设施农业条件下的盐碱障碍、微咸水利用条件下的盐碱障碍、沿海滩涂盐碱障碍的治理技术与模式，盐碱土的快速治理与修复技术，土壤盐碱改良剂的研制，盐碱土的工程、水利、生物农艺培育技术，盐碱土利用过程中的优化管理技术等。

4）土壤盐碱化的生态环境效应研究，包括次生盐碱化的生态环境效应，盐碱地生态环境建设，水土资源开发利用，大型水利工程影响区盐碱化与生态环境建设，土地退化与盐碱化之间的生态环境关系，环境、气候变化与演化，节水灌溉条件下绿洲的延伸与盐碱退化及生态环境变化等。

总之，水土资源是农业生产的核心资源，也是粮食生产的战略资源，其态势关系到中国粮食生产的安全性和稳定性。近年来，中国由人口增长和经济发展带来的水土资源需求与其本身的稀缺性、有限性之间的矛盾越来越大，使水土资源管理成为全世界关注的对象和焦点问题，尤其对于水土资源利用问题较为严重的干旱地区，更是受到国内外学者的普遍重视。荒漠化土地、盐碱化土地的改良与利用关系到国家后备耕地资源、区域粮食安全与经济发展等一系列重大问题的解决，因地制宜发展荒漠化地区和盐碱化地区农业，努力拓展旱区土地开发利用途径，积极推进土地资源的生态利用与产业化开发，对促进中国旱区水土资源高效利用及其可持续发展具有重大意义。

1.4 阿拉伯国家旱区水土资源利用现状

阿拉伯国家主要分布在西亚和北非地区，包括阿联酋、约旦、阿曼、埃及等 22 个国家，总面积约为 1326.4 万 km^2，占世界的 8.9%，总人口为 4.3 亿人（2019 年），占世界的 5.7%；均属发展中国家，工业化发展较慢，经济结构普遍比较单一，石油、天然气、旅游以及农牧业是主要经济支柱。阿拉伯国家为热带和亚热带沙漠气候，干旱少雨，蒸发强烈，气温最高可达 50℃，荒漠化严重，水资源短缺。苛刻的自然环境条件，严重制约了这些国家的水土资源持续利用。

1.4.1 阿拉伯国家旱区水资源利用现状

阿拉伯国家水资源只占世界总量的 0.4%，年人均水资源量低于 1000m^3，是世界上最缺水的地区之一。目前，全世界 15 个最缺水的国家中，有 11 个是阿拉伯国家。阿拉伯国家 65% 的地表水都来源于地区之外，虽然有尼罗河、底格里斯河、幼发拉底河、约旦河、塞内加尔河等河流，但远远不能解决阿拉伯国家水资源短缺问题。水资源短缺不仅严重困扰着阿拉伯国家农业发展，而且对该区域多个国家的安全构成威胁，严重影响着区域的可持续发展。阿拉伯国家旱区水资源利用主要存在以下问题。

(1) 水资源短缺导致荒漠化

除地表水资源短缺以外，阿拉伯国家大气降水也非常匮乏，大部分地区年降水量不足100mm，导致土壤大面积荒漠化且难以治理。虽然部分国家地处亚热带，但炎热的气候，干旱的土地，给农业发展和生态恢复带来很多困难。

(2) 水资源分配不均导致区域水资源差距大

不仅同一流域上下游国家之间水资源拥有量有差距，而且同一水源区近水和远水区的水资源拥有量也有很大差距。

(3) 水资源利用率低导致大量浪费

一方面阿拉伯国家种植（如水稻、玉米、椰枣等）耗水量大的作物，消耗了大量水资源；另一方面农业水资源的利用以漫灌、沟灌、喷灌为主，滴灌和地下渗灌应用较少，水资源利用技术水平较低。

(4) 水资源政策不完善导致水资源过度开发

阿拉伯国家在农业水费收缴、补贴方面各有差距，有的国家为了产业发展需要，放开对水资源尤其是地下水的开发利用，导致地下水位下降，水资源紧缺；而有的国家政策较严。所以，各个国家的政策措施对水资源开发及持续利用有着严重影响。

(5) 水污染限制区域的可持续发展

在阿拉伯国家各个特色优势产业的发展过程中，不仅消耗了大量水资源，而且产生了大量污水，严重污染了地表水和地下水，给区域持续发展带来了很大压力。例如，农业施用的农药、化肥和各种废弃物，不仅导致地表水大面积污染，而且由于治理技术落后，给水资源的循环利用带来很大的影响。

因此，全球旱区水资源缺乏的问题，给科学界带来了许多新的命题，人们不仅需要研发更新技术，而且需要有可持续发展的长远规划，才能进一步促进水资源的可持续利用。

1.4.2 阿拉伯国家旱区土地资源利用现状

阿拉伯国家土地总面积约为1326.4万km^2，其中可耕地面积约为5538万hm^2。从阿拉伯国家土地资源分类来看，主要有沙漠、山地、丘陵、平原等，这展示了阿拉伯国家土地利用的多样性。一般而言，山地宜发展林牧业，平原、盆地宜发展农业。这一区域自然条件复杂，尤其是干旱少雨、高温持续时间长，以及人类活动等导致土壤荒漠化，使干旱半干旱地区土地退化现象严重。经过几千年的开发利用，阿拉伯国家逐步形成了现今的各种各样的土地利用类型，包括耕地、林地、牧地、水域、城镇居民用地、交通用地等。但由于阿拉伯国家的人们以谷物、鱼、牛羊肉及水果为主要生活资料，人们不得不开发和利用沙漠或沙化土壤，以满足对农产品不断增长的需求。因此，分析解决阿拉伯国家旱区土地资源持续利用问题对于经济社会的发展具有重要意义。阿拉伯国家旱区土地资源利用主要存在以下问题。

(1) 土壤荒漠化导致土地生产力严重衰退

人们粗放的生产生活方式导致区域土地利用率逐渐降低，加之降水稀少，风蚀严重，肥力下降，土壤大面积荒漠化且难以治理，农业发展和生态恢复面临很多困难。

（2）可利用土地资源减少

由于气候和人为因素影响，可利用土地资源减少。特别是在水资源短缺的区域，成千上万的人口被迫迁往他乡，成为“生态难民”。

（3）自然灾害加重土地退化步伐

在阿拉伯国家干旱区域，危害最严重的就是沙尘暴。每次沙尘暴过后，种植业受到的冲击最大，不仅影响植物正常的生长发育，而且还会导致不同程度的减产。

（4）母质土壤和灌溉水盐分过高导致的土壤盐碱化

目前，阿拉伯国家盐碱化土地面积不大，但水资源中含有不同程度的盐碱成分，长期的灌溉将导致土壤大面积的盐碱化。

（5）各种污染导致的土壤退化严重制约着土地资源持续利用

随着大规模的工业化、石油开采和经济发展，土壤污染导致的土壤退化越来越严重，严重制约着土地资源持续利用。

1.5 澳大利亚旱区水土资源利用现状

澳大利亚四面环海，国土面积为769.2万km^2，境内主要有墨累河、达令河两大河流，地域辽阔，资源丰富，人均占有面积大。虽然部分区域降水量充沛，水土资源利用技术先进，但由于蒸发强烈，盐碱化严重，干旱地区的水土资源利用仍然存在很多问题。

1.5.1 澳大利亚旱区水资源利用现状

由于大陆地形平缓、地理位置特殊，加之全球大气循环造成的独特气候特征，澳大利亚被认为是一个干旱大陆。2007年，澳大利亚水资源总量约为3430亿m^3，地表水和地下水资源为175亿m^3。年降水量为400mm左右，但区域内降水分布不均，年际差异较大。2/3的国土面积属于干旱半干旱地区，年降水量不足250mm。澳大利亚水资源利用主要存在以下问题。

（1）年际水资源分配不均导致植物产量受限

澳大利亚水资源年际差异较大，冬季和春季降水占2/3，夏季和秋季降水占1/3，大部分地区地表蒸发强烈，土壤盐碱化现象严重。同时，地表水资源短缺，导致土壤大面积荒漠化且难以治理。干旱的土地制约了畜牧业的发展和生态恢复。

（2）水资源分配不均导致区域土地利用差距较大

不仅同一流域上下游之间水资源拥有量有差距，而且由于降水季节不同，大量的降水不能得到有效利用。因此近些年，澳大利亚大力推进“海绵城市”建设，以解决季节降水持续利用问题，并取得了很好的效果。

（3）水资源利用率低导致大量浪费

一方面澳大利亚种植了高耗水作物（如小麦、玉米等），消耗了大量水资源；另一方面农业水资源的利用以漫灌、沟灌、喷灌为主，滴灌和地下渗灌应用较少，水资源利用技术水平有待进一步提高。

近些年，澳大利亚进一步开发雨水收集技术，广泛地应用雨水收集系统，对降水资源进行多功能、分散化的管理。同时，进一步加强降水资源管理与城市规划进程的联系等，均取得了很好的效果。

1.5.2 澳大利亚旱区土地资源利用现状

澳大利亚是一个土地资源大国，国土面积约为 769.2 万 km^2，其中耕地面积约为 4876 万 hm^2。澳大利亚土地资源主要有草地、山地、盐碱地、丘陵、平原、沙漠等。澳大利亚大陆有 1/3 的地区不宜发展农牧业，1/3 的地区只宜发展畜牧业，但其农用地面积仍然相当可观。北部有广阔的平原和雨林，东南部有雪原，中部有沙漠，东部、东南和西南部均有肥沃的耕地。2005 年，农用地的 90% 以上是天然草场，达 4.4 亿 hm^2；耕地面积只有 4876 万 hm^2，其中灌溉面积占 4%。澳大利亚拥有一些灌溉良好的肥沃土地，这些适合农牧业的土地资源得到了充分有效的利用。由于澳大利亚的人们以谷物、鱼、牛羊肉、水果和酒类为主要生活资料，人们不得不开发和利用各类土地资源，以满足对农产品不断增长的需求。澳大利亚旱区土地资源持续利用主要措施如下。

（1）保护优质的农业用地，促进优质农产品的产出

人们粗放的生产生活方式导致区域土地利用率逐渐降低，加之降水有限，土壤大面积盐碱化且难以治理，因此，在土壤和气候较好的地方需要更加重视土地资源的保护和利用，以确保优质农产品的供给。

（2）进一步加强土地资源的规划管理

在水资源短缺的区域，通过土地资源复垦等措施，提高保水、保肥能力，更重要的是进行有序开发，促进土地资源的可持续利用。

（3）大面积改良利用盐碱化土壤

澳大利亚盐碱地面积 200 多万公顷，大部分是由母质土壤含盐量高所致，但也存在高蒸发量导致土壤不同程度的盐碱化。

长期以来，澳大利亚建立了土地资源可持续发展的长远规划，为进一步促进土地资源的可持续利用奠定了基础，给世界各国带来了很多发展的启示。

1.6 美国旱区水土资源利用现状

美国地处北美洲中部，国土面积为 937 万 km^2，总人口为 3.3 亿人，陆地面积为 915.9 万 km^2，内陆水面面积为 21.1 亿 km^2。地域辽阔，资源丰富。

1.6.1 美国旱区水资源利用现状

根据降水量的自然分布，美国水资源特点可以概括为东多西少、人均丰富。西部 17

个州为干旱和半干旱区，年降水量在500mm以下，西部内陆地区年降水量只有250mm左右，科罗拉多河下游地区年降水量不足90mm，是美国水资源较为紧缺的地区。2000年，美国水资源总量约为20 000亿m^3，年人均水资源量约为7407m^3，美国西部干旱，水资源缺乏。区域内降水不均，年际差异较大。海水淡化和节水灌溉依然是美国水资源持续利用的有效方式。美国旱区水资源利用主要有以下特点。

（1）发挥市场在水资源配置中的作用

通过市场化手段促进水资源的集蓄、管理和使用。在农业水资源利用过程中，大力推广和采用节水灌溉技术，促进水资源有效利用。一方面保证农作物得到均匀水分和养分，另一方面使宝贵的水资源得到有效利用。美国农场有50%的面积采用喷灌的方式。

（2）通过海水淡化和污水处理推动水资源持续利用

美国在2004年就拥有海水淡化厂2560家，淡化水日产量达到360万t，居世界第一位，而且在污水处理方面有多个项目支撑，使污水得到再生利用。

（3）水资源分配不均导致区域土地利用差距很大

不仅同一流域上下游之间水资源量有差距，而且由于降水季节不同，大量的降水不能得到有效利用。因此近些年，美国大力推进拦蓄工程建设，以解决季节降水持续利用问题。

（4）农业用水是美国水资源利用的大户

美国西部属干旱半干旱地区，但却是全国农业灌溉最集中的地区，也是全国粮食的主产区。加利福尼亚州和爱达荷州灌溉用水最多，两者合起来用水量达到国家用水总量的34%。

1.6.2 美国旱区土地资源利用现状

美国地形的特征是平原广阔，山地较少，土地资源比较丰富。土地总面积约为937万km^2，其中耕地面积约为18 700万hm^2。美国土地资源主要有草地、山地、盐碱地、丘陵、平原、沙漠等，是世界上土壤保护重视程度最高、土壤保护投入资金最多的国家。美国政府土壤保护政策的目标是保护土壤，防止各种形式的土质退化，修复被侵蚀和地力耗竭的土壤，保护农作物需要的养分和水分，并采取其他措施以保证获得最高单产和农业收入，主要通过法律法规、经济激励和技术咨询服务等途径来实现。其中经济激励主要包括政府项目投资和私人或市场激励。美国旱区土地资源利用的主要措施如下。

（1）通过积极政策引导土地持续利用

在现有土地生产方式的基础上，通过建立鼓励政策引导农业生产者积极开展土壤保护。主要包括现金补贴、提供租金、成本分摊、减免税收、免费开展技术咨询服务等，努力提高农业生产者的文化素质和环境保护意识，促进公众积极参与土壤保护行动。

（2）土地资源市场化管理及持续利用

在水资源短缺的区域，通过对各种土地资源进行复垦，提高保水、保肥能力，同时通过市场化管理，促进土地资源的高效利用，并在利用过程中，持续提高土地利用效率。

（3）大面积改良利用盐碱化土壤

美国西部的盐碱地面积占灌溉区面积的50%左右，每年因盐碱化产量降低25%以上。

大面积盐碱地严重影响着干旱地区农业生产和生态恢复。

总之，确保水土资源持续利用必须从源头入手，主要包括：①加强林草建设。在强化治理的同时，通过植树造林、乔灌草的合理配置，建设多林种、多树种、多层次的立体防护体系，持续促进荒漠化地区植被恢复。②在荒漠化地区开展持久的生态革命，以加速荒漠化过程逆转。③持续推动生态移民。④减轻人畜和各种动物对草场的破坏。大力推行围栏封育、轮封轮牧，大力发展人工草地或人工改良草地，加快优良畜种培育，优化畜种结构。⑤加快产业结构调整，按照市场要求合理配置农业、林业、牧业比例。⑥优化农牧区能源结构，利用非常规能源，如风能、光能、沼气等，以减轻对林地、草地等资源的破坏。⑦做好长远发展规划，各个国家交流互鉴，取长补短，共同维护地球水土资源的持续利用。

第 2 章 全球典型旱区水土资源持续利用关键技术研究

水是全球分布最广的资源。地球表面 70% 以上被水覆盖，总水量高达 14.5 亿 km^3。其中，97.3% 是海水，淡水只占 2.7%，主要包括河流水、湖泊水、地下水、冰川与冰帽等。其中，南极、北极和大陆冰川的储量占淡水的 86%；浅层和深层地下水的储量占淡水的 13%；江河湖泊中的水是最容易被人类利用的宝贵资源，但这部分资源仅占淡水的 1%。在历史发展中，人类总是在有水的地方进行经济活动。随着这些经济活动的不断发展，人类对水的依赖程度越来越高，每年淡水消耗量持续增加。但地球能供给我们的淡水资源十分有限，农业又是用水大户，迫使人们把水看作维持生命的源泉。对于中国西北、亚洲部分阿拉伯国家和非洲与南美洲大部，水资源更加短缺，淡水资源只有其他地方水资源的 1/4，不仅严重制约着区域经济社会的可持续发展，而且成为未来必须面对和急需破解的重大问题。

由于构成的复杂性和区域的特殊性，土地资源分布在地球上不同的地理位置，且土地类型复杂。此外，由于人口、民族及各国的社会经济条件不同，土地资源的利用特征也不相同。影响土地资源持续利用的因素主要包括水资源短缺导致的土地沙漠化、盐碱化和养分亏缺导致的地力衰竭及严重的水土流失。

通过长期不断的探索，人们提出要树立可持续发展理念，持续加强水土资源的保护，防止生态恶化。更重要的是全面进行水土资源持续利用管理的理论与方法研究，建立能够提高水土资源利用率的新技术、新方法和新理论体系，解决世界水土资源持续利用的关键性问题，并作为一项紧迫而艰巨的任务进行全方位攻关，在人类广泛活动的区域形成一个具有农、林、牧、渔等多种水土资源利用的新空间格局。

因此，从水土资源持续利用的角度出发，未来还需要持续开展以下工作。

1）兴修水利，不断提高水资源利用效率。首先，修筑蓄水输水工程，使各种水源由无序变为有序。其次，开发高效灌溉技术，促进水资源高效利用。最后，大量的水资源用于生态恢复、环境保护，使生态环境能够提供更多洁净水源。

2）开辟农田，不断提高农田的生产效率和持续利用能力。开辟农田是人类利用自然资源的一种主要方式，是人类发展进步的重要方面。随着人口的增加，生产力的发展，大量盐碱地、沙荒地等土地改造为农田，通过配套开发大面积灌溉，使更多中低产田得到持续利用。

3）不断驯化培育优质高产的动植物品种。通过驯化培育优势物种，大幅度提高生产力和提供更加丰富的消费产品，在一定程度上减轻对水土资源的过度利用。

4）大力开发太阳能、风能、氢能、核能等绿色环保清洁能源，有计划地对油气、湖泊与矿山进行合理开发利用，大幅度减轻对一次性能源及各种资源的掠夺式开发。

5）植树造林，扩大森林面积，不断改善生态环境，使水土资源得到持续利用和循环利用，构建新的资源平衡模式。

2.1 全球典型旱区水资源持续利用关键技术研究

全球典型旱区不仅水资源短缺，而且 65.8% 的淡水资源用于农业，还有 17.2% 的劣质水资源。因此，研究开发高效节水技术和劣质水处理利用技术是全球典型旱区水资源能否持续利用的关键所在。

全球典型旱区水资源主要有：①降水。降水主要指雨、雪、冰雹，降水水质较好，矿物质含量较低，是特别好的淡水资源，但水量得不到保证。②地表水。地表水主要是由地表径流和汇集降水后形成的水体，包括江河水、湖泊水、冰川水、水库水等。地表水主要以降水为补充来源，与地下水存在相互补充的关系。地表水的水量和水质受地质状况、气候、人为活动等因素的影响较大。地表水是人类生活用水的重要来源之一。③地下水。地下水是由降水和地表水通过土层渗入地下而形成的，主要包括浅层地下水、深层地下水和泉水。由于水量稳定、水质好，地下水是部分旱区农业灌溉和生活用水的主要来源。

为了缓解干旱半干旱地区水资源利用压力，根据《2017 联合国世界水资源发展报告》估计，截至 2016 年，世界各国共修建 17 000 多座大型水库，总库容超过 6 万亿 m^3，其中库容大于 50 亿 m^3 的水库有 190 多座，总蓄水量约 4.3 万亿 m^3。2015 年全球农业用水 3.1 万亿 m^3，工业用水 9300 亿 m^3，城市用水 1900 亿 m^3，水库蒸发 1600 亿 m^3，约占全球河川径流量的 6.4%。与 1900 年相比，2015 年总用水量增加 7.2 倍，其中农业用水增加 7 倍，工业用水增加 30 倍，城市用水增加 7.5 倍。预计到 2020 年，全球总用水量将达 8 万亿 m^3 左右。

截至 2016 年，中国已修建大、中、小型水库 126 000 座，总库容 8200 亿 m^3，机电排灌工程总抽水能力 9790 万 kW。其中，中国北方地区修建机井 441 万眼，建成水闸 44 910 座，万亩以上的灌区 9288 处。不包括水力发电用水在内，中国水资源开发利用总量约 8770 亿 m^3。

目前，全球旱区水资源持续利用关键技术主要包括以下几个方面。

（1）渠道防渗

农作物主要通过降水与灌溉两种方式获得生长所需的水分。早期的灌溉主要是渠道灌溉，且传统的土渠输水渗漏损失高达 50% ~60%，中国每年渗漏损失水超过 1700 亿 m^3，占中国总用水量的 1/3，浪费现象十分严重，渠道渗漏的预防和控制是节约用水的主要措施之一。常用的渠道防渗技术包括土料防渗、混凝土防渗、砌石防渗、膜料防渗、暗管防渗等。

1）土料防渗是一种技术简单、造价低廉的防渗技术，它是以黏土、灰土、三合土等为主要材料修建而成的渠道。但其冲淤流速难以控制，抗冻性差，养护工程规模大，仅适用于温带地区中小型渠道。

2）混凝土防渗是目前应用最广泛的防渗技术，其防渗效果优于其他防渗措施，一般可将渗漏量减少 90% ~95%。此外，混凝土的防渗强度高、粗糙度小、允许流量大，但成本高。

3）砌石防渗有干砌石块、干砌卵石、干砌料石、浆砌石块等多种形式，它可以就地取材，具有较强的抗冲蚀和耐磨性，抗冻和抗渗性也较强，适用于石料来源丰富、防冻、防腐蚀要求较高的渠道。

4）膜料防渗是利用抗渗漏薄膜或其他复合膜料在通道内设置防渗保护层的技术。采用塑料薄膜或土工膜料防渗效果较好，一般可减少约 90% 的渗漏损失；采用土壤作保护层，成本较低，但占地面积大，允许流量小，适用于中小型低流速渠道；刚性保护层成本较高，适合于大、中型灌区。

5）暗管防渗是灌区输水系统中最理想的防渗形式，防渗效果一般在 95% 以上，一次性投资高，但可使用 30 年以上。另外，暗管防渗不受气候因素的影响，所以近年来中国采用暗管防渗的工程项目不断增多（陈晓杰，2011）。

（2）喷灌

喷灌是一种利用特殊设备将水喷射到空气中，利用压力形成细小的水滴，然后均匀地落到田间的灌溉方法。它是一种机械化、高效的节水灌溉技术，具有节水、省力、增产、适应性强等特点。喷灌几乎适用于除水稻外的所有大田作物、蔬菜和果树。与明渠输水的地面灌溉相比，喷灌可节水 30% ~50%，粮食增产 10% ~20%，经济作物增产 20% ~30%，蔬菜增产 1 ~2 倍。在高温多风的天气下不易均匀喷洒，喷灌过程中蒸发损失较大。此外，喷灌的投资也高于一般的地面灌水方式。

（3）滴灌

灌溉用水首先形成水滴，水滴落在土壤表面进入土壤，然后通过土壤颗粒的吸水作用扩散到土壤中，为作物根系层提供水分，整个灌溉过程分为两个阶段。目前，地面滴灌技术的应用和设备的研制取得了较大的进展。与其他灌水方法相比，滴灌增产显著。滴灌可以通过水肥一体化技术，将作物生长所需的养分和物质按比例精准地送达作物根区，这不但可以提高肥料利用率，而且能减少因灌溉淋洗产生的溶质数量，从而减轻对地下水的污染，且节省大量人力。

（4）渗灌

灌溉用水通过渗灌管道渗入土壤，进入作物的根系来灌溉作物。具体来说，灌溉用水通过渗灌管道管壁上的微孔从内向外渗出，然后通过管壁周围土壤颗粒的吸水作用向土体扩散，供水给作物根层，一次连续性实现对作物灌溉的全过程。目前，渗灌较其他各种类型的灌溉方式都更加节水，但还有很多问题尚需解决。

在水资源较为充分的地区，多采用小畦灌，其比块灌、漫灌和串灌分别增产 10.9%、11.7% 和 29.1%。在同等产量条件下，小畦灌比块灌、漫灌和串灌分别节水 13.73%、22.90% 和 48.45%。

总之，水资源的高效利用是一项系统性工作，其核心是提高水资源的利用率，将水利工程措施与农业技术措施相结合，以最大限度利用水资源。

2.1.1 旱区降水和地表水持续利用关键技术研究进展

全球年降水量、年蒸发量、年径流量和年人均水资源量分别为 $116\times10^{12}m^3$、$61\times10^{12}m^3$、$38.2\times10^{12}m^3$和 $8400m^3$。世界各大洲年降水量、年蒸发量、年径流量和年人均水资源量如图 2-1所示。

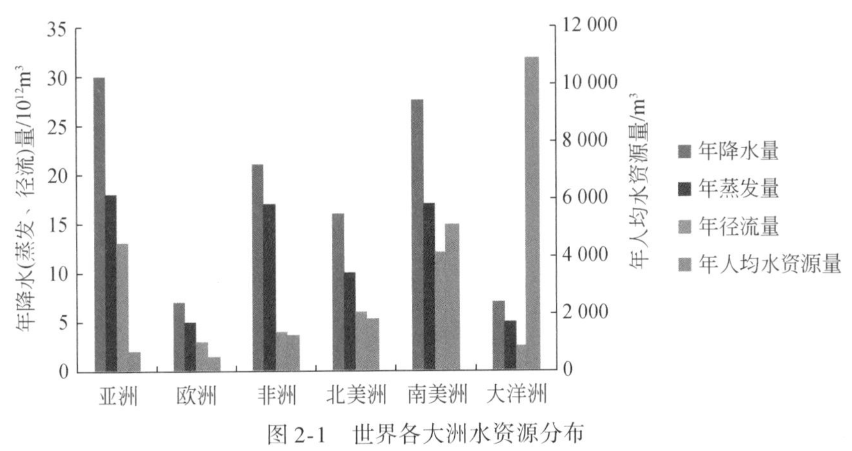

图 2-1 世界各大洲水资源分布

在极端干旱的西亚、北非等区域，年降水量低于 50mm，降水很难收集利用。在中亚、北欧、南美和澳大利亚等国家和地区，年降水量在 150mm 以上，降水可通过拦蓄或集蓄进行利用。从目前全球对降水的利用来看，可将降水通过库、塘坝拦蓄以及窖存的方式进行利用，但由于这些方式集蓄的水资源大多远离城乡电力配套地区，除进行自流灌溉以外，需采用移动式节水补灌和太阳能加风能补灌等方式。世界各大洲水资源利用情况见表 2-1。

表 2-1 世界各大洲水资源利用情况 单位:%

利用方式	亚洲	欧洲	非洲	北美洲	南美洲	大洋洲	世界
农业用水	84	14	85	8	69	30	71
工业用水	9	45	6	72	11	13	20
生活用水	7	41	9	20	20	57	9

中国位于北半球欧亚大陆的东南部，濒临西太平洋，南北共跨 50 多个纬度，东西共跨 60 多个经度，国土面积为 960 多万平方千米。境内地势西高东低，山地多、平原少，地貌类型多样，季风气候显著，水资源分布具有东南多、西北少、夏秋多、冬春少、丰枯年悬殊的特点。2012 年，全国水资源总量约为 2.8 万亿 m^3，年人均水资源量仅为世界平均水平的 1/4，而且水资源时空分布特别不均，北方地区占国土面积的65%，且拥有 40%的人口和 51%的耕地，但水资源总量只占全国的 1/5。干旱半干旱地区占国土面积的 50%以上，且大部分干旱半干旱地区地下水资源也极为贫乏。例如，黄土高原地区土地面积为

64 万 km^2，由于黄土覆盖层厚达数十到数百米，地下水赋存的有利条件丧失，地下水资源极为贫乏；加之复杂的地形条件，仅有的地下水也难以开发利用。同时，中国的降水资源相对丰富，据统计，全国年降水总量达 6.19 万亿 m^3，约是全国水资源总量的 2.2 倍。因此，如何开发和利用巨大的降水资源，实现降水资源化、提高利用效率成了水资源持续利用的重要途径，也是建设资源节约型、环境友好型社会的重要任务之一。

2.1.1.1 降水与地表水持续利用进程

降水作为最古老的水资源利用方式，已有近千年的历史。据报告，降水的利用可追溯到公元前6000 多年的阿兹特克（Aztec）和玛雅文化时期，那时降水已经被用于农业生产和人类生存。在公元前 2000 年的中东地区，典型的中产阶级家庭都有一个降水收集系统，用来储存降水，用于生产生活（孙三祥等，2010）。

在利比亚的干燥河谷，雨洪在高原边缘被石墙和涵洞导入谷底，由另外或宽或窄的石墙加以控制；在高原上也是一样，雨洪由石墙引入淤积的浅滩来改善放牧条件，阿拉伯人汇集降水以保障干燥河谷中的农业，种植无花果、橄榄、葡萄和大麦等。公元前 47 年，亚历山大的埃及人从集水槽中取水，且使用前预先加热来杀菌。以色列的内盖夫（Negev）沙漠，降水是唯一的水资源来源，但年降水量只有 100mm。约 1500 年前，纳巴泰人的沙漠商队利用少量降水灌溉，种出了庄稼，并建立了城市和村庄，成为灿烂一时的沙漠文明。集流降水是世界上沙漠和干旱地区共有的特征，在印度西部塔尔沙漠，人们利用水箱、储水池、水坝、水窖收集降水，用于农作物灌溉，使塔尔沙漠成为世界上人口最稠密的沙漠，每平方千米可养活 60 人。

在美国，降水利用也有着悠久的历史。几百年前，亚利桑那州沙漠的印第安人将降水汇集到土地上，种植玉米、南瓜和甜瓜，被植物学家埃德加·安德森描绘为“世界上最值得注意的农业系统之一”。500 年前，在科罗拉多高原的北部，阿那萨基人建造了成千上万的小水坝来阻挡雨水和冲下山坡的泥沙，并在干旱的山谷中种植了玉米、豆类和部分蔬菜。

在古代的干旱缺水地区，一项重要的降水利用工程是暗渠（坎儿井），它在波斯山区以及亚洲西南部丘陵山区仍是比较重要的水源。阿富汗、巴基斯坦和中国新疆分布有大量的暗渠。伊朗有 40 000 多条暗渠，总长 27 万 km，可绕地球近 7 圈。20 世纪 50 年代，这些已有 2000 多年的渠道仍然给伊朗提供 3/4 的用水。严格意义上讲，暗渠并非直接利用降水，它只不过是通过暗渠，防止水分蒸发损失，将其他地区的降水、冰雪融水、河道潜水或地下潜水集流到使用地区。从扩大集流面以及满足局部地区需水要求方面来讲，暗渠仍是一种高效的降水利用技术（马德娣，2010）。

随着科学技术的进步，以利用地表径流和地下水为目标的现代水利工程建设取得了迅速发展，降水资源的开发利用有所减少。但随着水资源供需矛盾、环境问题日益突出，修建水库等水利设施破坏当地生态环境。加之降水利用技术本身的优越性，降水这个古老水资源的开发利用又很快地在世界各地复兴和发展，并且成为很多国家解决水资源短缺，尤其是解决农村人口生活用水和生产用水困难的重要途径之一。例如，以色列在 1948 年颁布了《排水及雨水控制法》，制定了长达 30 年的降水利用和沙漠公园规划，实施了有效的降水利用技术。虽然降水稀少，但以色列人巧妙地利用挡水墙，将沙漠周围山区的降水拦截到灌溉农田的沟渠网络中。除农场外，一些地区还将收集到的降水储存在山腰的蓄水池中，为牧民和羊群提供了水源。联合国将 1981 ~ 1990 年规定为“国际饮水及卫生十年”，目标是到 1990 年全球人口都能饮用到水质安全、数量充足的淡水，并将降水收集系统作为城市、郊区及农村的备用或补充水源。为了促进“国际饮水及卫生十年”计划的实施，第一届雨水集流利用国际会议于 1982 年 6 月在美国夏威夷召开，并成立了国际雨水利用收集协会（IRCSA），推动了家庭和农业降水应用技术的发展。截至 2005 年，已召开了 12 届国际雨水利用会议，全世界已建立数以万计的降水集流系统。降水利用在国际上的影响越来越大，降水的开发利用也成为 21 世纪解决水资源短缺问题的重要途径之一（李鹏飞，2011）。

降水的利用在中国也有悠久的历史。早在 3000 多年前的周朝，中耕等技术就被用于农业生产，以增加降水入渗和作物产量。2500 年前，安徽寿县修建了一座大型平原水库——芍坡收集降水和径流，用于农业灌溉。秦汉时期，人们修建了一些降水收集设施，用于灌溉农作物。建造梯田利用降水的方法可以追溯到东汉时期。水窖的建造已有几百年的历史，清朝末期在甘肃会宁县修建的水窖至今仍在使用，但限于当时的科学技术条件，降水的收集效率较低。20 世纪 50 年代，人们已经开始利用降水灌溉玉米、蔬菜等，但对降水利用进行系统的研究始于 80 年代末期。在连续干旱少雨的背景下，干旱半干旱缺水地区在政府的引导和政策引领下，将雨水集蓄利用技术推向了新的阶段。1988 年甘肃省率先开展降水利用的试验研究，并将其研究成果大力推广；1995 年实施了“121 雨水集流工程”，1997 年制定并出版了《甘肃省雨水集蓄利用工程技术标准》。这一工程的实施使降水在解决人畜饮水和发展庭院经济灌溉方面得到全面应用和推广，拓宽了水利建设的领域，开辟了降水资源的利用途径，为同类地区降水资源的持续开发和利用提供了宝贵经验（马德娣，2010）。此后其他地区，如宁夏、山西、内蒙古、陕西、河北、河南、四川、贵州、广西等也相继开展了这方面的工作，主要是通过对降水的高效收集和储存，解决人畜生活用水和作物补充灌溉。降水利用取得了显著的社会效益、经济效益和生态效益，并已初步显示其巨大潜力。

同时，中国还将“九五”国家重点科技攻关计划项目“节水农业技术研究与示范”“人工汇集雨水利用技术研究”列为攻关专项，并在“十五”期间将国家高技术研究发展计划（863 计划）“现代节水农业技术体系及新产品研究与开发”中的“新型高效雨水集蓄与利用技术研究”列为前沿与关键层次创新课题。这标志着雨水利用技术不但在旱地农业生产中得到广泛应用，而且已成为中国现代节水农业技术体系的重要组成部分。1996 年、1998 年、2001 年和 2004 年，分别在甘肃兰州、江苏徐州、辽宁大连和四川成都举行了第一、第二、第三、第四届全国雨水技术研讨会，极大地推动了中国降水资源利用研究的发展，使降水资源利用的研究告别了生产自发的研究行为，将降水资源利用的研究进一步提升到了科学的高度。

2.1.1.2 降水与地表水利用发展现状

降水利用作为一种传统的、实用的、非常规的、高效并亟待开发的水资源利用技术，随着全球干旱缺水危机的日益加剧，受到世界各国的高度关注与重视。降水利用已在世界各大洲 40 多个国家和地区得到应用，从干旱缺水的发展中国家（部分地区将降水作为主要生活水源）到供水比较充足的发达国家（补充公共供水系统既便宜又方便）。从降水利用的用途来看，目前降水利用主要集中在解决人畜生活用水、农业生产用水、生态环境用水和城市雨洪利用以及回灌地下水等几个方面。

（1）利用降水解决人畜生活用水

降水的利用是从解决人类和动物的用水问题开始的。日本、澳大利亚、加拿大、美国、德国、瑞典等发达国家，泰国、印度、尼泊尔、斯里兰卡、孟加拉国、菲律宾、伊朗、巴勒斯坦、南非、肯尼亚、突尼斯、博茨瓦纳、纳米比亚、津巴布韦、乌干达、赞比亚、坦桑尼亚、埃及、巴西、墨西哥、哥伦比亚等发展中国家，都在积极推广这一技术。自 1983 年起，泰国开始在本国干旱的东北地区推广工艺简单的水泥罐工程，建造了 0.12 亿个 $2m^3$ 的家庭集流水泥罐，解决了 300 多万农村人口的饮水问题。在澳大利亚农村及城市郊区，人们通常在房屋旁边建造用波纹钢板制作的圆形水仓，从屋顶收集雨水，这种建筑甚至成为澳大利亚一种特色风光。南澳大利亚州的抽样调查结果表明，使用降水的居民比使用城镇集中供水系统的居民要多。加勒比亚地区降水也是当地许多社区的主要水源，百慕大群岛 80% 以上的居民使用的水来自降水收集系统。

在非洲肯尼亚，世界银行的农村供水和卫生项目将降水存储利用作为一个重要内容，在学校、医院建造了很多 $10\sim100m^3$ 的储水罐，后来这一技术被推广到非洲的博茨瓦纳、纳米比亚、坦桑尼亚等，推动了降水集蓄利用工程的发展。在拉丁美洲的墨西哥和巴西，降水利用也很常见。墨西哥恰帕斯（Chiapas）高原的降水收集系统比较完善，由铝制屋顶、梯形地下水池、过滤池、水泵等组成。在巴西东北部靠近赤道的半干旱带彼得罗利纳（Petrolina），国际组织资助贫苦居民建造了 2000 多个铁丝网水泥、预制混凝土板和砖砌的储水罐（冯浩，2001）。

（2）利用降水解决农业生产用水

世界各国都有利用降水发展农业灌溉的例子，特别是在严重的干旱半干旱缺水地区，将有限的降水资源集中收集、储存和供给，通过对降水进行再分配，解决降水季节与作物生长需水期不一致的矛盾，以提高降水利用率。20 世纪 50 年代以来，世界各国对降水农业补灌的研究和实践逐渐兴起。例如，以色列制定了长达 30 年的大规模降水农业利用计划，并在内盖夫沙漠地区建立了可持续发展的农业生态系统。经过多年的努力，以色列重新启用和改进了古老的纳巴泰系统，中东、非洲以及美洲一些国家都在效仿这一体系。联合国非洲经济委员会将适合发展当地的降水利用技术作为援助非洲的一项重要途径，组织了许多科技人员在非洲各地进行大量的试验研究和示范。在巴西的彼得罗利纳进行了利用田间土垄富集降水的试验和示范，结果表明，这种措施能使作物增产 17% ~58% 。印度在安得拉邦（Andhra Pradesh）地区 8.9 hm^2 的小流域的研究表明，修建由 $1hm^2$ 集流面、$300m^3$ 蓄水池组成的 6 处系统，可为该流域农田提供充足的灌溉用水。在印度很多地区，修建小型水池、塘坝、谷坊等拦蓄降水，进行灌溉。在墨西哥，淤地坝、谷坊等被用来收集和储存降水。在年降水量 600mm 条件下，肯尼亚莱基皮亚（Laikipia）地区资助居民建造容积为 100m^3的地下水池，其中家庭生活及牲畜饮水占 25m^3，庭院灌溉占 75m^3，降水收集面是铁皮做的屋顶。该项目取得了良好的效果，玉米产量由项目实施前的 120kg/亩增产到实施后的 180kg/亩，增产 50%。

中国利用降水解决人畜生活用水已取得了丰硕的成果，尤其是在干旱半干旱缺水的黄土高原地区，降水集蓄利用对当地居民具有重要意义。例如，甘肃省中东部的“121 雨水集流工程”在不到两年的时间里解决了 130 万人和 118 万头牲畜的饮水问题；青海省在干旱山村建造降水集流井 71 625 眼，累计蓄水量达 42 万 m^3，基本解决了 10.56 万农村人口和 15.7 万头牲畜的饮水问题。据不完全统计，从 20 世纪 80 年代末至今，中国已建成水窖、池塘、小塘坝、水柜等蓄水工程 1200 万余座，蓄水 160 亿 m^3，初步解决了 3600 万农村人口饮水困难、近 2000 万人口的温饱问题和 1700 多万头牲畜的饮水问题，为 3000 多万人创造了较为稳定的水源条件，从而为解决温饱问题提供了坚实可靠的物质基础。

中国已发展了近 4000 万亩的集雨补灌面积，是全球降水农业利用最多的国家。降水利用已成为中国现代节水农业技术体系的一个重要组成部分。

从提高自然效率角度考虑，利用降水发展农业生产的方法主要有以下三种。

1）以控制坡面降水径流的非目标输出为特征的降水农业利用系统。其主要通过增加土壤含水量，实现自然降水入渗蓄存，有水平梯田、坝地、水平沟种植、隔坡梯田、鱼鳞坑等类型。上述类型主要是利用水分的重力效应和土壤的水库效应，通过对地表原坡度的改变，以改变地表径流调控系数，延长土壤水分有效供给时间，提高农作物对降水资源的综合利用效率。如果以作物利用层 2m 深计算，每 1hm^2土壤可储藏 8250～9000mm 降水，即 5400～6000m^3水量；600 000hm^2的耕地，土壤蓄水能力可达 3.6 亿～4 亿 m^3，相当于几个大型水库的储水量。通过修筑梯田，特别是石坎梯田，拦蓄降水作用更大，梯田产量一般是坡地的 2～5 倍，梯田是干旱缺水山区农民脱贫致富的必由之路。

2）以抑制土壤表层无效蒸发为特征的降水农业利用系统。其主要通过采取不同的保护性耕作措施（如等高线种植、人工除草、人工掏挖等）和覆盖措施（如秸秆覆盖、塑料薄膜覆盖、化学制剂调控等）抑制蒸发，改善土壤结构，从而减少作物间的无效蒸发，延长降水在土壤水库中的储存时间，以供下茬作物或来年作物再次利用，是提高降水资源开发利用效率的有效途径之一。目前，中国自然降水的利用率较低，8000 万 hm^2旱作农业区的 70% 分布在年降水量只有 250～600mm 的北方地区。由于经营管理粗放，在有限的降水中，降水径流损失的水分占总降水的 20%，而休闲期无效蒸发占总降水的 24%，可被农业生产利用的降水只占总降水的 56%，而在仅用的 56% 中，因田间蒸发而散失的占 26%，作物真正利用的降水仅占 30% 左右，即无效蒸发损失占总降水的 50% 左右，如果通过秸秆覆盖等措施将降水利用率提高 10%，就可多集蓄降水 450 亿 m^3。例如，在陕西渭北旱塬区推广的“留茬免耕秸秆全程覆盖”技术可有效降低农田水蒸发，从而使旱地小麦亩产高达 300kg、春玉米亩产高达 500kg，且该技术在渭北地区推广后，取得了显著的经济效益和社会效益。

3）以控制坡面降水径流的目标输出为特征的农业降水利用系统。其主要是将有限的降水汇集在蓄水设施中，到作物需水关键时期进行补充灌溉，以使作物获得稳定高产的降水资源高效利用技术。与上述两种类型相比，目标输出类型主动使用灌溉手段，解决降水量少且分布不均匀以及降水周期与作物生长需水期供需不协调的矛盾，使作物不依赖降水，从而提高降水资源利用的可控性，目前已成为提高作物产量和农业可持续发展的重要措施，主要包括降水汇集、降水存储和降水高效利用 3 个方面，也包括降水资源化利用潜力等。

第一，降水汇集是指通过天然或人工修筑的集流面来汇集降水所形成的坡面地表径流，以达到高效利用。集流面和修筑材料的选择是提高降水集流效率的关键。集流面常用的处理方法包括自然坡面、自然植被管理、地表处理和化学材料处理等，修筑材料包括柏油、混凝土、铁皮、塑料薄膜、水泥土夯实、三七灰土夯实、原土夯实、化学材料等。集流效率随建筑材料的不同而不同，根据《甘肃省干旱半干旱地区雨水集蓄利用技术指南》，柏油坡面的集流效率为 70%，原土夯实坡面的集流效率为 23%，混凝土坡面的集流效率为 75%。近年来，钠盐、石蜡、沥青、有机硅和化学材料，如土壤固化剂和防蚀剂也开始用于集流面处理，如冯浩等（2001）对 AAM 和 HEC 与陕西武功黄土和陕北黄土混合制成的集流面的试验研究指出，AAM 和 HEC 集流效率均远高于混凝土、塑料覆沙和硬地面，平均在 80% 以上，HEC 集流效率较高于 AAM。国家节水灌溉杨凌工程技术研究中心在 863 计划"新型高效雨水集蓄与利用技术研究"项目支持下，针对目前生产应用型集雨材料的种类单一、价格高、使用成本高等主要问题，研究开发了一系列集流效率高、材料成本低、对环境无污染的绿色环保集雨材料，如土壤固化剂集雨材料、高分子面喷涂集雨材料，以及新型生物集雨材料等，并且提出了相应的施工工艺与技术操作规程。研究开发的土壤固化剂与传统混凝土水泥集雨面相比，投资减少 30% ~40%，但其集流效率和使用寿命与传统混凝土接近，已在干旱半干旱地区的宁夏、甘肃、内蒙古和陕西等地大范围推广应用。研究开发的面喷涂型有机硅集流面单位面积造价为 1 ~3 元，集流效率可达 60% 以上，对干旱缺水地区具有一定的应用价值。目前开发的集雨材料，虽然进步很大，但仍有许多问题，如现有集雨材料主要为水泥、硬地面等，新型集流效率高、材料成本低、对环境无污染的绿色环保集雨材料的研究和应用推广相对较弱，人工修筑各种集流面多限于庭院或试验区域，有待大规模的推广和应用。

第二，降水存储是将收集到的降水径流储存起来，以缓解降水供需在时间和空间上错位的矛盾。目前，国外主要存储设施包括美国的钢制容器、博茨瓦纳的钢筋混凝土容器和砖砌容器、美国的外表涂有橡胶或塑料纤维包装的可折叠容器、美国的纤维玻璃水槽和聚乙烯容器、巴西的黏土坑、斯里兰卡的小型池塘等。国内主要存储设施包括水窖、蓄水池、塘坝和涝池等。水窖作为一种地下蓄水工程，施工简单，成本较低，广泛应用于土质较好的地区，主要是用于人畜饮水和部分农田补灌，常有圆柱形、球形、瓶形及烧杯形等形式，建筑防渗材料主要有红黏土、混凝土、水泥砂浆及塑料薄膜等，容积平均为 30 ~60m^3。蓄水池多建在低洼地区，土质条件较差，耗水量相对较少。与水窖和蓄水池相比，涝池体积较大、人口相对集中、地势适宜、适宜筑坝等。针对当前实际生产中的工程成本较高、施工工艺落后，利用形式单一的问题，"十五"期间，中国研制开发出了可一次成型、性能优良且运输方便的柔性橡塑水窖，与传统混凝土水窖相比，单方容积成本降低了 20%，水质得到了很好的保护；以高效集蓄雨水利用与有效防治水土流失及生态环境建设的有机结合为目标，研发新型坡地分段局部集蓄雨水新形式和田间雨水就地集蓄方法，应用后作物增产 10% 以上，水分利用效率提高 0. 2kg/m^3。

第三，降水高效利用作为一项复杂的系统工程，常与控制非目标输出和抑制蒸发两种降水利用类型相结合。针对生产实际中存在的降水集蓄利用技术配套性差、集成度低、工程整体效益难以发挥等问题。牛文全等（2005）采用地理信息系统（GIS）、遥感技术（RS）、全球定位系统（GPS）、专家系统（ES）和计算机辅助设计系统（CAD），开发出了区域降水利用智能决策系统，该系统首先通过分析区域的自然和降水特征，然后利用气象资料、地形资料、土地利用资料计算出区域的降水资源化潜力，最后根据区域的水资源利用特点和供需情况，优化决策计算，并合理分配降水资源，提出了一个科学合理的降水资源规划利用方案。通过预测和评价区域降水利用可能产生的环境效应，最大限度满足区域生产、生活和生态用水，最终实现降水资源高效、安全的利用。该系统在陕西省延安市纸坊沟小流域进行了示范应用，效果良好；确立的太行山石质山区“上覆土壤、下伏岩石”的“岩土二元结构体”降水转化规律以及石质山区降水资源高效汇集、存储与利用的配套技术体系。该体系的实施，使太行山降水利用由 20% 提高到 40% 以上，降水集蓄成本由 60 元/m^{3}降到 20 元/m^{3}左右。通过典型流域的试验示范，项目区集蓄径流能力新增 2 万 m^{3}以上，灌溉面积扩大两倍，亩节水 50m^3，降水保蓄率达到 80%。2005 年，该体系已在石家庄市的元氏县、赞皇县、平山县等地大面积推广，示范应用面积 21 万亩，直接经济效益 1. 12 亿元。降水资源利用不仅要掌握好适宜的灌水时间，还要采取高效节水的灌水方法。降水开发利用也应该结合高效的工程节水技术、农艺节水技术、生物（生理）节水技术和降水管理节水技术，这样可以合理分配有限降水资源在作物生长季节内高效利用，从而达到最佳经济效益、社会效益和生态效益。常用的工程节水技术包括喷灌、微灌、低压管灌、注灌、膜下沟灌等；农艺节水技术包括耕作保墒、覆盖保墒、节水生化制剂（保水剂和吸水剂）、抗旱品种筛选应用等；对于诸如调亏灌溉、分根交替灌溉和部分根区干燥等作物生物（生理）节水技术与降水资源高效利用技术相结合的研究和应用推广还相对薄弱。

第四，降水资源化利用潜力是确保降水资源化利用技术可持续发展的重要课题。穆兴民等（1992）从降水资源开发利用角度，根据黄土高原 167 个雨量站提供的多年平均降水量资料，将黄土高原的降水利用分成了 4 个区：一是年降水量低于 250mm 的灌溉农业区，相当于半荒漠、荒漠地区，基于经济效益角度分析，该区基本不存在集流可能，属无灌溉就无种植业的地区，不宜发展降水利用工程；二是年降水量为 250 ~ 400mm 的半干旱人畜饮水与集流节灌区，为农牧过渡区，该区降水集蓄利用主要提供稳定的人畜饮水补充和完成生产上的保苗任务；三是年降水量为 400 ~ 550mm 的集流高效农业区，该区作物一年一至两熟，农业比较发达，降水对作物的满足程度较高，补充灌溉能起到高效增产的作用，如黄土高原的降水利用；四是年降水量超过 550mm 的工农业稳定用水区，该区降水利用目的已经不包括人畜饮水，而是调洪、补充地下水和工农业用水等。基于不同的降水利用形式，冯浩等（2001）在黄土高原水土流失区的小流域进行了降水资源评价，并提出了小流域降水资源化潜力概念，将其分成理论潜力、可实现潜力和现实潜力，同时给出了小流域降水资源化潜力计算的原理及方法。赵西宁（2004）在对黄土高原降水资源化潜力影响因素分析的基础上，借助GIS技术和数学统计方法，建立了黄土高原特定区域降水资源化潜力的定量评价模型，并利用模糊数学方法，对黄土高原降水资源化的理论潜力和可实现潜力进行了分级研究。采用理论潜力<250mm、250～420mm、420～550mm、>550mm分级点，分为较小、一般、较大、极大4级，并从流域完整性考虑，将黄土高原分为26个二级区。采用<20mm、20～40mm、40～60mm、60～80mm、>80mm分级点，将可实现潜力分为极弱区、较弱区、一般区、较强区和极强区5个一级区和28个二级区，建立了黄土高原降水资源化理论潜力和可实现潜力空间分布区划图。

（3）利用降水解决生态环境用水

随着人口的增长和社会经济的发展，人类活动对生态环境的影响越来越严重，引起的生态环境问题也越来越突出。目前生态环境建设中所面临的一些重大科学问题，如严重土壤侵蚀与水土流失、土壤干层、造林成活率低、小老树等都直接或间接地与区域水资源配置过程有关，只关注生产生活用水，而忽视生态环境保护和建设对水资源的需求，尚未考虑生态环境用水。合理量化生态环境用水已成为区域水资源优化配置和生态环境建设中亟待解决的关键问题。降水利用也为生态环境建设提供了一个有效的水源，尤其在干旱半干旱生态环境十分脆弱的缺水地区。

A. 降水利用与水土保持生态环境用水

中国黄土高原国土整治“28字战略”的核心是“全部降水就地入渗拦蓄”。在生产实践中，通过水土保持工程措施（如修筑梯田、鱼鳞坑、水平阶等）和水土保持农业措施（如松耕、等高耕作等），就地拦蓄降水径流入渗，增加作物产量和提高林木成活率。拦截分散了地表径流，从而减少了对土壤的冲刷侵蚀，水土保持效果非常显著。从降水利用的角度来看，拦截是一种被动的降水利用，即通过一定的人为措施对自然的水文循环进行干预，让降水向着更有利于人类生产和生活的方向发展，但是干预有一定局限性，如严重的春旱和夏初旱使作物长势不好或枯萎，高强度降水会对裸露的地表造成严重的侵蚀；如果人们在田头路边挖一些水窖（池），沟道、低洼地来修筑塘坝、涝池（就像淤地坝的水保工程一样，但淤地坝的主要作用是为了淤泥，而蓄雨设施主要是为了蓄水用水），拦蓄降水集中时期（黄土高原6～9月降水量占全年降水量的70%～80%）剩余的降水径流，在作物需水关键时期进行补充性的灌溉，解决作物和林木在旱季因缺水而导致减产或枯死的问题，并防止坡面、路面、沟头受暴雨径流的侵蚀，这实际上是降水的主动利用。因此，对水土保持工程而言，降水集蓄利用就是“全部降水就地入渗拦蓄”的更深层次的延伸和拓展，为水土保持生态环境提供了可利用水，对水土保持生态环境的建设具有深远的作用和意义（刘小勇和吴普特，2000）。

以小流域为治理单元，通过综合治理措施（主要包括生物措施、工程措施和耕作措施）来改善生态环境所消耗的水资源量，被称为水土保持生态环境用水。常见的计算方法为水文法和水保法。水文法是根据实测的水、沙数据资料，建立一个降水、产流及产沙三者相关模型，利用该模型算出在未治理条件下流域的产流、产沙量，且与实测的同时期产流、产沙量进行比较，求出对应水土保持措施的减水量，再减去流域治理前后生产生活用水的增量，获得水土保持生态环境用水量。水保法是基于各项水土保持措施的数量、质量及蓄水拦沙指标等因素的数值，从下垫面条件改变而引起水沙变化的实际变化情况出发，分别计算出各项措施的用水量，从而进一步求出水土保持措施综合利用的总水量。将上述两种方法进行比较，水文法相对来说简单易用，且在同流域使用的效果较好，而水保法是一种经验性的统计方法，它的计算精度依赖于蓄水拦沙指标的大小和不同治理措施的数量、质量等，对区域范围有更好的使用效果（赵西宁等，2005）。

B. 降水利用与植被生态环境用水

植被是生态系统的主要生产者，对维持生态环境的和谐稳定具有不可替代的作用。森林植被覆盖率与降水量有着密切的关系，在年降水量不足 400mm 的地区，因为干旱缺水，树苗成活率非常低，即使能够成活，如果没有足够的水来灌溉，保存率也特别低。树木是根系很深的多年生植物，对土壤水分的吸收和调控能力特别强，与农作物相比，树木对缺水不那么敏感。但树木的蒸腾耗水量一般为 1300 ~ 1500mm，最小值为 700mm；沙棘林等灌木林的蒸腾耗水量一般为 400 ~ 600mm，最小值为 200mm；草地的蒸腾耗水量一般为 500 ~ 800mm。以上耗水量表明，在半干旱区，如果仅仅依靠自然降水是不能满足正常生长需要的，必须给予一定的人为水量补充。尤其是林木的需水量，远远超过自然降水，只有地下水位埋在浅水河岸和河间洼地，或者在丘陵坡地土层较深厚地方，才能不断地提供林木所需的水分，促进林木不断生长（冯浩，2001）。

目前，对植被生态环境用水量的计算方法主要基于不同区域的典型植被需水和耗水特点，再结合不同区域实测的典型植被减少河川径流数据和降水补给土壤水分的实际用量来推算植被生态环境用水定额，进而根据植被种植面积测算生态环境用水量，计算方法已相对成熟。当前，在植被生态环境用水的估算过程中，能否将地带性植被的用水归到植被生态环境用水中存在很大的争议。贾宝全等（2000）认为，对于地带性植被来说，当地降水足以满足植被类型的需水量，而降水是人类无法控制的气候因子。在这种情况下计算地带性植被的耗水量几乎没有实际意义。因此，植被生态环境需水量的计算应该只考虑非地带性植被的需水量。有学者认为，地带性植被在区域水循环和水平衡中起着特别重要的作用，因为人类活动对地带性植被的破坏，特别是对地带性植被的破坏非常严重的黄土高原地区，已造成区域水循环和水平衡的变化，影响径流、地下水、土壤水和降水等，从而影响非地带性植被的分布。同时，因为水资源短缺加剧，人类对可再生性水资源的认识已从传统的地表水资源和地下水资源发展到可利用的降水资源和土壤有效水资源水平，该利用水平也已将地带性植被用水范围涵盖，因此在研究总的植被生态环境用水时，应该将地带性植被用水量纳入其中，从而为以植被恢复为核心的生态环境建设提供科学理论依据和参考目标（赵西宁等，2005）。

国家节水灌溉杨凌工程技术研究中心在降水资源化潜力开发环境效应评价技术方面，以降水资源化后不会对区域水文生态环境造成不良影响为目标，重点研究了小流域实施降水资源开发措施后降水资源的地表再分配问题、地表径流量与泥沙量的变化状况，农业以及生态用水的变化状况，以及降水资源开发对区域或流域生态需水的影响状况，建立了流域降水资源开发环境效应的评估指标和方法，构建了降水资源对区域环境影响的交互模型，确定了区域降水资源合理、安全的开发量，为降水资源开发利用提供了重要技术支撑。李勇等（2003）对降水集蓄农业利用的环境效应进行了研究，认为农业集水通过工程设施，富集农业无效部分的自然降水，实施时空调节，限制供水，弥补农田水分不足，实现农业生产力的稳定增长，改善农田生态系统。

（4）城市雨洪利用以及回灌地下水

一方面，随着全球城市化进程的加快，制约城市可持续发展的三大水问题，即干旱缺水、洪涝灾害和水环境恶化变得日益严重。为了维持城市发展，农业供水必须进一步压缩。然而，以城市为中心的地下漏斗面积持续增长，地下水位继续下降。另一方面，随着城市建设的发展，不透水地面的面积增加，城市地表径流系数也大大提高，汛期的暴雨将影响城市生活、阻碍交通，甚至破坏防洪设施，并造成巨大的经济损失。因此，如何缓解城市干旱缺水和积水成灾的矛盾，充分利用降水，化害为利，改善水环境，已成为城市发展亟待解决的关键问题之一（祁丽燕，2010）。

近年来，全球范围内水资源的短缺和暴雨洪水灾害的日益增加，美国、加拿大、意大利、墨西哥、法国等国家均开展了城市降水利用的试验研究和实践，其中经济发达且城市化进程发展较早的德国、日本、美国等国家把城市降水利用作为解决城市水源问题的一项战略措施，进行试验、推广、立法和实施。1963 年，日本开始大力建筑蓄洪池滞洪和储蓄降水设施，并将储蓄的降水用来喷洒路面、浇灌绿地等。这些设施大部分建在地下，充分利用了地下空间。此外，建在地面的设施也尽可能地具有多种用途，如在调洪池中修建运动场，在雨季用于蓄洪，平时作为运动场。1992 年，日本颁布“第二代城市下水总体规划”，正式把降水渗沟、渗塘和透水地面作为城市总体规划的组成部分，并要求新建和改建的大型公共建筑必须设置降水渗透设施。

美国的城市降水利用通常是为了提高天然入渗能力。为了解决芝加哥地区的防洪和降水利用问题，芝加哥修建了地下隧道蓄水系统。许多其他城市也建立了屋顶蓄水和地表补给系统，包括渗透池、水井、草地和透水地面。英国也很重视城市降水的利用，以伦敦世纪圆顶降水收集利用系统为例，泰晤士水务公司于 2000 年设计了世纪圆顶示范工程，以研究不同尺度的水循环方案，在该建筑物内用每天回收的 500m^3的水来冲洗厕所，其中从屋顶收集的降水有 100m^3。该建筑物从 10 万 m^2的圆顶盖上收集降水，经 24 个专门设置的汇水斗进入地表水排放管中，是欧洲建筑物最大的水循环设施。德国作为世界上降水收集、处理和利用技术最先进的国家之一，已基本形成了较为完善、实用的理论和技术体系，并在一些方面形成了法律。例如，在德国新建小区之前，不管是工业、商业还是居民住宅区，都要设计降水利用设施，如果没有降水利用措施，政府将征收降水排污费和降水排放费。综上所述，国外发达国家利用城市降水的主要经验是建立由渗透池、水井、草地和透水地面组成的完善的屋顶蓄水和地表回灌系统；制定了一系列有关降水利用的法律法规。收集的降水主要用于冲洗厕所、洗车、浇庭院、洗衣服和地下水补给等（孙建伟，2007）。

中国城市降水利用的理念历史悠久，在一些古代城市的建筑物中，如渗坑、渗井、渗沟等，都体现了对降水的利用。在杭州老城区，庭院内建有天井沟和矩形渗井。苏州老城区及周边城镇的住宅用天井储存降水。曲阜孔府宅内和后花园都有降水渗井。北京团城降水利用工程已有 800 多年的历史，团城采用倒梯形青砖和深埋渗水涵洞铺装地面，充分利用自然降水，为古树营造适宜的生长环境。中国自 20 世纪 80 年代末期开始进行降水利用研究，尤其在利用降水解决人畜生活用水和农业用水方面取得了举世瞩目的成就，但对于城市降水利用的研究比较少，利用率也比较低。例如，中国很多建筑都建立了完善的降水收集系统，但没有处理和再利用系统，集雨方式及技术管理措施相对落后，降水利用率很低，与国外发达国家相比技术比较落后，缺乏系统性，更缺少法律和法规。

随着城市化进程的加快和水污染的加剧，许多城市都面临着水污染或水资源短缺问题。如何有效地利用和管理水资源已开始受到学者的广泛关注。国内一些大城市，如北京、上海、杭州等，已开始监测城市降水、径流水质和水量变化规律，逐步积累了降水再利用和污染控制所需的基础数据。2001 年，北京市第一个雨水利用工程——第十五中学操场雨水利用工程启动，2000～2002 年，北京市已建成 12 个雨水利用项目。仅这 12 个雨水利用项目，年节水量可达 1717 万 m^3。2000 年，北京水利科学研究所开展的中德合作项目“北京城区雨洪控制与利用技术研究与示范”，掀起了城区雨洪利用研究与应用的热潮，已完成一个中心试验研究区和 5 种类型 6 个雨洪利用示范区的建设，工程总面积达 $60hm^2$，雨洪利用示范区分别展示了建设区、新建城区、老城区、城市公园、校园的雨洪利用模式，已经在城区雨洪的收集、传输、滞留、控制、处理、再利用与补给等方面取得了研究成果，积累了成功经验。这些示范区建成后发挥了重要作用。2004 年 7 月发生的 3 次特大暴雨，验证了雨洪利用工程在减少径流、增加可利用水量、补充地下水、改善社区环境等方面的良好效果，得到了广大居民的好评。2003 年 3 月，北京市发布了《关于加强建设工程用地内雨水资源利用的暂行规定》，该规定要求北京市行政区域内的每一个新建、改建、扩建工程均应进行降水利用工程的设计和施工。降水利用工程的设计和施工应以建设工程场地硬化后施工区域内总径流和外部排水不增加为依据，但是相应的配套政策尚未健全，工程推进速度较为缓慢。

2.1.1.3 降水和地表水利用潜力

降水既是生产资料，也是生活资料。例如，作为生产资料，降水可以补灌作物，实现作物增产，作为生活资料，降水是人畜不可缺少的水源。降水在形成、转化过程中，有些降落到植被上或者植被根部或者入渗到农田，能够被植物直接利用，有些汇集到一定的区域或容器中能够被人们直接利用，但并不是所有阶段和所有的水量都可以被直接利用。降水的人为利用，改变了降水的产生、输移、转化的途径及数量，改变了小范围水循环规律，必将对生态环境产生重要的影响。

降水和地表水形成收集利用过程如图 2-2 所示。从图中可看出，降水从形成到转化为其他形式的水资源大体可以分为：形成阶段、降落阶段、消失阶段。雨水利用就是人们分别在这三个阶段采取一定的措施，改变雨水资源的自然循环规律，达到利用的目的。

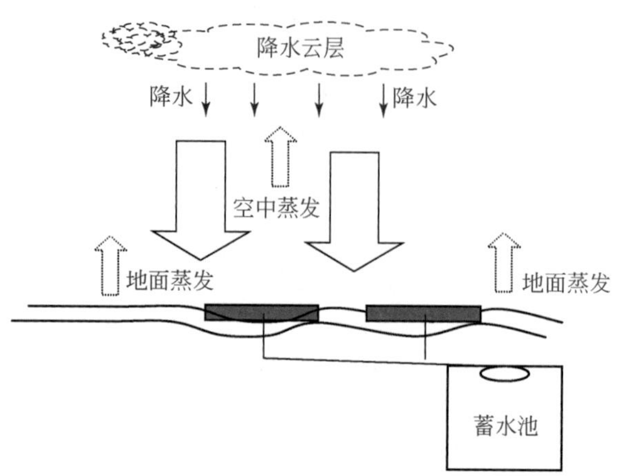

图 2-2　降水和地表水形成收集利用过程

在不同阶段，人们可以采取措施（如人工增雨技术使积雨云在高云中形成降水，利用大炮轰击改变冰雹形成过程等）使水资源在不同时空得到资源化利用。在降水转化为水资源过程中，渗透到土壤中的水，通过汇集，形成地表径流，再转移到固定集蓄设施、河流、湖泊等形式的地表水资源中。

2.1.1.4　降水利用发展目标与任务

降水利用发展目标主要是针对干旱地区缺水、水环境恶化、降水利用率低、集蓄利用潜力巨大地区，通过从产流、汇流、降水等环节，有计划地开发、集蓄、节约利用，切实提高降水利用率，以维持区域水资源的持续利用。

农业是利用降水的最大行业，农业降水利用以提高作物水分利用效率、自然降水利用率和农业生产效益为目标，通过不断提高降水-土壤水-作物水-作物产量之间的水分利用效率，保障粮食生产对水的需要。

2016 年，中国旱作耕地占总耕地面积的 53.84%（约 9.89 亿亩），主要依靠自然降水进行农业生产，作物降水利用率仅为 30% 左右，水分生产效率约为 1.0kg/m^3，远低于发达国家 2.0kg/m^{3}的水平，降水资源可利用潜力巨大。如果将旱区降水利用率从目前的 30% 提高到 45% 左右，可新增农业降水利用量 450 亿 m^3，能有效保障广大旱区粮食安全和社会稳定。

城市降水利用是解决城市水资源短缺、减少城市洪涝灾害、改善城市环境的有效途径。目前最有效的方案是构建“海绵城市”，将降水集蓄系统与城市污水排泄系统分设，利用城市公园、绿地、地下建筑等多种措施，有效收集利用降水资源，补充生态环境需水，做到经济效益、生态效益和社会效益和城市的可持续发展相协调。

因此，运用现代生物技术、新材料技术、信息物联网技术以及先进制造技术是实现降水持续利用的有效途径。

2.1.1.5 几种典型降水与地表水集蓄利用技术

(1) 山坡地降水集蓄及地表水再利用技术

山坡地降水集蓄及地表水再利用技术根据山坡地地形，用水泥将坡面覆盖硬化厚 5cm 约 500m^2，并在一侧修建水窖。当降水发生时，降落在坡地上的降水快速进入水窖。在重力作用下，通过导管将截流与地块接在一起，从而完成坡地降水整个集蓄利用过程。同样，也可把各种来源的地表水通过渠道或管道输送到集蓄设施中进行再利用。

A. 水窖选型

建设 80m^3 水窖一眼，院前有果园，平均一年灌水 2 次，每次定额 3.5m^3。按照每天 6 小时的充足日照，每小时出水量约 0.5m^3，配套的太阳能潜水泵一天便能够满足需要。这种方法不仅能利用聚集的降水，还能利用井水、沟渠中的再生水或池塘江湖中的水。这一过程仅对水压和水泵的扬程（水压）总和以及水泵最大扬程进行分析测试并匹配即可。

B. 动力选择

在这些集蓄水的地区，电力配套非常困难。因此，可选择风光互补设备进行配套，再用滴灌系统将降水浇灌在农作物上。通常可将这一区域人们居住使用的生活污水、再生水等浅表水，通过过滤再进行利用。这些水源扬程不高，滴灌系统可分配到较高的压力。从这些水源取水时，由于水平距离较远，一般以水平距离布设主管道，降低水流压力损失；最后在主管道上连接毛管进行滴灌。

C. 布设滴灌系统

滴灌系统的布设通常有树形和星形分布，或者是混合分布。滴灌系统的分布尽可能地保证各滴头上的压力一致，并且滴灌管道分布尽可能短。14mm 的 PVC 管通常被用作主管道，主管道可以设计成 O 形或双 O 形，尽可能构成回路。在主管道相应的位置上连接安装 4mm 直径的毛管。通过毛管再连接滴头。这种设计配置合理，可减少材料和维护费用。由于毛管直径小，通过水量有限，建议每根毛管最长不要超过 100m，每根毛管连接的滴头也不要超过 30 个。使用者也可根据坡度等地形条件对滴灌管道进行多种组合测试，直到找到一种最优化的组合，保证每棵植物都能够得到理想的水滴量。主管道、毛管、连接三通、连接二通都是常规滴灌系统最普通的器材，价格低廉，取材容易。此外，滴灌系统如果采用浅埋式渗灌管灌溉，可将管道埋在地下，达到美观的目的。

D. 滴灌系统的使用

该技术滴灌系统使用可调滴头，而常规滴灌系统中一般使用固定水量滴头。因此需要在该技术滴灌系统中安装可调节的阀门，以保证一片地滴灌 1h 后关闭阀门，再开启另一片地的阀门进行滴灌，以保证植物滴水均匀。该滴灌系统使用的可调滴头，可以根据植物的用水量从 0.2L/h 至 4L/h 调整。例如，花卉用水量小，可将滴头的输出调到 0.2L/h，阔叶植物用水量大，则可将出水量调到 1L/h。一旦出水量根据植物调整完毕，太阳能水泵就根据当天的日照强度提供水量。晴天，滴灌系统将提供最大的出水量，保证植物得到最多的水。多云天，水泵出水相应减少。雨天，太阳能水泵停止供水。

E. 与配套设备衔接

滴灌系统安装完毕后，可将风光互补水泵通过过滤器和滴灌系统相连接。过滤器的作用是防止水中的微粒堵塞滴头，尤其是当滴头出水量很小时，很容易被气体和微粒堵塞，应对过滤器定期给予清洗。与常规滴灌系统不同，太阳能水泵的工作原理决定了系统内的水以冲击的方式流动，这种流动方式极大地降低了滴头堵塞的可能性。一旦发生堵塞，可调式滴头非常容易疏通。

F. 操作注意事项

当能源充足时，滴灌系统很快会灌满水。所以，需要及时调整各个滴头，把不出水的滴头全部旋转打开，让管道中的空气排除，直到每个滴头都出水，即系统内的空气已经全部排除时，旋转关闭全部滴头，保证滴管系统具有一定的压力。十几分钟后，先从距离水泵最远的滴头开始调整滴头，使滴头流量达到相应植物的需要量。上述调整最好在阳光充足的条件下进行，以保证调整条件的一致性。最初，调整工作需要比较多的时间，积累一定的经验之后，特别是对太阳能水泵潜水泵的工作方式了解清楚之后，调整工作需要时间比较短。

G. 其他应用

风能、太阳能水泵的主要应用途径是与滴灌系统结合，形成一个绿色能源小型滴灌系统，根据不同农作物的需水量，种植高附加经济价值农作物，可带来可观的经济效益。适于发展庭院经济进行微型灌溉，既为农民增加收入，也为农户照明及生活用电提供方便，充分满足干旱地区土地开发、科技支农、环境保护和节约能源等一系列的政策法规的要求，利用风能、太阳能的小型滴灌系统在旱区农村小面积农作物种植中具有重要意义。

风能、太阳能滴灌系统的小型化，并利用风能、太阳能作为能源，方便临时铺设，可随时撤除，为干旱地区日益频繁的抗旱工作提供了有效的工具。风能、太阳能水泵为美化城市环境、培育和养护花草树木，尤其是为高速公路、立交桥隔离带、公共绿化地带和铁路边坡绿地，提供了一种全新的节能节水滴灌技术。目前，房顶绿化成了城市发展的新趋势。由于建筑密集，人们充分利用有限的空间——房顶，栽种绿色植物、花卉来改善居住环境。但是，房顶绿化的用水问题一直难以解决。通过利用风能、太阳能小型滴灌系统，人们可以收集降水、过滤后的生活污水等，使风能、太阳能水泵自动地浇灌植物，保持房顶花园的植物用水需要。

风能、太阳能的小型滴灌系统既有普通滴灌系统的优越性，又特别适合小群体的农业环境，是为城市绿化提供一种节水、节能的全新滴灌设施，是一种开放型、适应性广泛的系统。用户可以非常容易地扩展、改变这个系统，以达到最佳的使用效果。风光互补降水集蓄利用滴灌系统布置如图 2-3 所示。

（2）旱区秋覆膜降水利用技术

全球温带旱区都存在季节性有效降水。在 100mm 以下区域，秋覆膜技术是利用秋季等季节性降水保墒实施播种利用技术的简称，即在当年的秋季或在冬前降水后，有效降水（雨水或雪等）使土壤含水量在最大时，要抢墒覆膜，等到下一季进行作物种植的一项抗旱节水技术。温带降水多集中在 7 ~ 9 月的夏秋季，秋覆膜技术以秋季降水、春季利用为

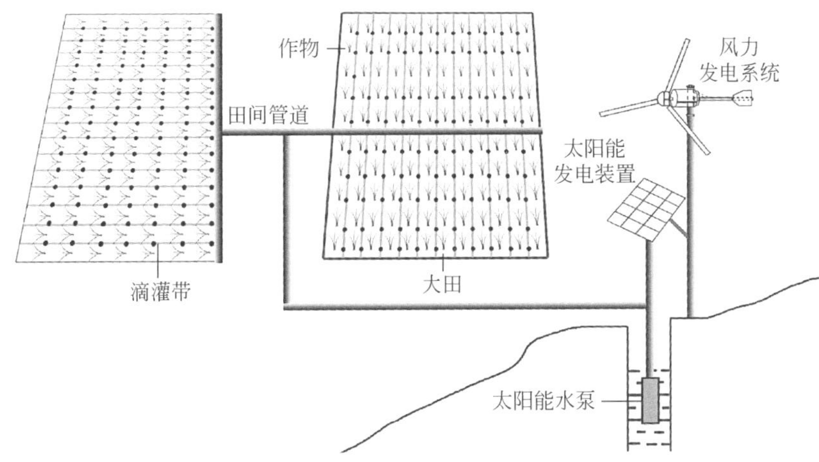

图 2-3　风光互补降水集蓄利用滴灌系统

目的，与春覆膜相比，不仅延长了地膜覆盖时间，而且还保持了土壤水分，具有蓄秋墒、抗春旱、提地温和增强作物逆境成苗、促进增产增收等多种作用，是近代全球旱区一项十分有效利用水资源的突破性技术。秋覆膜技术可以提高土壤供水保水能力。因为秋覆膜的覆盖效果，不但减少蒸发量，改善土壤水分条件，提高土壤蓄水保墒能力和土壤温度，而且还能防止水土流失或土壤侵蚀，对保持土壤表层肥力有很大的作用。在整个冬春季土壤休闲期间，采用地膜覆盖法是将表层土壤水形成稳定性团聚体，减少水分流失、风蚀，从而防止土壤侵蚀（姜海刚，2013）。秋覆膜技术推广应用如图 2-4 所示。

图 2-4　秋覆膜技术推广应用

以秋覆膜技术种植马铃薯为例，总结出降水集蓄利用的新型模式。

根据多年秋覆膜试验研究，采用马铃薯垄上微沟 M 形覆膜种植后，可充分利用垄沟和垄脊微沟储存和利用降水，使垄侧大沟和垄顶小沟可以同时收集降水，双向供水。同时，垄沟还具有蓄水和排水的双重功能，有效解决了垄中间部位干燥、高效利用降水的问题。

A. 有效提高马铃薯种植土壤的积温

采用垄沟覆膜的种植方式可形成多条垄沟，增大光照面积，尤其是增加秋季马铃薯生长期间的有效积温，促进马铃薯早熟、早收和提前销售，对提高马铃薯经济效益具有重要意义。

B. 提高马铃薯种植的商品率

马铃薯长期因商品率低造成资源浪费，影响种植效益。采用垄沟覆膜模式种植后，马铃薯根系土质疏松，对马铃薯块茎的生长膨大产生积极的作用。此外，垄沟覆膜种植可以最大限度地利用降水，促进马铃薯块茎生长，提高马铃薯果实商品率。

C. 能较大幅度增加马铃薯产量

在季节性干旱年份，马铃薯全膜覆垄沟种植的土壤储水量、地上部茎数、茎分枝数、茎干重和产量等比较高。全膜覆盖垄上微沟可以促进马铃薯对土壤水分的利用，充分发挥旱作区马铃薯的水分生产潜力（张晓梅，2017）。秋覆膜 M 形垄沟种植的优越性，实现了降水资源的最大化集蓄保墒和高效利用，适宜在温带最高温度低于 35℃、年降水量 250 ~ 450mm 的地区进行推广应用，适宜植物主要有农作物（如玉米、马铃薯、向日葵、瓜类、谷子、蚕豆等）、乔灌木（如葡萄、柠檬、椰枣等）和草（如苜蓿、沙打旺等）。

秋覆膜主要技术过程如下。

1）土地选择。选择地势平坦、土层深厚、土质疏松、肥力丰富、土壤理化性状好、保水保肥能力强、坡度小于 15°的地块，不宜选择陡坡地、砂石地、瘠薄地。

2）土地整理。土地整理使地面平整、无坷垃、无根茬，耕作深度达 25 ~ 30cm，耕后及时耙耱，为覆膜创造条件。

3）肥力提升。一般亩施优质农家肥 3000 ~ 5000kg、尿素 25 ~ 30kg、磷酸钙 50 ~ 70kg，或用等量养分含量的磷酸二氢铵。

4）地膜选择。选用厚度 0.008 ~ 0.01mm、幅宽 90cm 或 120cm 的高强地膜。种植马铃薯最好选用黑色膜，可以防止地温过高，促进薯块膨大。

5）覆膜时间。秋覆膜时间以降水集中期或有明显有效降水过后及时覆盖。早春覆膜可在土壤昼消夜冻时进行。

6）覆膜方式。目前，多采用全膜覆盖垄沟方法，每一覆膜带宽 120cm，分为大小两垄，大垄宽 70cm、高 10cm，小垄宽 40cm、高 15cm；垄沟内每隔 50cm 打一膜孔以利于降水入渗，垄面每隔 2 ~ 3m 压土防风揭膜。采用机械、畜力覆膜机具，提高覆盖效果和作业效率。

7）地膜保护。经常进入田间检查，如牲畜入地践踏导致地膜破损，需要及时压土，防止大风揭膜。

8）实时播种。根据播种时间要求，实行垄沟穴播。播期、密度、田间管理等同一般大田。

9）注意合理轮作。

2.1.2 旱区地下水持续利用关键技术研究进展

地下水是大自然赋予人类的宝贵财富，水质好，供给稳定，在地下渗流、储藏，有多年丰欠调节、取用成本低和可再生的特点。相关资料报道，地下水的年更新量能够达到地球所有淡水湖泊水储量的 39.8%（张学伟，2017）。然而，地下水的更新周期（1400 年）和更新率（0.6638%）相对较低，导致大部分地下水不能完全投入到现代水循环系统中。因此，基于地下水的上述特点，地下水不能作为人类持续稳定的水源，人类在开发利用水资源的同时，应注意对地下水的保护和治理措施，以确保水资源的总体平衡。

2.1.2.1 地下水的分布与开采

（1）地下水的形成

地下水主要由大气降水的直接入渗和地表水的渗透形成。在降水充沛、地质条件适宜的地区，地下水可获得大量的入渗补给，地下水资源丰富。在干旱地区，降水稀少，地下水资源相对缺乏。中国西北干旱区大部分地下水是由高山融雪形成的。地下水资源经常从地表排出成为地表水的来源。有时一个地区的地表水和地下水会发生多次转化。

（2）地下水的分布

世界各国地下水分布呈现区域性差异。从中国地下水分布情况来看，由于中国人口众多，地下水资源开发利用量大。秦岭山脉是中国地下水不同分布规律的南北界线。北部地区［15 个省（自治区、直辖市）］总面积约占全国总面积的 60%，地下水资源量约占全国地下水资源总量的 30%，而地下水开采资源约占全国地下水开采总资源量的 49%。

（3）中国地下水的开采

根据地下水开发潜力指数和来水保证率，以各乡镇为单位，将区域地下水开采区划分为三种类型：可增强开采区的开采潜力指数大于 1.05；控制开采区的开采潜力指数在 0.95 ~1.05；调减开采区的开采潜力指数小于 0.95。同一分区的水资源分布和开发利用程度也应随地点的不同而有所不同。可通过建立小型水库，蓄存地表水，加大对附近地下水回渗补给，也可以调节该地区的环境气候，使地下水的利用和周围环境协调发展（王伟和王淑琴，2007）。

中国地下水的开采是通过井和渠从含水层中抽取出来的。地下水开采可以改变地下水的自然流动，使部分排泄量从井和渠排出。开采地下水还可以增加地下水的总消耗，引起供应量的增加。例如，在下渗和蒸发的补给排泄类型中，通过开发使地下水位降低到蒸发深度极限以下，使蒸发损失的地下水转化为开采量，供人们利用。在河流补给地下水的情况下，开采使原来的地下水位大幅度下降，促使河流向更多的地下水补给。当存在这种相互作用时，在进行地下水资源评价的同时必须进行地下水开发设计。

2.1.2.2 地下水的利用与管理

地下水的开发利用具有成本低、技术先进、效益显著、不引起环境问题等特点。这些要以查明水文地质条件和正确评价地下水资源为基础。为了合理开发利用地下水，应注意以下几点：①不过度开采。过度开采会导致地下水位持续下降，造成地面沉降和塌陷，甚至造成水资源枯竭。②远离污染源。污染源会造成地下水污染，水质恶化，地下水无法使用。③科学规划，合理布置井位，防止水的争夺。④充分考虑供需数量、开源与节流、供水与排水、水资源重复利用、水源地保护等问题，使有限的水资源获得最大的利用效益。

为了合理开发利用地下水，必须进行有效的管理。地下水资源管理的方法和措施可分为：①法律方面，由中央政府和地方政府制定与颁布实施有关水资源法（包括地下水资源），形成地下水资源管理的法律法规基础。②行政方面，建立统一的水资源管理机构（包括地下水资源）。例如，中国北方地区都设立了水资源管理委员会和水资源管理办事机构。③科学技术措施方面，建立水资源实时监控与管理系统。做到开采的成本最低，获得的经济效益最大。④经济方面，明确地下水资源有偿使用原则，征收水资源费，对水资源的过度开发和浪费进行必要的处罚。

2.1.2.3 几种典型地下水持续利用关键技术

为了实现地下水资源的持续利用和防止过度开采，推行地表水、地下水联合运用，地下水、降水汇集利用，以及污水资源化共同利用技术，既可缓解水资源短缺，又可防止旱情的进一步扩大。

（1）井水高效提灌关键技术

在对地下水适宜开采量以及整个流域的水土资源平衡进行分析的基础上，通过地下水合理开发，既对地表水水资源持续利用起到补充作用，又可降低部分流域周边土地地下水位，抑制地下水位高而导致的土壤盐碱化。

通过长期的观测研究，埋深在2m以下的地下水，开发利用潜力巨大。这些区域地下水开采后可将地下水埋深降低到3~4m，防止浅层地下水引起土壤次生盐碱化。开采量应控制在可开采量范围内，以达到以丰补欠、采补平衡。由于是限量开采，应全部采用电力配套机井提水，用喷灌、滴灌、微喷灌和沟灌等节水灌溉方式进行灌溉。

井水提灌方式一般有三种类型：一是同一块灌溉土地上井渠结合；二是自流灌区和井灌的分段补充；三是排水与蓄水相结合的闸、深渠、浅井灌溉系统（杨宝中等，2008）。

（2）设施农业井灌高效节水关键技术

全球旱区城市供水不足，工农业用水矛盾尖锐。作为用水大户的农业，为获取最佳效益，必须大力推广和应用高新节水灌溉技术。农业节水灌溉技术包括常规节水灌溉技术和高效节水灌溉技术。高效节水灌溉技术包括喷灌、地面滴灌、地下渗管、微喷灌和其他输配水管道及小流量灌水技术。

日光温室是一种高效节水、防止蒸发的保护地栽培设施，是旱区提高水资源利用效率最有效的途径之一，可以增加农民收入，促进农业经济发展。近些年来，在旱区日光温室发展迅速的同时，日光温室节水灌溉技术受到了广泛的关注，主要的灌溉技术有井灌、滴灌、渗灌和膜下灌溉等。日光温室节水灌溉技术的关键是控制灌水的均匀度，以适量的水进行适时灌溉，既能满足作物对水的需要，又不会造成温室土壤含水量和空气湿度过大，引起作物发生各种霉病，从而达到提高作物品质、增加产量和节水节能的目的。

A. 日光温室的设计

日光温室是指北、东、西 3 面围墙，脊高 2m 以上，具有单坡面结构，热量来源主要依靠太阳辐射的设施。旱区日光温室具有透光性能好、光照利用率高、增温快、保温性能良好、结构牢固、防风性能良好、使用寿命长、易于建设、投资少等特点，且易于操作，便于管理。

日光温室的前坡面形状以抛物线为主，其优点是采光面呈拱形，结构坚固，抗压力强；坡面凸起，便于压膜线压膜；抛物线采光面透光性能好，阳光利用率高，温室增温快，且便于清扫采光面上的积雪。日光温室大棚结构剖面如图 2-5 所示。

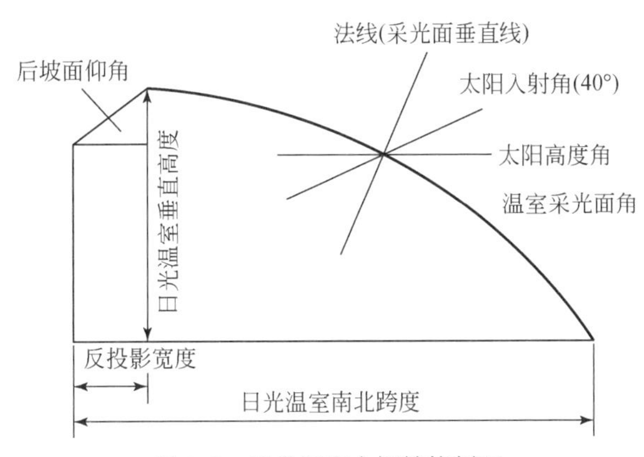

图 2-5　日光温室大棚结构剖面

B. 日光温室的节水作用

在塑料大棚种植模式中，植物被放在专门设计的人工控制环境中，可用有限的水分达到高产的目的。通常由蒸发和蒸腾失去的水分可在棚内得到保持并被重新利用，这样种植同样作物所需的水量很少，在不受外界自然条件变化和天然降水的影响下，达到植物生长所需的温度、湿度、水分、养分等的最佳协调，并有效防止病虫害。

对不同状态下土壤含水量进行对比分析，可发现塑料大棚内的土壤含水量波动范围小，基本稳定在 55% 左右，而天然状态下的土壤含水量变化幅度较大。塑料大棚覆盖具有抑制水分蒸发和土壤保墒作用，使土壤含水量相对稳定，有利于根系正常生长，促进农作物稳产、高产。同时，大棚内塑料膜能阻断近地层与外界空气直接进行对流交换，使覆盖后的土壤与外界的热交换阻力增大，不仅使下垫面的热交换受到抑制，还隔绝了土壤与外界空气间的水汽传输，使非辐射交换明显减少。

在塑料大棚覆盖技术中，土壤表层设置了一层不透气的物理阻隔层，使土壤水分垂直蒸发受到直接阻挡而进行横向蒸发，即水分向无覆盖处移动，或呈放射性蒸发，这样土壤水分的蒸发速度相对减缓，总的蒸发量大幅度下降。大棚覆盖的物理阻隔作用切断了土壤水分与近地表层大气的交换通道，使大部分水分在棚内循环，土壤水分能在较长时间内储存在土壤中，这样提高了土壤水分的利用效率。

C. 日光温室微灌技术的节水作用

滴灌设施对无土栽培非常重要，是供给植物无机营养和水分的必备设备。主要滴灌设施包括变频水泵、肥料罐、过滤器、水表、支管和毛管。铺设滴灌管道时，要使主管平行于大棚的后墙，使支管与蔬菜种植行平衡，并用三通与肥料罐连接，使水流从中间向两端分流。每行要铺设一根毛管，并使毛管尽量在栽培槽的中间，且滴头面向上，以减少滴灌过滤器的堵塞。

由此可见，建设日光温室大棚，可以创造植物生长所需的温度、湿度、养分等条件，使温室环境与外界隔绝，减少水分的蒸发；在温室中综合栽培槽技术、无土栽培技术和微灌技术种植作物，一是可减少灌溉面积，二是可阻止灌溉水下渗，三是可根据蔬菜的生长需要供水，达到节水的目的。在干旱缺水的丘陵区，建设日光温室大棚来种植蔬菜，一方面利用降水集蓄利用水源，另一方面结合先进的农业节水技术与农艺生物技术，使原来寸草不生的荒山坡变成高产、高效益的蔬菜基地，为改善山丘区农业种植结构，提高农民经济收入，促进山区科技进步发挥重要作用（乔光建等，2010）。

2.1.3 旱区劣质水资源持续利用关键技术研究进展

旱区大部分地区降水量少于蒸发量，水资源贫乏、生态环境脆弱是制约旱区发展的主要原因。在旱区非常有限的水资源中，有相当一部分属于劣质水资源，它们由于水质不能满足生活生产应用标准而长期被人们忽视。这些劣质水资源当中有一部分是该地区气候和原生地质环境不佳而形成的原生劣质水，另一部分是后期人类活动影响而形成的次生劣质水，之所以也称其为水资源，是因为其仍具有应用和开发的价值，特别是在水资源日益紧缺、人类环境保护意识日益增强的今天，西北旱区劣质水资源的合理开发和利用显得更加重要。从农业用水角度考虑，目前在生产中开始应用并具有较大潜力的劣质水主要有咸水、污水。

2.1.3.1 咸水开发与利用技术

利用咸水、微咸水进行灌溉是解决灌溉水资源短缺的重要措施之一。然而与传统的淡水灌溉相比，咸水灌溉一方面提供了作物生长所需要的水分，另一方面增加了土壤中的盐分，影响土地质量和作物生长，如何科学合理、高效安全地利用微咸水一直是利用咸水进行农田灌溉所关注的核心问题。

（1）中国咸水、微咸水开发利用现状

微咸水一般指矿化度为 2 ~ 5g/L 的含盐水。中国微咸水分布广，尤其是在易发生干旱的西北地区，广泛分布着矿化度为 2 ~ 5g/L 的微咸水。2011 年，中国地下微咸水约为 277 亿m^3，位于地下 10 ~ 100m 处易开采利用的约为 130 亿 m^3。华北平原地下水分布面积的 43% ~48%，整个华北平原浅层微咸水达 75 亿 m^3，西北旱区（新疆、甘肃、宁夏、陕西、青海、内蒙古的部分地区）地下微咸水为 88.6 亿 m^3。中国农民自发利用微咸水进行农田灌溉的实践已经有很长历史，如宁夏是中国较早利用微咸水进行农田灌溉的地区，且实践表明微咸水灌溉的作物产量比旱地产量高3 ~4倍。国外利用微咸水进行农田灌溉也有近百年的历史。美国、以色列、法国、日本、意大利、澳大利亚等数十个国家都有微咸水利用的记载，并逐步建立起了较完善的技术体系。在美国西南地区，采用漫灌、沟灌、微灌方法灌溉棉花、甜菜、苜蓿等作物，其中喷灌和滴灌是农业灌溉的主要方式。在澳大利亚西部，利用矿化度大于 3.5g/L 的微咸水灌溉苹果树及短期灌溉葡萄树均获得很好的效果。为了更好地开发利用微咸水，西班牙、突尼斯等国家设立了专门的研究机构，对灌溉方法、适宜的作物以及气候对微咸水利用的影响进行了研究。

（2）咸水灌溉对作物和环境的影响

1）对作物产量的影响。在确保灌溉咸水中离子对作物无毒害的前提下，一般认为咸水灌溉后的土壤溶液浓度只要不超过作物减产的临界浓度，便可获得在相同灌溉条件下利用淡水灌溉的作物产量，但当灌溉咸水浓度过大时，作物产量随咸水浓度增加呈直线下降。江雪飞等（2007）用不同质量浓度咸水对温室砂培甜瓜进行灌溉，结果表明，在甜瓜生长的不同生育期，3g/L 咸水处理对其产量均无显著影响，而在果实成熟期之前，利用 5g/L、7g/L、9g/L 咸水处理的单果重均显著低于淡水处理。适当浓度的咸水灌溉不会引起牧草产量下降，干物质产量与淡水灌溉相比反而增加了 10% ~100%，低浓度咸水有利于耐盐牧草的生长。在正常降水的年份，咸水灌溉通常可以使冬小麦或玉米的产量达到淡水灌溉的 85% ~90%，且可以节约 60% ~75% 的淡水资源，可以以作物小幅度减产换来大量淡水资源的节约，这种技术在咸水丰富的旱区可推广应用。因此，对于不同作物，用咸水灌溉作物时，只要将其浓度控制在作物的耐盐阈值内，通常不会对作物产量产生太大影响。

2）对作物品质的影响。咸水中的盐分会参与作物代谢，影响其品质。盐分胁迫条件下植物体内产生胁迫蛋白（盐胁迫蛋白、抗冻蛋白、热击蛋白等），这些微量的蛋白对作物的营养价值和口感产生了影响。部分盐离子沉积在牧草体内，提高了牧草的味感，增强了牧草的喜食性。在甜瓜果实发育期以前，不同质量浓度（3g/L、5g/L、7g/L、9g/L）咸水处理使甜瓜品质稍有降低，而后期处理则提高了甜瓜果实的品质。用微咸水灌溉的蜜瓜与不灌溉的蜜瓜相比，30% 处理和 90% 处理的蜜瓜总糖含量有明显提高，60% 处理的蜜瓜总糖含量与不灌溉的蜜瓜相比略有下降。总之，低浓度的咸水灌溉可以提高某些作物品质。在以色列，咸水灌溉的西瓜、甜瓜、番茄的甜度均大于淡水灌溉。

3）对作物水肥利用的影响。作物的水肥利用主要与灌溉水盐度、灌溉水量、灌溉方式以及土壤基质势等有关。大量试验研究证明，作物耗水量、水分利用效率和田间蒸散发量随着灌溉咸水矿化度增大而降低，但只要控制适宜盐度则影响不大。因此，在使用微咸水灌溉时，可以通过实时监测土壤基质势来指导咸水灌溉，以保证水分利用效率。咸水灌溉下作物对肥料利用研究集中在氮肥。

（3）咸水灌溉对环境的影响

咸水中含有较高的含盐量，长期不合理地利用其进行灌溉，会影响土壤水盐动态、理化性质和地下水，尤其是在蒸发量较大、降水较少，排盐不好的地区。

1）对土壤水盐动态的影响。受盐水入渗、降水及灌溉淋洗等影响，土壤水分和盐分在土壤剖面上的分布存在明显的分层现象。毛振强等（2003）根据盐分在土壤中的垂直分布状况，将受盐分影响的土壤分为三层：①强烈变动层（0～20cm），含盐量受外界条件（降水和灌溉）的影响最大。②逐渐累积层（20～80cm），随着灌溉和入渗过程继续，盐分最容易在此层累积。③相对稳定层（100cm以下），受外界环境影响小，土壤含盐量也相对稳定。

2）对土壤理化性质的影响。不同浓度的微咸水会使土壤理化性质发生不同变化。钠吸附比（sodium adsorption ratio，SAR）是判断灌溉咸水钠危害程度以及土壤盐碱化的重要指标，可通过计算SAR来判断不同灌溉水矿化度下土壤剖面盐碱化程度和不同降水年型土壤表层盐碱化程度，以及土壤剖面pH变化趋势。当利用低浓度微咸水进行农田灌溉时，土壤SAR一般不会发生明显增大的现象，并依此制定合理的咸水灌溉制度。但长期利用微咸水灌溉，对土壤理化性质有潜在影响，有必要采取一定的技术手段。

3）对地下水的影响。开采旱区浅层地下咸水进行抗旱灌溉，不仅挖掘了劣质水潜力，提高了灌溉保证率，还加强了咸淡水的循环交替，调控了地下水埋深的临界深度，减少了潜水蒸发和地表径流损失，增大了降水入渗，达到了改善盐碱地和地下水水质的目的。但当进行大规模开采时，应充分考虑周边环境，采取必要的管理和防治措施。

（4）咸水开发与利用技术

咸水灌溉的方式包括微咸水直接灌溉、咸淡水轮灌和咸淡水混灌三种。

1）微咸水直接灌溉。在没有淡水资源或淡水资源十分紧缺的情况下，可直接利用微咸水资源进行灌溉，但应保证灌溉后土壤含盐量和溶液浓度不超过作物耐盐极限。微咸水对农作物的幼苗有一定危害，因此利用微咸水灌溉要避开作物幼苗期，并需注意：①农田要有排水条件，使地下水位始终控制在临界深度以下，以防返盐。②控制好灌水时机及灌溉次数，在农作物生长的关键需水期，浇1～2次“救命水”。③充分利用汛期降水及秋冬灌水压洗盐分。④增施有机肥，促进土壤理化性质的改善。⑤加强田间科学管理，平整土地，采用畦灌或其他先进灌溉方法以减少渗漏。

2）咸淡水轮灌。微咸水灌溉指用微咸水灌溉耐盐作物或作物耐盐生长阶段，淡水灌溉指用淡水灌溉耐盐力差的作物或作物非耐盐生长阶段。轮灌的时间和水量随着两种水的矿化度、作物种植方式和水源供给条件等的变化而变化。对于咸淡水轮灌地区，微咸水浓度越高，用微咸水灌溉的次数应越少；对于一直用微咸水灌溉的地区，为了降低土壤溶液的浓度以及淋洗土壤中的盐分，应加大微咸水灌溉定额，尤其是一次灌溉水量。

3）咸淡水混灌。咸淡水混灌方式是在有碱性淡水的地区将其与咸水混合，克服原咸水的盐危害及碱性淡水的碱危害。将高矿化度的咸水与淡水或低矿化度的咸水合理配比后，有利于改善水质，形成适合于作物生长的微咸水再用于灌溉。咸淡水混灌在提高灌溉水水质的同时，增加了可灌水的总量，使以前不能使用的碱水或高盐度的咸水得以利用。咸淡水混灌技术既减少了深层淡水的开采量，充分利用了浅层微咸水，降低了生产成本，又缓解了水资源紧缺，促进了水资源的可持续利用，显著提高了经济效益、社会效益和生态效益。

(5) 咸水利用的土壤水盐调控措施

咸水作为一种劣质水，如果利用不当，会导致农作物大量减产、土壤盐碱化等，对农业发展及生态环境带来一系列负面影响。因此，需要制定合理的灌溉制度，采用恰当的灌溉方式以及覆盖处理等其他措施。

1）控制灌溉水矿化度。灌溉水浓度达到某一临界值时，盐分在一定深度的土层内聚集明显增大，这一临界浓度值与使作物生长、产量受到抑制的灌水浓度基本一致。当咸水浓度过高时，可以通过咸淡水轮灌和咸淡水混灌进行水质调节。

2）制定合理的灌溉制度。合理的灌溉制度对可持续农业至关重要。作物在不同生育期对咸水胁迫的适应能力是不同的，在作物最抗盐的生育期进行咸水灌溉，对盐分最敏感的生育期进行淡水灌溉，可以避免或减轻作物遭受盐害的程度。

咸水灌溉频率越高，通常对作物生长越有利。每天滴灌 1 次明显优于其他滴灌次数处理。同时，应当考虑降水的影响，在正常降水年和丰水年，由于降水的淋洗作用，微咸水灌溉不会造成土壤盐碱化；在枯水年，微咸水会使作物遭受水盐的联合胁迫，所以在降水量偏少的年份应尽量避免全部灌溉微咸水，应采用咸淡水轮灌方式，并在作物生长季结束后利用淡水灌溉洗盐。

3）采用地下滴灌的灌溉方式。研究表明，与地表滴灌相比，地下滴灌减少了水分的表层蒸发，水分的良好分布也利于根系对水分的吸收；盐分则会被淋洗至更深土体，减轻盐分对作物根系的危害，防止盐分表聚。

4）覆盖处理。覆盖作为一种较为普遍的农田处理措施，是咸水灌溉防止返盐的重要手段。一般采用秸秆覆盖，不仅能高效循环利用、节省劳动力，而且对环境无污染，还可以增加土壤有机质。适量覆盖还可以改善土壤的理化性状，调节土壤 pH，增加土壤养分有效性，有效地减少土壤表层水分的蒸发，保墒蓄水，进而提高作物产量。

2.1.3.2 污水灌溉技术发展概况

应用污水进行农业灌溉在世界各地已有百余年的历史，美国、澳大利亚、日本和以色列等国家污水灌溉技术比较成熟。美国是污水回用最早的国家之一，20 世纪 70 年代初，美国开始建设大规模的污水处理厂，并开始进行污水回用。2005 年，美国 62% 的再生水回用于农业灌溉。由于水资源的严重不足，以色列的城市和所有的定居点建成了较健全的排污系统，并因地制宜地建立了相应的污水处理工程，几乎所有排出的污水都进行了二级处理，约有 60% 以上的污水用于农业灌溉。以色列还通过使用微喷灌技术提高了污水利用率，达到了节水和防治污染的双重目的。

美国、以色列、日本等国家的污灌水以处理后的再生水为主，水中的有害物质含量低。美国污水回用工艺有活性炭吸附、微滤、超滤、反渗透；希腊采用合成沸石铅，能在 10min 内捕捉城市污水中 70% 的重金属；意大利用臭氧、活性炭、反渗透工艺与超滤处理市政污水处理厂出水。20 世纪 70 年代末，美国已建成城镇污水处理厂 18 000 座，英国、德国各兴建了 7000 ~ 8000 座，到 90 年代，美国的污水二级处理普及率已达到 71%，深度处理普及率达到了30%，德国的污水二级处理普及率已达到90%，深度处理普及率达到了48%。因污水中存在大量污染物，污水灌溉存在着潜在的健康风险和环境影响。澳大利亚开发了污水灌溉与处理相结合的污水利用系统，具有污水灌溉和污水处理的双重功能。在欧洲国家，市政污水处理必须按《城市废水处理指令》的要求，污水预处理环节在污水灌溉管理系统中占据非常重要的地位。

捷克小城镇中的居民区比较多，从这些地区排出的生活污水稍作处理即可用于灌溉。当污水通过土壤剖面时，有机物被土壤截获，增加了土壤中的有机质含量。利用土壤剖面来净化污水，其效果比其他处理方法好。

中国的污水灌溉大致经历了4个发展阶段。①1957年以前是自发使用污水灌溉时期，北京利用工业和生活废水进行农田灌溉，但并未形成规模和对环境产生明显的影响；②1957～1972年为初步发展时期，给农业发展提供水肥，并为城市污水寻找出路，污水灌溉得以发展；③1972年开始为污水灌溉迅速发展时期，污水灌溉面积增长较快；④21世纪以来，随着中国城市污水处理率的不断提高，城市再生水的回用得到了加强，极大地推动了中国城市再生水回用农业的步伐，再生水灌溉技术发展较快。据统计，1957年中国污水灌溉刚起步时，污水灌溉面积为1.15万hm^2，20世纪70年代末至90年代中期，污水灌溉发展迅速，灌溉面积由33.33万hm^2增加到333.33万hm^2，2000年中国的污水灌溉面积已达到430多万公顷。中国大型的污水灌溉区主要分布在北方大中城市的近郊区，如北京污水灌溉区、天津武宝宁污水灌溉区、辽宁沈阳—抚顺污水灌溉区、山西整明污水灌溉区和新疆石河子污水灌溉区。从污水农业利用特点来看，这些地区属于水肥并重的污水灌溉区。此外，秦岭、淮河以南和青藏高原以东为污水灌溉中的重污水灌溉区。从污水灌溉利用特点来看，中国污水灌溉可分为两区：一是北方水肥并重污灌区，沿大兴安岭西侧，内蒙古高原东部和南部边缘，黄土高原西部边缘直至祁连山东缘，在这条线以东以南，秦岭、淮河以北地区为北方水肥并重污灌区，截至2012年，污灌面积达76.2万hm^2，占全国污灌面积的86.6%，是全国污灌面积最集中的地区。二是南方重肥污灌区，秦岭、淮河以南，青藏高原以东，为南方重肥污灌区，截至2012年，污灌面积为9.27万hm^2；青藏高原以北的广大地区，截至2012年，污灌面积为2.59万hm^2，占全国污灌面积的2.94%。目前中国污水灌溉面积还在不断扩大，污水正成为一些地区农业灌溉用水的重要水源之一。

2.1.3.3 中国污水灌溉存在的问题

随着工农业用水短缺的不断加剧，生活污水和部分工业废水已成为农田灌溉的主要水源之一，这在一定程度上缓解了农业水资源紧缺的矛盾。利用污水灌溉不仅节约肥料、增加产量，还节省劳动力、改良土壤，不少地区取得了一定的经验和良好的效果。据统计，污水灌溉旱田一般情况下可增产50%～150%，水稻可增产30%～50%，水生蔬菜可增产50%～300%。但是，随着工业的迅速发展，工业废水在中国城市污水中的占比越来越大，污水的成分越来越多且越来越复杂，特别是含有一些有毒有害的重金属元素、有毒难降解的有机质等。人们利用未经严格处理或处理不达标的污水灌溉，水质超标严重，造成了一系列土壤、农作物、人类健康及生态环境污染问题。

沈阳张士灌区用污水灌溉 20 多年后（自 1971 年），污染耕地 2500hm^2，造成了严重的镉污染。据 1994 年《中国环境报》报道，中国不适当的污水灌溉已使 66 万 hm^2 耕地受到重金属和有机化合物的污染。有研究人员通过对甘肃省白银市污水灌溉区与沿黄灌区农田土壤进行调查测定，分析了污水灌溉对污灌区土壤质量的影响，结果表明因长期超量使用严重超标的污水灌溉和悬浮物沉降污染，污灌区土壤中所含的 Cu、Pb、Zn、Cd、As 等有害物质已严重超过土壤容纳的限度，致使土壤生产力下降，农作物生长不良，进而造成粮食减产，甚至出现颗粒无收的状况。庞奖励等（2001）通过对西安污灌土和番茄 Cd、As、Cu、Cr、Hg、Pb 元素分布的研究，指出长期污灌导致西安污灌土中 Cd、As、Cu、Cr、Hg、Pb 元素明显累积，呈现一定程度的富集或污染，对人类的健康产生了潜在威胁。

在应用污水进行农业灌溉的过程中，由于对污水灌溉的认识不够全面，许多地方对灌溉用的污水采取了“拿来就灌”的方式，目前污水灌溉存在的首要问题是灌溉水质超标。灌溉水质超标的原因包括以下几个方面。

1）污水处理率较低。中国的污水排放量大，污水年排放量超过 600 亿 m^3，与黄河的年径流量相当，污水处理率很低，每年排放的城市污水中，仅有很少一部分是经处理后排放的。在经处理的部分中，仅有很少一部分是经过二级处理的，城市污水的二级处理率仅为 14%。

2）污水处理技术水平较低。中国的污水处理起步于 20 世纪 70 年代末，起初技术和经济条件的限制，大多数污水仅经过一级强化处理，二级污水处理厂的比例不高，且以传统活性污泥法等去除有机物的工艺为主。到 21 世纪，水体富营养化问题日益突出，部分污水处理厂加大改造力度，新增脱氮除磷工艺。对于污水的处理，目前国内外大多采用生物技术，可分为活性污泥法和生物膜法两大类，其中使用最广泛的主要有四种类型：①传统活性污泥工艺及其改进型 A/O、A_2/O 工艺；②AB 工艺；③SBR 及其改进工艺；④氧化沟及其改进工艺。

3）污水处理厂执行的排放标准和农田灌溉水质标准有差异。目前，在中国，污水经过处理后大多是排到地表河流，经过城镇污水处理厂处理后的出水水质要求达到《城镇污水处理厂污染物排放标准》（GB 18918—2002），一些工业污水处理厂处理后的出水水质要求达到《污水综合排放标准》（GB 8978—1996）。

《城镇污水处理厂污染物排放标准》（GB 18918—2002）、《污水综合排放标准》（GB 8978—1996）和《农田灌溉水质标准》（GB 5084—2005）三种标准在有毒重金属指标控制上有所差异。《城镇污水处理厂污染物排放标准》和《农田灌溉水质标准》相比，污水处理厂处理达标的出水尚能满足农田灌溉水质标准；但《污水综合排放标准》和《农田灌溉水质标准》相比，《污水综合排放标准》重金属指标控制大于《农田灌溉水质标准》的要求。因此，经过污水处理厂处理达标的生活污水和工业污水仍存在一定量的重金属物质，若直接用于农业灌溉，存在着重金属污染的风险。

2.1.3.4 污水资源化新技术

污水资源化是一项系统工程，包括城市污水的收集系统、污水再生系统、输配水系统、用水技术和监测系统等，污水再生系统是污水资源化的关键所在。目前，中国城市污水深度处理或三级处理主要包括混凝、沉淀、过滤等工艺，其中过滤包括微絮凝过滤法、生物接触氧化后纤维球过滤法、生物炭过滤法等。其他国家深度处理的方法很多，主要包括混凝澄清过滤法、活性炭吸附过滤法、超滤膜法、半透膜法、微絮凝过滤法、接触氧化过滤法、生物快滤池法、流动床生物氧化硝化法等，其中过滤包括离子交换、反渗透、臭氧氧化、氯吹脱、折点加氯等。无论哪种污水，其处理工艺首先都应经过预处理和初级处理，其后续处理工艺一般分三类：第一类是先生化处理后物化处理再消毒；第二类是物化处理及消毒；第三类是物理处理及消毒。无论是发展中国家还是发达国家，城市污水回用的主要对象都是农业，这除了与农业需水量大有关外，更重要的是，农业回用污水与土地处理污水相结合的方式，能经济有效地利用水资源和处理污水。

传统的污水处理方法有如下几种：①污水经二级处理后，出水直接回用。②污水经二级处理后，再经过滤供用水单位回用。③污水经二级处理后，再经混凝、沉淀、过滤后回用。④污水经二级处理后，再经混凝、沉淀、过滤、活性炭吸附后回用。⑤污水经二级处理后，改造 A/O 法，再经混凝、沉淀、过滤后回用。

随着制造工艺的提高和市场的发展，一度被认为昂贵的膜分离技术正变得越来越经济，竞争力越来越强，膜分离技术在污水深度处理中的应用也越来越广泛。膜分离不仅可有效去除地下水的色度，而且可降低生成有毒物的潜在能力。纳米过滤可直接去除病毒、细菌和寄生虫，同时大幅度降低溶解有机物，在软化水的同时减少溶解固体总量（total dissolved solid，TDS）。纳米过滤只用反渗透 1/4 ~2/3 的压力，就可产 2 ~3 倍的水量。

土地渗滤也叫土壤含水层处理，它使水源通过堤岸过滤或沙丘渗透，以利用土壤中生长的大量微生物对水中污染物进行降解，从而达到净化水质的目的。它是近 20 年来由于世界性的能源危机而迅速发展起来的一种水处理方法。由于污染物经过表土层及下包气带时产生一系列的物理、化学和生物作用，许多微生物和化学物质通过吸附、分解、沉积、离子交换、氧化、还原及其他化学反应（在土壤表层）被去除，这些过程延迟了某些化学物质进入地下水的速度，使一些污染物降解为无毒无害的成分，一些污染物由于过滤吸附和沉淀，截留在土壤中，还有一些被植物吸收或合成到微生物中，污染物浓度降低。土壤含水层处理系统寿命很长，处理费用便宜，投资少，处理效果好，对有机物，尤其是对有机氮化物和氨氮有较好地去除效果；但占地大，不易管理。

2.1.4 旱区水资源持续利用关键技术研究进展

结合对前人研究成果的分析，通过利用现代物联网+技术，对旱区农作物水资源持续利用的关键技术进行研究，以破解未来水资源高效利用问题，为中国旱区及全球旱区水资源持续利用提供借鉴，为人类在开发利用水资源过程中实现水资源供给与利用的总体平衡服务。

为了系统地对旱区水资源持续利用关键技术进行研究，我们选取具有代表性的旱区大宗农作物玉米、粮食作物马铃薯、特色经济作物西瓜和优势蔬菜辣椒等作为研究对象，从田间试验设计、水分利用效率、灌溉定额、灌溉制度以及效益分析等方面进行深入系统研究，期望利用有限的水资源获取最大产出和最大效益。

2.1.4.1 旱区种植玉米水资源持续利用关键技术研究

玉米是中国北方及东北地区的主要粮食和经济作物，受当地干旱缺水、降水稀少、蒸发量大等气候因素和资源因素的多重影响，旱区需要采用一种新的种植模式和灌溉方式，确保玉米高产稳产。通过将作物滴灌的灌溉定额和膜侧、膜下、露地种植模式等技术的优点相结合，采用膜下滴灌、双行靠膜侧滴灌等灌溉方式，通过多元比较数据分析，在稳定玉米高产的前提下，系统研究双行靠膜侧滴灌等不同种植和灌溉模式下不同生育期水分胁迫对玉米产量及水分生产效率的影响，通过建立玉米节水灌溉水分生产函数模型，筛选出节水、节肥、投入低、生产效率高的灌溉与种植模式。

（1）研究内容

1）不同灌溉模式组合对玉米生长发育的影响。通过不同灌溉模式组合，研究不同种植模式（膜下滴灌、露地滴灌和膜侧滴灌）和灌溉定额（160m^3/亩、200m^3/亩、240m^3/亩）对玉米株高、茎粗、产量以及水分生产效率的影响，筛选出适宜宁夏旱区玉米的最佳节水灌溉方式。

2）双行靠膜侧滴灌玉米水分生产函数试验研究。通过玉米不同生育期水分胁迫试验，建立膜侧滴灌玉米节水灌溉水分生产函数模型。

（2）研究区概况

1）地理位置。本试验开展地点位于宁夏同心旱区（36°86′N，105°60′E）。该地点位于内蒙古高原与宁夏黄土高原处，地势由北向南逐渐上升，海拔最高为2625m，最低为1240m。同心县城所在地海拔为1344m，属丘陵沟壑区。地貌类型有黄土丘陵、山脉等五种，以大山为主，山川与水犬牙交错，境内有六盘山系（如罗山、米钵山、青龙山、窑山等）。

2）气候。同心具有降水量少、蒸发量大、四季分明、太阳辐射强等特点。年平均气温为8.7℃；最高气温出现在7~8月，平均气温为22.8℃，极端最高温度为37.9℃；最低气温出现在12月、1月，平均气温为-8.0℃，极端最低温度为-27.0℃。年平均降水量为270mm，年平均水面蒸发量为2325mm，年平均太阳辐射热为142kcal①/cm^2，日照时数最高达3000h，无霜期一般为180天左右，平均日温差达30.0℃以上。大风天气平均在8~46天。主要自然灾害有干热风、暴雨、冰雹等。

3）作物种植情况。在利用黄河水通过固海扬黄泵站和环红寺堡扬黄泵站灌溉区，主要种植经济作物玉米。据不完全统计，全国玉米高产在同心一带。当地的红葱、红枣发展前景广阔。预旺、下马关等地充分利用降水、温差大、日照充分种植地膜西瓜和一些中药材。还有在沙土地种植的沙土洋芋，其淀粉含量高，远销国外；小杂粮（小米、荞麦）销售至全世界。

---

① 1cal=4.1868J。

4）水文情况。黄河穿过吴忠市市区和青铜峡市区，是最主要的水资源来源。

（3）不同灌溉模式对玉米生长及产量的影响研究

宁夏旱区大水漫灌和连作障碍影响了玉米的水分生产效率与产量，尤其是对土壤营养平衡影响严重，使当地土壤肥力逐年下降，造成作物产量低且耗水量大；通过采取不同的灌溉模式组合试验，对当地的大水漫灌和机械化等间距种植进行改进，为宁夏旱区节水灌溉和种植玉米提供一定的参考。

A. 材料与方法

试验区土壤为砂壤土，田间持水量为 22.85%，土壤容重为 1.33g/cm^3，含盐量为 0.26g/kg，全氮为 0.58g/kg，全磷为 0.79g/kg，速效磷为 22.85mg/kg，速效钾为 181.00mg/kg，有机质为 8.10mg/kg，pH 为 7.79。试验在前一年种植春玉米的地块开展，设不同种植模式（膜侧、膜下、露地）和不同灌溉定额（160m^3/亩、200m^3/亩、240m^3/亩）3 因素 3 水平的随机区组试验，共 9 个处理，以当地大田漫灌为对照（CK），每个试验处理设 3 次重复。灌水定额是依据当地灌溉经验值和前人研究的理论值进行设计。试验设计见表 2-2。

表 2-2　玉米试验设计　　单位：m^3/亩

处理	种植模式	灌溉定额
露地滴灌低水量	露地	160
露地滴灌中水量		200
露地滴灌高水量		240
膜下滴灌低水量	膜下	160
膜下滴灌中水量		200
膜下滴灌高水量		240
膜侧滴灌低水量	膜侧	160
膜侧滴灌中水量		200
膜侧滴灌高水量		240
CK	露地（当地传统漫灌）	550

供试玉米为当地常年种植品种“先玉 335”，采用双行靠（宽行 0.7m、窄行 0.3m）种植模式，株距为 0.3m，覆盖地膜宽为 1.0m，种植密度为 81 900 株/hm^2。小区种植为南北走向，每个小区长 3.0m、宽 3.9m、面积 11.7m^2，小区之间设 1.8m 宽隔离带，9 个处理，每个处理进行 3 次重复，共 27 个小区，每个小区种植 8 行玉米、铺设 4 条滴灌带，管外径 16mm，滴水间距 0.3m，流量为 1.5L/h。小区四周种植四行同品种玉米，防止周边玉米串粉，影响产量。田间试验布置如图 2-6 ~ 图 2-8 所示，图 2-6 是露地滴灌种植双行靠玉米分布；图 2-7 是膜下滴灌种植双行靠玉米分布；图 2-8 是膜侧滴灌种植双行靠玉米分布。

试验种植前土地整理，2016 年 5 月 6 日在所选取的试验地块进行人工撒施磷酸二氢铵（20kg/亩）、磷酸钾复合肥（30kg/亩）作为播种前的基肥，利用拖拉机旋耕并平整土地，然后进行小区划分，人工铺设滴灌带和普通 PE（聚乙烯）白色地膜，每亩滴灌 10m^3 水，

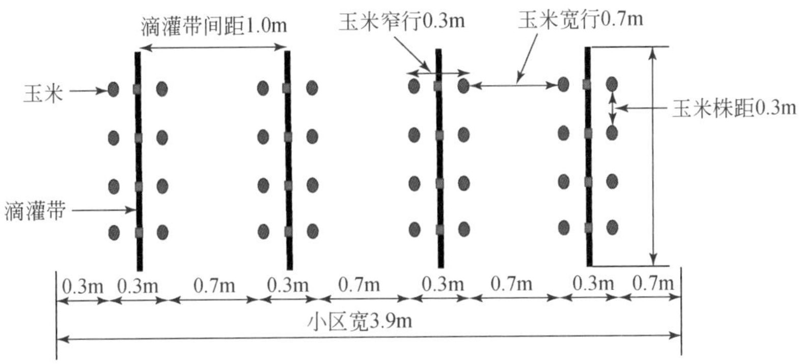

图 2-6 露地滴灌种植双行靠玉米分布

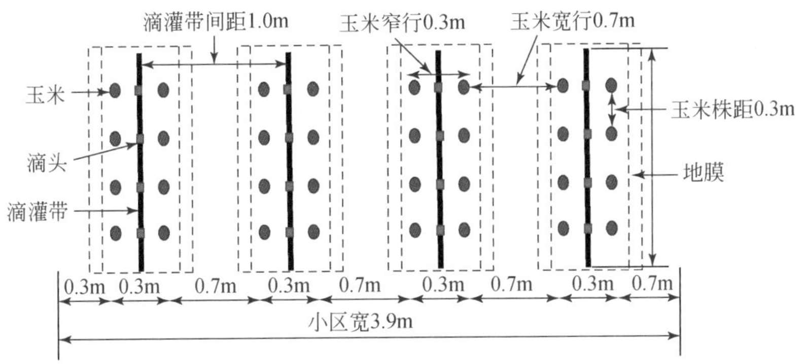

图 2-7 膜下滴灌种植双行靠玉米分布

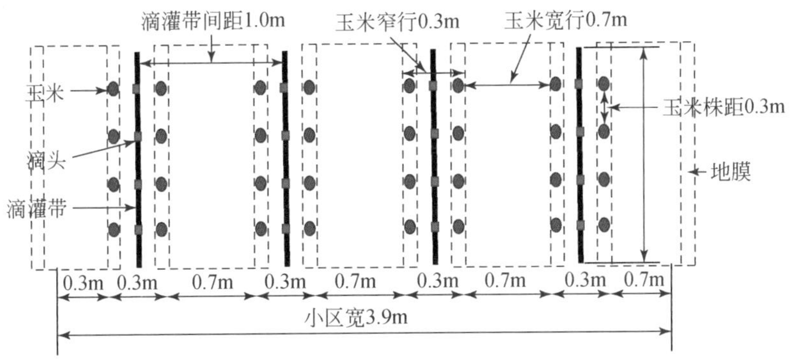

图 2-8 膜侧滴灌种植双行靠玉米分布

用于出苗；5 月 8 日人工进行种植（采用手动玉米点播机种植）；5 月 22 日出苗；5 月 26 日定苗；7 月 8 日拔节期；7 月 28 日大喇叭口期；8 月 17 日抽雄期；9 月 6 日灌浆期，9 月 16 日乳熟期，10 月 12 日成熟期，10 月 15 日收获，全生育期为 158 天，全生育期内降水量为 92mm。各生育期的施肥量见表 2-3。在整个试验过程中，灌溉水来自固海扬黄灌渠黄河水，储存到科技示范园区水库，再利用风光互补节水灌溉系统为试验用水和施肥提供动力。

表 2-3　玉米各生育期的施肥　　单位：kg/亩

时间	生育期	施肥量		
		磷酸二氢铵	磷酸钾复合肥	尿素
5 月 8 日	播种	20	30	
5 月 22 日	出苗			
5 月 26 日	定苗			
7 月 8 日	拔节期			10
7 月 28 日	大喇叭口期			10
8 月 17 日	抽雄期			10
9 月 6 日	灌浆期	10		10
9 月 16 日	乳熟期			10
10 月 12 日	成熟期			
10 月 15 日	收获			
合计		30	30	50

B. 结果分析

1）不同灌溉定额和种植模式对玉米生育期的影响。按照当地的气候条件和玉米在旱区的生长特性，玉米全生育期内各处理的灌水时间和灌水量见表 2-4。

表 2-4　各处理灌水时间和灌水量　　单位：m^3/亩

处理	灌水时间和灌水量										合计
	5 月 7 日	6 月 28 日	7 月 8 日	7 月 18 日	7 月 28 日	8 月 7 日	8 月 17 日	8 月 27 日	9 月 6 日	9 月 16 日	
露地滴灌低水量	10	18	16	22	20	16	16	16	13	13	160
露地滴灌中水量	10	22	20	26	24	22	20	20	18	18	200
露地滴灌高水量	10	26	24	30	28	30	24	24	22	22	240
膜下滴灌低水量	10	18	16	22	20	16	16	16	13	13	160
膜下滴灌中水量	10	22	20	26	24	22	20	20	18	18	200
膜下滴灌高水量	10	26	24	30	28	30	24	24	22	22	240
膜侧滴灌低水量	10	18	16	22	20	16	16	16	13	13	160
膜侧滴灌中水量	10	22	20	26	24	22	20	20	18	18	200
膜侧滴灌高水量	10	26	24	30	28	30	24	24	22	22	240
CK											550

本试验在没有灌溉冬水和春水的条件下进行，为保证各处理的出苗率，5 月 7 日各处理第一次灌水量均为 10m^3/亩。从 6 月 28 日起各处理开始按照设置的灌水定额灌溉。从表 2-4可以看出，各处理同一天（5 月 7 日）进行播种，膜下滴灌中水量出苗用时为 13 天，高水量和低水量出苗用时都为 14 天；膜侧滴灌高水量出苗用时为 16 天，中水量和低水量出苗用时都为 15 天；露地滴灌中水量出苗用时为 16 天，高水量和低水量出苗用时都为 17

天。从播种到出苗无灌水，出苗用水主要靠播前灌水供应，膜下出苗比膜侧和露地平均早 2～3 天，说明地膜具有保水保墒性。玉米露地出苗–拔节期、抽雄期、灌浆期、乳熟期、成熟期高水量处理比低水量处理生育期提前 2～3 天，膜侧比覆膜、露地种植模式下提前 2～3天。大田漫灌生育比膜侧滴灌高水量和中水量各生育期的起止日期晚 2～3 天，比露地滴灌高水量、中水量、低水量各生育期的起止日期提前 1～4 天，与膜下滴灌高水量、中水量、低水量各生育期的起止日期相差不大。膜侧种植技术能够集雨抗旱、增温保水、提高作物呼吸作用、改善田间作物光照和透气、抑制杂草、早熟高产并能够很好地促进玉米全生育期的生长。

2）不同灌溉定额和种植模式对玉米株高的影响。不同处理下不同生育期玉米株高见表 2-5。

表 2-5　不同处理下不同生育期玉米株高　　单位：cm

处理	苗期		拔节期			抽雄期		灌浆期	乳熟期	成熟期
	5 月 28 日	6 月 11 日	6 月 24 日	7 月 10 日	7 月 25 日	8 月 6 日	8 月 18 日	9 月 1 日	9 月 15 日	9 月 30 日
露地滴灌低水量	3.8	45	79	139	171	199	220	226	233	236
露地滴灌中水量	4.3	47	86	148	186	211	229	236	247	247
露地滴灌高水量	4.8	46	90	150	193	219	237	248	257	264
露地滴灌平均（A）	4.3	46	85	146	183	210	229	237	246	249
膜下滴灌低水量	5.4	52	95	167	197	224	243	252	258	265
膜下滴灌中水量	5.1	55	103	170	211	237	251	256	264	273
膜下滴灌高水量	5.6	53	103	175	208	236	250	257	268	277
膜下滴灌平均（B）	5.4	53	100	171	205	232	248	255	263	271
膜侧滴灌低水量	5.4	60	105	169	211	240	254	265	269	271
膜侧滴灌中水量	5.6	62	109	173	217	249	266	269	273	283
膜侧滴灌高水量	5.8	59	110	180	217	248	268	273	284	290
膜侧滴灌平均（C）	5.6	60	108	174	215	246	263	269	275	282
CK	5.0	49	98	168	210	239	253	268	269	270

结果表明，露地滴灌种植玉米时，在成熟期（9 月 30 日）玉米株高依次为露地滴灌高水量（264cm）>露地滴灌中水量（247cm）>露地滴灌低水量（236cm），露地滴灌高水量比露地滴灌中水量和露地滴灌低水量分别高 6.88%、11.86%。膜下滴灌种植玉米时，在成熟期（9 月 30 日）玉米株高依次为膜下滴灌高水量（277cm）>膜下滴灌中水量（273cm）>膜下滴灌低水量（265cm），膜下滴灌高水量比膜下滴灌中水量和膜下滴灌低水量分别高 1.47%、4.53%。膜侧滴灌种植玉米时，在成熟期（9 月 30 日）玉米株高依次为膜侧滴灌高水量（290cm）>膜侧滴灌中水量（283cm）>膜侧滴灌低水量（271cm），膜侧滴灌高水量比膜侧滴灌中水量和膜侧滴灌低水量分别高 2.47%、7.01%。在种植模式相同条件下，高水量处理下玉米较中水量和低水量处理的株高高，增幅在 1.47%～11.86%，各处理间幅度偏大。采用同一种种植模式，玉米的株高随着灌水量的增加而增高。

在灌溉定额相同条件下，种植模式对玉米株高影响明显，从高到低依次为膜侧滴灌种植技术>膜下滴灌种植技术>露地滴灌种植技术。低水量灌溉玉米时，在成熟期（9 月 30 日）玉米株高依次为膜侧滴灌低水量（271cm）>膜下滴灌低水量（265cm）>露地滴灌低水量（236cm），膜侧滴灌低水量比膜下滴灌低水量和露地滴灌低水量分别高 2.26%、14.83%。中水量灌溉玉米时，在成熟期（9 月 30 日）玉米株高依次为膜侧滴灌中水量（283cm）>膜下滴灌中水量（273cm）>露地滴灌中水量（247cm），膜侧滴灌中水量比膜下滴灌中水量和露地滴灌中水量分别高 3.66%、14.57%。高水量灌溉玉米时，在成熟期（9 月 30 日）玉米株高依次为膜侧滴灌高水量（290cm）>膜下滴灌高水量（277cm）>露地滴灌高水量（264cm），膜侧滴灌高水量比膜下滴灌高水量和露地滴灌高水量分别高 4.69%、9.85%。在灌溉定额相同条件下，膜侧处理下玉米较膜下和露地处理的株高高，增幅差距最大的是膜侧滴灌低水量和露地滴灌低水量，为 14.83%，增幅差距最小的是膜侧滴灌低水量和膜下滴灌低水量，为 2.26%。各处理间幅度差距偏大。

3）不同灌溉定额和种植模式对玉米茎粗的影响。不同处理下不同生育期玉米茎粗变化见表 2-6。

表 2-6　不同处理下不同生育期玉米茎粗变化　　单位：mm

处理	苗期		拔节期			抽雄期		灌浆期	乳熟期	成熟期
	5 月 28 日	6 月 11 日	6 月 24 日	7 月 10 日	7 月 25 日	8 月 6 日	8 月 18 日	9 月 1 日	9 月 15 日	9 月 30 日
露地滴灌低水量	9.46	13.44	16.18	19.93	23.98	26.26	28.01	29.77	31.12	31.88
露地滴灌中水量	9.57	14.21	17.97	21.45	25.97	27.88	29.96	31.62	32.56	32.96
露地滴灌高水量	9.53	15.77	18.78	22.64	26.79	28.91	31.23	33.07	33.82	34.23
露地滴灌平均（A）	9.52	14.47	17.64	21.34	25.58	27.68	29.73	31.49	32.50	33.02
膜下滴灌低水量	9.64	16.13	19.12	24.35	28.06	30.09	31.38	33.06	33.76	34.06
膜下滴灌中水量	9.66	16.11	19.03	24.57	28.37	31.01	32.17	33.23	34.48	34.83
膜下滴灌高水量	9.60	16.48	19.62	25.35	29.79	32.86	33.58	34.66	35.06	35.19
膜下滴灌平均（B）	9.63	16.24	19.26	24.76	28.74	31.32	32.38	33.65	34.43	34.69
膜侧滴灌低水量	9.80	16.76	19.15	25.18	29.37	32.01	33.17	34.21	34.88	35.03
膜侧滴灌中水量	9.76	16.57	19.98	25.53	29.87	32.92	33.65	34.47	35.17	35.38
膜侧滴灌高水量	9.83	16.76	20.03	25.83	30.29	33.17	33.89	35.02	35.56	35.70
膜侧滴灌平均（C）	9.80	16.70	19.72	25.51	29.84	32.70	33.57	34.57	35.20	35.37
CK	9.60	16.18	19.14	24.36	28.33	31.02	33.12	34.08	34.95	35.06

结果表明，露地滴灌种植玉米时，在成熟期（9 月 30 日）玉米茎粗依次为露地滴灌高水量（34.23mm）>露地滴灌中水量（32.96mm）>露地滴灌低水量（31.88mm），露地滴灌高水量比露地滴灌中水量和露地滴灌低水量分别粗 3.85%、7.37%；在全生育期内，露地滴灌各灌水量玉米茎粗增长平缓。膜下滴灌种植玉米时，在成熟期（9 月 30 日）玉米茎粗依次为膜下滴灌高水量（35.19mm）>膜下滴灌中水量（34.83mm）>膜下滴灌低水量（34.06mm），膜下滴灌高水量比膜下滴灌中水量和膜下滴灌低水量分别粗 1.03%、

3.32%；苗期至拔节期膜下滴灌玉米各灌溉定额差异不大，增幅几乎一样，从拔节期至灌浆期高水量玉米茎粗增幅加快，在 8 月 18 日高水量与中水量和低水量差距最大为 33.58mm，比中水量（32.17mm）和低水量（31.38mm）分别高 4.38%、7.01%，此阶段，灌水时间间隔短，高水量灌水量大，营养生长快；灌浆期以后各处理无明显变化。膜侧滴灌种植玉米时，在成熟期（9 月 30 日）玉米茎粗依次为膜侧滴灌高水量（35.70mm）>膜侧滴灌中水量（35.38mm）>膜侧滴灌低水量（35.03mm），膜侧滴灌高水量比膜侧滴灌中水量和膜侧滴灌低水量分别粗 0.90%、1.91%；苗期各灌水定额的玉米茎粗增幅无变化，从拔节期至抽雄期各灌水定额的玉米茎粗增幅呈 J 形生长，从苗期（6 月 11 日）的 16.70mm 增长至抽雄期（8 月 6 日）的 32.70mm，增长为 16mm，每天增粗 0.286mm，此阶段，灌水时间间隔短，各处理灌水量多，营养生长快；从抽雄期（8 月 6 日）开始膜侧滴灌玉米茎粗生长缓慢。在种植模式相同条件下，高水量处理下玉米较中水量和低水量处理的茎粗粗，增幅在 0.90% ~7.37%，各处理间幅度不大。采用同一种植模式，玉米的茎粗随着灌水量的增多增粗不是很明显。

4）不同灌溉定额和种植模式对玉米产量及水分生产效率的影响。不同处理下玉米产量见表 2-7。

表 2-7　不同处理下玉米产量　　　　单位：kg/亩

处理	重复 1	重复 2	重复 3	平均
露地滴灌低水量	603.64	590.10	601.23	598.32 gF
露地滴灌中水量	631.25	623.66	638.01	630.97 fE
露地滴灌高水量	660.17	655.45	656.36	657.33eD
膜下滴灌低水量	653.91	662.25	668.13	661.43deD
膜下滴灌中水量	669.34	673.02	673.88	672.08 dCD
膜下滴灌高水量	691.22	681.06	685.46	685.91 cC
膜侧滴灌低水量	687.23	681.47	692.13	686.94cC
膜侧滴灌中水量	712.03	705.84	710.77	709.55 bB
膜侧滴灌高水量	732.56	723.18	730.62	728.79 aA
CK	667.02	680.11	669.23	672.12 dCD

注：小写字母表示 $P<0.05$ 达到显著水平，大写字母表示 $P<0.01$ 达到极显著水平。

结果表明，在种植模式相同条件下，灌水定额玉米产量最高的是高水量，露地滴灌为 657.33kg/亩、膜下滴灌为 685.91kg/亩、膜侧滴灌为 728.79kg/亩，玉米产量从高到低依次为高水量>中水量>低水量。在灌水定额相同条件下，种植模式产量最高的是膜侧滴灌，为 728.79kg/亩，其次为膜下滴灌，为 685.91kg/亩，露地滴灌最低，为 657.33kg/亩。膜侧滴灌高水量比 CK 产量高 8.43%，CK 比露地滴灌低水量产量高 12.33%，膜侧滴灌高水量比露地滴灌低水量产量高 21.8%。说明膜侧滴灌高水量处理的效果最好，膜侧滴灌高水量种植技术能够增温保水、早熟高产并能够很好地促进玉米全生育期的生长，增加产量。

不同处理灌溉水生产效率和水分生产效率分别见表 2-8 和表 2-9：由表 2-8 可以看出，不同处理灌溉水生产效率从高到低依次为膜侧滴灌低水量>膜下滴灌低水量>露地滴灌低水量>膜侧滴灌中水量>膜下滴灌中水量>露地滴灌中水量>膜侧滴灌高水量>膜下滴灌高水量>露地滴灌高水量。膜侧滴灌低水量的灌溉水生产效率最高，为4.29kg/m³，产量为686.94kg/亩，露地滴灌高水量的灌溉水生产效率最低，为2.74kg/m³，产量为657.33kg/亩。因此，灌溉水生产效率高的灌溉模式组合不一定产量高。最小显著性差异比较结果表明，不同处理之间存在极显著差异。

表2-8 不同处理灌溉水生产效率

处理	灌溉定额/(m³/亩)	产量/(kg/亩)	灌溉水生产效率/(kg/m³)	灌溉水生产效率较CK增加/%	较CK节水/%
露地滴灌低水量	160	598.32	3.74cC	200.44	70.91
露地滴灌中水量	200	630.97	3.15fF	155.06	63.64
露地滴灌高水量	240	657.33	2.74iI	123.79	56.36
膜下滴灌低水量	160	661.43	4.13bB	227.56	70.91
膜下滴灌中水量	200	672.08	3.36eE	171.85	63.64
膜下滴灌高水量	240	685.91	2.86hH	133.52	56.36
膜侧滴灌低水量	160	686.94	4.29aA	241.96	70.91
膜侧滴灌中水量	200	709.55	3.55dD	189.88	63.64
膜侧滴灌高水量	240	728.79	3.04gG	148.12	56.36
CK	550	672.12	1.22	0.00	0.00

注：小写字母表示 $P<0.05$ 达到显著水平，大写字母表示 $P<0.01$ 达到极显著水平。

表2-9 不同处理水分生产效率

处理	实际需水量/(m³/亩)	产量/(kg/亩)	水分生产效率/(kg/m³)	水分生产效率较CK增加/%	较CK节水/%
露地滴灌低水量	227	598.32	2.42cC	107.12	57.85
露地滴灌中水量	261	630.97	2.25eE	93.19	52.05
露地滴灌高水量	336	657.33	1.96fF	70.12	42.66
膜下滴灌低水量	215	661.43	2.81aA	137.35	59.90
膜下滴灌中水量	238	672.08	2.60bB	124.27	55.97
膜下滴灌高水量	301	685.91	2.28deDE	98.15	48.63
膜侧滴灌低水量	221	686.94	2.85aA	141.61	58.87
膜侧滴灌中水量	249	709.55	2.64bB	129.37	54.10
膜侧滴灌高水量	315	728.79	2.31dD	101.18	46.25
CK	586	672.12	1.45	0.00	0.00

注：小写字母表示 $P<0.05$ 达到显著水平，大写字母表示 $P<0.01$ 达到极显著水平。

由表2-9可以看出，不同处理的水分生产效率从高到低依次为膜侧滴灌低水量>膜下滴灌低水量>膜侧滴灌中水量>膜下滴灌中水量>露地滴灌低水量>膜侧滴灌高水量>膜下滴灌高水量>露地滴灌中水量>露地滴灌高水量。膜侧滴灌低水量的水分生产效率最高，为 2.85kg/m³，产量为 686.94kg/亩，露地滴灌高水量的水分生产效率最低，为 1.96kg/m³，产量为 657.33kg/亩。因此，水分生产效率高的灌溉模式组合也不一定产量高。最小显著性差异比较结果表明，相同灌溉定额下膜侧滴灌种植和膜下滴灌种植之间无显著性差异；露地滴灌种植模式下各灌溉定额之间存在极显著差异；膜下滴灌种植模式下各灌溉定额之间存在极显著差异；膜侧滴灌种植模式下各灌溉定额之间存在极显著差异；膜下滴灌高水量与露地滴灌中水量之间无极显著差异。

（4）旱区膜侧滴灌玉米水分生产函数模型

本试验以当地常年种植玉米品种“先玉 355”为试验材料，建立宁夏旱区双行靠膜侧滴灌玉米的水分生产函数模型，为宁夏同心旱区玉米节水增产提供理论依据。

A. 材料与方法

本试验共设处理 18 个，每个处理重复 3 次，共 54 个小区。在玉米苗期、拔节期、抽雄期、灌浆期、乳熟期和全生育期进行不同程度的水分胁迫，试验设计方案见表 2-10。试验采用不同生育期内以及连续生育期内不同程度的水分胁迫，对玉米苗期、拔节期、抽雄期、灌浆期四个时期内采用中旱和轻旱两种胁迫；对玉米出苗-抽雄期、拔节-灌浆期、抽雄-乳熟期、灌浆-成熟期四个连续时期进行连轻旱水分胁迫；对玉米全生育期进行轻旱、中旱、重旱 3 种水分胁迫。轻旱、中旱、重旱灌水量指某一生育期内玉米土壤平均含水量下限降到饱和含水量的 60%、55%、50%，正常灌水处理按丰水年 90% 灌溉方式控制。

表 2-10　旱区膜侧滴灌玉米水分生产函数试验设计方案

处理	处理方式	出苗-拔节期	拔节-抽雄期	抽雄-灌浆期	灌浆-乳熟期	乳熟-成熟期
1	苗期中旱	55	70	70	70	70
2	苗期轻旱	60	70	70	70	70
3	拔节期中旱	70	55	70	70	70
4	拔节期轻旱	70	60	70	70	70
5	抽雄期中旱	70	70	55	70	70
6	抽雄期轻旱	70	70	60	70	70
7	灌浆期中旱	70	70	70	70	70
8	灌浆期轻旱	70	70	70	70	70
9	出苗-抽雄期连轻旱	60	60	70	70	70
10	拔节-灌浆期连轻旱	70	60	60	70	70
11	抽雄-乳熟期连轻旱	70	70	60	60	70
12	灌浆-成熟期连轻旱	70	70	60	60	70
13	全生育期重旱	50	50	50	50	50
14	全生育期中旱	55	55	55	55	55

续表

处理	处理方式	出苗-拔节期	拔节-抽雄期	抽雄-灌浆期	灌浆-乳熟期	乳熟-成熟期
15	全生育期轻旱	60	60	60	60	60
16	全生育期适水	70	70	70	70	70
17	全生育期适水	80	80	80	80	80
18	全生育期丰水	90	90	90	90	90

B. 结果与分析

1）不同生育期水分胁迫下的灌水定额。玉米全生育期内各试验处理不同生育期灌溉时间及灌水定额见表 2-11。为了保证出苗率，5 月 7 日第一次灌水量各处理都一样，为 $10m^3$/亩，之后按试验设计进行灌溉。

表 2-11　玉米各试验处理不同生育期灌溉时间及灌水定额　　单位：m^3/亩

处理	处理方式	苗期		拔节期			抽雄期		灌浆期		乳熟期	合计
		5 月 7 日	6 月 28 日	7 月 8 日	7 月 18 日	7 月 28 日	8 月 7 日	8 月 17 日	8 月 27 日	9 月 6 日	9 月 16 日	
1	苗期中旱	10		5	16	15	22	22	22	22	22	156
2	苗期轻旱	10		12	14	15	22	22	22	22	22	161
3	拔节期中旱	10		10	8	10	22	22	22	22	22	148
4	拔节期轻旱	10	8	10	10	12	22	22	22	22	22	160
5	抽雄期中旱	10	10	12	15	15	14	14	22	22	22	156
6	抽雄期轻旱	10	10	12	14	16	18	18	22	22	22	164
7	灌浆期中旱	10	10	12	15	14	22	22	14	14	22	155
8	灌浆期轻旱	10	10	12	15	15	22	22	18	18	22	164
9	出苗-抽雄期连轻旱	10		10	10	10	18	18	22	22	22	142
10	拔节-灌浆期连轻旱	10	8	15	10	10	18	18	18	18	22	147
11	抽雄-乳熟期连轻旱	10	8	15	15	15	18	18	18	18	22	157
12	灌浆-成熟期连轻旱	10	10	15	15	15	22	22	18	18	18	163
13	全生育期重旱	10		10		10	10	10	10	10	12	82
14	全生育期中旱	10		10	8	10	14	14	14	14	14	108
15	全生育期轻旱	10	5	10	10	10	17	17	17	17	17	130
16	全生育期适水	10	10	15	15	15	22	22	22	22	22	175
17	全生育期适水	10	18	18	18	16	26	26	26	26	26	210
18	全生育期丰水	10	20	20	18	22	30	30	30	30	30	240

2）不同生育期水分胁迫下玉米的实际需水量和产量。由表 2-12 可以看出，苗期轻旱灌溉定额为 161m³/亩、实际需水量为 200m³/亩，比苗期中旱分别高 5m³/亩和 4m³/亩；苗期轻旱玉米产量为 710.26kg/亩，比苗期中旱玉米产量多 15.15kg/亩。拔节期轻旱灌溉定额为 160m³/亩、实际需水量为 201m³/亩，比拔节期中旱分别高 12m³/亩和 19m³/亩；拔节期轻旱玉米的产量为 663.20kg/亩，比拔节期中旱玉米产量多 30.35kg/亩。抽雄期轻旱灌溉定额为 164m³/亩、实际需水量为 206m³/亩，比抽雄期中旱分别高 8m³/亩和 9m³/亩；抽雄期轻旱玉米产量为 602.58kg/亩，比抽雄期中旱玉米产量多 34.17kg/亩。灌浆期轻旱灌溉定额为 164m³/亩、实际需水量为 198m³/亩，比灌浆期中旱分别高 9m³/亩和 12m³/亩；灌浆期轻旱玉米的产量为 658.12kg/亩，比灌浆期中旱玉米产量多 33.57kg/亩。不同生育期的实际需水量从高到低依次为抽雄期轻旱>拔节期轻旱>苗期轻旱>灌浆期轻旱>抽雄期中旱>苗期中旱>灌浆期中旱>拔节期中旱；不同生育期水分胁迫对产量的影响从低到高依次为苗期<拔节期<灌浆期<抽雄期。从抽雄期开始至玉米成熟，是影响玉米产量的关键时期，生育期越靠前，如苗期、拔节期水分胁迫下，对玉米产量的影响较小，此时的胁迫有利于玉米根系生长。

表 2-12　各处理不同生育期的灌水定额、实际需水量和产量

处理	处理方式	出苗-拔节期	拔节-抽雄期	抽雄-灌浆期	灌浆-乳熟期	乳熟-成熟期	实际需水量	产量
		/(m³/亩)	/(m³/亩)	/(m³/亩)	/(m³/亩)	/(m³/亩)	/(m³/亩)	/(kg/亩)
1	苗期中旱	10	36	44	44	22	196	695.11
2	苗期轻旱	10	41	44	44	22	200	710.26
3	拔节期中旱	10	28	44	44	22	182	632.85
4	拔节期轻旱	18	32	44	44	22	201	663.20
5	抽雄期中旱	20	42	28	44	22	197	568.41
6	抽雄期轻旱	20	42	36	44	22	206	602.58
7	灌浆期中旱	20	41	44	28	22	186	624.55
8	灌浆期轻旱	20	42	44	36	22	198	658.12
9	出苗-抽雄期连轻旱	10	30	36	44	22	181	677.16
10	拔节-灌浆期连轻旱	18	35	36	36	22	188	631.53
11	抽雄-乳熟期连轻旱	18	45	36	36	22	192	673.15
12	灌浆-成熟期连轻旱	20	45	44	36	18	176	586.14
13	全生育期重旱	10	20	20	20	12	151	394.30
14	全生育期中旱	10	28	28	28	14	157	512.70
15	全生育期轻旱	15	30	34	34	17	173	584.02
16	全生育期适水	20	45	44	44	22	216	691.50
17	全生育期适水	28	52	52	52	26	250	724.81
18	全生育期丰水	30	60	60	60	30	277	761.13

（5）灌溉制度

不同处理玉米不同生育期的耗水量和宁夏干旱半干旱区 2016 年玉米的灌溉制度分别见表 2-13 和表 2-14。

表 2-13　不同处理玉米不同生育期的耗水量　　　　单位：mm

处理	苗期	拔节期	抽雄期	灌浆期	成熟期	全生育期
T1	18.64	30.28	62.91	98.55	16.64	227.02
T2	21.73	33.37	75.27	110.91	19.73	261.01
T3	28.55	40.19	102.55	138.18	26.55	336.02
T4	17.55	29.19	58.55	94.18	15.55	215.02
T5	19.64	31.28	65.91	103.55	17.64	238.02
T6	25.36	37.00	83.09	125.45	30.08	300.98
T7	18.09	29.73	61.27	95.81	16.09	220.99
T8	20.64	32.28	68.91	108.55	18.64	249.02
T9	26.64	38.28	91.91	133.55	24.64	315.02

表 2-14　玉米灌溉制度

生育期	时间	灌溉定额/(m^3/亩)	灌水次数	灌水量/(m^3/亩)
播种期	5 月上旬	10～12	1	10～12
苗期	5 月中旬至 6 月中旬	14～16	1	14～16
拔节期	6 月下旬至 7 月下旬	15～18	3	45～54
抽雄期	8 月上旬至 8 月下旬	15～18	4	60～72
灌浆期	9 月上旬至 9 月中旬	16～18	2	32～36
成熟期	9 月中旬至 10 月上旬	15～18	1	15～18
合计			11	176～208

结果表明，玉米播种期灌水 1 次，灌水量 10～12m^3/亩；苗期灌水 1 次，灌水量 14～16m^3/亩；拔节期灌水 3 次，灌水量 45～54m^3/亩；抽雄期灌水 4 次，灌水量 60～72m^3/亩，灌浆期灌水 2 次，灌水量 32～36m^3/亩，乳熟期灌水 1 次，灌水量 15～18m^3/亩，全生育期灌水总量为 176～208m^3/亩。可根据 16 年降水量以及其他气象数据调整玉米灌溉制度。

（6）结论

试验结果表明，膜侧滴灌玉米的不同生育期株高、茎粗、实际需水量及产量最佳；不同灌水定额和种植模式处理的玉米产量之间存在显著性差异，其中膜侧滴灌高水量与其他处理存在极显著差异；膜侧滴灌中水量与其他处理存在极显著差异；膜侧滴灌低水量、膜下滴灌高水量和膜下滴灌中水量之间无极显著差异；露地滴灌种植模式下三种灌溉定额下各处理之间存在极显著差异；膜下滴灌低水量与露地滴灌高水量之间无极显著差异。从水分生产效率来看，膜侧滴灌低水量的水分生产效率最高，达到 2.85kg/m^3（产量为 686.94kg/亩），露地滴灌高水量的水分生产效率最低，为 1.96kg/m^3（产量为 657.33kg/亩）。说明产量高，水分生产效率不一定最高（焦炳忠，2017）。

2.1.4.2 旱区种植马铃薯水资源持续利用关键技术研究

针对宁夏同心干旱少雨、蒸发强烈，旱地马铃薯水氮利用率低的问题，探索渗灌条件下不同灌溉定额+地下渗灌不同埋深以及不同灌溉定额+施氮量处理对马铃薯生长发育、水分利用效率、氮肥偏生产力等的影响，采用主成分分析法对马铃薯地下渗灌不同处理各指标观测值进行综合评价，确定适宜宁夏同心旱区马铃薯种植渗灌管埋深、灌溉定额和施氮量最优组合方案。

（1）研究内容

1）不同埋深地下渗灌与不同灌溉定额对马铃薯生长发育的影响研究。通过设置不同埋深地下渗灌和不同灌溉定额组合，分析各处理条件下作物的生长发育（株高、茎粗、产量）和水分利用效率，研究不同埋深地下渗灌和不同灌溉定额对作物的影响，得出适宜宁夏同心旱区马铃薯的最佳灌溉定额和地下渗灌最佳埋深。

2）地下渗灌不同水氮配置对马铃薯生长发育的影响研究。通过设置地下渗灌条件下不同水氮配置，分析各处理条件下作物生长指标、产量和水氮利用（水分利用效率、灌溉水利用效率、氮肥偏生产力）的变化，研究地下渗灌不同水氮配置对作物的影响，得出适宜宁夏同心旱区马铃薯的最佳灌溉定额和施氮量。

3）地下渗灌与不同水氮配置对马铃薯生长发育的综合评价。利用主成分分析法对不同埋深地下渗灌和不同灌溉定额及地下渗灌不同水氮配置条件下马铃薯生长指标、产量和水氮利用的各项指标进行综合评价分析，得出高产优质高效的灌溉施肥方案。

（2）试验地基本情况

本试验于 2016 ~ 2018 年在宁夏同心县王团镇科技示范园区进行。该地区属中温带半干旱大陆性气候，全年干旱少雨，蒸发量大，年平均降水量为 272.6mm，年平均日照时间为 3024h，无霜期为 120 ~ 218 天，年平均气温为 8.6℃。试验前，测试试验区土壤理化性质，试验区土壤为砂壤土，0 ~ 60cm 土层田间持水率和土壤容重分别为 22.85% 和 1.33g/cm^3，具体见表 2-15。

表 2-15　试验地土壤理化性质概况（马铃薯）

含盐量/(g/kg)	全氮/(g/kg)	速效磷/(mg/kg)	速效钾/(mg/kg)	有机质/(mg/kg)	pH
0.25	0.55	22.85	181.00	8.63	7.83

（3）试验材料

供试马铃薯品种为“青薯九号”，属中晚熟品种，全生育期 160 天左右，幼苗生长强，株丛繁茂，结薯集中，薯椭圆形，表皮红色，肉色淡黄，表皮光滑，抗病性强，植株耐寒，耐旱。

供试氮肥采用尿素（46-0-0），供试磷肥采用磷酸二氢铵（15-42-0），供试钾肥采用硫酸钾复合肥（15-15-15）。

供试渗灌管道采用自主研发的渗灌管，渗灌管规格为：内径 ϕ16m，流量 12L/(m·h)。

（4）试验设计

1）马铃薯不同埋深地下渗灌与不同灌溉定额试验。本试验以渗灌管埋深（D）和灌溉定额（W）两个因素为试验因子。渗灌管埋深设 0cm（D1）、10cm（D2）、20cm（D3）三个水平，灌溉定额设 1050m^3/hm^2（W1）、1500m^3/hm^2（W2）、1950m^3/hm^2（W3）三个水平，共 9 个处理，每个处理重复三次。灌溉定额依据当地灌溉经验值和前人研究的理论值进行设计。试验设计见表 2-16。

表 2-16　马铃薯渗灌管埋深和灌溉定额试验设计

灌溉定额	渗灌管埋深		
	0cm（D1）	10cm（D2）	20cm（D3）
1050m^3/hm^2（W1）	T1（W1D1）	T2（W1D2）	T3（W1D3）
1500m^3/hm^2（W2）	T4（W2D1）	T5（W2D2）	T6（W2D3）
1950m^3/hm^2（W3）	T7（W3D1）	T8（W3D2）	T9（W3D3）

2）马铃薯地下渗灌不同水氮配置试验。本试验以灌溉定额（W）和施氮量（N）两个因素为试验因子。灌溉定额设 1050m^3/hm^2（W1）、1500m^3/hm^2（W2）、1950m^3/hm^2（W3）三个水平，施氮量设 120kg/hm^2（N1）、180kg/hm^2（N2）、240kg/hm^2（N3）三个水平，共 9 个处理，每个处理重复三次。试验设计见表 2-17。

表 2-17　马铃薯灌溉定额和施氮量试验设计

灌溉定额	施氮量		
	120kg/hm^2（N1）	180kg/hm^2（N2）	240kg/hm^2（N3）
1050m^3/hm^2（W1）	T10（W1N1）	T11（W1N2）	T12（W1N3）
1500m^3/hm^2（W2）	T13（W2N1）	T14（W2N2）	T15（W2N3）
1950m^3/hm^2（W3）	T16（W3N1）	T17（W3N2）	T18（W3N3）

（5）试验实施

1）马铃薯不同埋深地下渗灌与不同灌溉定额试验。试验小区采用单垄双行种植模式，垄宽 0.8m，垄高 0.25m，垄心距 1.2m，垄上马铃薯行距 0.4m，株距 0.3m，种植密度 8333 株/hm^2，中间埋置一条渗灌管，马铃薯种植示意图如图 2-9 所示。每小区两垄，小区长 4.5m，宽 2.4m，小区面积 10.8m^2，小区之间设 1m 宽隔离带，9 个处理，每个处理进行 3 次重复，共 27 个小区。小区四周种植四垄同品种马铃薯。马铃薯生长期分为苗期、块茎形成期、块茎膨大期、淀粉积累期四个时期，按照不同时期需水量分 10 次完成灌水，灌水量用法兰水表精确控制。试验统一用播种机撒施 90kg/hm^2的磷肥、135kg/hm^2的钾肥和 180kg/hm^2的氮肥。其他田间管理措施与一般大田相同。

试验种植前土地整理，2016 年，人工撒施磷酸二氢铵（90kg/hm^2）、硫酸钾复合肥

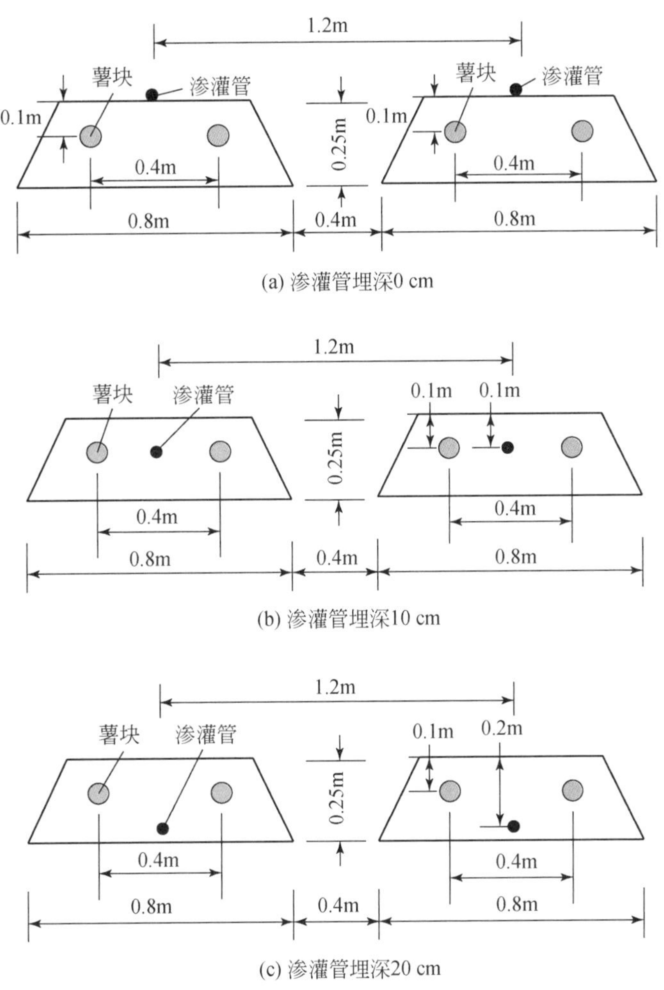

图 2-9　马铃薯种植示意图

（135kg/hm²）和尿素（180kg/hm²）作为播种前基肥，利用拖拉机旋耕并平整土地，然后进行小区划分，人工起垄，埋设渗灌管。5 月 18 日进行人工种植，马铃薯种植深度为 0. 1m；6 月 8 日出苗；10 月 15 日收获；全生育期历时 151 天。2016 年全生育期降水量为 172. 1mm，具体降水情况如图 2-10（a）所示。灌溉水来自固海扬黄灌区黄河水，利用风光互补节水灌溉系统为试验用水和施肥提供动力。

2）地下渗灌马铃薯不同水氮配置试验。试验小区采用单垄双行种植模式，具体见马铃薯不同埋深地下渗灌与不同灌溉定额试验，具体种植示意图如图 2-9（b）所示。

试验种植前土地整理，分别于 2017 年 5 月 19 日和 2018 年 5 月 12 日人工撒施磷酸二氢铵（90kg/hm²）和硫酸钾复合肥（135kg/hm²）作为播种前基肥，所有氮肥在块茎形成期和块茎膨大前期追肥 5 次，然后进行小区划分，人工起垄，埋设渗灌管。2017 年 5 月 21 日和 2018 年 5 月 14 日进行人工种植，马铃薯种植深度为 10cm，2017 年 6 月 13 日和

2018 年 6 月 4 日出苗，2017 年 10 月 28 日和 2018 年 10 月 23 日收获，2017 年和 2018 年全生育期分别历时 160 天和 162 天。2017 年和 2018 年全生育期降水量分别为 266. 4mm 和 246. 5mm，具体降水情况如图 2-10（b）和图 2-10（c）所示。

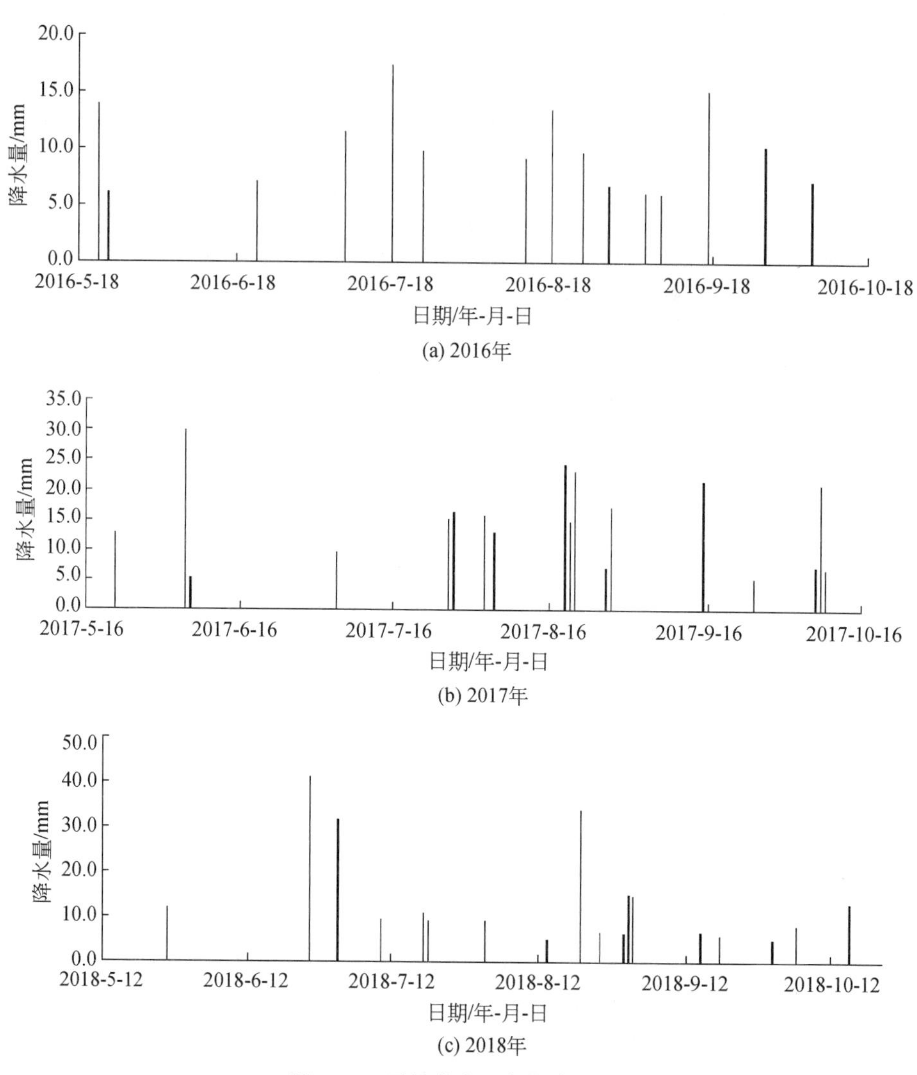

图 2-10　马铃薯全生育期降水量

（6）结果分析

A. 不同埋深地下渗灌与不同灌溉定额对马铃薯生长发育的影响研究

1）地下渗灌对马铃薯茎粗的影响。不同灌溉定额与不同渗灌管埋深处理对马铃薯茎粗的影响见表 2-18。由表 2-18 可知，马铃薯茎粗随时间而增大，苗期至块茎膨大期茎粗增长速度先增大后减小，块茎膨大期至淀粉积累期茎粗速度增长较小。

表 2-18　2016 年不同灌溉定额与不同渗灌管埋深处理对马铃薯茎粗的影响 单位：mm

灌溉定额	处理	渗灌管埋深	生育期			
			苗期	块茎形成期	块茎膨大期	淀粉积累期
W1	T1	D1	6.83±0.18 b	15.26±0.17 a	17.26±0.28 b	17.36±0.18 c
	T2	D2	8.65±0.12 ab	15.44±0.09 a	17.94±0.51 ab	18.03±0.62 b
	T3	D3	9.19±0.33 a	15.73±0.07 a	18.31±0.22 a	18.42±0.33 a
W2	T4	D1	9.85±0.08 b	15.79±0.04 b	19.85±0.53 b	19.97±0.72 b
	T5	D2	10.54±0.23 a	17.50±0.06 a	22.21±0.20 a	22.23±0.65 a
	T6	D3	10.74±0.17 a	17.52±0.15 a	22.72±0.19 a	22.74±0.36 a
W3	T7	D1	10.24±0.14 b	17.18±0.14 b	22.08±0.11 b	22.63±0.52 b
	T8	D2	11.12±0.33 a	18.07±0.19 a	22.48±0.33 a	22.92±0.41 a
	T9	D3	11.25±0.28 a	18.04±0.31 a	22.66±0.13 a	22.87±0.37 a

注：不同英文小写字母表示不同处理在 0.05 水平差异显著，下同。

各处理马铃薯茎粗随出苗后天数的增加而增大。苗期各处理马铃薯的茎粗差距较小，T5 处理的茎粗最大，为 11.25mm；块茎形成期 T8 处理马铃薯的茎粗增速加快，最终达到 18.07mm；块茎膨大期 T5 处理马铃薯茎粗表现最好，其次是 T7 处理。

结果表明：低灌溉定额条件和中灌溉定额条件下，马铃薯茎粗随渗灌管埋深的增加而增大；但随灌溉定额的增加，埋深 10cm 和埋深 20cm 处理对马铃薯茎粗的影响差异减小；高灌溉定额条件下，马铃薯生育期内茎粗先增大后减小。同一渗灌管埋深条件下，马铃薯茎粗随灌溉定额的增加而增大，渗灌管埋深 10cm 和渗灌管埋深 20cm 处理下，高灌溉定额在马铃薯生长前期对茎粗具有显著的促进作用，中灌溉定额在马铃薯生长后期能够显著促进茎粗的增长。

2）地下渗灌对马铃薯株高的影响。不同灌溉定额与不同渗灌管埋深对马铃薯株高的影响如图 2-11 所示。各处理的马铃薯株高变化趋势相同，马铃薯株高随出苗后天数的增加而增大，出苗后 60 天内马铃薯株高增长迅速，出苗后 60 ~ 90 天内马铃薯株高增速降低，马铃薯株高的变化范围在 79.66 ~ 114.39cm，T7 处理的马铃薯株高最大，为 114.39cm，T9 处理次之，D2 处理马铃薯株高平均值最大，为 99.31cm，D1 处理马铃薯株高平均值最小，为 94.93cm。

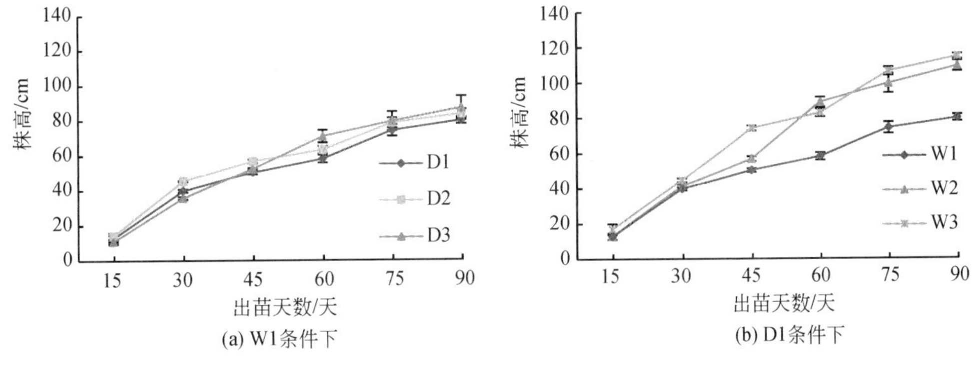

(a) W1条件下　　(b) D1条件下

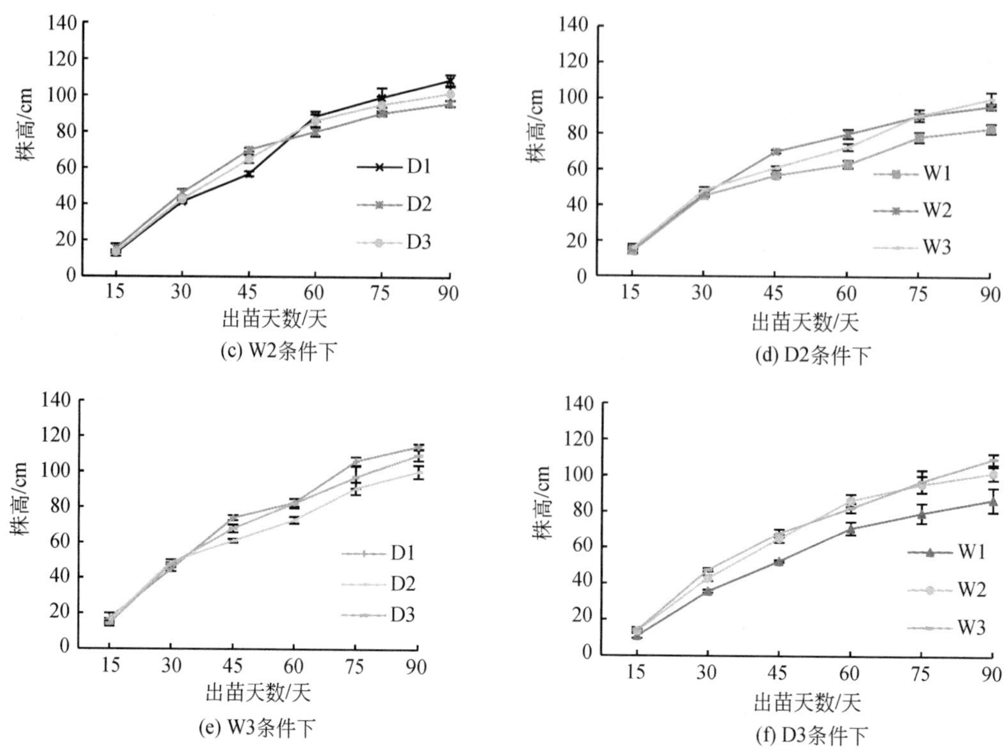

图 2-11　2017 年不同灌溉定额与不同渗灌管埋深对马铃薯株高的影响

结果表明：低灌溉定额条件下，随渗灌管埋深的增加，马铃薯株高先增大后减小；中灌溉定额条件下，渗灌管埋深 10cm 条件下，有助于马铃薯株高的增长；高灌溉定额条件下，随渗灌管埋深的增加，株高增大；渗灌管埋深 0cm 条件下，即地面渗灌条件下，马铃薯株高随灌溉定额的增加先增大后减小；渗灌管埋深 10cm 条件下，马铃薯株高随灌溉定额的增加先增大后减小；渗灌管埋深 20cm 条件下，灌溉定额增加有助于马铃薯株高的增长，高灌溉定额水平处理马铃薯株高的增长速度先增大后减小。

3）地下渗灌对马铃薯产量和商品率的影响。不同灌溉定额与不同渗灌管埋深对马铃薯产量和商品率的影响见表 2-19。结果表明：低灌溉定额条件下，马铃薯产量随渗灌管埋深的增加而增大，中灌溉定额及高灌溉定额条件下，马铃薯产量随渗灌管埋深的增加先增大后减小。低灌溉定额条件下，马铃薯商品率随渗灌管埋深的增加而增大；中灌溉定额条件和高灌溉条件下，马铃薯商品率随渗灌管埋深的增加先增大后减小。相同渗灌管埋深条件下，马铃薯产量随灌溉定额的增加而增大，说明灌溉定额的增加有助于马铃薯增产。相同渗灌管埋深条件下，马铃薯商品率随灌溉定额的增加先增大后减少。

表 2-19　2016 年不同灌溉定额与不同渗灌管埋深对马铃薯产量和商品率的影响

灌溉定额	处理	渗灌管埋深	产量/(t/hm²)	商品率/%
W1	T1	D1	32.77±0.33 c	66.86 b
	T2	D2	34.58±0.26 b	67.39 a
	T3	D3	35.22±0.78 a	69.43 a
W2	T4	D1	36.24±2.35 b	75.87 b
	T5	D2	39.85±1.43 a	82.32 a
	T6	D3	38.12±2.03 a	78.64 ab
W3	T7	D1	40.25±2.57 c	72.40 b
	T8	D2	42.98±1.42 a	74.37 a
	T9	D3	41.26±1.76 b	70.47 c

4）地下渗灌对马铃薯耗水量的影响。不同灌溉定额与不同渗灌管埋深对马铃薯耗水量的影响如图 2-12 所示。

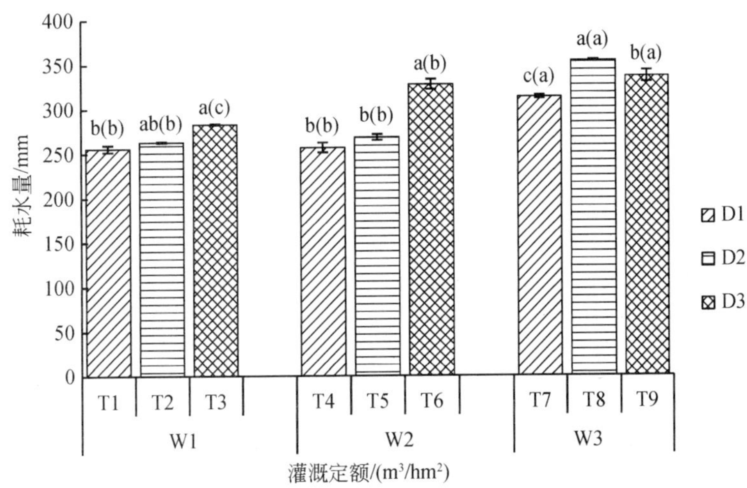

图 2-12　2016 年不同灌溉定额与不同渗灌管埋深对马铃薯耗水量的影响

在 W1 条件下，马铃薯耗水量表现为 D3>D2>D1，D1 与 D3 处理之间的耗水量差异显著（$P<0.05$），D1 较 D3 处理减少 8.88%，D2 与 D1、D3 处理之间的耗水量差异均不显著（$P>0.05$）。在 W2 条件下，马铃薯耗水量表现为 D3>D2>D1，D3 与 D1、D2 处理之间的耗水量均存在显著差异（$P<0.05$），D2 与 D1 处理之间的耗水量差距不显著（$P>0.05$），D3 较 D1、D2 处理增加 27.63%、22.22%。在 W3 条件下，马铃薯耗水量表现为 D2>D3>D1，D1、D2 和 D3 处理之间的耗水量差异两两显著（$P<0.05$），D2 较 D1、D3 处理增加 13.06%、5.23%，D3 较 D1 处理增加 7.44%。

在 D1 条件下，即地面渗灌条件下，马铃薯耗水量表现为 W3>W2>W1，W3、W2 与 W1 处理之间的耗水量均差异显著（$P<0.05$），W3、W2 较 W1 处理增加 38.76%、

21.98%，W1 与 W2 处理之间的耗水量差异不显著（P>0.05）。在 D2 条件下，马铃薯耗水量表现为 W3>W2>W1，W3 与 W1、W2 处理之间的耗水量均差异显著（$P<0.05$），W3 较 W1、W2 处理增加 34.63%、32.07%，W1 与 W2 处理之间的耗水量差异不显著（$P>0.05$）。在 D3 条件下，马铃薯耗水量表现为 W3>W2>W1，W3 与 W1、W2 处理之间的耗水量均差异显著（$P<0.05$），W3 较 W1、W2 处理增加 19.01%、2.68%，W1 与 W2 处理之间的耗水量差异不显著（$P>0.05$）。

同一灌溉定额水平下，马铃薯耗水量随渗灌管埋深的增加而增大。同一渗灌管埋深条件下，马铃薯耗水量随灌溉定额的增加而增大，说明灌溉定额增加，马铃薯耗水量增大。

5）地下渗灌对马铃薯水分利用效率和灌溉水利用效率的影响。

不同灌溉定额与不同渗灌管埋深对马铃薯水分利用效率和灌溉水利用效率的影响见表 2-20。结果表明：相同渗灌管埋深条件下，低灌溉定额和中灌溉定额条件下，马铃薯水分利用效率随渗灌管埋深的增加先增大后减小；高灌溉定额条件下，渗灌管埋深对马铃薯水分利用效率的影响较小。相同渗灌管埋深条件下，低灌溉定额条件下，马铃薯灌溉水利用效率随渗灌管埋深的增加而增大；中灌溉定额和高灌溉定额条件下，马铃薯灌溉水利用效率随渗灌管埋深的增加先增大后减小。同一渗灌管埋深条件下，马铃薯水分利用效率随灌溉定额的增加先增大后减小，但渗灌管埋深 20cm 时，灌溉定额对马铃薯水分利用效率的影响较小。同一渗灌管埋深条件下，马铃薯灌溉水利用效率随灌溉定额的增加而减小。

表 2-20　2016 年不同灌溉定额与不同渗灌管埋深对马铃薯水分利用效率和灌溉水利用效率的影响　　单位：kg/m^3

灌溉定额	处理	渗灌管埋深	水分利用效率	灌溉水利用效率
W1	T1	D1	12.81 b	31.21 c
	T2	D2	13.14 a	32.93 b
	T3	D3	12.45 b	33.54 a
W2	T4	D1	14.11 b	24.16 c
	T5	D2	14.86 a	26.57 a
	T6	D3	12.63 c	25.41 b
W3	T7	D1	12.85 a	20.64 c
	T8	D2	12.13 a	22.04 a
	T9	D3	12.26 a	21.16 b

B. 地下渗灌与不同水氮配置对马铃薯生长发育的综合评价

1）地下渗灌水氮配置对马铃薯茎粗的影响。根据 2017 年和 2018 年试验结果，同一灌溉定额不同施氮量对马铃薯茎粗的影响见表 2-21，同一施氮量不同灌溉定额对马铃薯茎粗的影响见表 2-22。以 2018 年所测得的数据进行分析。

表 2-21　同一灌溉定额不同施氮量对马铃薯茎粗的影响　　单位：mm

年份	处理		生育期			
	灌溉定额	施氮量	苗期	块茎形成期	块茎膨大期	淀粉积累期
2017	W1	N1	8. 71±0. 68 b	13. 18±0. 64 b	16. 74±0. 56 c	17. 41±0. 33 b
		N2	8. 35±1. 25 ab	14. 24±2. 37 ab	18. 32±0. 21 b	18. 34±0. 87 ab
		N3	9. 71±0. 45 a	15. 35±0. 71 a	19. 08±0. 52 a	19. 35±0. 65 a
	W2	N1	10. 35±0. 86 b	15. 97±0. 90 c	18. 35±0. 28 c	20. 34±0. 35 c
		N2	11. 85±0. 68 a	17. 87±0. 43 a	22. 35±0. 84 a	24. 68±0. 98 a
		N3	11. 33±1. 68 ab	16. 88±0. 39 b	21. 24±0. 34 b	22. 31±0. 46 b
	W3	N1	10. 73±0. 37 b	18. 32±0. 77 b	19. 87±0. 38 b	21. 94±0. 71 b
		N2	12. 68±0. 28 a	19. 48±0. 64 a	22. 67±0. 68 a	22. 65±0. 37 a
		N3	11. 35±0. 12 a	18. 94±1. 08 ab	21. 11±0. 41 ab	22. 03±0. 87 ab
2018	W1	N1	7. 83±0. 26 b	14. 68±0. 84 b	17. 26±0. 18 c	17. 76±0. 19 b
		N2	8. 85±0. 16 ab	15. 94±0. 69 ab	17. 92±0. 41 b	18. 18±0. 32 ab
		N3	9. 24±0. 18 a	16. 23±0. 57 a	18. 18±0. 41 a	18. 32±0. 37 a
	W2	N1	9. 97±0. 14 b	16. 77±0. 63 c	18. 76±0. 41 c	19. 74±0. 27 c
		N2	11. 32±0. 13 a	18. 48±0. 18 a	21. 65±0. 74 a	23. 74±0. 71 a
		N3	10. 64±0. 16 ab	17. 43±0. 29 b	19. 81±0. 65 b	21. 41±0. 67 b
	W3	N1	10. 12±0. 23 b	17. 09±0. 39 b	19. 32±0. 11 b	20. 78±0. 78 b
		N2	11. 25±0. 28 a	18. 28±0. 29 a	21. 27±0. 54 a	22. 87±0. 43 a
		N3	10. 72±0. 12 ab	17. 88±0. 19 ab	20. 32±0. 53 ab	22. 17±0. 42 ab

注：不同英文小写字母表示不同处理在 0. 05 水平差异显著，下同。

表 2-22　同一施氮量不同灌溉定额对马铃薯茎粗的影响　　单位：mm

年份	处理		生育时期			
	施氮量	灌溉定额	苗期	块茎形成期	块茎膨大期	淀粉积累期
2017	N1	W1	8. 71±0. 68 b	13. 18±0. 64 c	16. 74±0. 56 c	17. 41±0. 33 c
		W2	10. 35±0. 86 ab	15. 97±0. 90 b	18. 35±0. 28 b	20. 34±0. 35 b
		W3	10. 73±0. 37 a	18. 32±0. 77 a	19. 87±0. 38 a	21. 94±0. 71 a
	N2	W1	8. 35±1. 25 c	14. 24±2. 37 b	18. 32±0. 21 b	18. 34±0. 87 c
		W2	11. 85±0. 68 b	17. 87±0. 43 ab	22. 35±0. 84 a	24. 68±0. 98 a
		W3	12. 68±0. 28 a	19. 48±0. 64 a	22. 67±0. 68 a	22. 65±0. 37 b
	N3	W1	9. 71±0. 45 b	15. 35±0. 71 c	19. 08±0. 52 b	19. 35±0. 65 b
		W2	11. 33±1. 68 ab	16. 88±0. 39 b	21. 24±0. 34 a	22. 31±0. 46 a
		W3	11. 35±0. 12 a	18. 94±1. 08 a	21. 11±0. 41 a	22. 03±0. 87 a

续表

年份	处理		生育时期			
	施氮量	灌溉定额	苗期	块茎形成期	块茎膨大期	淀粉积累期
2018	N1	W1	7.83±0.26 c	14.68±0.84 b	17.26±0.18 c	17.76±0.19 c
		W2	9.97±0.14 b	16.77±0.63 a	18.76±0.41 b	19.74±0.27 b
		W3	10.12±0.23 a	17.09±0.39 a	19.32±0.11 a	20.78±0.78 a
	N2	W1	8.85±0.16 b	15.94±0.69 b	17.92±0.41 b	18.18±0.32 b
		W2	11.32±0.13 a	18.48±0.18 a	21.65±0.74 a	23.74±0.71 a
		W3	11.25±0.28 a	18.28±0.29 a	21.27±0.54 a	22.87±0.43 a
	N3	W1	9.24±0.18 c	16.23±0.57 c	18.18±0.41 b	18.32±0.37 b
		W2	10.64±0.16 b	17.43±0.29 b	19.81±0.65 a	21.41±0.67 a
		W3	10.72±0.12 a	17.88±0.19 a	20.32±0.53 a	22.17±0.42 a

由表 2-21 可知，马铃薯茎粗随时间而增大，苗期至块茎膨大期茎粗增长速度先增大后减小，块茎膨大期至淀粉积累期茎粗增长速度较小。在 W1 条件下，马铃薯整个生育期茎粗表现为 N3>N2>N1；苗期 N3 与 N1 处理之间的茎粗存在显著差异（$P<0.05$），与 N2 处理之间的茎粗差异不显著（$P>0.05$），较 N1 处理增大 18.01%；块茎形成期 N3 与 N2 处理之间的茎粗差异不显著（$P>0.05$），但与 N1 处理之间的茎粗差异显著（$P<0.05$），较 N1 处理增大 10.63%；块茎膨大期 3 个处理之间的差异均显著（$P<0.05$），N3 较 N1、N2 处理增大 5.33%、1.45%。在 W2 条件下，马铃薯整个生育期茎粗表现为 N2>N3>N1；苗期 N2 与 N1 处理之间的茎粗存在显著差异（$P<0.05$），与 N3 处理之间的茎粗差异不显著（$P>0.05$），N2 较 N1、N3 处理增大 13.54%、6.39%；块茎形成期 3 个处理之间的茎粗差异显著（$P<0.05$），N2 较 N1、N3 处理增大 10.20%、6.02%，N3 较 N1 处理增大 3.94%；块茎膨大期 3 个处理之间的茎粗存在显著差异（$P<0.05$），N2 较 N1、N3 处理增大 15.41%、9.29%。在 W3 条件下，马铃薯整个生育期茎粗表现为 N2>N3>N1；苗期 N2 与 N1 处理之间的茎粗存在显著差异（$P<0.05$），与 N3 处理之间的茎粗差异不显著（$P>0.05$），N2 较 N1 处理增大 11.17%；块茎形成期 N2 较 N1 处理增大 6.96%；块茎膨大期 N2 处理的茎粗较 N1 处理增大 10.09%。淀粉积累期马铃薯的生长已转化为营养生长，茎粗变化较小，各处理对茎粗的影响差异较小，可忽略不计。

结果表明：低灌溉定额条件下，马铃薯茎粗随施氮量的增加而增大；中灌溉定额条件下，随施氮量的增加，马铃薯茎粗先增大后减少；高灌溉定额条件下，随施氮量的增加，马铃薯茎粗先增大后减小。

由表 2-22 可知，在 N1 条件下，马铃薯整个生育期茎粗表现为 W3>W2>W1；苗期 W3 与 W1、W2 处理之间的茎粗存在显著差异（$P<0.05$），W3 较 W1、W2 处理增大 29.25%、1.50%，W2 与 W1 处理之间的茎粗差异显著（$P<0.05$），W2 较 W1 增大 27.33%；块茎形成期 W3 与 W2 处理之间的茎粗差异不显著（$P>0.05$），但均与 W1 处理之间的茎粗差异显著（$P<0.05$），W3、W2 较 W1 处理增大 16.42%、14.24%；块茎膨大期 W1、W2 和

W3 处理之间的茎粗差异两两显著（$P<0.05$），W3 较 W1、W2 处理增大 11.94%、2.99%，W2 较 W1 处理增大 8.69%。在 N2 条件下，马铃薯全生育期茎粗表现为 W2>W3>W1；苗期 W2、W3 处理之间的茎粗差异不显著（$P>0.05$），但均与 W1 处理之间的茎粗差异显著（$P<0.05$），W2、W3 较 W1 处理增大 27.91%、27.12%；块茎形成期 W2、W3 较 W1 处理增大 15.93%、14.68%；块茎膨大期 W2、W3 较 W1 处理增大 20.81%、18.69%。在 N3 条件下，马铃薯全生育期茎粗表现为 W3>W2>W1，苗期和块茎形成期 W1、W2 和 W3 处理之间的茎粗差异两两显著（$P<0.05$），苗期 W3 较 W1、W2 处理增大 16.02%、0.75%，W2 较 W1 处理增大 15.15%；块茎形成期 W3 较 W1、W2 处理增大 10.17%、2.58%，W2 较 W1 处理增大 7.39%；块茎膨大期 W3 与 W2 处理之间的茎粗差异不显著（$P>0.05$），但均与 W1 处理之间的茎粗差异显著（$P<0.05$），W3、W2 较 W1 处理增大 11.77%、8.97%。

结果表明：低施氮量条件下，马铃薯茎粗随灌溉定额的增加而增大；中施氮量条件下，马铃薯茎粗随灌溉定额的增加先增大后减小；高施氮量条件下，马铃薯茎粗随灌溉定额的增加而增大，但增大幅度很小。

2）地下渗灌水氮配置对马铃薯株高的影响。

2017 年和 2018 年地下渗灌不同水氮配置对马铃薯株高的影响如图 2-13 和图 2-14 所示。

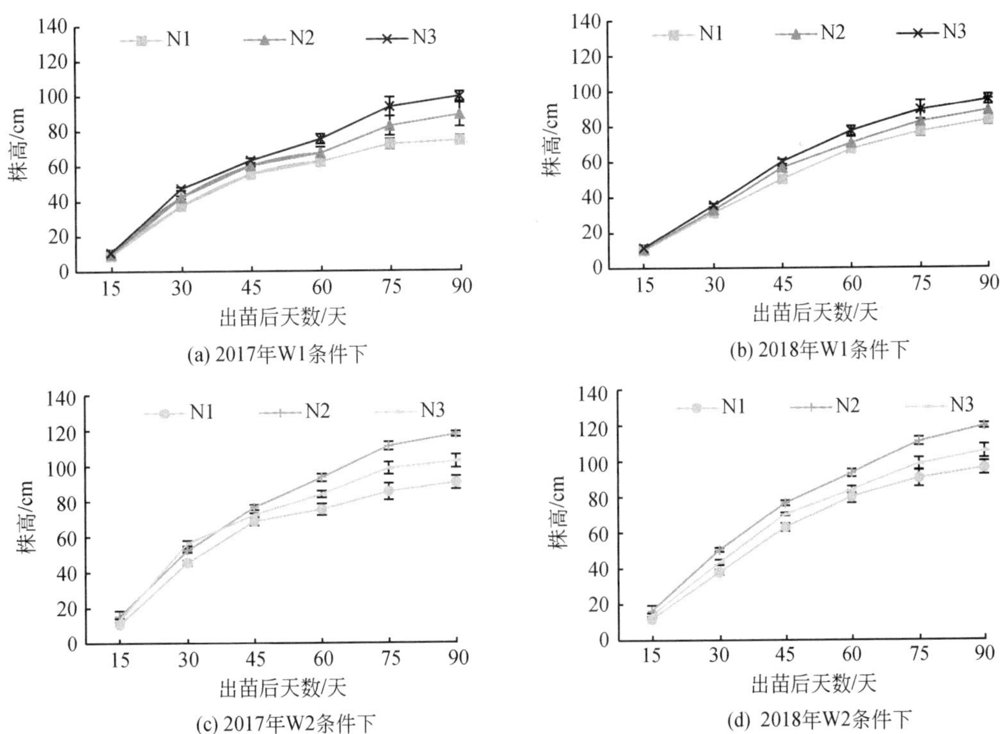

(a) 2017年W1条件下

(b) 2018年W1条件下

(c) 2017年W2条件下

(d) 2018年W2条件下

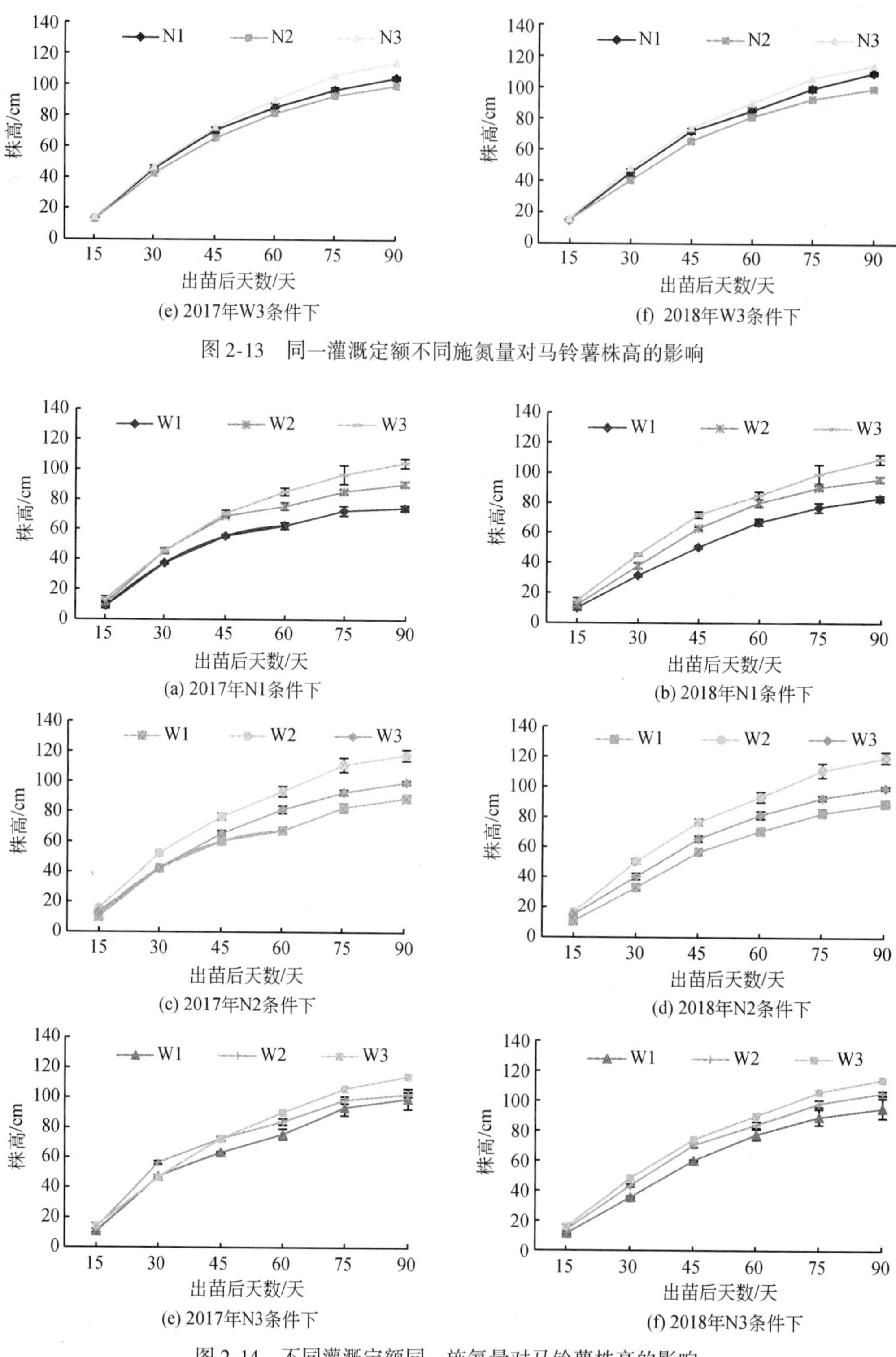

(e) 2017年W3条件下

(f) 2018年W3条件下

图 2-13　同一灌溉定额不同施氮量对马铃薯株高的影响

(a) 2017年N1条件下

(b) 2018年N1条件下

(c) 2017年N2条件下

(d) 2018年N2条件下

(e) 2017年N3条件下

(f) 2018年N3条件下

图 2-14　不同灌溉定额同一施氮量对马铃薯株高的影响

由图 2-13（a）和图 2-13（b）可知，在 W1 条件下，马铃薯在出苗后 90 天以内，株高随出苗后天数的增加而增大。2017 年，马铃薯出苗后 30 天时，株高表现差别不明显，说明马铃薯生长前期，氮素对株高的影响不大；马铃薯出苗后 45 ~ 90 天时，株高均表现为N3>N2>N1，即在马铃薯块茎形成期及块茎膨大期 N3 处理更有助于株高的增加，N1 处理最不利于株高的增加，说明在马铃薯生长中后期，氮素对株高的影响较大。2018 年，马铃薯株高与 2017 年变化趋势类似，但 2017 年马铃薯生育后期三个处理株高的差别比 2018 年大，这可能是因为 2017 年马铃薯块茎形成期降水较少，水肥不充足，施氮量对马铃薯株高的影响较大。

由图 2-13（c）和图 2-13（d）可知，在 W2 条件下，马铃薯在出苗后 90 天以内，株高随出苗后天数的增加而增大，其中 N2 处理的株高明显高于其他处理的株高，N1 处理的株高明显低于其他处理的株高。马铃薯出苗后 90 天时，株高均表现为 N2>N3>N1，说明马铃薯全生育期 N2 处理更有助于株高的增加，N1 处理最不利于株高的增加，并且氮素对株高的影响明显。

由图 2-13（e）和图 2-13（f）可知，在 W3 条件下，马铃薯在出苗后 90 天以内，株高随出苗后天数的增加而增大，其中 N1 处理的株高明显低于其他处理的株高。马铃薯出苗后 15 天时，各处理间株高表现没有明显差异；马铃薯出苗后 30 ~ 90 天时，株高表现为N3>N2>N1，说明马铃薯全生育期 N3 处理株高最高，N1 处理最不利于株高的增加，N3 处理的株高略高于 N2 处理的株高。2018 年 N1、N2 与 N3 处理马铃薯株高的差异较 2017 年小，这可能是因为 2018 年马铃薯生育期降水较多，补充了马铃薯生长所需的水分。

结果表明：低灌溉定额条件下，马铃薯株高随施氮量的增加而增大；中灌溉定额条件下，马铃薯株高随施氮量的增加先增大后减小，中氮条件下有助于马铃薯株高的增长；高灌溉定额条件下，马铃薯株高随施氮量的增加而增大。

由图 2-14（a）和图 2-14（b）可知，在 N1 条件下，马铃薯在出苗后 90 天以内，株高随出苗后天数的增加而增大；马铃薯出苗后 15 天时，株高表现差异不明显，说明在马铃薯苗期，各处理对马铃薯株高的影响不大；马铃薯出苗后 30 ~ 90 天时，株高表现为 W3>W2>W1，且各处理差异随出苗后天数的增加而更加明显，说明马铃薯生长中后期，株高随灌溉定额的增加而增大，并且高灌溉定额条件下马铃薯株高增长速度较快。2017 年，马铃薯出苗后 30 天时，W1、W2 处理马铃薯株高差别不明显，这可能是因为 2017 年该时段降水较多，降水补充了 W1 处理下马铃薯生长所需的水分，而 2018 年该时段降水较少，灌溉定额对该时段马铃薯株高的影响较大。

由图 2-14（c）和图 2-14（d）可知，在 N2 条件下，马铃薯在出苗后 90 天以内，株高随出苗后天数的增加而增大，并且在马铃薯全生育期 W2 处理的株高明显高于其他处理的株高，W1 处理的株高明显低于其他处理的标高；说明马铃薯株高随灌溉定额的增加先增大后减小，且中灌溉定额条件下对马铃薯的株高有较好的促进作用，高灌溉定额条件下马铃薯增长速度降低。2017 年，马铃薯出苗后 45 天时，W1 和 W3 处理株高差别不明显，这可能是因为 2017 年该时段降水较多，W3 处理马铃薯根部土壤含水量较大，抑制了根的呼吸作用，从而影响了马铃薯株高的增长。

由图2-14（e）和图2-14（f）可知，在N3条件下，马铃薯在出苗后90天以内，株高随出苗后天数的增加而增大，马铃薯出苗后15天时，株高差异不明显，说明在马铃薯苗期，各处理对马铃薯株高的影响不大；马铃薯出苗后30～90天时，株高表现为W3>W2>W1，说明在马铃薯生长中后期，株高随灌溉定额的增加而增大。2017年马铃薯株高变化趋势与2018年相似。

结果表明：在同一施氮量条件下，马铃薯株高随灌溉定额的增加而增大。

3）地下渗灌水氮配置对马铃薯产量和商品率的影响。2017年、2018年地下渗灌不同灌溉定额与不同施氮量对马铃薯产量和商品率的影响见表2-23和表2-24。以2018年所测得的数据进行分析。

表2-23　同一灌溉定额与不同施氮量对马铃薯产量和商品率的影响

灌溉定额	处理	施氮量	产量/(t/hm²)		商品率/%	
			2017年	2018年	2017年	2018年
W1	T10	N1	34.65±1.54 b	33.56±2.89 b	69.35 c	67.84 c
	T11	N2	38.12±1.12 a	37.54±2.78 a	76.35 b	72.65 b
	T12	N3	36.21±2.04 ab	35.46±0.78 ab	79.42 a	75.36 a
W2	T13	N1	36.45±0.87 b	34.87±2.44 b	74.35 b	72.86 b
	T14	N2	41.25±1.54 a	41.36±1.78 a	79.35 ab	77.89 ab
	T15	N3	39.35±2.87 a	40.38±3.04 a	81.35 a	79.64 a
W3	T16	N1	38.54±1.41 b	37.96±3.75 b	75.65 b	77.85 b
	T17	N2	41.53±0.91 a	42.56±1.74 a	81.24 a	82.84 a
	T18	N3	39.45±1.44 a	40.35±2.87 a	81.56 a	83.36 a

表2-24　同一施氮量与不同灌溉定额对马铃薯产量和商品率的影响

施氮量	处理	灌溉定额	产量/(t/hm²)		商品率/%	
			2017年	2018年	2017年	2018年
N1	T10	W1	34.65±1.54 b	33.56±2.89 b	69.35 c	67.84 c
	T13	W2	36.45±0.87 ab	34.87±2.44 ab	74.35 b	72.86 b
	T16	W3	38.54±1.41 a	37.96±3.75 a	75.65 a	77.85 a
N2	T11	W1	38.12±1.54 b	37.54±2.78 b	76.35 c	72.65 c
	T14	W2	41.25±1.54 a	41.36±1.78 a	79.35 b	77.89 b
	T17	W3	41.53±0.91 a	42.56±1.74 a	81.24 a	82.84 a
N3	T12	W1	36.21±2.04 b	35.46±0.78 b	79.42 c	75.36 c
	T15	W2	39.35±2.87 a	40.38±2.87 a	81.35 b	79.64 b
	T18	W3	39.45±1.44 a	40.35±3.04 a	81.56 a	83.36 a

在W1条件下，马铃薯产量随施氮量的增加先增大后减小，表现为N2>N3>N1，N2与N3处理之间的产量差异不显著（$P>0.05$），但与N1处理之间的产量差异显著（$P<0.05$），

N2 处理产量最大，为 37.54t/hm^2，较 N3、N1 处理增大 5.87%、11.86%。在 W2 条件下，马铃薯产量随施氮量的增加先增大后减小，表现为 N2>N3>N1，N2 与 N1 处理之间的产量存在显著差异（$P<0.05$），但与 N3 处理之间的产量差异不显著（$P>0.05$），N2 处理产量为 41.36t/hm^2，较 N3、N1 处理增大 2.43%、18.61%。在 W3 条件下，马铃薯产量随施氮量的增加先增大后减小，表现为 N2>N3>N1，N2 与 N3 处理之间的产量不存在显著差异（$P>0.05$），但均与 N1 处理之间的产量差异显著（$P<0.05$），N2 处理产量最大（42.56t/hm^2），N2、N3 较 N1 处理增大 5.47%、12.12%。

在 W1 条件下，马铃薯商品率表现为 N3>N2>N1，3 个处理之间的商品率差异两两显著（$P<0.05$），N3 处理最大，为 75.36%，较 N2、N1 处理增大 3.73%、11.08%。在 W2 条件下，马铃薯商品率表现为 N3>N2>N1，N3 与 N1 处理之间的商品率存在显著差异（$P<0.05$），但与 N2 处理之间的商品率差异不显著（$P>0.05$），N3 处理商品率最大，为 79.64%，较 N2、N1 处理增大 2.25%、9.31%，N2 与 N1 处理之间的商品率差异不显著（$P>0.05$）。在 W3 条件下，马铃薯商品率表现为 N3>N2>N1，N3 与 N2 处理之间的商品率差异不显著（$P>0.05$），但与 N1 处理之间的商品率差异显著（$P<0.05$），N3 处理商品率最大，为 83.36%，较 N2、N1 处理增大 0.63%、7.08%，N2 与 N1 处理之间的商品率差异显著（$P<0.05$），N2 较 N1 处理增大 6.41%。

结果表明：相同灌溉定额条件下，马铃薯产量随施氮量的增加先增大后减小，商品率随施氮量的增加而增大，但高灌溉定额条件下，马铃薯产量和商品率在不同施氮量处理之间的差异减小。

在 N1 条件下，马铃薯产量表现为 W3>W2>W1，W3 与 W2 处理之间的产量差异不显著（$P>0.05$），但与 W1 处理之间的产量差异显著（$P<0.05$），W2 与 W1 处理之间的产量差异不显著（$P>0.05$），W3 处理产量最大，为 37.96t/hm^2，较 W2、W1 处理增大 8.86%、13.11%。在 N2 条件下，马铃薯产量表现为 W3>W2>W1，W3 与 W2 处理之间的产量差异不显著（$P>0.05$），但均与 W1 处理之间的产量差异显著（$P<0.05$），W1 处理产量最低，为 37.54t/hm^2，较 W2、W3 处理减小 9.24%、11.80%。在 N3 条件下，马铃薯产量表现为 W2>W3>W1，W2 与 W3 处理之间的产量差异不显著（$P>0.05$），但均与 W1 处理之间的产量差异显著（$P<0.05$），W2 处理产量最高，为 40.38t/hm^2，较 W3、W1 处理增大 0.74%、13.87%，W2 较 W1 处理增大 13.80%。

在 N1 条件下，马铃薯商品率表现为 W3>W2>W1，3 个处理之间的商品率差异两两显著（$P<0.05$），W3 处理商品率最大，为 77.85%，较 W2、W1 处理增大 6.85%、14.76%，W2 较 W1 处理增大 7.40%。在 N2 条件下，马铃薯商品率表现为 W3>W2>W1，3 个处理之间的商品率差异两两显著（$P<0.05$），W3 处理商品率最大，为 82.84%，较 W2、W1 处理增大 6.36%、14.03%，W2 较 W1 处理增大 7.21%。在 N3 条件下，马铃薯商品率表现为 W3>W2>W1，3 个处理之间的商品率差异显著（$P<0.05$），W3 处理商品率最大，为 83.36%，较 W2、W1 处理增大 4.67%、10.62%，W2 较 W1 处理增大 5.68%。

结果表明：相同施氮量条件下，马铃薯产量随灌溉定额的增加而增大，马铃薯商品率随灌溉定额的增加而增大，在高施氮量条件下，不同灌溉定额处理间差异变小。

4）地下渗灌水氮配置对马铃薯耗水量的影响。2017 年、2018 年地下渗灌不同灌溉定额与不同施氮量对马铃薯耗水量的影响如图 2-15 所示。以 2018 年所测得的数据进行分析。

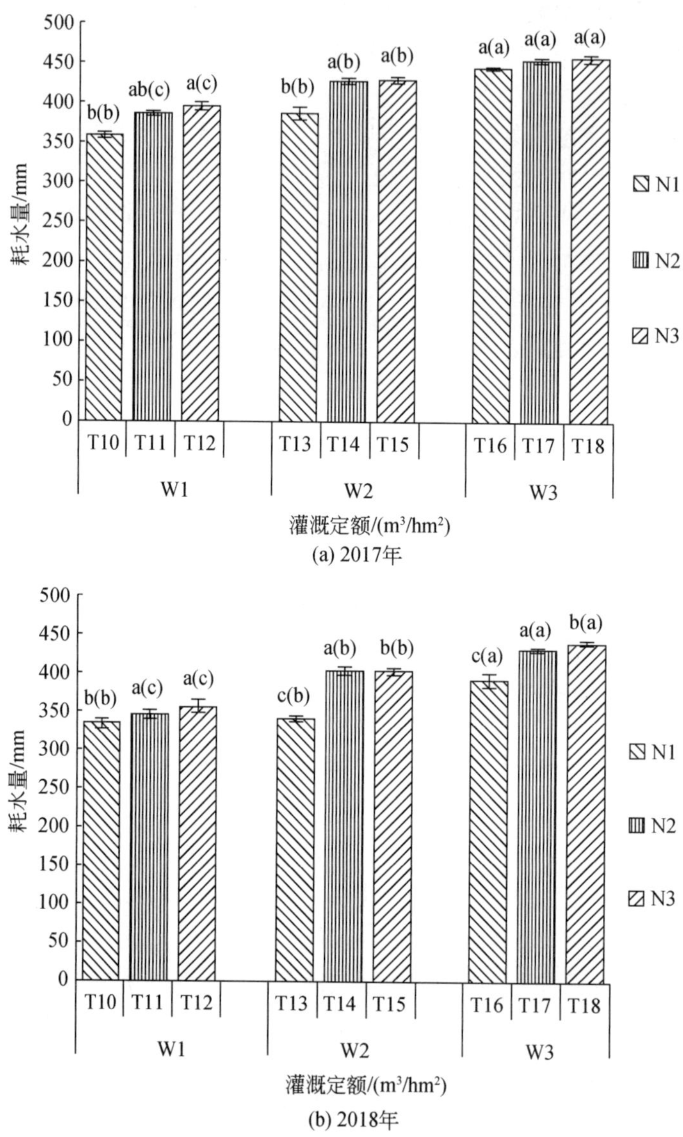

(a) 2017年

(b) 2018年

图 2-15　不同灌溉定额与不同施氮量对马铃薯耗水量的影响

在 W1 条件下，马铃薯耗水量表现为 N3>N2>N1，N3 与 N2 处理之间的耗水量差异不显著（P>0.05），但与 N1 处理之间的耗水量差异显著（P<0.05），N3 较 N2、N1 处理增大 2.88%、6.75%，N2 较 N1 处理增大 1.65%。在 W2 条件下，马铃薯耗水量表现为 N3>N2>N1，N2 与 N3 处理之间的耗水量不存在显著差异（P>0.05），但均与 N1 处理之间的耗水量存在显著差异（P<0.05），N2、N3 较 N1 处理增大 18.11%、18.26%。在 W3 条件下，马铃薯耗水量表现为 N3>N2>N1，3 个处理之间的耗水量差异不显著（P>0.05），N3

较 N1、N2 处理增大 12.37%、1.97%，N2 较 N1 处理增大 10.20%。

结果表明：同一灌溉定额条件下，马铃薯耗水量随施氮量的增加而增大，但在高灌溉定额条件下，施氮量对马铃薯耗水量影响差异不明显。

在 N1 条件下，马铃薯耗水量表现为 W3>W2>W1，W3 与 W2、W1 处理之间的耗水量差异均显著（$P<0.05$），W2 与 W1 处理之间的耗水量差异不显著（$P>0.05$），W3 较 W2、W1 处理增大 14.89%、17.28%。在 N2 条件下，马铃薯耗水量表现为 W3>W2>W1，3 个处理之间的耗水量差异两两显著（$P<0.05$），W3 较 W2、W1 处理增大 9.17%、27.01%，W2 较 W1 处理增大 16.34%。在 N3 条件下，马铃薯耗水量表现为 W3>W2>W1，3 个处理之间的耗水量差异两两显著（$P<0.05$），W3 较 W2、W1 处理增大 7.19%、21.06%，W2 较 W1 处理增大 12.94%。

结果表明：同一施氮量水平下，马铃薯耗水量随灌溉定额的增大而增大。

5）地下渗灌水氮配置对马铃薯水分利用效率和灌溉水利用效率的影响。2017 年、2018 年地下渗灌不同灌溉定额与不同施氮量对马铃薯水分利用效率和灌溉水利用效率的影响见表 2-25 和表 2-26。以 2018 年所测得的数据进行分析。

表 2-25　同一灌溉定额与不同施氮量对马铃薯水分利用效率和灌溉水利用效率的影响

单位：kg/m^3

灌溉定额	处理	施氮量	水分利用效率		灌溉水利用效率	
			2017 年	2018 年	2017 年	2018 年
W1	T10	N1	9.70 b	10.17 b	33.00 b	31.96 b
	T11	N2	9.94 a	10.86 a	36.39 a	35.75 a
	T12	N3	9.18 b	9.97 b	34.49 ab	33.77 ab
W2	T13	N1	9.46 a	10.25 a	24.30 b	23.25 b
	T14	N2	9.67 a	10.28 a	27.50 a	27.57 a
	T15	N3	9.19 b	10.05 b	26.23 a	26.92 a
W3	T16	N1	8.69 a	9.71 a	19.76 b	19.47 b
	T17	N2	9.16 a	9.69 a	21.30 a	21.83 a
	T18	N3	8.67 a	9.37 a	20.23 a	20.69 a

表 2-26　同一施氮量与不同灌溉定额对马铃薯水分利用效率和灌溉水利用效率的影响

单位：kg/m^3

施氮量	处理	灌溉定额	水分利用效率		灌溉水利用效率	
			2017 年	2018 年	2017 年	2018 年
N1	T10	W1	9.70 a	10.17 a	33.00 a	31.96 a
	T13	W2	9.46 a	10.25 a	24.30 b	23.25 b
	T16	W3	8.69 b	9.71 b	19.76 c	19.47 c

续表

施氮量	处理	灌溉定额	水分利用效率		灌溉水利用效率	
			2017 年	2018 年	2017 年	2018 年
N2	T11	W1	9.94 a	10.86 a	36.39 a	35.75 a
	T14	W2	9.67 a	10.28 a	27.50 b	27.57 b
	T17	W3	9.16 a	9.69 b	21.30 c	21.83 c
N3	T12	W1	9.18 a	9.97 a	34.49 a	33.77 a
	T15	W2	9.19 a	10.05 a	26.23 b	26.92 b
	T18	W3	8.67 b	9.37 b	20.23 c	20.69 c

由表 2-25 可知，在 W1 条件下，马铃薯水分利用效率随施氮量的增加先增加后减小，表现为 N2>N1>N3，N2 与 N1、N3 处理之间的水分利用效率差异显著（$P<0.05$），N1 与 N3 处理之间的水分利用效率差异不显著（$P>0.05$），N2 处理水分利用效率最大，为 10.86kg/m^3，较 N1、N3 处理增大 6.78%、8.93%。在 W2 条件下，马铃薯水分利用效率随施氮量的增加先增大后减小，表现为 N2>N1>N3，N2 与 N1 处理之间的水分利用效率差异不显著（$P>0.05$），但与 N3 处理之间的水分利用效率差异显著（$P<0.05$），N2 处理水分利用效率最大，为 10.28kg/m^3，较 N3 处理增大 2.29%，N1 与 N3 处理之间的水分利用效率差异显著（$P<0.05$），N1 较 N3 处理增大 1.99%。在 W3 条件下，施氮量对马铃薯水分利用效率的影响较小，3 个处理之间的水分利用效率差异不显著，N1 处理水分利用效率最大，为 9.71kg/m^3，较 N2、N3 处理增大 0.21%、3.63%。

在 W1 条件下，马铃薯灌溉水利用效率随施氮量的增加先增大后减小，表现为 N2>N3>N1，N2 与 N1 处理之间的灌溉水利用效率差异显著（$P<0.05$），但与 N3 处理之间的灌溉水利用效率差异不显著（$P>0.05$），N3 与 N1 处理之间的灌溉水利用效率差异不显著（$P>0.05$），N2 处理灌溉水利用效率最大，为 35.75kg/m^3，较 N1、N3 处理增大 11.86%、5.86%。在 W2 条件下，马铃薯灌溉水利用效率随施氮量的增加先增大后减小，表现为 N2>N3>N1，N2 与 N3 处理之间的灌溉水利用效率差异不显著（$P>0.05$），但均与 N1 处理之间的灌溉水利用效率差异显著（$P<0.05$），N2 处理灌溉水利用效率最大，为 27.57kg/m^3，较 N1、N3 处理增大 18.58%、2.41%，N3 较 N1 处理增大 15.78%。在 W3 条件下，马铃薯灌溉水利用效率随施氮量的增加先增大后减小，表现为 N2>N3>N1，N2 与 N3 处理之间的灌溉水利用效率差异不显著（$P>0.05$），但均与 N1 处理之间的灌溉水利用效率差异显著（$P<0.05$），N2 处理灌溉水利用效率最大，为 21.83kg/m^3，较 N1、N3 处理增大 12.12%、5.51%，N3 较 N1 处理增大 6.27%。

结果表明：同一灌溉定额处理下，马铃薯水分利用效率和灌溉水利用效率随施氮量的增加先增大后减小；但高灌溉定额条件下马铃薯水分利用效率间的差别较小，中施氮量和高施氮量对灌溉水利用效率的影响不显著。

由表 2-26 可知，在 N1 条件下，马铃薯水分利用效率随灌溉定额的增加先增大后减小，表现为 W2>W1>W3，W1 与 W2 处理之间的水分利用效率差异均不显著（$P>0.05$），但均与

W3 处理之间的水分利用效率差异显著（$P<0.05$），W2 处理水分利用效率最大，为 10.25kg/m³，W1、W2 较 W3 处理增大 0.79%、5.56%。在 N2 条件下，马铃薯水分利用效率随灌溉定额的增加而减小，表现为 W1>W2>W3，W1 与 W2 处理之间的水分利用效率差异均不显著（$P>0.05$），但均与 W3 处理之间的水分利效率差异显著（$P<0.05$），W1 处理水分利用效率最大，为 10.86kg/m³，W1、W2 较 W3 处理增大 12.07%、6.09%。在 N3 条件下，马铃薯水分利用效率随灌溉定额的增加而减少，表现为 W1>W2>W3，3 个处理之间的水分利用效率差异均不显著（$P<0.05$），W2 处理水分利用效率最大，为 10.05kg/m³，较 W1、W3 增大 0.80%、7.26%。

在 N1 条件下，马铃薯灌溉水利用效率随灌溉定额的增加而减小，表现为 W3>W2>W2，3 个处理之间的灌溉水利用效率差异显著（$P<0.05$），W1 处理灌溉水利用效率最大，为 31.96kg/m³，较 W2、W3 处理增大 37.46%、64.15%。在 N2 条件下，马铃薯灌溉水利用效率随灌溉定额的增加而减小，表现为 W1>W2>W3，3 个处理之间的灌溉水利用效率差异两两显著（$P<0.05$），W1 处理灌溉水利用效率最高，为 35.75kg/m³，较 W2、W3 增大处理 29.67%、63.77%，W2 较 W3 处理增大 26.29%。在 N3 条件下，马铃薯灌溉水利用效率随灌溉定额的增大而减小，表现为 W1>W2>W3，W1 与 W2、W3 处理之间的灌溉水利用效率差异显著（$P<0.05$），W1 处理灌溉水利用效率最大，为 33.77kg/m³，较 W2、W3 处理增大 25.45%、63.22%，W2 与 W3 处理之间的灌溉水利用效率差异不显著（$P>0.05$），W2 较 W3 处理增大 30.11%。

结果表明：同一施氮量条件下，马铃薯水分利用效率随灌溉定额的增加而减小，马铃薯灌溉水利用效率随灌溉定额的增加而减小。

6）地下渗灌水氮配置对马铃薯氮肥偏生产力的影响。2017 年、2018 年地下渗灌不同灌溉定额与不同施氮量对马铃薯氮肥偏生产力的影响见表 2-27 和表 2-28。以 2018 年所测得的数据进行分析。

表 2-27　同一灌溉定额与不同施氮量对马铃薯氮肥偏生产力的影响　单位：kg/kg

灌溉定额	处理	施氮量	氮肥偏生产力	
			2017 年	2018 年
W1	T10	N1	288.75 a	279.67 a
	T11	N2	212.28 b	208.56 b
	T12	N3	150.88 c	147.75 c
W2	T13	N1	303.75 a	290.58 a
	T14	N2	229.17 b	229.78 b
	T15	N3	163.96 c	168.25 c
W3	T16	N1	321.17 a	316.33 a
	T17	N2	230.72 b	236.44 b
	T18	N3	164.38 c	168.13 c

表 2-28 同一施氮量与不同灌溉定额对马铃薯氮肥偏生产力的影响 单位：kg/kg

施氮量	处理	灌溉定额	氮肥偏生产力	
			2017 年	2018 年
N1	T10	W1	288.75 c	279.67 c
	T13	W2	303.75 b	290.58 b
	T16	W3	321.17 a	316.33 a
N2	T11	W1	212.28 b	208.56 b
	T14	W2	229.17 a	229.78 a
	T17	W3	230.72 a	236.44 a
N3	T12	W1	150.88 b	147.75 b
	T15	W2	163.96 a	168.25 a
	T18	W3	164.38 a	168.13 a

由表 2-27 可知，在 W1 条件下，马铃薯氮肥偏生产力随施氮量的增加而减小，表现为 N1>N2>N3，3 个处理之间的氮肥偏生产力差异两两显著（$P<0.05$），N1 处理氮肥偏生产力最大，为 279.67kg/kg，分别较 N2、N3 处理增大 34.10%、89.29%。在 W2 条件下，马铃薯氮肥偏生产力随施氮量的增加而减少，表现为 N1>N2>N3，3 个处理马铃薯氮肥偏生产力之间的差异两两显著（$P<0.05$），N1 处理氮肥偏生产力为 290.58kg/kg，较 N2、N3 处理增大 26.46%、72.71%，N2 较 N3 处理增大 36.57%。在 W3 条件下，马铃薯氮肥偏生产力随施氮量的增加而减少，表现为 N1>N2>N3，3 个处理之间的氮肥偏生产力差异两两显著（$P<0.05$），N1 处理氮肥偏生产力最大，为 316.33kg/kg，分别较 N2、N3 处理增大 33.79%、88.15%，N2 较 N3 处理增大 40.63%。

结果表明：同一灌溉定额条件下，马铃薯氮肥偏生产力随施氮量的增加而减小。

由表 2-28 可知，在 N1 条件下，马铃薯氮肥偏生产力随灌溉定额的增加而增大，表现为 W3>W2>W1，3 个处理之间的氮肥偏生产力差异两两显著（$P<0.05$），W3 处理马铃薯氮肥偏生产力最大，为 316.33kg/kg，较 W2、W1 处理增大 8.86%、13.11%。在 N2 条件下，马铃薯氮肥偏生产力随灌溉定额的增加而增大，表现为 W3>W2>W1，W3 与 W2 处理之间的氮肥偏生产力差异不显著（$P>0.05$），但均与 W1 处理之间的氮肥偏生产力差异显著（$P<0.05$），W3 处理氮肥偏生产力最高，为 236.44kg/kg，W2、W3 分别较 W1 处理增大 10.17%、13.37%。在 N3 条件下，马铃薯氮肥偏生产力随灌溉定额的增加先增大后减小，表现为 W2>W3>W1，W2 与 W3 处理之间的氮肥偏生产力差异不显著（$P>0.05$），但均与 W1 处理之间的氮肥偏生产力差异显著（$P<0.05$），W2 处理氮肥偏生产力最大，为 168.25kg/kg，较 W3、W1 处理增大 0.07%、13.87%。

结果表明：低施氮量条件和中施氮量条件下，马铃薯氮肥偏生产力随灌溉定额的增加而增大，高施氮量条件下，马铃薯氮肥偏生产力随灌溉定额的增加先增大后减小，各灌溉定额处理下马铃薯氮肥增产量之间的差异减小。

C. 地下渗灌及水氮配置对马铃薯生长发育影响的综合评价

1）研究方法及原理。在数据分析中，需要将各变量之间互相关联的复杂关系进行简化，主成分分析就是将多个指标转化成少数几个代表性强的综合指标，这少数几个代表性强的综合指标能够反映原来指标大部分信息，且各指标间保持相对独立，以避免出现信息叠加。主成分分析采用降维的方式，在力保数据信息丢失最少的原则下，对多变量的数据表进行最佳综合简化。计算步骤如下：假设有 p 个指标，即 p 个随机变量，记为 X_1，X_2，…，X_p，转化为 m 个新的指标 F_1，F_2，…，F_m（$m<p$），按照保留主要信息量的原则充分反映原指标的信息，并且相互独立。

设观测样本矩阵（n 为样本数，p 为变量数）：

$$\boldsymbol{X}=\begin{bmatrix} X_{11} & X_{12} & \cdots & X_{1p} \\ X_{21} & X_{22} & \cdots & X_{2p} \\ \vdots & \vdots & \ddots & \vdots \\ X_{n1} & X_{n2} & \cdots & X_{np} \end{bmatrix}=(X_1X_2\cdots X_p) \tag{2-1}$$

其中，

$$X_i=(X_{1i}X_{2i}\cdots X_{ni})^{\mathrm{T}} \tag{2-2}$$

第一，标准差标准化。为消除不同指标值量纲及数值相差悬殊带来的影响，需要对评价指标进行归一化处理，将不同评价指标的实际值转化为标准化值，使各指标无量纲化。目前采用得较多的数据标准化方法是标准差标准化，具体方法如下：

$$X_{ik}^{*}=(X_{ik}-\overline{X_k})/S_k \tag{2-3}$$

$$\overline{X_k}=\frac{1}{n}\sum_{i=1}^{n}X_{ki} \tag{2-4}$$

$$S_k=\sqrt{\frac{1}{n-1}\sum_{i=1}^{n}(X_{ik}-\overline{X_k})^2} \tag{2-5}$$

式中，X_{ik}^{*} 为标准化值；X_{ik}、X_{ki} 为实际值；$\overline{X_k}$ 为平均值；S_k 为标准差。

第二，计算标准化矩阵的相关系数矩阵 $\boldsymbol{\rho}=(\rho_{ij})_{p\times p}$，其中

$$\rho_{ij}=E\left(\frac{X_i-\overline{X_i}}{S_i}\right)\left(\frac{X_j-\overline{X_j}}{S_j}\right) \tag{2-6}$$

第三，计算相关系数矩阵 $\boldsymbol{\rho}$，用雅可比法求特征方程 $|\boldsymbol{\rho}-\lambda I|=0$ 的 p 个非负的特征值 $\lambda_1>\lambda_2>\cdots>\lambda_p\geqslant 0$，对应特征值的 $\lambda_i>0$ 的响应特征向量为 $\boldsymbol{C}^{(i)}=(C_1, C_2, \cdots, C_p)$，$i=1, 2, \cdots$。

第四，选择 m（$m<p$）个主成分。这 m 个主成分的贡献率和累计贡献率≥85%，基本涵盖了所有指标 X_1，X_2，…，X_p 的信息，由此指标数将有 p 个减少为 m 个，从而起到筛选指标的作用。

第五，构建主成分综合评价指标。

$$Y_{综}=\eta_1Y_1+\eta_2Y_2+\cdots+\eta_kY_k \tag{2-7}$$

式中，$Y_{综}$ 为主成分综合评价值；η_i 为第 i 个主成分贡献率（%）；Y_i 为第 i 个主成分评价值。

2）评价指标标准化。为消除不同指标值量纲及数值相差悬殊带来的影响，需要对评价指标进行归一化处理，将不同评价指标的实际值转化为标准化值，使各指标无量纲化。由于地下渗灌条件下水氮配置对马铃薯生长发育的影响研究试验中2016年和2017年各处理综合评价值排序一致，以2017年所测得的数据进行分析。实际监测数据见表2-29和表2-30。标准化后的数据见表2-31和表2-32。

表2-29　2016年不同处理马铃薯各指标的监测值

处理	株高 (X_1)/cm	茎粗 (X_2)/mm	干物质量 (X_3) /(kg/hm^2)	产量 (X_4) /(t/hm^2)	商品率 (X_5)/%	耗水量 (X_6) /mm	水分利用效率 (X_7) /(kg/m^3)	灌溉水利用效率 (X_8) /(kg/m^3)
T1	79.66	17.36	79.67	32.77	66.86	255.80	12.81	31.21
T2	83.40	18.03	91.35	34.58	67.39	263.12	13.14	32.93
T3	86.81	18.42	108.79	35.22	69.43	282.86	12.45	33.54
T4	109.00	19.97	123.65	36.24	75.87	256.87	14.11	24.16
T5	114.39	22.23	138.33	39.85	82.32	268.23	14.86	26.57
T6	101.59	22.74	152.35	38.12	78.64	327.84	11.63	25.41
T7	96.14	22.63	160.88	40.25	72.40	313.33	12.85	20.64
T8	100.13	22.92	179.54	42.98	74.37	354.24	12.13	22.04
T9	109.43	21.87	165.34	41.26	70.47	336.64	12.26	21.16

表2-30　2017年不同处理马铃薯各指标的监测值

处理	株高 (X_1)/cm	茎粗 (X_2)/mm	干物质量 (X_3) /(kg/hm^2)	产量 (X_4) /(t/hm^2)	商品率 (X_5)/%	耗水量 (X_6)/mm	水分利用效率 (X_7) /(kg/m^3)	灌溉水利用效率 (X_8) /(kg/m^3)	氮肥偏生产力 (X_9) /(kg/kg)
T10	83.35	17.41	116.36	34.65	69.35	357.33	9.7	33	288.75
T11	88.98	18.34	124.6	38.21	76.35	384.35	9.94	36.39	212.28
T12	95.21	19.35	132.54	36.21	79.42	394.35	9.18	34.49	150.88
T13	96.15	20.34	143.45	36.45	74.35	385.5	9.46	24.3	303.75
T14	119.49	24.68	183.64	41.25	79.35	426.36	9.67	27.5	229.17
T15	105.41	22.31	159.43	39.35	81.35	428.35	9.19	26.23	163.96
T16	109.43	21.94	165.27	38.54	75.65	443.54	8.69	19.76	321.17
T17	110.41	22.65	172.98	41.53	81.24	453.21	9.16	21.3	230.72
T18	114.39	22.03	152.35	39.45	81.56	455.24	8.67	20.23	164.38

表 2-31　2016 年不同处理马铃薯各指标的标准化值

处理	株高（X_1）	茎粗（X_2）	干物质量（X_3）	产量（X_4）	商品率（X_5）	耗水量（X_6）	水分利用效率（X_7）	灌溉水利用效率（X_8）
T1	-1.56	-1.57	-1.64	-1.60	-1.27	-1.11	-0.11	1.01
T2	-1.24	-1.25	-1.28	-1.03	-1.16	-0.90	0.24	1.38
T3	-0.95	-1.07	-0.75	-0.84	-0.74	-0.35	-0.49	1.50
T4	0.96	-0.34	-0.30	-0.52	0.57	-1.08	1.25	-0.47
T5	1.42	0.73	0.58	0.60	1.88	-0.76	2.04	0.03
T6	0.32	0.97	0.15	0.06	1.13	0.91	-1.35	-0.21
T7	-0.15	0.92	1.41	0.72	-0.14	0.50	-0.07	-1.22
T8	0.20	1.05	0.98	1.57	0.26	1.64	-0.82	-0.92
T9	1.00	0.56	0.84	1.04	-0.53	1.15	-0.69	-1.11

表 2-32　2017 年不同处理马铃薯各指标的标准化值

处理	株高（X_1）	茎粗（X_2）	干物质量（X_3）	产量（X_4）	商品率（X_5）	耗水量（X_6）	水分利用效率（X_7）	灌溉水利用效率（X_8）	氮肥偏生产力（X_9）
T10	-1.667	-1.644	-1.577	-1.725	-2.150	-1.729	0.976	1.004	0.988
T11	-1.178	-1.219	-1.192	-0.089	-0.331	-0.908	1.554	1.573	-0.286
T12	-0.637	-0.757	-0.820	-1.008	0.466	-0.604	-0.279	1.254	-1.309
T13	-0.555	-0.304	-0.310	-0.898	-0.851	-0.873	0.397	-0.457	1.238
T14	1.473	1.680	1.571	1.307	0.448	0.368	0.903	0.080	-0.005
T15	0.250	0.596	0.438	0.434	0.968	0.428	-0.255	-0.133	-1.091
T16	0.599	0.427	0.711	0.062	-0.513	0.890	-1.461	-1.220	1.528
T17	0.684	0.752	1.072	1.436	0.939	1.183	-0.327	-0.961	0.021
T18	1.030	0.468	0.107	0.480	1.022	1.245	-1.509	-1.141	-1.084

3）计算各指标的相关系数矩阵。将不同评价指标标准化值用相关系数式（2-6）进行计算，得到相关系数矩阵，见表 2-33 和表 2-34。

表 2-33　2016 年不同评价指标相关系数矩阵

指标	X_1	X_2	X_3	X_4	X_5	X_6	X_7	X_8
X_1	1.000	0.741	0.697	0.688	0.805	0.307	0.351	-0.700
X_2	0.741	1.000	0.937	0.916	0.705	0.751	-0.129	-0.848
X_3	0.697	0.937	1.000	0.945	0.536	0.726	-0.071	-0.886
X_4	0.688	0.916	0.945	1.000	0.499	0.809	-0.136	-0.835
X_5	0.805	0.705	0.536	0.499	1.000	0.160	0.378	-0.435

续表

指标	X_1	X_2	X_3	X_4	X_5	X_6	X_7	X_8
X_6	0.307	0.751	0.726	0.809	0.160	1.000	-0.691	-0.665
X_7	0.351	-0.129	-0.071	-0.136	0.378	-0.691	1.000	0.094
X_8	-0.700	-0.848	-0.886	-0.835	-0.435	-0.665	0.094	1.000

表 2-34　2017 年不同评价指标相关系数矩阵

指标	X_1	X_2	X_3	X_4	X_5	X_6	X_7	X_8	X_9
X_1	1.000	0.967	0.935	0.852	0.715	0.899	-0.543	-0.728	-0.181
X_2	0.967	1.000	0.980	0.863	0.682	0.822	-0.402	-0.678	-0.129
X_3	0.935	0.980	1.000	0.868	0.616	0.819	-0.392	-0.700	-0.002
X_4	0.852	0.863	0.868	1.000	0.761	0.831	-0.235	-0.520	-0.261
X_5	0.715	0.682	0.616	0.761	1.000	0.776	-0.447	-0.360	-0.736
X_6	0.899	0.822	0.819	0.831	0.776	1.000	-0.735	-0.799	-0.241
X_7	-0.543	-0.402	-0.392	-0.235	-0.447	-0.735	1.000	0.757	0.116
X_8	-0.728	-0.678	-0.700	-0.520	-0.360	-0.799	0.757	1.000	-0.241
X_9	-0.181	-0.129	-0.002	-0.261	-0.736	-0.241	0.116	-0.241	1.000

4）计算贡献率及提取主成分。根据相关系数矩阵，求出其特征值和特征向量，可得到各个主成分的贡献率及累计贡献率，而且根据贡献率≥85%的原则选择主成分。主成分贡献率及累计贡献率见表 2-35 和表 2-36，主成分系数见表 2-37 和表 2-38。

表 2-35　2016 年主成分贡献率及累计贡献率

主成分	特征值	贡献率/%	累计贡献率/%
Y_1	5.260	65.748	65.748
Y_2	1.913	23.914	89.662

表 2-36　2017 年主成分贡献率及累计贡献率

主成分	特征值	贡献率/%	累计贡献率/%
Y_1	6.061	67.349	67.349
Y_2	1.579	11.367	78.716
Y_3	1.023	17.544	96.260

表 2-37　2016 年主成分系数

主成分	X_1	X_2	X_3	X_4	X_5	X_6	X_7	X_8
Y_1	0.801	-0.012	0.959	0.954	0.659	0.756	-0.095	-0.901
Y_2	0.497	-0.012	-0.042	-0.117	0.591	-0.635	0.945	0.058

表 2-38　2017 年主成分系数

主成分	X_1	X_2	X_3	X_4	X_5	X_6	X_7	X_8	X_9
Y_1	0. 969	0. 938	0. 921	0. 881	0. 801	0. 965	-0. 623	-0. 774	-0. 244
Y_2	-0. 046	-0. 053	-0. 157	0. 164	0. 563	-0. 026	0. 233	0. 537	-0. 929
Y_3	0. 111	0. 277	0. 317	0. 356	-0. 116	-0. 177	0. 736	0. 245	0. 248

2016 年地下渗灌对马铃薯生长发育的影响研究试验中，前 2 个主成分的贡献率分别为 65. 748%、23. 914%，累计贡献率达 89. 662%（表 2-35），说明这 2 个主成分涵盖了马铃薯各项指标所提供信息总量的 89. 662%。

2017 年地下渗灌马铃薯不同水氮组合试验中，前 3 个主成分的贡献率分别为 67. 349%、11. 367%、17. 544%，累计贡献率达 96. 260%，说明这 3 个主成分涵盖了马铃薯各项指标所提供信息总量的 96. 260%。

2016 年地下渗灌马铃薯不同埋深与不同灌溉定额试验中，主成分 Y_1 中系数绝对值较大的分量主要有 X_1、X_3 ~ X_6，反映了马铃薯的生长量和产量，故第一主成分蕴含马铃薯生长和产量的特征，且信息量较大。第二主成分 Y_2 中系数绝对值较大的分量为 X_7，反映了马铃薯产量和水分利用特性，故第二主成分蕴含了马铃薯高产节水的特征。

2017 年地下渗灌马铃薯不同水氮组合试验中，第一主成分 Y_1 中系数绝对值较大的分量主要有 X_1 ~ X_5，反映了马铃薯的生长量和产量，故第一主成分蕴含马铃薯生长和产量的特征，且信息量较大。第二主成分 Y_2 中系数绝对值较大的分量主要有 X_4、X_5、X_7、X_8，反映了马铃薯产量和水分利用特性，故第二主成分蕴含了马铃薯高产节水的特征。第三主成分 Y_3 中系数绝对值较大的分量主要有 X_7 ~ X_9，反映了马铃薯水分利用特性、氮肥偏生产力，故第三主成分蕴含马铃薯节水节肥的特征，且信息量较大。

5）计算主成分评价值。根据主成分计算公式：

$$Y_k = a_1 X_{k1}^* + a_2 X_{k2}^* + \cdots + a_m X_{km}^* \quad (k<m) \tag{2-8}$$

式中，a_1 为主成分系数；X_{ki}^* 为第 i 个处理马铃薯指标的标准化值。

代入数据可得主成分评价值及综合评价值，见表 2-39 和表 2-40。

表 2-39　2016 年各主成分评价值及综合评价值

处理	T1	T2	T3	T4	T5	T6	T7	T8	T9
Y_1	-8. 457	-7. 147	-5. 388	-0. 475	6. 456	3. 161	4. 214	5. 691	4. 724
Y_2	-0. 590	-0. 232	-0. 917	2. 731	4. 126	-1. 061	-0. 767	-1. 859	-1. 432
$Y_{综}$	-6. 359	-5. 303	-4. 195	0. 380	5. 835	2. 035	2. 885	3. 678	3. 082
名次	9	8	7	6	1	5	4	2	3

表 2-40　2017 年各主成分评价值及综合评价值

处理	T10	T11	T12	T13	T14	T15	T16	T17	T18
Y_1	-11. 144	-6. 717	-3. 656	-3. 619	6. 456	3. 304	3. 619	5. 691	6. 066
Y_2	-1. 191	1. 598	2. 134	-1. 817	0. 313	1. 377	-2. 876	-0. 116	0. 578

续表

处理	T10	T11	T12	T13	T14	T15	T16	T17	T18
Y_3	0.011	0.779	-1.069	0.177	2.156	-0.193	-0.659	0.345	-1.548
$Y_{综}$	-7.936	-4.369	-2.501	-2.714	4.947	2.439	2.072	4.031	4.030
名次	9	8	6	7	1	4	5	2	3

由表2-39可知，2016年不同处理马铃薯各指标经过综合评价后，其排列顺序为T5>T8>T9>T7>T6>T4>T3>T2>T1。其中T5处理条件下马铃薯生长、产量和水分利用综合评价值最高，其次是T8处理。

由表2-40可知，2017年不同处理马铃薯各指标经过综合评价后，其排列顺序为T14>T17>T18>T15>T16>T13>T12>T11>T10。其中T14处理条件下马铃薯生长、产量和水氮利用特性综合评价值最高，为4.974，T17次之。

（7）结论

1）不同埋深地下渗灌与不同灌溉定额对马铃薯生长发育影响的试验结果表明：同一灌溉定额条件下，D2和D3处理马铃薯产量显著高于D1处理；同一渗灌埋深条件下，W2处理马铃薯水分利用效率高于W1处理，但灌溉水利用效率低于W1处理。W2D2处理马铃薯株高最高（114.39cm），商品率最高（82.32%），水分利用效率最高（14.86kg/m^3）；W3D2处理马铃薯茎粗最大（22.92mm），产量最高（42.98t/hm^2）。

2）地下渗灌不同水氮配置对马铃薯生长发育影响的试验结果表明：同一灌溉定额条件下，N2处理马铃薯产量、灌溉水利用效率大于N1处理，N1、N2处理马铃薯氮肥偏生产力显著高于N3处理；同一施氮量条件下，W2和W3处理马铃薯产量、氮肥偏生产力大于W1处理，W2处理马铃薯干物质量显著高于W1处理，W1处理马铃薯水分利用效率、灌溉水利用效率高于W3处理。W2N2处理马铃薯株高最高（117.39cm），茎粗最大（23.74mm）；W1N1处理马铃薯水分利用效率最高（10.86kg/m^3），灌溉水利用效率最高（35.75kg/m^3）；W3N2处理马铃薯产量最大（42.56t/hm^2）；W3N1处理马铃薯氮肥偏生产力最高（316.33kg/kg）。

3）地下渗灌与不同水氮配置对马铃薯生长发育影响的综合评价表明：地下渗灌条件马铃薯不同埋深和灌溉定额试验中9个处理进行综合评价的结果为T5>T8>T9>T7>T6>T4>T3>T2>T1，其中T5处理综合评价值最高，为5.835，10cm为地下渗灌最佳埋深；地下渗灌条件马铃薯不同水氮配置试验中9个处理进行综合评价的结果为T14>T17>T18>T15>T16>T13>T12>T11>T10，其中T14处理综合评价值最高，灌溉定额1500m^3/hm^2+施氮量180kg/hm^{2}为渗灌管埋深10cm条件下地下渗灌最佳灌溉施氮组合。

2.1.4.3 旱区种植西瓜水资源持续利用关键技术研究

西瓜是中国重要的作物之一，2016年，播种面积在主产区达到181.25万hm^2，产值占蔬菜瓜果产业总产值的10%以上。西瓜具有光合作用效率高、产量高、营养丰富等优点，且具有一定的药用价值。因此提高西瓜产量对于农业的发展具有重要意义。砂田是我国西北干旱半干旱地区独有的耕种土地。砂田西瓜含糖量高、汁多肉美，因此种植面积越来越大。西瓜对水分供应十分敏感，且整个生育期内需水量较大，水分不足一直以来限制着西瓜产量的提高。针对当前旱区采用沟灌和漫灌方式灌溉西瓜造成水资源浪费严重，水肥协同作用不够明显等问题，探索灌溉定额和施肥量不同配比的耦合作用对西瓜生长、产量、品质及耗水规律，提高西瓜产量和水肥利用率，达到节水节肥的目的，为旱地西瓜高产提供理论依据。试验于 2016 年 4 月至 2017 年 8 月在宁夏吴忠市同心县王团镇旱作高效节水科技园进行。

（1）研究内容

1）不同水肥处理条件下西瓜不同生育期的耗水规律研究。通过分析不同处理条件下西瓜不同生育期的耗水量，得出不同水肥处理条件下西瓜的耗水规律。

2）不同水肥处理对西瓜生长发育及品质的影响研究。通过不同水肥处理组合，研究不同灌溉定额（$450m^3/hm^2$、$900m^3/hm^2$、$1350m^3/hm^2$）和施肥量（$225kg/hm^2$、$450kg/hm^2$、$675kg/hm^2$）对西瓜各生育期生长指标、产量和品质的影响，得出适宜宁夏同心旱区西瓜的最佳灌溉定额和施肥量。

3）对不同水肥耦合处理进行综合评价。利用主成分分析法对不同水肥处理条件下西瓜生长指标、产量和品质的各项指标进行综合评价分析，得出高产优质高效的灌溉施肥方案。

（2）试验设计

本试验设灌溉定额（A）和施肥量（B）两个因素为试验因子，采用二因素三水平的试验方法。灌溉定额设 $450m^3/hm^2$（A1）、$900m^3/hm^2$（A2）、$1350m^3/hm^2$（A3）三个水平，施肥量设 $225kg/hm^2$（B1）、$450kg/hm^2$（B2）、$675kg/hm^2$（B3）三个水平，共 9 个处理，每个处理重复三次。试验设计见表 2-41。

表 2-41　西瓜试验设计

灌溉定额	施肥量		
	$225kg/hm^2$（B1）	$450kg/hm^2$（B2）	$675kg/hm^2$（B3）
$450m^3/hm^2$（A1）	A1B1（T1）	A1B2（T2）	A1B3（T3）
$900m^3/hm^2$（A2）	A2B1（T4）	A2B2（T5）	A2B3（T6）
$1350m^3/hm^2$（A3）	A3B1（T7）	A3B2（T8）	A3B3（T9）

每个试验小区长 15.0m，宽 4.0m，面积 $60.0m^2$。试验小区采用沟垄覆膜种植模式，垄宽 1.2m，垄高 0.2m，垄距 0.4m，垄顶做成平顶，每小区两垄，株行距 1.0m×1.0m，每小区定株 60 株（图 2-16）。小区间保护行宽 1.0m，外围保护行宽 2.5m。9 个小区随机组合排列，每个小区种植 4 行西瓜，铺设 4 条外径 16mm，滴头间距 1m，滴头流量为 2L/h 的贴片式滴灌带，灌水量由水表读取。

供试西瓜品种为“金城五号”，该品种植株生长势强，易坐果，丰产性能好，适应性强，外观极美，皮厚而坚韧，耐旱性强，果实椭圆形，果肉鲜红，肉质紧实，质地坚韧，极耐储运，全生育期 95～105 天。

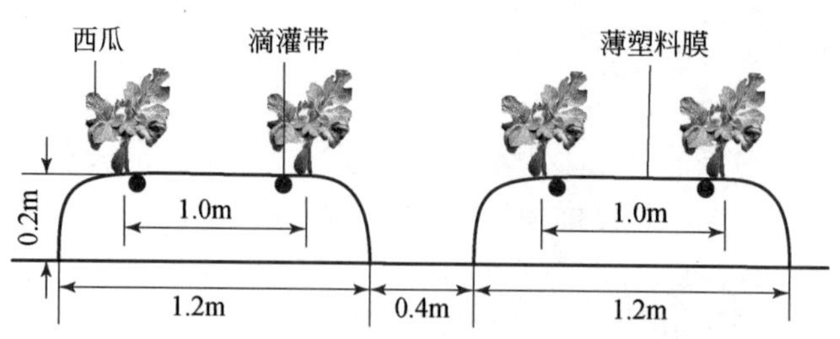

图 2-16 西瓜膜下滴灌小区纵剖面

肥料：尿素（N46%）、磷酸二氢铵（N 16%、P_2O_5 44%）和硫酸钾复合肥（K_2O 50%）。

滴灌施肥设备：水泵、文丘里施肥器、旋翼式水表、滴头间距为 1m，滴头流量为 2L/h的贴片式滴灌带。

（3）不同水肥处理对西瓜耗水规律的影响

作物生长的同时消耗一定量的水分。作物耗水量主要包括棵间蒸发、作物腾发。它取决于作物种类、品种、生育期、气象条件等因子。

不同处理对西瓜耗水量的影响见表 2-42。不同处理耗水量在全生育期内随时间延长逐渐增大。在不同生育期西瓜的耗水量表现为膨瓜期>伸蔓期>开花坐果期>苗期，这主要是因为膨瓜期和伸蔓期是西瓜生殖生长和营养生长最旺盛的时期，生长期时间较长，耗水量较大，开花坐果期的耗水量接近但低于伸蔓期的耗水量的主要原因是开花坐果期历时较短，但正值 6 月中下旬，该地区降水少、气温升高、蒸腾力增强，耗水量较大。

表 2-42 不同水肥处理西瓜各生育期的耗水量 单位：mm

处理	耗水量				
	幼苗期	伸蔓期	开花坐果期	膨瓜期	全生育期
A1B1（T1）	18.56	27.29	26.82	73.94	146.61
A1B2（T2）	21.27	26.44	22.04	75.53	145.28
A1B3（T3）	17.56	26.03	22.95	76.50	143.04
平均	19.13	26.59	23.94	75.32	144.98
A2B1（T4）	23.67	32.61	32.59	91.45	180.32
A2B2（T5）	25.57	38.49	30.50	87.88	182.44
A2B3（T6）	22.52	44.06	31.68	87.66	185.92
平均	23.92	38.39	31.59	89.00	182.90
A3B1（T7）	22.99	37.77	34.87	115.37	211.00
A3B2（T8）	20.48	42.93	31.17	114.06	208.64
A3B3（T9）	20.08	34.43	36.91	116.76	208.18
平均	21.18	38.38	34.32	115.40	209.28

不同水肥处理西瓜各生育期的耗水强度见表 2-43。在西瓜幼苗期，耗水强度随灌溉定额的增加表现为 A2>A3>A1，这主要是因为幼苗期根系不发达，吸水能力有限，过多的灌水量抑根系吸收水分。伸蔓期以后，西瓜耗水强度随灌溉定额的增加而增加。伸蔓期，A2、A3 处理耗水强度均为 1.92mm/d，比 A1 处理的耗水强度增加了 44.36%；开花坐果期，A3 处理的耗水强度最大，为 2.45mm/d，比 A2、A1 处理分别增加了 8.41%、43.27%。膨瓜期，耗水强度明显增大，A3 处理的耗水强度最大，为 3.72mm/d，比 A2、A1 处理分别增加了 29.62%、53.09%。

表 2-43　不同水肥处理西瓜各生育期的耗水强度　　单位：mm/d

处理	耗水强度				
	幼苗期	伸蔓期	开花坐果期	膨瓜期	全生育期
A1B1（T1）	1.16	1.36	1.92	2.39	1.46
A1B2（T2）	1.33	1.32	1.57	2.44	1.45
A1B3（T3）	1.10	1.30	1.64	2.47	1.43
平均	1.20	1.33	1.71	2.43	1.44
A2B1（T4）	1.48	1.63	2.33	2.95	1.80
A2B2（T5）	1.60	1.92	2.18	2.83	1.82
A2B3（T6）	1.41	2.20	2.26	2.83	1.85
平均	1.50	1.92	2.26	2.87	1.82
A3B1（T7）	1.44	1.89	2.49	3.72	2.11
A3B2（T8）	1.28	2.15	2.23	3.68	2.08
A3B3（T9）	1.26	1.72	2.64	3.77	2.08
平均	1.32	1.92	2.45	3.72	2.09

不同水肥处理西瓜苗期的耗水量的平均值分别为 19.13mm、23.92mm、21.18mm，可见在西瓜苗期耗水量较少，不同的灌溉定额对西瓜苗期的耗水量影响不大。西瓜伸蔓期的耗水量的平均值分别为 26.59mm、38.39mm、38.38mm，灌溉定额在 450 ~ 900m^3/hm^2范围内随灌水量的增加西瓜耗水量也增加。灌溉定额为 900m^3/hm^2 和灌溉定额为 1350m^3/hm^2 处理在西瓜伸蔓期的耗水量基本相同，说明中等灌溉定额水平完全可以满足西瓜的营养生长。西瓜开花坐果期的耗水量随灌溉定额的增加不断增加。西瓜膨瓜期的耗水量最大，几乎达到全生育期耗水量的一半，其中灌溉定额为 1350m^3/hm^2 处理耗水量达到最大，这是由于随灌水量增加，在高温腾发影响下农田可以消耗的水分也明显增加，同时高灌水量还可能出现深层渗漏、地表径流等情况。

(4) 不同水肥处理对西瓜生长的影响

A. 不同水肥处理对西瓜茎粗的影响

根据 2016 年和 2017 年的试验结果，不同水肥处理对茎粗的影响见表 2-44。由表 2-44 可知，在 A1 条件下，幼苗期 B3 与 B1、B2 处理之间的茎粗差异明显，较 B1、B2 处理增大 7.65%、6.10%；伸蔓期 B1 与 B2、B3 处理之间的茎粗差异明显，较 B2、B3 减小

3.06%、5.4%；开花坐果期B1与B2处理之间的茎粗差异不显著（$P>0.05$），B2与B3处理之间的茎粗差异不显著（$P>0.05$），B1与B3处理之间的茎粗差异显著（$P<0.05$），B1较B3处理减小4.1%；膨瓜期B1与B2、B3处理之间的茎粗差异明显，较B2、B3处理减小1.71%、2.78%，西瓜整个生育期内B3与B1处理之间的茎粗差异均显著，表明低灌溉水平下，西瓜茎粗随施肥量的增加逐渐增大，高施肥量能显著促进西瓜茎粗的增长。在A2条件下，幼苗期B1与B2、B3处理之间的茎粗差异显著（$P<0.05$），较B2、B3处理减小4.91%、6.64%；伸蔓期、开花坐果期和膨瓜期三个处理之间的茎粗均差异显著（$P<0.05$），表明中灌溉水平下，除幼苗期外的其他生育期中等施肥量能显著促进西瓜茎粗的增长（$P<0.05$）；而高施肥量反而会影响西瓜茎粗的增长，这主要是因为中等灌溉定额水平施入大量肥料，导致土壤溶液浓度过高，影响西瓜根系对水分的吸收。在A3条件下，幼苗期B1与B2处理之间的茎粗差异不显著（$P>0.05$），B2与B3处理之间的茎粗差异不显著（$P>0.05$），B1与B3处理之间的茎粗差异显著（$P<0.05$），B1较B3处理降低4.40%；伸蔓期三个处理之间的茎粗差异显著（$P<0.05$），B3处理茎粗最大，为（10.90±0.09）mm，较B1、B2处理增大9.67%、6.55%；开花坐果期B3与B1、B2处理之间的茎粗差异显著（$P<0.05$），较B1、B2增大9.46%、6.48%；膨瓜期B2与B1、B3处理之间的茎粗差异显著（$P<0.05$），较B1、B3处理减小4.17%、4.77%，表明高灌溉定额条件下，西瓜茎粗随施肥量的增加逐渐增大，高施肥量能显著促进西瓜茎粗的增长。

表2-44　不同水肥处理对西瓜茎粗的影响　　单位：mm

灌溉定额	施肥量	幼苗期	伸蔓期	开花坐果期	膨瓜期
A1	B1	6.14±0.09b	8.51±0.10b	9.12±0.06b	9.35±0.04b
	B2	6.23±0.12b	8.77±0.11a	9.34±0.07ab	9.51±0.08a
	B3	6.61±0.08a	8.97±0.07a	9.51±0.11a	9.61±0.07a
A2	B1	7.53±0.08c	9.67±0.08c	10.20±0.14c	10.34±0.12c
	B2	7.90±0.07a	11.27±0.04a	11.83±0.17a	11.89±0.17a
	B3	8.03±0.07a	10.54±0.11b	11.04±0.09b	11.40±0.06b
A3	B1	8.64±0.05b	9.94±0.17c	10.36±0.08b	11.48±0.17a
	B2	8.82±0.11ab	10.23±0.13b	10.65±0.14b	11.02±0.21b
	B3	9.02±0.14a	10.90±0.09a	11.34±0.09a	11.57±0.18a

注：不同英文小写字母表示不同处理在0.05水平差异显著，下同。

在B1条件下，幼苗期三个处理之间的茎粗差异显著（$P<0.05$），A3处理茎粗最大，为（8.64±0.05）mm，较A1、A2处理增大40.72%、14.74%；伸蔓期和开花坐果期A1与A2、A3处理之间的茎粗差异显著（$P<0.05$）；膨瓜期三个处理之间的茎粗差异显著（$P<0.05$），A3处理茎粗最大，为（11.48±0.17）mm，较A1、A2处理增大22.78%、11.03%，表明低施肥量条件下，西瓜茎粗随灌溉定额的增加逐渐增大，高灌溉定额能显著促进西瓜茎粗的增长。在B2条件下，西瓜整个生育期内三个处理之间的茎粗均差异显

著（$P<0.05$），中灌溉定额更有助于西瓜茎粗的增长，这主要是因为灌水量较大，土壤中空气含量较小，西瓜植株的呼吸作用减弱，影响西瓜根系对水分的吸收，进而影响西瓜植株的生长。在 B3 条件下，西瓜整个生育期内三个处理之间的茎粗均差异显著（$P<0.05$），表明施肥量条件下，西瓜茎粗随灌溉定额的增加逐渐增大，高灌溉定额能显著促进西瓜茎粗的增长。

在膜下滴灌施肥条件下，西瓜茎粗在整个生育期内逐渐增加，灌溉定额和施肥量均对茎粗产生影响。在西瓜幼苗期和伸蔓期，茎粗变化比较明显，这主要是因为西瓜处于营养生长阶段。在西瓜开花坐果期和膨瓜期，西瓜进入生殖生长阶段，茎粗变化比较小。在不同的灌溉定额和施肥量条件下，T5 处理的茎粗为（11.89±0.17）mm，为所有处理中最大。

B. 不同水肥处理对西瓜主蔓长的影响

不同水肥处理对西瓜主蔓长的影响见表 2-45。在 A1 条件下，幼苗期三个处理之间的主蔓长无显著差异（$P>0.05$）；伸蔓期、开花坐果期和膨瓜期三个处理之间的主蔓长差异显著（$P<0.05$），西瓜除幼苗期外的其他生育期 B3 与 B1 处理之间的主蔓长差异均显著，表明低灌溉水平下，西瓜主蔓长随施肥量的增加逐渐增大，高施肥量能显著促进西瓜主蔓长的增长（$P<0.05$）。在 A2 条件下，整个生育期内三个处理之间的主蔓长差异显著（$P<0.05$），西瓜主蔓长随施肥量的增加逐渐增大。在 A3 条件下，幼苗期、开花坐果期和膨瓜期三个处理之间的主蔓长均差异显著（$P<0.05$），伸蔓期 B1 与 B2、B3 处理之间的主蔓长差异显著（$P<0.05$）；开花坐果期 B2 处理主蔓长最大，为（194.70±4.84）cm，较 B3、B1 处理增大 2.15%、6.73%；西瓜膨瓜期 B2 处理主蔓长最大，为（237.60±6.62）cm，较 B3、B1 处理增大 5.51%、8.98%。表明高灌溉定额条件下，在一定范围内西瓜主蔓长随施肥量的增加逐渐增大，高施肥量反而会影响西瓜主蔓长的增长。

表 2-45　不同水肥处理对西瓜主蔓长的影响　　单位：cm

灌溉定额	施肥量	幼苗期	伸蔓期	开花坐果期	膨瓜期
A1	B1	15.10±0.41a	45.57±2.62c	150.53±3.95c	170.27±4.95c
	B2	15.57±0.37a	50.33±2.35b	161.80±4.05b	182.57±5.35b
	B3	15.37±0.45a	54.90±2.14a	167.53±4.35a	189.38±5.47a
A2	B1	15.24±0.48c	62.06±2.06c	186.89±3.95b	220.07±5.45c
	B2	16.37±0.35a	77.80±2.54b	180.98±4.46c	240.63±5.87b
	B3	15.70±0.42b	81.20±2.36a	190.83±4.87a	244.83±6.35a
A3	B1	14.80±0.34c	87.03±2.54b	182.42±5.15c	218.03±5.57c
	B2	15.63±0.38a	101.67±2.87a	194.70±4.84a	237.60±6.62a
	B3	15.33±0.42b	101.87±3.63a	190.60±4.76b	225.20±5.95b

在 B1 条件下，幼苗期三个处理之间的蔓长差异不显著（$P>0.05$）；伸蔓期、开花坐果期和膨瓜期三个处理之间的蔓长差异显著（$P<0.05$）；西瓜开花坐果期 A2 处理主蔓长最大，为（186.89±3.95）cm，较 A3、A1 处理增大 2.45%、24.15%；表明低施肥量条

件下，西瓜主蔓长随灌溉定额的增加逐渐增大，高灌溉定额能显著促进西瓜主蔓长的增长。在 B2 条件下，幼苗期 A2 与 A1、A3 处理之间的主蔓长差异显著（P<0. 05）；伸蔓期和开花坐果期三个处理之间的主蔓长差异显著（P<0. 05）；膨瓜期 A1 与 A2、A3 处理之间的主蔓长差异显著（P<0. 05）；西瓜主蔓长随灌溉定额的增加而增大，A3 处理主蔓长最大，为（194. 70±4. 84）cm，较 A2、A1 处理增大 7. 58%、20. 33%。在 B3 条件下，幼苗期 A2 与 A1、A3 处理之间的主蔓长差异显著（P<0. 05）；伸蔓期和膨瓜期三个处理之间的主蔓长差异显著（P<0. 05）；西瓜开花坐果期 A1 与 A2、A3 处理之间的主蔓长差异显著（P<0. 05），A2 处理主蔓长最大，为（190. 83±4. 87）cm，较 A3、A1 处理增大 0. 12%、13. 91%。

在膜下滴灌施肥条件下，西瓜主蔓长在整个生育期内逐渐增加，灌溉定额和施肥量均对主蔓长产生影响。幼苗期，西瓜的主蔓长为 14. 80～16. 37cm，此时西瓜生长比较缓慢；伸蔓期，西瓜的主蔓长为 45. 57～101. 87cm，此时西瓜生长较快；开花坐果期，西瓜的主蔓长为 150. 53～194. 70cm，伸蔓期至开花坐果期，西瓜主蔓长增加迅速，此时是西瓜营养生长最旺盛的阶段。开花坐果期后，西瓜进入生殖生长阶段，根系吸收的水分和养分主要用于果实的生长，营养生长缓慢，主蔓长增长缓慢，至膨瓜期，西瓜主蔓长达到最大（170. 27～244. 83cm）。在不同的灌溉定额和施肥量条件下，A2B3（T6）处理的主蔓长为（244. 83±6. 35）cm，为所有处理中最大。

（5）不同水肥处理对西瓜产量、水分利用效率和品质的影响

A. 不同水肥处理对西瓜产量的影响

西瓜产量与灌溉定额、施肥量有着密不可分的关系。西瓜高产、优质的前提是获得较高的生物量，而水分和养分的吸收可以增加西瓜的生物量。不同灌溉定额和施肥量对西瓜产量的方差分析见表 2-46。西瓜在膜下滴灌施肥条件下，灌溉定额对西瓜产量的影响极其显著（P<0. 01），施肥量对西瓜产量的影响极显著（P<0. 01），灌溉定额和施肥量交互作用对西瓜产量的影响显著（P<0. 05）。

表 2-46　不同灌溉定额和施肥量对西瓜产量的方差分析

变异来源	平方和	自由度	均方	F 值	P 值
灌溉定额	1543. 44	2	771. 72	70. 8338	0. 0007
施肥量	415. 42	2	207. 71	19. 0649	0. 0090
灌溉定额×施肥量	43. 58	4	10. 89	4. 7519	0. 0101
误差	36. 68	16	2. 29		

不同水肥处理对西瓜产量的影响见表 2-47。不同处理对西瓜产量的影响不同，2016 年、2017 年，在 A1、A2 条件下，西瓜产量表现为 B2>B3>B1，说明在一定范围内增加西瓜的施肥量有利于西瓜产量的增加，当超过这个范围时，西瓜产量反而会下降。在 A3 条件下，西瓜产量表现为 B2>B3>B1。在相同施肥量水平下，随灌溉定额的增加西瓜产量先增大后减小，表现为 A2>A3>A1。2017 年，T5 处理西瓜产量最高，为（88. 23±4. 41）t/hm^2，与其他各处理差异显著（P<0. 05）；较 T1、T2、T3、T4、T6、T7、T8 和 T9 处理增大

46.15%、22.42%、33.48%、12.07%、5.66%、15.74%、1.86%和9.02%。

表 2-47　不同水肥处理对西瓜产量的影响　　单位：t/hm²

处理	产量	
	2016 年	2017 年
A1B1（T1）	55.30±4.35f	60.37±0.65g
A1B2（T2）	67.03±8.34e	72.07±2.95e
A1B3（T3）	61.90±3.53f	66.10±3.41f
A2B1（T4）	75.63±1.99d	78.73±2.45d
A2B2（T5）	85.33±2.63a	88.23±4.41a
A2B3（T6）	81.07±4.19a	83.50±0.65b
A3B1（T7）	71.77±2.07c	76.23±4.96e
A3B2（T8）	80.47±3.75ab	81.80±2.38c
A3B3（T9）	79.47±3.86b	80.93±2.50c

B. 不同水肥处理对西瓜水分利用效率的影响

同一灌溉定额不同施肥量对西瓜水分利用效率的影响见表 2-48。由表 2-48 可知，在同一灌溉定额条件下，水分利用效率随施肥量的增加呈先增大后减小的趋势。在 A1 条件下，B2 处理水分利用效率最大（4.79kg/m³），与 B1、B3 处理之间的水分利用效率差异显著（$P<0.05$），B1、B3 处理之间的水分利用效率无显著差异（$P>0.05$）。在 A2 条件下，B2 处理水分利用效率最大（4.76kg/m³），与 B3 处理之间的水分利用效率差异不显著（$P>0.05$），与 B1 处理之间的水分利用效率差异显著（$P<0.05$）。在 A3 条件下，B3 处理水分利用效率最大（3.89kg/m³），与 B1、B2 处理之间的水分利用效率差异不显著（$P>0.05$），表明灌溉定额为 1350m³/hm² 时，施肥量对西瓜水分利用效率的影响不大。

表 2-48　同一灌溉定额不同施肥量对西瓜水分利用效率的影响

灌溉定额	施肥量	耗水量/mm	西瓜产量/(t/hm²)	水分利用效率/(kg/m³)
A1	B1	146.61c	57.84e	3.95bc
	B2	145.28c	69.55d	4.79a
	B3	143.04c	64.00e	4.47b
A2	B1	180.33b	77.18c	4.28bc
	B2	182.45b	86.78a	4.76a
	B3	185.92b	82.29a	4.43ab
A3	B1	211.01a	74.00d	3.51d
	B2	208.64a	81.13b	3.89cd
	B3	208.18a	80.20bc	3.85cd

同一施肥量不同灌溉定额对西瓜水分利用效率的影响见表 2-49。在 B1 条件下，A2 处理水分利用效率最大（4.28kg/m³），与 A1 处理之间的水分利用效率无显著差异（P>0.05），与 A3 处理的水分利用效率差异显著（P<0.05）。在 B2、B3 条件下，西瓜的水分利用效率随灌溉定额的增加而减小。在 B2 条件下，A1 处理水分利用效率最大（4.79kg/m³），与 A2 处理之间的水分利用效率无显著性差异（P>0.05），与 A3 处理之间的水分利用效率差异显著（P<0.05）。在 B3 条件下，A1 处理水分利用效率最大（4.47kg/m³），与 A1、A3 处理之间的水分利用效率差异显著（P<0.05）。

表 2-49　同一施肥量不同灌溉定额对西瓜水分利用效率的影响

施肥量	灌溉定额	耗水量/mm	西瓜产量/(t/hm²)	水分利用效率/(kg/m³)
B1	A1	146.61c	57.84e	3.95bc
	A2	180.33b	77.18c	4.28bc
	A3	211.01a	74.00d	3.51d
B2	A1	145.28c	69.55d	4.79a
	A2	182.45b	86.78a	4.76a
	A3	208.64a	81.13b	3.89cd
B3	A1	143.04c	64.00e	4.47b
	A2	185.92b	82.29a	4.43ab
	A3	208.18a	80.20bc	3.85cd

不同水肥处理对西瓜水分利用效率的影响不同，表现为 A1B2（T2）>A2B2（T5）>A2B3（T6），且无显著差异（P>0.05）。A1B2（T2）处理水分利用效率最大，为 4.79kg/m³。水分利用效率随灌溉定额增加而减小，随施肥量增加呈先增大后减小的趋势。在 A1 条件下，水分利用效率较大，但产量较低，未取得良好的经济效益。综合产量和水分利用效率两个因素，A2B2（T5）处理适宜于试验区西瓜种植。

C. 不同水肥处理对西瓜品质的影响

1）不同水肥处理对西瓜可溶性固形物含量的影响。同一灌溉定额不同施肥量对西瓜可溶性固形物含量的影响如图 2-17 所示。在 A1 条件下，西瓜可溶性固形物含量随施肥量的增加而减小，表现为 B1>B2>B3，B1 处理可溶性固形物含量最大（11.84%），较 B2、B3 处理增大 5.62%、5.71%；B1 与 B2、B3 处理之间的可溶性固形物含量差异显著（P<0.05），B2 和 B3 处理之间的可溶性固形物含量差异不显著（P>0.05）。在 A2 条件下，B2 处理可溶性固形物含量最大（10.96%），较 B3、B1 处理增大 1.20%、7.13%；B3 与 B1、B2 处理之间的可溶性固形物含量差异显著（P<0.05），B1 和 B2 处理之间的可溶性固形物含量差异不显著（P>0.05）。在 A3 条件下，西瓜可溶性固形物含量随施肥量的增加而减小，表现为 B1>B2>B3，B1 处理可溶性固形物含量最大（10.80%），较 B2、B3 处理增大 1.60%、5.88%；三个处理之间的可溶性固形物含量差异显著（P<0.05）。

同一施肥量不同灌溉定额对西瓜可溶性固形物含量的影响如图 2-18 所示。在相同的施肥量条件下，西瓜可溶性固形物含量随灌溉定额的增加而减小，均表现为 A1>A2>A3。

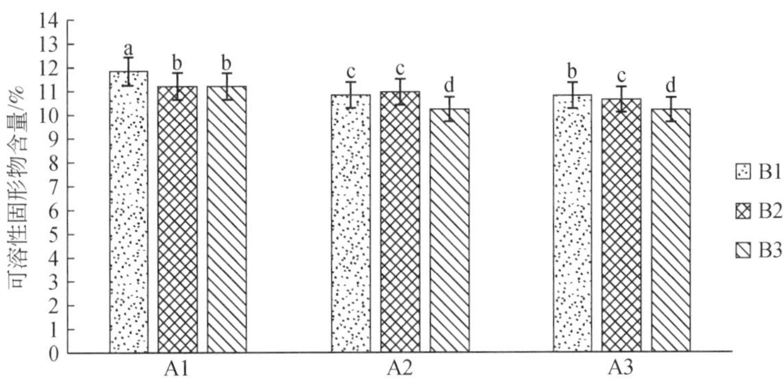

图 2-17 同一灌溉定额不同施肥量对西瓜可溶性固形物含量的影响

在 B1 条件下，A1 处理可溶性固形物含量最大（11.84%），较 A2、A3 处理增大 5.62%、5.71%；三个处理之间的可溶性固形物含量差异显著（$P<0.05$）。在 B2 条件下，A1 处理可溶性固形物含量最大（11.21%），较 A2、A3 处理增大 2.28%、5.46%；A1 与 A2、A3 处理之间的可溶性固形物含量差异显著（$P<0.05$），A2 和 A3 处理之间的可溶性固形物含量差异不显著（$P>0.05$）。在 B3 条件下，A1 处理可溶性固形物含量最大（11.20%），较处理 A2、处理 A3 增大 9.48%、9.80%；A1 与 A2、A3 处理之间的可溶性固形物含量差异显著（$P<0.05$），A2 和 A3 处理之间的可溶性固形物含量差异不显著（$P>0.05$）。

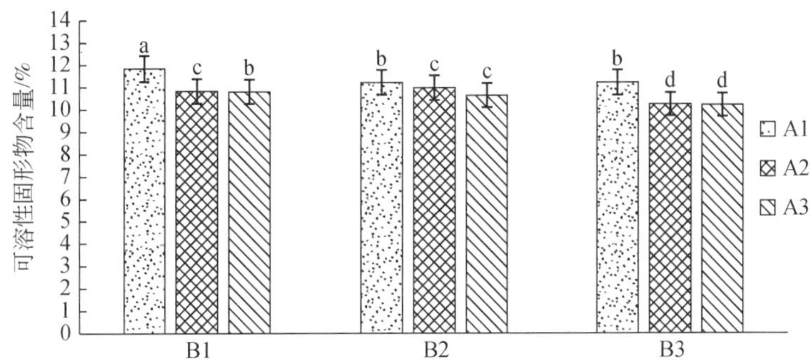

图 2-18 同一施肥量不同灌溉定额对西瓜可溶性固形物含量的影响

由图 2-17 和图 2-18 可知，A1B1（T1）处理西瓜可溶性固形物含量最高（11.84%），A1B2（T2）、A1B3（T3）、A3B1（T7）处理西瓜可溶性固形物含量较高，分别为 11.21%、11.20%、10.8%，各处理之间的可溶性固形物含量差异不显著（$P>0.05$）。A2B3（T6）和 A3B3（T9）处理西瓜可溶性固形物含量较低，分别为 10.23%、10.20%，各处理之间的可溶性固形物含量差异不显著（$P>0.05$）。灌溉定额和施肥量对西瓜可溶性固形物含量的影响规律为：灌溉定额为 $450m^3/hm^2$、$900m^3/hm^2$，施肥量为 $225kg/hm^2$、$450kg/hm^2$时，西瓜可溶性固形物含量较高，西瓜果肉成熟度较高。

2）不同水肥处理对西瓜可溶性糖含量的影响。同一灌溉定额不同施肥量对西瓜可溶性糖含量的影响如图 2-19 所示。在相同的灌溉定额条件下，西瓜可溶性糖含量随施肥量的增加呈先增大后减小的趋势。在 A1 条件下，西瓜可溶性糖含量表现为 B2>B1>B3，B1 处理可溶性糖物含量最大（8.59%），较 B1、B3 处理增大 5.01%、8.87%；B2 与 B1、B3 处理之间的可溶性糖物含量差异显著（$P<0.05$），B1 和 B3 处理之间的可溶性糖物含量差异不显著（$P>0.05$）。在 A2 条件下，B2 处理可溶性糖含量最大（9.64%），较 B3、B1 处理增大 17.05%、19.31%；B2 与 B1、B3 处理之间的可溶性糖物含量差异显著（$P<0.05$），B1 和 B3 处理之间的可溶性糖物含量差异不显著（$P>0.05$）。在 A3 条件下，西瓜可溶性糖含量表现为 B2>B3>B1，B2 处理可溶性固形物含量最大（8.81%），较 B3、B1 处理增大 4.01%、9.17%，三个处理之间的可溶性糖物含量差异显著（$P<0.05$）。

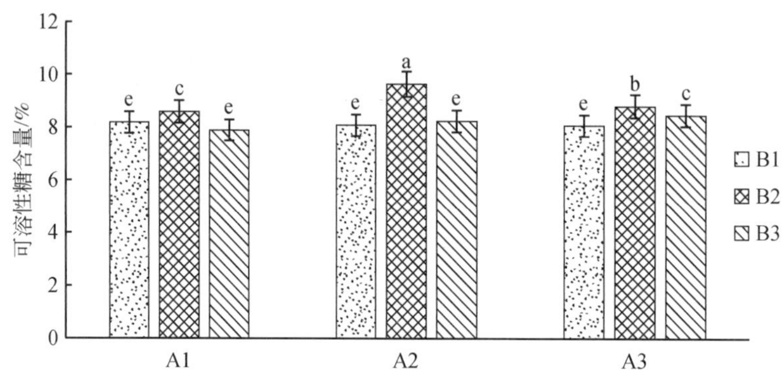

图 2-19　同一灌溉定额不同施肥量对西瓜可溶性糖含量的影响

同一施肥量不同灌溉定额对西瓜可溶性糖含量的影响如图 2-20 所示。在 B1 条件下，三个处理之间的可溶性糖含量差异不显著（$P>0.05$），说明在较低施肥量条件下，灌溉定额对西瓜可溶性糖含量的影响不大。在 B2 条件下，西瓜可溶性糖含量表现为 A2>A3>A1，A2 处理可溶性糖含量最大（9.64%），较 A3、A1 处理增大 9.42%、12.22%；三个处理之间的可溶性糖含量差异显著（$P<0.05$）。在 B3 条件下，西瓜可溶性糖含量随灌溉定额的增加而增大，A3 处理可溶性糖含量最大（8.47%），较 A2、A1 处理增大 2.79%、7.35%；三个处理之间的可溶性糖含量差异显著（$P<0.05$），表明在施肥量条件较高时，灌溉定额对西瓜可溶性糖含量的影响较大。

由图 2-19 和图 2-20 可知，A2B2（T5）处理可溶性糖含量最高（9.64%），其次是 A3B2（T8）处理可溶性糖含量（8.81%）。A1B3（T3）、A3B1（T7）、A2B1（T4）、A1B2（T1）处理可溶性糖含量较低，分别为 7.89%、8.07%、8.08%、8.18%，各处理之间的可溶性糖含量差异不显著（$P>0.05$）。在相同的灌溉定额条件下，施肥量为 450kg/hm^2 时，西瓜可溶性糖含量能达到较高水平。在中等施肥量条件下，灌溉定额为 900m^3/hm^2 时，西瓜可溶性糖含量较高；在高施肥量条件下，增加灌溉定额可以提高可溶性糖含量。

D. 不同水肥处理对西瓜总酸含量的影响

不同水肥处理对西瓜总酸含量的影响如图 2-21 所示。由图 2-21 可以看出，不同水肥处理对西瓜总酸含量无显著差异影响（$P>0.05$）。A1B1（T1）、A1B2（T2）、A1B3（T3）、A2B1（T4）、A2B2（T5）、A2B3（T6）、A3B1（T7）、A3B2（T8）、A3B3（T9）

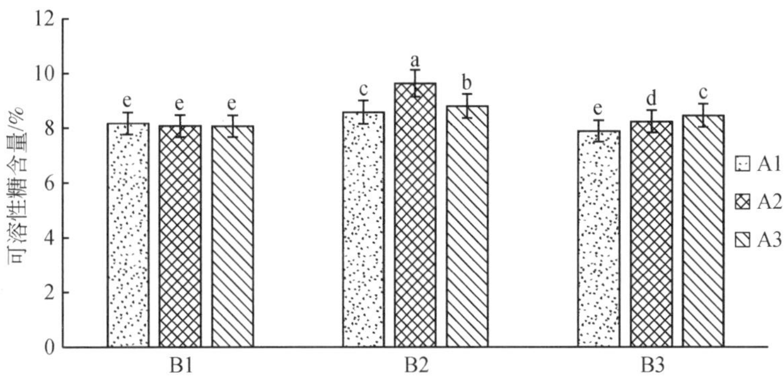

图 2-20　同一施肥量不同灌溉定额对西瓜可溶性糖含量的影响

处理总酸含量分别为 1.095g/kg、1.015g/kg、1.000g/kg、1.080g/kg、1.005g/kg、1.000g/kg、0.955g/kg、0.955g/kg、0.954g/kg。A1B1（T1）处理总酸含量最高，A3B3（T9）处理总酸含量最低。在相同的灌溉定额条件下，西瓜总酸含量随施肥量的增加呈下降趋势；在相同的施肥量条件下，西瓜总酸含量随灌溉定额的增加而降低。适当的提高灌溉定额和施肥量可以降低西瓜总酸含量，使西瓜口感更加。

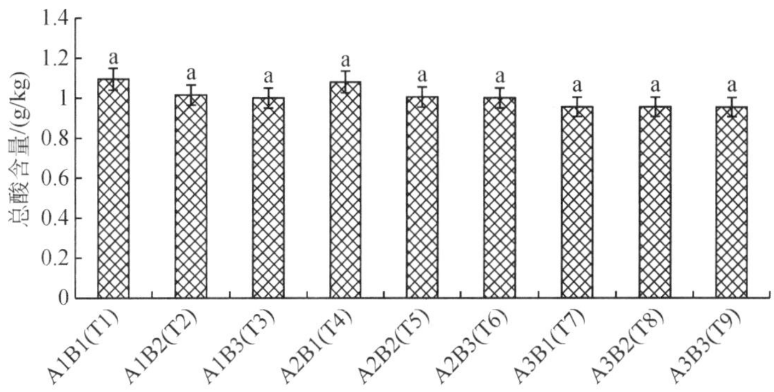

图 2-21　不同水肥处理对西瓜总酸含量的影响

（6）结论

1）各处理西瓜耗水量在生育期内随西瓜的生长逐渐增大，幼苗期耗水量最小，伸蔓期和开花坐果期耗水量较大，膨瓜期耗水量最大，基本达到整个生育期耗水量的一半。耗水量随着灌溉定额的增加而逐渐增大，并且耗水量与灌水量呈线性增加关系。

2）不同灌溉定额和施肥量对西瓜茎粗、主蔓长均呈显著影响。合理的提高灌溉定额和施肥量有助于西瓜生长。幼苗期和伸蔓期，西瓜茎粗变化明显，A2B2（T5）处理的茎粗最大，为（11.89±0.17）mm，与其他各处理之间的茎粗差异显著（$P<0.05$）。进入伸蔓期后，西瓜生长较快，主蔓长变化较大，灌溉定额和施肥量对西瓜主蔓长的影响差异显著（$P<0.05$）。A2B3（T6）处理主蔓长最大（244.83±6.35cm），与 A2B2（T5）处理之间的主蔓长无显著差异（$P>0.05$）。灌溉定额为 $900m^3/hm^2$、$1350m^3/hm^2$，施肥量为

450kg/hm^2、675kg/hm^{2}时，有利于西瓜的营养生长。

3）不同灌溉定额和施肥量对西瓜产量的影响顺序表现为：灌溉定额（A）>施肥量（B）>灌溉定额×施肥量（AB），灌溉定额对西瓜产量的影响最大，这主要与试验地处于宁夏地区干旱地带有极大的关系。A2B2（T5）处理产量最高，为（88.23±4.41）t/hm^2，与其他各处理之间的产量差异显著（$P<0.05$），较A1B1（T1）、A1B2（T2）、A1B3（T3）、A2B1（T4）、A2B3（T6）、A3B1（T7）、A3B2（T8）、A3B3（T9）处理增大46.15%、22.42%、33.48%、12.07%、5.66%、15.74%、1.86%和9.02%。A1B2（T2）处理水分利用效率最高（4.90kg/m^3），与A2B2（T5）、A2B3（T6）处理之间的水分利用效率无显著差异（$P>0.05$）。在450m^3/hm^{2}灌溉定额水平下，水分利用效率较高，但产量较低，未取得良好的经济效益。综合产量和水分利用率两个因素处理A2B2（T5）适宜于试验区西瓜种植。

4）在膜下滴灌条件下，不同水肥处理对西瓜品质的影响显著。灌溉定额为450m^3/hm^2、900m^3/hm^2，施肥量为225kg/hm^2、450kg/hm^{2}时，西瓜可溶性固形物含量较高，西瓜果肉成熟度较高。A2B2（T5）处理可溶性糖含量最高（9.64%），与其他各处理之间的可溶性糖含量差异显著（$P<0.05$）。不同水肥处理对西瓜总酸含量无显著差异影响（$P>0.05$）。因此，综合可溶性固形物含量、可溶性糖含量、总酸含量等品质指标，西瓜取得优质效果最好的水肥组合为灌溉定额900m^3/hm^2+施肥量450kg/hm^2（王力，2018）。

2.1.4.4 旱区种植辣椒水资源持续利用关键技术研究

2016年，辣椒在全世界范围内的栽培面积约为370万hm^2，每年产量高达3700万t，且产量和种植面积在调料作物中位居第一，是世界上最受人们青睐的调味料作物。中国辣椒种植面积约占世界辣椒种植面积的1/3，其年均产量约为2800万t，占世界总产量的46%。

针对旱地蔬菜水分利用率低、种植方式落后等问题，在设置不同灌溉定额和不同种植方式田间试验组合的基础上，测试分析不同灌溉定额和不同种植方式对辣椒各项生长发育指标的影响，确定最优节水灌溉及种植组合；分析研究不同灌溉定额和不同种植方式对土壤水分垂直分布和辣椒全生育期耗水规律的影响，为干旱地区高效节水灌溉种植大田蔬菜提供了科学依据。

（1）旱区辣椒节水灌溉技术研究内容

1）旱地不同灌溉定额和种植方式对辣椒生长发育的影响研究。研究不同灌溉定额（1800m^3/hm^2、2400m^3/hm^2、3000m^3/hm^2）和不同种植方式（平种、沟种、垄种）对辣椒的株高、茎粗、产量以及水分利用效率的影响，筛选出适宜干旱半干旱地区辣椒的最佳节水灌溉方式。

2）辣椒耗水规律的研究。通过观测各生育期土壤含水量、蒸发量、灌水量及气象资料等，运用水量平衡方程计算出不同灌溉定额和种植方式辣椒在各生育期的需水量和耗水规律，为旱地膜下滴灌种植大田辣椒提供了参考。

（2）试验区土壤理化性质

试验区土壤成分为：砂粒占53.6%，粉粒占30.2%，黏粒占16.2%，根据土壤质地划分标准可判定试验区土壤为砂壤土，试验前测试田间持水率为 22.43%，土壤容重为 1.28g/cm^3。试验地土壤理化性质概况见表 2-50。

表 2-50 试验地土壤理化性质概况（辣椒）

pH	含盐量/(g/kg)	全氮/(g/kg)	全磷/(g/kg)	速效磷/(mg/kg)	速效钾/(mg/kg)	有机质/(mg/kg)
7.80	0.27	0.48	0.87	18.30	192.50	7.72

(3) 试验材料

试验材料选用辣椒品种为“娇艳二号”，该品种耐低温、耐高温，抗病性好，坐果密且果深绿，口感较辣，肉质鲜美，连续坐果能力强，产量高。采用平种、沟种和垄种的种植方式进行小区布设。当地辣椒生育期为 5 月中旬至 9 月中旬，全生育期 120 天左右。

肥料：尿素（N 46%）、磷酸二氢铵（N 16%、P_2O_5 44%）和硫酸钾（K_2O 50%）。

滴灌施肥设备：水泵、文丘里施肥器、旋翼式水表、滴头间距为 30cm，滴头流量为 2L/h的贴片式滴灌带。

塑料膜：宽 0.8m，厚度 0.08cm 的白色 PC 塑料薄膜。

(4) 试验设计

本试验设灌溉定额（W）和种植方式（P）两个因素为试验因子，采用二因素三水平的随机区组试验方法。灌溉定额设 1800m^3/hm^2（W1）、2400m^3/hm^2（W2）、3000m^3/hm^2（W3）三个水平，种植方式设平种（P1）、沟种（P2）、垄种（P3），共 9 个处理，每个处理 3 次重复。灌溉定额依据当地灌溉经验值和前人研究的理论值进行设计，试验设计见表 2-51。

表 2-51 辣椒试验设计

灌溉定额	处理（T）	种植方式
W1	T1（W1P1）	P1
	T2（W1P2）	P2
	T3（W1P3）	P3
W2	T4（W2P1）	P1
	T5（W2P2）	P2
	T6（W2P3）	P3
W3	T7（W3P1）	P1
	T8（W3P2）	P2
	T9（W3P3）	P3

平种、沟种、垄种均采用宽窄行种植，宽行为0.5m，窄行为0.3m，株距0.3m，辣椒种植方式如图 2-22 所示。小区种植为南北走向，每个小区长 5m，宽 5.3m，面积 26.5m^2，小区之间设 1m 宽隔离带，9 个处理，每个处理 3 次重复，共 27 个小区，每个小区 4 行辣

椒、2 条内镶贴片式滴灌带，管外径 16mm，滴头流量 2.0L/h，并以宽 0.8m，厚度 0.08cm 的塑料薄膜进行覆盖。

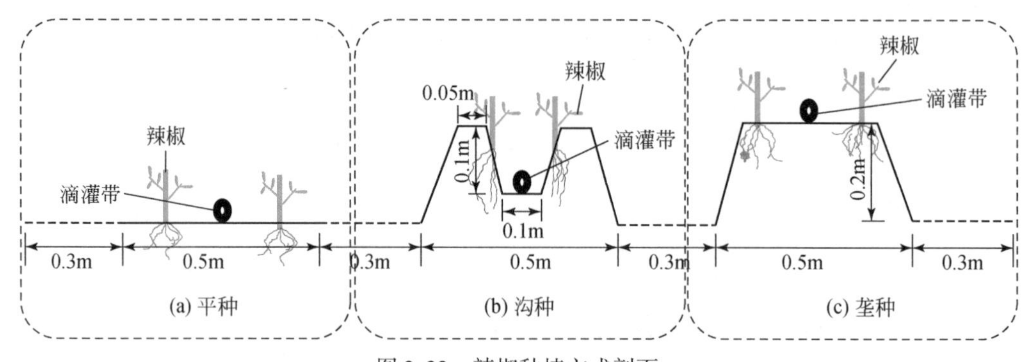

图 2-22　辣椒种植方式剖面

试验种植前，在试验小区均匀撒施磷酸二氢铵（150kg/hm²）、硫酸钾复合肥（225kg/hm²）和尿素（300kg/hm²）作为基肥，分别于开花坐果期、结果初期和结果盛期前进行滴灌追肥，共 3 次，单次分别滴灌撒施磷酸二氢铵（180kg/hm²）、硫酸钾复合肥（225kg/hm²），中途进行灌水、中耕等。

（5）不同灌溉定额和种植方式对辣椒生长发育的影响

A. 不同灌溉定额和种植方式对辣椒株高的影响

1）不同灌溉定额对辣椒株高的影响。在种植方式相同的情况下，不同灌溉定额对辣椒株高有明显差异。由图 2-23 可知，种植方式 P1、P2、P3 的条件下，辣椒株高均表现为 W3>W2>W1，说明随着灌溉定额的增加辣椒株高也在增长。

种植方式为 P1 时，苗期（6 月 14 日）不同灌溉定额条件下的辣椒株高并无明显差异，因为苗期辣椒根系相对较浅，对水分不太敏感，所以苗期增减水量对株高并无较大影响。开花坐果期（7 月 4 日）辣椒株高出现差异，且 W2（49.41cm）、W3（48.18cm）处理下的辣椒株高明显高于 W1（42.09cm），说明开花坐果期辣椒生长对水量需求较大。结果初期（7 月 24 日）W2（59.13cm）、W3（62.20cm）处理下的辣椒株高明显高于 W1（53.97cm），但 W2、W3 处理之间并无明显差异，结果盛期 W3 处理下的株高显著高于 W2 和 W1，原因是辣椒结果盛期营养生长进入加速阶段，对水量的需求更大。

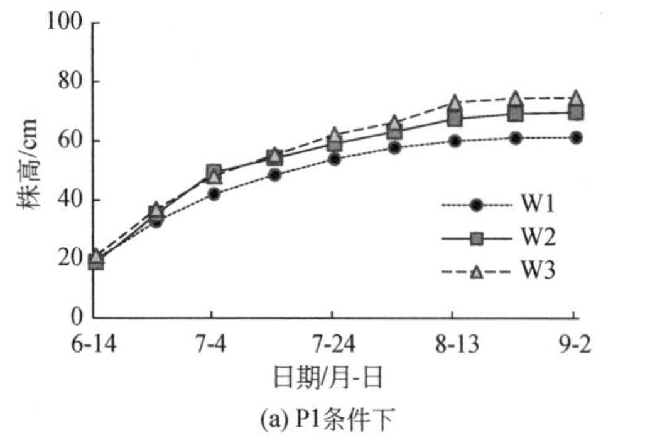

(a) P1条件下

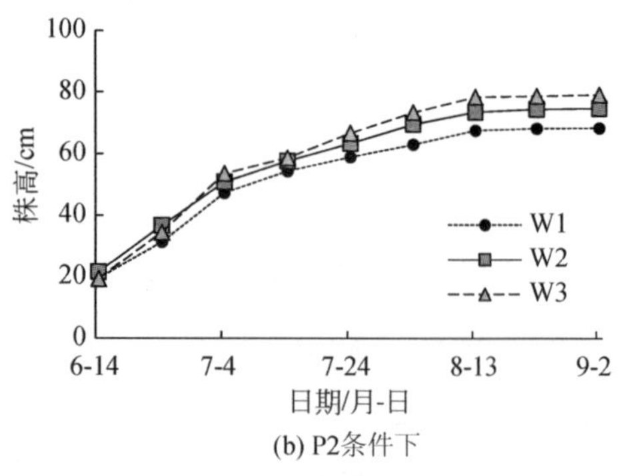

(b) P2条件下

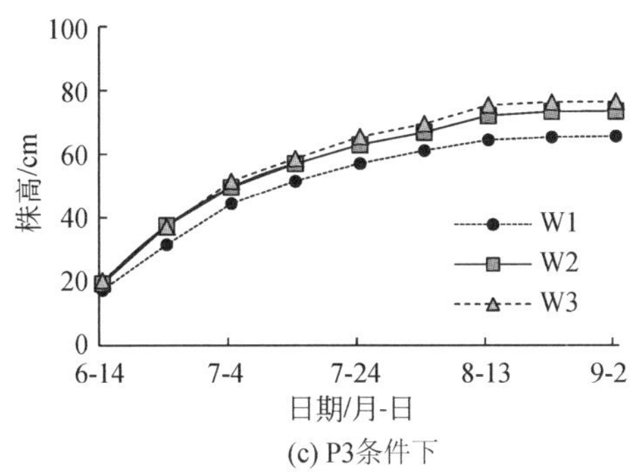

(c) P3条件下

图 2-23　同一种植方式不同灌溉定额对辣椒株高的影响

当种植方式为 P2 时，随着生育期的发展，苗期前期（6 月 4 ~ 24 日）辣椒株高表现为 W2（21.52 ~ 36.68cm）>W3（19.30 ~ 34.51cm）>W1（19.37 ~ 31.39cm），这是因为沟种辣椒有保水蓄水的作用，随着灌溉定额的逐渐增加，土壤中的水分不断累积，土壤中没有充足的氧气供辣椒根系呼吸，从而影响 W3 处理下的辣椒株高的增长。随着生育期的发展，开花坐果期（7 月 4 日）W3 处理下的辣椒株高高于 W2、W1，说明开花坐果期辣椒需水量增大。结果初期至结果后期（7 月 24 日至 9 月 2 日），辣椒株高均表现为 W3>W2>W1，其中 W3 处理下的株高达到最大（65.43 ~ 76.42cm），说明在结果初期、结果盛期、结果后期增加灌溉定额有利于辣椒株高增长。

当种植方式为 P3 时，苗期（6 月 24 日）W2、W3 处理下的辣椒株高均大于 W1，这与 P2、P1 处理下的株高情况一致，说明在苗期 W2 和 W3 处理更有利于辣椒植株的增长。开花坐果期（7 月 4 日）不同灌溉定额下辣椒株高表现为 W3（51.55cm）>W2（49.56cm）>W1（44.42cm），且高水量、中水量的辣椒株高明显高于低水量，主要原因是开花坐果期是辣椒生长中的关键时期，水分充足有利于辣椒株高的增长。结果初期至结果盛期（7 月 24 日至 8 月 13 日），W3 处理下的辣椒株高均高于 W2、W1，且 W3（65.43 ~ 75.33cm）与 W2（62.93 ~ 72.02cm）处理之间差异并不明显，结果后期时，W1、W2 和 W3 处理下的株高平均增长量为 0.20cm，辣椒株高基本停止增加，不同灌溉定额对其基本无影响，说明辣椒全生育期的需水量并不是持续增加，而是结果盛期和开花坐果期需水量最大，结果初期需水量居中，苗期与结果后期需水量最小。

2）不同种植方式对辣椒株高的影响。在灌溉定额相同的情况下，不同种植方式对辣椒株高有明显差异。图 2-24 可知，灌溉定额 W1、W2、W3 的条件下，辣椒株高均表现为 P2>P3>P1，说明沟种辣椒比垄种、平种更利于辣椒株高的生长。

当灌溉定额为 W1 时，苗期（6 月 14 ~ 24 日）不同种植方式下的辣椒株高并无明显差异，开花坐果期（7 月 4 日）辣椒株高出现差异，且 P2（47.30cm）、P3（44.42cm）处理下的辣椒株高明显高于 P1（42.09cm），说明在开花坐果期增加水量有利于辣椒株高的增长。结果初期（7 月 24 日）不同种植方式下的辣椒株高持续增长，且 P2（58.93cm）、P3（57.10cm）处理下的辣椒株高明显高于 P1（53.97cm），P2、P3 处理之间并无明显差异，主要原因是灌溉定额为低水量时，水分相对较少，而结果初期时辣椒开

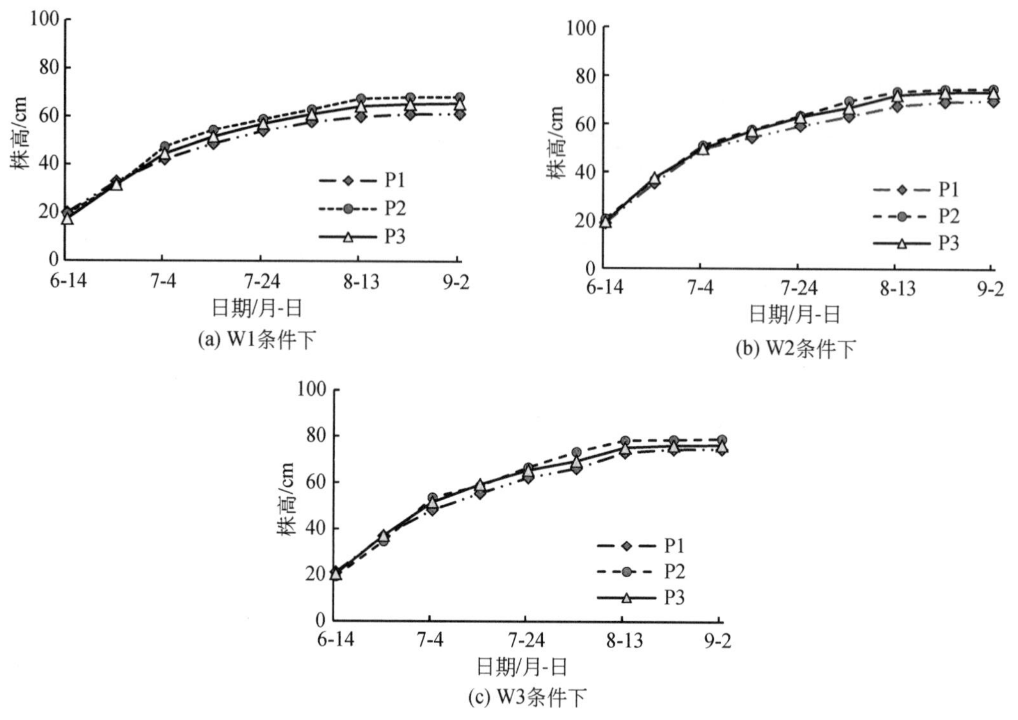

(a) W1条件下

(b) W2条件下

(c) W3条件下

图 2-24　同一灌溉定额下不同种植方式对辣椒株高的影响

始由生殖生长阶段转为营养生长阶段，对于水分的要求较高，沟种、垄种的种植方式比平种更有助于土壤保墒保水，从而为辣椒生长提供充足水分。

当灌溉定额为 W2 时，苗期不同种植方式下的辣椒株高并无明显差异，因为苗期辣椒根系较浅，对水分要求低，在中等水量条件下能够满足植物苗期所需水量，所以种植方式对苗期辣椒株高并无较大影响。随着生育期的发展，开花坐果期（7 月 4 日）辣椒株高逐渐表现为 P2（57. 61cm）>P3（57. 02cm）>P1（54. 22cm），说明开花坐果期沟种更有利于辣椒植株的增长。结果初期至结果后期，辣椒株高均表现为 P2>P3>P1，且于结果盛期（8 月 13 日）P2 与 P3 处理之间的差异逐渐减小，说明在结果初期、结果盛期、结果后期，沟种、垄种比平种更能促进辣椒株高生长。

当灌溉定额为 W3 时，苗期（6 月 14 ~ 24 日）P3（20. 33 ~ 37. 10cm）和 P1（21. 12 ~ 36. 99m）处理下的辣椒株高高于 P2（19. 30 ~ 34. 51cm），因为灌溉定额同为高水量时，沟种辣椒并不能促进苗期辣椒株高增长。开花坐果期（7 月 4 日）辣椒株高表现为 P2（53. 56m）>P3（51. 55m）>P1（48. 18m），且沟种、垄种辣椒株高无较大差异。结果初期至结果盛期（7 月 24 日至 8 月 3 日）沟种、垄种辣椒株高出现较明显差异，说明该时段下沟种更有利于向辣椒根系传输水分，有效增加辣椒株高。

B. 不同灌溉定额和种植方式对辣椒茎粗的影响

1）不同灌溉定额对辣椒茎粗的影响。在种植方式相同的情况下，不同灌溉定额对辣椒茎粗有明显差异。由图 2-25（a）可知，当种植方式为 P1 时，不同灌溉定额下辣椒茎粗表现为 W3>W2>W1，其中 W3 与 W2、W1 处理之间差异较明显，W2 与 W1 处理之间无较大差异。说明平种辣椒时，辣椒茎粗随灌溉定额的增加而增大。

当种植方式为 P2 时，辣椒茎粗表现与种植方式 P1 的茎粗表现有所不同。由图 2-25（b）可知，中水平灌溉定额的辣椒茎粗明显大于高水平和低水平灌溉定额，且差距较大。

当种植方式为 P3 时，由图 2-25（c）可知，辣椒茎粗表现与种植方式 P2 的相似，辣椒茎粗最大是灌溉定额为中水平的条件下，但 W3 与 W1 处理之间的茎粗差异较大，这与 P2 条件下的 W3 和 W1 处理不同。原因是种植方式为 P2 时，灌溉定额为高水平的条件下，土壤中水分较充足，反而不利于辣椒根系呼吸和生长，影响了辣椒茎粗的增长，W1 和 W3 处理之间的茎粗无较大差距；而 P3 条件下，起垄时所堆积的土层为辣椒提供了更有利的生长空间，水分更能直接的传输给辣椒根系，从而水量相对较高的 W3 处理下的茎粗大于 W1。苗期（6 月 14 日）不同灌溉定额条件下的辣椒茎粗基本无差异，因为辣椒根系相对较浅，苗期根系对水分极不敏感，所以该时期水量对茎粗并无较大影响。开花坐果期至结果后期（7 月 4 日至 9 月 2 日）辣椒茎粗均表现为 W2>W3>W1，说明垄种时，灌溉定额为 2400m^3/hm^2更能促进辣椒茎粗增长。

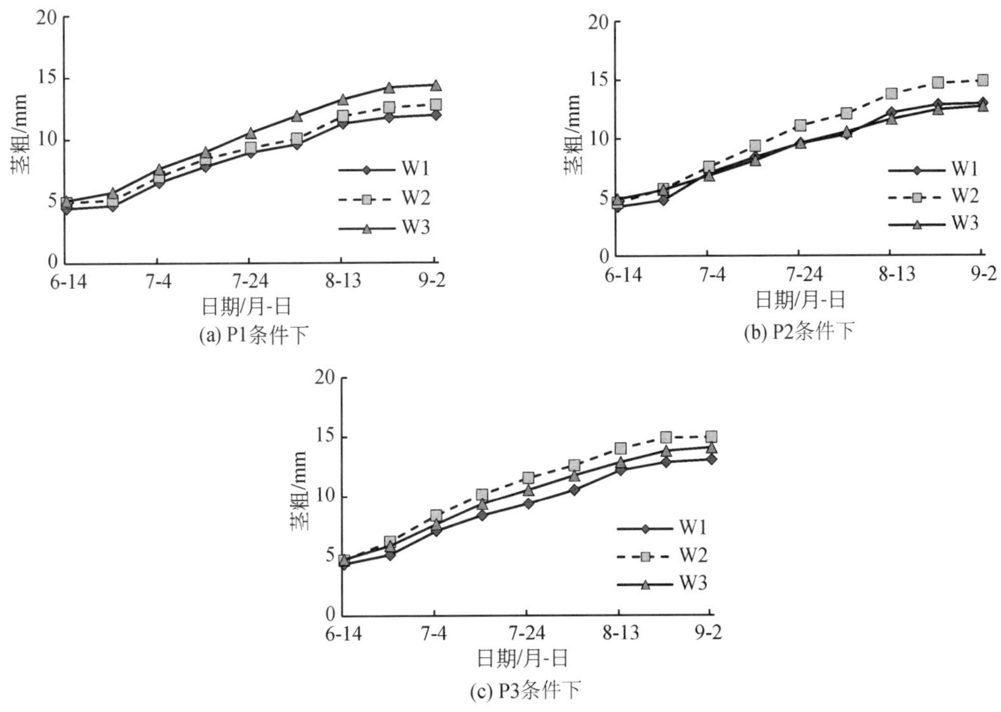

图 2-25　同一种植方式不同灌溉定额对辣椒茎粗的影响

2）不同种植方式对辣椒茎粗的影响。在灌溉定额相同的情况下，不同种植方式对辣椒茎粗有明显差异。由图 2-26 可知，W1、W2 条件下，辣椒茎粗均表现为 P3>P2>P1，说明灌溉定额为中水平、低水平时，垄种辣椒比沟种、平种更利于辣椒茎粗的生长，这与灌溉定额为 W3 时，不同种植方式下辣椒茎粗变化不同。

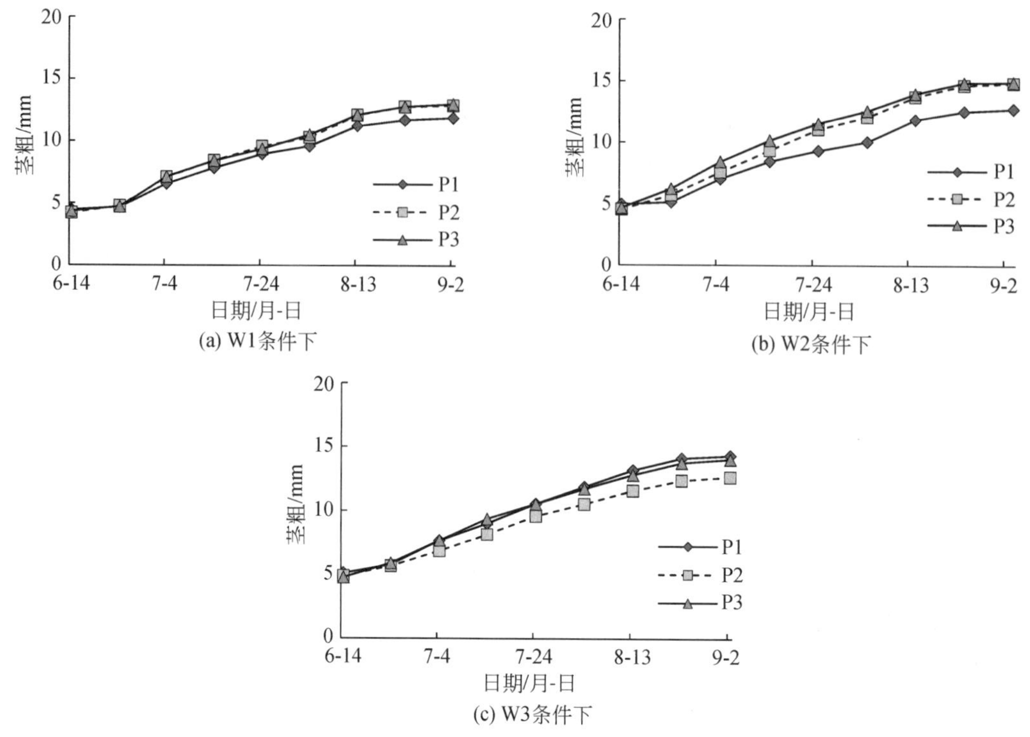

图 2-26　不同灌溉定额和种植方式对大田辣椒茎粗的影响

C. 不同灌溉定额和种植方式对辣椒产量的影响

由表 2-52 可以看出，不同灌溉定额和种植方式的各个处理辣椒产量差异较明显，辣椒产量按从高到低的排列为 T6>T5>T7>T9>T4>T3>T2>T8>T1，其中 T6 处理的产量最高，达到了 28 671.22kg/hm^2，分别比 T1、T2、T3、T4、T5、T7、T8、T9 处理增加了 15.69%、9.71%、8.44%、7.95%、2.99%、3.15%、13.23%、4.48%；T6 与其他处理之间有显著差异（$P<0.05$），与 T1、T2、T3、T4、T8、T9 处理之间有极显著差异（$P<0.01$）；T5、T7、T9 与 T1、T2、T3、T4、T8 处理之间有显著差异（$P<0.05$），T2、T3、T4 与 T1、T8 处理之间有显著差异（$P<0.05$），T4 与 T1、T8 处理之间有极显著差异（$P<0.01$），T2、T3、T4 处理之间无显著差异（$P>0.05$）。灌溉定额为 W1、W2 时，不同种植方式下辣椒产量表现为 P3>P2>P1，差异显著（$P<0.05$），说明水量为 1800m^3/hm^2、2400m^3/hm^{2}时，垄种与沟种比平种更利于辣椒产量的提高。灌溉定额为 W3 时，不同种植方式下辣椒产量表现为 P1>P3>P2，其中沟种产量比垄种、平种产量分别低 2121.11kg/hm^2、2473.52kg/hm^2。说明灌溉定额为 3000m^3/hm^{2}时，由于沟种有蓄水保水的作用，土壤中水分不断累积，辣椒根系无法正常呼吸，不利于辣椒结果，这与该处理下的茎粗表现一致。种植方式为 P1 时，不同灌溉定额下辣椒产量表现为 W3>W2>W1，说明平种辣椒产量与灌溉定额之间呈正相关；种植方式为 P2 时，W2 处理下的产量比 W1、W3 分别高 1705.66kg/hm^2、2517.71kg/hm^2；种植方式为 P3 时，不同灌溉定额下辣椒产量表现为 W2>W3>W1，说明灌溉定额较大时，垄种产量均高于沟种、平种产量。综合考虑，灌溉定额为中水平 2400m³/hm²时，垄种更有利于辣椒增产。

表 2-52　不同灌溉定额和种植方式对辣椒产量的影响

处理	单株结果数/个	单果重/g	产量/（kg/hm²）
T1	15.7±0.5 fF	34.2±1.35 dC	24 783.26 eF
T2	18.2±1.54 eEF	36.4±1.40 cdC	26 133.25 cdDEF
T3	20.4±0.89 cdeDE	36.9±1.10 cC	26 439.84 cCDE
T4	21.3±1.89 cdCDE	40.5±1.62 bB	26 558.96 cCD
T5	25.3±1.20 aAB	44.8±1.25 aA	27 838.91 bAB
T6	26.4±1.37 aA	45.6±1.49 aA	28 671.22 aA
T7	22.4±2.10 bcBCD	43.7±0.26 aA	27 794.72 bAB
T8	19.7±0.58 deDE	36.7±0.95 cC	25 321.2 deEF
T9	24.6±1.31 abABC	42.4±0.96 aB	27 442.31 bBC

注：不同英文大写和小写字母表示不同处理在 0.01 和 0.05 水平差异显著。

D. 不同灌溉定额和种植方式对辣椒水分利用效率的影响

由表 2-53 可以看出，不同灌溉定额和种植方式的各个处理辣椒水分利用效率差异较明显，水分利用效率按从高到低的顺序排列为 T2>T3>T1>T5>T6>T7>T4>T9>T8，其中 T2 处理的水分利用效率最高，为 7.93kg/m³，T2 的产量为 26 133.25kg/hm²，但 T6 处理产量最高，为 28 671.22kg/hm²；说明水分利用效率最高的处理，产量并不一定最高。T2、T3 与其他处理之间的水分利用效率有显著性差异（$P<0.05$），T8、T9 与其他处理之间的水分利用效率有极显著差异（$P<0.01$），T8、T9 处理之间的水分利用效率没有显著性差异（$P>0.05$）。当种植方式为 P1、P2、P3 时，各处理的水分利用效率表现为 W1>W2>W3，说明在相同种植方式条件下，水分利用效率随灌溉定额的增加而降低；当灌溉定额为 W1 时，T3 处理下的耗水量均高于 T2、T1，与产量变化一致，说明适当增加作物的需水量有利于增加产量，但其水分利用效率表现为 T2>T3>T1；当灌溉定额为 W2 时，T4、T5、T6 处理下的耗水量与水分利用效率变化与灌溉定额为 W1 时一致，表明灌溉定额为 W1、W2 时，沟种水分利用效率高于平种和垄种。当灌溉定额为 W3 时，T8 和 T9 处理下的耗水量比 T7 分别高 326.50m³/hm²、361.45m³/hm²，但其水分利用效率较低，说明当灌水量过高时，辣椒并不能充分吸收和利用水分，节水效益减小。因此适量调节水量，更有利于提高辣椒水分利用效率。

表 2-53　不同灌溉定额和种植方式对辣椒水分利用效率的影响

处理	灌溉定额/(m³/hm²)	耗水量/(m³/hm²)	水分利用效率/(kg/m³)	灌溉水利用效率/(kg/m³)
T1	1800	3178.23 eDE	7.79 bAB	13.78 aA
T2	1800	3294.62 cdDE	7.93 aA	14.53 aA
T3	1800	3350.01 cdD	7.89 aA	14.71 aA

续表

处理	灌溉定额/(m^3/hm^2)	耗水量/(m^3/hm^2)	水分利用效率/(kg/m^3)	灌溉水利用效率/(kg/m^3)
T4	2400	3491.70 bcC	7.60 cBC	10.42 cB
T5	2400	3580.10 cC	7.77 bcBC	10.93 bcB
T6	2400	3696.61 bAB	7.75 bcBC	11.25 bB
T7	3000	3615.10 bB	7.68 cBC	8.43 cC
T8	3000	3941.6 aA	6.42 dD	7.68 cC
T9	3000	3976.55 aA	6.90 dD	8.32 cC

注：不同英文大写和小写字母表示不同处理在 0.01 和 0.05 水平差异显著。

(6) 耗水规律的研究

A. 全生育期和各阶段耗水量的研究

作物生长的同时消耗一定量的水分。作物耗水量主要包括棵间蒸发、作物腾发。它取决于作物种类、品种、生育期、气象条件等因子。

不同处理对辣椒耗水量的方差分析见表 2-54。由表 2-54 可知，灌溉定额对辣椒耗水量的影响极显著，种植模式、灌溉定额与种植模式交互作用对辣椒耗水量的影响不显著，因此以下分析不考虑种植模式与交互作用对辣椒耗水量的影响。

表 2-54　不同处理对辣椒耗水量的方差分析

变异来源	平方和	自由度	均方	F 值	P 值
区组间	25.736 1		12.868 0	0.154 8	0.857 9
灌溉定额	18 805.193 3	2	9 402.59	113.100 5	0.000 0
种植模式	1.248 5	2	0.624 2	0.007 5	0.992 5
灌溉定额×种植模式	79.903 7	4	19.975 9	0.240 3	0.911 4

不同处理辣椒各生育期的耗水量见表 2-55。不同处理耗水量在全生育期内随时间延长逐渐增大。在不同生育期辣椒的耗水量从大到小依次均表现为：结果盛期>开花坐果期>结果初期>结果后期>苗期，这主要是因为结果盛期和开花坐果期是辣椒生殖生长和营养生长最旺盛的时期，生长期需水较大，结果初期的耗水量接近但低于开花坐果期耗水量，主要原因是结果初期正值 7 月中下旬，降水相对开花坐果期较少，且气温升高、蒸腾力增强。不同灌溉定额和不同种植方式下辣椒全生育期耗水量依次为 T9>T8>T6>T7>T5>T4>T3>T2>T1，其中 T9（466.30mm）、T8（462.55mm）、T6（431.94mm）处理平均耗水量最大，说明灌溉定额高水平条件下的耗水量随灌溉定额的增加而增大，耗水量与灌溉定额呈正相关关系。

表 2-55　不同处理辣椒各生育期的耗水量　　单位：mm

处理	耗水量					
	苗期	开花坐果期	结果初期	结果盛期	结果后期	全生育期
T1	18.88	94.65	78.86	125.43	54.41	372.23
T2	21.2	98.34	82.64	127.28	55.65	385.11
T3	20.01	98.77	83.51	132.71	56.98	391.98
平均	20.03	97.25	81.67	128.47	55.68	383.11
T4	24.11	101.16	87.34	136.56	59.85	409.02
T5	25.63	102.75	90.31	139.32	61.12	419.13
T6	26.81	104.98	92.48	145.39	62.28	431.94
平均	25.52	102.96	90.04	140.42	61.08	398.93
T7	26.94	102.32	91.68	140.56	61.38	422.88
T8	33.18	104.78	98.55	157.65	68.39	462.55
T9	35.44	104.53	98.67	159.02	68.64	466.30
平均	31.85	103.88	96.30	152.41	66.14	450.58

不同灌溉定额下辣椒苗期耗水量的平均值分别为 20.03mm、25.52mm、31.85mm，辣椒苗期耗水量较少，不同灌溉定额下，各处理的耗水量表现为 W3>W2>W1；不同种植方式下，W3、W2 处理下的耗水量均表现为 P3>P2>P1，W1 处理下的耗水量表现为 P2>P3>P1。种植方式为 P3 时，不同灌溉定额下辣椒结果盛期耗水量依次为 W1（132.71mm）、W2（145.39mm）、W3（159.02mm）；种植方式为 P2 时，不同灌溉定额下辣椒结果盛期耗水量依次为 W1（127.28mm）、W2（139.32mm）、W3（157.65mm）；种植方式为 P1 时，不同灌溉定额下辣椒结果盛期耗水量依次为 W1（125.43mm）、W2（136.56mm）、W3（140.56mm）；辣椒开花坐果期耗水量的平均值分别为 97.25mm、102.96mm、103.88mm，W2 和 W3 处理下的耗水量基本相同，说明开花坐果期 W2 处理下已能满足辣椒生长。结果初期的耗水量各处理表现为 P3>P2>P1、W3>W2>W1。结果盛期的耗水量最大，几乎达到全生育期耗水量的一半，其中 W3 处理下的耗水量达到最大，原因是在高温下作物蒸腾和水分蒸发愈加强烈，同时高灌水量还可能出现深层渗漏、地表径流等情况。

不同处理辣椒全生育期的耗水量变化表现为苗期耗水量最少，开花坐果期耗水量较大，结果初期耗水量适中，结果盛期耗水量最大，结果后期次之，其中 T9 处理在结果盛期的耗水量达到了 159.02mm，开花坐果期和结果盛期为辣椒全生育期水分需求最大的重要时期。不同种植方式的耗水量表现为 P2>P3>P1；不同灌溉定额的耗水量随着灌溉定额的增加逐渐增加，且耗水量与灌水量呈线性增加关系。

B. 辣椒全生育期和各阶段耗水特性的研究

不同处理辣椒各生育期的耗水特征见表 2-56。辣椒全生育期的耗水强度从大到小依次为结果盛期>开花坐果期>结果初期>结果后期>苗期。W3 处理下的耗水强度均高于 W2 和 W1。W1 处理下，辣椒结果盛期和开花坐果期的耗水强度分别为 6.97 ~ 7.37mm/d、6.31 ~

6.58mm/d；W2 处理下，辣椒结果盛期和开花坐果期的耗水强度分别为 7.59 ~ 8.08mm/d、6.74 ~ 7.00mm/d；W3 处理下，辣椒结果盛期和开花坐果期的耗水强度分别为 7.81 ~ 8.83mm/d、6.82 ~ 6.97mm/d。不同灌溉定额的生育期平均耗强度依次表现为 W3 > W2 > W1，其中种植方式为 P3 时平均耗水强度为 4.02mm/d、3.65mm/d、3.38mm/d。

表 2-56　不同处理辣椒各生育期的耗水特性

处理	测定指标	苗期（53 天）	开花坐果期（15 天）	结果初期（16 天）	结果盛期（18 天）	结果后期（14 天）	全生育期（116 天）
T1	耗水强度/(mm/d)	0.36	6.31	4.93	6.97	3.89	3.21
	耗水模数/%	4.92	24.68	20.57	32.71	17.12	100
T2	耗水强度/(mm/d)	0.40	6.56	5.17	7.07	3.98	3.32
	耗水模数/%	5.35	24.81	20.85	32.1	16.89	100
T3	耗水强度/(mm/d)	0.38	6.58	5.22	7.37	4.07	3.38
	耗水模数/%	4.96	24.49	20.69	32.85	17.01	100
T4	耗水强度/(mm/d)	0.45	6.74	5.46	7.59	4.28	3.53
	耗水模数/%	5.72	24.01	20.72	32.41	17.14	100
T5	耗水强度/(mm/d)	0.48	6.85	5.64	7.74	4.37	3.61
	耗水模数/%	5.94	23.8	20.92	32.27	17.07	100
T6	耗水强度/(mm/d)	0.51	7.00	5.78	8.08	4.45	3.72
	耗水模数/%	6.03	23.62	20.8	32.7	16.85	100
T7	耗水强度/(mm/d)	0.51	6.82	5.73	7.81	4.38	3.65
	耗水模数/%	6.19	23.5	21.05	32.28	16.98	100
T8	耗水强度/(mm/d)	0.63	6.99	6.16	8.76	4.89	3.99
	耗水模数/%	6.96	21.97	20.66	33.06	17.35	100
T9	耗水强度/(mm/d)	0.67	6.97	6.17	8.83	4.90	4.02
	耗水模数/%	7.37	21.75	20.53	33.09	17.26	100

种植方式为 P3 时，不同灌溉定额条件下辣椒结果盛期耗水强度依次为 W1（7.37mm/d）、W2（7.81mm/d）、W3（8.83mm/d），种植方式为 P2 时，不同灌溉定额条件下辣椒结果盛期耗水模数依次为 W1（7.07mm/d）、W2（7.74mm/d）、W3（8.76mm/d）；种植方式为 P1 时，不同灌溉定额条件下辣椒结果盛期耗水强度依次为 W1（6.97mm/d）、W2（7.52mm/d）、W3（7.81mm/d）；由于辣椒苗期时间较长，耗水量较小，辣椒苗期耗水强度最低，其中 W1 处理下的辣椒苗期耗水强度为 3.60 ~ 0.40mm/d，W2 处理下的辣椒苗期耗水强度为 0.45 ~ 0.51mm/d，W3 处理下的辣椒苗期耗水强度为 0.51 ~ 0.57mm/d。

辣椒全生育期的耗水模数从大到小依次为结果盛期 > 开花坐果期 > 结果初期 > 结果后期 > 苗期，可以看出结果盛期、开花坐果期、结果初期和结果后期的耗水模数均在 16.85% 以上，苗期各处理的耗水模数均低于 7.37%，这与辣椒全生育期各阶段耗水强度变化趋势一致。W3 处理下的耗水模数均高于 W2 和 W1。W1 处理下，辣椒结果盛期和开花坐果期的耗水模数分别为 32.10% ~32.85%、24.49% ~24.81%；W2 处理下，辣椒结果盛期和开花坐果期的耗水模数分别为 32.27% ~32.70%、23.62% ~24.01%；W3 处理下，辣椒结果盛期和开花坐果期的耗水模数分别为 32.28% ~33.09%、21.75% ~23.50%。不同灌溉定额的耗水模数表现与耗水强度表现有所不同。这是因为耗水模数为各生育期耗水量与全生育期耗水量的比值，而耗水强度为各阶段耗水量与生长时间的比值。

种植方式为 P3 时，不同灌溉定额条件下辣椒结果盛期耗水模数依次为 W1（32.85%）、W2（32.7%）、W3（33.09%）；种植方式为 P2 时，不同灌溉定额条件下辣椒结果盛期耗水模数依次为 W1（32.10%）、W2（32.27%）、W3（33.06%）；种植方式为 P1 时，不同灌溉定额条件下辣椒结果盛期耗水模数依次为 W1（32.71%）、W2（32.41%）、W3（32.28%）；由于辣椒苗期耗水量较小，辣椒各生育期中苗期耗水模数最低，其中 W1 处理下的辣椒苗期耗水模数为 4.92% ~5.35%，W2 处理下的辣椒苗期耗水模数为 5.72% ~6.03%，W3 处理下的辣椒苗期耗水模数为 6.19% ~7.37%。

（7）研究结论

1）整个生育期不同处理对辣椒株高、茎粗的影响均有显著性差异。苗期辣椒株高增长迅速，其中 T8 处理增长量最大（34.26cm），与其他处理差异显著（$P<0.05$），而辣椒茎粗在苗期前期增长平缓，在苗期后期增长最明显，其中 T6 处理茎粗增长最快，增加了 5.5mm，与其他处理差异显著（$P<0.05$），说明辣椒的营养生长规律为先伸长生长，后增粗生长。灌溉定额为 2400m^3/hm^2、3000m^3/hm^2，种植方式为沟种、垄种时，更有利于辣椒生长。

2）不同灌溉定额和种植方式对辣椒产量、水分利用效率均产生显著影响。单株结果数和平均单果重的变化差异不大，T6 处理的单株结果数和平均单果重均达到了最大值，分别为（26.4±1.37）个、（45.6±1.49）g。各处理对产量的影响显著，其中 T6 处理产量最大（28671.22kg/hm^2），与 T5、T7 处理有显著差异（$P<0.05$），与 T1、T2、T3、T4、T8、T9 有极显著差异（$P<0.01$）。T2 处理水分利用效率最大（7.93kg/m^3），与 T1、T3、T5、T6 处理有显著差异（$P<0.05$），与无极显著差异（$P>0.01$）。W1 处理时，水分利用效率高，但产量较低，经济效益低；W2 处理时，水分利用效率较高的同时也能达到高产。

3）不同处理辣椒全生育期的耗水量表现为苗期耗水量最少，开花坐果期耗水较大，结果初期耗水量适中，结果盛期耗水量最大，近似为整个生育期耗水量的一半，开花坐果期和结果盛期为辣椒全生育期水分需求较大的重要时期。不同种植方式的耗水量表现为 P2>P3>P1；不同灌溉定额的耗水量随灌溉定额的增加而增加，且耗水量与灌溉定额呈线性增加关系。

2.2 旱区土地资源持续利用关键技术研究

2.2.1 旱区土地资源类型及持续利用问题分析

全球旱区土地资源一半以上为荒漠化中低等土壤，这些土地资源能否得到持续利用并连续产生稳定的经济效益、社会效益或生态效益，它标志着旱区水土资源开发的有效性、科学性以及人类能否在旱区生存发展。因此，相关技术的研究开发必将对全球典型旱区经济社会发展具有极为重要作用。

全球旱区土地资源从持续利用方面主要有 4 种类型：①农用地是指用于农业生产的土地，包括耕地、园地、林地、牧草地、其他农用地等。农用地也可细化为水田、水浇地、旱地、果园、其他园地、茶园、有林地、灌木林地、其他林地、天然牧草地、人工牧草地、设施农用地、农村道路、坑塘水面、沟渠。②商业用地是指根据城市规划所规定该地块的用地性质为建设商业用房屋，使用年限为 40 年。③建设用地是指建造建筑物、构筑物的土地，是城乡住宅和公共设施用地，工矿用地，能源、交通、水利、通信等基础设施用地。④旅游用地是指用于开展商业、旅游、娱乐活动所占用的土地，如用于建造商店、粮店、饮食店、公园、游乐场、影剧院、俱乐部等的土地。⑤居民住宅地是指用于建造居民居住用房屋所占用的土地。

从持续利用的角度来看，只有农用地带来的持续性价值最大，也是人们实现资源无限转化向往的“处女地”。但旱区农用地在利用过程中，都存在退化问题，给持续利用带来了很大影响。因此，旱区土地资源持续利用的重点是解决农用地盐碱化、沙漠化等问题，只有这样才能实现真正意义上的持续利用。

2.2.1.1 全球盐碱地资源持续利用关键技术研究

世界各国不同区域盐渍土形成的自然条件、成土过程及类型特性不尽相同，分类原则也没有统一的标准。但从世界主要国家常用的盐渍土分类系统来看，将盐渍分为盐土和碱土两个土类是基本一致的。盐土是盐渍土中面积最大的一类，主要是指土壤表层含可溶性盐分超过 0.6% ~2% 的一类土壤。氯化物为主的盐土毒性较大，含盐量的下限为 0.6%；硫酸盐为主的盐土毒性较小，含盐量的下限为 2%；氯化物-硫酸盐或硫酸盐-氯化物组成的混合盐土毒性居中，含盐量下限为 1%。含盐量小于这个指标的不列入盐土范围，而列入某种土壤盐化类型，如盐化棕钙土、碱化盐土等。

碱土是盐渍土中面积很小的一种类型，碱土中吸收性复合土体中代换性钠离子的含量占可代换阳离子总量的 20% 以上。小于这个指标的列入某种土壤碱化类型，如碱化盐土、碱化栗钙土。土壤的碱化程度越高，土壤的理化性状愈差，湿时膨胀、分散、泥泞，干时收缩、板结、坚硬，通气透水性非常差。这些特征形成主要是由于 Na^+ 具有高度分散作用，它与土壤中的其他盐类发生代换作用，形成碱性很强的碳酸钠。碱土对植物的危害作用很大程度就是碳酸钠的毒害作用。而大多数土壤在盐化的同时，其碱化的程度也很高，两者在形成过程中有着密不可分的联系。碱土又可分为草甸碱土、草原碱土、龟裂碱土和镁质碱土等。

土地盐碱化是土地荒漠化的主要类型，不仅破坏土地资源，给农牧业生产造成巨大损失，而且对区域生态环境和当地居民的生活构成严重威胁，表现出对经济、环境和社会三方面的危害。从今后发展来看，随着土地灌溉面积的逐年扩大，温室效应引起全球气候变化，造成的干旱现象增加，海平面上升，都直接或间接地加剧积盐过程，受潜在盐碱化的威胁，土地盐碱化还将继续扩展，由此带来一系列的环境问题，农牧业持续发展问题和贫困问题，给人类社会造成很大影响。据估计，2017 年，全球受盐碱化影响的国家和地区有 100 多个，盐碱化土壤面积约占陆地总面积的 30% 左右，随着水资源匮乏及土地荒漠化的日益严重，至 2050 年将有过半的耕地盐碱化。

（1）世界盐碱地资源与分布

盐碱土是地球上广泛分布的一种非地带性土壤类型，也是一种重要的土地资源。全世界盐碱地面积约为 9.55 亿 hm^2，分布在世界各大洲干旱地区，主要集中在欧亚大陆、非洲、美洲西部，见表 2-57。由于所处地理位置不同，气候条件各异，盐碱地在不同国家和地区的分布也有很大差别。全球盐碱地分布前十名的国家和地区见表 2-58。

表 2-57　盐碱土在全球各大地区的分布

地区	面积/万 hm^2	占世界面积的比例/%
北美洲	1 575.5	1.65
墨西哥和中美洲	196.5	0.21
南美洲	12 916.3	13.53
非洲	8 053.8	8.43
南亚	8 760.8	9.18
北亚和中亚	21 168.6	22.17
东南亚	1 998.3	2.09
大洋洲及周边地区	35 733.0	37.42
欧洲	5 080.4	5.32
合计	95 483.2	100.00

表 2-58　世界上盐碱土分布最多的国家和地区

国家或地区	面积/万 hm^2	占世界面积的比例/%
澳大利亚	35 724.0	37.41
俄罗斯	17 072.0	17.88
中国	9 913.3	10.38
印度尼西亚	1 321.3	1.38
巴基斯坦	1 045.6	1.09
印度	700.0	0.73
伊朗	672.6	0.70
沙特阿拉伯	600.2	0.63
蒙古国	407.0	0.42
马来西亚	304.0	0.32
合计	67 760.0	70.97

（2）中国盐碱地资源与分布

中国的盐碱土可以粗分为盐土和碱土两大系，其中盐土可分为滨海盐渍土、草甸盐土、潮盐土、沼泽盐土、典型盐土、洪积盐土、残积盐土、碱化盐土等；碱土则可分为草甸碱土、草原碱土、龟裂碱土和镁质碱土。各类土壤的特性及其分布规律都有不同。

根据农业部组织的第二次全国土壤普查资料统计（1979～1985 年），中国盐渍土的面积为 5.2 亿亩（不包括滨海滩土），其中盐土 2.4 亿亩，碱土 0.1 亿亩，各类盐化碱化土壤 2.7 亿亩。在 5.2 亿亩盐渍土中已开垦种植的为 8652.58 万亩。根据王遵亲等（1985），中国尚有 2.6 亿亩左右潜在盐碱化土壤，这类土壤如果灌溉不当，有可能发生次生盐碱化。根据 2014 年公开的数据，中国的盐碱化土地面积约为 14.8 亿亩，占世界盐碱土面积的 10% 左右，与中国 18 亿亩的耕地红线面积相近。

中国盐碱土主要分布在东北、华北、华东、西北四大区域，即“三北”地区和华东及东南沿海地区。“三北”地区是受盐碱化危害最严重的地区，盐碱地分布面积大，范围广，土地利用率和产出低，不仅造成大量土地退化甚至荒芜，严重影响区域农牧业生产，而且使当地生态环境恶化，造成严重的生态问题和社会问题。要改善本地区农牧业生产条件和生态环境，解决贫困人口脱贫问题，就必须在“三北”地区开展大规模、系统性的盐碱地治理工作，从根本上解决盐碱危害，促进本地区社会、生态和经济协调发展。

（3）盐碱地生态修复关键技术

A. 盐碱地生态修复植物筛选

依据恢复生态学原理，进行植被构建与恢复和林业利用研究，科学选择耐盐植物材料，通过植物吸附、吸收盐分离子，降低土壤盐分含量，改善土壤结构和农田生态环境，既可以实现盐碱地的持续、高效利用，也可以逐步把资源优势转化为土地优势和经济优势。

盐碱地生态修复主要是通过驯化本土植物、应用生态修复集成技术对环境进行生态修复治理。生态修复依托核心技术支撑，一是土壤研究，二是基于土壤研究的种质资源。在生态修复过程中对当地的土壤结构、退化状况、原生物种、局部地区气候、降水量、肥力等进行全面的调查，再选育原生性的草种与树种。

根据中国北方盐渍土地区群众的长期实践，已筛选出向日葵、碱谷、黍、大麦、高粱、甜菜、棉花、胡麻等适合在盐碱地上种植的作物和大米草、咸水草、芦苇、罗布麻、沙棘、枸杞、杜仲等耐盐经济植物（刘福汉和王遵亲，1993）。耐盐植物可分为经济型和绿化型。干旱盐碱地的经济型植物有枸杞、蓖麻、向日葵、大葱、苇状羊茅、高丹草、四翅滨藜、汉麻等，绿化型植物有金叶榆、9901 种、马莲、紫穗槐、草木樨等，而在高地下水位且灌溉用水较为充足的盐碱地，经济型植物有水稻、枸杞、芦苇、甜高粱和甜菜等，绿化型植物有柳枝稷等。

王玉珍等（2006）选择含盐量 0.5% 以上的盐碱地种植六种盐生植物，每年测定土壤氮、磷、钾、有机质和含盐量，经过三年的人工种植，发现六种盐生植物都能不同程度地改良盐碱地，土壤含盐量逐渐减少，而氮、磷、钾和有机质含量逐年增加，影响程度为翅碱蓬>中亚滨藜>柽柳>白刺>地肤>罗布麻，白刺对土壤深层改良效果较好，而翅碱蓬对土壤表层改良效果较好。也有研究人员在盐碱土上利用四种不同的方法对土壤进行改良：种植多年生紫花苜蓿、刺田菁和小麦轮种、秸秆覆盖、休耕处理。每个处理都加或不加石膏，设置或不设置明渠排水。试验表明，一年后，作物轮作结合石膏的处理区内表层土壤电导率、pH 明显降低，紫花苜蓿结合石膏处理与休耕处理相比，0 ~ 80cm 土壤 Cl^- 减小。

适应性种植耐盐植物和进行盐碱化草场恢复重建，具有方法简单、投资费用低等优点。将该方法与灌溉淋盐、排水系统、土壤改良与土壤培肥等措施相结合有可能加速草场恢复重建，提高土壤生产力。

我们通过收集不同类型的耐盐植物，对 0 ~ 20cm 土层碱化度为 5% ~30%，含盐量为 0.35%、0.45%、0.55% 的 3 种梯度盐碱地进行筛选试验研究。应用生长指标、生理指标、土壤指标和经济指标综合评价植物的耐盐能力，筛选出适宜各类盐碱地种植的枸杞、蓖麻、向日葵、四翅滨藜、汉麻、大葱、紫穗槐、苇状羊茅、高丹草、草木樨 10 种耐盐植物及甜高粱和甜菜 2 种耐盐生物质能源植物；探索出耐盐植物种子快速萌发的方法，确定了耐盐植物在脱硫废弃物改良盐碱地后苗期（或移栽缓苗期）耐盐抗碱的临界值，制定出宁夏和内蒙古临河地区耐盐植物种植利用的格局配置。

1）耐盐植物耐盐抗碱极限研究。研究表明，土壤含盐量或碱化度与耐盐植物出苗率呈负线性相关，随着土壤含盐量或碱化度的增加，耐盐植物出苗率不断降低。出苗率（E）与土壤含盐量（S）或碱化度（ESP）的关系式可表示为

$$E=aS+b$$

或

$$E=a\text{ESP}+b \tag{2-9}$$

式中，a、b 分别为系数，不同耐盐植物在不同盐碱地类型上有所不同。

以大田观测数据为基础，把田间种植植物出苗率 50%（E_{50}）作为盐碱地生产力利用标准，确定耐盐植物的抗碱极限。

由表 2-59 可知，在脱硫废弃物改良后的盐碱土种植耐盐植物与对照相比抗碱极限明显提高，其中蓖麻为最多，约提高了 104%，大葱最低，约提高了 19.88%。

表 2-59 改良碱土种植耐盐植物出苗率与土壤碱化度的关系

耐盐植物	出苗率与碱化度的关系式		R^2		ESP_{50}/%	
	T	CK	T	CK	T	CK
柽柳	$y=-1.42x+115.83$	$y=-1.975x+118.68$	0.9980	0.9984	46.4	34.8
枸杞	$y=-x+95.267$	$y=-1.3x+92.3$	0.9999	0.9914	45.3	32.5
四翅滨藜	$y=-1.79x+120.55$	$y=-1.675x+107.28$	0.9673	0.9978	44.5	34.2
向日葵	$y=-1.295x+106.14$	$y=-1.67x+98.717$	0.9982	0.9992	43.4	29.2
甜菜	$y=-1.5x+114.97$	$y=-1.65x+107.05$	0.9941	0.9973	43.3	34.6
大葱	$y=-1.5x+112.47$	$y=-1.85x+113.55$	0.9643	0.9978	41.6	34.7
高丹草	$y=-1.115x+95.708$	$y=-1.51x+93.617$	0.9992	0.9923	40.1	28.9
甜高粱	$y=-1.19x+98.35$	$y=-1.26x+89.367$	0.9981	0.9990	40.1	31.2
蓖麻	$y=-1.745x+117.76$	$y=-1.215x+73.075$	0.9749	0.9939	38.8	19.0
紫穗槐	$y=-1.31x+98.247$	$y=-2.175x+100.82$	0.9521	0.9725	36.8	23.4
汉麻	$y=-1.88x+117.43$	$y=-2.07x+102.48$	0.9991	0.9736	35.9	25.4

注：ESP_{50} 为田间种植植物出苗率 50% 为标准计算所得土壤碱化度。

由表2-60可知，经改良的盐土和次生盐渍土种植耐盐植物与对照相比耐盐极限明显提高，由于耐盐植物的耐盐性不同，提高幅度也不同，枸杞提高幅度最大，提高了55.0%，向日葵的提高幅度最小，仅为15.6%。

表2-60　改良盐土和次生盐渍土种植耐盐植物出苗率与土壤含盐量的关系

耐盐植物	出苗率与含盐量的关系式		R^2		E_{50}/%	
	T	CK	T	CK	T	CK
柽柳	$y=-75x+119.72$	$y=-111x+130.45$	0.9971	0.9961	0.93	0.72
枸杞	$y=-75x+119.95$	$y=-112.5x+128.09$	0.9745	0.9920	0.93	0.60
大葱	$y=-115x+138.42$	$y=-140x+140.33$	0.9994	0.9932	0.77	0.65
苇状羊茅	$y=-115x+121.42$	$y=-165x+136.25$	0.9994	0.9973	0.62	0.52
向日葵	$y=-130x+117.17$	$y=-195x+137.08$	0.9922	0.9998	0.52	0.45
甜菜	$y=-210x+158.5$	$y=-195x+139.75$	0.9423	0.9980	0.45	0.35
蓖麻	$y=-80.35x+122.18$	$y=-119.2x+133.45$	0.9999	0.9932	0.45	0.35
甜高粱	$y=-125x+131.25$	$y=-175x+139.08$	0.9952	0.9997	0.45	0.30
汉麻	$y=-136.85x+141.67$	$y=-173.5x+151.97$	0.9773	0.9970	0.40	0.30
草木樨	$y=-155.85x+32.87$	$y=-226.65x+51.46$	0.9874	0.9966	0.53	0.45

注：E_{50}为田间种植植物出苗率50%为标准计算所得土壤含盐量。

2）耐盐植物生长特征研究。经改良的碱土种植耐盐植物与对照相比植物株高提高10%左右。经改良的次生盐渍土种植耐盐植物与对照相比增加了耐盐植物的生长速率，增加幅度为10%～40%。

3）耐盐植物相对生长速率（relative growth rate，RGR）研究。为了便于分析比较不同耐盐植物的耐盐性，本研究引入相对生长速率，通过以下公式计算：

$$\mathrm{RGR}=(\ln H_2-\ln H_1)/(T_2-T_1) \tag{2-10}$$

式中，H_1为第一次取样时（T_1）的植物数量；H_2为第二次取样时（T_2）的植物数量；ln为自然对数。RGR的单位依H的单位而定，RGR的单位为mg/(g·d)。

碱土种植高丹草、甜高粱、大葱、甜菜、向日葵、蓖麻与对照相比相对生长速率分别提高了3.9%、2.6%、41.9%、10.9%、16.2%、0.8%。盐土种植苇状羊茅、高丹草、甜高粱、大葱、甜菜、向日葵、蓖麻分别提高35.3%、6.3%、7.9%、23.3%、7.7%、30.3%、2.5%。次生盐渍土种植高丹草、甜高粱、大葱、甜菜、向日葵、蓖麻、草木樨分别提高10.9%、1.6%、2.2%、9.9%、15.1%、6.9%、9.6%（表2-61）。

表2-61　不同耐盐植物相对生长速率　　单位：%

土壤类型	处理	苇状羊茅	高丹草	甜高粱	大葱	甜菜	向日葵	蓖麻	草木樨
碱土	T	1.32	1.58	1.17	0.61	1.12	1.22	1.31	1.15
	CK	1.30	1.52	1.14	0.43	1.01	1.05	1.30	0.55

续表

土壤类型	处理	苇状羊茅	高丹草	甜高粱	大葱	甜菜	向日葵	蓖麻	草木樨
盐土	T	0.92	2.89	2.87	1.43	1.81	3.91	2.05	4.55
	CK	0.68	2.72	2.66	1.16	1.68	3.00	2.00	4.15
次生盐渍土	T		2.34	2.49	0.94	1.55	1.75	2.01	2.29
	CK		2.11	2.45	0.92	1.41	1.52	1.88	2.51

B. 盐碱地水肥盐联合调控关键技术研究

碱化土地下水位高，仅仅研制出专用改良剂改良各种类型盐碱地有可能还会发生边改良边反复的现象。因此，需要在改良土壤的基础上，使土壤中有害离子在大量灌水的情况下，实现离子代换，并使之随水排出或入渗土壤，这样才能实现土壤有效改良，避免反复，田间和区域水盐调控是土壤长期得到有效改良的关键。

1）碱化盐碱地乔灌草结合配置。设置三种乔灌草结合模式：模式 1，杨树+苜蓿（M1）；模式 2，杨树+枸杞（M2）；模式 3，杨树+紫穗槐（M3）。

针对每种模式，再采用随机区组排列，分别设置 5 个处理：处理 1，改良物 0t/亩+专用改良剂 0t/亩（T1）；处理 2，改良物 1.6t/亩+专用改良剂 0t/亩（T2）；处理 3，改良物 1.6t/亩+专用改良剂 0.25t/亩（T3）；处理 4，改良物 1.6t/亩+专用改良剂 0.5t/亩（T4）；处理 5，改良物 1.6t/亩+专用改良剂 0.75t/亩（T5）。每个处理重复 3 次。

种植规格：杨树株行距为 1m×3m，枸杞株行距为 1m×1m，紫穗槐株行距为 0.5m×2m，苜蓿株行距为 0.3m。

见表 2-62，不施用专用改良剂时，模式 1 下杨树的成活率和苜蓿的出苗率分别为 99% 和 65%，模式 2 下杨树和枸杞的成活率分别为 95% 和 87%，模式 3 下杨树和紫穗槐的成活率均为 95%。单施改良物后，除了苜蓿和枸杞外，各模式下杨树的成活率和模式 3 下紫穗槐的成活率均达到了 100%。专用改良剂配合施用后，除了苜蓿和 T3 处理下的枸杞外，其他模式下植物的成活率均达到了 100%。以上结果表明，专用改良剂等集成后提高了模式 1 下苜蓿出苗率，且专用改良剂施用量越多，苜蓿的出苗率相应越高。

表 2-62　三种模式下不同处理间植物成活率（出苗率）的比较　　单位：%

模式		T1	T2	T3	T4	T5
M1	杨树	99	100	100	100	100
	苜蓿	65	70	89	90	95
M2	杨树	95	100	100	100	100
	枸杞	87	90	95	100	100
M3	杨树	95	100	100	100	100
	紫穗槐	95	100	100	100	100

见表 2-63，不施用专用改良剂时，模式 1 下杨树和苜蓿的株高分别为 260cm 和 11cm，模式 2 下杨树和枸杞的株高分别为 239cm 和 53cm，模式 3 下杨树和紫穗槐的株高分别为

249cm 和 42cm。单施改良物后，模式 1 下杨树和苜蓿的株高分别提高了 3.8% 和 18.2%，模式 2 下杨树和枸杞的株高分别提高了 1.7% 和 24.5%，模式 3 下杨树和紫穗槐的株高分别提高了 0.8% 和 14.3%。专用改良剂配合施用后，模式 1 下杨树和苜蓿的株高分别提高了-1.2% 和 27.3%，模式 2 下杨树和枸杞的株高分别提高了 10.9% 和 32.1%，模式 3 下杨树和紫穗槐的株高分别提高了 5.2% 和 42.9%。改良剂的三个施用量间，0.75t/亩的施用量下模式 1、模式 2 和模式 3 的植物平均株高均最高。以上结果表明，专用改良剂配合施用提高了三种模式下植物株高，且改良剂施用量越多，植物株高相应越高。

表 2-63　三种模式下不同处理间植物株高的比较　　单位：cm

模式		T1	T2	T3	T4	T5
M1	杨树	260	270	257	290	325
	苜蓿	11	13	14	19	24
M2	杨树	239	243	265	277	276
	枸杞	53	66	70	73	90
M3	杨树	249	251	262	282	297
	紫穗槐	42	48	60	80	115

见表 2-64，不施用专用改良剂时，模式 1 下杨树的冠幅为 18cm，模式 2 下杨树和枸杞的冠幅分别为 13cm 和 35cm，模式 3 下杨树和紫穗槐的冠幅分别为 15cm 和 28cm。单施改良物后，模式 1 下杨树的冠幅提高了 27.8%，模式 2 下杨树和枸杞的冠幅分别提高了 23.1% 和 25.7%，模式 3 下杨树和紫穗槐的冠幅分别提高了 6.7% 和 32.1%。专用改良剂配合施用后，模式 1 下杨树的冠幅提高了 22.2%，模式 2 下杨树和枸杞的冠幅分别提高了 30.8% 和 80.0%，模式 3 下杨树和紫穗槐的冠幅分别提高了 46.7% 和 60.7%。改良剂的三个施用量间，0.75t/亩的施用量下模式 1、模式 2 和模式 3 的植物平均冠幅均最高。以上结果表明，专用改良剂配合施用提高了三种模式下植物冠幅，且改良剂施用量越多，植物冠幅相应越高。

表 2-64　三种模式下不同处理间植物冠幅的比较　　单位：cm

模式		T1	T2	T3	T4	T5
M1	杨树	18	23	24	22	26
	苜蓿	—	—	—	—	—
M2	杨树	13	16	17	19	21
	枸杞	35	44	63	70	77
M3	杨树	15	16	22	23	23
	紫穗槐	28	37	45	50	60

注：—代表无数据。

见表 2-65，不施用专用改良剂时，三种模式下植被覆盖度仅分别为 30%、11% 和 23%。单施改良物后，三种模式下植被覆盖度分别提高了 23.3%、36.4% 和 8.7%。专用改良剂配合施用后，三种模式下植被覆盖度分别提高了 40.0%、90.9% 和 60.9%，分别较单施改良物处理提高了 13.5%、40.0% 和 48.0%。改良剂的三个施用量间，0.75t/亩的施用量下模式 1、模式 2 和模式 3 的植被覆盖度均最高。以上结果表明，专用改良剂配合施用提高了三种模式下的植被覆盖度，且改良剂施用量越多，植被覆盖度相应越高。三种模式间，模式 1 的植被覆盖度最高（除了 T5 处理），其值介于 30%～47%，模式 2 的植被覆盖度最低，其值介于 11%～27%。

表 2-65　三种模式下不同处理间植被覆盖度的比较　　单位：%

模式	T1	T2	T3	T4	T5
M1	30	37	42	43	47
M2	11	15	21	24	27
M3	23	25	37	40	50

2）盐碱化盐碱地乔灌草结合配置。土壤为偏盐碱的沙质土壤。试验设置 6 个处理：处理 1，对照（CK）（无施肥、无灌溉）；处理 2，有机肥（1.4t/亩）；处理 3，有机肥（0.7t/亩）；处理 4，灌溉［$200m^3$（亩·a）］；处理 5，灌溉［$100m^3$/(亩·a)］；处理 6，灌溉［$100m^3$/(亩·a)］+有机肥（0.8t/亩）。采用随机区组设计，每个处理重复 3 次，共 18 个小区，每小区 $80m^2$（10m×8m）。

灌木采用 2 龄的羊柴、锦鸡儿和红柳，并按单行移栽，行距为 3m，行内间距为 0.7m。草本植物采用冰草、草木樨和无芒雀麦，并条播在两条灌木行中，行间距 0.4m，播量：冰草 4.5g/m^2；草木樨 2g/m^2；无芒雀麦 4.5g/m^2（比标准播量放大了 2.5 倍）。

不同施肥和灌溉处理下 3 种草本植物的出苗率见表 2-66，灌溉［$100m^3$/（亩·a)］+有机肥（0.8t/亩）下达到最高出苗率，且出苗率的排序为：冰草>无芒雀麦>草木樨，分别比对照提高了 38.93%～47.01%。

表 2-66　不同施肥和灌溉处理对草本植物出苗率的影响　　单位：%

植物名称	CK	处理 2	处理 3	处理 4	处理 5	处理 6
冰草	51.98	57.65	56.90	78.67	69.89	85.11
草木樨	38.44	45.56	42.33	66.78	60.34	72.54
无芒雀麦	45.55	54.33	52.78	75.34	68.23	81.12

3）盐碱地乔灌草快速密闭。根据艾伊河盐碱地类型、气候、生态等立地条件的空间异质性以及不同植物的生态适应性，提出不同类型盐碱地的不同乔灌草结合模式，为当地生态恢复提供理论依据。通过调查测定不同模式下乔木、灌木和草本的出苗率、成活率、株高、多度、植被覆盖率和郁闭度等指标，筛选出在区域尺度上适应于不同类型盐碱地的 3～4 种乔灌草结合模式的格局配置方案。

乔草结合模式：乔木选择柽柳和垂柳，花草选择百脉根（表 2-67）。

表 2-67　乔草结合模式　　单位:%

模式	乔木成活率	花草出苗率	生长情况
柽柳+百脉根	85.9	65.5	长势较好
垂柳+百脉根	80.4	63.8	长势一般

通过调查发现，柽柳和百脉根的结合要比垂柳和百脉根的结合长得好。柽柳的成活率达到了85.9%，百脉根的出苗率也达到了65.5%。

灌草结合模式：灌木选择紫穗槐和金银木，花草选择百脉根（表2-68）。

表 2-68　灌草结合模式　　单位:%

模式	灌木成活率	花草出苗率	生长情况
紫穗槐+百脉根	92.0	68.9	长势较好
金银木+百脉根	45.0	61.5	长势很弱

通过试验，紫穗槐的成活率极高，达到了92.0%，百脉根的出苗率也达到了68.9%，可能这种结合模式，灌木和草本之间有互利的作用。

2.2.1.2　全球沙漠化土地资源持续利用关键技术研究

土地沙漠化简单地说就是指土地退化，也叫荒漠化。土地荒漠化是当今世界面临的最严峻的生态问题之一，威胁着人类的生存和发展。荒漠化已经不仅仅是一个单纯的生态环境问题，而且演变为经济问题和社会问题，它给人类带来贫困和社会不稳定。除南极外，其他大洲均不同程度的受到荒漠化的危害，据统计，2000年，全球土地荒漠化面积约4560万km^2，约占土地总面积的35%。非洲和亚洲是土壤荒漠化现象最严重的地区。非洲约有46%的土地和4.85亿人受到荒漠化的威胁；亚洲一半以上的干旱地区已受到荒漠化的影响，其中中亚地区尤为严重。从受荒漠化影响的人口分布情况来看，亚洲也是世界上受荒漠化影响的人口分布最集中的地区。

全世界受荒漠化影响的国家有100多个，尽管各国人民都在努力同荒漠化抗争，但荒漠化仍以每年5万~7万km^2的速度扩大，相当于爱尔兰的国土面积，到20世纪末，全球将损失约1/3的耕地。世界上有21亿人口居住在沙漠或干旱地区之中。荒漠化正影响着世界上36亿hm^2的土地。每年消失的土地可生产2000万t的粮食，威胁着约100个国家的10亿多人的生活；每年土地荒漠化和土地退化造成的经济损失达到420亿美元。

（1）中国沙漠化情况

中国荒漠化形势十分严峻，根据1998年国家林业局防治荒漠化管理中心等政府部门发布的材料，中国已成世界上受沙漠化危害最严重的国家之一，主要分布在中国西北5省（自治区）及华北地区，中国近4亿人口受到荒漠化的影响，沙漠占中国近20%的国土面积，且正在以每年超过3367km^2的速度扩张。中国境内的腾格里沙漠、库布齐沙漠、乌兰布和沙漠、塔克拉玛干沙漠等主要沙源地，形成了一条东西长约4500km的风沙地带，严重危害中国北方人民的生活环境及生命安全。

据中国、美国、加拿大国际合作研究项目，中国因荒漠化造成的直接经济损失约为541 亿元。土地荒漠化最终结果大多是沙漠化。中国主要分布有风蚀荒漠化、水蚀荒漠化、冻融荒漠化、土壤盐碱化 4 种类型的荒漠化土地。中国风蚀荒漠化土地面积约有160.7 万 km^2，主要分布在干旱、半干旱地区，在各类型荒漠化土地中是面积最大、分布最广的一种。其中，干旱地区约有87.6 万 km^2，主要分布在内蒙古狼山以西，腾格里沙漠和龙首山以北，包括河西走廊以北、柴达木盆地及以北、以西到西藏北部。半干旱地区约有49.2 万 km^2，主要分布在内蒙古狼山以东向南，穿过杭锦旗、磴口县、乌海市，然后向西纵贯河西走廊的中—东部直到肃北蒙古族自治县，呈连续大片分布。亚湿润干旱地区约为23.9 万 km^2，主要分布在毛乌素沙漠东部至内蒙古东部和东经 106°。中国水蚀荒漠化总面积为20.5 万 km^2，占荒漠化土地总面积的 7.8%，主要分布在黄土高原北部的无定河、窟野河、秃尾河等流域，在东北地区主要分布在西辽河的中上游及大凌河的上游。

20 世纪中期以来，工业化的快速发展以及人口的急剧增加导致中国的生态环境迅速恶化，尤其是中国的西北旱区土地沙漠化愈演愈烈。沙漠化不断加剧不仅压缩了人民生产生活空间，还导致植被退化、土壤侵蚀，土地生产能力下降，使沙源地及附近形成沙尘暴，污染环境，并危害社会公共设施及人类健康。如果不加以控制和防止，不仅对中国旱区生态环境及社会经济发展产生不利影响，甚至会波及其他地区。自发现土地沙漠化问题，中国高度重视土地沙漠化的治理问题。沙漠化防治作为环境保护的重要方面得到社会各界的极大重视，经过多年的治理，中国沙漠化防治工作已取得一定进展。从荒漠化和沙化程度来看，极重度荒漠化及极重度沙化土地面积均大幅度下降。沙尘暴等沙尘天气出现次数大幅度减少。沙区植被覆盖率不断提高，2014 年沙区植被覆盖率较 2009 年上升了 0.7%。

沙漠化会引起土地退化、土壤质量下降、植被覆盖率降低、沙尘等灾害性问题，严重制约了社会经济的发展，干旱区的沙漠化问题尤为突出。研究土地沙漠化成因及其驱动因素，从而为治理、预防沙漠化提供有利途径，是广大学者共同关注的热点问题之一。

（2）沙漠化的成因

A. 自然因素

土地荒漠化的形成是一个复杂过程，它是人类不合理经济活动和脆弱生态环境相互作用的结果。自然地理条件和气候变异为荒漠化形成、发展创造了条件，异常的气候条件，特别是严重的干旱条件，容易造成植被退化，风蚀加快，引起荒漠化。干旱的气候条件在很大程度上决定了当地生态环境的脆弱性，因而干旱本身就包含着荒漠化的潜在威胁；气候异常可以使脆弱的生态环境失衡，是导致荒漠化的主要自然因素。当气候变干时，荒漠化就发展；当气候变湿润时，荒漠化就逆转。全球变暖、北半球日益严重的干旱、半干旱化趋势等都造成荒漠化加剧。

B. 气候因素

赤道地区的上升气流在高空向两极方向流动，由于地球旋转偏向力的影响，在南北纬30°附近，大部分空气不再前进，而在高空积聚，并辐射冷却下沉，近地面气层常年保持高气压，气象学上称为“副热带高压带”。这一地带除欧亚大陆东岸季风气候区外，其他地区气候干燥，云雨少见，成为主要的沙漠分布区。

C. 人为因素

人口增长和经济发展使土地承受的压力过重，过度开垦、过度放牧、乱砍滥伐和水资源不合理利用等使土地严重退化、森林被毁、气候逐渐干燥，最终形成沙漠。

(3) 沙漠化治理

A. 沙漠化研究进展

伴随沙漠化问题日趋严重，1977 年联合国召开的世界荒漠化会议提出了治理荒漠化的行动纲领。同时，联合国环境规划署组织各国科学家合作编制了 1：2500 万世界荒漠化地图，评价当时世界范围内沙漠化问题，但指出该评价存在主观性，发展客观的评价标准是当务之急，同时强调开发防治荒漠化新技术，提出定期通过遥感技术进行沙漠化监测与评价，建立数据库。目前，对沙漠化研究的焦点集中在沙漠化时间尺度、空间尺度、沙漠化的判别标准、沙漠化成因、沙漠化发展趋势、沙漠化防治对策等方面。

中国荒漠化研究工作起步较晚，20 世纪 50 年代末期至 60 年代，中国开展了沙漠地区基本情况的考察及其治理对策相关研究。特别是对塔克拉玛干沙漠、古尔班通古特沙漠、腾格里沙漠、毛乌素沙地，以及宁夏的河东沙地、青海的沙漠和甘肃西部的戈壁进行了综合考察。同时，在内蒙古及西北五省（自治区）建立了个综合试验站及数十个中心站，标志着中国早期治沙工作的开始。90 年代，中国沙漠化研究内容逐渐多元化、规范化，主要包括沙漠化基础研究、景观生态学研究、沙漠化植被研究、沙漠化的监测与评价、沙漠化的影响与危害、水土资源持续利用、沙漠化治理技术等方面。

B. 沙漠治理措施

1）设置沙障。主要有草方格沙障、黏土沙障、篱笆沙障、立式沙障、平铺沙障等。草方格沙障使用麦草、稻草、芦苇等材料，在流动沙丘上扎成挡风墙，以削弱风力的侵蚀，同时有截留降水的作用，能提高沙层的含水量，有利于沙生植物的生长。

2）恢复与重建。荒漠化形成与扩张的根本原因是荒漠生态系统的人为破坏，是对该系统中的水资源、生物资源和土地资源强度开发利用而导致系统内部固有的稳定与平衡失调的结果。目前，荒漠化严重真正的原因并非人工植被营造太少，而是天然植被破坏过甚。由此可见，只有保护、重建荒漠生态系统，才能从根本上遏制沙漠化扩展的势头。

3）控制人口容量。中国西部生态极其脆弱，且环境容量十分有限，许多地区的人口已经超饱和。有关资料显示，中国北方荒漠化地区人口总数已达 4 亿人，比中华人民共和国成立初期增加了 160%。新疆 160 万 km^2 土地，可供人类生存繁衍的绿洲仅有 4.5%，目前农区人口密度每平方千米 200～400 人。

4）植物治理。沙漠植物治理指在沙漠地区播种沙生植物，以阻止沙漠扩张，进而改善沙漠土地。沙生植物具有水分蒸腾少，机械组织、输导组织发达等特点，可抵抗狂风袭击，并能将水分和养料尽快输送到各器官，其细胞内经常保持较高的渗透压，具有很强的持续吸水能力，使植物不易失水，能够适应干旱少雨的环境。沙漠地区治理的方法：①在沙漠地区有计划地栽培沙生植物，造固沙林。一般是在沙丘迎风坡上种植低矮的灌木或草本植物，固定松散的沙粒，在沙丘背风坡低洼地上种植高大的树木，阻止沙丘移动。②在沙漠边缘地带造防风林，以削弱沙漠地区的风力，阻止沙漠扩张。防风林的效果与林带的高度有关，树木越高大，防风效果越好。

5）节水灌溉。节水灌溉技术主要包括喷灌和微灌技术。喷灌和微灌技术与地面灌溉相比，节水 30% ~70%，被广泛应用。微灌较喷灌更加节水，微灌是按照植物需水要求，通过低压管道系统与安装在末级管道上的特制灌水器，将水和作物生长所需的养分以较小的流量，均匀、准确地直接输送到作物根部附近的土壤表面或土层中。微灌有滴灌、地表下滴灌、渗灌等，其中应用较广的是滴灌和渗灌，比喷灌节水 15% ~25%，增产 30% 左右，如果采用智能控制，省力且非常方便。

C. 沙漠化治理模式

1）全球沙漠化治理模式。世界沙漠化严重的国家，都形成了以政府指导+企业和个人治理型模式。政府拨付资金，并制定专门法律，为治理沙漠化“保驾护航”，如限制土地退化地区的载畜量，禁牧禁伐，有效地遏制了土地沙漠化的扩展。

有的国家形成了科技主导型模式，如印度和以色列。建立防风固沙林带，形成绿色屏障，以减缓风速，降低风力，抵御风沙，固定沙丘。以色列从发展高效集约设施节水灌溉现代农业，在小范围内获取高效益的生产能力。

还有的国家形成了沙产业模式，如澳大利亚推出了“沙漠知识经济”战略，力求可持续地促进沙漠地带环境保护和经济发展。政府设立前沿技术科学应用研究所，定期推广和示范沙漠知识的最新研究成果。因地制宜，充分利用当地资源，大力发展园艺和水果业。建立农垦区、示范区和沙漠公园，利用沙漠独特的景观吸引游客，通过旅游产业来促进保护当地环境。

北非 5 国形成了“跨国林业生态工程——绿色带”建设模式。阿尔及利亚、摩洛哥、突尼斯、利比亚、埃及 5 国联合建设一条横贯北非国家的绿色植物带，以阻止撒哈拉沙漠的进一步扩展或土地沙漠化，规划在东西长 1500km，南北宽 20 ~40km 的范围内营造各种防护林 300 万 hm^2。

2）中国沙漠化治理模式。由于中国的荒漠化土地面积大、分布广，中国在防止沙漠化土地方面形成了一套行之有效的防治技术和模式，居世界领先水平，不仅为中国，也为世界治理荒漠化做出了贡献。主要有以下模式（黄月艳，2010）。①干旱亚湿润地区沙漠化治理模式。第一，松嫩沙地模式：松嫩沙地地处松嫩平原西部，是半干旱与半湿润交错的气候区，荒漠化程度较轻，沙丘和岗地以固定、半固定为主。通过多年的治理形成了沙地庄园式开发和沙地旅游式开发两种模式：沙地庄园式开发模式，以农户为单元，通过建立生态经济型的庄园，实现沙地开发；沙地旅游式开发模式，通过资金的密集型投入，建立沙地森林公园、观光果园、沙地度假村等，形成具有民族特色的沙、水、林、花、草为一体的沙区旅游度假胜地。第二，科尔沁沙地模式：科尔沁沙地属于内蒙古赤峰市，地处半湿润向半干旱过渡地带，荒漠化的特征是固定半固定沙丘活化、流沙蔓延、草地退化、农田风蚀以至丧失生产力。通过多年的治理形成沙地樟子松林固沙和“多元系统”整治两种治理模式，沙地樟子松林固沙模式，经过大量实验研究，成功引种樟子松，实现流沙固定；“多元系统”整治模式，以村为单位的沙漠化整治和发展农牧业的综合模式，适用于以农为主有较大甸子地的坨甸交错区，通过调整土地利用结构，压缩劣质农田退耕，调整内部结构建立防护林体系。②半干旱地区沙漠化典型治理模式。第一，毛乌素沙地生态恢复的“三圈”模式：在滩地绿洲高产核心区，建立乔灌草、常绿与落叶相结合的农田防护林，采用喷灌、滴灌等节水灌溉措施，建立经济作物、果树高产田在低缓沙丘区，建立径流经济园应用各种地表径流集水、保水措施，结合滴灌节水技术，引进高经济价值、耐干旱、耐贫瘠的经济灌木，块状间作人工草地，建立经济灌木与半人工草地相结合的综合体系。第二，榆林治理模式：榆林治理模式的技术体系由三个主要系列构成，即固沙造林恢复植被技术系列、沙地人工新绿洲开发建设技术系列和综合高效开发技术系列。③干旱地区沙漠化典型治理模式。第一，沙坡头铁路“五带一体”防沙技术模式：在包兰铁路通过腾格里沙漠的沙坡头路段，在高大密集的格状流动沙丘群中和降水量不足200mm 的恶劣条件下，以无灌溉的技术途径，建立起“以固为主，固阻结合”“以生物固沙为主，生物固沙与机械固沙相结合”的稳固的铁路防沙体系。自 1958 年包兰铁路通车以来，畅通无阻，取得了巨大的生态效益、经济效益和社会效益。为中国西北沙漠地区和其他类似区域铁路建设提供了一个流沙固定的合理而有效的模式。第二，民勤咸水灌溉模式：民勤位于河西走廊东段，巴丹吉林与腾格里两大沙漠之间，为温带大陆性干旱气候区。民勤开发咸水灌溉、节水灌溉为主导的绿洲农业的沙漠化土地治理模式。咸水灌溉的关键措施是实行一年一度的河渠淡水储灌洗盐，实地淡水、咸水交替灌溉；并通过节水设施（滴灌、微喷灌等技术）的应用，大大提高了节水效率。

D. 全球沙漠资源利用关键技术

为保护自然环境实现可持续发展，以色列政府不仅制定了一系列保护生态环境的法规和合理开发利用沙漠资源的政策及措施、兴修水利、植树造林、改变传统牧业方式，而且还非常重视沙漠的研究与开发工作。除了农业研究院与一些从事沙漠化研究的大学外，以色列政府 1973 年在内盖夫沙漠地区建立了沙漠研究所，专门从事沙漠生态环境、沙漠地质、气象干旱地区水资源、沙漠植物生物技术、控制环境的沙漠农业、沙漠动物的适应性以及畜牧业、渔业养殖等方面的研究，开发出许多适合沙漠地区的资源利用技术。

1）节水灌溉技术。以色列大部分国土都是沙漠和半沙漠地带，水资源严重匮乏。为此，以色列的科技人员长期致力于研究和发展农业节水技术，最大限度地利用有限的水资源，从而在干旱的沙漠上生产出了丰富的农产品，维持了农业经济的发展。经过多年研发，以色列已经研制出世界上最先进的喷灌、滴灌、微喷灌、微滴灌和散布式等节水灌溉技术，完全取代了传统的沟渠漫灌方式，使水肥的利用率高达 80%，要比传统的灌溉方式节约用水和节省肥料 30% 以上，极大地提高了作物的产量。以色列内盖夫沙漠中的温室栽培、果树种植以及部分大田作物的种植都使用喷灌和滴灌设备进行灌溉。

2）微咸水灌溉技术。经过 20 多年的研究与探索，以色列在利用地下微咸水灌溉方面已经取得重要的研究成果。通过稀释的方法，将地下 300m 深、矿化度为 1.2 ~5.6g/kg 的微咸地下水抽到地面用于农业灌溉，适量的微咸水灌溉可以增加它们的抗逆（干旱、低温等）能力，还可提高某些农产品的质量，增强一些果实的硬度、颜色，并提高甜度。此外，地下微咸水（38 ℃）还可以用来在冬季加热温室。

3）沙漠中水产和家禽养殖技术。虽然干旱地区存在着水资源紧缺、蒸发量大、气温日差大等不利于水产养殖的条件，但也具有光照强、温度高等有力的环境。以色列利用内盖夫沙漠充足的光温条件，在封闭的反应器中养殖藻类（螺旋藻、小球藻等），可以有效地增加藻类产量、降低耗水。以色列通过在沙漠地区修建由大棚覆盖的防渗鱼塘来发展高密度的集约化养鱼，既可以有效地降低水分蒸发和渗漏，又可缓冲鱼塘内温度和湿度的骤变，通过生物过滤器可使鱼塘的水经过多次循环使用，而养鱼后的循环水可用于农田灌溉。集约化养鱼极大地提高了产量，每亩鱼塘年产鱼量可达 20 000kg 以上。此外，温室养鸡和露天养殖鸵鸟等技术都已在内盖夫沙漠内大量推广。

4）温室大棚栽培技术。温室栽培技术为以色列的农业带来了一场变革，农民完全改变了传统的种田观念，使以色列的农业逐步走上工厂化和产业化的道路。温室栽培的优点是产量和利润远远大于大田栽培；降低了病虫害和自然灾害导致的经济损失，特别是在沙漠地区，作物基本上不受风沙、霜冻、干旱等自然灾害的影响；提高水肥利用率和劳动生产率，实现不受季节影响的连续性生产。

5）选育沙漠植物品种。以色列的科学家除培育了许多适合温室栽培的高产、优质的杂交蔬菜和花卉等品种外，还选育了一些适合沙漠地区特点的植物品种，包括一些可以产油、蜡或其他化学物质的工业植物。截至 2008 年，以色列的科学家对 5000 多种沙漠植物的潜在经济价值进行了筛选，建立了种子基因库。

E. 中国沙漠资源利用关键技术

1）风能在水土资源持续利用中的应用分析。风能和太阳能一样，是一种取之不尽、用之不竭，又无污染的天然资源。中国陆上可开发风能大多集中在常年风沙肆虐的西北戈壁风带，其中内蒙古和新疆两地风能蕴藏总量占全国的 70% 以上。沙漠地区风力较大，在风季，风力大到 5 级以上是常见的，尤其是西北地区，风力资源丰富，年平均有效风能密度在 150 ~ 200W/m^2，风速年累计时数在 4000 ~ 5000h，若干主要风口风能年总储藏量在 9×10^{11}kW・h 以上，通过风力发电将风的动能转变为机械动能，再把机械动能转化为电力动能。截至 2019 年，中国沙漠地区可装发电装机的容量为 1.9×10^{8}kW・h，相当于 10 个三峡电站的装机容量。规模最大的新疆达坂城风力发电厂，总装机容量达 2000kW，年发电量为 6×10^{6}kW・h。通过开展风能设备的安装，可以有效利用当地的风能资源，实现可再生能源的转化增值，这对于改变地区能源结构、保护生态环境、增强地方财力具有十分重要的意义。

2）太阳能在水土资源持续利用中的应用分析。中国沙漠地区属于光能资源高值区，年日照时间一般在 2500 ~ 3000h，日照率高达 70% ~ 80%；年太阳总辐射为 37 亿 ~ 74 亿 J/m^2，光合潜力达 7000 ~ 10 000kg/hm^2；比东部同纬度地区分别高出 4.86 亿 ~ 9.68 亿 J/m^2 和 253 ~ 361h。太阳能有着广泛的利用前景，太阳能光伏产业已成为世界增长速度最快、最稳定的可再生能源利用领域之一，并且今后将以更快的速度发展。钱学森院士曾提出，如果在中国近 20 亿亩干旱区戈壁沙漠及半干旱沙地选择日照充足而且风沙不大的 1 亿亩区域作为太阳能发电区，年均电功率可超过 10 亿 kW。这相当于 30 个在建的三峡水库的装机总容量。通过建设太阳能电站，每年产生的电量可以替代耗煤巨大的火力发电厂。例如，塔克拉玛干沙漠周边的太阳能资源利用技术的应用速度十分惊人，在环沙漠边缘建设的20多座太阳能电站解决了当地数千居民的生活饮水和用电问题。除此之外，在沙漠南缘的皮山县安装了“太阳能沙漠绿洲生态系统”，这标志着世界第二大沙漠利用太阳能引水治沙的序幕自此揭开。

为了高效开发利用沙漠资源，除太阳能发电以外，温室技术、塑料大棚、四位一体日光技术、沼气技术、太阳灶技术以及玻璃温室等技术同样在沙漠地区大量使用，形成了一套较为完善的技术配套体系，这是实现沙漠地区经济高速发展的一种更为有效的途径。

太阳能技术的发展给灌溉技术带来了新的动力，随着近年来各地区科研工作者对沙漠缺电地区农业灌溉问题的重视，太阳能技术在农业灌溉方面的应用得到了充分发展。目前中国研发的太阳能灌溉系统以太阳能光伏提水系统为主，通过将太阳辐射能转变成电能，驱动水泵来实现抽水功能。据统计，1kW 的太阳能光伏提水系统可灌溉农田 $4hm^2$，每公顷可增产粮食 1500kg。这套技术不仅为中国沙漠地区的供水和农业灌溉技术开发提供了新的途径，而且对于提高人民生活水平、促进生态改善和当地经济的发展有着重要的推动作用。

3）沙漠资源持续开发利用关键技术。广阔的沙漠土壤富含有石英、长石等矿物质，可以作为一种优良的农作物生长土壤；沙漠中生存着许多奇特的动植物，沙漠地区气候干旱、昼夜温差大，非常有利于农作物生长以及水果的糖分、淀粉的积累，正是由于这种独特的环境，沙漠地区成为优质葡萄、西瓜、棉花等的高产基地。在极端环境发展的过程中，沙漠中进化出多种抗寒、抗旱、耐盐以及抗风沙的植物，还有很多珍贵的药用、食用植物，如白刺、骆驼刺、四合木、沙冬青、发菜、沙木耳、甘草、麻黄、锁阳以及肉苁蓉等；适宜在沙漠生存的野生动物有野骆驼、高鼻羚羊、旱獭、野驴、野马、盘羊等，很多都是国家级保护动物。如果中国可治理的沙漠全部得以利用，那么就能够在沙漠地区产生近2万亿元的绿色 GDP，使沙区人民摆脱贫困，大大缓解干旱区、半干旱区日益加重的土地压力和资源压力。

目前，中国沙漠资源的开发技术应用仍不普遍，仍然以单项技术应用较多，综合技术应用体系较少。但是，通过对部分沙漠地区的资源采用集成高效开发的技术，将会为沙漠地区的可持续发展开拓广阔的前景。

第一，干旱荒漠草原区生态-资源集成高效开发技术——以亿利资源集团开发药材为例。干旱荒漠草原区主要分布于鄂尔多斯高原中西部至贺兰山以东，是沙漠化发展严重的区域。亿利资源集团位于库布齐沙漠内，当地的自然植被为荒漠草原，具有特殊品种的植物资源有甘草、半日花、四合木、苦豆子等，为促进治理沙漠以及对沙漠资源的开发利用，实现资源-生态-经济协调高效发展，亿利资源集团利用这些品种，通过新技术产业链式开发，达到了改善生态又获得丰厚经济效益的目的。亿利资源集团打破传统绿洲农业模式，选择当地的特色品种——甘草、苦豆子、黄芪等当地品种，采用培育式、基地式的经营方式，从1998年以来，先后在杭锦旗生产基地封育天然甘草并建立种苗基地，并防止滥采滥挖现象的出现，实现了生态环境和资源数量、质量的快速、同步发展。为稳定和提高畜牧业生产，对生产基地内原有草场进行了改造，采用飞播等手段来建设优质牧草场和高产草场，将基地内畜牧业由自由放牧转向控制性放牧、半舍饲放牧。另外，利用加工增值原理，对特色产品甘草、黄芪等产品进行第二、第三代精品化系列加工。特色产业的开发，尤其是中蒙药甘草产业的开发，已为亿利资源集团取得了大量的经济效益。此外，为保证自然资源和经济的协调发展，亿利资源集团对生态环境实施了保护战略的建设路线，除对封育甘草实行保护外，在重点防护区栽植防护灌木、铺设沙障以及营造甘草防沙带，取得了基地内沙漠面积不再扩大，生态环境不断好转的局面。

第二，半干旱荒漠草原区生态-生产集成高效开发技术——以内蒙古赤峰市的生态建设为基础发展资源产业为例。内蒙古赤峰市地处中国内蒙古高原东部及科尔沁平原地区，2017 年沙漠面积占全市面积的 27%，风沙危害严重。赤峰市在水分条件较好的冲积河湖滩地采用农田防护林造林技术，基本建成完备的农业防护林体系；在农田外围风沙侵入区营造乔灌草防护林带，选择经济价值较高的山杏、苜蓿等品种，形成沙地、林牧型复合体系。该体系具有更强的治沙能力，也为山杏进一步加工开发和饲养畜牧业的发展打下了坚实基础。此外，在沙丘上实行封育、飞播与营造固沙灌木相结合的技术，加快了沙地固定的步伐。在实施综合造林防沙技术以来，当地生态环境显著改善的同时经济效益也得到了十足的发展。资源赋值大大提升，为区域经济产业的发展建立了坚实的资源家底。在防沙治沙过程中营造的生态经济林年产山杏仁 1500 万 kg 以上，为山杏加工产业打下了坚实基础；沙棘年采集鲜果超过 65 万 kg，同时建立了大量的沙棘良种繁育基地；沙漠地区的绿色食品资源，如黄花、蘑菇、山韭菜、蕨菜资源丰富，它们的有效利用促进了区域产业开发；在封育沙地和生态保护区还建立了生态养殖林场，其中巴林左旗乌兰坝、石棚沟、林东等林场已经成为亚洲最大的马鹿繁育基地，内蒙古健元鹿业有限责任公司成为中国著名的养鹿企业。与生态-资源开发密切相关的新技术，如温室技术、节水技术、育苗技术等也普遍得到应用和推广，初步形成了生态-资源开发的经营体系，大大提升了沙漠资源的整体赋值。通过特色资源高效益产业开发，推进了沙漠地区生态和社会经济的共同发展，在资源赋值大大提升以后，特色资源达到了可以规模开发的强度，加工工业便迅速得到了发展。高效益技术的应用，成为当前沙漠地区资源合理配置和高效利用技术结合的典型。

第三，实施高效综合技术，促进沙漠地区的经济发展。宁夏盐池县沙漠分布广、水资源不丰富、区域生态环境脆弱。要避害兴利地防治沙漠、发展经济，需要现代高新技术集成，以形成高效益产业，方能达到生态-资源开发有机结合的目的。现代高新技术集成的大技术体系，其构成包括太阳能采光及转化技术、高效利用水资源及节水技术、大农业结构调整与品种优化栽培新技术、大农业产品系列化精加工增值技术以及各个环节都必须贯穿的环境保护技术。在综合实施技术的过程中，合理建设大农业结构是特色产业开发的基础。宁夏盐池县北半部地貌为鄂尔多斯台向斜的西南边缘，海拔 1400 ~ 1600m，生态环境处于荒漠草原和草原的过渡环节——沙丘广布，风沙土面积占全县面积的 51.07%。盐池县应用大技术集成思路，从 20 世纪 90 年代开始实施科技支援大农业举措，依据土地适宜性的评价成果大力压缩农耕地；依据特色资源建立沙漠区域特色产业；依据草场承载能力大力发展人工草场和农牧互补型畜牧业。目前，当地的生态-资源开发格局逐渐步入较为合理的轨道，取得了较好的经济效益。

4）稀土农用关键技术。从 20 世纪 70 年代开始，中国科技工作者全面系统地开展了稀土直接用于农业的研究，并取得了丰硕成果，开创了中国独具特色的稀土农用技术。稀土农用技术是稀土资源综合利用的一个新领域，一门新的前沿科学，也是中国首创并居于国际领先水平的一项重大成果。稀土离子能与植物细胞膜的磷脂结合，并且能够维持细胞膜的通透性和稳定性，提高细胞膜的保护功能，增强作物对不良环境的抵抗能力，加强代谢过程中的氧化酶活性，有效抑制病原体的侵染，从而能够增强作物的抗逆性和抗病性。在中国干旱和半干旱地区，经过 30 多种作物的盆栽实验和大田推广均表明，每亩地施用几十克稀土，就能使农作物增产，增产幅度为 6% ~15%，而对于经济林和牧草也具有同样的效果。当前中国已经研发出多种稀土药剂，如稀土抗旱种衣剂、稀土种子抗旱包衣剂、稀土农用一喷灵等具有多功能的稀土农用新产品，充分体现了稀土方便、高效、省时省力的性能，突显了稀土神奇的生物功能，这将具有广阔的市场潜力和巨大的社会经济效益。

5）沙漠化土壤节水灌溉关键技术。中国的沙漠和沙地主要分布在干旱和半干旱地区，水资源开发是沙漠开发的主要制约因素之一。由于沙漠地区附近均有一定的水资源依托，在区域水资源高效利用的条件下开发和推广节水灌溉技术，在保证现有灌区正常运行的基础上才能大规模有效的开发利用沙漠资源。例如，科尔沁沙地的西辽河干支流，引（提）黄河水可灌溉的腾格里沙漠、乌兰布和沙漠和库布齐沙漠等，塔里木河水系环抱的塔克拉玛干沙漠以及可调引额尔齐斯河灌溉的准噶尔沙漠，这些沙漠地表均被风成沙覆盖。由于风成沙透气透水，且风成沙中大量的易溶盐分和细土物质被吹失，留下的石英、长石为主体的土壤矿物是一种天然的优良培养基，有利于沙漠腹地咸水的储存。此外，沙漠地区降水少、地下水埋藏深，便于人工灌溉施肥管理和运行各种作物的高产模式，而风成沙作为优良的土壤基质对设施农业条件下现代灌溉技术的应用和温室环境的调控也具有重要价值。目前采用的沙漠节水灌溉技术有：①渠道防渗技术。今后的几十年渠道输水仍将是中国沙漠农田灌溉的主要方式，而土渠输水渗漏损失达 50% ~60%，通常情况下渠道防渗技术可减少 60% 的输水损失。②低压管道输水技术。该技术可将渠系利用系数提高到 0.9 以上，提高土地利用系数 0.2。③喷灌技术。可减少灌溉定额 30% ~50%，增产 20% ~30%。④微灌技术。可减少灌溉定额 50% ~70%，增产 20% ~30%。⑤地膜覆盖及田间节水技术。通过平田整地、畦灌、波涌灌等措施，并采取地膜覆盖，可减少灌溉定额 20% ~30%，节水 10% ~15%，增产 30% 以上，这种技术成本低、易推广，利于沙漠地区的农田发展。

6）沙地改造与持续利用技术。沙地因其漏水漏肥、肥力低下等原因多被列入低产田或难利用土地之列。随着近些年来农业工程以及无土栽培等技术的高速发展，沙质土作为一种便于水、热、肥人工调控的天然培养基质已得到社会广泛地认同。以色列的农业走过了从客土改沙到完全的沙地种植的过程，中国的现代灌溉管理的技术优势在沙质土上也能够得以充分发挥。通过发展沙地衬膜水稻、沙地长龙架葡萄以及沙地培肥、微肥、营养液施用技术，沙地的节水、供水、保水技术，沙地粮、果和经济作物的栽培技术以及沙地水肥均衡高产技术等，为沙地开发提供了的技术保证。

7）沙漠过沟开采保水持续利用技术。沙漠区发育有大量的小河流，一般来说，地下水的自然溢出带广泛接受沙层水的补给，在地下水均衡动态变化的控制下，流域地下水埋深及地表径流始终处于一个合理的范围内，维系着上级干流的水体、湿地及生态环境的动态平衡。在沙漠煤层浅埋区，工作面过沟开采时会对上覆岩层造成不同程度的破坏，沟谷径流及汇流区地下水资源会产生两种破坏模式——地下水渗漏和地表径流渗漏。以榆神矿区为例，当地的地下水径流严格受地形地貌的控制，地表水流域的边界与地下水系统的边界一致，第四系潜水由沟谷两侧泄出补给河流。河流溯源侵蚀切割煤层上覆岩层的厚度在河流沿程并不一致，使隔水层由沟脑向沟口方向逐渐减小，并在某个断面上厚度小于导水裂缝带发育高度，此处导水裂缝会贯穿地表，造成地表水直接涌入井下，使河流断流。因此，开展过沟开采保水技术对于沙漠矿区有着十分重要的意义。

第一，地表径流区筑坝引流技术。当地沙漠煤矿区的工作面跨越多个区域，因此可以在保水区和渗漏区分界点处筑坝引流，以红柳林矿井 15 207 工作面过肯铁岭沟开采为例，由工作面的位置起算，沿肯铁岭沟沟谷向上游垂直距离工作面 150m 处筑坝蓄水，截断沟谷上游水流，然后做防水层及砌体，拦水坝过水口处铺垫碎石过滤层，通过对地表径流区的引流以减少地表径流的渗漏。

第二，沟谷地表处理技术。沙区煤层开采后的 3 个月，地表沉降会趋于稳定，因此这时可对已经产生的地表大裂缝采用碎石、砾石的物质进行填埋、压实处理，然后回填黄土 0. 5m 并分层压实，中间夹一层土工布；回填 0. 5m 级配良好的碎石并压实，铺设双抗网，最后铺设三合土 0. 2m，达到防止水流冲刷河床的效果，待回填区稳定后可拆除拦水坝恢复地表径流。回填后的沟谷地表保持了原有的地形坡度比降，保证了沟谷的行洪功能不受影响和改变，有效保护了地表径流，避免其泻入井下而造成灾害和水资源浪费。

第三，汇流区防渗漏技术。对于开采过程中的渗漏区应在采后对地表裂缝填埋，防止水土流失，同时增加有效隔水土层厚度及防水性。对于突水溃沙区和突水区采前修筑水坝拦截，完善矿井排水系统，采后铺设土工格栅、黏土填埋，达到防治突水溃沙的目的。治理后的沟谷地表保持原有的坡度比降，不改变沟谷原始的行洪功能，有效阻隔了地表水进入矿井，也保护了地表水。

第四，控制沙源流动技术。控制沙源流动技术措施主要有沟谷地表铺设土工格栅、黏土等方法阻隔沙源、裂缝填堵等。并分层夯实，裂缝填堵是一种较为简单、经济有效的控制沙源流动的方法。

8）沙漠无机胶凝应用及沙漠持续利用技术。当前防沙治沙形势十分严峻，已经治理的沙化土地生态状况仍很脆弱，特别是沙区的人口、资源和经济压力依然巨大。因此，研究新型固沙材料以遏止日益猖獗沙漠化的势头对促进中国西部大开发，改善生态环境，加快社会经济稳定增长具有重要意义。目前在中国部分地区已经出现了以模压成型方式制出的沙漠绿化砖，通过对砂岩结构及化学成分的研究分析，利用无机胶凝技术，采用以沙子为固沙基材、以水玻璃为黏结剂、以铝盐溶液（$AlCl_3$ 溶液）为固化剂，并在其中掺入膨润土进行改性，以制备出一种高抗压强度的新型低成本高性能沙漠绿化砖。这种材料制成的绿化砖不仅具有更高的强度，而且具有良好的吸水保水性、抗渗性、抗冻性、保肥性等多种性能。此外，可以根据各地沙漠性质及实际情况，在固沙材料中加入一些工业废料，如粉煤灰、矿粉、硅灰等，在治理沙漠、保护环境的同时实现工业废弃物的循环使用；还可以考虑在固沙材料中添加淀粉、氮肥、磷肥、尿素等肥料，制备出的固沙材料本身及其降解产物可为植物生长提供养分，营造出适合植物生长的微环境，以促进植物生长并提高植物成活率。这种材料的开发不仅有助于沙漠资源的高效利用，对于沙漠的长远治理也具有十分重要的意义。

9）沙漠混凝土砌块持续利用技术。沙漠砂是沙漠分布最广泛的优质资源，将其作为建筑原材料的替代品应用于建筑工程或道路砌块中是新型工业发展的方向，也是沙漠地区节能减排的关键。在建筑材料当中，蒸压加气混凝土砌块属于重要的墙体材料和铺设材料，砌块常用的材料主要为粉煤灰和矿渣，经研究发现，沙漠砂与粉煤灰的主要成分基本相同，仅含量存在一些差异。因此，用沙漠砂代替粉煤灰应用于蒸压加气混凝土砌块存在极强的可行性。

泡沫混凝土也属于常用的墙体材料和铺设材料，泡沫混凝土通常将泡沫加入到水泥、粉煤灰和各种外加剂组成的料浆中，经过混合搅拌，浇筑成型，养护而成的内部含有大量密闭气孔的混凝土，与蒸压加气混凝土砌块一样具有良好的物理性能。混凝土材料以黏土制品为主，随着经济的发展，对于墙体材料的需求增长很快，所以开发出既满足建筑需求又能够充分利用当地资源，减少或不用黏土的新型墙体材料十分关键。由沙漠细砂、水泥、石灰、水以及外加剂等材料按比例混合制成的泡沫混凝土具有轻质、强度高、导热系数小、抗冻性、抗碳化性能好等优点，其各项技术指标均能够达到国家标准要求，能够充分利用当地资源、保护耕地、产品投资小、成本低，具有良好的社会和经济效益，是一种较为理想的新型墙体材料。

F. 沙漠资源持续利用产业化开发模式可行性分析

由于中国干旱和半干旱地区环境生态条件脆弱、交通不便、干旱缺水、土地退化，基于高效利用沙漠光、热、水、土资源的开发理念，钱学森院士提出了发展沙产业的思想。沙产业就是在不毛之地发展农业生产，充分利用戈壁滩上的日照和温差等有利条件，推广使用节水技术，发展知识密集型的现代化农业。钱学森院士还认为，过去代表着“死亡之海”的沙漠不再完全是人类的天敌，而是一种资源，是人类的朋友，是人类财富的创造地和发源地。沙产业是以生物技术为核心，以太阳光为能源，利用生物、水和空气，通过农、林、草、畜、禽、工、贸等知识密集型产业的革命，它具有综合性、系统性和复杂性的特点。这种沙漠开发利用战略构架的提出符合中国干旱和半干旱地区的自然规律、生态规律和经济规律的科学发展观，对于沙漠治理和发展沙漠产业经济，推动西部发展，统筹区域协调发展以及人与自然和谐发展，构建环境友好型社会与建设社会主义新农村具有重要的理论意义和现实意义。

对于中国沙漠地区，生态治理是重点，沙漠化防治是难点，沙区各族人民脱贫致富是焦点，突破口理应选择发展沙产业。沙产业可有效遏制沙漠化，发展沙产业也是解决中国西北生态与民生的有效途径。20 多年来，中国各沙区防止沙漠化的工作得以广泛的开展，形成了以沙漠治理为主线的生态修复与经济协同开发的沙产业模式，发展多元综合沙漠经济。

1）在沙漠地区发展生态牧业，在沙区生态承载力范围内投建大型牧场，发展沙区畜牧业。

2）建立中国西北种质资源库，开展沙生灌木及珍稀濒危植物的保护培育，为沙区生态修复提供经济效益好、遗传品质高的优良植物种。

3）利用沙漠独特的水土与气候条件，开展甘草、肉苁蓉、长柄扁桃等珍贵药材种植及衍生产业开发，发展中药及相关保健产业。

4）将沙漠治理与工业经济相结合，种植沙冬青、沙柳、沙打旺、柠条等固沙植物，在防止沙漠化过程的同时，利用沙生灌木的枝叶等副产品开展生物复合饲料研发、造纸、化肥生产等，形成“灌木种植—深加工利用—养殖业发展—废弃物还田改土”的良性循环产业链。

5）高效利用光能风能资源，使沙漠化防治、生态恢复和清洁能源产业开发互促并行。

第 3 章 旱区水土资源持续利用配套装备开发

全球旱区水土资源能否持续利用，一个重要的环节就是资源利用过程中的每个环节能否实现机械化、自动化甚至智能化？这是由于分布在全球各地旱区的水土资源，一方面资源（水资源）匮乏，另一方面质量不高（土地资源），加之环境条件恶劣，并随着经济社会的快速发展，利用程度的高效集约化，没有完善的机械装备配套是难以得到持续开发和利用的。因此，一个符合资源开发需求、具有明显竞争能力、能够促进结构调整且现代化的资源开发利用装备体系是全球旱区水土资源持续利用的关键举措。本章将围绕水土资源开发过程，从土地整理、节水灌溉、施肥、种植、管理等流程，分别就其中的关键装备及配套装备进行分析，阐述其开发背景、工作原理、机械组成、使用说明以及部分研制过程，为人们在水土资源开发利用中提供更加高效、便捷的设备。

3.1 旱区土地整理装备开发

土地整理装备是水土资源持续利用的关键装备之一，包括深松机、深翻机、旋耕机、重耙机、开沟机、起垄机、打埂机、覆膜机等设备，它随着社会的不断发展而不断改进和创新。土地整理装备在某种程度上反映了土地资源开发利用效率和利用水平的高低，也是土地资源保护与持续利用的重要环节。因此，选择合理、高效的土地整理装备对提高耕地质量具有更加重要的作用。

3.1.1 深松机的研制与开发

3.1.1.1 深松机的研制背景

深松机是利用深松铲、无壁犁或凿形犁等松土装置来疏松土壤而不翻转土层的一种深耕农机具。深松机的目的是对坚固的土壤进行疏松，破坏土壤底层的黏结固体，可有效促进水分的运移速度和水分子数量，对地表径流和地表蒸发均有提升作用。这种机具的主要优点在于使土壤具有横向、纵向较大的孔隙度，改变土壤耕层结构，打破犁底层，在其深松部位可储存大量的水分，起到蓄水保墒的作用。深松机作业后不破坏原有土层，不需要大马力，适合坚硬土壤、不容易犁地的田块。对土壤进行机械性的深松，是对当今农业土壤翻耕技术的一次革命性改变，对促进粮食增产增效具有一定的作用，在农业生产中已被广泛应用。

中国农业主产区土壤的耕作方式以深翻和旋耕为主，并且每年翻耕后还需旋耕，对土壤作物耕作层影响比较大，作物的根系主要分布在 10 ~ 20cm，翻耕后的土壤灌水或降水后容易出现板结，对作物生长起到阻碍作用，严重影响作物茎部的生长。翻耕后的土壤犁底层比较坚硬，阻碍了灌溉水、大气以及降水在土壤中的交换和储存，连年对土壤翻耕和旋耕会使土壤中的微生物群体破坏严重，微生物群体破坏降低了土壤毛细管中的水分、养分的输送，使植物的正常生长所需要的水、肥、气、热等减少，作物生长受到严重的阻碍。另外，传统的整地方式，如深翻、重耙、旋耕等破坏土壤的耕作层，将土壤压实，提高了降水、漫灌地表径流，但降低了土壤蓄水能力。

深松机对土壤的作用：①对犁底层进行破坏。可打破因长期犁地、灭茬等形成的坚固土壤底层，促进土壤水分的移动和气体的流动，采用深松机深松后的土壤体积密度在 12 ~ 13g/cm^3，正好是大多数作物生长发育的适宜土壤环境，最有利于作物根系生长。深松机深松土壤深度可达 50cm，其他一般的耕作设备是无法达到的。②可增加土壤蓄水能力。深松机作业可提高土壤的蓄水能力，深松过的土壤可以在 1h 内吸收 300 ~ 600mm 的降水，并且不形成地表径流。深松机可使降雨和降雪快速下渗，并在 0 ~ 150cm 土层中储存，可以作为作物生长后期的水库，使伏雨旱用、冬雪春用，确保在春季种植作物时墒情充足。在干旱的气候条件下，深松作业后土壤可以从地下向上提水提墒，保证作物根层有足够的含水量。深松作业过的土壤比未深松过的土壤可多储水 11 ~ 22m^3/亩，且土壤渗水速率也比未深松土壤高 5 ~ 10 倍，在 0 ~ 100cm 土层中可多蓄 35 ~ 52mm 的水分，在 0 ~ 20cm 土层中土壤平均含水量比传统耕作条件增加 2.34% ~ 7.18%。③促进作物生长。深松机具有独特的工作部件及结构特性，工作阻力显著小于犁耕翻。深松机作业比其他机械作业需要的动力小，单位时间内工作效率高，作业成本低。④对环境的污染很小。深松机对土壤的扰动很小，不改变土壤各层分布，不破坏土壤地表的植被覆盖，可有效防止土壤的水土流失，保护生态环境；不易破坏地表植物，可减少扬沙和浮尘天气。⑤使用范围广泛。深松机可对各种土壤进行翻耕，尤其是对中低产田土壤深松效果更佳。可使大豆增产 18 ~ 24kg/亩，增产率为 12% ~ 178%；可使玉米增产 80kg/亩，增产率为 20%；可使甜菜增产 104kg/亩，增产率为 358%；可使马铃薯增产 269kg/亩，增产率为 262%；深松可使灌溉水的利用率至少提高 30%。

3.1.1.2 深松机的研发现状与发展趋势

全球研发的深松机种类已非常多，作业性能稳定度高，各种功能齐全，可配套任意马力拖拉机，以德国、美国、荷兰、以色列等国家的产品居多，广泛用于农业耕作中。美国研制的自走式深松机，主要特点是刀片取代行走轮，刀盘直径为 35.5cm，耕幅为 30.4 ~ 66cm（Lin et al.，2007）；意大利通过研制，采用 3.3kW 的动力，单机质量为 40kg 的一种单轮驱动深松机，可一次性实现松土和旋耕两种功能（Ruder and Smalley，1997）。

近几年，针对各地区土壤特性，中国科研院所和工厂联合研制了自走式、微型多功能整地作业的小型机具（孟炜等，2009）。山东农业大学研制的温室电动松土机（刘国良等，2006），额定功率为 4kW，结构简单，操作方便，适于松土作业，对土壤进行切削加工，提高了翻土碎土能力，达到了人工刨土的作业效果。9ST-560 型是一种应用在草坪上的间隔式振动深松机，对坚硬密实的土壤草地进行松土、通气，可有效提高草原的生产能力。但该机在传动系统设计与选取机架和机具的振荡部件时存在配套不合理的现象，致使机械工作时稳定性不高，维修周期短，不能很好地对土壤进行深翻。

中国产品类型不多，但设备针对性强，能适用于不同土壤类型的松土。

3.1.1.3 深松机的种类与各自特点

土壤深松在农业应用中主要有间隔深松、垄沟深松、局部深松、浅耕深松、垄翻深松、全面深松等。一般来讲，以中耕松土和破坏耕作层等深松作物为目的，采用全面深松，以蓄水为目的的常采用局部深松法。有些种类的机具兼有局部深松和全面深松的特点，如全方位深松机、振动深松机等（任宝香，2011）。

3.1.1.4 深松机在旱区农业水土资源中的应用

（1）深松机的研制现状

全面深松机适用于土壤坚实度大、深松深度要求不高的土壤，局部深松机适用于土壤硬度大、砂石含量较高土壤。随着旱区农业水土资源需求的不断深入，深松施工工程规模越来越大。然而传统的深松方式效率较低，成本较高，给旱区农业水土资源高效利用带来了极大的不便。因此，需要研发适合旱区农田土壤作业条件、作业面积大的多功能大型深松机。

（2）深松机的基本结构和作业图示

深松机主要由拖拉机、减速齿轮、行走轮、刀片、深度调节机构等组成。拖拉机提供动力，通过联轴器与减速齿轮连接。工作部件由刀盘和立式松土刀组成，分为两组，由减速齿轮带动。深度调节机构由手柄、链轮及链条组成，通过改变机架的高度实现松土深度的调节。松土深度为 20～60cm，松土宽度为 120～400cm。深松机如图 3-1 所示，深松作业如图 3-2 所示。

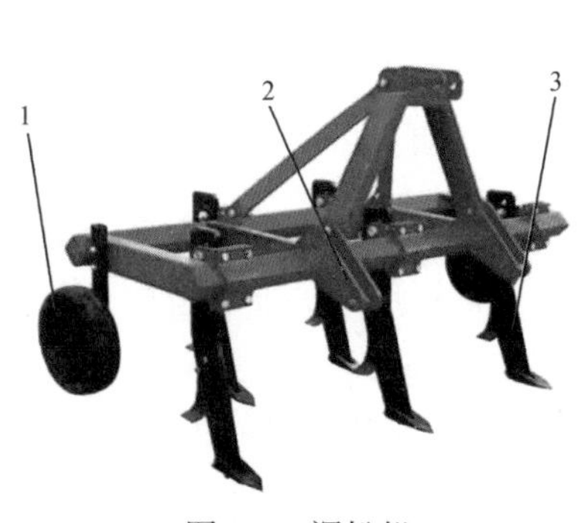

图 3-1　深松机

1. 行走轮；2. 深度调节机构；3. 松土刀

图 3-2　深松作业

（3）深松机作业说明

1）深松作业的时间：全方位深松必须在秋后进行，局部深松可以秋后或播前秸秆处理后进行灭茬，再进行深松作业；夏季深松作业，宽行作物（玉米）在苗期进行，苗期作业应尽早进行，玉米不应晚于 5 叶期，窄行作物（小麦）在播前进行。此外，应在深松后进行耙地等表土作业，或采用带翼深松进行下层间隔深松，表层全面深松。

2）深松作业的深度：苗期作业深度玉米为 23 ~ 30cm，小麦为 25 ~ 30cm，秋季作业深度玉米和小麦均为 30 ~ 40cm。

3）深松作业的周期：一般 2 ~ 4 年深松一次。

4）深松作业深度要一致，不得漏松，夏季深松时应同时施入底肥（王发明，2011）。

3.1.2 深翻机的研制与开发

3.1.2.1 深翻机的研制背景

深翻耕作是一种松散耕作层土壤紧实的技术，耕作深度可达到 30cm 以上，其主要作用为打破犁底层，增加土壤耕作层的深度，可深埋上层含有病虫害的土壤和植被残茬，改善土壤物理特性，提高土地种植质量，利于作物生长，增加作物产量。

深翻机具的研制需要适应各地不同的土壤质量和气候条件，实现 60cm 的土垡翻转，方便制造加工，安装便捷和效率高。同时，耕作符合《铧式犁》（GB/T 14225—2008）的试验方法和《铧式犁作业质量》（NY/T 742—2003）的相关标准，并可调整深度和耕作幅宽。

3.1.2.2 深翻机的研发现状与发展趋势

（1）深翻机的应用现状及发展趋势

随着农业机械化的不断进步，深翻机产品不断向品种多样化、产品智能化和系列化发展。在犁的结构上采用一些先进的技术和创新性结构，添加了自动挂接装置、液压折叠系统和安全装置等。

（2）中国深翻机的应用现状及发展趋势

目前深翻机在中国的使用量不大，基本上都是从其他国家引进或从传统的铧式犁改进而来的。中国现代农机具的研究和发展起步较晚，受材料以及加工制造技术等因素的影响，翻转犁在中国的发展缓慢。

近年来，随着农业机械化的快速发展，液压翻转犁逐渐引起了许多科研院所和农机企业的重视，并相继研究和设计了多种型号的翻转犁，土层置换犁如图 3-3 所示。山东新泰市金源机械科技有限公司制造的 1LSX-2-45 型深耕双铧犁（图 3-4）对山东花生连作土壤起到了一定的改良效果，但双铧犁直接耕作深度为 45cm，形成的犁沟较深，使拖拉机倾斜角度大，影响耕作的稳定性。

新疆作为农业大省，一直对翻转犁有深入研究。早期的农耕机械基本是引进的翻转犁，2012 年科研人员研制了 1LFS-435 型深松翻转犁和 1LFT-545 型液压调幅翻转犁，两种翻转犁田间试验检测结果较好，耕作质量满足农艺要求。这些翻转犁的研制与创新为全球农业机械的进一步发展奠定了基础。

图 3-3　土层置换犁

图 3-4　深耕双铧犁

近年来，随着计算机技术的发展，利用计算机技术以及仿真技术设计曲面逐渐成为犁体曲面研究的热点。这种方法缩短了犁体曲面的设计周期，降低了设计人员的工作强度，且参数化设计操作容易，修改方便，从而提高了犁体曲面的设计质量。2008 年山东省农业机械科学研究所杨化伟和刘利明利用水平直元线法在 SolidWorks 三维软件中设计了犁体曲面，该方法的使用有利于犁体产品的进一步开发，便于形成系列化和标准化产品。

3.1.2.3　深翻机的种类与各自特点

深翻作业一般利用 70 马力以上轮式拖拉机配套铧式犁或圆盘犁进行。常用犁有 1LS-525 型五铧犁、1LY-325 型圆盘犁、1LYQ-1030 型和 1LYQ-1230 型驱动圆盘犁等。其中，五铧犁作业面宽、效率高，适宜于较黏重的土壤；圆盘犁速度快，适宜于壤土。一般来讲，普通旱区土地整理适宜采用圆盘犁，盐碱土等容重较高的土壤适宜采用五铧犁以达到疏松土壤，加速盐分淋洗的目的。

3.1.2.4　深翻机在旱区农业水土资源中的应用

深翻耕作是现代农业生产必不可少的生产过程。改进后的深翻机能够打破坚硬的犁底层，增加作物生长的空间，深埋表层土壤中含有的杂草、虫卵、病菌等，改善连续多年种植单一作物造成肥力逐年下降的土壤质量。

（1）深翻机的研制现状

悬挂翻转式深翻机既适用于坚实度不大、深翻不深的土壤，又适用于土壤黏重、含水率较高的土壤。随着旱区农业水土资源需求的不断深入，需要研发体积小、功能多样，能同时完成深翻、抹平、除淤等工作的深翻机。

（2）深翻机的基本结构和作业图示

针对悬挂翻转式深翻机单犁体耕作阻力大，犁体损坏速度快的问题，提出深翻机犁体空间结构优化配置方案。深翻机结构如图 3-5 所示，悬挂翻转式深翻机作业如图 3-6 所示。

(3) 深翻机作业说明

所研制的深翻机除了配有使用说明外，还必须说明它的动力配套过程，以便在作业过程中能够及时矫正不良操作习惯。

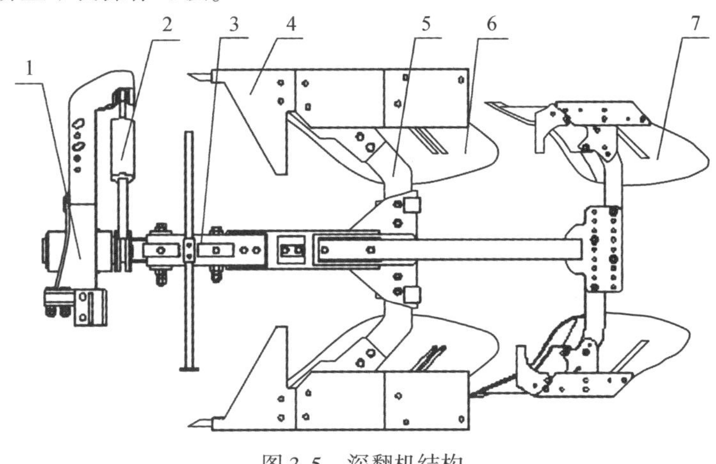

图 3-5　深翻机结构

1. 悬挂架；2. 翻转油缸；3. 犁架；4. 侧犁刀；5. 犁柱；6. 主犁体；7. 副犁体

图 3-6　悬挂翻转式深翻机作业

3.1.3　旋耕机的研制与开发

3.1.3.1　旋耕机的研制背景

旋耕机是一种由拖拉机动力驱动旋耕刀辊完成土壤耕、耙作业的机具。其切土、碎土能力强，能切碎秸秆并使土肥混合均匀。一次作业能达到犁耙几次的效果，耕后地表平整、松软、能满足精耕细作的要求（王伟，2011）。旋耕能抑制返盐，有利于脱盐，可加强有机残体的分解过程，促进转化，改变土壤盐分供给强度（吴吉人等，1964）。旋耕机有较强的碎土能力，一次作业能使土壤细碎，土肥掺和均匀，地面平整，达到旱地播种或水田栽插的旋耕要求。旋耕机对残茬、杂草的覆盖能力较差，耕深较浅（旱耕 12 ~ 16cm；水耕 14 ~ 18cm），能量消耗较大。主要用于水稻田和蔬菜地，也用于果园中耕。重型横轴式旋耕机的耕深可达 20 ~ 25cm，多用于开垦灌木地、沼泽地和草荒地。

旋耕机工作时，旋耕刀片一方面由拖拉机动力输出轴通过输入轴、传动齿轮驱动做回转运动，另一方面随机组前进。刀片在切土过程中，首先将土垡切下，随即向后方抛出，土垡撞击到罩壳与拖板而变细碎，然后再落回到地表上。由于机组不断前进，刀片连续不断地对未耕地进行松碎（王伟，2011）。

3.1.3.2 旋耕机的研发现状与发展趋势

中国是传统农业大国，在犁的基础上，研制了多种翻地设备，但大都是由人工或人畜配合完成的，作业效率低下。目前中国的旋耕机型号主要包括 1GXZ-125 型、1GKN-180 型、1GKNM-200 型等，其中-后面的数字表示工作幅宽；1G 表示耕地机械旋耕机；X 表示选择作业速度；K 表示可调加重型旋耕机；M 表示双轴，单轴不表示；Z 表示直接连接，三点悬挂不表示；中间齿轮传动用 N 表示。例如，1GKNM-200 型表示工作幅宽为 200cm，后刀轴为中间齿轮传动，前刀轴为常见侧边齿轮传动，三点悬挂，该机为双轴（灭茬）型框架式旋耕机（王伟，2011）。

3.1.3.3 旋耕机的种类与各自特点

（1）横轴式

横轴式旋耕机有较强的碎土能力，多用于灌木地、沼泽地、水稻田和草荒地的开垦。配备的直角刀具有垂直和水平切刃，刀身较宽，刚性好，容易制造，但入土性能较差。弧形刀的强度大，刚性好，滑切作用好，通常用于重型旋耕机上。

（2）立轴式

立轴式旋耕机主要工作部件是 2 ~ 3 个螺线形切刀。作业时旋耕器绕立轴旋转，切刀将土切碎，有较强的碎土、起浆作用，但覆盖性能差，适用于稻田水耕。立轴式旋耕机在日本使用较多。为增强旋耕机的耕作效果，有些国家在旋耕机上加装各种附加装置，如在旋耕机后面挂接钉齿耙以增强碎土作用，加装松土铲以加深耕层等。

3.1.3.4 旋耕机在旱区农业水土资源中的应用

（1）旋耕机的研制现状

立轴式旋耕机适用于稻田水耕，覆盖性能较差；横轴式旋耕机多用于开垦灌木地、沼泽地和草荒地的耕作，适用面较广。随着旱区农业水土资源需求的不断深入，旋耕工程规模越来越大，地形越来越复杂。因此，需要研发体积小巧，功能多样，能同时完成旋耕、压实等工作的旋耕机。

（2）旋耕机的基本结构和作业图示

旋耕能将秸秆还田，对土壤理化性质和作物产量的提高都有影响（李学平和刘萍，2016），具有耕耙合一的特点，工作可靠，作业效率高。旋耕机结构如图 3-7 所示，作业如图 3-8 所示。

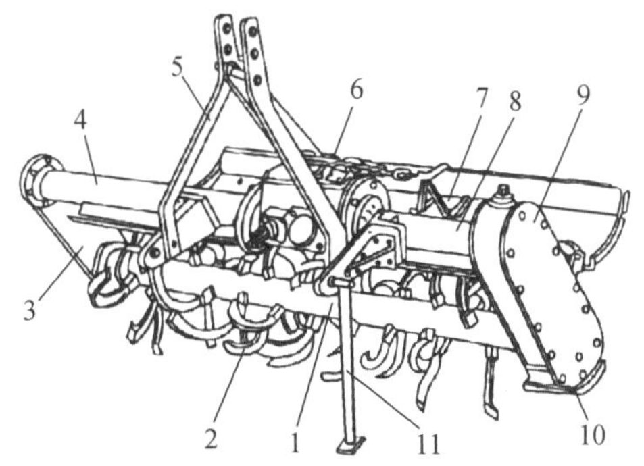

图 3-7　旋耕机结构

1. 刀轴；2. 弯刀；3. 右支臂；4. 右主梁；5. 悬挂架；6. 齿轮箱；7. 罩壳；8. 左主梁；9. 传动箱；10. 防磨板；11. 撑杆

图 3-8　旋耕作业

(3) 旋耕机作业说明

所研制的旋耕机除了配有使用说明外，还必须说明它的动力配套过程，以便在作业过程中能够及时矫正不良操作习惯。

3.1.4　重耙机的研制与开发

3.1.4.1　重耙机的研制背景

重耙机适用于农田耕前灭茬，破除地表板结，秸秆切碎还田，耕后碎土，平整保墒等作业。重耙作业效率高、入土碎土能力强，耙后地表平整、土壤松碎，对黏重的土壤具有较强的适应能力。重耙在表土进行耕作，有疏松土壤、保蓄水分、提高土温等作用。重耙翻转土层的耕作方式要比不翻转土层的耕作方式更利于土壤疏松，这种方式可使土壤保持疏松状态 3～4 年，但翻转土层对植物根系造成损伤，影响植被；对砂壤土草地的 27cm 或 47cm 深度的底层土壤进行疏松，能使土壤的容重明显下降，孔隙度提高，土壤水流动性更好，根系繁殖速度加快（尤泳，2008）。

3.1.4.2 重耙机的研发现状与发展趋势

采用重耙是防止土壤风蚀沙化、降低耕作成本、增加收益最有效的保护性耕作措施，特别适宜于干旱多风地区。世界各国采用机械化浅松方法消除因放牧的踩踏而出现的土壤板结，增加土壤的透气性。圆盘耙是最常见也是最普及的一种重耙机械，深度达 6 ~ 8cm，操作简单、安装方便。20 世纪 50 年代，链轨式重耙机得到了广泛应用，链轨式的设计使设备不易下陷，作业效率高，特别适合当时开荒过程的使用。随着技术的进步，链轨式的弊端也日益凸显，体积大、故障率高、维修成本高的缺点限制了其推广应用。

液压偏置重耙是最新的一种重耙机械，整机采用组合式结构。作业效率高、入土碎土能力强、耙后地表平整、土壤松碎。对黏重土壤、荒地和杂草多的地块具有较强的适应能力。黑龙江省畜牧机械化研究所研制的 1BZD-1.8 型牵引式单体重耙具有高效灭茬能力，尤其适合高茬地、荒地或玉米茬地等恶劣的作业环境。

3.1.4.3 重耙机的种类与各自特点

（1）圆盘耙

圆盘耙以成组的凹面圆盘为工作部件，耙片刃口平面同地面垂直并与机组前进方向有一可调节的偏角。作业时在拖拉机牵引力和土壤反作用力的作用下耙片滚动前进，耙片刃口切入土中，切断草根和作物残茬，并使土垡沿耙片凹面上升一定高度后翻转下落。作业时能把地表的肥料、农药等同表层土壤混和，普遍用于作物收获后的浅耕灭茬、早春保墒和耕翻后的碎土等作业，也可用作飞机播种后的盖种作业。按耙组的配置形式可分为单列式、双列对置式和偏置式三种。

（2）钉齿耙

钉齿耙以成组的钢制钉齿为工作部件。用于犁耕后平整地面，破碎地表的土块或板结层，以减少水分蒸发；也可用于覆盖撒播的种子和肥料及苗期除草、疏苗等。耙深 5 ~ 6cm。耙齿断面有方形、圆形、椭圆形、菱形和刀形。刀形耙齿又称刀齿耙。方形、菱形和刀形耙齿有良好的松土、碎土能力。

（3）往复驱动耙

往复驱动耙由前后两根装上钉齿的横杆组成。由拖拉机动力输出轴通过传动装置使两根横杆做相对往复运动，使钉齿在作业时起振动碎土作用。

（4）立式转齿耙

立式转齿耙由若干个横向排列的、带有两个直钉齿的“门”形转子组成。相邻转子的旋转方向相反，钉齿相互错开 90°。耙深可达 25cm，适用于块根作物，耗能较大。

3.1.4.4 重耙机在旱区农业水土资源中的应用

（1）重耙机的研制现状

圆盘重耙机适用于土壤硬度大的地区。随着旱区农业水土资源需求的不断深入，重耙的质量要求越来越高，施工中对作业效率的要求越来越高。传统的手工重耙，效率较低，成本较高，给旱区农业水土资源高效利用带来了极大的不便。因此，需要作业面积大、功能多样，能同时完成重耙、压实等工作的大型重耙机。

（2）重耙机的基本结构和作业图示

偏置重耙机适用于黏重土壤的耕后碎土及中轻土壤的“以耙代耕”耕前灭茬。主要采用国际先进设计理念，以钢结构为耙架主体，配液压升降轮胎，弹簧调平机构等设备，具有坚固耐用、运输方便、维修保养简便等优势。整机采用组合式结构，主要适用于农田耕前灭茬，破除地表板结，秸秆切碎还田，耕后碎土，平整保墒等作业，在熟地上亦可代替犁进行土壤耕翻作业（聂永珍，2009）。作业效率高、入土碎土能力强，耙后地表平整、土壤松碎，对黏重土壤、荒地和杂草多的地块具有较强的适用性，特别适用于大型农场的土地耕作。牵引式单体重耙机结构如图 3-9 所示，作业如图 3-10 所示。

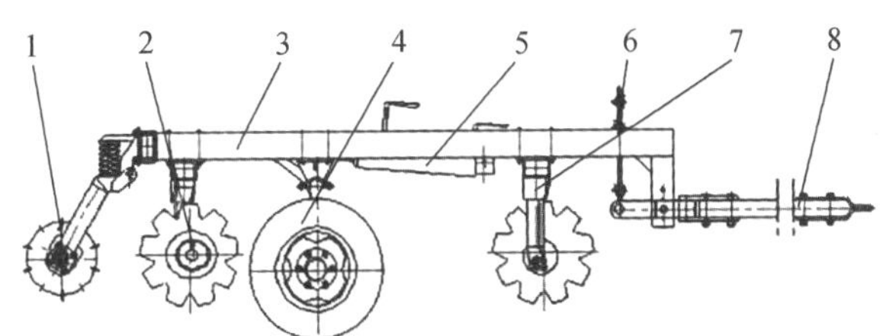

图 3-9　牵引式单体重耙机结构

1. 碎土辊总成；2. 耙组总成；3. 主耙架；4. 行走轮；5. 液压系统；6. 平衡丝杠；7. 耙组总成；8. 牵引架

图 3-10　重耙机作业

（3）重耙机作业说明

重耙机对地表以下的土层进行疏松，在地表下构成疏松带，形成虚实并存的土壤环境。对土壤进行疏松，能使土壤的容重明显下降、孔隙度提高，土壤水流动性更好，改变土壤的物理特性。

3.1.5 开沟机的研制与开发

3.1.5.1 开沟机的研制背景

开沟机是挖沟开槽的机械设备，是农业生产机械化作业的主要机种之一，广泛应用于市政工程施工、地下管道、电缆（通信光缆）铺设工程、农田水利建设、石油管线铺设以及军事工程沟道开挖建设等。开沟机具有设备成本低、施工专用性强、工作效率高、连续挖掘、可靠性好等特点，特别是对于不适用于挖掘机施工的长距离、窄而深的沟渠，开沟机的施工适用性更加明显（郭金平，2007）。

开沟机尤其适用于施工场地较为狭小、挖掘机等土方机械无法作业的地方，或土质较硬、人工开挖效率太低的场合。开沟机的单位施工成本一般低于挖掘机等机械施工，有时甚至低于人工施工，因此深受广大施工单位的欢迎。既能解决人工开挖带来的施工难度增加问题，又能提高工程进度和经济效益。

以链式开沟机为例，开沟作业是通过安装在闭合链条上均匀的铣切齿实现的，闭合链条沿着构架上的链轮循环移动。链轮的旋转通常由液压马达驱动，链条紧边上的铣切齿对土壤进行连续的挖掘。开沟机作业时，首先铣切齿挖掘土壤，切割下的土壤在铣切齿带动下移动，绕过驱动链轮进行抛土。为了清理已开沟槽中残留土壤，通常在构架上安装有刮土或分土装置，螺旋分土器就是常见的分土装置，它将铣切下来的土分到铣切好的沟槽的两侧。铣切齿绕过构架上链轮的端部后继续进行挖掘，从而这样连续不断的循环工作。随着开沟机的前行，沟槽就形成了。在开沟机上面装有液压缸，通过控制液压缸的提升或下放，可以改变开沟机构架的高度和角度，从而改变开沟机工作面的倾角和开沟深度（王云超，2004）。

在土地整理和农田水利施工中，开沟机具有以下优势。

1）工作效率高。开沟机属连续挖掘作业机械，集挖掘、分土、排土于一体；而挖掘机属半连续挖掘工作装置，其常见工作循环为挖掘—旋转—卸土—旋转归位—挖掘，辅助作业时间较多。在土地整理、农田水利施工中与挖掘机相比，开沟机的作业效率高 3 ~ 5 倍，尤其对于挖掘距离长、深而窄的沟槽，开沟机的效率优势更为明显。

2）超挖量小、施工成本低。使用挖掘机开沟既不规则也不整齐，而且挖掘和回填量大。而开沟机却相反，比挖掘机少取土 23.8%，施工总成本降低 50% 以上。

3）开沟速度快，大大缩短预期工期。即使按照最低工作速度 0.25m/s、6h 工作时间计算，开挖深 2m、宽 0.25m 的沟槽，每天施工长度达 5400m，效率十分惊人。而普通挖掘机要挖掘同样规格的沟槽，耗费得工作时间是开沟机的 2 倍以上。

4）施工适应性好。无论是松软土壤还是较硬地面，不需要松土作业。

5）回填施工效率高。开沟机可自带推土板进行开沟回填，施工成本大大降低，挖掘回填土施工通常要用推土机或装载机辅助作业。

3.1.5.2 开沟机的研发现状与发展趋势

最早开发的开沟机为铧式犁开沟机，随后出现了圆盘式开沟机。圆盘式开沟机总体结构与铧式犁开沟机相类似，只是作业装置通常采用圆盘式开沟机，可以开挖窄而深的梯形沟。

(1) 国外开沟机的研发现状与发展趋势

国外开沟机主要以美国、法国、英国和意大利等国家发展较快。目前开沟机的主要使用类型有两种：一种是链式开沟机具，用于开挖窄深沟；另一种是立式铣削轮机，用于开挖深宽沟。

美国开沟机的生产公司主要有凯斯（CASE）公司、百莱玛–威猛（BALAMA PRIMA-VERMEER）公司等。其中凯斯公司生产的开沟机型号有 CASE860（图 3-11）、DH5 等；百莱玛–威猛公司生产的开沟机型号有 T1555、T1055、1955 等。英国开沟机的生产公司主要是马斯坦·布罗克（MASTEN BROEK）公司，生产的开沟机型号有 1012、2615H、M20/18 等。德国公司生产的开沟机以大型开沟机为主，作业宽度较大，链式开沟机的工作装置作业宽度为 0.25 ~ 1.2m 或 0.35 ~ 2.4m，作业为 0.5 ~ 3.0 ~ 10.0m 的沟槽。法国 JCLD 公司成立于 1984 年，主要生产 Major 牌开沟机，产品采用珀金斯柴油机，发动机额定功率为 119.4kW，采用四轮驱动，整机最高行驶速度达 27km/h，开沟宽度为 0.2 ~ 0.45m，深度为 0.7 ~ 1.5m（郭金平，2007）。

图 3-11 美国凯斯公司生产的 CASE860 链式开沟机

按照开沟装置结构的不同，目前常见的开沟机开沟装置分为链式、滚筒式和圆盘式三种类型。根据施工的需要，三种类型的装置可在主机上任意选择安装和替换。表 3-1 为三种类型的装置常见的使用范围。

表 3-1 三种类型的装置常见的使用范围

<table>
<tr><td rowspan="2">类型</td><td colspan="2">使用范围</td><td rowspan="2">主要用途</td></tr>
<tr><td>挖宽/m</td><td>挖深/m</td></tr>
<tr><td>链式</td><td>0.25 ~ 0.24</td><td>0.5 ~ 10.0</td><td>埋设管道、隧道中央排水沟、隧道下半部掘削和平基时开掘沟自由面</td></tr>
<tr><td>滚筒式</td><td colspan="2">切削滚筒宽 3 ~ 4m，直径 1 ~ 4m</td><td>用于路基、平基、大坝堤堰、隧道下半部等宽幅掘削和残壁掘削</td></tr>
<tr><td>圆盘式</td><td>0.2 ~ 0.3</td><td>0.8 ~ 1.4</td><td>可挖窄沟，如排水沟、管道、电线埋设沟</td></tr>
</table>

对开沟机开沟性能及开沟作业装置的相关理论研究较少。1998 年 Deketh 等在现有岩石开沟机开沟性能的研究成果基础上构建了在不同土壤环境下的岩石开沟机功耗及刀片磨损预测模型。

（2）中国开沟机的研发现状与发展趋势

从 20 世纪 50 年代开始，中国农田水利建设就已经应用铧式犁开沟机进行开沟作业。铧式犁开沟机主要有悬挂式犁和牵引式犁两种结构。铧式犁开沟机的优点是零部件少、结构简单、工作可靠，开沟深度为 30 ~ 80cm；缺点是工作阻力大、效率低，较硬的地层需要用两台拖拉机牵引才能作业。到 70 年代中期，铧式犁开沟机逐渐被铣抛盘式开沟机取代。铣抛盘式开沟机的开沟断面是上口宽、沟底窄的倒梯形，开沟深度为 0.5 ~ 1.0m，抛土速度为 7 ~ 15m/s，牵引拖拉机的行走速度为 50 ~ 200m/h；其主要缺点是传动结构复杂、庞大，行走速度低。到 80 年代中期，中国开始从其他国家引进开沟机，这些开沟机主要用于排水工程作业。1995 年，江苏省高邮市平安开沟机制造厂生产的平安牌 IKS-30 型单悬臂式开沟机（图 3-12），采用单悬臂机架和框架式刀盘以及分层切削刀片，整机成本相对较低，开沟效果良好，得到了广大使用者的好评（覃国良，2009）。1KZ-30 型自走式链式开沟机如图 3-13 所示。

图 3-12　IKS-30 型单悬臂式开沟机

图 3-13　1KZ-30 型自走式链式开沟机

3.1.5.3　开沟机的种类与各自特点

（1）铧式犁开沟机

铧式犁开沟机是通过拖拉机牵引进行作业的一种开沟装置，主要由机架及机架上的开沟机构和驱动地轮组成；开沟机的前方设有驱动地轮，后方设有开沟的大犁体，尾部连有平土板，结构紧凑、简单，工作可靠，成本低。

铧式犁作为中国最早使用的开沟设备，早在 20 世纪 50 年代就已经被应用于农田建设。铧式犁开沟机是在动力拖拉机的牵引下，铧式犁切削土壤，完成开沟作业的。优点是结构简单、速度快、效率高、工作可靠、零部件较少，开沟深度为 30 ~ 50cm；缺点是结构笨重，遇到土质较硬的土壤，很难保证开沟深度。

（2）圆盘式开沟机

20 世纪 50 年代后期，随着大马力拖拉机的发展，圆盘式开沟机得到迅速发展。意大利、法国、荷兰、日本等国家均开发出了不同型号的圆盘式开沟机系列产品。圆盘式开沟机是通过拖拉机牵引圆形铣刀盘高速旋转进行作业的一种开沟装置，主要由机架及机架上的开沟机构和驱动地轮组成；开沟机的前方设有驱动地轮，后方设有开沟的大圆盘犁，尾部连有平土板。其主要工作部件是一个或两个高速旋转的圆盘，圆盘四周是铣刀，铣下来的土壤可按不同的农艺要求，将土壤均匀地抛掷到一侧或两侧 5 ~ 15m 范围以内的地面上，也可将土壤成条地堆置在沟沿上，形成土埂，两个圆盘与水平面成 45°角，开出的沟横截面是上口宽、沟底窄的倒梯形，开挖的沟渠内壁光滑整齐，不需要辅助加工。圆盘式开沟机优点是工作可靠、牵引阻力小、碎土能力强、土壤适应性强、所开沟槽平整；缺点是整机结构复杂、庞大，制造工艺要求高，行走速度慢（牵引拖拉机以 50 ~ 400m/h 的超低速前进），生产效率比犁铧式开沟犁低（王京风，2010）。

（3）螺旋式开沟机

螺旋式开沟机主要用于农田排水挖沟，通常采用旋耕机上带有的利刀进行挖沟，由主轴固定在外壳内，主轴的一端固定有动力齿轮盘，另一端通过伞形齿轮与被动轴连接，被动轴的下端固定有螺旋桨，泥瓦固定在螺旋桨侧面的泥瓦支架上。螺旋式开沟机不仅可挖厢沟，也可挖围沟，挖沟的深浅度可以按照需求进行调整，因此保证了开挖不同深度沟槽的质量。螺旋式开沟机的优点是结构简单、所开沟壁平整、残土较少；缺点是工作部件尺寸大、刀片耗损快、刀片的加工和更换不方便。

（4）链式开沟机

链式开沟机是通过拖拉机牵引带动安装在闭合链条上的铣切齿进行作业的一种开沟装置。链条上的铣切齿切削土壤，切削下来的土壤随着链条传送至螺旋排土器，螺旋排土器将土壤排至沟渠的一侧或两侧，达到开沟的目的。链式开沟机尤其适于窄而深的沟渠，其优点是结构简单、效率高、所开沟槽沟壁平整、沟底不留残土、作业沟深和沟宽可以调节（王京风，2010）。

3.1.5.4 开沟机在旱区农业水土资源中的应用

（1）开沟机的研制现状

在选择开沟机时，要综合各类型开沟机的适用范围，结合土壤特点、开沟要求等因素进行选择。对土壤坚实度不高、开沟深度不深的土壤，优先选用铧式犁开沟机。圆盘式开沟机和链式开沟机适用于土壤硬度大、砂石含量较高的田地；螺旋式开沟机适用于含水率高、土壤黏重的田地。随着旱区农业水土资源利用的不断深入，农田水利开沟土方施工工程规模越来越大，施工中面临着挖、填一体化的问题越来越多。传统的人工开沟，效率较低，成本高，给旱区农业水土资源高效利用带来了极大的不便，而进口开沟机价格高，机型特点不适合中国国情。因此，需要研发适合中国土壤作业条件、体积小巧、功能多样，能同时完成开沟、排土、回填等工作的多功能小型开沟机。

（2）开沟机的基本结构和作业图示

以链式开沟机构为例，主要包括链条、从动链轮、机架板、切削刀片、液压缸、连接架、螺旋从动轴组合、主动轴组合、刮土器组合。链式开沟机结构如图 3-14 所示，作业如图 3-15 和图 3-16 所示。

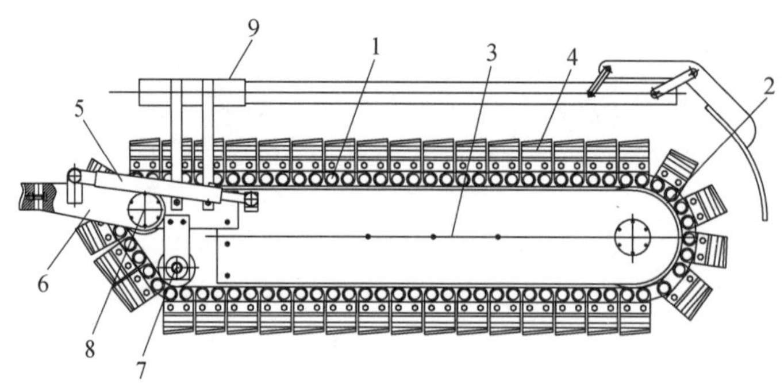

图 3-14　链式开沟机结构

1. 链条；2. 从动链轮；3. 机架板；4. 切削刀片；5. 液压缸；6. 连接架；7. 螺旋从动轴组合；8. 主动轴组合；9. 刮土器组合

图 3-15　开沟机作业

图 3-16　开沟机挖沟过程

（3）开沟机作业说明

开沟机除了配有使用说明外，还必须说明它的动力配套过程，以便在作业过程中能够及时矫正不良操作习惯。

3.1.6 起垄机的研制与开发

3.1.6.1 起垄机的研制背景

西北地区是中国典型的灌溉农业区，农业生产长期采用大水漫灌和传统翻耕，不仅降低了水利用效率和农业经济效益，而且造成了土地严重退化和生态环境恶化。起垄保护性耕作是相对传统翻耕平作、漫灌的一种新型农业系统，其基本特征是采用垄作和沟灌，永久保持垄床和垄沟，播种时作业机械在垄沟中行走、在垄上免耕播种，生长期用垄沟进行灌水，在下茬作物播种前，只对垄床进行少量修整。起垄保护性耕作技术是将固定道技术、垄作技术、保护性耕作技术以及沟灌技术相结合的一种新型技术，它要求在第一次起垄后，永久保持垄形，只对垄进行修复作业。机具作业时，要求拖拉机轮胎与机具地轮均在固定垄沟里行走，作物生长带由于没有机器压实，且采用免耕作业，可保持良好的作物生长环境（何进等，2009）。

起垄机具有宽度在 50 ~ 85cm 范围和深度由拖拉机悬挂自动调节，且配套方便、起垄标准、价格便宜、作业成本低、效率高等优点，每小时起垄 8 ~ 16 亩，每亩 30 元左右。

3.1.6.2 起垄机的研发现状与发展趋势

使用整地起垄机后，降低了耕作起垄的劳动强度、作业成本及减少了劳动工序，受到农户和农机手及有关部门的欢迎。20 世纪 90 年代初期，机械化耕作方式逐步取代原始耕作方式。日本和韩国研究的起垄机主要以汽油机作为配套动力，起垄机体积小、质量轻、单一作业性能好，但售价高，许多中小型用户难以承担购买，同时高性能复合式作业机型也较少。中国于 20 世纪 70 年代开始研究小型农用机具，虽然起步晚，但发展速度快。

（1）国外起垄机的研发现状与发展趋势

宽垄沟灌种植修垄机如图 3-17 所示，该设备不仅可以恢复垄形，还可以对其进行灭茬除秆，从而保证沟灌时灌溉水能避免秸秆的堵塞而顺利流过垄沟，不会出现灌水不均等现象，使水资源充分的利用。

印度泰米尔纳德邦农业大学改进的起垄播种机与拖拉机连接方式是三点悬挂，是一种集起垄、播种多种功能为一体的复合式机具。该机具每天可以起垄播种 3.2hm^2 的土地，与起垄、播种两道工序分开进行比较，该机具可以节省 57% 的生产成本、95% 的劳动力与工作时间（高凤，2013）。

图 3-17　宽垄沟灌种植起垄机

（2）中国起垄机的研发现状与发展趋势

1YSG-1 型烟田施肥起垄机是集起垄、施肥为一体的多功能作业机械（图3-18），该起垄机通过三点悬挂于拖拉机上进行耕作。该起垄机结构是由 U 形螺栓、圆盘支架、地轮轴轴承座、圆盘轴、摆臂、链条、地轮轴、肥料箱、排肥轴、减振器、铧式犁、搅拌轴链轮、张紧轮、摆臂轴、轴承座、搅拌轴、地轮轴轴承、双联链轮、轴承、排肥驱动链轮、地轮、圆盘、机架等组成。

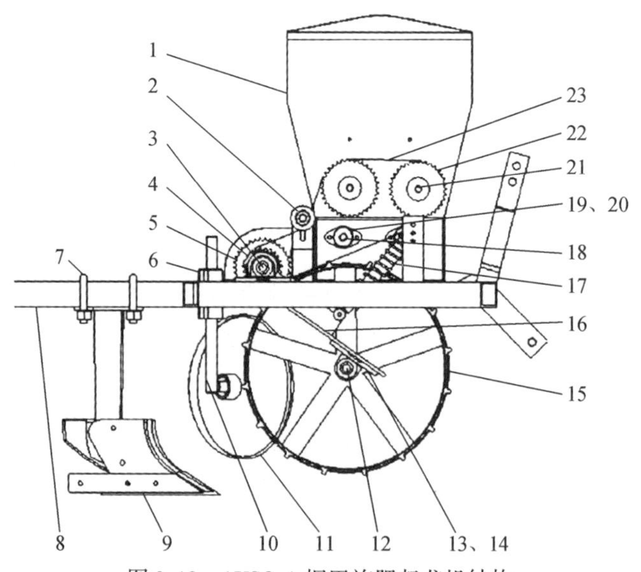

图 3-18　1YSG-1 烟田施肥起垄机结构

1. 肥料箱；2. 张紧轮；3. 摆臂轴；4. 双联链轮；5. 排肥驱动链轮；6. 圆盘支架；7. U 形螺栓；8. 机架；9. 铧式犁；10. 圆盘轴；11. 圆盘；12. 地轮轴；13. 地轮轴轴承；14. 地轮轴轴承座；15. 地轮；16. 摆臂；17. 减振器；18. 排肥轴；19. 轴承；20. 轴承座；21. 搅拌轴；22. 搅拌轴链轮；23. 链条

叶湾大和张建领（2010）针对广东地区的实际情况，设计研制出一种小型 1GQS-110 型旋耕起垄机（图 3-19），该起垄机动力配套系统是工农系列手扶拖拉机，适合广东地区种植特点和土壤条件的小型旋耕起垄机。其优点是体积小、质量轻、性能可靠，能一次完成翻土、碎土、整畦、起垄等作业，适合应用于烤烟、花生、蔬菜等经济作物的耕种产业（高凤，2013）。

图 3-19　1GQS-110 型旋耕起垄机

何进等（2009）共同研制的 1QL-70 型固定垄起垄机如图 3-20 所示，主要应用于河西走廊灌溉农业区。1QL-70 型固定垄起垄机既能起新垄也能对原有垄进行修复且效果良好。该起垄机的起垄犁翻土和碎土效果好。起垄板采用组合方式，依靠起垄刮板和垄面刮土板实现垄形成型，同时起垄机设有圆柱形镇压滚筒，可有效保证垄床成形。这一耕作技术对节水和防风沙、增加土壤肥力等都有积极影响，随着固定垄保护性耕作技术的发展，该起垄机具有良好的应用前景。

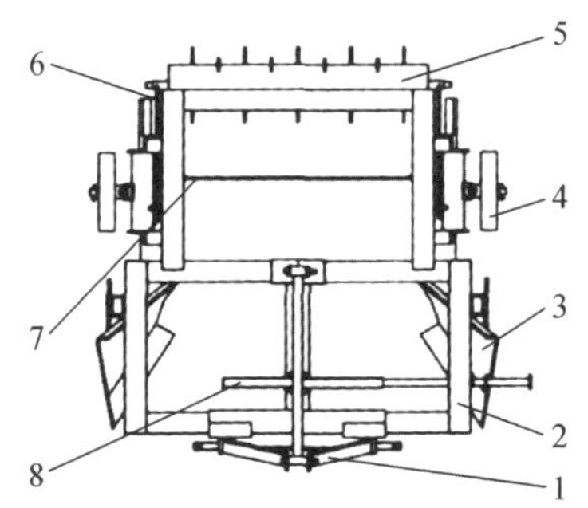

图 3-20　1QL-70 型固定垄起垄机结构

1. 悬挂架；2. 机架；3. 起垄犁；4. 限深轮；5. 镇压滚筒；6. 起垄刮板；7. 垄面刮土板；8. 中央螺栓调节机构

1QL-70 型固定起垄机的主要技术参数见表 3-2。

表 3-2 1QL-70 型固定垄起垄机的主要技术参数

参数	数值
外形尺寸（长×宽×高）/(mm×mm×mm)	1200×1100×700
整体质量/kg	100
配套动力/kW	20
工作幅度/mm	1000
起垄垄面宽度/mm	650～700
起垄垄床高度/mm	150～200
生产率/(hm^2/h)	0. 17～0. 54

3. 1. 6. 3 起垄机的种类与各自特点

（1）1YSG-1 型烟田施肥起垄机

1YSG-1 型烟田施肥起垄机地轮机结构设计不合理，工作不稳定，当耕作环境较差，地面高低不平时，两侧地轮行走容易出现掉链条的现象；一个肥料箱不能同时对多种不同密度的肥料搅拌均匀，在施肥过程中容易出现肥料混合不均匀的现象；由于该机具工作部件采用的是单螺旋旋耕方式，受力不能完全平衡，机具稳定性差，劳动强度大，若在较坚硬的土质耕作，机架容易产生局部变形，旋耕起垄效果不好。

（2）普通 1GQN-125 型起垄机

普通 1GQN-125 型起垄机能够一次性完成旋耕、起垄等多项作业工序，1h 可以完成 6 个大棚，室外大田的作业效率是 0. 133hm^2/h。但该机具的起垄效果不理想，不能完全符合农艺要求，缺陷主要表现在碎土率差，地表平整度小于 4cm。

（3）洋马 RCK140D 型旋耕起垄机

洋马 RCK140D 型旋耕起垄机能同时完成旋耕、起垄等作业，提高了作业效率，其配套动力是 18. 375kW 大棚王小四轮拖拉机。该机具室内外耕作效果良好，能满足农艺要求，对土壤结构和地表平整度均有良好的适应性。该机具结构设计简单，采用通用标准零件，易于零件的拆装更换，农户操作方便，机具工作效率高，整机体积小、质量轻，起垄的垄高、垄宽可根据作物的需求进行调整。但该机具购买价格较高，配套动力大，油耗量大，增加了用户的生产成本，一般小型农户难以承担购买，故其市场推广适应性不强。

（4）双轴灭茬旋耕起垄机

双轴灭茬旋耕起垄机整机质量达 830kg，该机具整机质量过大，安装的刀片共有 118 把，其中旋耕刀片 58 把，灭茬刀片 60 把，刀片拆装更换操作复杂，生产成本高，中小型用户难以承担购买，尤其是在丘陵地带其推广适应性不强。

（5）双螺旋变螺距起垄机

双螺旋变螺距起垄机主要包括机架、传动系统、起垄机工作部件、罩壳等。起垄机通过三点悬挂在东风-12 型手扶拖拉机上，起垄刀片通过高速旋转对土壤进行切削、抛土，抛出的土壤与罩壳碰撞进而碎土，碎土随着刀片旋转从两端向中间输送成垄。该机具采用的是侧边链传动的方式。其工作原理是拖拉机的动力输出轴带动齿轮箱中的齿轮转动，齿轮与离合器嵌合转动，带动传动轴转动并将动力传递至链轮箱，通过链传动方式，将动力传递至旋耕起垄刀轴，并使其运转，安装在刀轴上的起垄刀片通过旋转对土壤进行切削、碎土、起垄。同时，起垄刀片从两端以双螺旋变螺距形式分布在刀轴上，形成了左右两个螺旋输送器，碎土随着螺旋刀片旋转从两端向中间运输，从而达到起垄的目的（高风，2013）。

3.1.6.4 起垄机在旱区农业水土资源中的应用

起垄技术能节约灌溉用水，改善土壤结构，降低生产成本和提高作物产量，并解决水资源缺乏、农业经济效益差和土壤退化等问题。随着起垄保护性耕作技术的发展，这一耕作技术对干旱地区的节水和防风沙、增加土壤肥力等有良好的应用前景。

（1）起垄机的研制现状

1YSG-1 型烟田施肥起垄机的地轮机构设计不尽合理，其工作不稳定；普通 1GQN-125 型起垄机的起垄效果不理想，不能完全符合农艺要求；洋马 RCK140D 型旋耕起垄机购买价格较高，一般小型农户难以承担购买；双轴灭茬旋耕起垄机的刀片拆装更换操作复杂，生产成本高且中小型用户难以承担购买，尤其是在丘陵地带其推广适应性不强。双螺旋变螺距旋耕起垄机作业后，起垄效果好，耕后地表平整，总体作业效果优于 1YSG-1 型烟田施肥起垄机、1GQS-125 型旋耕起垄机等，且功率消耗小。

（2）起垄机的基本结构和作业图示

双螺旋变螺距起垄机主要由悬挂架、齿轮箱、罩壳、链条、拖板、弯刀、拖拉机下拉杆、万向节、拖拉机上拉杆组成。双螺旋变螺距起垄机结构如图 3-21 所示，作业如图 3-22所示。

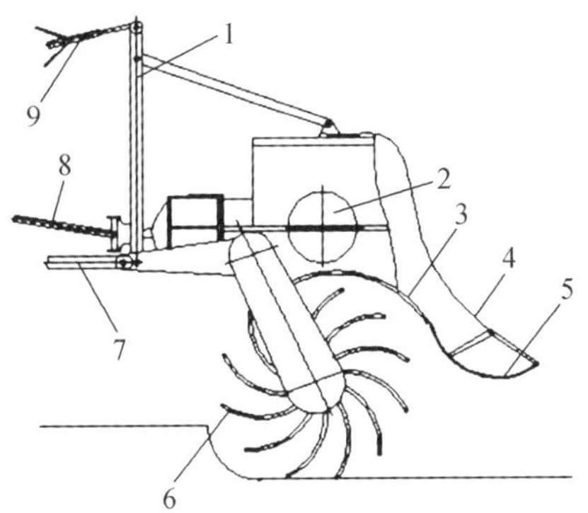

图 3-21　双螺旋变螺距起垄机结构

1. 悬挂架；2. 齿轮箱；3. 罩壳；4. 链条；5. 拖板；6. 弯刀；7. 拖拉机下拉杆；8. 万向节；9. 拖拉机上拉杆

图 3-22　双螺旋变螺距起垄机作业

(3) 起垄机作业说明

所研制的起垄机除了配有使用说明外，还必须说明它的动力配套过程，以便在作业过程中能够及时矫正不良操作习惯。

3.1.7　打埂机的研制与开发

3.1.7.1　打埂机的研制背景

为了保证田块灌水的均匀性，满足农业种植过程中畦灌需要，需要打埂以缩小灌溉小区的面积，减少因水量过大破坏农田表层土壤以及对田间农作物的损伤。长期以来，农田中打埂主要靠人力，工程量大、费工费时，影响农业种植和工期，所筑的田埂不仅高低不平、宽度不均，且土质比较松软，灌水易坍塌，经不起重压以及雨水的冲刷。因此，随着农业机械化发展的需要，人们开始探索如何提高打埂效率和打埂质量，把人们从繁重的体力劳动中解放出来，于是开始研制能一次完成碎土、集土、挤压、拍打和压光等多道作业工序的打埂机，适用于整地后的机械化打埂（起埂、筑埂）作业，为农田集约化、标准化作业提供便利，具有效率高、费用低和埂的整齐度与质量高的特点。

3.1.7.2　打埂机的研发现状与发展趋势

打埂机是一种常见的农业机械，其他国家农业机械化程度高，发展也走在前列，最早出现的平板式打埂机，极大地促进了农业机械化进程，其体积大、零部件易损坏、安装维修困难、成本高，不易于推广应用。圆盘片式打埂机的出现促进了打埂机的普及和推广，其体积小、操作简单、可拆卸、可调节宽度，得到了广泛应用。

中国对打埂机的研究起步比较晚，20 世纪 90 年代，打埂机才陆续得到推广，但价格高、安装复杂、未普及到农户。近几年，随着农业机械进程的不断发展，新研发的打埂机价格低廉、体积小、操作简单。新疆生产建设兵团研制生产的 2MG-140 型棉田纵向打埂机，可在面积大、地形坡降大的地形上作业，具有工作可靠、作业效率高、作业成本低的特点。黑龙江垦区研制的1DG-400 型稻田一次成型打埂机，能提高有效种植面积和提高土地利用率，为垦区水田的集约化、标准化作业提供了快捷可靠的先进农机具。

3.1.7.3 打埂机的种类与各自特点

(1) 平板式打埂机

平板式打埂机具有结构简单，操作便捷的特点。早在 20 世纪 90 年代，平板式打埂机作为最早的扶埂设备应用到农田作业中，这种打埂设备在动力机械的牵引下，刮地表土壤完成筑埂工作，结果简单、工作可靠、零部件较少、操作简单，主要缺点是遇到质地较硬的土壤，打埂效果较差。

(2) 圆盘片式打埂机

圆盘片式打埂机主要由机架及机架上的打埂机构和驱动地轮组成，是平板式的替代机型。操作简单、可拆卸、可调节宽度、高度，其牵引力低，作业效率高。起垄高度可达 300 ~ 380mm，平整最大宽幅可达 2040mm。

3.1.7.4 打埂机在旱区农业水土资源中的应用

(1) 打埂机的研制现状

平板式打埂机适用于土壤松软的地区，而圆盘片式打埂机适用于土壤硬度大的地区。随着旱区农业水土资源需求的不断深入，打埂的质量要求越来越高，施工中面临的打埂、压实一体化问题越来越多。然而传统的手工打埂，效率较低，成本较高，给旱区农业水土资源高效利用带来了极大的不便，进口打埂机价格高，机型特点不适合中国国情。因此，需要研发适合中国土壤作业条件体积小巧、功能多样，能同时完成打埂、压实等工作的多功能小型打埂机。

(2) 打埂机的基本结构和作业图示

打埂机主要包括机架、齿轮箱、输出轴、铰刀片、垄土罩、压辊、连接杆。打埂机结构如图 3-23 所示，作业如图 3-24 所示。

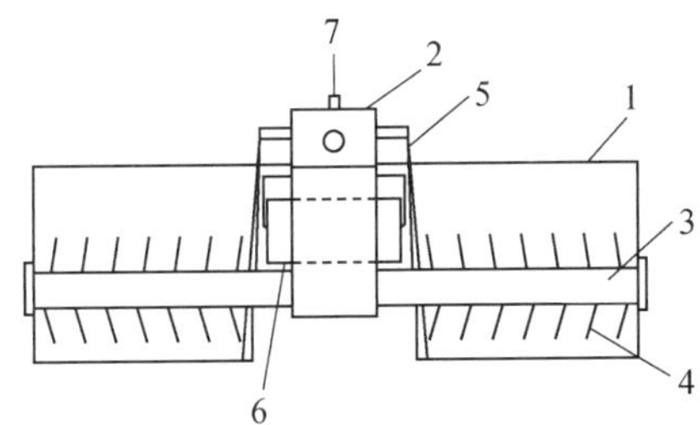

图 3-23 打埂机结构

1. 机架；2. 齿轮箱；3. 输出轴；4. 铰刀片；5. 垄土罩；6. 压辊；7. 连接杆

(3) 打埂机作业说明

所研制的打埂机除了配有使用说明外，还必须说明它的动力配套过程，以便在作业过程中能够及时矫正不良操作习惯。

图 3-24　打埂机作业

3.1.8　覆膜机的研制与开发

3.1.8.1　覆膜机的研制背景

地表覆膜能减少土表蒸发，保持土壤水分。覆膜机能自动完成整个覆膜过程，节省劳动力，提高工作效率，能适应并完成复杂地形的土地覆膜工作。

覆膜机机架上依次安装有拉杆、用于开沟的第一铲子、用于挂接薄膜的第一辊轴、用于压紧覆盖后的薄膜的两个车轮、用于培土的第二铲子。覆膜机工作时，拉杆与外动力连接，随着覆膜机向前移动。

3.1.8.2　覆膜机的研发现状与发展趋势

地膜覆盖可将5mm以下的无效降水转化为有效降水，从而提高降水利用率，地膜覆盖还可以增加土壤温度（吴凌波等，2007），因此被认为是对促进作物增产贡献最大的栽培技术要素之一（王颖慧等，2013）。现有的覆膜技术只能用人工或半机械化作业，不但速度慢、劳动强度大，而且覆膜质量难以保证，人工的反复踩踏也会导致泥田内凸凹不平，日晒后地膜因局部过分干燥，张力过大而破裂，这些因素严重制约覆膜技术的推广应用。

为了适应农业现代化发展，出现了覆膜机，但是现有技术中的覆膜机多为大型机械，只适合在平整的土地上工作，当在山地等地方工作时，使用这类大型机械不方便，无法适应复杂的地形，推广应用受到阻碍。

美国等国家的覆膜机研究起步早，特别是新型材料的发展和应用，解决了覆膜效率低、对土壤污染大的问题。中国的覆膜机发展较快，尤其是西部地区，由于降水稀少，农业种植中防止水分蒸发放在了首要位置。

3.1.8.3 覆膜机的种类与各自特点

(1) 简易式覆膜机

简易式覆膜机由拖拉机提供动力进行单一的覆膜作业，具有体积小、结构简单、作业效率高的特点。

(2) 多功能式覆膜机

多功能式覆膜机指在覆膜作业的同时进行铺设滴灌带、播肥等作业，具有效率高、功能全面的特点，能一次完成铺设滴灌带、播肥、覆膜作业。

3.1.8.4 覆膜机在旱区农业水土资源中的应用

(1) 覆膜机的研制现状

随着旱区农业水土资源需求的不断深入，覆膜中面临着铺设滴灌带、播肥一体化的问题越来越多。简易式覆膜机虽然效率高，但功能单一，给旱区农业水土资源高效利用带来了极大的不便。因此，需要研发适合中国旱区农田土壤作业条件、体积小巧、功能多样、能同时完成覆膜、铺设滴灌带、播肥等工作的多功能小型覆膜机。

(2) 覆膜机的基本结构和作业图示

覆膜机包括主机和压边轮，压边轮将铺设在田间的地膜边缘并压入土壤中。覆膜机结构如图 3-25 所示，作业如图 3-26 所示。

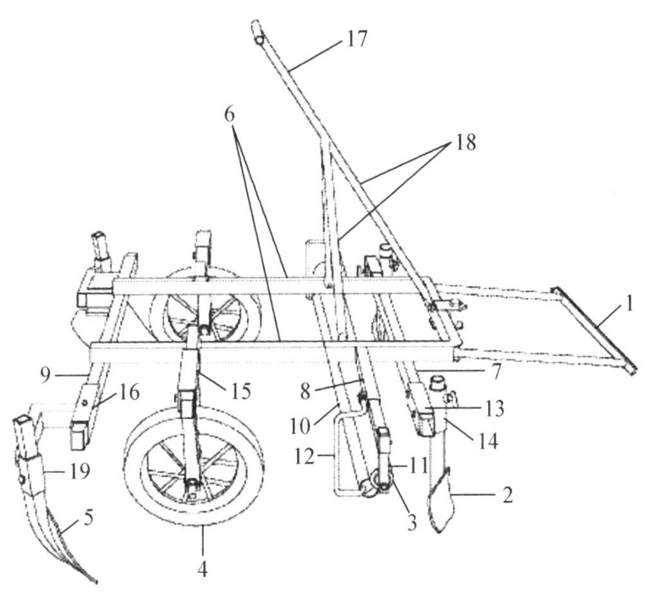

图 3-25 覆膜机结构

1. 第一拉杆；2. 第一铲子；3. 第一辊轴；4. 车轮；5. 第二铲子；6. 主杆；7. 第一横杆；8. 第二横杆；9. 第三横杆；10. 第二辊轴；11. 连接支架；12. 连接杆；13. 第一调节套；14. 第一套管；15. 固定臂；16. 第二调节套；17. 扶手杆；18. 三脚架；19. 第二套管

图 3-26　覆膜机作业

(3) 覆膜机作业说明

所研制的覆膜机除了随机配有使用说明外，还必须说明它的动力配套过程，以便在作业过程中能够及时矫正不良操作习惯。

3.2　旱区节水灌溉装备开发

旱区水土资源持续利用的关键环节是解决节水装备的问题，也是长期需要坚持和不断研发创新的重点工作。节水装备包括喷灌、滴灌、微灌等，除此之外，还有与之配套的装备。从现代绿色智慧农业发展的需要出发，本章将重点介绍绿色能源+物联网+节水技术，包括风能太阳能+物联网节水灌溉、地下渗灌、水肥一体化等设备的研发应用。旱区节水灌溉装备在某种程度上反映了水土地资源持续开发利用效率和利用水平的高低，其创新与实践成果也反映了现代人们认识自然、改造自然的能力，本书希望对未来相关科学研究和应用实践起到一定的示范引领作用。

3.2.1　旱区风光互补智能水肥一体化灌溉装备的研制与开发

全球旱区虽然干旱缺水，但风能、太阳能资源丰富，而且绿色环保，随时随地都能利用。如果将风能、太阳能与节水灌溉结合起来，能够构建主动抗旱的关键装备体系。通过长期在中国西北、阿拉伯国家、北非等国家或地区试验示范，旱区风光互补智能水肥一体化灌溉装备有效的实现了利用太阳能和风能等绿色能源作为动力的节水灌溉，而且节省劳力，使用寿命长，单位面积效益高，维护成本低，完全改变了全球旱区人们被动抗旱的窘迫局面，也克服了长期人们对水资源浪费以及粗放灌溉的盲目性，推动了旱作农田依托新能源+信息技术向着高效节水、绿色环保、使用安全、节约能源（化石能源）、智能控制的方向发展。

3.2.1.1 风光互补智能水肥一体化灌溉装备的特点

风光互补智能水肥一体化灌溉装备包括风光互补发电、储水、过滤、增压灌溉等部分，主要原理是以太阳能和风能为动力，通过提水、增压等程序，实现灌溉和农田高效节水，解决广大农田在无电条件下的节水灌溉问题。风光互补智能水肥一体化灌溉装备实现了利用太阳能和风能等绿色能源为动力的自动化节水灌溉，节省劳力，克服了定时浇灌的盲目性，推动了旱作农田高效节水、绿色环保、节电，且使用安全。该装备主要特点是：①需要的电能来自于风光互补蓄电装置，无外接电源。②通过水分自动控制，实现农田灌溉自动化和精量化。③单机优化配置，可补灌 50 亩以上，使用 30 年。④节电、节约人工，经济效益提高了 30% 以上。⑤将绿色能源引入旱作农田，解决了野外无电、无灌溉条件下的旱地补灌问题。⑥单套设备可保障 8 户生态移民的农田节水灌溉和生活用电。⑦配合大田膜下滴灌，将地面覆盖+滴灌+特色优势作物结合，实现节水。⑧在无电地区都可使用。

3.2.1.2 风光互补智能水肥一体化灌溉装备的研发现状与发展趋势

自 2011 年张竹胜等发明了一种风光互补灌溉系统以来，孙兆军等（2012）也发明了一种风光互补节能节水灌溉装置，基本都由风力发电机、太阳能电池板、蓄电池组、逆变器、控制器、水泵和湿度传感器组成；都将风光互补应用于自动滴灌系统，实现了定时定量、自动给水的目的，定时定量，减少人力、物力、财力，不需要人工操作。之后，杨璐瑶等（2016）发明了一种风光互补提水灌溉控制装置，包括风光互补模块，风光互补模块通过线缆分别与提水控制单元节点控制器、气象站节点控制器以及灌溉田间控制单元节点控制器连接；其中风光互补模块包括风光互补控制器，风光互补控制器分别连接光伏发电组、风力发电组和蓄电池组，蓄电池组通过线缆分别与提水控制单元节点控制器、气象站节点控制器以及灌溉田间控制单元节点控制器连接。该装置提水及灌溉的中心控制器和节点控制器均采用风光互补模块供电。结合嵌入式技术、无线通信技术和自动控制技术，实现提水及灌溉的自动化控制和无人化管理，具有节水化、节能化和节约化的特点。

3.2.1.3 风光互补智能水肥一体化灌溉装备的构成

（1）风光互补智能节水灌溉设备

风光互补智能节水灌溉设置包括主控制器和节点控制器，主控制器分别与空气温湿度传感器、风速传感器、风光互补模块连接，主控制器通过模块分别连接至少 5 个节点控制器，节点控制器的单片机分别与土壤温湿度传感器、流量传感器、第一自保持式脉冲电磁阀、第二自保持式脉冲电磁阀、电磁阀驱动模块、电源接口、风光互补模块、指示报警和仿真器接口连接。

设备采用的主控制器具有可视化的人机界面，界面友好。主控制器和节点控制器均可采用风光互补模块供电，还具备低功耗模式，可在不通电的地区使用。主控制器与节点控制器采用物联网的方式通信，突破了地域的限制。主控制器采用自动手动切换灌溉模式供管理者选择，具有中央控制的特点，并具备设定数据库、历史记录查询和存储功能。节点控制器可独立运行，系统裁剪性良好。同现有技术相比，具有节能、节水、自动化程度高等优点。

（2）智能灌溉控制系统关键技术

A. UWP 技术的运用

Universal Windows Platform，简称 UWP，是一种通过 Windows 平台建立的同质应用架构平台，它支持使用 C++、C#、VB. NET 或 XAML 开发的 Windows 应用。UWP 是 Windows Runtime 的一个扩展。采用 UWP 创建的“通用 Windows 应用”不再是特定的操作系统，而是采用“通用 Windows 平台桥梁”控制一个或多个设备组，因此，使用通用 Windows 平台开发智能化节水灌溉系统可以用在个人计算机、智能手机、平板电脑和 Xbox One 等多种设备。这些扩展允许应用程序自动利用当前运行设备中可用的功能。如果手机连接到一台计算机或一个合适的扩展坞，其上运行的智能节水灌溉系统还可在平板电脑上展示。

B. MySQL 数据库的运用和开发环境

数据库如同现实中存放物品的仓库，用来存放数据，然后按照一定的要求进行数据的读取与筛选，其中，MySQL 是一种最为常见的关系类型的数据库，具有非常小巧、启动速度快等优点，这些优点使得现在国内甚至国际都采用它来进行数据库建立。

水利工程中的节水灌溉所采用的管道以及规格具备很大的数据量，采用多源数据文件直接建立数据库，首先建立一个数据库表格并且根据项目名称对其进行命名，然后将其存为 txt 格式，最后进入 MySQL 的控制台，根据现实情况输入语句 load data infile。

load data infile 基本语法如图 3-27 所示。

```
LOAD DATA [LOW_PRIORITY | CONCURRENT] [LOCAL] INFILE 'file_name'
    [REPLACE | IGNORE]
    INTO TABLE tbl_name
    [PARTITION (partition_name,...)]
    [CHARACTER SET charset_name]
    [{FIELDS | COLUMNS}
        [TERMINATED BY 'string']
        [[OPTIONALLY] ENCLOSED BY 'char']
        [ESCAPED BY 'char']
    ]
    [LINES
        [STARTING BY 'string']
        [TERMINATED BY 'string']
    ]
    [IGNORE number {LINES | ROWS}]
    [(col_name_or_user_var,...)]
    [SET col_name = expr,...]
```

图 3-27　load data infile 基本语法

首先进行 ODBC 数据配置，然后用数据源管理器进行综合引用，最后增添到 MySQL 驱动程序。如果能够通过现在最为常见的用户名和密码来进入数据源，那么就表示创建成功。将数据源和数据库进行无缝对接，将设备运行起来。

数据库可以进行四种非常便利的运行，包括增加节点、查询功能、更新日志以及删除选项。在这里，exec 函数主要是用于查询。数据选项是指通过 UWP 的变量来进行数据传递，目前国际上经常用的函数有 insert、datainsert 和 fastinsert 等。等数据更新到最新的日期时，同样也通过执行 MySQL 语句，将 UWP 的变量转化为记录形式更新到数据表中，其主要函数为 update。所谓的数据删除就是把之前采取好的大数据进行删除，以方便其他数据进行采集，其最为常用的是 exec 函数。

代码的基础语言使用 C#语言，Windows10 环境下 Visual Studio 2015 的 Universal 框架。在一定程度上能够把数据自动的推送到 MySQL 服务器上，并且通过结合数据库存储过程以及触发器的方式来实现。编写 Stored Procedure SP_ SEND_ REQUEST，通过 HTTP 协议将采集到的数据通过无线传输，传输到服务器端，当有新的数据插入数据库时，将触发相应的事件，所以需要在数据库 MySQL 表中创建事件触发器 TRIGGER_ INSERT，并调用存储过程 SP_ SEND_ REQUEST。

C. GPRS 无线网络技术的运用

GPRS 的模块有很多类型，它具备独立的封箱包装，这样可以保证其不受其他设备影响，并且具备上网的功能，可以与世界各地的大数据进行连接，然后共享相关数据，共享相关数据后还可以通过收发短信的功能来进行交流。它还可以提供一定数量的接口，为通信或者供电使用。

能够满足灌溉控制器的特殊需求的并不多，GPRS 是其中之一，GPRS 独立模块结构如图 3-28 所示，它具备能够胜任工作且造价低的特点，很多模块需要 GPRS 来进行设计研发。其中，MC35i 具备很多外部接口，可以为数据读取、筛选和传输提供途径。MC35i 的接口采用现在通用的 AT 指令集，并且支持一部分的西门子扩展的 AT 指令。

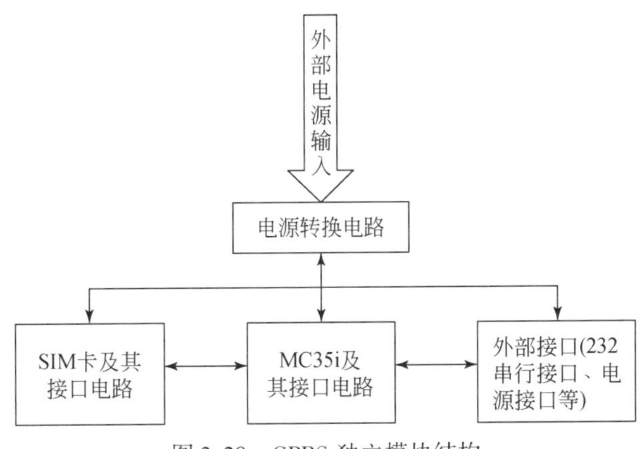

图 3-28　GPRS 独立模块结构

(3) 水肥一体化施肥装置

施肥装置是水肥一体化装备核心部件。受高温干旱地区条件所限，施肥装置的性能好坏对每一次施肥过程都有重要影响。现有注肥系统如下。

A. 自压式施肥装置

如图 3-29 所示，自压式施肥装置结构较为简单，主要是利用肥料源头和灌溉田地的高差实现随水流施肥，通过开关调节肥料控制阀和水量控制阀，肥料依靠重力自动随水流进入灌溉管路。由于自压式施肥技术难度较低，施肥时无需动力，多被用在山区、高地等具有自压条件优势的地区，但由于是定量化施肥，随着施肥过程的进行，肥液浓度不均匀，容易受到水压差变化的影响。

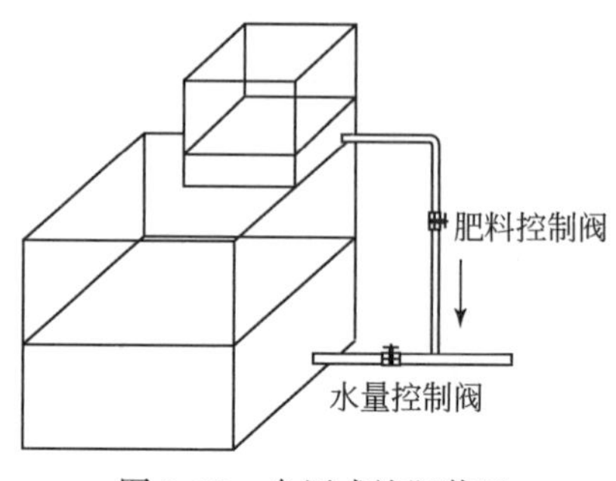

图 3-29　自压式施肥装置

B. 压差式施肥装置

如图 3-30 所示，压差式施肥装置以压差式施肥罐为主，一般由施肥罐、进出水管、调节阀等组成。压差式施肥罐工作时，通过调节阀使前后进出口形成一定压力差，借助压差使水流进入施肥灌，将充分混合的肥液压入灌溉管路。加工制作方便，成本较低，在中国普遍应用，尤其是温室大棚、大田种植。但由于施肥罐体积限制，大面积使用时需多次添加肥料，不易控制肥液浓度变化。

C. 注肥泵

如图 3-31 所示，注肥泵结构借助管道自身水动力或外部动力实现肥液注入灌溉管道。其中水动力比例注肥泵直接安装在水管中，管路中水流驱动注肥泵工作，按设定比例定量将较高浓度的肥液吸入，与主管中的水充分混合后被输送到下游，无论管路中的水压及水量如何变化，吸入的药剂量始终同进入比例加药泵中水的体积成比例，确保混合液中的比例恒定。水动力比例注肥泵是目前注肥泵的主要形式，但在中国尚停留在研制阶段，产品性能不够稳定。

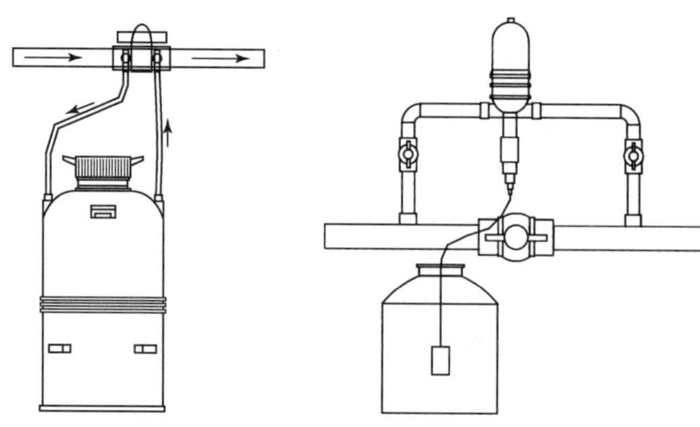

图 3-30　压差式施肥装置　　图 3-31　水动力比例注肥泵

D. 文丘里式施肥装置

文丘里水肥一体化装置如图 3-32 所示。

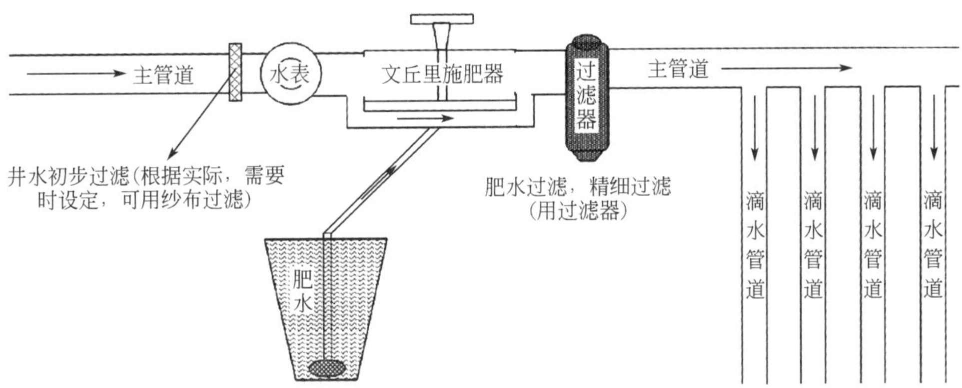

图 3-32　文丘里水肥一体化装置

3.2.1.4　风光互补智能水肥一体化灌溉装备的应用

(1) 风光互补智能节水灌溉设备的研制

风光互补智能节水灌溉设备包括风光互补节水灌溉装备和智能控制系统两部分。风光互补节水灌溉装备结构和智能控制系统结构如图 3-33 和图 3-34 所示。

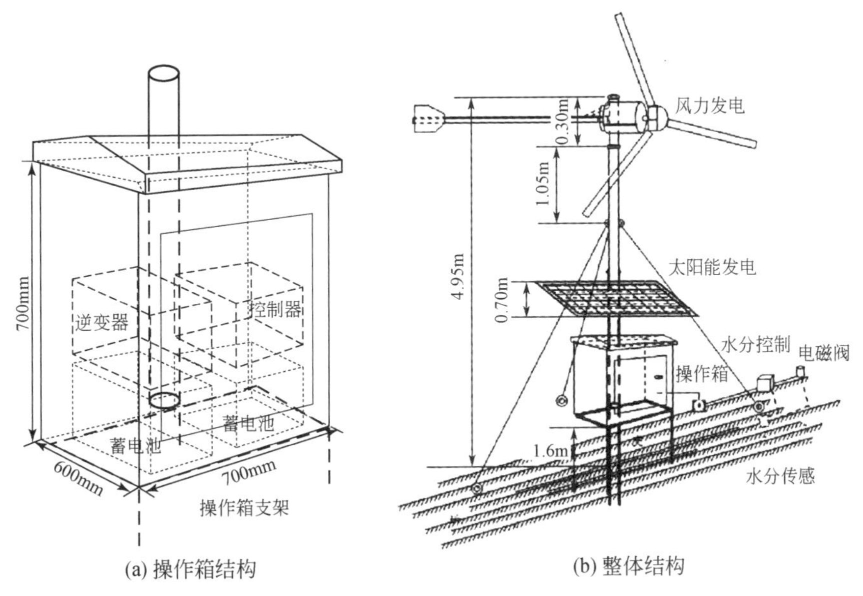

图 3-33　风光互补节水灌溉装备结构

其中，风光互补节水灌溉装备包括风力发电装置、太阳能发电装置、蓄电池、逆变器、控制器、水泵、灌溉管道等。智能控制系统包括水源、主管道、球阀、压力表、主控器、分控器、分区压力表、分区水表、电磁阀、传感器控制器、分区灌溉管道、传感器等。

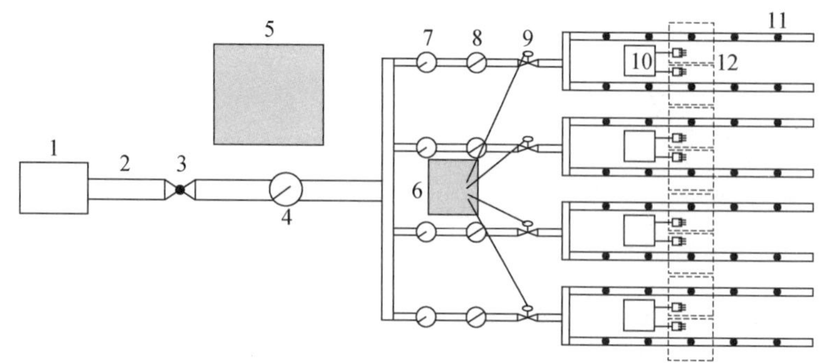

图 3-34　智能控制系统结构

1. 水源；2. 主管道；3. 球阀；4. 压力表；5. 主控器；6. 分控器；7. 分区压力表；8. 分区水表；9. 电磁阀；10. 传感器控制器；11. 分区灌溉管道；12. 传感器

（2）高温干旱条件下智能水肥一体化装备的研制

高温干旱条件下智能水肥一体化装备结构如图 3-35 所示。智能水肥一体化装备主要由注肥系统、动力系统和控制系统组成。混肥罐是连接注肥系统和动力系统的纽带。A 点是装备的补水口，灌溉水从 A 点注入混肥罐，混肥罐内的液位由浮球隔膜阀控制，维持液位在某一恒定高度。注肥系统将母液罐中的肥料原液注入混肥罐与灌溉水混合，混合好的水肥溶液由动力系统加压后由 B 点输出，并输送到田间管网。

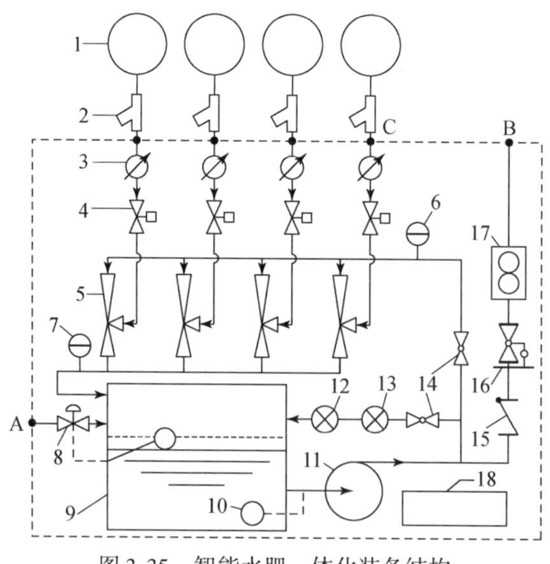

图 3-35　智能水肥一体化装备结构

1. 母液罐；2. 肥液过滤器；3. 肥液流量计；4. 脉冲电磁阀；5. 文丘里施肥器；6. 文丘里进口压力表；7. 文丘里出口压力表；8. 浮球隔膜阀；9. 混肥罐；10. 低位浮球开关；11. 灌溉施肥泵；12. EC 传感器；13. pH 传感器；14. 压力调节阀；15. 止回阀；16. 持压阀；17. 电磁流量计；18. 智能控制柜；A. 补水口；B. 出水口；C. 吸肥口

注肥系统由若干吸肥通道组成，吸肥通道包括母液罐、肥液过滤器、肥液流量计、脉冲电磁阀、文丘里施肥器等，每路吸肥通道均可独立工作。文丘里施肥器是注肥系统的关键部件，其原理是利用驱动水流经过文丘里施肥器后在其喉部形成负压从而达到吸肥的目的。

灌溉施肥泵是动力系统的核心设备，通常由驱动电机和多级叶轮组成。智能控制柜是整个装备的核心，主要包括 HMI（人机交互触摸屏）、嵌入式主控板、外围电气控制回路等。用户通过 HMI 设置设备组态、灌溉策略、施肥配方等内容，系统运行后，控制器实时采集传感器信息，控制执行机构动作，按照设定目标控制灌溉时间、灌水量、肥液浓度、肥液酸碱度等对象。

(3）高温干旱条件下风光互补智能水肥一体化装备使用说明

A. 风光互补智能水肥一体化装备安装注意事项

1）安装工作应在晴朗无风的天气下进行。

2）强风、雷雨等极端恶劣天气来临之前，手动将控制器上的引线从控制器接线端取下，如控制器上有强制性刹车，将开关拨到强制性刹车挡“OFF”位置上。

3）检修或拆卸风光互补节水灌溉设备前，手动将控制器上的引线从控制器接线端取下，如控制器上有强制性刹车，将开关拨到强制性刹车挡“OFF”位置上。风机在正常运行状态下切勿靠近风轮，以免发生事故。

4）风光互补智能水肥一体化设备安装及检修在专业人员指导下进行。

5）请勿使用过细或质量不佳的电缆，尽量使用原配电缆，或同型号的国标护套电缆，以免引起漏电或火灾。

6）非专业人员请勿打开控制器。

7）请勿将控制器及蓄电池放在潮湿、雨淋、振动、腐蚀及强烈电磁环境中，也不要放置在太阳直射或靠近暖炉热源等地方。

B. 风光互补智能水肥一体化装备安装工作

1）检查工作。根据装备清单及配件检查包装箱内的部件及配件、说明书是否齐全。

2）准备工具。水泥桩（3个）、大锤、米尺、挖土工具、成套扳手、30cm 活口扳手、万能表、螺丝刀、电线若干。

3）安装地点勘察。根据对环境和资源的要求进行地质勘测，选择合适的安装地址。

4）开挖地基。地基基础坑开挖尺寸应符合设计规定（60cm×60cm×60cm），基础混凝土强度等级不低于 C25，基础内设电缆保护管，从基础中心穿出并应超出基础平面 30～50cm，基坑须排除坑内积水。

5）风力发电机控制器安装。风力发电机控制器请注意“+”“-”极，先接蓄电池，再接风力发电机。①控制器与蓄电池连接。使用不小于 4mm 的电缆线，使控制器“BATTERY”端子的“+”“-”极分别与蓄电池组的“+”“-”极连接。此时控制器面板的“POWER”灯亮（绿），否则，应检查接线是否正确，电缆线是否破损。②风机控制器控制面板，接风力发电机。

6）太阳能电池板组件安装。按照设计高度将组件支架固定在风机支撑杆上，注意角度应与设计要求一致。将太阳能组件与组件支架固定好。确定无误后，将太阳能电池板遮挡，将组件引线与太阳能组件连接盒相连接，注意“+”“-”极。一般情况下，组件面朝正南（即组件垂直面与正南的夹角为0°）时，组件发电量是最大的。

7）检测连接组件。风机、太阳能电板、蓄电池组接好线后要标注分开，用万用表检测太阳能组件是否正常。将蓄电池放置到电池盒中（蓄电池连接线是否串并联由设计工程师决定），注意装好的蓄电池要轻搬运，放置时要平放。

8）控制器使用操作。控制器正确连接后即进入自动运行状态，并根据蓄电池的电压变化自动调节充电电流。正常工作时，“POWER”指示灯长亮。

9）调试。控制器：安装时先接蓄电池再调整时间，如没有，就不用调节，然后接风机和太阳能电池板。拆卸时先卸负载，再卸风机，最后卸蓄电池。当风力发电机转动时，控制器面板的“WIND”灯闪亮，当转速上升到可对蓄电池充电时，“WIND”灯长亮。风机：风力发电机不转动，请检查控制器“WIND STOP SWITCH”是否拨到“ON”的位置，同时请检查风力发电机到控制器的连接线是否完好。

10）定时控制。水泵和时间继电器的安装，按照时间继电器的正负极与水泵和逆变器正负极相连接，事先根据作物不同生育时期将灌溉时间设置好，设为自动灌溉。

C. 风光互补智能水肥一体化装备使用常见问题及注意事项

1）不要在控制器上接太阳能电池的稳压电源或任何充电器，否则会损坏控制器。不要将蓄电池错接到路灯控制器的太阳能电池上。

2）24V一般认为是安全电压，但最好不要同时触摸“+”“-”极；两块太阳能电池串联后，其开路电压最大可能达到50V，请不要同时触摸控制器太阳能电池的“+”“-”极，以防触电。请选用ϕ1mm以上的电线，并拧紧固定螺丝。控制器离蓄电池应尽可能的近。

3）风机控制器与蓄电池间接线正负极不可接错，必须先正确与蓄电池连接，再连接风力发电机，否则风力发电机空载电压过高损坏控制器。拆卸控制器时则顺序相反。

4）控制器“POWER”灯不亮，请检查蓄电池连接方法是否正确，电缆线是否完好。风力发电机不转动，请检查控制器“WIND STOP SWITCH”是否拨到“ON”的位置，同时请检查风力发电机到控制器的连接线是否完好。

5）风力发电机转动较慢时是不能对蓄电池充电的，此时控制器面板的“WIND”灯闪亮，当风力发电机转动较快时，“WIND”灯长亮，此时风力发电机可对蓄电池充电。

6）当蓄电池电压较低时，控制器面板的“ABNORMAL”灯亮，切断负载用电，保护蓄电池。风机控制器不允许在“WIND”或“SOLAR”端接入其他类型的充电电源，否则会损坏控制器。更换蓄电池时，请先将控制器前面板的“WIND STOP SWITH”拨到“OFF”位置，再更换蓄电池。

D. 风光互补智能水肥一体化装备日常维护

风光互补智能水肥一体化装备可靠性极高，无需定期维护保养，只需适时检修，以保持系统正常运转。检查支架的牵引绳索是否松动并及时予以张紧。检查输电线路节点是否牢固，是否出现腐蚀现象。定期维护蓄电池，如遇恶劣天气，可放倒支架，避免意外发生。

E. 滴灌带的铺设

1）滴灌带在安装时需要遵循如下原则：滴灌带以及滴灌 PE 管材不得抛摔、拖曳，以防止滴灌带损坏。滴灌带在安装时顺作物行的方向铺设，裁剪滴灌带时，最好比实际稍长，以方便后续使用。内镶贴片式滴灌带铺设时，滴头一侧朝上可以避免滴孔被泥土堵塞。滴灌带铺设距离 80m 左右，超过这一阈值可能造成滴灌带尾端无水或出水过少。

2）滴灌带铺设的技术要求：滴灌带热胀冷缩，收缩率在 1.5%~2%，必须注意铺设滴灌带时应在两头留有 1.5 ~2.0m 的富余度；滴灌带迷宫面向上，防止迷宫面朝下，如迷宫面朝下，滴头出水顺低处流，造成滴水不匀。滴灌带应铺设行间正中位置，不宜过紧，应平直、不打结、不扭曲，发现次品及时更换。

3）滴灌带系统使用时最需要注意的问题：滴灌带系统与滴灌管、微喷头、滴箭、压力补偿式滴头等灌溉方式在使用的过程中最重要的任务就是防止堵塞，所以必须安装网式过滤器/叠片式过滤器等过滤系统。在水质不好的地区，还需要二次过滤，通常在首部安装离心网式过滤器或砂石+网式过滤器，在每个出水口安装网式过滤器。

F. 文丘里式施肥装置的安装及使用方法

1）文丘里式施肥装置的安装。将施肥器以并联方式安装在管路中，如图 3-36 所示。水流应与施肥器上的箭头方向保持一致，否则无法正常工作。主管上的调节阀应能进行微小调节，从而达到合适的工作状态。支管阀应能快速开关。施肥器前后可各安装一只压力表，以便了解其工作状态，也可根据前后压力比调节施肥浓度。安装时要确保连接部位不漏气，否则会影响施肥器正常工作。

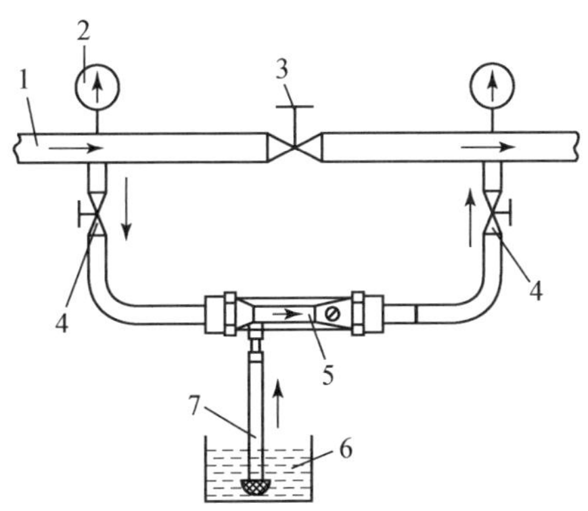

图 3-36　施肥器安装使用

1. 主管；2. 压力表；3. 调节阀；4. 支管阀；5. 施肥器；6. 液桶；7. 吸肥管

2）文丘里式施肥装置的使用方法。①将肥液过滤后装入液桶内。②开启各阀门，调节前后压力表的值，使施肥器按一定的浓度施肥。若不需要按浓度施肥，可调节各阀门，使施肥器按一定的速度吸入肥液即可。③全部肥液施完后，关闭支管阀，全开调节阀，继续灌水一段时间。④不施肥只灌水时，关闭支管阀，全开调节阀。⑤一定要保证有足够的压力差，并把调节阀调至合适位置。

3.2.2 旱区出水与输水间隔式地下渗灌管道研制与研发

旱区地上滴灌是目前应用比较广泛的节水灌溉技术，与传统灌溉方式相比，可以节约大量水资源，但地上灌溉存在水分容易蒸发损失、管道容易受紫外线和人为破坏等问题，需经常更换。地下灌溉可将水分直接输送到植物根部，大幅度减少水分蒸发，也不存在紫外线和人为破坏等问题，使用寿命较长，一次铺设多年使用，优势明显，但地下灌溉技术存在管道易堵塞、出水不均匀、管壁抗压性能差等问题，严重制约了地下灌溉技术的推广应用。

近几年来，为了克服出水管道和输水管道需要通过剪接组装使用带来的不便和高成本等问题，项目团队开发出一种出水与输水间隔渗灌管道及生产工艺，其出水和输水段的长度可调，可适应不同植物（或作物）种植间距要求。

3.2.2.1 旱区出水与输水间隔式地下渗灌管道加工工艺

（1）输水间隔式地下渗灌管道生产线

通过反复筛选试验，确定以废旧轮胎粉末、塑料颗粒为主要原料，研制出通过缝隙出水的浅埋式渗灌管，其具有节水、防堵塞和耐高温等优势，适合中国、阿拉伯国家极端干旱气候条件下的节水灌溉使用。节水管道生产线设计效果如图 3-37 所示，生产线由加料装置、搅拌成型装置、管道成型装置控制平台、管道冷却装置和管道出口装置等部分组成。其中，加料装置包括加料控制器、加料斗，管道冷却装置包括冷却槽、水泵、冷却水箱和回水管。

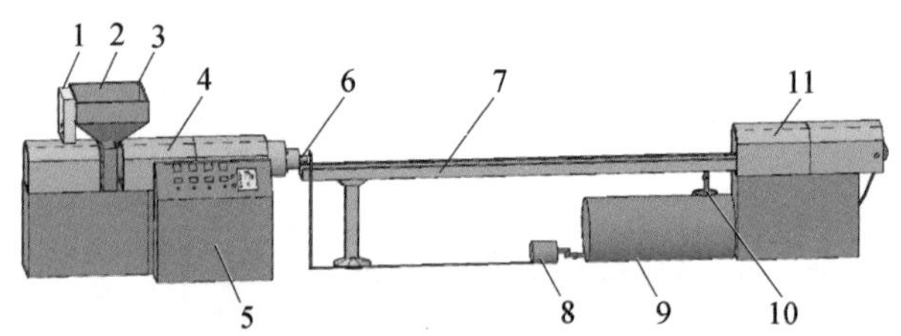

图 3-37 节水管道生产线设计效果

1. 加料控制器；2. 一号加料斗；3. 二号加料斗；4. 搅拌成型装置；5. 管道成型装置控制平台；6. 热管道出口；7. 冷却槽；8. 水泵；9. 冷却水箱；10. 回水管；11. 冷却管道出口装置

节水管道生产线生产的地下出水与输水间隔渗灌管在草坪等种植和灌溉中具有灌水均匀、节水及耐高温特性，但全管道出水的特性限制了其在种植间距较大植物（或作物）中的应用（如枣树、西瓜等）。当植物（或作物）种植间距较大时，在间隔区需要用盲管连接微渗管，以防止间隔区出水；同时，盲管连接工作量较大，在一定程度上降低了劳动效率。

在综合考虑管道出水特性和植物（或作物）种植方式的基础上，对生产线进行改进，改进的生产线不仅可以生产全管道出水微渗管，也可以按照植物（或作物）种植间距生产不同出水间距的间隔式渗灌管。

节水管道改进生产线设计效果如图 3-38 所示。

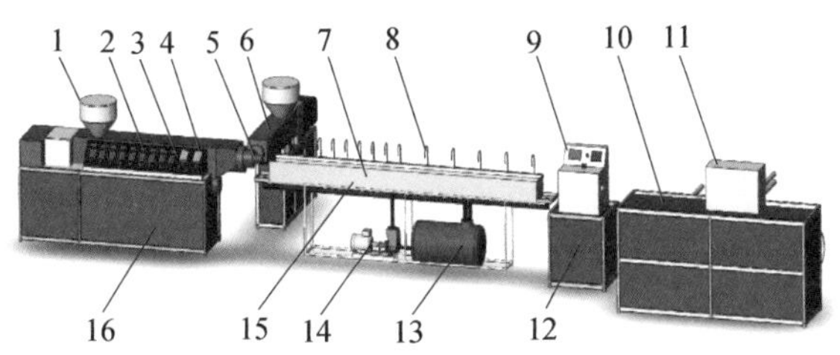

图 3-38　节水管道改进生产线设计效果

1. 加料斗；2. 温度控制面板；3. 主机控制区；4. 副机显示屏；5. 管道出口；6. 副机；7. 冷却槽；8. 冷却水管；9. 管道生产总控制平台；10. 卷管机；11. 卷管机控制平台；12. 牵引切割机；13. 冷却水箱；14. 水泵；15. 管道冷却水槽；16. 主机

生产全管道出水微渗管流程：物料经主机加料斗进入加热成型设备，成型后的管道经管道出口进入冷却槽，冷却后的管道经牵引切割机牵引到卷管机，并按照设定长度切割，管道经卷管机成型捆扎后入箱。温度通过温度控制面板控制，管道生产速度、牵引速度、切割长度等参数通过管道生产总控制平台设置。

生产间隔式渗灌管流程：物料分别经主机和副机的加料斗进入各自的加热成型装置，成型后的管道按照设置参数间断式从管道出口进入冷却槽，冷却后的管道经牵引切割机牵引到卷管机，并按照设定长度切割，管道经卷管机成型捆扎后入箱。温度通过温度控制面板控制，管道生产速度、牵引速度、切割长度等参数通过管道生产总控制平台设置。与全管道出水微渗管的区别是输水段和出水段的长度由管道生产总控制平台设置，通过不同比例配置使输水段和出水段间隔式一体化加工生产，出水段和输水段在同一管道上。生产的间隔式渗灌管工作原理如图 3-39 所示。

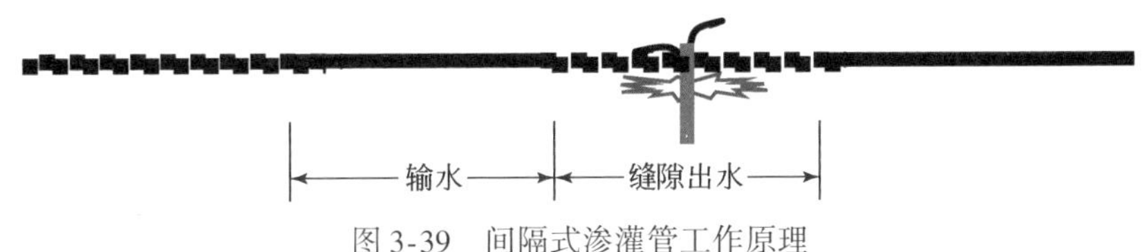

图 3-39　间隔式渗灌管工作原理

（2）生产线加工流程

出水与输水间隔式地下渗灌管道生产线工艺流程包括混合搅拌上料、出水管道生产、输水管道生产、管道冷却包装等工艺阶段，出水管道生产阶段与输水管道生产阶段交替进行，混合搅拌上料阶段、管道生产阶段与管道冷却包装阶段可以同时进行。

混合搅拌上料阶段，将原料按一定比例于搅拌机内搅拌混合，通过第一自动上料机加入第一挤出机；将原料按一定比例于搅拌机内搅拌混合，通过第二自动上料机加入第二挤出机。

出水管道生产阶段，控制第一挤出机轴转速和温度，设定出水管道长度，反应 1 ~

2min 后出水管道从管道成型装置挤出。

输水管道生产阶段，控制第二挤出机轴转速和温度，设定输水管道长度，反应 1～2min后输水管道从管道成型装置挤出。

出水管道生产阶段向输水管道生产阶段过渡时，控制第二挤出机轴加速时间，反应 0.5～2s 后出水管道自动停止生产，输水管道从管道成型装置挤出，所述加速时间为第二挤出机轴转速从 0 加速到设定目标转速的时间。

输水管道生产阶段向出水管道生产阶段过渡时，控制第二挤出机轴减速时间，反应 0.5～2s 后输水管道自动停止生产，出水管道从管道成型装置挤出，所述减速时间为第二挤出机轴转速从当前转速减速到 0 的时间。

管道冷却包装阶段，从管道成型装置中挤出的管道，经由管道冷却装置冷却后通过管道牵引切割机牵引到自动卷管机上，控制牵引切割机的牵引速度，设置管道总长度，达到设定长度后，管道牵引切割机自动切割管道，自动卷管机将管道卷紧包装。

上述工艺中生产的管道内径为 16～18mm，外径为 20～23mm，壁厚为 2～3mm，可用于埋深 10～50cm 的地下灌溉，出水段与输水段交替出现，出水段长度最短为 30cm，输水段长度最短为 50cm，使用寿命为 5～10 年，节约成本在 40% 以上，经济效益十分显著。

出水与输水间隔式地下渗灌管道生产线实现了出水管道与输水管道在同一管道上的技术突破，大幅度降低了出水管道和输水管道通过剪接组装使用带来的不便和高成本，尤其是通过机械加工生产出出水段和输水段在同一管道上间隔渗灌管道，实现了同一个管道出水与输水两种方式的完美结合，既绿色环保、高效节水，又一体化加工，大幅度提高了作业效率和生产特殊管道的智能化水平，极大地满足了农业和林业对出水与不出水间隔节水灌溉管道的巨大需求，给节水灌溉使用者与经营者带来巨大的方便和可观收益。

(3) 高温沙化土壤防堵塞、耐高温节水管道检测平台

为了测试上述生产线的管道可靠性，项目团队研制了高温条件下的管道性能检测平台，可检测管道抗老化、耐高温、出水量等性能，也可检测智能化控制系统的智能化水平及传感器灵敏度等。管道检测平台设计如图 3-40 所示，智能节水设备检测平台由输水管道装置、智能控制装置、高温高紫外线发射装置、计量装置、透明恒温箱、土槽组成。输水管道装置包括水源、总阀门和输水管道；智能控制装置包括电磁阀、主机、电磁阀分机、传感器分机、土壤温湿度传感器；增温高紫外线发射装置包括温度控制器、温度计、电热网丝、紫外线老化实验灯和加热器，可以选择通过加热器或加热丝加热。计量装置包括压力计和水表。

1）耐高温、抗老化性能检测。管道安装完成后，打开高温高紫外线发射装置进行加热及增加紫外线强度，在不同时期内测定管道拉伸强度、出水量及出水均匀度，以确定管道的耐高温、抗老化性能。

由表 3-3 可知，间隔式渗灌管（宁夏大学）能够使用 11 年左右，滴灌管（新疆天业）能够使用 6 年左右。考虑管道使用过程中受铺设等的影响，间隔式渗灌管（宁夏大学）能

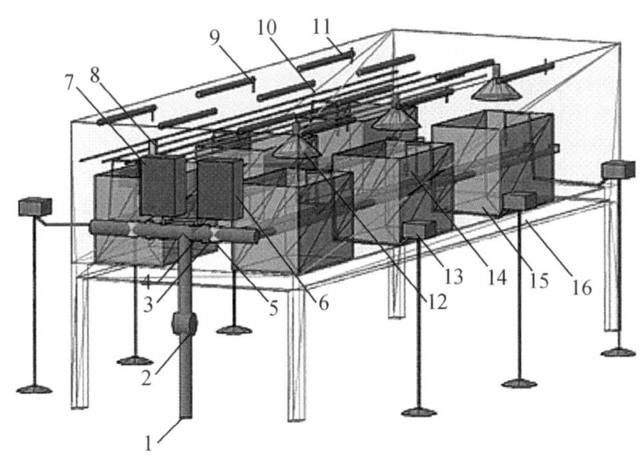

图 3-40　管道检测平台设计

1. 水源；2. 总阀门；3. 压力计；4. 电磁阀；5. 水表；6. 主机；7. 温度控制器；8. 电磁阀分机；9. 温度计；10. 电热网丝；11. 紫外线老化实验灯；12. 加热器；13. 传感器分机；14. 土壤温湿度传感器；15. 土槽；16. 透明恒温箱

够使用 9 年以上，滴灌管（新疆天业）能够使用 5 年以上。

表 3-3　间隔式渗灌管与滴灌管耐高温、抗老化性能检测比较

检测样品来源	编号	地表温度（68℃）断裂时间/天	地面紫外线（3～5 级）破损时间/天	管道最短使用寿命分析/(根/a)
间隔式渗灌管（宁夏大学）	A1	812	902	11.9
	A2	828	999	11.9
	A3	802	989	11.5
滴灌管（新疆天业）	B1	430	559	6.1
	B2	403	555	5.7
	B3	415	560	5.8

注：试验点在阿曼苏丹卡布斯大学，地表温度在 68℃、地面紫外线强度在 3～5 级情况下只有 71 天。实验室测试地点为宁夏大学。

2）出水量、出水均匀度性能检测。管道安装完成后，打开进水阀，测定不同压力条件下不同区域的出水量，并通过不同区域出水量测定不同压力条件下的出水均匀度。

由表 3-4 可知，间隔式渗灌管（宁夏大学）与滴灌管（新疆天业）出水量分别约为 4.4L/(h・m) 和 4.3L/(h・m)，管道之间出水量无显著差异，也没有发现渗漏现象。滴灌加大水量将会造成渗漏，但渗灌管没有渗漏，说明渗灌管灌溉速度快、效益更好。由此可见，地下间隔式渗灌管不受灌溉方式的变化而变化，出水量与滴灌管一样是均匀的。检测平台运行效果如图 3-41 所示。

表 3-4　间隔式渗灌管与滴灌管出水量、出水均匀度性能检测比较

检测样品来源	编号	管道灌水压力/KPa	出水量/[L/(h·m)]	随机取 100 米灌溉管道的前后各 5m 测出水均匀度/[L/(h·10m)]
间隔式渗灌管（宁夏大学）	A1	50	4.2	43.9
	A2	50	4.5	45.0
	A3	50	4.3	44.2
滴灌管（新疆天业）	B1	50	4.5	44.0
	B2	50	4.3	45.5
	B3	50	4.3	44.9

注：试验点在阿曼苏丹卡布斯大学，地表温度、紫外线强度和主管道均一致。

图 3-41　智能节水设备检测平台效果

3.2.2.2　旱区出水与输水间隔式地下渗灌管道特点

出水与输水间隔渗灌管道可埋于地下 10cm 及以下更深的土壤，将水分直接输送到植物根部，大幅度减少了蒸发损失水分，不存在紫外线和人为破坏等问题，更不用经常更换管道。一次铺设多年使用，大幅度节省管道，延长管道使用寿命。渗灌管与滴灌管的参数比较见表 3-5。

表 3-5　渗灌管与滴灌管参数的对比

参数	低压浅埋式地下渗灌管	内镶贴片式滴灌管
工作压力/Mpa	0.01～0.2	0.05～0.3
每米实测流量/(L/h)	0.12～0.25	0.57～0.80
壁厚/mm	0.3	0.2
湿润最大宽度/cm	40	60
湿润深度/cm	30	50

续表

参数	低压浅埋式地下渗灌管	内镶贴片式滴灌管
湿润形状	橄榄形	倒梯形
铺设形式	单行直铺、双行直铺、半圆、垂直、整圆等形式铺设	单行直铺、双行直铺
可铺设深度/cm	30	0
抗堵塞性能	抗物理堵塞性能较强; 抗生物堵塞性能一般; 抗根系堵塞性能较强	抗物理堵塞性能一般; 抗生物堵塞性能较强; 抗根系堵塞性能中等
耐高温、抗老化性能	较强	中
耐环境应力开裂性能	较强	中
水肥利用率	较高	较高
出水均匀度	偏差 3% 以内	偏差 5% 以内
缺点	成本较内镶贴片式滴灌管高;生物水易堵塞,流量低节水适用于连续灌溉	耗水量较微润管大,适用于间歇式灌溉

3.2.2.3 旱区出水与输水间隔式地下渗灌管道使用说明

出水与输水间隔式地下渗灌管道的铺设使用说明如下。

1) 开沟:按设计的垄距开沟,沟深 15 ~ 30cm (地下渗灌在耕作层下),沟距与垄距相等,要求沟底平整。须考虑铺管设计冗余长度 (不平整)。果树等根据树龄大小,绕树干铺设一圈。

2) 管道铺设:将地下渗灌管平铺在挖好的沟中,铺管时注意铺平,不要让管道扭转,防止通水后造成扭结。不要让土块或石块压在空管上。此外,开始安装时,应该在适当的位置安装 2m 高排气管。

3) 地下渗灌与支管连接:将 ϕ16mm 的 PE 支管剪成与沟距等长的段;用三通将每段短管的一端与一条渗灌管插接;另一端与第二条渗灌管插接;各段 PE 管逐一连接后形成一条支管;支管的一端与输水管连接。

4) 通水检验、掩埋:安装完后,开启阀门,接通水源,将地下渗灌管气体排出,使水压达 0.1Mpa (10m 高水压),充满水。检查有无漏水点,发现漏点及时处理;检查地表湿润体情况,检查出水量;最后,填土掩埋。

3.2.3 旱区微风风力发电设备的研制与研发

3.2.3.1 旱区微风风力发电设备的研制

(1) 研制材料选择

通过分析全球旱区全年风力等级和各级别风力持续时间与电力需求的关系,开发适合微风条件下的风力发电设备，形成适合阿拉伯国家气候条件的发电设备，提出适合微风地区风光互补节水灌溉使用的新方法，并进行示范。

旱区微风风力发电设备采用铝合金、钛金、不锈钢紧固件等轻型特殊材料制造，可单独输入，也可与太阳能互补方式组合输入形成风光互补供电系统。其工作原理是利用磁悬浮技术理论，将电机线圈悬浮于一定的空间，在没有任何机械摩擦阻力及风力的作用下，使电机转动并切割磁力线发电。目前已开发出400W、600W、1000W、3000W四种功率微风风力发电机（表3-6），可应用于照明、道路测速供电、无人值守监控设备、农田灌溉以及远离电网的各种供电需求等方面，并合作开发出配套风光互补控制器，配套风光互补控制器具有防水防尘，易于接线、自动预警提示，风机稳速发电控制，支持多种输出模式选择等优点。

表3-6　微风风力发电机主要技术参数

技术参数	400W	600W	1000W	3000W
高度/直径/mm	1100/Φ1250	1350/Φ1500	1680/Φ2050	3370/Φ3500
重量/kg	24	35	95	520
叶片材质	铝合金	铝合金	铝合金	铝合金
叶片数量	3	3	3	3
启动风速/(m/s)	1.5	1.5	1.5	2
切入风速/(m/s)	3	4	3.5	3.5
额定风速/(m/s)	13	13	13	13
可耐风速极限/(m/s)	65	45	50	50
发电类型	三相交流电	三相交流电	三相交流电	三相交流电
控制器输出电压/V	24	24/48	24/48	48/96
控制器输出电流/Amp	<25	<30	<50	<80
控制器安全控制机制	过速自动卸荷；稳速控制；三相短路刹车	过速自动卸荷；稳速控制；三相短路刹车	过速自动卸荷；稳速控制；三相短路刹车	过速自动卸荷；稳速控制；三相短路刹车
正常工作温度/℃	-45~50	-45~50	-45~50	-45~50

图3-42　微风风力发电机

（2）微风风力发电设备特点

微风风力发电机（图3-42）与普通发电机相比具有以下优点。

普通发电机带有尾翼，必须随风向变化转动风车；微风风力发电机采用垂直轴式发电，依靠陀螺式风翼旋转，不随风向变化改变轴心。

普通发电机噪声大，无法克服不定风向带来的抖动，电机、叶片容易脱落，3年须更换一次配件；微风风力发电机运转稳定，无噪声，各种机件寿命长，不易脱落，可连续工作

20 年以上。

普通发电机要求空旷无遮蔽的大空间；微风风力发电机对空间要求低，市区、郊区、沿海山区皆可用。

对于风速的要求，普通发电机启动风速至少 2. 5m/s，微风风力发电机仅需 1m/s 风速即可启动，风速超过 40m/s 也可照常运转，且风速越高，发电效率越高，发电量可比普通发电机增加 35% 。

3. 2. 3. 2　旱区微风风力发电设备的主要参数

通过分析旱区全年风力等级和各级别风力持续时间与电力需求的关系，已开发出适合微风条件下的风力发电设备 4 套，在阿曼、迪拜、埃及等地得到了推广应用。

3. 2. 4　旱区耐高温新型过滤器的研发与研制

项目团队筛选并开发出了可用于高温条件下的过滤器。该过滤器工作时，待过滤的水由入水口进入，流经滤网，通过出水口进入用户所需的管道进行工艺循环，水中的颗粒杂质被截留在滤网内部。如此不断的循环，被截留下来的颗粒杂质越来越多，过滤速度越来越慢，而进口的污水仍源源不断地进入，滤孔会越来越小，由此在进出口之间产生压力差，当压力差达到设定值时，差压变送器将电信号传送到控制器，控制系统启动驱动马达通过传动组件带动轴转动，同时排污口打开，颗粒杂质由排污口排出，当滤网清洗完毕后，压力差降到最小值，系统返回到初始过滤状态，系统正常运行。

（1）旱区耐高温新型过滤器的组成

旱区耐高温新型过滤器由电力马达、滤网、排污开关和差压开关等部分组成。具体组成如图 3-43 所示。

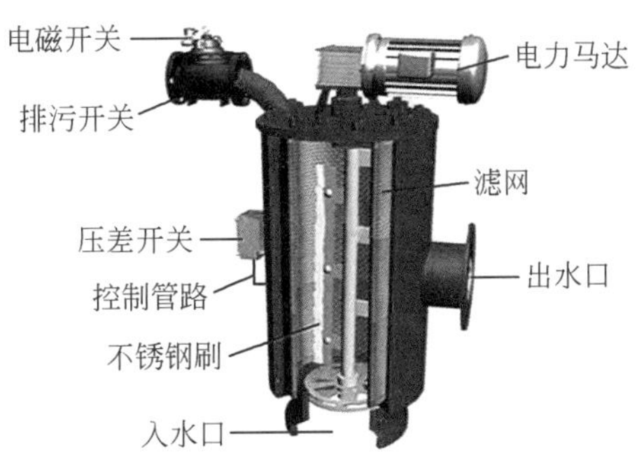

图 3-43　旱区耐高温新型过滤器

（2）旱区耐高温新型过滤器的特点

过滤器壳体内的横隔板将其内腔分为上下两腔，上腔安装有多个过滤芯，这样增大了过滤空间，显著缩小了过滤器的体积，下腔安装有反冲洗吸盘。特殊设计的滤网使滤芯内部产生喷射效果，任何杂质都被从光滑的内壁上冲走。当过滤器进出口压力差恢复正常或定时器设定时间结束时，整个过程中物料不断流，反洗耗水量少，实现了连续化、自动化生产。

根据当地水质和土壤条件，我们将开发的新型过滤器确定为 FL 系列自清洗过滤器，材质为碳钢、不锈钢等；过滤精度为 1～180μm，压力为 1MPa；过滤介质为污水杂质等；应用领域为灌溉过滤等。

（3）旱区耐高温新型过滤器使用说明

旱区耐高温新型过滤器使用方法如下：①在 0～75℃水温条件下使用；②尽可能保持水压稳定；③安装在固定平稳、干燥的地表，防止倾斜；④使用时，插上电源，可实现自动过滤。

3.3　旱区施肥装备开发

全球旱区土壤质量问题直接影响着农作物的生产，进而影响着整个旱区的增产增收。同时，还要面对耕种过程中的连作障碍以及病害严重等问题，必须通过开发新技术、新装备以及提高耕种水平，不断改善土壤环境，提高土壤的生产能力。给土壤施用肥料是在现代化工的基础上发展起来的有别于传统土壤改善方法的新方法，其在一定程度上能够松土、保湿、改善土壤理化性状，促进植物对水分和养分的吸收，土壤肥料不同施用量对土壤理化性质改善有很大影响。

中国旱区同世界各国旱区一样，以农业为主，传统不良的灌溉方式和落后的土地开发技术导致土壤质量边改善边反复，已经严重影响着农业的可持续发展。如果实时、适量施用肥料，既改良了土壤，提高了产量和收益，又可达到预期效果。另外，随着全球经济社会的不断发展，工农业生产产生了数千万吨的废弃物，如果不加以合理利用将会对环境造成严重污染。因此，人们为了保护环境，将大量的废弃物通过处理变成肥料，而这些不同来源的肥料需要大量的机械才能完成加工、运输、施用等作业环节。因此，不断完善和开发各式施肥装备及辅助加工机械，对于更加高效的发挥肥料作用、降低投入成本、促进肥料利用规模化和产业化发展具有重要作用。

以下介绍几种研制的施肥装备，包括撒施机、起垄沟施一体机、有机肥抛撒机等。

3.3.1　撒施机的研制与开发

3.3.1.1　撒施机的研制背景

根据各种肥料的组成成分和用量，开发符合农业现代化需要的肥料撒施机符合现代集约化农业发展的方向。根据对已开发的撒施机型号、规格和施用方式调研分析，发现大部分撒施机以链式或绞轮式为主要移动形式，将肥料从料箱底部向前部或后部推进来实现撒施。在实际作业中，肥料撒施机单位面积施用量的影响因素很多，如肥料推进速度、颗粒大小等。一般单位面积施用量的多少是通过出料口外挂的控制阀调整或拖拉机牵引速度来实现的，虽然存在因行进受颠簸导致精确度不高的问题，但只要计算出农地面积，可通过人工调整来保证施用的均匀性。

从长远发展来看，围绕精准农业变量作业技术来调整施用量的方式，可以显著提高肥料的利用效率、减少环境污染、提高农产品品质，也可减少因土壤肥料过度施用对作物的危害。

3.3.1.2 撒施机的研发现状与发展趋势

目前主要依靠人力施用肥料，机械化程度低，作业强度大，施用不均匀，造成土壤改善显效慢，成本高等问题。目前，学者和研究机构在化肥、有机肥施用装置和机械方面开展了比较深入的研究。例如，法国库恩离心式双圆盘撒肥机，原是为颗粒状化肥撒施设计的，当用于施撒粉状有机肥时，在离心式双圆盘的作用下，会使作业现场形成大量的扬尘，造成严重的环境污染。同时，使肥料飘逸，损失严重。又如美国佩奎亚撒肥机，肥料靠自身质量供料，只适用于流动性较好的颗粒状化肥，在撒施粉状有机肥时，会出现有机肥架空和出料不均匀等问题，而且产品价格高、维修不便，不适应中国国情。

（1）国外撒施机的研发现状及发展趋势

国外对撒施机的研究更加深入细致，如 Morrish 等（1997）研究开发了一种配备 GPS 的施用系统，该系统根据 GPS 精确定位判断撒施位置，配合控制系统，能够实现在作物所需的最佳位置撒施，在有障碍的地方不撒施，使撒施更精确，避免浪费；Schrock 等（2015）研制了一种装备控制计量系统的撒施机，该系统通过调节脉冲宽度来实现流量控制；以色列研制的自动灌溉撒施机，使灌溉和施肥实现智能化，可以通过设置不同的灌溉和施肥程序，实现液肥准确适时地注入灌溉管道中，与灌溉水一起适时适量的施给作物，使施肥和灌溉一体化进行，大大提高了水肥耦合效应和水肥利用率（吴宁，2016）。

近年来撒施机正向着大容量、多功能、精细化的方向发展，可满足不同要求的撒施作业。

（2）中国撒施机的研发现状及发展趋势

中国对撒施机的研究起步较晚。20 世纪 90 年代，由中国农业大学研制开发的 2FL-I 型离心式化肥撒施机，是结合中国农村小四轮拖拉机多、地块小的国情，在吸收同类机具先进技术的基础上，研制开发的一种新型化肥撒施机（宋卫堂，2000）。同时，由北京市农业机械研究所研制开发的深施化肥玉米追肥机，适用于深翻玉米、免耕玉米的深施追肥作业。2008 年，由中国科学院地理科学与资源研究所和湖南工业大学冶金工程学院改进设计的成垄压实耕作施肥机，采用条带施肥方法。此外，北京、上海、吉林等农业机械化研究机构研制开发了 2F-VRT1 变量施肥机、1G-VRT1 旋耕变量施肥机、2SF-2 型变量深施肥机等。现有有机肥撒肥机械作业时多存在动力配套性不好、料斗容积满足不了要求和作业质量差等缺陷，不适合施用量很大条件下的作业。

2014 年，潍坊友容实业有限公司研制开发了一种新型改良剂专用撒施机，其包括机架，机架下侧的前端和后端分别设置轴承座，且轴承座内分别安装传动轴，前后两端的传动轴分别固定连接前轮和后轮，机架前端的上表面通过螺栓固定连接拨料装置，拨料装置上端与储料斗固定连接，拨料装置下端加装分撒装置，且位于前轮和后轮之间的机架下表面设置轴承座，且轴承座内安装粉碎辊，粉碎辊的左端通过传动轴与变速箱底部的高速输出轴连接，变速箱固定安装在机架后端的上表面左侧，且变速箱的低速输出端端部加装链轮二，链轮二通过链条与后轮的传动轴连接，变速箱的输入轴通过联轴器与汽油机的输出轴连接，汽油机固定安装在机架后端的上表面右侧，拨料装置内部安装螺旋杆，且螺旋杆的左端加装链轮三，链轮三通过链条与前轮的传动轴连接，螺旋杆的右端通过锥齿轮组与转轴的上端连接，转轴通过轴承与拨料装置右端的轴承座配合安装，且转轴的下端加装链轮四，链轮四通过链条与分撒装置连接。2015 年以来，宁夏大学环境工程研究院孙兆军教授团队针对河套地区土壤施肥机械化程度低、设备单一、劳动强度大等问题，以引进开发专用设备为目标，开发出了具有自主知识产权的改良剂撒施专用设备。该设备提高了作业效率，节省了人力，降低了成本，撒施均匀度较好，工作幅度宽，适合大面积田间撒施模式。该设备新颖，结构简单，造型美观，操作简便，撒施均匀度在 90% 以上，撒施宽幅在 4.5m 以上，作业效率达 20 亩/h 以上。

3.3.1.3 撒施机的种类与各自特点

（1）常规撒施机

常规撒施机的肥料储仓的底部呈漏斗状，肥料储仓的底端设有万向轮，后方设有推手，肥料储仓的顶部设有装料口，装料口的底部设有筛网，使肥料在进入肥料储仓前先经过筛选，肥料储仓的底板为带有投放孔的投放底板，投放底板下表面的左右两端分别设有抽拉槽，抽拉底板与抽拉槽滑动连接，抽拉底板上均匀分布有若干限量孔，限量孔的位置和投放孔的位置相对应，抽拉底板的端部设有拉手，通过拉手推拉抽拉底板时，可以改变投放孔和限量孔相重合面积的大小，以控制从投放孔投放出肥料的量，抽拉底板上沿抽拉槽的延伸方向均匀分布有刻度，以标示撒施肥料的量。该设备结构简单、成本低、撒施效率高。

（2）专用撒施机

专用撒施机提高了肥料撒施的作业效率，节省了人力，降低了成本，撒施均匀度较好，工作幅度宽，适合大面积田间撒施模式，能量消耗较低，普通的农用拖拉机可作为牵引动力机车，不需要另配动力，大大降低了劳动强度。

3.3.1.4 撒施机在旱区农业水土资源中的应用

（1）撒施机的研制现状

在选择不同土壤类型肥料撒施机时，要综合考虑土壤特点、肥料种类等因素。王胜（2016）研制的撒施机虽然撒施较为均匀但是需要另配动力设备，不适合个体农户使用；郑青松等（2016）研制的撒施机对地形要求较高。

（2）撒施机的基本结构和作业图示

一种专用撒施机包括前传动轴、摆线减速机、储料箱、分隔槽、涡轮蜗杆减速机、链轮传动装置、固定轴、牵引架、皮带轮、双排链轮、下传动轴、绞龙、行车轮、机架、出料筒、撒盘、后传动轴、链轮、伞齿轮、叶片、筛网。摆线减速机与前传动轴连接，储料箱安装在机架上方，分隔槽安装在储料箱的底部，涡轮蜗杆减速机安装在链轮传动装置的中间，固定轴通过伞齿轮与后传动轴连接，牵引架设置在机架的前端，皮带轮用于连接前传动轴和下传动轴，双排链轮安装在储料箱的前端两侧，绞龙安装在储料箱的中底部且左右各一个，机架的两端设有行车轮，出料筒安装在撒盘上方，链轮和伞齿轮与后传动轴连接，叶片安装在撒盘上，筛网安装在出料筒上方。撒施机结构如图 3-44 所示，出料装置后视图如图 3-45 所示，撒盘结构俯视图如图 3-46 所示。

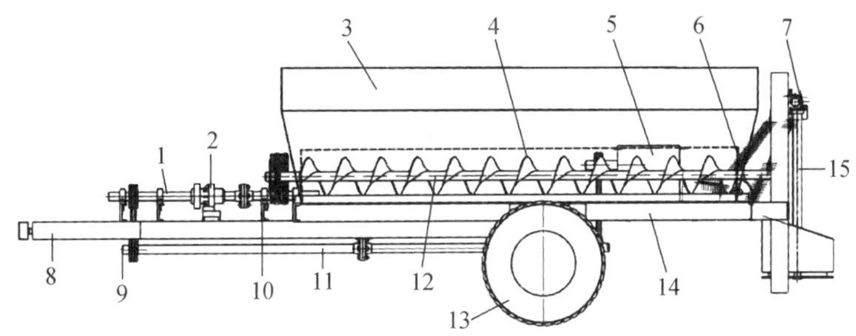

图 3-44　撒施机结构

1. 前传动轴；2. 摆线减速机；3. 储料箱；4. 分隔槽；5. 涡轮蜗杆减速机；6. 链轮传动装置；7. 固定轴；8. 牵引架；9. 皮带轮；10. 双排链轮；11. 下传动轴；12. 绞龙；13. 行车轮；14. 机架；15. 后传动轴

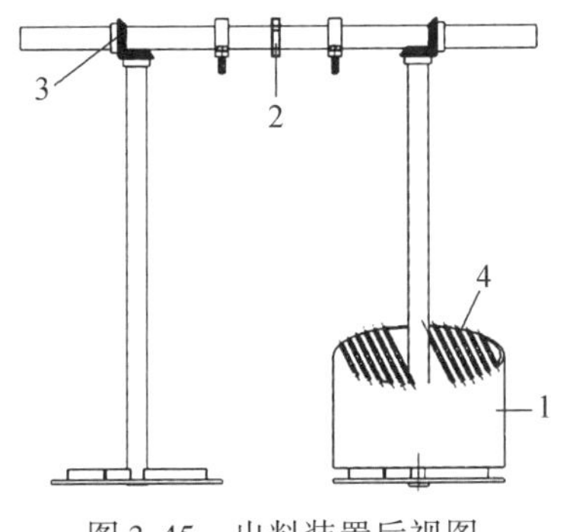

图 3-45　出料装置后视图

1. 出料筒；2. 链轮；3. 伞齿轮；4. 筛网

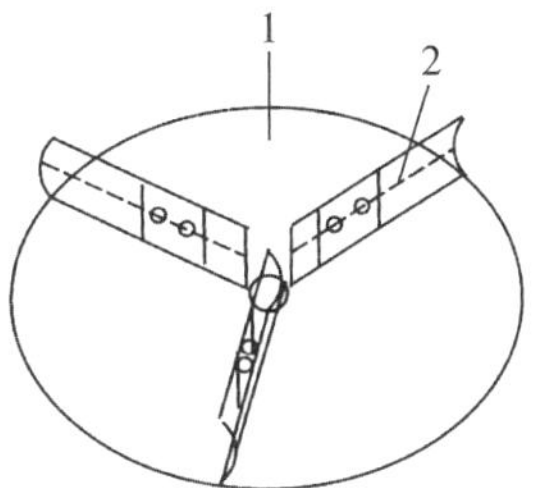

图 3-46　撒盘结构俯视图

1. 撒盘；2. 叶片

（3）工作原理

肥料撒施专用设备的工作主要依靠物料传送装置动力系统和物料撒施动力系统。

1）物料传送装置动力系统。拖拉机通过后动力输出轴传递给摆线减速机（减速变向），再通过双排链轮（减速）带动绞龙构成的螺旋推进器，实现物料的均匀传送。

2）物料撒施动力系统。拖拉机通过后动力输出轴传递给摆线减速机的动力输入轴，再通过皮带轮传递给涡轮蜗杆减速机，最后通过双排链轮、伞齿轮传递给撒盘，实现物料的均匀抛撒。

（4）主要部件设计与各参数的确定

A. 减速传动系统及转速确定

1）一级减速。75kW 级以上拖拉机后传动转速在 720～1000r/min，肥料撒施专用设备选择传动比为10的摆线XW5-10型减速机和传动比为10的涡轮蜗杆WPKS155型减速机，使XW5-10型和WPKS155型动力输出轴转速在72~100r/min。

2）二级减速。采用双排20A链传动装置，传动比根据绞龙转速计算，作用是降低绞龙转速。

3）增速。采用双排20A链传动装置和伞齿轮传动装置，传动比分别为2.75和1.5。起到减速转向的作用，使撒盘速度在300~400r/min，撒盘的抛撒方向为从内向外。

B. 挂车车架

挂车底盘牵引架根据相同吨位传统挂车牵引架结构设计，为了方便设备转弯、掉头等作业，设计为三角形。

挂车轮胎选用耐高压、大载质量的40#装载机专用轮胎，轮胎外径1050mm，宽400mm，载重量大于4t。挂车减振钢板的设计参考相同吨位传统挂车设计。

C. 储料装置

储料箱的形状和尺寸取决于肥料种类和装载量，保证设备装料时全部装满和倒空，不会形成架空和空处。根据作业效率和施肥量的要求，考虑到美观等综合因素，车厢设计为棱台+长方体形状，中间设计一个三角分料装置，让物料通过两个出料口进行抛撒，并按照6t载重量设计。

1）容重。在自然状态下单位体积肥料的质量为容重，也称密度，一般来说，与输送和撒施性能关系密切的为湿容重。用公式表示为$\gamma=M_s/VS$（t/m^3），其中M_s为肥料重量（含水分），VS为肥料体积。若装肥料6t，其有效容积为$V_0=6\div1.27\approx4.7m^3$。

2）根据《摩托车和轻便摩托车操纵件、指示器及信号装置的图形符号》（GB 15365—2008），轮式拖拉机组挂车车厢长≤10m、宽≤2.5m、高≤3m的要求，确定撒施设备储料装置尺寸，长方体长3300mm、宽1800mm，高350mm，棱台上底长3300mm、宽1800mm，下底长3000mm、宽1200mm，棱台高600mm，中间有一个宽440mm、高300mm的三角分料台。

3）储料箱采用4mm厚的钢板焊接而成。

D. 送料装置

有些肥料含水量高，具有黏滞性，易造成排料口堵塞，保证连续性和均匀性排料的装置研制是难点之一。设计初期，本研究考虑通过皮带和绞龙两种传送方式，皮带具有传送量大、出料连续性和均匀性好的优点，绞龙具有传送量大、出料稳定的优点。

通过皮带传输和绞龙传输比较试验确定撒施设备的送料装置，结果表明：皮带的出料连续且均匀（95%以上），两侧的出料一致性高，但是随着设备的运行，皮带的长度会发生改变（1~2cm），进而导致皮带与轴的摩擦力变小，皮带传动受阻。在实际传输中需要通过可调式装置对其进行调试，但是当设备在传输中出现皮带过松现象时，皮带的长度调试难度增大。绞龙的出料连续性和均匀性较皮带低（85%以上），但绞龙出料稳定，不会出现皮带传输中皮带松动的现象，且蛟龙装置的拆卸和维修更简单。综合考虑出料均匀性、稳定性和设备的易维护性，选择绞龙作为撒施专用设备的送料装置。

绞龙出料速度$P=PS\times2t/亩\div2\div60=20亩/h\times2t/亩\div2\div60\approx333kg/min$，其中PS为撒施

工作效率。

假设绞龙外径 350mm，选取直径 60mm（厚 6mm）的无缝钢管作为绞龙的支撑轴。

绞龙体积 $V=\pi\times(D-d)^2\div4\times L=3.14\times(0.35-0.06)^2\div4\times3\text{m}\approx0.198\text{m}^3$，其中 D 为绞龙外径，d 为无缝钢管外径，L 为绞龙总长度。

绞龙转速 $n=P\div\gamma\div V\times(L/d_1)$，其中 P 为绞龙出料速度，γ 为肥料容重（t/m^3），V 为绞龙体积，L 为绞龙长度，d_1 为绞龙理论螺距。假设绞龙螺距为 180mm，则绞龙转速 $n=23\text{r/min}$。

E. 出料装置

目前的肥料撒施机适用于颗粒状肥料，使用最广泛的离心式撒盘装置撒施量小，而一些肥料具有黏滞性且施用量大，如脱硫石膏。本研究综合现有的撒施机出料技术，设计 3 叶片的离心撒盘（直径 390mm），在离心式撒盘外套上一个圆筒（直径 400mm），使出料装置具有较大出料量且均匀度较高。同时，将撒盘固定在离地面 400mm 左右的高度，在保障设备顺利进行田间作业的前提下降低肥料粉尘对环境的污染。按照设计，在小型样机上进行出料试验，确定出料口尺寸。

1）出料口弧面的确定。出料试验结果表明，当出料口对应的圆心角为 130°～150°时，可以保证出料呈半圆形。因此，设定出料口为 140°圆心角对应的弧面。

2）出料口高度。撒盘出料效率 P_1 = 绞龙出料速度 $P\approx333\text{kg/min}$。根据现有离心式撒盘的设计技术，撒盘叶片的高度在 100～150mm，肥料撒施专用设备设定撒盘叶片高度为 100mm。经测定，当出料口高度≥50mm 时，撒盘可以将绞龙传送出来的物料全部撒完。

由于物料沿着出料口的方向出料量减小，为了保证出料均匀，出口需要设计成弧形，沿着出料口方向高度依次增加。将出料装置组装到小型样机上，进行出料均匀试验，并对出料口的尺寸进行调试。试验过程如下：制作一个活动式软插板，固定在圆筒上，位置位于弧形出口上方；开启设备，通过调节插板的高度，调节出料口的出料量，测定不同高度出料口的出料效率和均匀度（在撒盘后面铺放塑料布，撒施结束后，将塑料布按照 1m×1m 分成几块，分别称重，得到撒施量和撒施均匀度）。经测定，当出料口左侧高度 = 100mm，右侧高度 = 20mm 时，撒盘可以经绞龙传送出来的物料全部撒完，且撒施均匀度达到 91%，撒施宽幅为 4.3～5.6m。

3）撒施宽幅。以现有的设备进行固定撒施试验，测定黄沙撒施宽幅。发动机额定转速为 2200r/min，按照发动机工作转速为额定转速 80% 时拖拉机后传动转速达到额定转速的标准，当发动机转速≥1760r/min 时，发动机转速为 720r/min。

4）绞龙（输料装置）转速 n_1。

绞龙（输料装置）有 14 组叶片（$r_1=0.19\text{m}$）组成，绞龙轴径 $r_2=0.035\text{m}$，绞龙长为 3m，绞龙旋转 14 次（绞龙完成一周）的输料量 V_1 为

$$V_1=3.14\times(r_1-r_2)^2\times3\times2\approx0.453\text{m}^3$$

工作效率为 20 亩/h，施用量为 $4\text{m}^3/\text{h}$，那么每小时的工作量为 80m^3。绞龙转速 $n_1=80\text{m}^3/\text{h}\div60\div0.453\text{m}^3\times14\approx41\text{r/min}$。

5）绞龙链盘与动力轴链盘的直径比。按照表 3-7 的数据，得出撒施宽幅 y 与后传动

转速 x 的关系式为

$$y=0.0067x-0.3164$$

当作业宽幅为 3.7m 时（均值），拖拉机后传动轴转速为 600r/min，拖拉机后传动轴连接的摆线减速机比数为 10∶1，那么链盘直径比为 60∶42≈1.4∶1。设计动力轴链盘直径 D_1 为 110cm，则绞龙上的链盘直径 D_2=110cm×1.4≈160cm。

6）拖拉机行进速度。以设计的 20 亩/h 为标准，以平均宽幅作为实际作业宽幅，拖拉机理论作业速度 U_1=20 亩/h÷3.7m÷1000≈3.6km/h。

实际工作中，装料需要消耗一定时间，本试验中，每装一车黄沙以 2min 计算。设备实际作业效率 P 与行进车速 U 的关系式为

$$(60-P\times4\text{m}^3/\text{亩}\div5\text{m}^3/\text{车}\times2\text{min}/\text{车})\times U\times3.7\text{m}\times1000=P\times60$$

当 P=20 亩/h 时，U≈7.7km/h。

结果表明，当不考虑物料补充时间，工作效率为 20 亩/h，施用量为 4m³/亩时，设备所需的理论工作速度为 3.6km/h；当考虑物料补充的时间，设备所需的实际工作速度为 7.7km/h。

（5）发动机转速与黄沙撒施宽幅的关系

发动机转速与黄沙撒施宽幅的关系见表 3-7。

表 3-7　发动机转速与黄沙撒施宽幅的关系

发动机转速/(r/min)	后传动转速/(r/min)	撒盘转速/(r/min)	撒施宽幅/m
2000	720	324	4.5
1800	720	324	4.5
1600	654	294	4.1
1400	573	258	3.4
1200	491	221	2.9
1000	410	185	2.5

（6）肥料撒施专用设备基本参数

肥料撒施专用设备基本参数见表 3-8。

表 3-8　肥料撒施专用设备基本参数

参数	单位	值
外观尺寸	mm×mm×mm	5000×2050×1950
整机重量	kg	1225
配套动力	kW	75
最大载重	t	6.0

续表

参数	单位	值
抛撒盘	mm（ϕ）	400
最大转速	r/min	≥300
挂接方式	牵引	—
撒施宽幅	m	≥4.5
撒施均匀度	%	≥90
工作效率	亩/h	≥20

（7）肥料撒施专用设备示意图

肥料撒施专用设备效果图如图 3-47 所示，动力系统效果图如图 3-48 所示，设备储料装置效果图如图 3-49 所示，送料装置效果图如图 3-50 所示，出料装置效果图如图 3-51 所示。

图 3-47　肥料撒施专用设备效果图

图 3-48　肥料撒施专用设备动力系统效果图

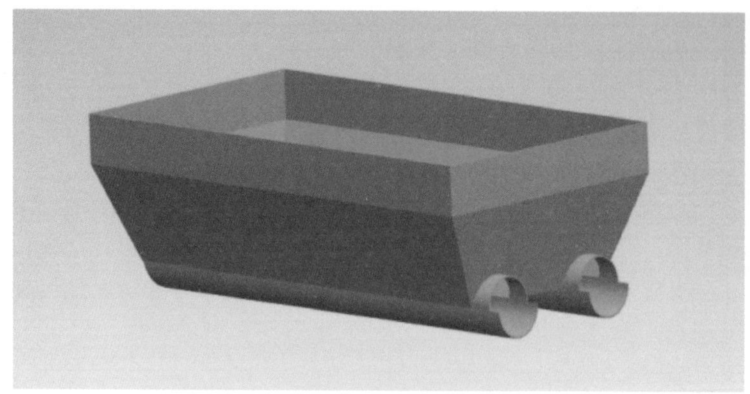

图 3-49　肥料撒施专用设备储料装置效果图

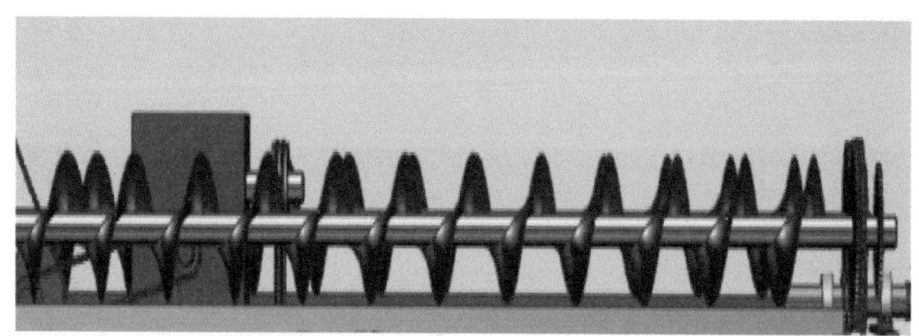

图 3-50　肥料撒施专用设备送料装置效果图

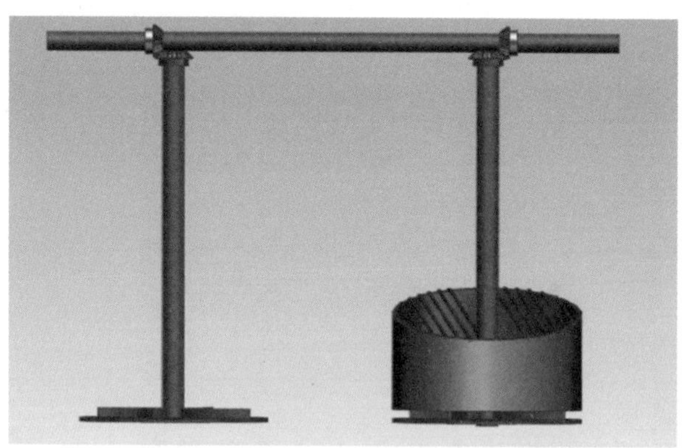

图 3-51　肥料撒施专用设备出料装置效果图

（8）肥料撒施专用设备作业说明

所研制的肥料撒施机除了配有使用说明外，还必须说明它的动力配套过程，以便在作业过程中能够及时矫正不良操作习惯。

3.3.2 有机肥抛撒机的研制与开发

3.3.2.1 有机肥抛撒机的研制背景

有机肥（如畜禽粪、稻壳、粉碎的秸秆等）是重要的肥料来源，可利用抛撒的方式进行施用。近年来，中国规模化农业和畜禽养殖大户明显增多，农业秸秆和畜禽粪便产量急剧增大，如不及时处理利用，将导致环境污染问题和资源化、科学化利用问题。尤其是中国农村，耕地面积相对集中，有机肥的撒施装备很少，大多依靠人工抛撒，加上单位面积施用量较大，人工撒施效率低、工作环境差、劳动强度大、用工多、成本高、均匀性也较差。因此，为了减轻农民撒施的负担，达到省时、省工的目标，最佳的解决途径就是使其机械化。

有机肥抛撒机通过拖拉机牵引和驱动进行作业，在田间撒肥行驶速度可达 6km/h 以上，抛撒幅宽可达 7.5m，均匀度变异系数小于 31%。该机具只需司机一人即可完成田间撒肥作业，节省人力、物力；整机采用刚性组合式结构，以机架为主体，推料破碎机构与抛撒机构配合作业，实现肥料均匀高效抛撒，具有宽幅作业、窄幅运输功能；箱体 T 形结构设计，装料方便，卸料充分，无残留；整机结构紧凑，性能可靠，行走转动灵活，操作简单，控制方便。(陈海霞，2016)

3.3.2.2 有机肥抛撒机的研发现状与发展趋势

中国农业利用畜禽粪便肥田已有悠久历史，具有成熟制造有机肥的方法和技术。多年来，由于化肥的大量使用，人们忽视有机肥的利用，缺少机械化施用设备，有机肥的施用一直停留在人工撒施阶段，浪费了大量人力、物力，严重阻碍了有机肥的利用。日本研制的适用于水田等松软小地块自走式撒施机和条施腐熟堆肥条施机，从草地、旱田到水田、蔬菜、烟草等都可使用。

(1) 国外有机肥抛撒机的研发现状及发展趋势

欧美等发达国家在实现农业机械化的初期就研制了简易的畜拉式堆肥撒施机。1875 年，Joseph Kemp 首次成功设计了较为自动化的有机肥抛撒机，它在田间是靠马匹拉动作业的。到 20 世纪 30 年代，有机肥抛撒机的机械化程度得到较大提高，研发制造已有一定的市场规模，如图 3-52 所示。目前，欧美等发达国家已开发出多种自动化程度很高且性能可靠的有机肥抛撒机，并向大型化发展，肥箱的装载量可达到 29m^3 以上，撒施幅宽可达到 24m 以上，主要由底盘、肥箱、输送装置、液压驱动系统、抛撒装置等部件组成(吴宁，2016)。

(2) 中国有机肥抛撒机的研发现状及发展趋势

2006 年，吉林农业大学对地轮传动的小型有机肥抛撒机的工作部件做了初步研究，并进行了抛撒性能试验。随后，上海世达尔现代农机有限公司推出了横轴式厩肥抛撒机(图 3-53)，其优点是撒肥均匀度高、撒肥量大；缺点是撒肥宽度较小。

图 3-52 畜拉式有机肥抛撒机

图 3-53 横轴式厩肥抛撒机

中机华丰（北京）科技有限公司于 2013 年研发了 2F 竖轴式螺旋有机肥抛撒机，并于 2014 年完成了各项性能指标测试和生产考核。该机具有撒肥均匀度高、撒施宽度大、生产效率高、坚固耐用等优点，如图 3-54 所示。

图 3-54 2F 系列竖轴式螺旋有机肥抛撒机

3.3.2.3 有机肥抛撒机的种类与各自特点

有机肥按照形态可分为液态有机肥和固态有机肥，因此，撒施机相应的分为液态有机肥抛撒机和固态有机肥抛撒机两大类。

（1）液态有机肥抛撒机

液态有机肥抛撒机又称为有机肥喷洒机，撒施形式主要包括液态有机肥地表撒施和地下深施两种，一般由罐体、抽吸装置、撒施装置、深松及覆土装置、行走和平衡系统组成，如图 3-55 所示。使用时根据液肥注入方式的不同，通过泵将液态有机肥从罐体中抽出，然后通过不同形式的喷洒机构注入土壤，可显著减少液态有机肥的损失，其中楔形液态有机肥注入机对土表的扰动最小，施肥效果最佳。

图 3-55　液态有机肥抛撒机

近年来液态有机肥抛撒机正向着大容量、多功能、精细化的方向发展，可满足不同要求的液态肥料及作物的施肥作业。例如，美国 CASEIN 公司生产的 Nutri-Placer 型液态有机肥抛撒机（图 3-56），容积可达 7760L，幅宽可达 19.8m。

图 3-56　Nutri-Placer 型液态有机肥抛撒机

中国对液态有机肥抛撒机的研究始于20世纪80年代，其中王振生（1985）研制的2FYA-4.2-2液氨施肥机利用中耕机的杆齿开沟，杆齿背面的喷管喷施液氨，然后覆土，工作幅宽可达4.2m。随着科技水平的发展和科研方法的改进，液态有机肥抛撒机不仅可以实现喷药、施肥和灌溉的结合，而且能够做到精量控制，如李凯等（2001）研制的实时施肥灌溉自动控制系统能有效地控制管道中流动溶液的浓度和pH。

（2）固态有机肥抛撒机

固态有机肥抛撒机大多是利用拖拉机作为行走和抛撒动力源，利用液压驱动系统带动输送装置，将肥箱中的动物粪便或有机肥料输送到抛撒装置处，然后利用抛撒装置将肥料均匀地抛撒在农田。通过长期的试验研究，地轮驱动式抛撒机结构简单，成本较低，适合小地块使用，如图3-57所示。

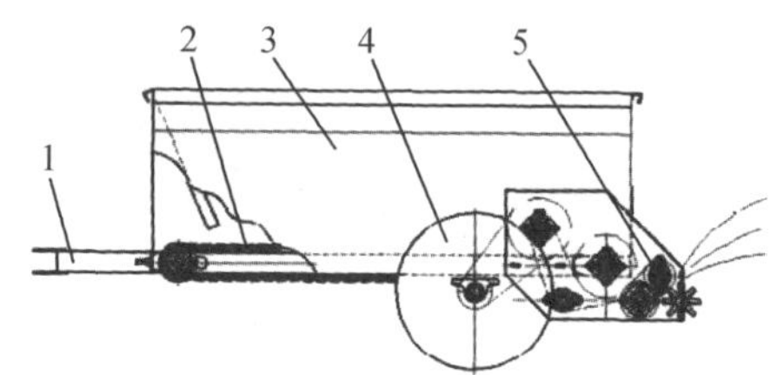

图3-57　地轮驱动式抛撒机

1. 牵引机构；2. 输送装置；3. 肥箱；4. 地轮；5. 抛撒辊

拖拉机后动力输出驱动式撒肥机具有装肥量大、工作效率高、撒施均匀度高等特点，适用于大型抛撒机，其中根据抛撒装置的不同主要分为圆盘式和螺旋式两大类。圆盘式有机肥抛撒机主要吸取利用圆盘式化肥撒施机的结构和抛撒原理，肥箱一般采用V形结构，图3-58为美国NEWLEADER公司研制的L4000G4型圆盘式有机肥抛撒机，该有机肥抛撒机抛撒幅度较宽，撒施均匀性较好，但结构较为复杂，功耗较大，生产成本较高，撒肥量较小。

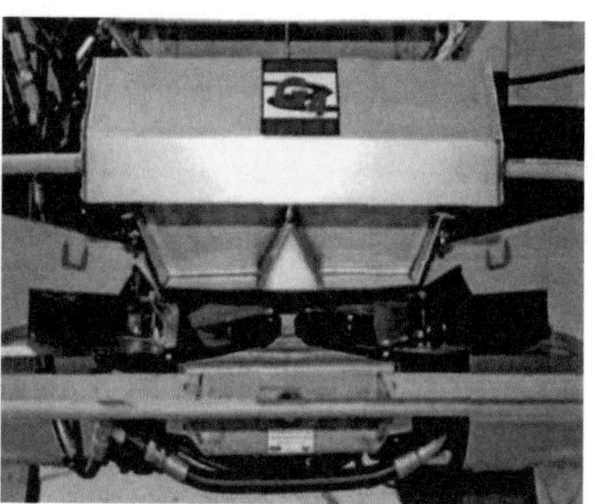

图3-58　L4000G4型圆盘式有机肥抛撒机

螺旋式有机肥抛撒机又分为横轴螺旋和竖轴螺旋两种形式，横轴螺旋式有机肥抛撒机如图 3-59 所示，其优点是结构较简单，撒肥量大，撒施均匀性好，功耗较小，适应性较好，缺点是撒肥幅宽较窄。竖轴螺旋式有机肥抛撒机是在横轴螺旋式有机肥抛撒机的基础上研制的，将抛撒螺旋竖直设置，并对抛撒叶片的角度和排列进行重新设计，如图 3-60 所示。竖轴螺旋式有机肥抛撒机撒肥幅宽明显增大，工作效率高，撒施均匀性好，功耗较小，破碎能力强，适应性好，是目前国内外应用最广泛的有机肥抛撒机。

图 3-59　横轴螺旋式有机肥抛撒机

图 3-60　竖轴螺旋式有机肥抛撒机

3.3.2.4　有机肥抛撒机在旱区农业水土资源中的应用

撒施有机肥能增加土壤肥力。有机肥经微生物分解、转化形成腐殖质，能提高土壤的缓冲能力，并与碳酸钠作用形成腐殖酸钠，降低土壤碱性。因此，增施有机肥是提高土壤肥力的重要措施（陈平，2011）。使用有机肥抛撒机实现机械化作业，具有工作效率高、适用各种土壤类型、应用范围广、操作方便等优点。由于液态有机肥的处理需要特定的场所，技术要求和成本较高，广大农村地区以使用固态有机肥为主。

（1）有机肥抛撒机的研制现状

在选择不同土壤类型有机肥抛撒机时，要综合考虑土壤特点、有机肥种类等因素。在机具的选择上，要根据自身的实际情况选择适合本地区生产条件和发展需要的机具，盲目追求技术先进的进口设备或简陋的廉价设备都是不可取的。另外，有机肥撒施必须配套有机肥生产、装料等设施和设备，并且具备种养结合农业生产模式，即在一定范围或区域内形成生态循环，减少运输半径，才能取得显著的经济效益和生态效益（刘希锋等，2016）。

固态有机肥抛撒机工作效率高，撒施均匀性好，功耗较小，破碎能力强，适应性好，是目前国内外应用最广泛的有机肥抛撒机。

（2）有机肥抛撒机的基本结构和作业图示

有机肥抛撒机结构如图 3-61 所示，主要由底盘、肥箱、输送装置、液压驱动系统、垂直抛撒装置等部件组成，适用于畜禽粪便、堆肥、厩肥等不同湿度和特性的固态有机肥料的撒施，具有抛撒均匀性高、操作简便、作业效率高、坚固耐用等特点，是用于撒施固态有机肥料，减少污染，肥沃土壤的理想机具。有机肥抛撒机作业如图 3-62 所示。

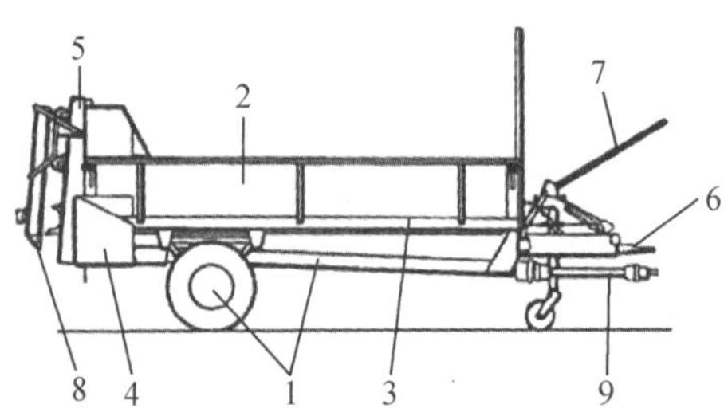

图 3-61　有机肥抛撒机结构

1. 底盘；2. 肥箱；3. 输送装置；4. 液压驱动系统；5. 垂直抛撒装置；6. 牵引架；7. 刹车系统；8. 抛撒保护装置；9. 动力输出轴

图 3-62　有机肥抛撒机作业

(3) 有机肥抛撒机作业说明

所研制的有机肥抛撒机随机配有使用说明外，还必须说明它的动力配套过程以便在作业过程中能够及时矫正不良操作习惯。

有机肥抛撒机由拖拉机牵引作业，工作时，操纵液压手柄拉回卸料门，由装载机将有机肥箱装满，由拖拉机牵引到田里。先操纵液压手柄，推出卸料门，然后在发动机低速下挂接动力输出，发动机动力经传动装置开启螺旋搅拌推送器及抛撒盘旋转，拖拉机以一定速度匀速前进，螺旋推送器不断对有机肥进行破碎并推动后移，在拨料齿推动及重力作用下，肥料连续不断下落出箱，进入抛撒盘，在抛撒盘叶片高速旋转带动下，在推力及离心力作用下，肥料被不断甩出，沿平抛轨迹均匀落入田间，完成有机肥在机器工作宽幅内均匀抛撒。

有机肥含水率为20%~45%时，撒施均匀度变异系数为31.4%，低于40%，符合国家标准；有机肥含水率为22.8%时，工作幅宽在3.6m左右；有机肥含水率为42.8%时，工作幅宽可达5.4m，工作幅宽达到行业领先水平。撒施均匀度主要受抛撒装置工作参数、物料含水率、黏性等的影响；工作幅宽主要受物料含水率、黏性等的影响。通过调节液压流量控制阀和拖拉机行驶速度，撒施量可控制在10.5 ~ 53m^3/hm^2，满足撒施量的需求，作业效率达到6 ~ 12km/h。

3.3.3 起垄沟施一体机的研制与开发

3.3.3.1 起垄沟施一体机的研制背景

近几年，随着机械化程度的推广，起垄机械应用越来越广泛。起垄机械化程度作为农业生产现代化一个重要的组成部分，也是提高农民工作效率、降低农民用工成本和劳动强度的重要措施，在作物生产的各个环节中，起垄是机械化作业中推广的重要环节。由于起垄机械与其他农作物机械差别不大，只需针对起垄高度、行间距进行适当的调节即可用于生产作业。据统计，中国北方平原的机械化耕地、起垄的机械化程度比南方山地、丘陵地区高，这充分说明了起垄机械的推广应用与地形地貌密切相关。中国黑龙江省在农业机械的研制开发和使用方面起步较早，已有10多年的开发经历，黑龙江省在烟草生产过程中已经推广应用的机械设备包括单垄刨坑施肥机、三垄刨坑施肥机和旋耕施肥机等起垄机械（朱祖良，2009）。山东省农业机械的研发经过5年时间，通过自主研发与技术引进相结合的方式，开发了农田专用机械，目前已经开发出田间整地、起垄、施肥多功能一体机械，单垄、双垄旋耕起垄施肥一体机等机械。起垄沟施一体机具有以下几个特点。

1）起垄沟施一体机使起垄、施肥一次完成，与单一的作业机具相比，大大提高了生产率，降低了劳动强度。

2）起垄沟施一体机采用通用机架，使机器具有广泛的通用性，除可安装起垄施肥装置外，还可安装中耕、除草、喷雾、灭茬、覆膜等装置进行作业。

3）双圆盘覆土器加正反双向犁复合起垄机能保证起垄时耕深一致、垄高整齐和规范的农艺要求。克服了传统起垄机所起垄体低矮、抵抗旱涝灾害的能力不强、保墒不好、通风性差、不能充分利用空间让植株进行强烈光合作用的弊端。

4）起垄沟施一体机结构简单，使用方便，产品的通用化程度高，成本低。

3.3.3.2 起垄沟施一体机的研发现状和发展趋势

（1）国外起垄沟施一体机的研发现状和发展趋势

由于化肥的使用存在很多副作用，发达国家对化肥的使用正在逐渐减少，使用时根据作物的需求采用精准农业技术装备，通过精准农业技术装备精细准确地调整化肥的施用，最大限度地优化使用化肥，提高化肥投放空间位置、数量、时间的精度及利用率，降低成本，增加效益的同时减少污染。20 世纪 80 年代末，美国、德国等国家已开始实行土地集中化管理，它们将现代化科技技术应用于整地、播种、施肥、收割等生产过程，使农村种植由原先的单一化逐渐向多元化一条龙发展。起垄沟施一体机作为一种整地施肥机械，在农业生产中有着重要的作用。市场上的起垄沟施一体机大都具备翻土、起垄和施肥等功能，但世界各国研究重点都以提高起垄沟施一体机的性能为主。

（2）中国起垄沟施一体机的研发现状和发展趋势

中国于20 世纪 70 年代才开始研究小型农用机具，起步晚，前期主要是设备引进，机械比较单一，起垄机械和施肥机械一般都是分开工作，从 1999 年开始陆续有人将起垄、施肥、播种等功能结合起来，研制出了起垄沟施一体机。

3.3.3.3 起垄沟施一体机的种类与各自特点

（1）lYSG-1 型烟田施肥起垄机

lYSG-1 型烟田施肥起垄机是集起垄、施肥为一体的多功能作业机械（图 3-18），该起垄机通过三点悬挂于拖拉机上进行耕作。该机具有如下缺点：①该机具在地面平整度差的耕作条件下耕作时，两侧地轮的轴线位置容易发生偏移，与中间轴的轴线不在同一个平面内，从而导致工作过程中链条脱落，机具可靠性、稳定性差。②机架结构设计方面存在缺陷，若在较坚硬的土质耕作时，机架容易产生局部变形，旋耕起垄效果不好。③一个肥料箱不能均匀搅拌多种不同密度的肥料，在施肥过程中易出现肥料混合不均匀现象。

（2）乘坐式旋耕起垄施肥机

乘坐式旋耕起垄施肥机（图 3-63）包括旋耕起垄刀轴、旋耕起垄机架，旋耕起垄机架上面设有施肥装置，施肥机架上部面的左右两边分别安装有施肥箱，施肥机架上部面的中部设有液压传动装置，液压传动装置的油泵动力输入轴与手扶拖拉机机头的动力输出轴连接，液压传动装置的液压马达的动力输出轴通过旋耕链轮与施肥装置的叶片轴连接，叶片分别设在两个施肥箱下部的叶片箱内，叶片轴的一端通过旋耕链轮与旋耕起垄刀轴连接。该机具实用新型、结构紧凑、操作简单、安全可靠、一机多用、互换性强、省力且使用非常方便，因而大幅度提高了农田作业效率，降低了农民的劳动强度。

（3）起垄犁提升式旋耕起垄施肥机

起垄犁提升式旋耕起垄施肥机（图 3-64）用于解决现有旋耕起垄施肥机起垄间距不

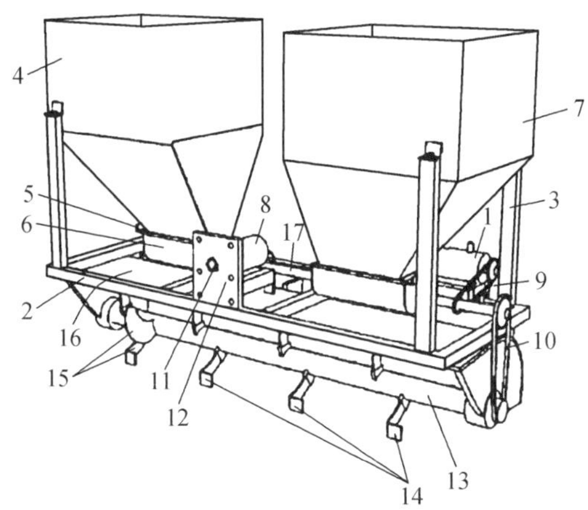

图 3-63　乘坐式旋耕起垄施肥机

1. 液压马达；2. 施肥机架；3. 施肥箱支架；4. 左施肥箱；5. 肥料限量板；6. 叶片箱；7. 右施肥箱；8. 油泵；9. 叶片轴；10. 旋耕链轮；11. 动力输入轴；12. 动力连接座；13. 旋耕起垄刀轴；14. 旋耕刀片；15. 起垄刀；16. 旋耕起垄机架；17. 旋耕起垄刀轴支撑板

能调节、旋耕时起垄犁拆卸不方便等问题，包括机架、旋耕犁、起垄犁、肥箱和施肥管等，在机架的前侧铰接连接犁架，在犁架的底部设有若干起垄犁，相邻起垄犁在犁架上的间距可调；在犁架的自由端与机架之间设有升降油缸，在犁架的顶部设有刻度尺；在肥箱的底部设有出肥管，在出肥管上设有阀门，在机架上设有施肥管，施肥管与出肥管连接，弹簧的安装端固定在施肥管下部的外壁上，弹簧的自由端固定在缓冲管上，缓冲管套在施肥管上。该机具可调节起垄垄距，可单独进行旋耕作业，可避免施肥管与土堆接触后造成的变形或位移，进而避免施肥不精确。

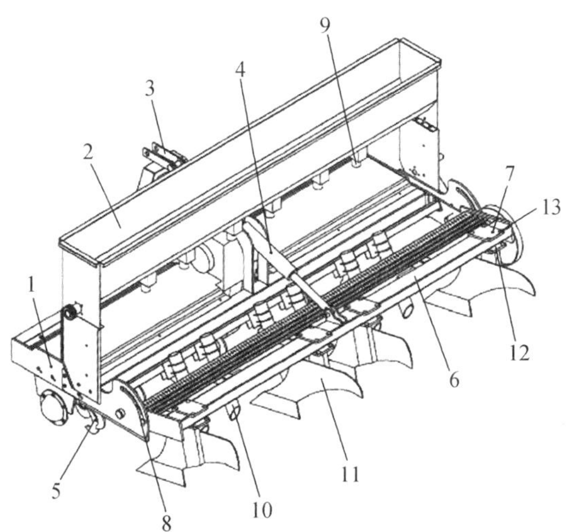

图 3-64　起垄犁提升式旋耕起垄施肥机

1. 机架；2. 肥箱；3. 悬挂支架；4. 升降油缸；5. 施肥管；6. 起垄犁；7. 活动加班；8. 弧形轨道；9. 出肥管；10. 缓冲管；11 起垄犁；12. 固定夹板；13. 螺纹孔

3.3.3.4 起垄沟施一体机在旱区农业水土资源中的应用

起垄提高垄沟的表层土壤含水量，垄沟、垄台的土壤理化性状得到改善，增加地表植被生物量和植被盖度。撒施有机肥能改善土壤的性质，增加土壤肥力。有机肥经微生物分解、转化形成腐殖质，能提高土壤的缓冲能力。腐殖酸钠能刺激作物生长，增强抗盐能力。腐殖质可以促进团粒结构形成，从而使孔隙度增加，改善土壤结构。土地整理中，使用起垄沟施一体机实现机械化作业，具有工作效率高、适用各种土壤类型、应用范围广、操作方便等优点，增施有机肥料是提高土壤肥力的重要措施。

（1）起垄沟施一体机的研制现状

农业机械化代表着先进的农业生产力，是农业现代化的重要组成部分，并起着决定性的作用。随着农业现代化的不断发展，各种耕播机械和收割机械不断涌现，且不断向联合一体化发展靠拢。对于耕播机械，如何实现整地、施肥、播种的有机融合，快速高效的机械化耕作，一直是农业机械研究者不断探索和解决的问题，在此过程中，出现了不同的旋耕播种机械，如旋耕起垄花生精量播种机，不足之处在于整个机械过于拖拉，设备过长，布局不够合理，一方面造成动力设备负担过重，另一方面对于设备的掉头转向造成极大不便。又如耕播施肥多功能复合作业播种机械，设备相对紧凑，但不足之处在于通过减振浮动开沟器施肥播种后，又通过起垄培土器对肥料和种子进行起垄覆盖，容易造成种子和肥料的移位，杂乱混合，造成肥料烧坏种子的情况发生，产生不必要的麻烦和损失；同时其与上述旋耕起垄花生精量播种机还存在一个共同的缺陷，即采用镇压轮进行镇压，容易破坏已形成的地垄。

（2）起垄沟施一体机的基本结构和作业图示

集施肥、起垄、覆膜于一体的农用机械（图 3-65）包括拖拉机机体、施肥机构、除草机构、垄地机构、覆膜机构、推土机构、站人平台。拖拉机机体头部设有施肥机构，中部前端悬耕部两侧设有除草机构，中部设有垄地机构，后部设有覆膜机构，尾部设有推土机构、垄地机构，覆膜机构上可作为站人平台，站人平台上设有开口。起垄沟施一体机作业如图 3-66 所示。

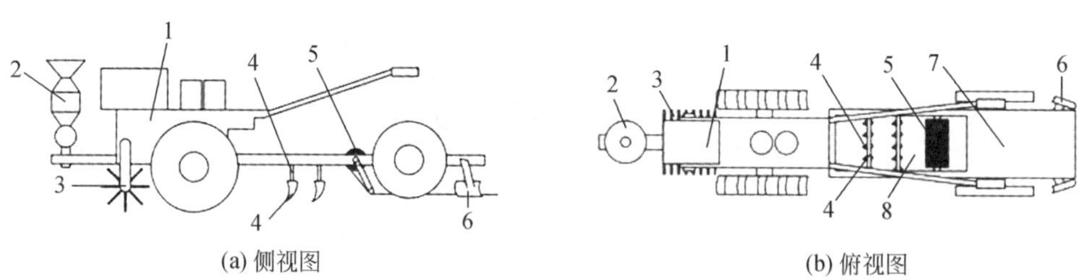

图 3-65 集施肥、起垄、覆膜于一体的农用机械

1. 拖拉机机体；2 施肥机构；3. 除草机构；4. 垄地机构；5. 覆膜机构；6. 推土机构；7. 站人平台；8. 开口

（3）起垄沟施一体机作业说明

所研制的起垄沟施一体机除了配有使用说明外，还必须说明它的动力配套过程，以便

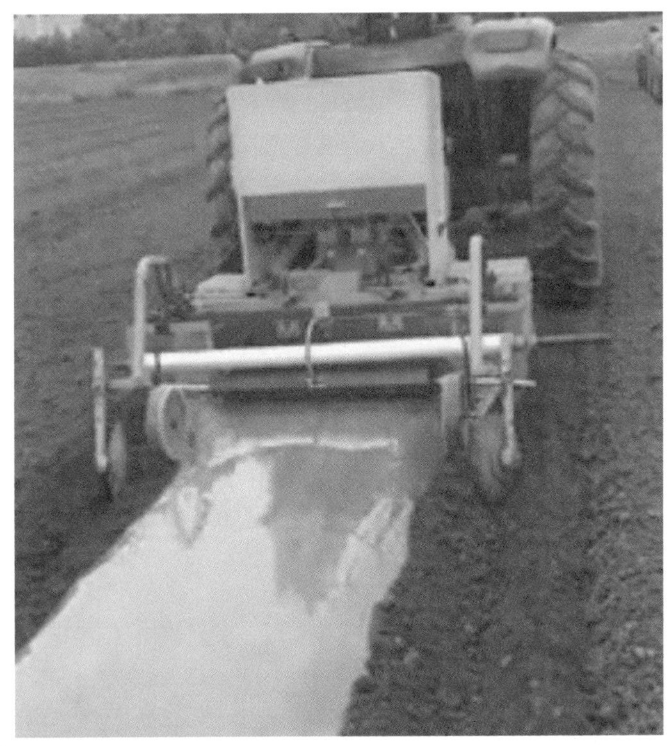

图 3-66 起垄沟施一体机作业

在作业过程中能够及时矫正不良操作习惯。起垄沟施一体机配套动力为 36kW 以上四轮拖拉机，作业速度为 0.8 ~ 1m/s，生产率为 2.5 ~ 3 亩/h，垄形断面尺寸（顶宽×底宽×高）为 400mm×800mm×180mm，施肥深度为 60 ~ 90mm，施肥量为 20 ~ 60kg/亩，覆膜宽度为 900 ~ 1100mm，地膜厚度为 0.005 ~ 0.006mm，地膜纵向拉伸率为 4% ~ 10%，膜面机械破损度≤50mm/m^2，外形尺寸（长、宽、高）为 2110mm、1350mm、1150mm。

3.4 干旱种植机械开发

全球各类种植机械已日趋完善，介绍颇多，而旱区种植机械与之有别，主要是针对旱区土壤环境的特殊性而研制的，如为解决抗旱和治理土壤盐碱化的压砂地机械、防止返盐碱的微区整理种植机械、挖坑及育苗机械等。因此，本节重点介绍几种旱区特殊土地的机械设备及其研发过程，以帮助人们认识旱区水土资源持续利用的重要性和特殊性。

3.4.1 压砂地打坑机的研制与开发

压砂地也称砂地，选择铺设砂地的砂石粒径不能太大，不同砂石粒径比要合理。铺砂前要对土地平整、施肥、耕翻耙磨，这是砂压地农民经过长期的农作实践总结的一种抗旱、保墒、抵抗水土流失的一种耕作方式。这种耕作方式的主要特点是蓄水保墒、防旱抗旱、提高地表温度、预防水土流失、降低劳动强度。当地农民主要利用压砂地种植压砂瓜，目前已经形成一种优势产业。为提高砂地产量，增加农民收入，调整产业结构，需要耕作技术的开发和加大机械化程度。

3.4.1.1 压砂地打坑机的研制背景

打坑机是山地、丘陵、沟壑区进行植树造林、施肥快速挖坑的专用机械，人工的挖坑镐刨、锹挖费力费时，人员疲乏，效率低，使用打坑机要比人工挖坑快近30倍，省力省时、操作简单、使用方便。广泛应用于植树造林、栽种果林、篱笆及秋季给果蔬施肥等。适合各种地形，效率高，便于野外田地作业。

打坑机是近几年出现的，以拖拉机、挖掘机为动力源，配以液压系统来实现土坑挖掘的机械设备。该设备一般由动力系统（拖拉机或挖掘机）、液压系统、机械钻挖系统三部分组成。

打坑机可分为三类：手提式打坑机（图3-67）、前置式打坑机、后置式打坑机（图3-68）。

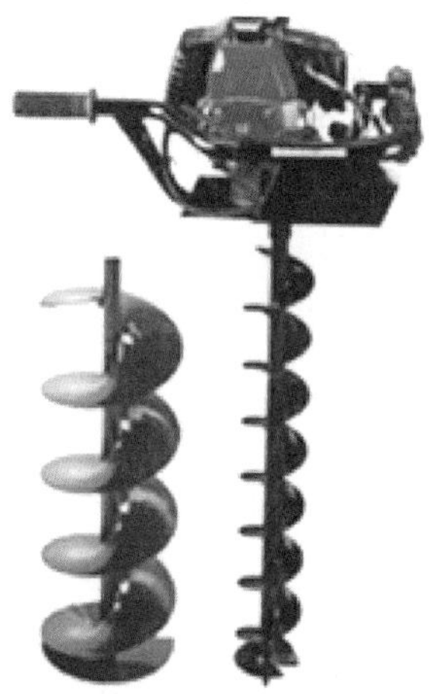

图3-67　手提式打坑机

图3-68　后置式打坑机

3.4.1.2 压砂地打坑机的研发现状与发展趋势

（1）国外压砂地打坑机的研发现状及发展趋势

由日本生产的自走式高性能挖坑整地机以柴油机为动力，行走脚与轮胎组合行走装置为全液压式，平时用轮胎行驶，坡地靠行走脚行走，适用于坡度高达56°的陡坡林地作业。作业时，4只脚可上下、左右移动，并能保证包括驾驶室在内的机器上半部始终呈水平状态。该机具的液压臂端可安装液压式打坑机，每天可打植树坑300～400个，实现了一机多用。日本生产的A-7型手提式打坑机质量仅为7.0kg，采用H35D发动机；A-8D型打坑机打坑直径为20～200mm。

德国生产的 BT120C 型打坑机发动机功率为 1.3kW，质量为 8.2kg，钻头转速为 190r/min，发动机扭矩为 1.7N · m，钻头的扭矩为 79.0N · m。

英国生产的 05H8300 型悬挂式打坑机和美国生产的悬挂式三钻头打坑机之间的距离可调，适用于平原地区的大面积植树造林，工作效率很高。

美国和加拿大生产的手提式打坑机，发动机与钻头采用分离式，通过液压传动驱动钻头工作。美国生产的 HYD-TBI1H 型液压式打坑机质量为 170kg，最大流量为 22.7L/min，最大转速为 141r/min，钻头最大扭矩为 349N · m。

国外压砂地打坑机总的发展趋势为一机多能、人机和谐、应用范围扩展。

(2) 中国压砂地打坑机的研发现状及发展趋势

中国对于打坑机设备技术研究近年来取得突破性进展，国内专家对打坑机研究重点主要集中在结构参数曲线、传动机构和挖头的优化设计上。于建国和孟庆华（2006）应用大型有限元分析软件 ANSYS，对手提式打坑机的主轴进行优化设计，分别建立了钻头的纵向、横向及扭转振动模型，以研究整体的动态过程。

多头自动定位可调式高速打坑机属于农林机械领域，由传动系统、单锥、坑深调节装置、挡土罩四部分组成。传动系统由装设在机架上与拖拉机后动力输出轴顺序相连的万向节、前换向器、主动链轮、链条、从动链轮、后换向器轴组成。后换向器为一个竖向空腔圆形壳体，壳体周缘上连装有舵轮状排布的空腔圆柱套筒，在垂直于壳体面的中心串连有后换向器轴，该轴一端连装有从动链轮。在壳体腔内轴的中段连装有大伞齿轮，轴外端连装有从动链轮。单锥由锥杆、连装在锥杆外端的螺旋锥头和内端的小伞齿轮组成，锥杆套入套筒内，每个小伞齿轮均与上述大伞齿轮啮合。该机具可高效地打出间距方位一致、规格统一、坑深标准的坑穴，大大降低了栽植成本。

3.4.1.3 压砂地打坑机的种类与各自特点

(1) 大马力打坑机

种植植物前需要在地面挖坑或打坑，目前农业作业采用的打坑机类型不少，但压砂地土质硬，因此需要用大马力的打坑机，或叫打孔机、挖穴机、挖洞机，是发动机、变速箱上钻头在地面上螺旋挖成圆形的坑。牧场、建筑、地质、矿山、电力、交通等部门用以埋设桩、柱、杆，打炮眼，勘探等均可使用，适用范围广泛，尤其是对山地、特硬土、特殊土壤、特殊地质，可以克服小型打坑机作业的困难；平原地区林地植树，果园栽种；养殖户围栏打坑栽桩；路牌标示牌挖坑直立；大棚立柱埋设；果园、葡萄园支架、大棚架孔埋设；甚至在冰面、河滩、林地、梯田、戈壁上均可使用。

大马力打坑机操作方法与小型打坑机基本上一致，不同的是前者重量比后者重，操作时必须两人或两人以上，使用一段时间要注意检查机身零部件是否有松动，如有松动则将各零部件固定紧。钻头刀片采用优质钢制造，经技术处理，增加了硬度和强度，对植树造林，栽种果树，钻孔埋桩，硬土、冻土挖坑，荒山植树，冰上钻孔，标示牌埋设等工作轻而易举。机械打坑省工、省力、省钱又节约劳动力，加快了植树造林的进度，充分发挥了农业机械在植树造林中的重大作用。使用大马力打坑机极大地保障了树苗的成活率。

(2) 便携式打坑机

变速器齿轮采用纯紫铜制作，大大提高了扭矩力，增强了耐磨性；钻杆采用双刀片焊接，加强了挖坑效果，出土率达到90%，配备定心钻头；钻头采用锰钢合成，更加的坚硬，对硬土质、超硬土质、黏土、冻土等都能很有效地实施工作，并能达到最佳工作要求；便携式打坑机由小型通用汽油机、超越离合器、高减速比传动箱及特殊设计的钻具组成。适合在土地、冻土、冰层上打孔。广泛用于园林种植、物探、道路建设等领域；便携式打坑机可根据树种，选配多种规格的钻头，以满足用户需要。使用地钻的效率是人工的数十倍，操作每小时不低于80个坑，按一天工作8h计算，一天可以打640个坑，是人工的30多倍。便携式打坑机能够让人们从繁重的体力劳动解放出来；具有体积小、重量轻、操作方便、维护简单、耗油省、噪声低、易启动、成孔效率高、运行费用低、价格便宜等特点；该机具设计新颖、灵活、合理，性能稳定可靠，作业效果好、效率高，深受广大用户欢迎；广泛应用于植树造林，栽种果林、篱笆及秋季给果树施肥等。该机具动力强劲有力，外形美观，操作舒适，劳动强度低，适合各种地形，效率高，便于携带及野外田地作业。便携式打坑机既适合单人操作，也适合双人操作，打坑速度快，省时省力，操作轻松，经济实用。

便携式打坑机主要技术参数包括如下几方面。

成孔直径：8cm、10cm、15cm、18cm、20cm、25cm、30cm、40cm。

成孔深度：50～80cm（可根据用户具体要求配置不同长度的钻杆）。

成孔时间：16～40s（因土质、干湿程度、使用经验及钻杆规格而不同，在冻土或冰层上打孔成孔速度将减慢1～2倍）。

燃油消耗：600～800g/h（燃油消耗因土质、干湿程度、使用经验及钻杆规格而不同）。

(3) 前置式打坑机

前置式打坑机的优点如下。

1）高效。打坑机动力强劲，直径50cm、深度2m的土坑在1min内便能完成，效率是传统人工挖坑方式的百倍以上，是后置式打坑机的5～7倍。

2）操作简捷。打坑机实现了驾驶与操作的一体化，1～2名操作人员便可顺利完成各种土坑的挖掘工作。

3）作业质量高。打坑机采用钻头前置式设计，较后置式设计更易找准钻点。采用高强度钻头，抗扭、抗拉螺旋钻杆，中心定位，挖出的土坑直、实，坑内土余量少，最大深度能达到3.5m。

4）适应性强。打坑机能在黄土层、黏土层、含鹅卵石砂砾土层、风化岩土层、冻土层、全砂层、生活垃圾层等大部分土质上施工作业。

5）应用范围广。打坑机可广泛应用于电力电信工程、市政工程、绿化植树工程、建筑施工工程、太阳能光伏发电工程等。

前置式打坑机的缺点是设备体型较大，不适合较狭小空间作业。

前置式打坑机在硬土层（如路基、地基）保证没有大块石头的情况下钻孔速度为

2min，冻土层可配冻土钻头，钻孔速度为 5min 左右。若有碎砖头完全可以钻出，或由螺旋叶片前的锋刀削碎，如砂层，含土量大于 25% 也不影响钻孔工作。超高压液压泵与拖拉机输出轴连接，为整个液压系统提供动力，包括液压油缸、液压马达等（图 3-69）。

图 3-69　前置式打坑机作业

3.4.1.4　压砂地打坑机在旱区农业水土资源中的应用

（1）压砂地打坑机的研制现状

目前的压砂地打坑机包括传动系统、刀杆，以及设置在刀杆一端的第一刀头。传动系统包括第一变速箱、第一皮带轮、第二皮带轮和第二变速箱，第一变速箱包括互相啮合且轴线互相垂直的第一伞齿轮和第二伞齿轮，第一伞齿轮与拖拉机的后动力输出轴共轴连接，第二伞齿轮与第一皮带轮共轴连接；第一皮带轮与第二皮带轮通过皮带传动连接；第二变速箱包括互相啮合且轴线互相垂直的第三伞齿轮和第四伞齿轮，第三伞齿轮与第二皮带轮共轴连接，第四伞齿轮与刀杆共轴连接。压砂地打坑机在硒砂瓜种植过程中可自动完成打坑作业，达到了机械自动化打坑的目的，大大提高了种植作业效率，省时又省力。

（2）压砂地打坑机的基本结构和作业图

压砂地打坑机结构如图 3-70 所示，作业如图 3-71 所示。

（3）压砂地打坑机作业说明

所研制的压砂地打坑机除了配有使用说明外，还必须说明它的动力配套过程，以便作业过程中能够及时矫正不良操作习惯。

压砂打坑机所挖的深度和坑径可以调整，以达到栽植要求，挖出的坑径有较好的垂直度，坑壁整洁，又不太光滑，易于根系生长。在贫瘠的土地上挖坑出土率达 90% 以上，在坑内添加肥料和表土都很实用。操作规程具体如下。

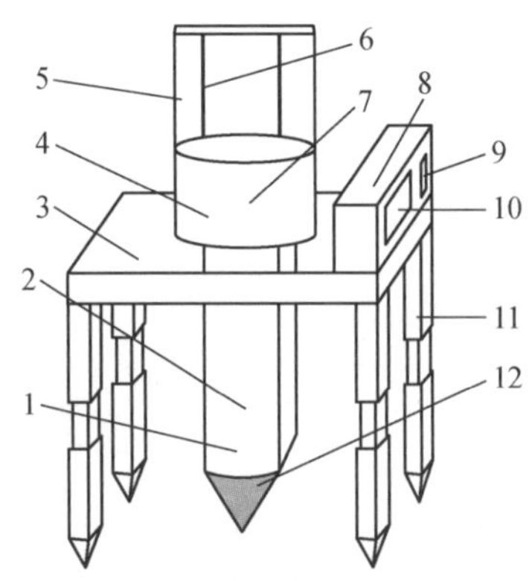

图 3-70　压砂地打坑机结构

1. 第一变速箱；2. 第一皮带轮；3. 第二皮带轮；4. 第二变速箱；5. 刀杆；6. 第一刀头；
7. 刀架；8. 第二刀头；9. 仿形地轮；10. 机架；11. 脚架；12. 钻头

图 3-71　打坑机作业

1）检查油箱是否有油，启动发动机。

2）使钻头对准挖坑的标记中心，按下开关，发动机带动钻头旋转入土；钻头切去中心部分土壤，进而钻头叶片下端的刀片切削土壤，切下的土壤在离心力作用下被抛向穴壁，并在摩擦力作用下沿着螺旋叶片向上升到地面并被抛撒到穴坑周围。

3）挖到预定深度后，缓慢提起打坑机，在打坑机钻头离开地面后，松开工作开关，完成作业。

3.4.2　微区整理种植一体机的研制与开发

3.4.2.1　微区整理种植一体机的研制背景

按照土地平整要求，对不规整的田埂进行归并，形成标准的格田，便于机械化操作，有利于集约利用土地。结合农田水利建设，满足农田种植、灌溉需求。土地平整工程施工流程如图3-72所示。

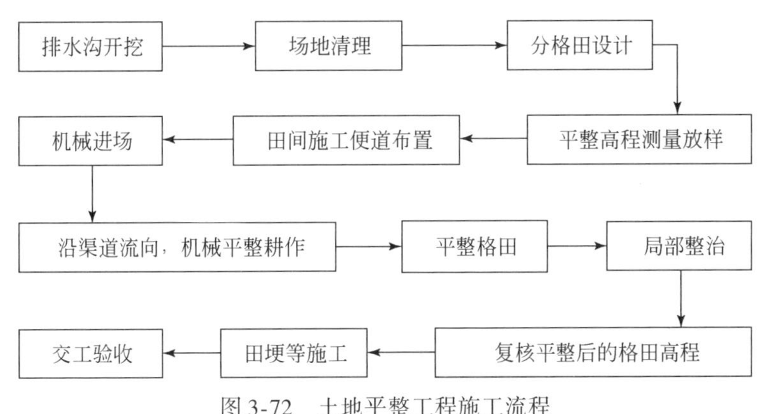

图3-72　土地平整工程施工流程

1）排水沟开挖。施工前，首先进行开挖施工区域内外的临时性排水沟，并根据现场实际情况尽可能结合永久性排水设施进行布置。在土方挖填之前，施工区域内外的积水必须排干，以便机械人员操作施工。

2）场地清理。排水沟开挖好后，便可对开挖区内树根、杂草及其他障碍物进行清理，主体工程施工场地地表植被清理。

3）分格田设计。在施工时应注意田面高程的控制，并按照设计要求用推土机配合平整进行耕作层回填，新造田表土翻松则用推土机的松土器进行耙松处理。

4）田埂等施工。田埂夯筑要顺直，防止漏水，田埂外侧应选择黏性较强的土壤，逐层压实后修坡，拍打结实。

微区改土种植适宜于树穴、树池、花坛和绿地小面积的绿化，形成淡水微区，局部控制土壤返盐。具体做法是将种植地挖深60～80cm，底部压实，做水泥砂浆防水层，留好排水孔，周围设挡土墙（高出地面40～80cm），填20cm的客土（客土由原土、砂子、马粪按3∶1∶1的比例混合而成）。

3.4.2.2　微区整理种植一体机的研发现状与发展趋势

（1）国外微区整理种植一体机的研发现状及发展趋势

国外微区整理种植一体机将挖坑、插苗、浇水一步到位，可大大提高造林速率，改善土壤环境。

（2）中国微区整理种植一体机的研发现状及发展趋势

早在20世纪90年代，有学者提出利用微区改土进行城市绿化，祝建波（1995）提出利用微区改土植树技术，对微区的土壤环境进行有效改善，创造有利于植物生长的立地条件，是在土壤立地条件较差的地区进行城市绿化的一种行之有效的新方法。

3.4.2.3　微区整理种植一体机的种类与各自特点

（1）开设深沟的甘蔗种植机

开设深沟的甘蔗种植机包括机架，设于机架前部、后部下方的开沟器和覆土铺膜器，设于开沟器和覆土铺膜器之间的切断器，开沟器两侧对称地设有翼板，翼板呈弧面形，向后倾斜设置，且翼板与水平面的夹角为1°，两翼板之间的夹角为1°。甘蔗种植机设置了左右两个翼板，而且由于翼板采用弧面，且翼板之间及翼板与水平面之间夹角的合理设置，保证甘蔗种植机以正常的速度运行时开设的深种植沟不会被已翻到左右两侧的泥土回填，可以确保种植沟的深度，从而保证甘蔗的种植深度，提高甘蔗的抗风能力，防止倒伏现象的发生，确保甘蔗机械化收割的顺利进行。

（2）履带式辣椒种植机

履带式辣椒种植机包括机架，机架为双层结构，上层的机架上表面后端固定安装座椅，上层的机架右端依次固定安装汽油机和变速箱，汽油机的输出轴与变速箱的输入轴固定连接，变速箱的输出轴与两侧的履带轮的传动轴通过齿轮副啮合连接，且同一侧的履带轮外部套装履带，履带轮的传动轴与机架通过轴承副连接，下层的机架中间位置设有安装杆，且安装杆上表面通过螺栓固定安装插苗装置，下层的机架前半段从前至后依次对称设置向上凸起的耳座和向下凸起的耳座，该设备采用自动化种植方式，提高了种植效率，降低了人工劳动量。

（3）挖坑种植机

挖坑种植机包括机架、发动机、离合器、涡轮减速器、操作扶手、连接套、螺旋地钻、冲击钻头、油门手柄及油门线。其中，机架上设有发动机，发动机通过离合器连接涡轮减速器，机架一侧设有操作扶手，机架下中部设有连接套并连接螺旋地钻，螺旋地钻顶部设有冲击钻头，机架另一侧设有油门手柄及油门线。挖坑种植机让人们从繁重的体力劳动中解放出来，广泛应用于植树造林，栽种果林、篱笆及秋季给果树施肥等农业活动，挖坑种植机动力强劲有力，外形美观，操作舒适，劳动强度低，适合各种地形，效率高，便于携带及野外田地作业。

3.4.2.4 微区整理种植一体机在旱区农业水土资源中的应用

在沙性较高土壤条件下，土壤保水性差，土质营养成分流失现象严重，大多植物生长缓慢，根茎发育较短、瘦小，产量较低。因此，如何改善土壤环境，因地制宜的改变土壤结构，提高植物产量是重点。

目前的方法主要是采用施肥、耕地、耙地、起垄、覆膜几道工序，但是经过上述工序后，土地是否达到植物生长的条件，只能根据人的主观经验进行初步的估量，没有一个标准的规范，因此建立一种改良种植模式很有必要。

（1）微区整理种植一体机的研制现状

为了克服上述缺点，我们把适宜植物生长的土壤条件进行标准化，以此作为模版，将条件值作为预设值，利用有机肥、经过粉碎的生物秸秆、（沙土或黏土）做填充剂进行补充，对土壤进行改良性耕作、起垄覆膜，移栽种苗，达到较佳条件下的生长，经过几年的改造达到标准值。

（2）微区整理种植一体机的基本结构和作业图示

微区整理种植一体机结构如图3-73所示，作业如图3-74所示。

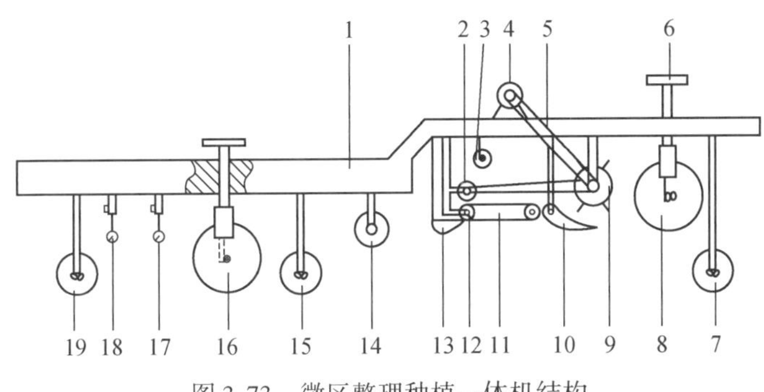

图 3-73　微区整理种植一体机结构

1. 车架；2. 粉碎轮；3. 薄膜牵引轮；4. 动力电机；5. 传动带；6. 螺纹升降杆；7. 支撑轮 a；8. 薄膜安装辊；9. 进料轮；10. 平整犁；11. 传送带；12. 传送轮；13. 卸料仓；14. 薄膜承接辊；15. 支撑轮 b；16. 压膜辊；17. 展膜辊；18. 覆土轮；19. 支撑轮 c

图 3-74　微区整理种植一体机作业

(3) 微区整理种植一体机作业说明

所研制的微区整理种植一体机除了配有使用说明外，还必须说明它的动力配套过程，以便在作业过程中能够及时矫正不良操作习惯。

首先将微区整理种植一体机通过悬挂系统安装在拖拉机后侧，动力输入轴与拖拉机的动力源连接，在拖拉机的牵引下，起土部中的犁片把土壤挖起，随着拖拉机的前进，前方拥进的土壤推动后方的土壤并混合在空腔中，土壤在第一螺旋杆的推动下向后运动。同时，辅料集物箱中的辅料按照设定，在第二螺旋杆的作用下定量的被添加到第一螺旋杆所在的土壤中，并进行混合，其中第一螺旋杆和第二螺旋杆的动力皆通过变速箱和链传动连接到动力输入轴，这样土壤混料空腔中的土壤与辅料混合均匀后，达到我们要求的标准范围时，通过土壤出口排出，排出的土壤在起垄覆土部的作用下，进行规整与相对夯实，形成规则的土垄。最后再在地膜辊的作用下完成覆盖地膜和压边的工作。

3.4.3 育苗机的研制与开发

3.4.3.1 育苗机的研制背景

秧苗素质的好坏是作物栽培的关键。近年来随着育苗技术的不断改进，秧苗素质有所提高，但由于受栽培体制等诸多因素的限制，播种量始终过大，这是影响秧苗素质的主要因素。机械化插秧生产效率高，经济效益好，深受广大农民欢迎，而且机械插秧与人工插秧的产量无明显差异，机插秧不但不减产，还略有增产。水稻大棚盘育苗机械插秧，具有省种、省工、省秧田、省成本、提高成秧率、便于运输和管理、缩短插秧期、增产效益比较明显等优点。

3.4.3.2 育苗机的研发现状与发展趋势

（1）国外育苗机的研发现状及发展趋势

20 世纪 60 ~ 70 年代，世界上不少国家纷纷研究育苗容器，并在林业上取得成功，正向微型化、标准化发展，作业机械化、自动化迈进。漂浮育苗是由美国专业生产蔬菜移栽用苗的 Speeding 公司于 1986 年研制成功的育苗技术，在日本、韩国、瑞士和加拿大等国家得到发展。手推精量育苗机通过排种控制系统对下种数量的精密控制，播种时按量定距，将种子相对有规律的单粒排放在出苗环境较好的土层，使出苗株距自然合理，减省了人工蹲下间苗的劳苦环节，播种效率是人工播种的 15 倍以上，每亩节约间苗投工 4 ~ 5 天，大面积种植每亩节省人工间苗费 400 ~ 500 元；并因单株出苗粗壮每亩增产 10%~20%。手推精量育苗机集省工、省种、省时、省力、省墒、保墒、节肥、省水、苗匀、苗齐、苗全、苗壮、质优、增产于一体，是目前全世界最先进的谷物、蔬菜、苜蓿牧草、中药材、草坪等小粒种子出苗质量最好的首选育苗机。

（2）中国育苗机的研发现状及发展趋势

水稻钵形毯状育苗机插技术是由中国水稻研究所首创的新型水稻机插技术。该技术核心是采用钵形毯状秧盘，培育具有钵形毯状的秧苗，按块定量取秧机插，可提高插秧机取秧的精确度，实现钵苗机插。采用钵形毯状秧盘育秧，可利用播种流水线，还可用特制的定量定位播种器播种，播种量低，育成的秧苗有上毯下钵形状，适用于普通高速插秧机。

与现有育苗技术相比，水稻钵形毯状育苗机插技术具有以下特点和优势。

1）成苗率高，秧苗生长健壮，秧苗素质好。

2）机插漏秧率低。定量定位播种，取秧量一致、均匀，降低机插漏秧率，一般漏秧率低于 5%，且每穴秧苗数均一。

3）机插伤秧伤根率低。以钵苗形式机插，对秧苗和根系伤害小。

4）机插秧苗返青快，早发根和早分蘖。秧苗的根系在钵碗中盘结，育苗机按钵取秧根系带土插秧，秧苗返青快。

5）水稻钵形毯状育苗机插技术可实现增产目的，经过几年在全国各地示范比对，平均增产幅度可达 5%~10%，增产效果明显（刘庆庭，2011）。

中国北方寒地水稻栽培区引进日本大棚盘育秧苗机插的栽培技术，经过多年生产实践证明，这项新技术能够做到育苗工厂化、插秧机械化，可以保证寒地水稻安全高产。水稻钵形毯状育苗机插秧近几年在盘锦市发展迅速，到 2010 年已占全市水田面积的 60%，大棚盘育秧苗作为机插秧的配套技术，与传统的小拱棚育苗相比，在育苗质量、方便管理等方面具有明显的优越性，得到了大范围的推广和应用。

3.4.3.3 育苗机的种类与各自特点

(1) 四轮拖拉机携带土壤覆膜打孔种子育苗机

牵引架通过螺栓与苗木点播机架连接，平地刮板焊接在苗木点播机架上，犁覆膜行道的犁刀通过固定螺栓及 U 形卡与苗木点播机架连接，覆膜旋转杆通过覆膜旋转杆调节件与苗木点播机架连接，前支撑机轮、前支撑机轮调节件与苗木点播机架连接，覆膜压土犁刀通过螺栓与机架连接，后支撑压膜通过螺栓与苗木点播机架连接，育苗打孔轮安装在打孔轮轴上，打孔锥焊接在育苗打孔轮上。该机具可以使平地、覆膜、打孔一次完成，取消了人工覆膜和打孔，覆膜打孔均匀整齐，精度高，质量有保障，工作效率高。

(2) 植物育苗机

植物育苗机可进行作物规模化、集约化、全年候优质育苗工业化生产的无泡沫、无聚苯乙烯、无聚丙烯、塑料穴苗盘植物育苗机。

3.4.3.4 育苗机在旱区农业水土资源中的应用

(1) 育苗机的研制现状

育苗机包括机架、动力装置、操纵台和主驱动轮。技术方案要点是机架上连接前驱动轮，并设置稻种斗和客土斗，机架上还连接平床推土铲、平客土铲刀，机架的后部组装上塑料膜辊和下塑料膜辊、内抛土犁和外抛土犁、平膜轮和压膜轮。优点是育苗实现机械化，大幅度降低人工水稻育苗的劳动强度，提高育苗质量。

(2) 育苗机的基本结构和作业图

育苗机结构如图 3-75 所示，作业如图 3-76 所示。

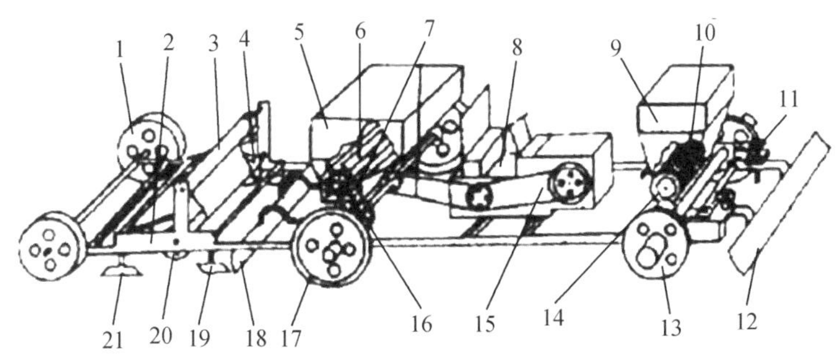

图 3-75 育苗机结构

1. 压膜轮；2. 机架；3. 上塑料膜辊；4. 下塑料膜辊；5. 客土斗；6. 撒土辊；7. 链条；8. 操作台；9. 稻种斗；10. 放种闸滚；11. 调整螺杆；12. 平床推土铲；13. 前驱动轮；14. 齿轮；15. 动力装置；16. 链轮；17. 主驱动轮；18. 平客土铲刀；19. 外抛土犁；20. 平膜轮；21. 内抛土犁

图 3-76　育苗机作业

(3) 育苗机作业说明

所研制的育苗机，除了配有使用说明外，还必须说明它的动力配套过程，以便在作业过程中能够及时矫正不良操作习惯。

育苗机从土壤分配、植物种子植入、喷水到育苗全过程，尽可能实现播种数量、覆土厚度、施水量等自动控制。作业前后需要注意种子必须干燥干净，不要夹杂秸秆和石块等杂物，以免堵塞排种口，影响播种质量。精量播种时，种子应严格挑选，否则会影响播种质量；机手在作业中应随时观察播种机作业状况，特别要注意排种器是否排种，输种管有无堵塞；种箱中是否有足够的种子；做好播种各项准备。在播种时要把握好播种、转弯、作业等事项，播种机械在作业时要尽量避免停车，必须停车时，为了防止“断条”现象，应将播种机升起，后退一段距离，再进行播种。下降播种机时，要使拖拉机在缓慢行进中进行。

3.5　干旱水土资源持续利用辅助设备研发

由于旱区水土资源所处环境特殊，在开发利用过程中除各个环节需要配备专门设备外，还要配置相关配套设备，才能更加顺畅地完成预设任务。本节对颗粒成型机的研制与开发、盐碱地防止返盐的垫层草帘机等关键辅助设备的结构研发与使用进行了详细分析，提出了一些能够取得高产高效的基本思路，期望对旱区水土资源持续利用起到一定启发作用。

3.5.1　颗粒成型机的研制与开发

3.5.1.1　颗粒成型机的研制背景

发达国家对秸秆等生物质致密成型技术都普遍重视，并投入了大量的资金和技术力量研究和开发致密成型技术。20 世纪 30 年代，美国就开始研究压缩成型燃料技术，并研制了螺旋压缩机。日本、德国等国家也开始利用成型技术处理木材废弃物、农业纤维物等。

40 年代，生物质致密成型技术一度引起人们的关注，1954 年前后，日本研制成功棒状燃料成型机。70 年代以来，随着全球性石油危机的冲击和人们环保意识的提高，世界各国越来越认识到开发和高效转换生物质能的重要性，相应地投入部分资金研究开发高效生物质成型燃料技术及设备。1983 年前后，日本从美国引进颗粒成型燃料生产技术，1987 年，已有 10 多个颗粒成型燃料工厂投入运行，年生产生物质颗粒成型燃料超过 10 万 t，现已经形成工厂化规模。为了缓解常规能源紧张以及环境污染的压力，20 世纪末，美国已在 25 个州兴建了日产量为 250 ~ 300t 的树皮成型燃料加工厂。西欧国家也非常重视生物质可再生能源的开发利用，从 20 世纪 70 年代开始就研制生产了冲压式成型机、颗粒成型机等，意大利、丹麦、法国、德国、瑞典、瑞士、比利时等国家相继建成生物质颗粒燃料成型生产厂家 30 多个，机械驱动活塞式成型燃料生产厂家 40 多个，设备及成型燃料产品进入商业化规模运作模式。泰国、印度、越南、菲律宾等国家在 80 年代也建成不少生物质固化、炭化专业生产厂。从 2003 年开始，南非一些商家集中到南非北部城市索韦托，抢购木材加工废料，相继建成 4 个大型的生物质成型燃料加工厂，年生产规模达到了 20 万 t，南非正成为非洲最大的生物质成型燃料生产基地。这些国家生物质成型燃料技术大部分已经成熟，并进入了规模化生产及应用阶段（翁伟，2006）。

中国从 20 世纪 80 年代引进螺旋推进式秸秆压块机，生物质压缩成型技术的研究开发已有 30 多年的历史。中国林业科学研究院林产化学工业研究所在“七五”期间设立了对生物质压缩成型机及生物质成型理论研究课题，湖南省衡阳市粮食机械厂为处理粮食剩余谷壳，于 1985 年根据引进设备试制了第一台 ZT-63 型生物质压缩成型机。江苏省东海县粮食机械厂于 1986 年引进了一台 OBM-88 棒状燃料成型机。1990 年以后，陕西武功县轻工机械铸造厂、湖南农村能源办公室以及河北常宏木炭开发公司等单位先后研制和生产了几种不同规格的生物质成型机和炭化机组。20 世纪 90 年代，河南农业大学、中国农机能源动力研究所研制出了 PB-I 型机械冲压式成型机、HPB 系列液压驱动活塞式成型机和 CYJ-35 型机械冲压式成型机。1998 年初，东南大学等单位研制出了“MD-15”型固体燃料成型机。进入 21 世纪，中南林业科技大学、辽宁省能源研究所有限公司、中国林业科学研究院林产化学工业研究所、河南农业大学相继研制出了颗粒成型机、多功能成型机、活塞式液压成型机等。

中国引进和研制生物质成型机械种类多，但基本上可分为两种：螺旋挤压式成型机和液压冲压式成型机。螺旋挤压成型机 20 世纪在运行的曾有 800 多台，生产能力为 100 ~ 200kg，电机功率为 7.5 ~ 18kW，电加热功率为 2 ~ 4kW，生产的成型燃料大多为棒状，直径为 50 ~ 70mm，单位产品电耗为 70 ~ 100kW · h/t。由于螺旋挤压成型机以木屑为原料，市场和资源的针对性差、成本高，且螺旋挤压设备磨损严重、维修周期短（60 ~ 80h）、耗能高，目前螺旋挤压成型机大部分停止了运行。由此看来，螺旋式成型机的关键技术是螺杆的使用寿命。由辽宁省能源研究所有限公司用特种材料研制的螺杆已经问世，其连续使用时间可达 500h，但成本相当高。液压冲压式成型机是液压驱动活塞冲压成型，其运行性能稳定，延长了易损件的使用寿命。2002 年河南农业大学研究的第三代液压驱动式（HPB-Ⅲ型）是双头活塞式秸秆成型机，解决了螺旋挤压式成型机存在的螺杆磨损快问题，技术基本成熟（翁伟，2006）。

3.5.1.2　颗粒成型机的种类与各自特点

目前世界各地的成型机主要有两种：压块成型机和颗粒成型机。根据成型原理的不同可分为活塞式成型机、螺旋式成型机、模压颗粒成型机和 HPB-Ⅲ型生物质成型机。

(1) 活塞式成型机

活塞式成型机按驱动动力的不同可分为两类：一类是用发动机或电动机通过机械传动驱动的成型机，称为机械驱动活塞式成型机（piston presses with mechanical drive）；另一类是用液压机构驱动的成型机，称为液压驱动活塞式成型机（piston presses with hydraulic drive）。这两类成型机的成型过程都是靠活塞的往复运动实现的。其进料、压缩和出料都是间歇进行的，即活塞往复运动一次可以形成一个压块，在成型套内压块被紧密挤在一起，但其端面之间的连接不牢固。因此，当压块从成型机的出口被挤出时，一般在重力的作用下自行分离。根据压缩室末端有无挡板又分为开式和闭式两种。闭式成型机柱塞压块依靠压缩室末端的挡板形成挤压阻力，压块形成后再开启挡板排出，这种形式的成型机不需要很大的挤压力，消耗能量较少；开式成型机依靠被压缩物与压缩室壁之间的摩擦力和锥形压模形成挤压阻力实现原料的压缩成型，这种形式的成型机出料方便，不需要特殊的挤出成型块机构和动作。

(2) 螺旋式成型机

根据成型过程中黏结机理的不同可分为加热（with die heating）和不加热（without die heating）两种形式。一种是先在物料中加入黏结剂，然后在锥形螺旋输送器的压送下，原料上的压力逐渐增大，到达压缩口时物料所受的压力最大。物料在高压下体积密度增大，并在黏结剂的作用下成型，然后从成型机的出口处被连续挤出。另一种是在成型套筒上设置加热装置，利用物料中的木质素受热塑化的黏结性，使物料成型。螺旋式成型机最早被研制开发，也是目前各地推广应用较为普遍的一种机型。

(3) 模压颗粒成型机

根据压模形状的不同可分为平板模颗粒成型机（disk matrix pellet press）和环板模颗粒成型机（ring matrix pellet press），其中环板模颗粒成型机根据其结构布置方式又可分为立式和卧式两种形式。由于立式环板模颗粒成型机具有压模易更换、保养方便、易进行系列化设计等优点，成为现有模压颗粒成型机的主流机型，生产率可达 1 ~ 3t/h。卧式环板模颗粒成型机的压模和压辊的轴线都为垂直设置，生产率可达 500 ~ 800kg/h。平板模颗粒成型机的工作原理是平板上有 4 ~ 6 个辊子，辊子随轴做圆周运动，并与平模板间有相对运动，原料在辊子和模板间受挤压，多数原料被挤入模板孔中，切割机将挤出的成型条按一定的长度切割成粒。模压颗粒成型机示意图如图 3-77 所示。

(4) HPB-Ⅲ型生物质成型机

河南农业大学于 1995 年开始立项研究液压驱动活塞式成型机，并在 1996 年生产出第一台小型样机。经过几次改进，于 2002 年研制出了 HPB-Ⅲ型生物质成型机，其主要工作部件有活塞、冲杆、保形筒、锥形筒、夹紧套、活塞套筒、加热圈、液压装置、电控柜

图 3-77　模压颗粒成型机示意图

等。其工作原理是油泵在电机的带动下，将油通过换向阀泵入油缸的一腔，把电能转化成液体的压力能，驱动活塞、冲杆向一端运动，冲杆将进料斗加入的生物质压入成型套内的锥形筒中，秸秆在机械压力和温度的作用下发生塑性变形，秸秆被挤压成成型棒（块）后，经保形筒稳形后挤出。在换向阀的作用下，油被泵入油缸的另一腔，则活塞、活塞杆、冲杆向另一端运动，完成另一端成型，HPB-Ⅲ型生物质成型机的工作路线。

HPB-Ⅲ型生物质成型机采用了活塞冲压成型，避免了生物质原料与成型部件连续的相对运动摩擦，解决了螺旋推进成型机螺旋杆头部磨损严重的问题，使易损件的寿命由 50h 延长到 200h 以上；HPB-Ⅲ型生物质成型机是在不加任何黏结剂的条件下对生物质进行热压成型的，成型主要是由于生物质中木质素的存在，可以节约成本。与螺旋式成型机相比，HPB-Ⅲ型生物质成型机除了具有上述特点外，还具有成型机构能投比低、效率高、工作平稳、结构新颖、可有效降低单位产品能耗、延长易损件的使用寿命等优点。

3.5.1.3　颗粒成型机在旱区农业水土资源中的应用

(1) 颗粒成型机的研制现状

活塞式成型机不需要很大的挤压力，消耗能量较少；开式成型机依靠被压缩物与压缩室壁之间的摩擦力和锥形压模形成挤压阻力实现原料的压缩成型，这种形式的成型机出料方便，不需要特殊的挤出成型块机构和动作。螺旋式成型机在成型套筒上设置加热装置，利用物料中的木质素受热塑化的黏结性，使物料成型。模压颗粒成型机中多数原料被挤入模板孔中，切割机将挤出的成型条按一定的长度切割成粒。HPB-Ⅲ型生物质成型机具有成型机构能投比低、效率高、工作平稳、结构新颖、可有效降低单位产品能耗、延长易损件的使用寿命等优点。

(2) 颗粒成型机的基本结构和作业

颗粒成型机采用变频调速电机进行喂料，设有强磁保安装置、过载保护装置、机外排料机构以及加压油泵润滑系统。可选配环模起吊装置，利用蜗轮、蜗杆传动，同时拉出导轨，利用吊具上的孔与环上的螺孔用螺栓连接后进行起吊。颗粒机制粒室由环模、压辊、喂料刮刀、切刀及模辊间隙调节螺钉等组成。饲料通过环模罩和喂料刮刀，将粉状饲料送入两个压制区，通过环模与压辊相对旋转，对饲料逐渐挤压，挤入压模孔，在孔中成型，由模孔外端挤出。再由切刀把成型颗粒切成所需长度，最后成形颗粒流出机外。颗粒机主传动采用高精度齿轮传动，环模采用快卸式抱箍型，产量比皮带传动型提高20%左右。整机传动部分选用瑞士、日本高品质轴承，确保传动高效、稳定、噪声低。联轴器采用国际先进水平等补偿型蛇形弹簧联轴器，紧凑、安全、低故障。508 型颗粒成型机（图 3-78）具备完善的保安系统：过载保护、保安磁铁、压制室门盖保护开关以及机外排料四部分。

图 3-78　508 型颗粒成型机

1）有异物进入压制区或物料流量过大时，压辊与环模间的压力超过正常工作压力，主轴承受扭矩超过正常扭矩从而传递给安全销的剪切力也超过本身的强度极限，这时安全销折断，使主轴花键座转动，碰行程开关而停机。

2）工作时为避免打开压制机室门盖后，高速旋转的压模造成不必要的人生伤亡事故，则在门盖的右侧绞支座上装有一只安全开关，当打开压制机室门盖时，行程开关断开了颗粒机的全部控制线路，使颗粒机全部停止转动，或不能启动，以保证人身安全。

3）当需要机外排料时只需要拉开排料手柄，使斜槽转动，此时调质器内的物料全部流入机外，而不进入压制室内，此机构主要用于颗粒机在正常工作前的试机及在发现故障来不及停机或欲不停机排除故障时，可使物料暂不进入压制室内，待正常后推动排料手柄，使斜槽复位，即可使下料趋于正常。

(3) 颗粒成型机作业说明

所研制的颗粒成型机除了配有使用说明外，还必须说明它的动力配套过程，以便在作业过程中能够及时矫正不良操作习惯。

3.5.2　垫层草帘机的研制与开发

3.5.2.1　垫层草帘机的研制背景

在干旱地区地表覆盖草帘可有效减少地表蒸发，保墒效果较好。草帘机主要有以下特点。

1）特殊的均匀草功能，编织出的草帘没有漏洞。既节约了原材料，又保证了产品的质量，并增大了相关行业的利润空间，倍受经销商和用户的青睐。大棚用的保温苫更受青睐，它织线紧、密度大、纹理顺、表面光亮整洁、保温效果更好。

2）不断线、不跳线、不跑偏、两草苫之间自动锁头，减轻了工人劳动强度，提高了工作效率。

3）有自动切边功能，使草苫边缘更整洁美观。

3.5.2.2 垫层草帘机的研发现状与发展趋势

草帘机以中国的为主。朴海平（2011）发明了一种自动草帘机，该草帘机具有安装于机架上的纺锤机构、针座机构和压草机构，纺锤机构设有传动轮轴、传动轮、偏心轮、拉杆Ⅰ、协动杆Ⅰ、喂线孔、喂线杆、喂线立轴、万向节、喂线轴、协动杆Ⅱ、拉杆Ⅱ，传动轮轴设有传动轮和偏心轮，偏心轮上铰接拉杆Ⅰ的一端，拉杆Ⅰ的另一端铰接喂线轴的一端，喂线轴的另一端铰接万向节，喂线杆的一端铰接安装在主动轴上的协动杆Ⅰ，喂线杆的另一端铰接安装在喂线立轴上的协动杆Ⅱ，喂线立轴铰接拉杆Ⅱ的一端，拉杆Ⅱ的另一端设有万向节，喂线杆上设有喂线孔。该草帘机实用新型，大大提高了工作效率和延长了机械使用寿命，解决了现有技术中存在的使用不方便、出现跳线现象等问题。杨立彬等（1998）公开了一种草帘机，属于草帘编织设备，其机架上安装有电机和减速机，减速机轴上安装有皮带轮，它通过皮带条与凸轮轴上的皮带轮相连接，凸轮上安装有凸轮槽，杠杆一端与凸轮槽活动连接，另一端与导杆滑动连接，导杆上安装有针板、针座和线针，机架上安装有齿轮轴和偏心轮轴，齿轮轴上安装有链轮和伞齿轮，偏心轮轴安装有链轮和偏心轮。齿轮轴通过伞齿轮、凸轮、凸轮槽、齿条及齿轮与梭盘连接，偏心轮轴通过偏心轮、偏心套、托杆槽、托杆与送料杆连接，每两个送料杆间设有托板。该机具实用新型，用双线编织索扣，草帘结实耐用。朴义浩（1990）发明了一种草袋自动编制机，其结构由机架及传动机构、主轴驱动的被动轴正反转摆动机构及主轴端的凸轮所驱动的挑线机构三部分组成，中介轴两侧为主轴及副轴，主轴带动偏心轮完成挑线功能，同时连接曲柄通过中介盘完成旋棱摆动和压草功能，副轴完成送草前进功能。其优点是结构简单、设计合理、双线编织、自动生产、强度好、不脱扣、经久耐用。刘振让（2007）公开了一种自动草帘编织机，其解决了现有草帘机结构复杂，在工作过程中故障率高，维修困难等问题，具有结构简单、运行安全、易于操作、工作效率高、磨损低、电耗少、易于维护等优点。其结构包括机架，机架下部安装有电机，在机架上有运草床，运草床前上端为线轴座，电机与单偏心轮拉杆传动装置连接，在线轴座上有挑线管和挑线簧，机架上还有多眼针床，摆线器与传动装置连接。

3.5.2.3 垫层草帘机的种类与各自特点

（1）连杆式自动草帘机

连杆式自动草帘机由机体、动力机构、传动机构、织针机构连接构成，其特殊点是在机体上安装有电机，通过电机的皮带轮、皮带与传动轮连接，传动轮的传动轴通过轴承安装在机体上，传动轴上安装有小链轮，小链轮通过链条与大链轮连接，从动连杆焊接在主动连杆上，从动连杆连接拨草轴，拨草轴通过支架与拨线轴连接。优点在于：①织针机构采用双连杆，使织针工作稳定。②导线架采用连杆传动，保证与编织动作时间准确协调一致。③增加导草辊，增加了机器生产不同厚度草帘的能力，同时可以减少跳线和保证草帘输出均匀平稳。④拨草针与送草盘交替上升，从而实现二次供草，防止草帘漏空。⑤切刀由动定刀构成，安装在机体两侧，工作时，动刀协调动作将编织完成的草帘边剪边规整。⑥偏心机构的偏心轮上设有偏心距的偏心孔，可变换偏心行程大小，编织不同厚度及针码的草帘。连杆式自动草帘机如图 3-79 所示。

图 3-79　连杆式自动草帘机

（2）单双线双用草帘机

目前，市场上销售的草帘编织机均是采用已有的旧式的草袋编织机编织草帘，其草袋编织机结构主要由草袋架、送料装置、台板机构、棱杆机构、编织架和定尺机构等部件组成，机架上设有固定转动刀片以及钩子和钩草片，采用草袋编织机编织草帘，结构复杂，生产速度慢，机件磨损快，故障多，使用和维修困难。为解决以上机械结构的不足，研发出了一种单双线双用草帘机，可利用机械纺锤结构实现单双线编织。

单双线双用草帘机优点如下：设计合理，结构简单，使用稳定可靠，以单一主轴连接，编织速度快，噪声小，单双线编织可随时改动，操作灵活，使用方便，是一种理想的草帘编织机。

（3）双线草帘自动编织机

目前的草帘编织机结构设计是固定尺寸，齿轮链条传动、曲柄轮进草，压角是固定的，所以只能编织固定厚度、单一形状的草帘。压角固定不能调整，造成阻力大、不灵活，加大了电机功率，同时阻力大，可产生很大的噪声。传动结构的不合理造成机体结构也不合理，不能封闭，杂物落到传动部位时造成机件破损，停机修理进而影响生产。钢针结构不合理，不能调整方向，易出现跳线，为了克服上述的不足，提供一种采用滑板及杠杆、推拉拨传动方式、压角架能上能下、可调钢针结构，能编织不同厚度、不同尺寸草帘，低功率、高效率的双线草帘自动编织机，如图 3-80 所示。

图 3-80　双线自动草帘机

3.5.2.4　垫层草帘机在旱区农业水土资源中的应用

（1）垫层草帘机的研制现状

垫层草帘机的主要作用就是生产制造垫层草帘。连杆式自动草帘机织针机构采用双连杆，使织针工作稳定，偏心机构的偏心轮上设有偏心距的偏心孔，可变换偏心行程大小，编织不同厚度及针码的草帘。单双线双用草帘机设计合理，结构简单，使用稳定可靠，以单一主轴连接，编织速度快，噪声小，单双线编织可随时改动，操作灵活，使用方便，是一种理想的草帘编织机。双线草帘自动编织机采用滑板及杠杆、推拉拨传动方式、压角架能上能下、可调钢针结构，是一种能编织不同厚度、不同尺寸草帘，低功率、高效率的多功能草帘编织机。

（2）垫层草帘机的基本结构和作业图示

垫层草帘机是参考封包机的原理设计的。封包机与普通缝纫机不同，前者采用单线编织结扣，后者是双线（即顶线和底线）缝纫；封包机的单线编织结扣适合于草帘的编织。垫层草帘机用 10 余根特制机针完成宽幅草帘的经线编织，每一根针相当于 1 台封包机，但是，实现机针动作的机构与封包机完全不同，封包机采用上下联动的机构，机针由上往下编织，而草帘机将全部运动机构都放在下部，机针由下往上编织，因此，传动路线缩短，结构得以简化而紧凑（肖正昆，1996）。垫层草帘机结构如图 3-81 所示，作业如图 3-82 所示。

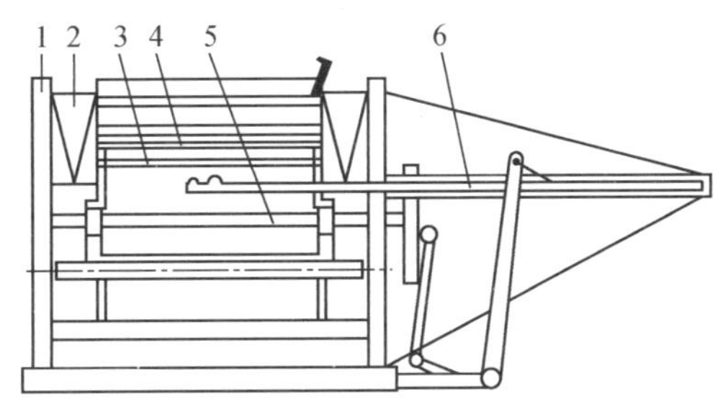

图 3-81　垫层草帘机结构

1. 机架；2. 自动进草机构；3. 编制架；4. 错经锤；5. 主轴；6. 梭杆

图 3-82　垫层草帘机作业

机针与普通封包机机针不同，其直径约为 10mm，上部有活动舌片。根据草帘幅宽要求，每台安装机针 7～11 根；经线可使用锦纶、丙纶或其他材料的渔网线，要求拉力≥73.4N；操作平台由框架和若干 8 号圆钢组成，圆钢间距约为 10mm，机身内的拨草齿可以伸出台面拨动原料；机身内安装电机及主要传动机构，为敞式结构，便于维修及清理；底部安装万向机轮（肖正昆，1998）。

(3) 垫层草帘机作业说明

所研制的垫层草帘机除了配有使用说明外，还必须说明它的动力配套过程，以便在作业过程中能够及时矫正不良操作习惯。

3.5.3　砂土分离机的研制与开发

3.5.3.1　砂土分离机的研制背景

目前，中国大部分地区已实现农业机械化作业，所采用的农业机械种类各异，减轻了农民劳动强度，提高了劳动生产效率。最近几年宁夏大面积在荒地、石滩种植硒砂瓜，但待开垦的荒地、石滩多石砂，开垦时必须将砂石与土分离。目前没有能将砂石与土分离的机械。现采用人工分离，人工分离劳动强度大，速度慢，劳动生产效率低，耗费大量的人力、物力和时间。针对压砂地硒砂瓜田间作业劳动强度大等实际问题，开发压砂地水肥一体化专用机械设备和砂土混合分离专用机械设备，建立配套的机械化作业技术模式，并进行大面积示范推广，实现硒砂瓜产业机械化、规模化发展。

3.5.3.2 砂土分离机的工作原理

在结构上采用单层振动分级筛结构和循环爬爪机构，在工作时，随着机器的向前移动，将铲起来的砂土混合物在筛面上进行向后推的同时筛选分离。把细土筛至底层，粗土放于细土之上，在往上放置粗砂、碎石及石块，特别适用于硒砂瓜地的旧地处理，恢复原始压砂状态，配合较大的工作面和较大的自重，使用农用拖拉机进行拖动工作，具有工作面大、筛分效果好、土壤深松还原到位等特点；根据使用要求不同，砂土分离机还可以进行除草、地下作物收获以及土壤施肥等工作，由于砂土分离机可以翻筛较深层土壤，除草效果十分高效可靠，杂草复生率低；增加施肥设施后可以在机械作业时进行地下施肥作业。

3.5.3.3 砂土分离机的研发过程

针对使用多年的老砂地的持续利用问题，开发出压砂地砂土混合分离专用机械设备，并制定出相应的机械化作业程序，建立压砂地持续利用的技术模式。

在 2008 年研制的分离面宽 90cm 压砂地混合砂土分离机的基础上，于 2009 年项目团队又研制出了分离面宽 120cm 压砂地混合砂土分离机，2010 年重点对分离面宽 120cm 压砂地混合砂土分离机进行了田间试验示范。

第一种机型分离面宽 90cm 压砂地混合砂土分离机的动力由牵引拖拉机提供，利用后悬挂传动，根据压砂地利用年限，匀速前进并将砂石嵌在土层，通过振动将砂中土过筛，敷在地表，砂石再覆盖在过筛的土层之上。

第二种机型是针对 90cm 压砂地混合砂土分离机不能将拖拉机两个后轮辄印部分砂石分离而进行加宽的，一方面提高了压砂地混合砂土分离效率，另一方面解决了后轮辄印部分砂石分离的问题。

2008 年以来，项目团队研究和改进的内容是：①由原来的人工进行砂土分离变成了由机械分离，大幅度提高了分离效率，使农民从高强度的体力劳动中解放出来。②由原来的分离面宽 90cm 压砂地混合砂土分离机变成了 120cm 压砂地混合砂土分离机，进一步提高了分离效率。③开发出的 120cm 压砂地混合砂土分离机解决了拖拉机后轮辄印部分砂石分离的问题。④开发出的锯齿状嵌土板代替了平板嵌土板，使嵌土更加高效，减轻了牵引压力以及个别沙砾对嵌土板的阻挡。⑤研究了分离筛后稳定轮大小设置，解决了稳定轮过小遇到较大石块导致分离筛倾斜的问题。同时根据纵向、横向等稳定性校核以及大量的田间分离测试，设计制造出了 2 种分离机机型 20 台，分别于 2009 ~ 2010 年在中卫兴仁、红圈子和中宁大青山的试验基地，通过种植硒砂瓜，使 30 年以上老砂地西瓜苗的成活率达到 90% 以上，西瓜产量较未分离的提高一倍。

3.5.3.4 砂土分离机在旱区农业水土资源中的应用

（1）砂土分离机的研制现状

现有的砂土分离机作业中砂土分离效果差，易产生堵塞问题，达不到农户的要求，特别是遇到尺寸比较大的砂石时，效果更不理想。

针对实际存在的问题，项目团队设计了一种砂土分离机，能机械地将砂石与土分离，具有结构简单、省时省力、工作效率高、使用效果好和使用方便的优点。

（2）砂土分离机的基本结构和作业图示

设计的砂土分离机结构如图 3-83 所示，主要由悬挂架、机架和轮所等组成。机架前侧上端中部设有齿轮分动箱，齿轮分动箱通过万向传动轴与拖拉机后端动力输出轴连接，齿轮分动箱通过凸轮带动凸轮杆、传动摆动杆，摆动杆中部与机架轴连接，轴接点为轴销，摆动杆另一端连接筛网的前端，筛网后端通过筛架杆与机架连接。筛架杆与机架的活接部可采用连接弹簧、连接环、轴接杆等方式进行活接。在筛网的前端机架上设有犁架，犁架底部设有犁头。机架前端设有牵引架。犁头后端上部位于筛网前端上部，筛网呈前高后低倾斜设置，轮位于机架后端两侧。

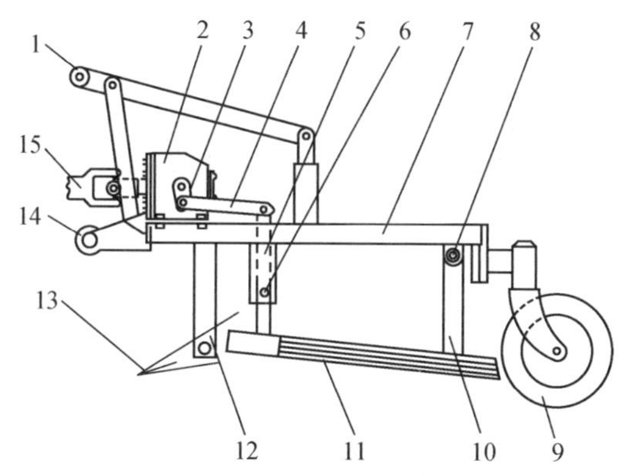

图 3-83 砂土分离机结构

1. 悬挂架；2. 齿轮分动箱；3. 凸轮；4. 凸轮杆；5. 传动摆动杆；6. 轴销；7. 机架；8. 筛架杆与机架的活接部；9. 轮所；10. 筛架杆；11. 筛网；12. 犁架；13. 犁头；14. 牵引架；15. 万向传动轴

使用砂土分离机，每小时可完成 1～1.2 亩沙土分离作业（图 3-84），每亩收费为 420 元，是重新起砂后压新砂成本的 1/4。每台机械工作量为 12～15 亩/d。该机具经改进后降低了劳动强度，提高了生产效率，解决了压砂地的施肥和土壤疏松问题，不误农时，砂土分离效果好，节本增效。按照每年 15 万亩的砂地改良恢复工作量计算，旱区每年需该机具 100 台左右。

（3）砂土分离作业说明

所研制的砂土分离机除了配有使用说明外，还必须说明它的动力配套过程，以便在作业过程中能够及时矫正不良操作习惯。

使用时，将设计的悬挂架和牵引架与拖拉机后端的牵引悬挂连接，将万向传动轴与拖

图 3-84　砂土分离机作业

拉机后端动力输出轴连接。拖拉机后端动力输出轴通过万向传动轴带动齿轮分动箱上的凸轮转动，凸轮依次通过传动凸轮杆和摆动杆进行运动，使筛网前后摆动。同时拖拉机向前运动时，犁头将地里的砂土翻起并从犁头后端带到筛网上，摆动的筛网将土筛出，落在筛网下端，筛网上端的石块等从倾斜的筛网后端落出，人工或机械再将石块拾离田间，完成砂石与土分离的作业（张艳红等，2011）。使用砂土分离机，每小时可完成 1 ~ 1.2 亩沙土分离作业。

3.5.4　覆砂机的研制与开发

3.5.4.1　覆砂机的研制背景

覆砂机是主要的农业机具设备之一，广泛应用于大面积草坪（运动场）、园林，甚至河滩坡地、机场等杂草丛生地或裸露地的覆砂维护。覆砂机铺砂对草坪有着恢复生长、弥补流失的沙土、覆盖裸露的草坪、促进根系生长等不可替代的作用，是草皮维护作业里一项必不可少的辅助措施。尤其是对于大面积裸露需要覆砂的土地，它的优势更为突出。

覆砂机主要用于播种后的覆砂或覆土，使覆盖种子保持与土壤接触，不直接暴露在空气中。沙、土都是松散的小颗粒状物质，因此覆砂机常常与撒播式施肥机一起用。最常用的覆砂机由拖拉机牵引，主要用于运动场草坪的覆砂。主要特点如下。

1）双十字形轮轴设计，每两个轮胎独立成组，可偏转 7°，自动适用地面起伏，大大增加了覆砂机在球场上行驶的稳定性。

2）覆砂传送带底部增加 3 条从动滚轴，以滚动摩擦驱动滑动摩擦，大大减小了阻力，让液压马达工作更加轻盈。

3）砂斗中增加两根减重横梁，有效承载了沙子对传送带的压力，让液压马达更省力，让传送带减小磨损、增加寿命，大大减小了拖拉机的动力输出。

4）砂斗采用3mm厚的镀锌板，覆盖件采用2mm厚的镀锌板，永不生锈。

5）钣金结构件全部采用激光切割和数控火焰切割，整机边缘线条光滑规整。

6）关键液压件采用美国伊顿或怀特液压马达，耐用可靠。

7）独家采用6mm丁腈橡胶传送覆砂带，耐磨性和强度大大优于PVC输送带，使用寿命超过5年。

8）传送带带有导向条，杜绝跑偏，减小覆砂输送带的异常磨损。

9）采用宽幅高承载性草坪轮胎，减小对地面草坪的压力，保护运动场草坪。

10）全部采用高强度标准件和进口轴承。

11）采用高压胶管高强度液压管件、自制组合接头模块，让管线更加美观，耐用。

12）美国进口BRAND流量调节阀，分别控制传送带转速毛刷转速，让各个转动可控可调。

3.5.4.2 覆砂机的研发现状与发展趋势

（1）国外覆砂机的研发现状及发展趋势

覆砂机研发和生产集中于欧洲、美国、日本、韩国等，如美国TURFCO（绿友）是世界最大的覆砂、播种设备生产商之一，它们生产的TurfCoF15B型果岭覆砂机占据了一定市场，其具有以下特点：①新型谢夫隆商用传送皮带，将料斗内的物料经计量口均匀输送，覆砂精细，覆砂厚度为0.7～6mm；②倒车功能，加载后仍能进退自如；③新型塑料保护罩，有效减低噪声。

TurfCof1530是一款比较成熟的果岭覆砂机，设计合理，故障发生率比较低。其覆砂方式为履带叶片式，不自带动力，需提供PTO（辅助动力输出）液压动力源，容量为0.54m^3；覆砂宽度为4.57～9.14m；覆砂速度为12.8km/h；抛撒角度可调，使沙粒直达草根；承载方式为多功能车装载。

目前已知的可以搭载的平台有三种机型：JohnDeere2030A、TORO3300、JACOBSEN Cushman多功能车。建议使用JohnDeere2030A，其具有如下优势：可以直接升起来，方便检修引擎和检查液压油管，而其他两个品牌基本上是固定的，检修不方便；轮胎设计稍宽，损害也稍小一点。

（2）中国覆砂机的研发现状及发展趋势

由于技术匮乏，发展落后，中国覆砂机研究和生产起步较晚，起初覆砂机只是在小型操场、草坪覆砂时使用，随着技术不断进步，农业机械化程度不断提高，逐步扩大了应用领域，如在高尔夫球场、足球场等运动场所。

21世纪以来，在浙江杭州发明的手扶牵引式覆砂机，后驱动辊能起滚压作用，带有撒布标记，容易观察撒布宽度。型号M-4B发动机8.5HP久保田GH250E4冲程汽油发动机料斗容量为0.4m^3，覆砂宽度为860mm，机器重量为360kg，变速装置前进3挡后退1挡，覆砂装置传动带，回转滚筒刷，强制撒布前进速度为0～10km/h。

潍坊华晨高尔夫机械装备有限公司生产的 JV1020 型小型覆砂机，对草坪起到了保护作用，减少了人为因素对草皮的破坏。样机如图 3-85 和图 3-86 所示。

图 3-85 手扶牵引式覆砂机

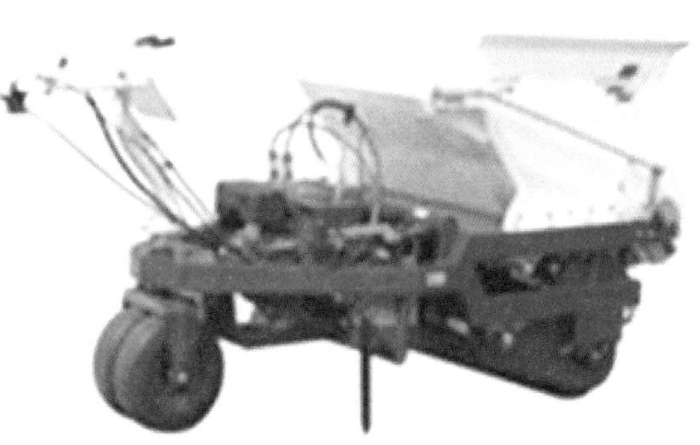

图 3-86 小型覆砂机

3.5.4.3 覆砂机的种类与各自特点

(1) 球道覆砂机

球道覆砂机是一种专供维护和保养运动场地、草坪用的具有载砂和覆砂功能的机械化作业装置。砂子直接装载在机械上，工作时，砂子被输送带输送到出砂口，并由快速滚动的扫砂器扫落到地面或草坪上。现有覆砂机输送带均采用独立动力控制，在浪费额外动力之余，实际使用当中对覆砂量难以进行准确控制，在行进速度不均匀时，容易造成覆砂量过大或过少的现象。该机具包括机架，机架上设有支撑脚、砂箱、输送带、输送带滚轴、砂量控制板、扫砂器以及车轮，输送带设在砂箱下面的出砂口处，砂量控制板设于输送带与出砂口之间，扫砂器设在输送带的落砂口处，在车轮、输送带以及扫砂器之间设有传动机构，输送带设于输送带滚轴上并跨越置于砂箱内腔底部。该机具利用自身提供动力，并可根据覆砂行进速度对覆砂量进行自动调节，保证覆砂量均匀。

(2) 果岭覆砂机

果岭覆砂机主要包括牵引杆、底盘板，在底盘板两侧安装有轮胎，底盘板上前部设有压滚机定位槽，在压滚机定位槽前部设有覆砂机定位槽，在覆砂机定位槽前部设有前限位板，在前限位板的两侧设有压滚机固定装置和覆砂机固定装置，在底盘板的后端设有后挡板和后挡板挂接结构，后挡板挂接结构包括连接在底盘板后端两侧向上弯的连接板，在该连接板上铰接有连接轴，该连接轴与后挡板下端两侧固定连接，在连接板的上端设有向后转动的挂钩，在挂钩对应的后挡板两端设有挂杆。果岭覆砂机具有结构简单、操作方便、效率高等优点。与传统轮胎行走式的果岭覆砂机相比，采用带差速装置的行走大压辊，使其在覆砂作业之前，先将轮胎痕迹及不平整的果岭辊压平整之后，随即进行覆砂作业，可达到十分理想的覆砂效果，散布均匀，散布量的大小调节容易。该机具配齿轮变速箱，前进有挡，后退有挡，使用灵活。

(3) 草坪覆砂机

在机体的下部安装有回转轮和行走及动力输出轮，在机体的上部安装有传送带和集砂斗，传送带位于集砂斗的底部，集砂斗的侧面安装有滚动刷；行走及动力输出轮的轮轴端部伸出至机体外侧，形成动力输出轴，动力输出轴通过滚动刷传动装置连接滚动刷的转轴，动力输出轴通过传送带传动装置连接传送带的转轮。该机具具有载荷大、对地面压力小、工作效率高等优点。

3.5.4.4 覆砂机在旱区农业水土资源中的应用

（1）覆砂机的研制现状

传统的人工覆砂，效率较低，成本较高，给旱区农业水土资源高效利用带来了极大的不便，而进口覆砂机价格高。因此，需要研发适合中国土壤作业条件、体积小巧、功能多样，能顺利完成覆砂、耙平等工作的多功能小型覆砂机。

（2）覆砂机的基本结构和作业图示

覆砂机包括驱动机构，驱动机构上设有砂箱，砂箱底部设有传动机构，传动机构尾端接有分砂箱，分砂箱底部设有刮板、内部设有双向分砂搅轮。该机具能提高劳动生产效率，减少人力、物力的投入，节约时间。覆砂机结构如图 3-87 所示，作业如图 3-88 所示。

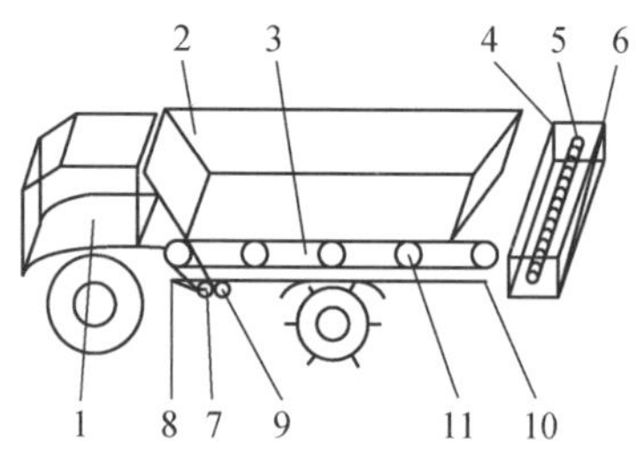

图 3-87　覆砂机结构

1. 驱动结构；2. 砂箱；3. 传动结构；4. 分砂箱；5. 双向分砂搅轮；6. 刮板；7. 接触轮；8. 离合手柄；9. 发动机皮带轮；10. 皮带；11. 滚轮

图 3-88　覆砂机作业

(3) 覆砂机作业说明

所研制的覆砂机除了配有使用说明外，还必须说明它的动力配套过程，以便在作业过程中能够及时矫正不良操作习惯。

1）确保液压油足够，电路完好，叶片磨损不严重，无变形。

2）观察影响覆砂作业的一些因素，如轮胎气压、砂的干湿度、土壤的干硬度、天气状态等，做出相应的措施。

3）确定覆砂厚度，覆砂厚度由技术人员现场根据土壤状态决定，根据覆砂厚度来调试配套部件。

4）覆完第一条，覆第二条时，以间隔大概一个多功能车的宽度同方向驶入另一个区，实际间隔宽度与覆砂厚度及砂干湿度有关，越厚间隔越小，因为砂覆得厚，其甩砂面积也相应变窄，砂越湿，间隔宽度也越小，干砂的工作面积要大一些。实际操作中，要多观察，灵活运用。

第 4 章　中国西北旱区水土资源持续利用研究

在人类社会中，水土资源扮演着极其重要的角色，水土资源的可持续发展将对整个农业生产领域和人类粮食安全等方面产生重要影响。水土资源与一个国家的发展水平有着千丝万缕的关系，这是因为水土资源的数量和质量在很大程度上决定了国家的发展水平和综合实力。当今社会，水土资源稀缺与人类需求之间的矛盾越来越明显，水土资源的可持续发展已成了全球热点问题。

长期以来，人们不断地进行创新研究和新技术开发，并将更多的研究精力投入到了水土资源持续利用这一世纪课题当中来，并取得了众多成果。现阶段，针对水土资源持续利用的研究已从早期的定性研究延伸到了利用数学模型模拟计算的定量分析，其中也包含了水土资源配置和节水制度研究。但总的来讲，当前水土资源研究的内容主要集中在以下几个方面：水土资源管理理论的发展与创新、水土资源的分区、水土资源持续利用与保护以及水土资源优化配置与平衡等。

4.1　中国西北旱区概况

4.1.1　地理位置和范围

中国西北旱区位于 73°28′E～119°54′E，31°33′N～49°11′N，西部、北部与邻国接壤，东至大兴安岭，南至秦岭山脉，包含宁夏、甘肃、青海、新疆 4 个省（自治区）的全部以及内蒙古高原和陕西渭河平原、陕北高原。东西距离约为 3800km，南北距离约为 2100km，总面积约为 $3.73\times10^6 km^2$，约占国土总面积的 38.7%（耿庆玲，2014；张翔，2015）。

4.1.2　地形地貌概况

中国西北旱区以高原、盆地和平原等地形为主，地势由西向东呈阶梯状排列，旱区分布有众多的山脉和河流，如阿尔泰山、祁连山、黄河、塔里木河等；与此同时，在山体间分布着大小不一的盆地，如塔里木盆地、准噶尔盆地和柴达木盆地等。这些地形使西北旱区具有了极其复杂的地貌特点。另外，中国西北旱区的沙漠化也较为严重，分布有多个大型沙漠，如塔克拉玛干沙漠、毛乌素沙漠和腾格里沙漠等。

受地势、地形以及降水的影响，中国西北旱区各海拔的植被类型均有所差异，这也导致旱区内农业呈现出方向独特、特点鲜明的多产业并存的发展模式。

4.1.3 气候概况

中国西北旱区拥有丰富的光热资源，年日照时间为 2500h，年平均温度为 8℃，昼夜温差较大，年积温分布差异也较大；且中国西北旱区地处中国内陆，距离海洋较远，而且又处于季风作用的边缘地区，所以降水量相较于东部地区较少，年降水量不足 200mm，远少于东部地区的 400mm 左右，只有全国年降水量的 47%，加之日照时间长，西北旱区的蒸发量远大于东部地区，年蒸发量达到 1000mm 以上，这样就形成了降水少、蒸发大的不利于农业发展的局面，所以要大力发展水土资源的可持续利用。

4.1.4 社会经济概况

中国西北旱区的社会经济发展不平衡性与自然资源分布不均有很大关系，且西北旱区是中国的内陆区域，资源储量和资源利用率都与东部沿海地区有很大差距，这就导致西北旱区的经济发展速度远低于其他区域，从而引起区域发展的不平衡性，再加上经济结构、社会认知和文化差异，最终的结果是经济发展的水平差距越来越大。据不完全统计，2008 年西北旱区 6 省（自治区）的 GDP 仅为 4.19 万亿元，约占全国的 8.12%，相较于其他地区，经济水平较差，且旱区内各省（自治区）的经济水平之间的差异也较大，相对而言，陕西的经济发展最佳，青海最差，且二者相差较大。与此同时，中国西北旱区的人口密度差异也较为突出，青海的人口密度最小（7.9 人/km^2），陕西最大（182.2 人/km^2）。中国西北旱区人口占全国总人口的 7.43%。

中国西北旱区地域广袤，自然资源丰富，是重要的农副产品和粮食生产基地，也是全国后备耕地资源基地，增加西北旱区的耕地资源能抵消其他地区对土地资源的消耗带来的不利影响，确保中国 18 亿亩耕地的最低要求。然而，西北旱区环境条件恶劣，生态环境易受其他因素的影响，再加上经济发展缓慢等各种不利因素的共同影响，旱区的农业发展受到极大阻碍，这也使水土资源的匹配处于严重错位状态，农业生产及耕地的开发受到水资源条件的严重限制。

中国西北旱区农业水土资源的不断开发，使原本脆弱的生态环境雪上加霜，水土流失、土壤恶化、耕地沙漠化等问题更加突出。同时，对水土资源的不合理利用在某种意义上会加速这些问题的恶化，更严重的是，进一步缩小西北旱区农业发展的空间。为了更有效地提高西北旱区的农业生产效率，促进旱区水土资源持续利用，加强旱区自然资源的有效利用，建立高效可持续利用的农业水土资源管理措施与管理模式势在必行。

4.2　中国西北旱区水资源及持续利用概况

4.2.1　中国西北旱区水资源概况

4.2.1.1　中国西北旱区水资源分布特征

（1）自然地理条件

中国西北旱区主要由平原、山地、盆地、沙漠及戈壁等相间，形成独特的地形地貌，其中戈壁分布范围广，且山地与盆地交替出现，形成了封闭地形。在构成西北旱区的地形地貌中，平原占比最高，约为56.48%，其次为戈壁、山地和盆地。另外，西北旱区地处大陆内部，距海洋较远，属于典型的大陆性气候，具有光照时间长，蒸发量大，昼夜温差大，干旱且降水少等特点。总体来说，这些特殊的自然条件导致西北旱区水资源严重匮乏，分布不平衡。

（2）降水量稀少，蒸发量大

中国西北旱区年降水量不足200mm，且降水量与旱区地形地貌有较大的关系，降水量从山地向平原由大变小。与此同时，降水量在垂直方向和地貌地形上也具有明显的差异，其中山地较高，盆地次之。在西北旱区，水资源的存储形式不拘泥于河流、湖泊和地下水，高山冰川和积雪也是西北旱区存储水资源的一种独特方式，储藏量较大，且是可以长时间储存的一种固态水资源，是水资源的重要组成部分。西北旱区年蒸发量在1000mm以上，部分地区高于2000mm，且盆地的蒸发量高达4000mm。

（3）地表水资源分布不均

中国的众多河流都起源于西北旱区的山地，其中冰川和积雪的融化对水源进行了补给，流量较小的河流流程不长，而流量较大的河流会形成闭流盆地和闭流区。据不完全统计，2003年西北旱区共分布有河流676条，新疆分布最多，占85%以上，其中流量小的河流数量较多，流量大的河流数量较少，但汇聚了大部分河川径流量，旱区内约有20条河流的年径流量大于10亿 m^3，占河川年径流量的50%以上。因此，西北旱区河川径流量空间分布不均衡，且在一定程度上与降水量的地域分布呈正相关关系。从地域情况来看，新疆西北部分布的各大河流径流量较大，而东南部相对较为匮乏，且在时空上由西向东呈递减趋势，山地的地表水资源总量约等于山前盆地或几个盆地的总水资源量之和。例如，河西走廊山地的径流量占西北旱区的90%以上，这表明旱区平原地带的降水对水资源的补给微不足道。根据多年记载的资料，山地地表径流多年来持续稳定，主要是由冰川积雪融水对其进行补充，冰川积雪的补给能力在夏季达到最大，占全年的60%以上，冬季最少，约占5%。

（4）地下水资源相对较丰富，地区水质、水量差异大

西北旱区山地和山前盆地的构造特殊，且山前平原表层厚实松散，形成了得天独厚的地下含水系统。地下含水系统的补给来源较多，如山区降水的补给和其他地下水的流动补给等，因此，形成了山前冲积平原较为丰富的水资源储量。同时，不同的地貌会使地下水的分布特点不同：从冲积扇裙带到湖积平原带，地下水的埋深由深变浅，甚至溢出地表，含水层层数由少增多，厚度由厚变薄，富水性和水质明显变差。据调查，西北旱区地下水量约为 81.47 亿 m^3，可供开采量约为 260.53 亿 m^3，其中，河西走廊人均水资源量为 $1590m^3$，新疆人均水资源量为 $6000m^3$，均远远超出华北地区。总体上，该区当前地下水资源量相对较丰富（张太平，2002）。

(5) 地表水与地下水在盆地内相互转化

在自然条件下，从山地上部流入盆地的地表径流经过山前戈壁时，有 80% ~90% 入渗到地下，作为地下水的补充；而在戈壁带前缘，地下水溢出地表，一部分汇聚成河湖或成为绿洲灌溉水，另一部分则形成地下径流流入地势较低的平原区（罗先香和杨建强，2003）。

4.2.1.2 中国西北旱区水资源利用现状

(1) 中国西北旱区水土资源开发利用阶段

一般地，对水资源的开发大致有三个阶段：第一阶段主要开发地表水，具有效率高、可利用范围大、成本低等特点，但可开发水资源量有限；当地表水开发超过 40% 时，进入第二阶段，即同时开发地表水和地下水，相互补充；联合开发时，地表水超过 60%；地下水超过 40% 时，进入第三阶段，这时的需水量远超过水资源的存储量，依靠本地的水资源已经难以满足需要，这就需要进行用水调控或从其他地域调配水资源。就目前西北旱区的水资源利用情况来说，旱区内的水资源开发利用已处在第二阶段。21 世纪以来，西北旱区的工农业总需水量约为 803.72 亿 m^3，供水量约为 756.99 亿 m^3，缺水量达 46.73 亿 m^3，缺水程度约为 6%，而且还有扩大的趋势。缺水较大的地区有新疆塔里木盆地、准噶尔盆地、甘肃河西地区、陕西关中地区，这些地区的缺水量占总缺水量的 85.2%。

(2) 中国西北旱区水土资源开发利用中存在的问题

水资源对于一个地区的经济发展和生态环境的影响来说是至关重要的，经济发展主要是由水资源的分布和储存量决定的，而生态环境不可避免地与水资源有着重要联系主要表现在以下几个方面。

1）局部地区大量开采地下水，引起地下水位持续下降，植被退化。干旱区地表水在时间和空间上的不均匀性，流域的局部地区在旱季时地表水严重不足，导致人们大量开采地下水来弥补地表水的缺乏，使流域地下水位在局部地区产生明显的下降，如黑河流域下游地区水位年均下降 1.2 ~5m，乌鲁木齐河流域河谷地带、北部山前倾斜平原和细土平原区地下水位年均下降 0.44 ~1.2m。地下水位的持续下降导致依赖地下水生长的荒漠植物大量死亡、植被退化。

2）水资源开发利用率高，导致土壤盐碱化。据不完全统计，2004 年中国西北地区的水资源利用率为 53.3%，远高于全国的 20%。其中，农业用水占比最大，约占总用水量的 89.3%，而农业工程方面的开发利用不当会使土壤的次生盐碱化程度加剧（耿艳辉和闵庆文，2004）。另外，在各个农业灌溉区，大都采用漫灌，且排水处理不当，蒸发强烈，导致盐分不断聚集到土壤表面，并形成了盐分表聚现象，最终导致土壤次生盐碱化。

3）忽视生态需水，生态环境遭到破坏。西北旱区需水量大，且气候干燥，随着工农业生产规模和人口的不断增长，水资源紧缺，从而使下游河湖供水减少，生态环境的用水额度大幅度下降，甚至出现断流，最终引起生态环境的恶化（赵宝峰，2010）。

4）水质恶化。受土壤次生盐碱化的影响，地表水存在被污染的风险，加上人为污染的加剧，西北旱区水资源产生恶化现象。随着科技的发展，水资源的利用效率不断提高，这就加速了地表水和地下水的转化速率，在这个过程中，地下水会不断冲刷地下岩层，从而将土壤层和岩层中的盐分带入地下水，使地下水的盐分含量增大，最终发生碱化。此外，由于地下水受到污染，人和其他动物饮用后，会引发严重的疾病，如氟骨病、克山病等。需要指出的是，黄河流域已在不同地域不同程度地受到工业废水和生活污水的污染。

5）缺少调蓄性工程，不能有效利用当地水资源。截至 2010 年，西北旱区内大型水库 30 余座，但调控水量的能力较弱，水利工程不能连成系统，导致农业用水不足，春旱严重，粮食大幅度减产。这种现象在春季灌溉期时，表现最为严重，洪水季节引洪灌溉，既浪费了水量，又加重了土地的次生盐碱化。

6）水资源管理滞后，水管部门执法力度不够。西北地区水资源管理滞后主要表现在：①缺乏水资源的正确调控措施，没有考虑水资源的经济效益，过度强调水资源的需求等；②缺乏保护和节约意识，造成水资源的大量浪费，对水资源浪费的惩罚力度不够；③缺乏规范的长流域河流的水资源管理体制，责任划分不明晰，导致流域管理薄弱，用水矛盾凸显；④缺乏规范的水资源收费制度，不能有效利用水资源这个杠杆撬动经济的发展。

4.2.2 中国西北旱区水资源持续利用

水资源是有限的不可再生自然资源，在人类社会发展和科技进步的过程中发挥着不可替代的作用，更重要的是，水资源在自然环境中，对生物和人类的生存具有决定性的意义。因此，必须依靠科技进步和发挥市场配置资源的基础功能，在重视生态环境保护的前提下，合理有效地配置水资源，提高水资源开发利用效率，在满足当代人的用水需求的同时，调控水资源开发速率，不对后代人的用水构成威胁，从而实现水资源的可持续发展。中国西北旱区水资源持续利用途径包括如下几方面。

（1）大力推行节水措施

1）大力建设节水高效的现代灌溉农业和现代旱地农业。西北旱区用水量最大的是农业，且主要缺口在农业灌溉，所以应将节水的重点放在农业。为此，必须转变传统的灌溉模式，向新型节水技术和灌溉制度看齐，发展高效、高能和高端的节水农业，着力修建配置能力高的水利工程设施，在完善灌溉制度的条件下，推广地下渗灌、微灌等灌溉技术，能有效避免地上灌溉蒸发量大、易受环境因素影响等问题，从而提高灌溉用水的使用效率，增加农产品的产量，提高农业生产的效益等。

2）大力推行节流优先、治污为本的城市和工业用水措施。在城市范围内，工业和生活用水量最大，所以要集中治理工业污水和生活用水。城市人口和工业规模的不断增大，导致城市的污水废水排放量与日俱增，若不对工业污水和生活废水进行有效的调控和整治，最终会使周边湖泊、河流、地下水等水体形成不可逆的污染。因此，需要大力宣传节水减排政策，激发公众对水资源保护的责任感和使命感，全面建设节水型社会，加强节水工程和技术的研究，强化污水处理能力。全面建设节水型社会是解决水资源短缺最根本、最有效的出路。城市生活污水和工业污水处理与回用也是缓解西北旱区城市水资源紧缺、防止水资源污染、改善生态环境的一项重要措施。

（2）雨水等非传统水资源的开发利用

水资源的利用开发不能只局限于地下水和地表水的开发利用，还需要更多地关注自然降水等非传统水资源的开发。就目前来说，自然降水的开发利用还不完善，需要加强对降水的有效收集和利用，并提高水资源的经济效益。近年来，非传统水资源的重要性已被公众广泛地认识，并进行了多方面的研究尝试，但是效果和公众认知度还不能与传统水资源相比。自然降水是水资源的重要组成部分，一方面，自然降水可直接进入土壤，并能满足农作物本身的灌溉用水，而且多余的降水可进入地下，对地下水进行可观的补充；另一方面，自然降水可通过人为措施进行收集，主要是在降落过程中采取一定的措施，强制改变降水的自然转化规律，达到自然降水综合利用的目的。在这一方面，日本最早进行了尝试。1980 年日本尝试推行雨水储存计划，该计划对地下水给予了极大补充，同时也恢复了河川径流，改善了环境条件等。之后，中国西北旱区也开始了降水利用的浪潮，如内蒙古的“112”集雨节水灌溉工程、甘肃的“121”雨水集流工程、陕西的“甘露工程”等。目前雨水资源化的应用主要集中在农业生产和城市生态环境建设方面（罗岩等，2006）。

（3）实施水资源综合开发利用与优化调配管理制度

1）改革管理体制和完善运行机制。随着经济结构和社会文明地不断完善与进步，传统的水资源配置制度早已不适应当下的时代要求且不能解决当前供水、需水的矛盾。例如，塔里木河河道不断被阻流断流，一方面是由人类活动的干扰以及自然因素等的影响引起的，另一方面是由管理体制不健全、责任分配不明晰、分配体制不规范和技术手段落后等因素引起的。所以，要想从根本上解决水资源的可持续发展，必须从制度建设着手，积极完善水资源管理、配置、责任划分等制度，建立合理有效地水资源配置规范体制及符合经济和市场发展规律运行机制，从传统的“供水制度”向“需水管理”进行转变。

2）加强降水、地表水、地下水、土壤水的联合调度和高效利用。实现水资源优化配置和可持续利用发展是当代研究水资源的最重要的两个方面。目前来说，大部分的供水系统以地表水、地下水和外调水等传统水资源的整合利用为主，自然降水等非传统水资源为辅。因此，要实现合理配置和开发水资源，充分发挥水资源的综合效益，关键在于如何完善好调度制度，优化水资源配置。一方面是进行多水源统筹规划，优化设置，合理调剂，余缺相济，充分地开发利用；另一方面针对不同领域的需水用量，应加以区别，在调配上进行优化，达到高效利用的目的。

4.3 中国西北旱区农业节水概况

中国西北旱区土地资源占全国的1/3，而水资源只有全国的1/12，且水资源的80%以上又用于农业。因此，开展中国西北旱区农业节水技术的研究对于提高旱区水资源的持续利用具有非常重要的作用。

4.3.1 农业节水理念与意义

4.3.1.1 农业节水理念

农业节水包括农艺节水、生理节水、管理节水和工程节水四个方面。农艺节水是指农学范畴的节水，在生产过程中可通过调整农业、作物结构，改进作物布局，改善耕作制度，改进耕作技术等达到节水的目的；生理节水是指植物生理范畴的节水，可通过种植耐旱抗逆作物等方法达到节水的目的；管理节水是指农业管理范畴的节水，可通过管理措施、管理体制与机构，水价与水费政策，配水的控制与调节，节水措施的推广应用等方法达到节水的目的；工程节水是指灌溉工程范畴的节水，可通过灌溉工程的节水措施和节水灌溉技术，如地下渗灌、涌泉根灌、微喷灌、微润灌溉等方法达到节水的目的。在此基础上，中国在“十二五”期间提出了现代节水农业这个新概念。现代节水农业是在高科技技术发展的基础上产生的，尤其是现代生命科学相关技术的发展，它不仅使现代节水农业研究的领域和范围得到了扩展，也为其发展提供了先进的技术手段，从而促使了现代节水农业的发展。现代节水农业以实现自然环境的科学、可持续发展，提高农作物水分利用效率，减少水资源浪费等为最终目标。

4.3.1.2 中国西北干旱区发展节水农业的意义

制约中国西北旱区经济发展、生态建设、农村经济发展的首要原因是资源性缺水和工程性缺水。黄土高原和河套平原单位耕地平均水量与人均水量分别仅占中国平均水平的14%和24.1%；西北内陆区单位面积水资源量占中国平均水平的1/6，局部地区的缺水更为严重。西北旱区水资源不足已严重威胁当地农业的可持续发展。就水资源保障角度来说，发展节水农业关系农业可持续发展和农民脱贫致富，因此在社会发展过程中有着举足轻重的地位。发展农业节水，实行精准节水灌溉，达到高效用水，既可以通过节约用水，扩大灌区面积，以此增加产量；也可以运用科学的灌溉制度，因地制宜，提高经济作物的产量与作物水分利用效率。同时，节水农业优化了生产资料配置，有利于发展社会化农业生产，促进了农业生产服务体系的发展。因此，通过精准节水灌溉不仅推动了经济效益的发展，而且对农业生产条件和西北旱区生态环境的改善有着积极的作用，为促进中国西部经济的发展和生态环境的可持续发展奠定了基础。

4.3.2 中国西北旱区农业节水研究现状

经过多年的发展，中国西北旱区农业与农村经济发展取得了显著成果，探索出多种节水农业发展模式，形成了保水、蓄水设施，灌溉节水、耕作栽培节水，生物节水和化学节水五大技术体系，在生产实践中取得了显著的生态经济效益。与传统灌溉方式相比，渗灌、喷灌、涌泉根灌等高效节水灌溉技术的推广应用，大大减少了单位面积耗水量，有效提高了灌溉水利用效率，提高了水肥利用效率，节省了人工投入，提高了农业综合生产能力，增加了经济作物的产量与农民收入，克服了旱区水资源短缺、灌溉水损失率高的缺点，受到农民的普遍欢迎。2009 年以来，西北各省（自治区）根据本地自然经济条件和水资源状况，采取不同模式，积极探索高效节水灌溉发展，截至 2017 年底，宁夏回族自治区发展节水灌溉面积 35.92 万 hm^2，青海省发展节水灌溉面积 11.53 万 hm^2，甘肃省发展节水灌溉面积 102.09 万 hm^2，新疆维吾尔自治区发展节水灌溉面积 399.62 万 hm^2，陕西省发展节水灌溉面积 93.15 万 hm^2。发展高效节水灌溉不仅在增收富民、改善生态、加快现代农业发展等方面取得了初步成效，而且为进一步推广高效节水灌溉技术和扩大节水灌溉面积积累了一定的经验（张岩松和朱山涛，2012）。

早在 2011 年，中国西北五省（自治区）和兵团都制定了“十三五”节水灌溉发展规划，明确了发展目标与具体措施。中国各省（自治区、直辖市）普遍采取上下联动统筹整合资金的方式支持发展高效节水灌溉。宁夏回族自治区、青海省、甘肃省等通过统筹整合小型农田水利、农业综合开发、现代农业生产发展及固定资产投资等措施，大力发展高效节水灌溉。同时，宁夏回族自治区大力推行“公司+农户”模式，在土地流转的基础上，规模化发展高效节水灌溉，高效节水项目区经济作物亩均节水 1/3，增产超过 30%，中部干旱带补灌亩均节水 4/5，增产 50% 以上。甘肃省实施高效节水灌溉，管灌、喷灌、滴灌分别节水 $80m^3$/亩、$100m^3$/亩、$210m^3$/亩，粮食作物增产 7%，大田作物增产 13%，果树增产 11%，温室蔬菜增产 20%，制种玉米增产 28%。目前西北旱区的枸杞、硒砂瓜、葡萄、马铃薯、瓜果、葡萄、制种玉米、中药材等通过实施高效节水灌溉技术，逐步形成了地区性的主导产业、特色产业和优势产业（张岩松和朱山涛，2012）。

4.3.3 中国西北旱区农业节水发展趋势

发展节水农业，应当探索把水同其他农业生产要素有机结合的道路与模式，从而提高农田水利设施的效益，以改变目前仅重视水资源利用率的弊端，把农业真正纳入节水高效的轨道。未来的主要任务是进行节水技术优化集成，实现低成本空间扩散，关键是应用现代高新科技和信息技术，结合管理和工程节水技术，提高作物自身的水分利用效率。

4.3.3.1 现代生物技术用于农业节水

人们逐渐认识到只有提高作物自身的水分利用效率才有可能取得节水上的新突破。因此，在调整作物类型、品种和种植制度，培育优良抗旱品种，提高农业灌溉和抗旱技术等生物节水措施的基础上，通过分子生物学和生物技术的兴起和发展，开发抗旱性分子育种与新品种培育、作物生理过程和根-土微生态系统的调控、提高作物水分利用效率的灌溉技术和施肥技术、抗旱性制剂的研制和施用等关键技术，逐渐形成生物节水的技术体系。推动低投入、高产出的生物节水与工程节水相结合的发展模式，将成为具有中国西北旱区特色的农业节水之路。

4.3.3.2 农业管理措施一体化技术

在工程节水技术的基础上，发挥各项农业节水技术的综合优势，发展节水、高产、高效的综合一体化农业管理节水技术是当前世界各国研究的热点。未来的田间农业管理，在智能系统的控制和引导下，依据农田作物生长状况来判别作物生长是否受到土壤或大气水分亏缺的影响，作物体内养分平衡和土壤养分供应状况，作物病害类型和严重程度，田间杂草的种类和位置等信息，定时、定量、定点使用水分、肥料、农药和除草剂等，可达到明显的节水、增产、降耗目的。

4.3.3.3 高效用水的精细灌溉技术

3S① 技术与信息高速公路相结合，可精细地指导农田抗旱和灌溉，尤其是空间遥感的大力发展为 3S 技术的实用化提供了可能。3S 技术与农业高效用水的融合，可使农业用水效率大幅度提高，这将是未来田间农业和农业高效用水技术发展的方向。

4.3.3.4 非常规水高效安全利用技术

天然雨水、污水及微咸水等非传统水资源的开发利用已成为现代节水农业领域关注的重点内容之一。雨水集蓄利用技术实质是通过对降水地表径流的调控，实现雨水资源高效利用的一种水资源开发利用技术。目前应集中研发适合西北地区应用的新型、高效和生物雨水集蓄形式，新型低成本、高效、绿色环保型的集雨材料等，建立区域雨水资源高效利用技术体系和最优开发模式及智能决策系统软件。

污水灌溉条件下作物需水量与耗水量的计算模型，以及污水灌溉对植株、土壤及地下水影响的研究已取得较大进展，初步形成了依据作物蒸散强度调控污灌量的灌溉优化模式。今后应重点研究不同再生水灌溉方式及微咸水灌溉技术，构建咸淡水混灌或轮灌模式，提出西北区域生态环境的微咸水利用成套技术等。

4.3.3.5 农业高效用水智能决策系统

在发达国家，信息技术已成为提高农业生产的最有效手段。今后应将专家系统、模拟模型、资源数据库、控制技术、计算机网络等技术有机结合起来，建立墒情测报与节水农业决策支持系统，解决中国旱区实用技术瓶颈。

---

① 3S 指全球定位系统（GPS）、遥感（RS）和地理信息系统（GIS）的合称。

4.4 中国西北旱区土地资源及持续利用概况

4.4.1 中国西北旱区土地资源概况

中国西北旱区土地面积广阔，土地类型多种多样。由于复杂的地形条件和光、热、水、土等自然因素的组合差异，以及多种多样的土地利用方式，西北旱区形成了复杂多样的土地资源类型。按照地貌形态，西北旱区有山地、沙漠、盆地、高原、平原、戈壁和走廊等形态。西北旱区除了有大面积的已开发利用的土地类型外，还有难以利用的黄土沟壑和沙漠戈壁等土地类型。西北旱区的旱地占全部耕地面积的 94.5%，水田约只有 4.5%。耕地土壤肥力普遍较低，盐碱、沙化、水土流失严重，现有耕地中，中低产田高达 90% 以上。

西北旱区土壤呈现南北或东北至西南的走向。其中，中温带区域由东到西为暗棕土→黑钙土与黑土→栗钙土→棕钙土，温暖带区域由东到西为棕壤→褐土→黑垆土（黄土）→灰钙土。

中国西北旱区土地资源的特点如下。

（1）盐碱化严重

据第二次全国土地调查报告显示，中国耕地盐碱化面积超过 760 万 hm^2，占总耕地的 1/5，主要分布在“三北”地区（即东北、华北、西北）。其中西北内陆地区土壤盐碱化面积达到 200 多万 hm^2，是盐碱化程度最为严重的地区，占全国盐碱化土壤总面积的 13% 以上。新疆、柴达木盆地、宁夏、甘肃、河西走廊一带等干旱半干旱地区，降水量少、蒸发量大，加之不合理的农业灌溉方式，地表容易发生积盐现象，从而造成西北内陆地区土壤盐碱化。

（2）土地荒漠化

荒漠化已成为当今全球最为严重的生态环境问题之一，它直接破坏人类社会生存和发展的基础。中国是全球荒漠化面积大、分布广、危害严重的国家之一，其中西北旱区则是中国风沙危害和荒漠化问题最为突出的地区。

中国西北旱区深居内陆，距离海洋十分遥远，再加上青藏高原的阻隔，水汽不能有效的传输，导致干旱少雨，地表水贫乏，河流流水作用十分微弱，加上物理风化及风力作用十分显著，戈壁与沙漠蔓延。异常的气候在一定程度上加剧荒漠化进程，造成生态环境失衡。除此之外，人口众多对于中国的生态环境产生沉重的压力，人口增长直接或间接的污染环境，破坏自然界的生态平衡，人类对土地资源的不合理利用，如过度樵采、过度放牧、过度开垦均加剧土地荒漠化。仅内蒙古、新疆、青海、甘肃 4 省（自治区）具有明显沙化趋势的土地面积就占全国具有明显沙化趋势土地面积的 93.3%（2017 年），土地荒漠化是西北旱区当前最严重的生态问题。

4.4.2 中国西北旱区土地资源持续利用研究

4.4.2.1 中国西北旱区土地资源利用情况

中国西北旱区土地生产力不高，气候条件差异较大，且受大陆性季风的影响，水、热时间的分配与空间分布不协调，土地生产力差别大。虽然光热条件充足，但干旱少雨，水资源十分贫乏，加之土地开发利用比较困难，西北旱区难以利用的土地面积较大（信乃诠等，1998）。

（1）土地利用概况

田龙（2016）研究了西北旱区 2004～2012 年土地利用变化，结果表明，西北旱区土地利用中，耕地、草地及未利用土地面积占比下降，园地、林地和建设用地占比逐渐增加。如图 4-1 所示，2004 年西北旱区的耕地面积为 $1.85\times10^7\text{hm}^2$，占总面积的 4.96%，2012 年减少到 $1.75\times10^7\text{hm}^2$；草地面积为 $1.50\times10^8\text{hm}^2$，占总面积的 40.31%，2012 年减少到 $1.45\times10^8\text{hm}^2$，变化率为 3.33%；未利用地在 2004～2012 年减少了 $0.73\times10^7\text{hm}^2$；园地和林地面积分别由 2004 年的 $0.11\times10^7\text{hm}^2$、$6.15\times10^7\text{hm}^2$ 增长到 2012 年的 $0.13\times10^7\text{hm}^2$、$6.54\times10^7\text{hm}^2$；随着城镇化步伐的加快，居民、工矿交通用地由 2004 年的 $0.42\times10^7\text{hm}^2$ 增加到 2012 年的 $0.48\times10^7\text{hm}^2$，增长达 14.3%。荒漠、盐碱地等未利用地在西北旱区占比较大，成为阻碍西北旱区土地可持续利用和健康发展的较大因素。

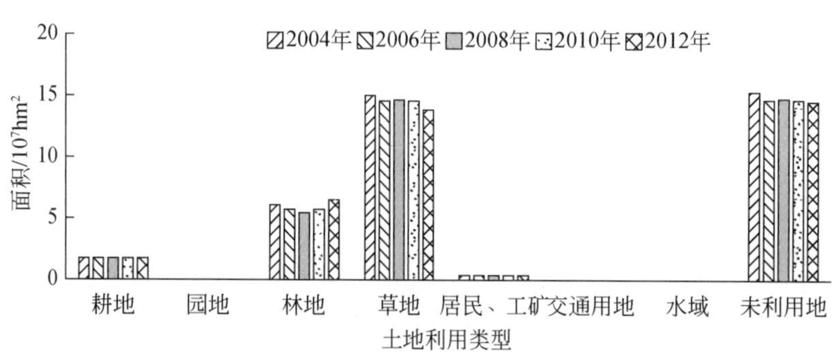

图 4-1　中国西北旱区土地利用面积

（2）土地荒漠化的防治

西北旱区土地荒漠化加剧，危害人类经济发展和生存的基础空间。荒漠化使土壤肥力下降，因土地的荒漠化，中国每年损失大面积的农田资源，粮食减产；土地荒漠化会危害大气环境质量，中国约有 1/4 的人口在春季呼吸道疾病大暴发的季节深受其害；土地荒漠化会造成耕地、草场退化，危害农牧业生产。

西北旱区荒漠化防治的主要措施有以下几方面。

1）植物固沙。植物固沙基本措施主要包括直播固沙、植苗固沙、扦插造林固沙及沙结皮固沙。植物固沙是控制流沙的主要措施，发菜、甘草和麻黄是国家重点保护、管理的野生固沙植物，在保护生态环境和草原资源、防止沙漠化方面起着重要作用。建立人工植被或恢复天然植被，营造出大型防沙阻沙林地带，进而避免流沙对绿洲、建筑物及交通等的侵袭，对耕地的风蚀现象及牧场退化进行有效的控制。

2）防沙工程。在进行流沙治理的过程中，可采用柴草、黏土、卵石、网板等材料设置障碍物，或是铺压遮蔽，可以有效地阻挡流沙入侵，充分起到防沙、固沙的作用。利用地形特点，设置相关屏障，改变大风方向，改变沙粒搬运，并采用相关工程措施进行有效的干扰控制，对搬运流沙过程起到固定阻挡的作用，定向塑造风沙地貌，改变沙地条件，将其转害为利。

3）旱地节水。中国西北旱区水资源十分匮乏，在一定程度上对荒漠化地区整合整治及开发造成了难度。因此，积极的引进节水技术显得十分重要。旱地节水措施一般包括渠道防渗、低压管道输水、喷灌微灌、田间节水等。

4）退化地开发。退化土地开发是推动荒漠化研究的重要力量，也是解决地区经济发展的重要途径。在农业技术方面包含引水拉沙造林、老绿洲农田改造、盐碱化土地改良、日光温室栽培与养殖、无土栽培等技术。在牧业技术方面包含合理的轮牧、以草定畜、草场改良、温室养殖等技术。要对退化地进行科学合理的开发，否则会造成退化土地的再度沙化。

（3）压砂地持续利用

1）旱区土壤覆砂（压砂地）利用的优势包括以下几方面。

首先，旱地土壤表层铺盖砂石能有效拦蓄降水、减少径流。覆砂可有效防止旱地土壤受到阳光照射和风吹，切断土壤毛管水分的上升，防止土壤水分散发出去，从而有效减少旱期土壤表面水分蒸发，使旱地土壤保蓄水分。与此同时，砂砾石具有较快的导热性，在阳光照射下温度迅速升高，而在阳光照射下土壤的温度在砂砾石的热辐射下也随之升高。夜间，砂砾石具有散热条件，但其下土壤受砂砾层的保护，散热缓慢。因此，在相同的日照条件下，压砂地土壤温度高于裸地。根据测量，春季压砂地比裸地的土壤温度高出 1 ~ 2℃，夏季高出 3 ~4℃。不仅如此，砂砾石的反射作用还使近地层产生增温效应，也非常有利于喜温作物的生长。

其次，旱地覆砂能有效减轻土壤盐害，防治旱地土壤盐碱化。在大多数干旱地区，土壤水分的强烈蒸发导致土壤盐分在表层上升和积累，严重危害作物的正常生长。当土壤铺砂砾石后，土壤蒸发减少，毛管水上升和盐分积累受阻。同时，在天然或人工降水的淋洗作用下，表层土壤含盐量明显下降。调查表明，铺设第二年的压砂地土壤含盐量为 3.38%，而砂质压实土地在铺设第 20 年的土壤含盐量仅为 0.07%。

再次，旱地覆砂可提高作物的抗旱性和产量，改善作物品质。压砂地栽植的作物，根系较发达、叶面积较大，其吸收、光合、蒸腾等作用相对旺盛，对作物有机质的制造和积累有促进作用，增产效果显著。在正常降水年份，压砂地作物的产量比正常旱地增产 30% ~80%；因为干旱带降水少，日照充足和温差较大，为西瓜等作物积聚天然葡萄糖、维生素、氨基酸和多种微量元素提供了独特的自然条件，有利于提高西瓜质量。不仅如此，压砂地还可以防止水土流失、土壤侵蚀。旱地土壤表层铺盖砂砾石后，地表面粗糙度增加，有效防止土壤风蚀，减轻风沙对农作物的侵袭和危害。

2）压砂地分类。①旱砂地、水砂地。在种植过程中，没有灌溉的压砂地称为旱砂地，有灌溉的压砂地称为水砂地。②卵石压砂地是指被河卵石覆盖的压砂地。该地砂砾颗粒粗大，砂层结构疏松，不易风化硬化和板结，吸热保温效果好，增产效果显著，使用寿命长，属上等压砂地。③片石压砂地是指由大小不一、形状不规则的板岩片石和小于15%的泥土等混合料覆盖的压砂地。该地砂砾很容易风化、含泥土较高、易板结、渗水性差，保墒、增温、增产效果不如卵石压砂地。④绵砂压砂地是指以河沙和黄土层透镜体为主的砂料覆盖的压砂地，砂质均匀，颗粒较细，泥土约占10%。该地砂砾易与土壤混合、蓄水保墒性差、使用寿命短，是贫瘠的压砂地。⑤新砂地、中砂地、老砂地。从使用寿命来看，如果卵石压砂地使用年限小于20年，则为新砂地；如果使用年限介于20～40年，则为中砂地；如果使用年限超过40年，则为老砂地。片石压砂地10年以内的为新砂地，10～20年的为中砂地，20年以上的为老砂地。

3）压砂地建设原则。压砂地在具有丰富的砂石区域，砂质细密、年降水量小于300mm的地区进行建设，并根据当地人口和产业结构等来确定压砂地的规模。优先建设卵石压砂地和片石压砂地，限制建设绵砂压砂地。要求地势平坦或缓坡地集中连片，力争压砂地集中连片，便于田间管理，有利于产品的配送。同时，应考虑压砂地的机械作业。砂粒料要求土壤中含有小颗粒、颜色深、疏松、表面棱角小圆滑扁平的河床卵石或土层中的砂砾石透镜体，易分化、颗粒小的砂砾料不宜使用。压砂地要求土层深厚、肥力中等、坡度平缓（≤15°）、有利于蓄水保墒的土壤。土壤含盐量≤1.0%，pH在4.5～8.5，砂砾料粒径以1～10cm混合为宜，一般要求粒径大于5cm的砂砾料占50%～60%，含泥土小于5%、粒径大于10cm的块石应去除。

4）压砂地建设步骤。①平整土地。对选取的地块沿原坡度进行修整。②地表撒施农家肥，亩施2500～5000kg。③覆砂，砂层厚度为10～15cm。④次年播种。

5）压砂地更新。每年秋收后用耙纵横方向反复耙2～3次。20年以上砂地用沙土分离机进行分离。60年以上的砂地可以进行新旧砂更换，更换过程中将土壤翻晒3年左右再进行新砂覆盖。

6）压砂地经济效益、社会效益和生态效益分析。①经济效益。旱区压砂地建设成本为每亩2000～3000元，按西瓜亩均产量1080kg，纯收入约为900元/亩，约3年收回投资成本。②社会效益。压砂地作为应对干旱的特色产业，增加农民收入的重要途径，已成为当地农民脱贫致富，实现经济社会可持续发展的产业支柱。③生态效益。压砂地具有明显的抗风蚀、水蚀作用，对改善当地生态环境发挥了重要作用。

（4）沙产业发展

沙漠干旱少雨，生态条件差，被很多人称为“死亡之海”。20世纪80年代，中国著名科学家钱学森首次提出了沙产业概念，指出沙漠地区可以创造上千亿元的产值，沙产业是第六次产业革命的重要内容，彻底改变了对沙漠戈壁的传统认识和态度，将单纯的控制土地荒漠化、固定流沙这一狭隘思路上升到在沙区开发自然资源、发展规模生产、进入市场的高度，为沙区的经济发展指明了一条希望之路。

沙产业一方面是利用沙漠种植高效益的经济灌木、特产药材和藻类等沙漠特产品，另一方面是开发非农业型产业（包括建材、轻玻璃及太阳能、风能、生物能开发、矿产开采等一系列化工产品生产体系）。

以充分利用阳光提高光合效率和节水技术组装的沙产业，凭借现实可操作性，证明了在中国西北干旱地区具有发展农业型知识密集沙产业的需求和条件，从而创造出新的农业文明。沙产业核心转化过程如图 4-2 所示。

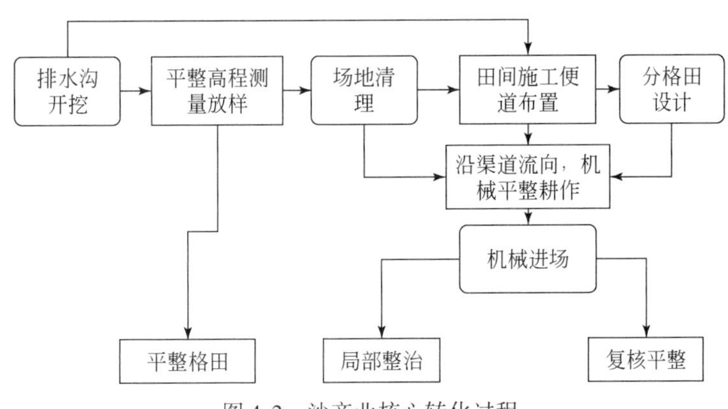

图 4-2　沙产业核心转化过程

4.4.2.2　宁夏旱区土地资源持续利用研究

（1）宁夏土地资源基本特征

宁夏主要由山地、丘陵、平原和沙漠组成，具有明显的大陆性气候，年平均气温在 5.3 ~ 9.9℃，年平均降水量在 200 ~ 300mm；河流主要有黄河、清水河等；土壤类型主要有灰钙土、黄绵土、风沙土、新积土、黑垆土、灌淤土、灰褐土等。2015 年，宁夏林地总面积为 1.80×10^6 hm^2，森林面积为 0.6×10^6 hm^2，森林覆盖率为 8.98%，天然草原面积为 2.12×10^6 hm^2，属中国十大牧区之一，耕地面积为 1.29×10^6 hm^2。

（2）宁夏土地资源开发利用现状

A. 宁夏土地退化现状

宁夏土地退化类型由北向南按其成因和外在表现形式主要有盐碱化、沙漠化、水土流失 3 种类型。

1）盐碱化。宁夏盐碱化土地主要集中在北部灌区，盐碱化导致农业用地数量的减少和土地质量的降低，从而影响作物的生长发育，使作物减产。据 2004 年全国沙漠、戈壁和沙化土地普查及荒漠化调研结果，宁夏盐碱化面积为 62 332.3hm^2，其中轻度、中度、重度、极重度盐碱化土地面积分别为 33 001.3hm^2、17 907.9hm^2、6747.0hm^2、4676.1hm^2，分别占盐碱化土地面积的 53.0%、28.7%、10.8%、7.5%。宁夏北部土壤含盐量高的区域主要集中在地势低洼的石嘴山、平罗、惠农和南部的永宁等。

2）沙漠化。宁夏地处西北内陆农牧交错带，受沙漠、沙地等因素影响，沙漠化程度较高。截至 2014 年，宁夏沙漠化土地面积为 12 600km^2，占全区总面积的 19.0%。其中轻度、中度、重度、极重度沙漠化土地面积分别为 7660.8km^2、2016.0km^2、1449.0km^2、1474.2km^2，分别占沙漠化土地面积的 60.8%、16.0%、11.5%、11.7%。

3）水土流失。宁夏水土流失比较严重，水土流失面积占全区总面积的 75%，是中国水土流失最为严重的省份之一，主要分布在盐池、同心、香山缓坡丘陵牧农矿区和西海固黄土丘陵农牧林区。其中宁夏南部山区水土流失面积达 2.58 万 km^2，占区域总面积的 80%，该地区植被覆盖率极低，水力侵蚀和重力侵蚀是水土流失的主要原因，水力侵蚀以中度、强度和极强度为主。水土流失严重破坏了当地的土地与生态环境，造成土地生产力下降甚至丧失（王长军和徐秀梅，2012）。

B. 宁夏土地退化治理措施

宁夏土地退化治理措施主要有林业修复工程、水土保持治理工程、沙化土地治理工程、草原修复工程和退化农田修复工程 5 个方面。林业修复工程主要包括天然林资源保护、公益林管护、矿区土地修复、移民迁出区生态建设等措施；水土保持治理工程主要包括南部山区水土流失综合防治、坡耕地水土流失综合治理等措施；沙化土地治理工程主要包括固沙治沙、沙化土地封禁保护等措施；草原修复工程主要包括建设现代化排水系统、科学种植耐盐碱树种等盐碱地治理工程、封山禁牧、草地恢复等措施；退化农田修复工程主要包括耕地质量提升、恢复改善耕地质量、中低产田改造等措施（范琳和邓晶，2018）。

4.4.2.3 内蒙古旱区土地资源持续利用研究

（1）内蒙古土地资源基本特征

内蒙古地域辽阔，呈狭长状横贯中国东北、华北和西北地区，土地面积约为 115.45 万 km^2；地势由南向北、由西向东倾斜，大部分地区的海拔为 1000～1500m；地貌类型呈现出高原、山地、平原、高原带状分布的格局；土地利用类型存在地域分异，东部地区以林地与耕地为主，中部与南部地区以草地为主，西部地区则以裸地为主。

内蒙古分布着中国约 1/3 的沙漠和沙地，土壤风蚀导致的土地退化、沙漠化降低土壤生产力，削弱生态系统服务功能的同时，扬沙、沙尘以及沙尘暴天气对大气环境质量的影响对整个中国的华北、东北地区乃至周边国家和地区的人民生活质量以及身心健康造成了严重的困扰（江凌等，2016；李佳鸣和冯长春，2019）。

（2）内蒙古土地资源开发利用现状

内蒙古是中国典型的农牧交错带。20 世纪八九十年代，人口增长、过度放牧、草原大范围垦殖造成草地大面积的退化和荒漠化，近年来，通过退耕休牧、还林还草、风沙源治理、生态移民、封育轮牧等生态管理措施，内蒙古草地退化与土壤侵蚀有了一定程度的改善。

1）土地资源数量占比现状。2015 年底，内蒙古调查统计了有关土地使用的变更情况，统计显示，内蒙古土地总面积约为 115.45 万 km^2，约占全国总面积的 12.03%。其中农用地约为 81.40 万 km^2，建设用地约为 1.61 万 km^2，未利用地约为 32.43 万 km^2，分别占土地总面积的 70.51%、1.40% 和 28.09%。《2015 中国国土资源公报》数据显示，全国建设用地占国土总面积的 4.01%，内蒙古的土地建设利用率尚未达到这一平均水平。

2）土壤退化现状。内蒙古土地荒漠化十分严重，2014 年调查数据显示，内蒙古的土地荒漠化面积高达 6000 多万公顷，约占中国土地荒漠化面积的 1/4，土地荒漠化仍然严重。

内蒙古土地荒漠化类型主要包括风蚀和盐碱化，其中风蚀面积较大，占荒漠化面积的 90%，盐碱化面积占荒漠化总面积的 10%。风蚀土地主要集中在内蒙古草原地区，以砂壤土、壤砂土、砂土等土壤质地为主。土地盐碱化主要是由于内蒙古地区蒸发量大，降水量少，面积较小的池塘、湖泊等干涸，进而增加土壤含盐量，只有耐盐碱植物才能够生存（姜艳丰，2018）。

（3）内蒙古土地资源利用特点及存在的问题

1）土地资源总量丰富，人均占有量大。内蒙古地域辽阔，土地资源总量丰富，人均占有量大。2015 年内蒙古平均每个人可使用的土地资源面积为 4.59hm^2，是全国平均水平的 6.3 倍，平均每个人可使用的其他类型的土地资源面积在全国也是位居前列。其中，人均草地资源占有量为 1.97hm^2，是全国平均水平的 12.4 倍之多；人均耕地面积为 0.36hm^2，是全国平均水平的 4.5 倍。

2）土地利用宏观成带性及农牧林交错与互补性。内蒙古土地利用类型在空间分布上突出表现为带状分布规律。大兴安岭—阴山山地是内蒙古农牧林业的自然分界线，该线多发展林业，且该线以南多为农林牧业，该线以北多发展牧业；西辽河平原、嫩江右岸平原、河套—土默川平原等地区，水源充足、地形平坦，多开辟为耕地。

3）土地利用地区差异性显著。内蒙古位于北半球中纬度地带，地处内陆地区，主要为高原，东西跨 5 个自然带，地貌分异明显，自然条件复杂多样，区域差异较大，土地利用方式、土地利用结构及土地利用程度均存在鲜明的地区性特点。

4）土地利用的原始性和开发潜力大。2015 年，内蒙古农用地面积为 81.40 万 km^2，土地农业利用率达 70.51%，未利用地占土地总面积的 28.1%，地区土地利用的原始特性与具有开发潜力但尚未开发的土地资源在数量上呈现显著优势。

5）土地利用结构优化升级潜力巨大。目前，内蒙古农用地、建设用地、未利用地之比约为 50∶1∶20，农用地占主导地位。农用地内部结构中草地占比较大，耕地分布相对集中。出于保护当地土地生态系统稳定、改善土地利用效益与效率、切实保障土地可持续使用的考虑，在今后土地资源配置中应高度重视土地利用结构优化升级（姚喜军等，2018）。

4.4.2.4 甘肃旱区土地资源持续利用研究

（1）甘肃土地资源基本特征

甘肃地处黄河上游，地域辽阔，是中国唯一跨东部季风区、青藏高原区和西北干旱区三大自然区域的省份，全省土地总面积约为 4258 万 hm^2。省内地貌凌乱多样，交错分布，地势自西南向东北倾斜。山地和丘陵约占总面积的 78.2%，平原及河谷川地仅占 21.8%。黄河以东大部分地区为黄土掩盖，丘陵山地多，水土流失严重。河西的南部为地势挺拔的祁连山、阿尔金山，北部是一系列断续的剥蚀山地，中部走廊平原地势平坦，戈壁沙漠广布，绿洲分布于内陆河流沿岸。甘肃土地资源特征可概括为以下三点。

1）地形复杂，土地和土壤类型多样。甘肃地形狭长，地貌构成极其复杂，有山地、高原、河谷、丘陵、盆地、平原/沙漠、戈壁、沼泽及永久积雪和冰川覆盖区等多种地形地貌，根据土地的综合特点以及自然和人为因素的交互作用，甘肃土地的自然综合特征大致可以分为七个类型：陇南山地南部湿润北亚热带，陇南山地北部湿润、半湿润暖温带，陇中黄土高原，甘南高原，祁连山，阿尔金山，河西温带干旱荒漠，河西暖温带极端干旱荒漠。在这七个类型中，土壤的发生发展和空间分布及化学组成、结构与功能都各有不同，从而形成了多种多样的土壤，据统计，甘肃全省有 40 多种土壤类型，如黄褐土、灰褐土、黑垆土、灰钙土等。土壤的分布呈现出明显的水平地带性和垂直地带性，并在这两个地带性的基础上，有一系列土壤中域或微域分布。

2）土地总量大，林地面积少，不易开发利用的土地多。甘肃人均占有土地面积约为 $1.75hm^2$，人均占有耕地面积约为 $0.18hm^2$，是全国人均水平的一倍多，全省土地利用率为 55.2%，尚未利用的土地有 1912 万 hm^2，占全省土地总面积的 44.8%，草地面积较大，占 36.99%，居全国第 5 位，但覆盖度低，人工草场和改良草场面积小，干旱、荒漠草场占草场面积的 2/3，草地普遍超载，草场退化严重，产草量低，牧草质量差，载畜量低。

3）光热条件较好，但水资源严重不足，且匹配差。甘肃光热条件充足，日照时数在 1700～3300h。除部分高寒地区外，热量完全可满足耐寒作物生长对积温的要求。但由于水热条件不匹配，地区间的土地资源开发利用不平衡，差异大，土地生产力低，省内大部分地区土地产量低而不稳定，严重影响农业生产的发展（柴海珍，2015；刘莎等，2015）。

（2）甘肃土地资源开发利用现状

1）土地资源数量占比现状。从甘肃土地利用现状来看，土地资源总量大，但利用率低，质量差；土地利用结构及布局不太合理，重利用、轻保护，生态环境脆弱、资源浪费及破坏严重；土地整治投入有限。随着甘肃人口的不断增长、经济的快速发展以及城镇化的推进，用地供需矛盾日益突出。经过对土地开发整理和复垦，对荒山、荒地、荒滩归纳开发运用，对田、水、路、林、村归纳整治，对工矿废弃地办理复垦，不仅能有效地增加耕地面积，更能改善土地资源的利用结构，提高集约化利用水平，促进可持续利用。

2）土地可持续利用中主要存在的问题。①土地的可持续利用受自然因素制约比较严重。甘肃受两山夹一川的地形制约，如今城市规划区内适合城市展开的缔造用地已非常有限。②耕地保护与甘肃城市化扩张的矛盾突出。农业用地抑制城市拓展，与平原区域城市不一样，农业在甘肃经济结构及城市食品供应等方面起着重要的作用，必须保证一定比例的农业用地。③用地比例不合理。甘肃土地利用率低，同时在农业用地方面采取掠夺式的开发利用方式，广种薄收或开垦 25°以上的陡坡耕地约有 380 万 hm^2，加上滥垦、滥伐、滥牧等行为，造成严重的水土流失和土地沙化，土壤侵蚀面积约占总面积的 87%，严重的土壤污染和忽视对土地的投入造成土质恶化。④土地退化现象严重。甘肃有水土流失面积 3794 万 hm^2，占全省土地面积的 89.1%。黄河流域主要是水力侵蚀，年侵蚀模数为 3000～8000t/km^2；气候干旱加上大风天气多，土地沙化和盐碱化危害严重，生态环境极为脆弱（张丽芳，2000）。

4.4.2.5 新疆旱区土地资源持续利用研究

(1) 新疆土地资源基本特征

新疆位于中国西北边陲，总面积达 166.49 万 km^2，约占全国总面积的 1/6，是中国占地面积最大的省份。新疆地势比较险峻，域内群山高耸，南有昆仑山和阿尔金山，北有阿尔泰山，加之远离海洋以及受到青藏高原的阻隔，水汽难以到达新疆内陆，这是形成新疆旱区环境的主要原因。另外，横贯东西的天山将新疆分为南北两个盆地：北有准噶尔盆地，南有塔里木盆地，盆地中央为著名的塔克拉玛干沙漠。上述两大盆地和三大山系影响了新疆的自然条件，具有不同的地貌景观带：高山带、低山丘陵带、山麓戈砾石带、绿洲土质带、盐化带和沙漠带。

1）新疆土地资源概况。新疆面积大，人口稀少，是中国土地资源最为丰富的地区，仅宜农荒地就占全国现有宜农荒地的 35.5%。干旱的气候和复杂的地形地貌特点，使新疆形成了独特的土地资源类型和利用方式——干旱区绿洲灌溉农业。农业已利用土地面积占新疆土地面积的 47% 左右，低于全国大部分省份的土地利用率。据 2009 年《新疆统计年鉴》，新疆耕地面积为 512 万 hm^2，人均耕地面积为 0.23hm^2，是全国人均耕地面积的 2.6 倍，人均宜用地为 4.13hm^2，是中国人均宜用地最多的省份。新疆土地资源和耕地后备资源十分丰富，但受水资源短缺、风沙作用以及土壤贫瘠、盐碱化严重等因素的影响，新疆耕地质量总体偏低。

2）新疆土地资源特点。新疆土地资源具有如下特点：①土地类型所占比例不协调，悬殊较大。草地所占比例最大，但其有效利用面积较小。②土地资源与水分条件密切相关。新疆降水较少，极为干旱，新疆的土地类型与水系分布息息相关。③各土地类型差异明显。土地类型因地区和不同主导因素而变化。④生态环境脆弱。

(2) 新疆土地资源开发利用现状

1）土地资源数量占比现状。根据新疆第二次土地资源调查结果，新疆农用地为 6308.48 万 hm^2，约占土地总面积的 37.89%，建设用地为 123.98 万 hm^2，约占土地总面积的 0.75%，未利用地为 10 216.51 万 hm^2，约占土地总面积的 61.36%。相比 2002 年，农用地增加了 11.12 万 hm^2，增幅为 0.07%；建设用地增加了 5.78 万 hm^2，增幅为 0.04%；未利用地减少了 16.90 万 hm^2，减少幅度为 0.11%。城市建成区面积由 2002 年的 521km^2增加至 2013 年的 1065km^2，城市人口密度由 2002 年的 187 人/km^2增加至 2013 年的 4361 人/km^2，增加了 22.32 倍。

2）新疆土地资源利用面临的问题。近年来，新疆在开垦宜农荒地、土地培肥、改良盐碱地、治理风沙、改善水利条件等方面卓有成效。但是由于种种不利因素的存在和土地资源利用不合理等，土地资源潜力得不到充分的发挥，生态环境恶化，阻碍着农林牧业的发展。

新疆土地资源利用中面临的主要问题包括：①水土资源不平衡。从新疆水土资源总量在全国所占的比例来看，新疆土地资源约占全国的 1/6，水资源约占全国的 1/29，水土资源所占比例相差悬殊。②土地利用率低下。据国土部门的资料，2005 年中国的土地利用率为72.5%，其中东部地区为87.1%，中部地区为86.3%，西部地区为66.6%，东北地区为87.5%。受水资源的制约，新疆的土地利用率仅为38.6%，是中国土地利用率最低的一个省份。③中低产田占比较大，限制发展因素多。新疆耕地总量大，但占其土地总面积的比例较小，仅占土地总面积的2.47%，是已利用土地的6.41%，远低于全国平均水平。新疆人均耕地面积低于全国平均水平0.08hm^{2}的有9个县（市），低于0.13hm^{2}的有25个县（市）。④土地资源利用不合理以及生态环境恶化。新疆农业属于灌溉绿洲农业，但绿洲周围自然条件相对较差，容易出现土地沙化，耕地次生盐碱化，胡杨林、草场破坏，湖泊萎缩、干涸等现象，整个生态系统的综合功能被削弱，生态环境恶化。

4.4.2.6 青海旱区土地资源持续利用研究

（1）青海土地资源基本特征

青海位于中国西北内陆，地势总体呈南高北低、由西向东倾斜趋势，省内大部土地面积属于青藏高原的组成部分，与西藏统称为“世界屋脊”。青海海拔梯度大，地形地貌差异大，全省海拔最高处——昆仑山脉布喀达坂峰为6860m，最低处为1600m，位于民和下川口，全省平均海拔在3000m以上，约80%的地区位于高原地区。地形地貌复杂，植被类型多样。具有明显的区域特征，东部地貌以黄土地貌、河流地貌、丹霞地貌等流水形成的地貌为主，植被主要为森林草原植被；西部以风沙、雅丹等风力形成的地貌为主，植被类型主要为草原、高山草甸、荒漠。

根据全国第二次土壤普查统计资料，青海土壤类型多样，达22种之多，土壤发育较年轻，剖面风化弱，土层较薄，主要土壤类型为栗钙土、黑钙土、灰褐土、灰棕钙土、沼泽土等（辛学磊，2012；司慧娟等，2018）。

（2）青海土地资源开发利用状况

1）土地资源数量占比状况。青海省行政区总面积为7174.81万hm^2，约占全国土地总面积的7.5%，居全国第四位。其中耕地面积为54.27万hm^2，林地面积为266.47万hm^2，草地面积为4034.75万hm^2，三者占行政区总面积的60.70%；水域及水利设施用地面积为315.53万hm^2，占行政区总面积的4.40%；其他土地面积为2472.12万hm^2，占行政区总面积的34.46%。截至2012年，青海土地利用状况见表4-1。

表4-1 青海土地利用状况

主要地类	面积/万hm^2	占行政区总面积的比例/%
行政区总面积	7174.81	100.00
耕地	54.27	0.76
园地	0.74	0.01
林地	266.47	3.71
草地	4034.75	56.23
城镇村及工矿用地	24.73	0.34

续表

主要地类	面积/万 hm^2	占行政区总面积的比例/%
交通运输用地	6.20	0.09
水域及水利设施用地	315.53	4.40
其他土地	2472.12	34.46

注：数据来源于青海省 2012 年度土地变更调查及汇总数据。

2）青海土地资源利用面临的问题。青海土地资源利用现状呈现出四个特点：①可利用地占比小，建设用地、农用地总量仅占全省的 1.24%。②建设用地规模迅猛增长且分布不均。③各地用地结构差别大，西宁、海东两地基本农田和建设用地高度重叠，两地耕地面积占全省的 70% 以上，建设占用耕地面积约为全省的 80% 以上，保发展、保红线的压力很大。④工业用地容积率低于全国平均水平，城乡闲置废弃地普遍存在；耕地总量、质量稳中有升。

4.4.2.7 陕西旱区土地资源持续利用研究

（1）陕西土地资源基本特征

陕西地跨秦巴山区、渭河平原和陕北高原三个大地形区，南北分界明显，地形地貌特征极其复杂。由于南北跨纬度范围较大，横跨四个气候带，气候地域性差异明显。全省年平均气温为 9 ~ 16℃。从整体来看，气温呈现由南向北逐渐减小、东高西低的趋势。

陕西由北向南依次为高原、盆地、山地。这些自然因素的影响再加上人类几千年耕耘文明史的发展，陕西形成了复杂多样的土壤分布格局。陕西土壤类型众多，充分呈现了其地域性自然土壤的空间分布特征。

1）陕西土壤特征。陕西土壤水平分布呈现南北分异的特点。陕北高原以黑钙土、黄绵土为主。关中盆地常见褐土，陕南地区则以黄褐土和棕壤及水稻土为主。同气候分布类似，由于秦岭影响，土壤也存在明显的垂直分布格局，以秦岭北麓为例，从低海拔至高海拔，完成了褐土、棕壤逐渐向森林草甸土、亚高山草甸土及山顶原始土壤的过渡。

2）陕西植被特征。总的说来，陕西植被和土壤、气候分布具有一定共性，都是由北向南逐步好转，由低到高差异显著。陕北长城沿线自古就是农牧为主的干草原区，如今好多地区已经沙化到只能以沙柳、沙蒿、沙棘等群系为主，其中东西部还有一些差异，东部以森林为主，西部则以草原为主。黄土高原多见栽培出来的落叶阔叶树种及农业植物群落，主要有杨树、柿树、枣树、刺槐、苹果、梨、核桃、石榴等。

（2）陕西土地资源开发利用现状

将陕西各地区的土地利用现状和土地的质量特点、适宜性能进行对比分析，得出陕西土地利用中存在一系列问题，其中影响严重的有以下几点。

1）农业利用率高，后备土地资源枯竭。陕西农、林、牧、果各业用地面积为 20.56 万 km^2，土地农业利用率高达 90.55%，许多地区超过了 95%，未利用土地面积为 1.0 万 km^2，仅占 4.9%。未利用土地主要是坡度大于 40°的裸岩、裸土和覆盖度较低的荒草地，或者是地下水位高、盐碱化强烈的盐碱地，干旱少水、结构松散、处于流动和半固定状态的沙地。

2）林地面积大，立地条件恶劣，经济效益不高。陕西林地的覆盖率和人均占有量均远高于全国平均水平（覆盖率为54.44%、人均为0.29hm^2），但陕西林地多为采伐后的次生林，郁闭度较低，灌丛和疏林占有相当比例（1/3多）；林区主要位于石质山地和土石山区，以及黄土沟坡。地面陡峻，土层浅薄，土壤贫瘠，分布部位偏僻，交通不便，采伐较为困难，更新恢复尤为不易。

3）土地利用方式不合理，生态环境恶化。陕西不合理的灌溉使地下水位上升，土壤发生盐碱化；城市污水、污物造成土壤污染，影响植物生长发育，生态环境恶化；农药和化肥使用不当，破坏土壤结构和生产力，造成严重的经济损失，危及人类的生活与生存。

4.5 中国西北旱区盐碱地资源持续利用概况

4.5.1 中国西北旱区盐碱地资源概况

4.5.1.1 中国西北旱区盐碱地资源类型

西北旱区盐碱地面积有近亿亩，且呈连片分布，主要表现为土壤含盐量高，盐分组成复杂，大部分为氯化物-硫酸盐或硫酸盐-氯化物。西北黄河灌区是中国土壤盐碱化发育的典型地区，独特的地理位置和多变的气候条件，造成这一地区冬季严寒少雪，夏季高温干热，昼夜温差大。加之蒸发量大，降水较少，地下水的运动属于垂直入渗蒸发型，灌溉水中含盐量约为0.5g/kg，这些因素决定了河套灌区盐碱化程度较严重。内蒙古河套灌区轻度盐碱化土壤（含盐量2～4g/kg）占耕地面积的24%，中度、重度盐碱化土壤占耕地面积的31%。碱化土壤主要包括碱化盐土、苏打碱化盐土、碱化土壤、盐化碱化土壤、碱化沼泽土等类。

4.5.1.2 中国西北旱区盐碱地资源分布

西北盐碱地可以划分为半漠境内陆盐土区和青新极端干旱漠境盐土区。其中半漠境内陆盐土区包括甘肃河西走廊和宁夏与内蒙古的河套灌区，青新极端干旱漠境盐土区包括青海盐碱土区、新疆伊犁河谷与南疆。

4.5.1.3 中国西北旱区盐碱地资源环境特点

（1）内蒙古旱区盐碱地资源环境特点

内蒙古河套灌区在自然条件下土壤盐碱化从灌区上游至下游逐渐加重，据2010年农业部调查结果，河套灌区巴彦淖尔市耕地面积为66.9万hm^2，土壤盐碱化耕地面积为34.5万hm^2，占全市耕地总面积的51.66%。盐碱化耕地中，轻度、中度和重度盐碱化耕地面积分别占 36.28%、34.66%、29.06%。

盐碱地分为盐土荒地和碱土荒地。盐土荒地是指地表已形成大量盐结皮，表土（0～20cm）含盐量大于 10g/kg，地下水埋深较浅，多为 50～150cm，地下水矿化度较高，多为 10～25g/kg。主要生长植被有盐爪爪、碱蓬、花花柴等，覆盖度一般小于 20%。碱土荒地是指龟裂碱土，土壤 pH 大于 9，碱化度大于 10%，地下水埋深一般在 100～150cm，地下水矿化度多小于 2g/kg，地面光秃，可见到蓝绿藻的丝状体，常见 1～2m 高的小型固定沙丘散布，沙丘上生长芨芨草及白刺等。盐碱地未经改良，难以耕种。

（2）甘肃旱区盐碱地资源环境特点

河西走廊的北部气候干旱，蒸发强烈，受地下水影响，土壤处于强烈积盐过程，地下水位高，在地面强烈蒸发下，地下水中的盐分不断地向土壤上部转移和累积。特别是每年春秋季节，地下水位最高，盐分在土壤中的累积也较旺盛。这种分布盐土称为普通盐土或活性盐土。

在河西和黄河两岸的灌区内，灌溉水质不良或灌溉方法不当而造成的土壤盐碱化，即次生盐碱化，都有发生。通过引水灌溉后，加强农业技术措施，亦可达到改良利用的效果。

甘肃盐土中以氯化物-硫酸盐盐土分布较广，河西地区及黄河干支流地区的盐土，大多数都属于这种类型。硫酸盐-氯化物盐土仅在疏勒河的中下游地区零星分布，与一定的地貌条件相联系，如河湖三角洲、盐湖附近以及冲积-洪积扇形地的下部边缘地区等，其他地区很少看到，如不进行生态修复，将来进一步恶化，对农业生产产生危害。

（3）新疆旱区盐碱地资源环境特点

新疆盐碱土积盐强度及盐类的分布与气候干燥度的变化相一致，积盐强度一般呈由北向南、由西向东增强的趋势。

1）在天山南麓的山前倾斜平原上由策大雅河、迪那尔河、库车河及台兰河等中小河流形成的山前倾斜平原的扇缘带，大面积分布着草甸盐土、灌木林盐土和残余盐土。在却勒塔格和柯坪山的山前洪积平原上，缺乏常年性地面河流，这里没有明显的扇缘带，故在细土平原上，分布着典型盐土和残余盐土。

2）在阿克苏河三角洲、渭干河三角洲及孔雀河三角洲地区，地形平坦，地表水和地下水均较丰富，灌溉引水方便，是古老的灌溉绿洲所在地。孔雀河三角洲的上部，沉积物较粗，底土为砾石层，一般土壤积盐不重，在三角洲的地形低处及下游地区，分布着草甸盐土和典型盐土。

3）在塔里木盆地西缘的冲积平原，有不同程度的盐碱化土壤和草甸盐土分布。

4）在昆仑山北麓的洪积扇、洪积冲积平原，分布着苏打草甸盐土和典型盐土，在罗布泊和台特玛湖，分布着大片结壳盐土和矿质盐土。

5）在天山北麓的洪积冲积平原，东起乌鲁木齐河，西至精河，地表径流较丰富。在扇缘溢出带及其外缘地带，分布着碱化盐土、草甸盐土。在冲积平原上，地下水位深，分布着草甸盐土和典型盐土。

6）在乌仑古河与额尔齐斯河的河间平原、克朗河下游及扇缘溢出带等，分布着盐化潮土和次生盐土。在伊犁谷地的沿河阶地和扇缘溢出带，分布着碱化盐土、盐化草甸沼泽土及次生盐土。在塔城盆地的扇缘，也有草甸盐土分布。

7）在吐鲁番—哈密盆地的洪积扇，分布着石膏盐盘层，在扇缘以下的地带，分布着草甸盐土和典型盐土，土壤中含有苏打，在残余盐土的盐聚层中并含有硝酸盐。艾丁湖及其周围是盐泥及结壳盐土的分布区。

（4）青海旱区盐碱地资源环境特点

青海盐碱地主要分布在海西的柴达木盆地，柴达木盆地盐碱化主要有两种形式，即原生盐碱化和次生盐碱化（李彬等，2005）。原生盐碱化主要分布于细土带中前部及湖积平原，是在干旱气候环境下经长期的历史过程形成的，而次生盐碱化与人类生产活动息息相关，是在干旱气候环境下由人类对水资源的不合理利用而产生的。

（5）宁夏旱区盐碱地资源环境特点

宁夏盐碱地主要分布在北部引黄灌区和中部旱区，其中以银北灌区最为严重。就区域分布而言，北部引黄灌区盐碱化面积占全区盐碱化面积的94.3%，是全区盐碱化最为严重的地区。扬黄灌区占全区盐碱化面积的3.4%。库井灌区土壤盐碱化面积最小，仅占全区盐碱化面积的2.3%。引黄灌区盐碱化面积的分布与排水条件密切相关，具有灌区上游较轻、下游逐渐加重的特点。这与灌区下游灌水条件差、地下水位高和灌溉保证率低等因素有关。

1949年以来，宁夏引黄灌区的土壤盐碱化调查共进行了4次，分别在1957～1958年、1962年、1978～1983年和1985年。从这4次调查情况来看，灌区土壤盐碱化呈下降趋势。据1983年土壤普查资料，宁夏银北地区（包括国有农场）有各类盐碱化土地14.54万hm^2，占宁夏盐碱化土地总面积的86.7%。红寺堡灌区土壤总面积为75 972hm^2，其中无盐碱化土壤面积占91.5%，有盐碱化土壤面积占5.5%，存在盐碱化威胁的土壤面积占3.0%，因此，宁夏把改良与开发利用盐碱化土地、防治土壤的次生盐碱化作为实现土地资源可持续利用和农业可持续发展的一个重要方面。尤其是在中国干旱半干旱地区的土地利用问题上，对农业生产发展、国土治理、生态环境保护等具有极其重要的意义。

4.5.2 中国西北旱区盐碱地资源持续利用现状

4.5.2.1 内蒙古旱区盐碱地资源持续利用

（1）“客土+灌水压碱”模式

“客土+灌水压碱”模式调研于内蒙古临河区包兰铁路和京新高速公路两边造林绿化，分别在重度盐碱地上使用了工程客土措施进行造林。所用造林树种有竹柳、紫穗槐、胡杨等。造林前一年秋冬季节，开挖1m×1m×1m或60cm×60cm×60cm两种规格的植树坑，在植树坑内回填明沙，灌足冬水。造林用苗均为优质壮苗，株行距2m×3m。造林后要及时灌水、扶苗、培土，造林地一年灌水不少于5次，多次灌水可以及时压碱排碱，效果如图4-3所示。该模式成本较高，尤其是多次灌水排碱，需要消耗大量水资源，不适合大面积推广。

图 4-3　临河道路两侧“客土+灌水压碱”绿化

（2）起高垄工程造林模式

起高垄工程造林模式选择地势平坦的盐碱地进行机械开沟，开口 2m、深 1.2m、底宽 0.6m，所挖土方放置在底宽为 4m 的地上做垄，将垄的标准整理成顶宽 0.3m、底宽 4m、高 70cm。栽植时，在起垄的腰上距地 0.4m 处挖植树坑，栽植坑规格为 60cm×60cm×60cm。选择两年生胡杨，春季起苗，胸径 2.0cm 以上，苗高 2.5m 以上。造林时间在整地后的第二年 4～5 月，造林后灌水 3～5 次，以保证成活，临河起高垄胡杨造林模式如图 4-4 所示。

图 4-4　临河起高垄胡杨造林模式

造林采取两行一带式，株距为 3m，呈“品”字栽植。栽植标准为 3m×2.5m×3.5m（株距×垄上行距×垄间行距），亩栽植 74 株；苗木随起随栽，栽植后及时进行修枝打杈。

（3）柽柳治理干湖盐碱土模式

查干淖尔湖位于内蒙古锡林郭勒盟阿巴嘎旗查干淖尔镇境内。年平均蒸发量为 1956mm，大大超过降水量。近年来气候干旱、植被退化及超载放牧等自然和人类经济活动的影响，查干淖尔湖的水面逐年缩小，至 2002 年春季，西湖基本干涸。干涸的湖底产生了大面积的盐碱地，在大风的作用下常常形成“碱尘暴”，对周边地区的自然环境和牧民的生产、生活带来了严重影响。

为了治理干涸湖，当地林业工作者引进柽柳对盐碱地进行治理。柽柳治理干湖盐碱土模式采用机械开沟造林，开沟深60cm，宽30cm。造林时间在春季，造林材料为1～1.5cm粗的插条，插条长度为40～50cm。造林密度为1m×4m。造林前插条全株浸水24～48h。柽柳长势良好，每灌丛30～40枝条，枝条高度最高可达3m。该模式造林成本为400～500元/亩，柽柳可作牲畜饲料，也能固沙，具有较好的生态效益和经济效益。查干淖尔湖柽柳造林效果如图4-5所示。

图4-5　查干淖尔湖柽柳造林效果

（4）碱蓬播种治理干湖盐碱土模式

碱蓬是一年生藜科植物，是一种典型的盐碱地指示植物，碱蓬可在重度盐碱地上生长，是恢复盐碱地植被的先锋植物。碱蓬播种治理干湖盐碱土模式采用深沟直播法，沟深10～20cm，沟距3m，该模式成本为67元/亩，不但成本低，而且还能为畜牧业提供牧草，一定程度上有效控制了查干淖尔湖的盐碱化进程，取得了较好的生态效益和社会效益。查干淖尔湖修复前后对比如图4-6所示。

图4-6　查干淖尔湖恢复前后对比

（5）重度盐碱地综合措施造林模式

重度盐碱地综合措施造林模式采用工程措施（翻晒、开沟、起垄）、生物措施（压秸秆)、化学措施（施磷石膏+有机肥+微量元素）进行造林，并使用新疆杨、河北杨、白榆、沙枣、紫穗槐、柽柳和胡杨等不同树种行间混交造林进行造林试验，如图 4-7 所示。现场调研表明，在使用各种措施的基础上，各树种都表现较好。

图 4-7　临河区重度盐碱地综合措施造林模式

4.5.2.2　甘肃旱区盐碱地资源持续利用

甘肃盐碱地传统改良方法多采用洗盐、客土等，资金投入高，且改良效果不彻底，易造成水资源的浪费。随着国家对生态文明建设的不断重视，盐碱地生态修复、控制土壤盐碱化进程成为土地综合利用的重要课题。

宁夏大学等单位在国家林业公益性行业科研专项项目实施过程中，针对西北旱区盐碱地植被稀少、生态脆弱等问题，结合当地生态治理及国家级新区城市绿化的迫切需求，实施解决旱区盐碱地治理难、植物成活率低、成本高、成效慢等传统技术无法有效解决的瓶颈问题。在甘肃旱区，对排灌模式、盐碱地改良剂进行研究比较，总结出适用于该地区气候和土壤类型的最佳盐碱地生态修复与绿化工程技术方案，进一步选出先进、成熟、安全适用的盐碱地生态修复与绿化技术成果，以支持甘肃绿化建设，改善当地生态环境，促进当地农业大发展。

(1) 试验区概况

试验基地位于白银，处于黄河上游、甘肃中部，103°3′E ~ 105°34′E 和 35°33′N ~ 37°38′N。南北相距 380km，东西相距 140km，区域面积为 21 158km^2；太阳年均辐射总量为 130 ~ 1404cal/cm^2，年日照时数为 2500 ~ 2800h。年平均气温为 0 ~ 10℃，且冬夏温差较大。通常情况下，年平均最高气温出现在 7 月，为 19 ~ 20℃，年平均最低气温出现在 1 月，为-8 ~ 7.7℃，年际温差在 30℃左右，年均日温差为 12.4 ~ 13.6℃。无霜期为 169 ~ 220 天。正常年降水量为 176 ~ 498mm，分布不均匀，呈北低南高。

黄河干流流经白银 258km，占流经甘肃总长的 52%，过境河道呈 S 形，流域面积为 14 710km^2。年平均过境流量为 1048.25m^3/s，最大瞬时流量为 6100m^3/s，最小瞬时流量为 300m^3/s。甘肃白银盐碱地 0 ~ 100cm 土层 pH 为 8.29 ~ 8.73，含盐量为 1.042% ~ 1.401%。地下水埋深一般为 187 ~ 246cm，地下水 pH 为 6.85 ~ 7.47，地下水矿化度为

18.29 ~ 38.3g/kg。

(2) 甘肃白银碱化盐土改良关键技术研究

A. 田间施用改良物料对碱化盐土水盐运移及调控效应的研究

1) 材料与方法具体如下。

第一，试验设计及过程。在统一施用有机肥 30t/hm^2、糠醛渣 7.5t/hm^2、淋洗定额 6750m^3/hm^2 的基础上，共设置 3 个梯度的脱硫石膏施用量，15t/hm^2 (T1)、18t/hm^2 (T2)、21t/hm^2 (T3)，CK1 与 CK2 不添加改良物料，每个处理重复 3 次。供试植物为紫穗槐，基径为 0.54cm。采用平种的方式种植紫穗槐，除 CK1 外，其他处理均在树坑底铺一层粉碎的秸秆，然后将紫穗槐植入培土填平并踩实。测定时间于 2016 年 4 月 15 日开始，每次灌溉后隔 5 天在每个试验小区采样测定 0 ~ 10cm、10 ~ 20cm、20 ~ 40cm、40 ~ 60cm、60 ~ 80cm 和 80 ~ 100cm 土层的土壤 pH、碱化度、含水量及含盐量。

试验前一年秋季进行土地整理，深翻晒田，熟化和增加土壤孔隙度；利用激光平地仪平整土地，田面平整误差≤3cm，保证灌水均匀。2016 年春季将脱硫石膏、糠醛渣、有机肥按试验设计的施用量一次性均匀撒于地表，深翻犁地，保证其与土壤充分混匀。然后进行灌水洗盐（淋洗定额 6750m^3/hm^2），依据“小水溶盐、大水淋盐”的原则，连续淋洗 3 次，第 1 次淋洗水量为淋洗定额的 1/2（即 3375m^3/hm^2），泡田 24h 后排出地表余水；第 2 次淋洗水量为淋洗定额的 1/3（即 2250m^3/hm^2），泡田 48h 后排出地表余水；第 3 次淋洗水量为淋洗定额的 1/6（即 1125m^3/hm^2）。按照行距 0.6m、株距 0.5m 的规格挖树坑（坑深 0.25m，直径 0.2m），每坑种 1 株紫穗槐。种植完后进行灌溉，各处理灌水定额均为 1950m^3/hm^2，灌溉定额均为 7800m^3/hm^2，每次灌完水泡田 24h 后，排出地表余水并及时破板结。

第二，测定项目及方法。利用试验小区成活的苗木株数与苗木总株数的百分比计算苗木成活率；利用第二年成活的苗木株数与苗木总株数的百分比计算苗木保存率；采用游标卡尺测量苗木基径；采用卷尺测量苗木冠幅、株高。容重采用环刀法；含水量采用烘干法；采用 m（土）：V（去离子水）= 1∶5 混合后，充分振荡摇匀并过滤，取上清液，采用 Mettler Toledo S220 多参数测试仪测定 pH，采用 Mettler Toledo S230 电导率仪测定电导率，含盐量采用电导法，土壤渗透性采用渗透筒法。

2）结果与分析从以下几方面阐述。

第一，土壤渗透性。试验区原土的渗透系数（K_{10}）值为 0.19mm/min。以每年秋季最后一次采集的土样分析不同处理对土壤渗透性的影响，如图 4-8 所示。试验结果表明：第一年，各处理的 K_{10} 值均高于原土，T3 处理提高 274.74%，提高幅度最大；CK2 处理提高 14.03%，提高幅度最小。由图 4-8 可知，各处理中 CK2 的土壤渗透性最差，第一年，CK2 的 K_{10} 值为（0.22±0.007）mm/min；CK1 与 CK2 处理的 K_{10} 值差异不显著（$P>0.05$）；而 T1、T2 和 T3 处理的 K_{10} 值均高于 CK1、CK2；其中，T3 处理最大［K_{10} =（0.68±0.009）mm/min］；K_{10} 值表现为 T3>T2>T1，表明土壤渗透性的改善效果随脱硫石膏施用量增加而增加。第二年，T1、T2 和 T3 处理的土壤渗透性均好于第一年，三个处理两年间差异显著（$P<0.05$），其中 T3 处理的土壤渗透性最好［K_{10} =（0.84±0.02）mm/min］，与 T1、CK1、

CK2 处理差异显著（$P<0.05$），与 T2 处理差异不显著（$P>0.05$）。施用脱硫石膏介入了高价离子（Ca^{2+}、SO_4^{2-}），能降低土壤胶体表面的电位势，促进土壤团粒结构形成，改善土体结构和土壤渗透性，使有效孔隙增多，有利于水分在土壤中保持。

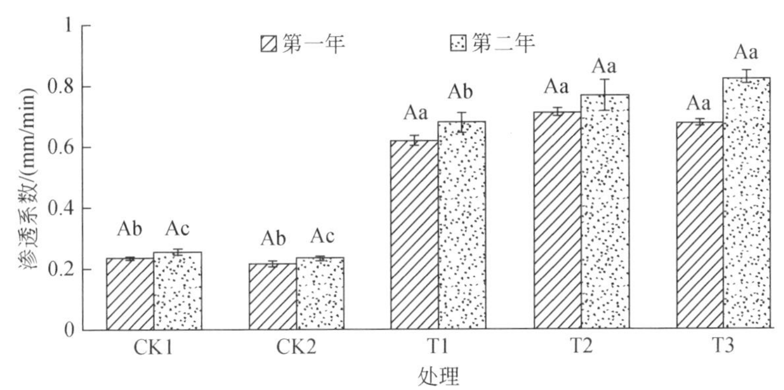

图 4-8　不同脱硫石膏施用量及淋洗定额对土壤渗透性的影响

图中柱体和柱头短线表示相应处理平均值±标准误差（$n=3$）。不同小写字母表示同一土层不同处理在 0.05 水平差异显著，不同大写字母表示同一处理不同年份在 0.05 水平差异显著

第二，土壤 pH。土壤 pH 是盐碱土壤的基本性质之一，对土壤养分、微生物活动及植物生长产生直接影响。试验区原土 0 ~ 10cm、10 ~ 20cm、20 ~ 40cm、40 ~ 60cm、60 ~ 80cm和 80 ~ 100cm 土层 pH 分别为 9.15、8.97、8.84、8.62、8.45 和 8.53，以每年秋季最后一次采集的土样分析不同处理对 0 ~ 100cm 土层 pH 的影响，如图 4-9 所示。试验结果表明：第一年，各处理的 pH 均低于原土。由图 4-9（a）可知，第一年，不同土层中 T3 处理的 pH 最低；CK1、CK2、T1、T2 和 T3 处理的各土层 pH 差异不显著（$P>0.05$）。由图 4-9（b）可知，第二年，CK1、CK2 处理的各土层 pH 差异不显著（$P>0.05$）；在0 ~ 10cm土层，T1、T2、T3 与 CK1、CK2 处理差异显著（$P<0.05$），T1、T2、T3 处理差异不显著（$P>0.05$），在 20 ~ 100cm 土层，三个处理在各土层差异不显著（$P>0.05$）。经过两年的改良，在 0 ~ 60cm 土层，CK1、CK2、T1、T2 和 T3 处理的 pH 平均比改良前降低 4.2%、4.8%、8.3%、9.5% 和 10.4%，CK1 与 CK2 处理之间 pH 降低幅度差别不大；所有处理在 80 ~ 100cm 土层 pH 差异不显著（$P>0.05$）。施入脱硫石膏增加 Ca^{2+} 含量，而 Ca^{2+} 对土壤胶粒的吸附能力比 Na^+ 强，土壤胶体上附着的 Na^+ 会和土壤溶液中的 Ca^{2+} 发生置换反应，Na^+ 与 SO_4^{2-} 形成中性盐 Na_2SO_4，而不会形成 NaOH，降低土壤 pH，0 ~ 20cm土层随脱硫石膏施用量增加土壤 pH 呈降低趋势。

第三，土壤碱化度。试验区原土 0 ~ 10cm、10 ~ 20cm、20 ~ 40cm、40 ~ 60cm、60 ~ 80cm 和 80 ~ 100cm 土层碱化度分别为 30.62%、28.24%、24.83%、22.55%、21.06% 和 21.87%。以每年秋季最后一次采集的土样分析不同处理对 0 ~ 100cm 土层碱化度的影响，如图 4-10 所示。试验结果表明：第一年，各处理的碱化度均低于原土。由图 4-10（a）可知，0 ~ 60cm 土层，T1、T2、T3 处理碱化度显著低于 CK1、CK2（$P<0.05$）；0 ~ 100cm 土层，CK1 与 CK2 处理在同一土层的碱化度差异不显著（$P>0.05$），T1、T2、T3 与 CK1

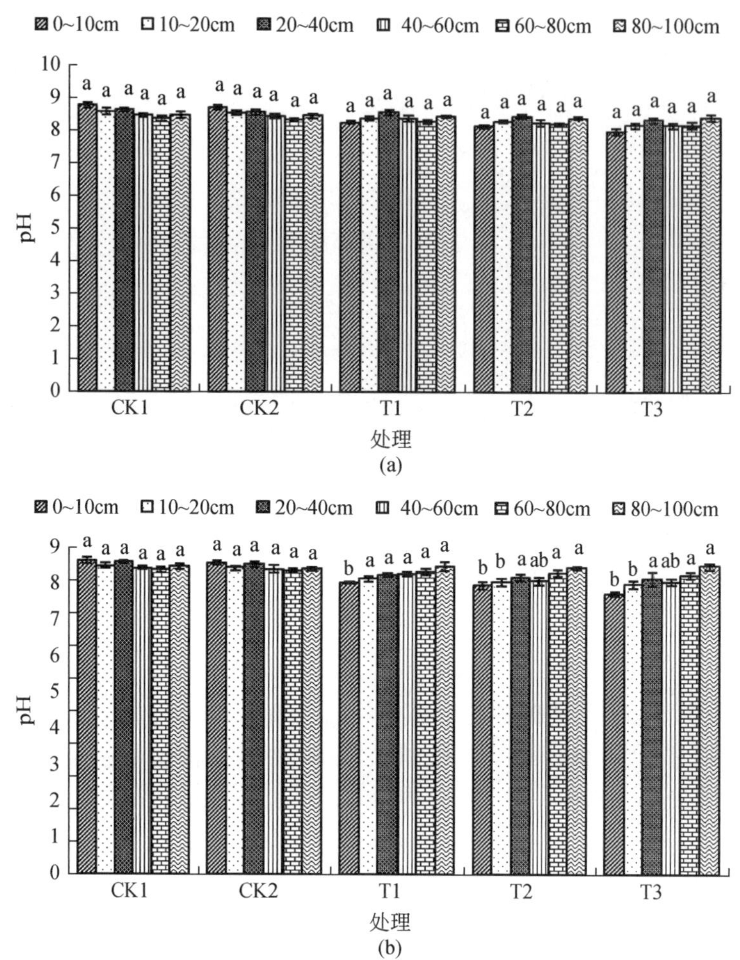

图 4-9　不同脱硫石膏施用量及淋洗定额对土壤 pH 的影响

（a）第一年，（b）第二年。图中柱体和柱头短线表示相应处理平均值±标准误差（$n=3$）。不同小写字母表示同一土层不同处理在 0.05 水平差异显著

与 CK2 处理差异显著（$P<0.05$）；在 0～100cm 土层 T1、T2、T3 三个处理在同一土层碱化度差异不显著（$P>0.05$）。由图 4-10（b）可知，0～10cm 土层，T3 处理的碱化度最低（13.32%±0.11%）；经过两年的改良，0～60cm 土层，CK1、CK2、T1、T2 和 T3 处理的碱化度比改良前平均降低 9.7%、10.1%、43.9%、45.2% 和 46.2%，CK1 与 CK2 处理之间碱化度降低幅度差别不大，T3 处理的降幅最大。施入脱硫石膏增加 Ca^{2+} 含量，Ca^{2+} 和土壤胶体上的 Na^{+} 进行置换，导致交换性 Na^{+} 减少，由碱化度的概念可知，Na^{+} 含量降低直接导致碱化度的降低，0～60cm 土层，随脱硫石膏施用量增加碱化度呈降低趋势。

第四，土壤含水量。在紫穗槐的生长发育期，植物生长所需水分较多，表层土壤含水量受蒸发与根系吸水的影响较大；土壤上部为土壤水分剧烈波动区，中部为土壤水分存储调节区，下部为土壤水分稳定传输区。以第一年第一次灌水后开始采集的土样分析各处理

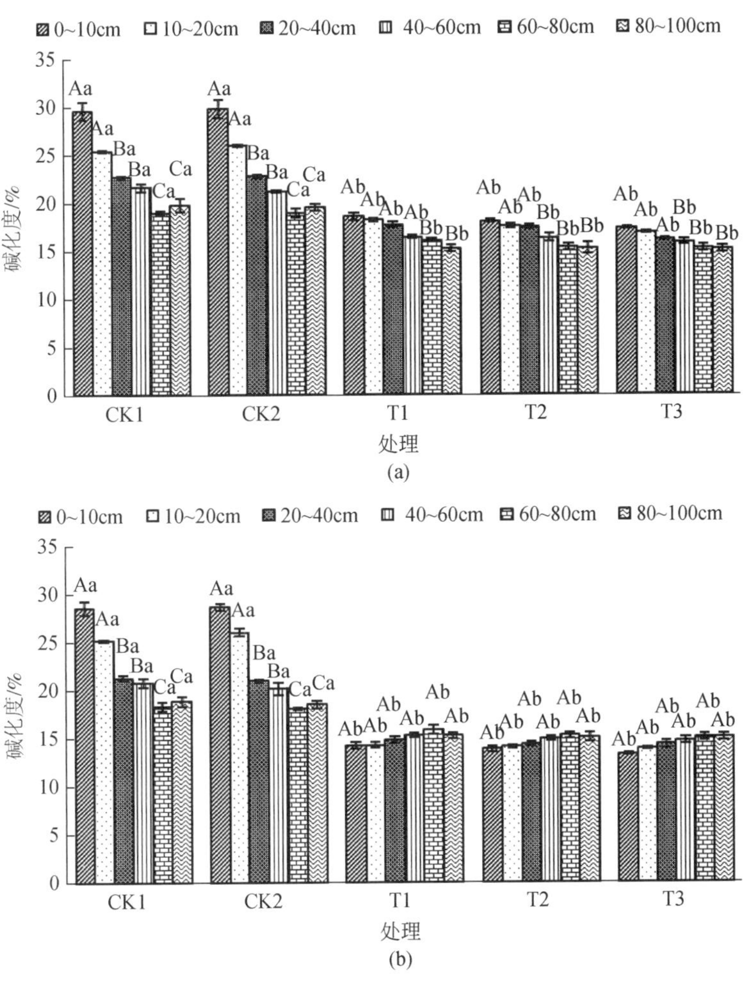

图 4-10 不同脱硫石膏施用量及淋洗定额对土壤碱化度的影响

（a）第一年，（b）第二年。图中柱体和柱头短线表示相应处理平均值±标准误差（$n=3$）。不同小写字母表示同一土层不同处理在 0.05 水平差异显著，不同大写字母表示同一处理不同年份在 0.05 水平差异显著

对 0 ~ 100cm 土层水分的影响，如图 4-11 所示。试验结果表明，0 ~ 60cm 土层，随土层深度增加，土壤含水量呈增加趋势；以 60cm 左右土层为分界，60cm 以下土层，随土层深度增加，土壤含水量呈减少趋势；80 ~ 100cm 土层，各处理的土壤含水量变化不大；0 ~ 60cm 土层，随时间的延长，土壤含水量呈减少趋势，表层土壤含水量最少。0 ~ 20cm 土层，CK2 处理的土壤含水量比 CK1 的高，坑底铺秸秆具有阻渗的作用，可提高土壤含水量。0 ~ 40cm 土层，T1、T2 和 T3 处理的土壤含水量均高于 CK1、CK2。

第五，土壤盐分。土壤盐分是影响植物生长的障碍因素之一。盐分中含有植物生长必需的矿物质元素，当土壤含盐浓度超过植物耐盐极限时，土壤水势会降低，当土壤水势降低至与植物体内水势相等时，植物不能从土壤吸收水分，造成生理干旱，扰乱植物体内正常代谢过程。以第一年第一次灌水后开始采集的土样分析不同处理对 0 ~ 100cm 土层盐分

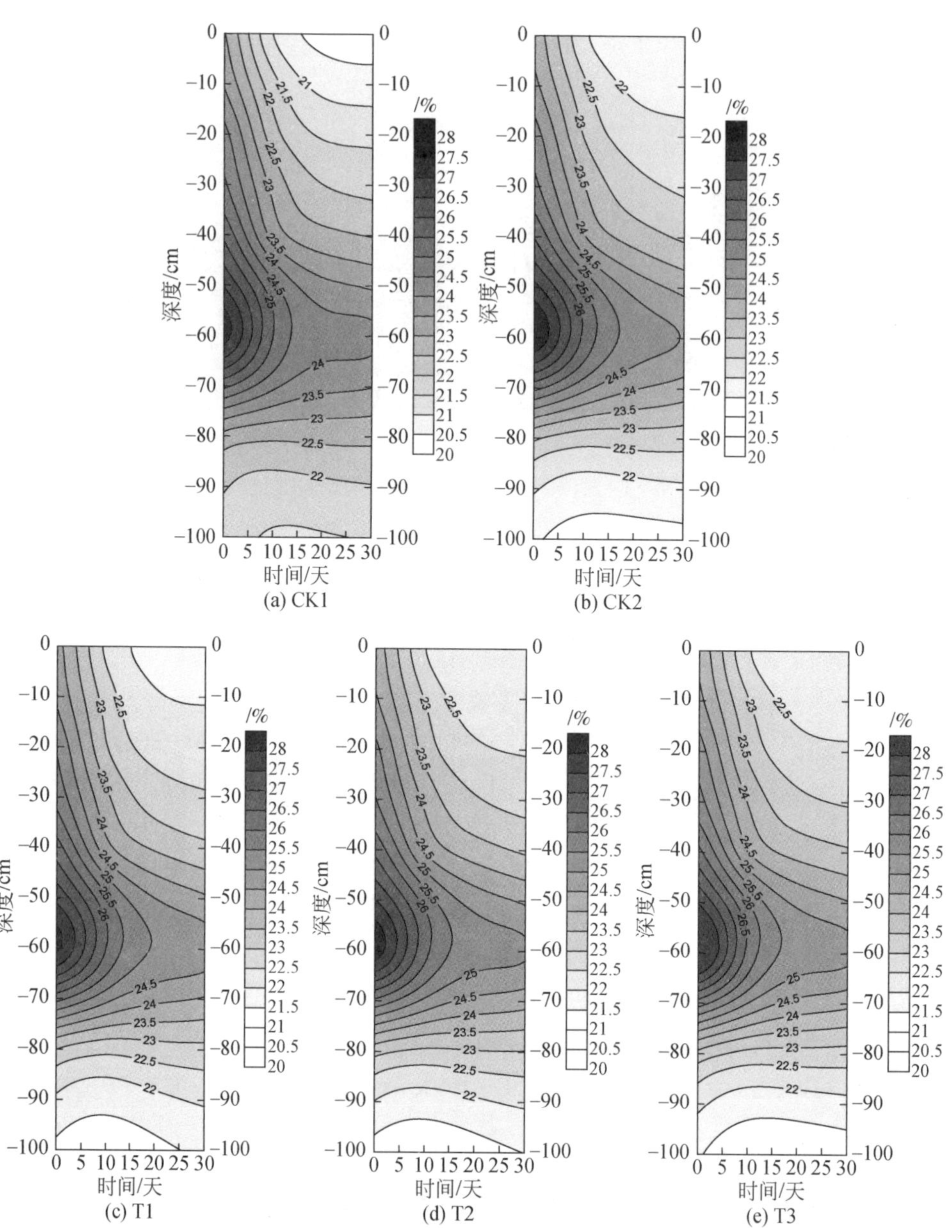

图 4-11　不同脱硫石膏施用量及淋洗定额对土壤含水量的影响

的影响，如图 4-12 所示。试验结果表明：与改良前相比，在淋洗作用下土壤盐分显著降低，0～40cm 土层，T2 处理较原土降低 70.5%，降低幅度最大。由图 4-12 可知，各处理在 60cm 左右土层出现了盐分累积现象。0～20cm 土层，CK1 处理在 12 天后土壤盐分升高，出现了返盐现象；而 CK2、T1、T2 和 T3 处理返盐现象不明显，表明在坑底层铺设秸秆能有效防止返盐现象的发生。CK1 处理随时间的延长盐分向土壤深处迁移。CK2 处理从第 5 天开始，在 60cm 左右土层处出现了积盐区，积盐强度高于 CK1 处理。T1 处理从第

20 天开始在 20cm 土层处盐分略有升高，T3 处理从第 20 天开始在 0 ~ 20cm 土层盐分略有升高，而 T2 处理在 0 ~ 35cm 土层盐分均低于 2. 5g/kg，土壤盐分为所有处理中最低。0 ~ 40cm 土层为土壤盐分剧烈波动区，其波动与试验区地处西北旱区有关，西北旱区降水稀少，且较为集中，夏季降水量占全年降水量的一半左右，灌水或降水导致土壤表层土壤水分向下运动，土壤脱盐；干旱季节，蒸发强烈，在土壤表层水分蒸发作用的拉动下，盐分随土壤水分向地表迁移，土壤积盐。40 ~ 100cm 土层为土壤盐分存储调节区，当上层土壤盐分降低时，盐分累积于该区域，当蒸发返盐时，该区域土壤盐分向上迁移，导致该区域土壤盐分降低。

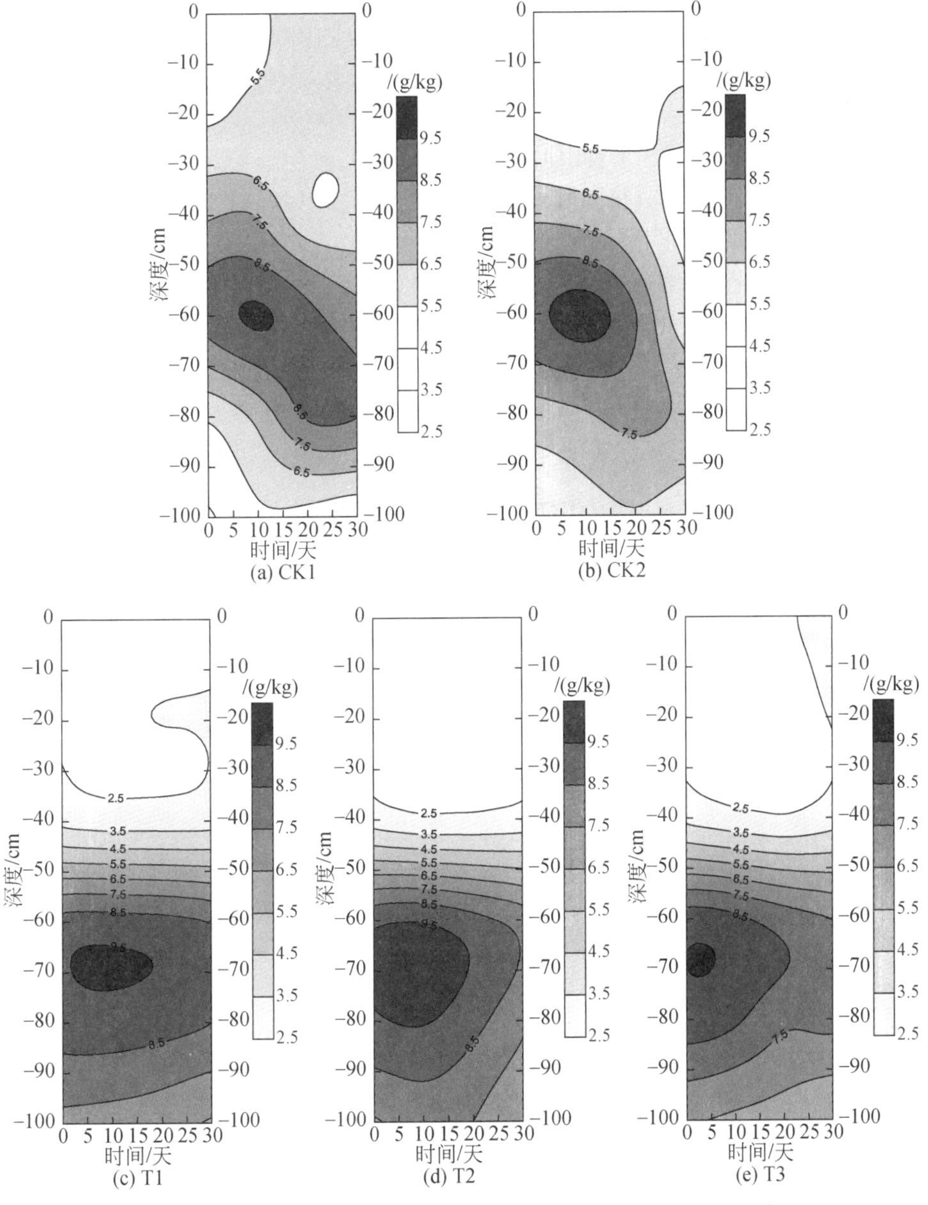

图 4-12　不同脱硫石膏施用量及淋洗定额对土壤含盐量的影响

B. 不同种植方式及灌溉定额对碱化盐土水盐运移的影响研究

干旱地区降水量有限，导致盐分轻度移动和在较浅土层积聚，也导致土层盐分离子分布不平衡，为研究紫穗槐不同种植方式及灌溉定额对碱化盐土水盐运移的影响，在统一施用改良物料改良碱化盐土的基础上，设置起垄沟植和未起垄种植两种种植方式及不同的灌溉定额，研究两种方式及灌溉定额对碱化盐土 pH、碱化度、含水量及含盐量的影响，以期探明种植方式及灌溉定额对碱化盐土水盐运移的影响，为甘肃碱化盐土改良技术优化和田间土壤水盐调控管理提供理论依据。

1）材料与方法。在统一施用有机肥 30t/hm^2、脱硫石膏 18t/hm^2、糠醛渣 7.5t/hm^2、淋洗定额 6750m^3/hm^2 的基础上，试验设置起垄沟植和未起垄种植 2 种方式，并设置 8250m^3/hm^2、9750m^3/hm^2 和 11 250m^3/hm^2 3 个不同灌溉定额。用起垄机械起垄，垄沟深 0.3m，垄沟宽 0.4m，在垄沟内种植紫穗槐（基径为 0.54cm），两种种植方式如图 4-13 和图 4-14 所示。

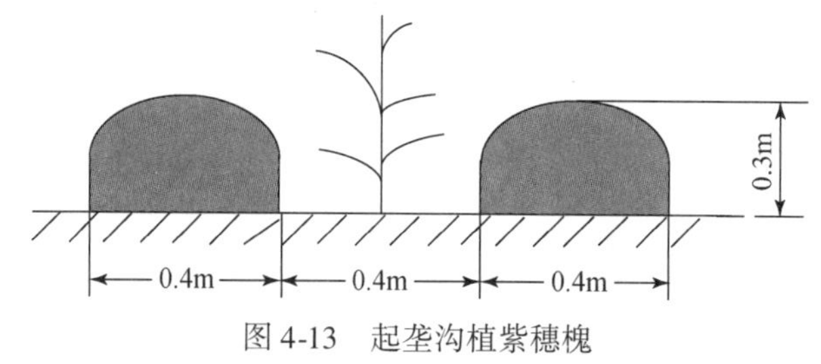

图 4-13　起垄沟植紫穗槐

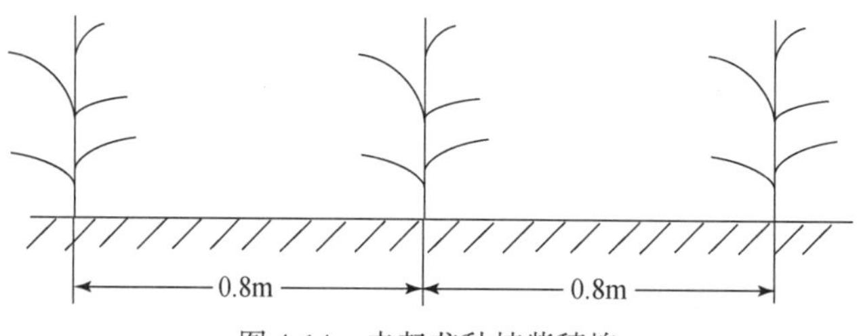

图 4-14　未起垄种植紫穗槐

灌水利用小型柴油机带动水泵抽取，淋洗水量由水表控制。试验设计见表 4-2。测定时间于 2016 年 5 月开始，灌水时间为 5 月 3 日、6 月 5 日、7 月 8 日、8 月 4 日、9 月 10 日，2017 年灌水时间为 5 月 1 日、6 月 7 日、7 月 8 日、8 月 2 日、9 月 12 日。取样时间为每次灌水后第 5 天，每个处理重复 3 次，用土钻在每个试验小区距树 10cm 处取 0 ~ 10cm、10 ~ 20cm、20 ~ 40cm、40 ~ 60cm、60 ~ 80cm 和 80 ~ 100cm 土层（未起垄种植处理以地表为基准、起垄沟植处理以垄沟底为基准）的土样，测定土壤 pH、碱化度、含水量及含盐量。

表 4-2 紫穗槐不同种植方式及灌溉定额对碱化盐土水盐运移的影响试验设计

处理	种植方式	灌溉定额/(m^3/hm^2)
T1	未起垄种植	8 250
T2	未起垄种植	9 750
T3	未起垄种植	11 250
T4	起垄沟植	8 250
T5	起垄沟植	9 750
T6	起垄沟植	11 250

在统一整地、淋洗定额 6750m^3/hm^2的基础上。未起垄种植处理施用有机肥 30t/hm^2、糠醛渣 7.5t/hm^2、脱硫石膏 18t/hm^2，旋耕使其与表层土壤混匀，按照株行距 0.5m×0.8m 的规格挖树坑（坑深 0.25m，直径 0.2m）。起垄沟植处理用起垄机械起垄（垄沟深 0.3m，垄沟宽 0.4m），在垄沟内施用有机肥 30t/hm^2、糠醛渣 7.5t/hm^2、脱硫石膏 18t/hm^2，旋耕使其与表层土壤混匀；每条垄沟间隔 0.8m，在垄沟内按株距 0.5m 的规格挖树坑（坑深 0.25m，直径 0.2m），每坑种 1 株紫穗槐，在坑底层铺一层粉碎的秸秆，然后将紫穗槐植入培土填平并踩实。种植完后按照试验设计的灌溉定额进行灌溉，每次灌完水泡田 24h 后，排出地表余水。

2）结果与分析从以下几方面阐述。

第一，土壤渗透性。以每年秋季最后一次采集的土样分析不同处理对土壤渗透性的影响，如图 4-15 所示。试验结果表明：第一年，各处理的 K_{10}值均高于原土，T6 处理提高 343.9%，提高幅度最大；T1 处理提高 222.1%，提高幅度最小。由图 4-15 可知，第一年，T6 处理的 K_{10}值最大［K_{10}=（0.84±0.02）mm/min］，T1 处理的 K_{10}值最小［K_{10}=（0.61±0.01）mm/min］，T6 与 T1、T2、T3 处理差异显著（$P<0.05$），与 T4、T5 处理差异不显著（$P>0.05$）；K_{10}值表现为 T6>T5>T4>T3>T2>T1，表明起垄沟植处理的土壤渗透性整体优于未起垄种植处理，两种种植方式中高灌溉定额的效果优于低灌溉定额。第二年，各处理的土壤渗透性均好于第一年，第一年与第二年各处理差异不显著（$P>0.05$），T1、T2、T3、T4、T5 和 T6 处理的 K_{10}值分别比第一年提高 5.9%、6.0%、6.3%、10.4%、8.4% 和 7.5%，起垄沟植处理的 K_{10}值均高于未起垄种植处理，且差异显著（$P<0.05$）。

第二，土壤 pH。以每年秋季最后一次采集的土样分析不同处理对 0～100cm 土层 pH 的影响，如图 4-16 所示。试验结果表明：第一年，各处理的 pH 均低于原土。由图 4-16（a）可知，第一年，各处理的土壤 pH 在不同土层降低幅度不同，其中 0～10cm 土层 T6 处理的降幅最大，比原土 pH 降低 15.4%；各处理差异不显著（$P>0.05$）；T1、T2、T3、T4、T5 和 T6 处理 0～60cm 土层的 pH 分别比原土 pH 平均降低 6.5%、7.5%、8.1%、9.4%、10.6% 和 11.1%，表明同一种植条件下高灌溉定额对 pH 的改善效果优于低灌溉定额，同一灌溉定额条件下垄沟内土壤 pH 降低幅度高于未起垄种植处理。由图 4-16（b）可知，第二年，各处理的土壤 pH 随土层深度增加均呈先降低后增加的趋势，其中 0～10cm 土层 T6 处理与其他处理差异显著（$P<0.05$），80～100cm 土层各处理差异不显著（$P>0.05$）；

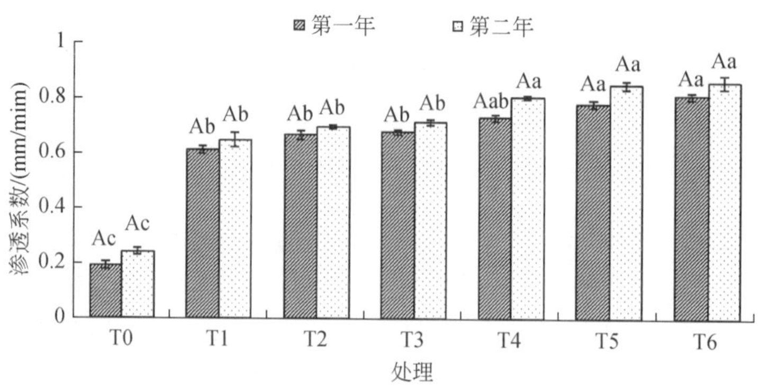

图 4-15　不同种植方式及灌溉定额对土壤渗透性的影响

T0 表示初始值；图中柱体和柱头短线表示相应处理平均值±标准误差（$n=3$）；不同小写字母表示同一土层不同处理在 0.05 水平差异显著，不同大写字母表示同一处理不同年份在 0.05 水平差异显著

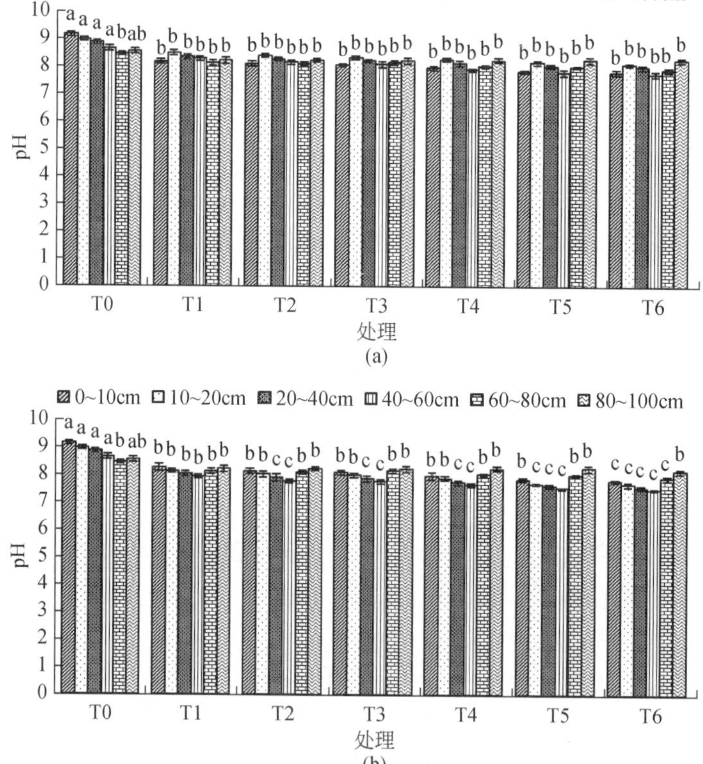

图 4-16　不同种植方式及灌溉定额对土壤 pH 的影响

T0 表示初始值；（a）第一年，（b）第二年。图中柱体和柱头短线表示相应处理平均值±标准误差（$n=3$）。不同小写字母表示同一土层不同处理在 0.05 水平差异显著

T1、T2、T3、T4、T5 和 T6 处理 0 ~ 60cm 土层的 pH 分别比原土 pH 平均降低 9.0%、10.5%、11.0%、12.2%、13.8%和 14.3%。第二年各处理 0 ~ 60cm 土壤 pH 在第一年的

基础上进一步下降，80～100cm 土层 pH 变化最小，主要原因是改良物料的改良深度难以到达 80cm 以下土层。

第三，土壤碱化度。以每年秋季最后一次采集的土样分析不同处理对 0～100cm 土层碱化度的影响，如图 4-17 所示。试验结果表明：第一年各处理的土壤碱化度均低于原土。由图 4-17（a）可知，第一年，各处理的土壤碱化度在不同土层降低幅度不同，其中 0～10cm 土层 T6 处理的降幅最大，比原土 pH 降低 41.6%。由图 4-17（b）可知，第二年，各处理的土壤碱化度均随土层深度增加而增加，各处理 0～100cm 土壤碱化度均较原土有所降低，其中以 0～10cm 土层最为显著；第二年，各处理 0～100cm 土壤碱化度在第一年的基础上进一步下降，其中 80～100cm 土层变化为最小，主要原因是改良物难以到达 80cm 以下的土层。

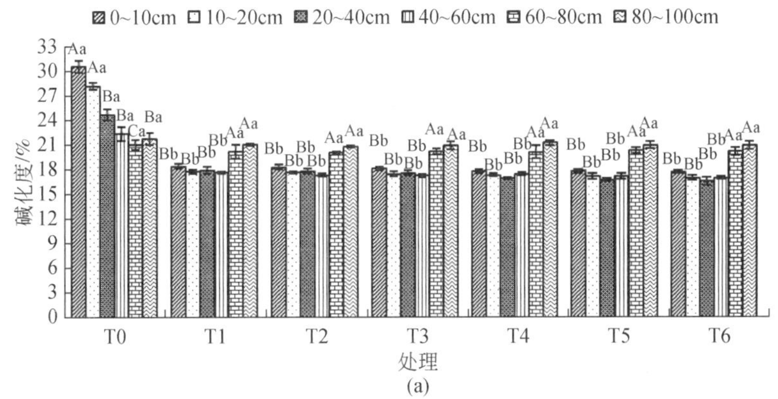

(a)

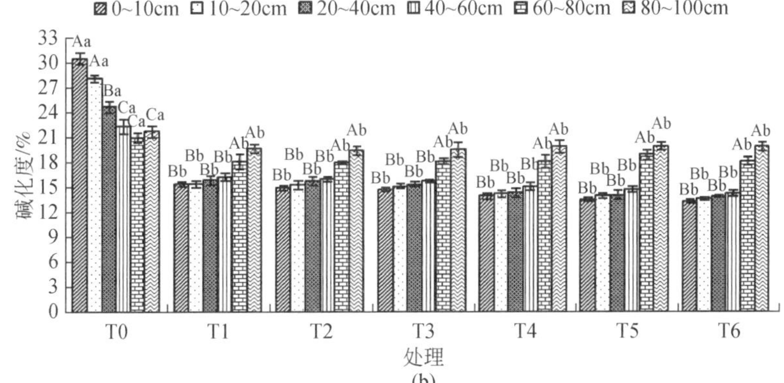

(b)

图 4-17 不同种植方式及灌溉定额对土壤碱化度的影响

T0 表示初始值；（a）第一年，（b）第二年。图中柱体和柱头短线表示相应处理平均值±标准误差（$n=3$）。不同小写字母表示同一土层不同处理在 0.05 水平差异显著，不同大写字母表示同一处理不同年份在 0.05 水平差异显著；下同

第四，土壤含水量。不同灌水定额对水分入渗、水分损失以及植物对水分的利用等因素产生直接影响，从而影响土壤水分的垂直分布。按土壤水分运动规律将 0～100cm 土层划分为 3 个层次，0～40cm 为活跃层，受灌水和物质根系活动的影响最大，是水分变化剧烈区；40～80cm 为缓变层，是土壤浅层与深层水分交换的过渡层；80～100cm 为均稳层，

土壤含水量变化幅度较小，是水分存储调剂区。以 2016 年采集的土样分析不同处理对 0 ~ 100cm 土层水分的影响，如图 4-18 所示。试验结果表明：6 月之前，0 ~ 20cm 土层的土壤含水量随灌溉定额的增大而增大；在紫穗槐的生长发育期，植物生长所需水分增多，表层土壤含水量受蒸发与根系吸水的影响逐渐降低。由图 4-18 可知，各处理在 0 ~ 60cm 土层随土层深度增加土壤含水量呈增加趋势；以 60cm 左右土层为分界，60cm 以下土层随土层深度增加，土壤含水量呈减少趋势；80 ~ 100cm 土层各处理的土壤含水量变化趋势相同。0 ~ 20cm 土层随时间的延长，土壤含水量呈先减少后增加的趋势，7 月和 8 月的表层土壤含水量最低，由夏季温度高地表蒸发强烈所致，9 月温度有所降低，表层土壤含水量略有升高。起垄沟植方式下在垄沟内能有效汇集灌溉水、降水，增大垄沟内表层土壤含水量；灌溉定额为 $8250m^3/hm^2$、$9750m^3/hm^2$ 和 $11\ 250m^3/hm^2$ 条件下，0 ~ 40cm 土层相应灌水量下起垄沟植处理土壤含水量比未起垄种植处理分别平均提高 8.5%、9.2% 和 10.3%，起

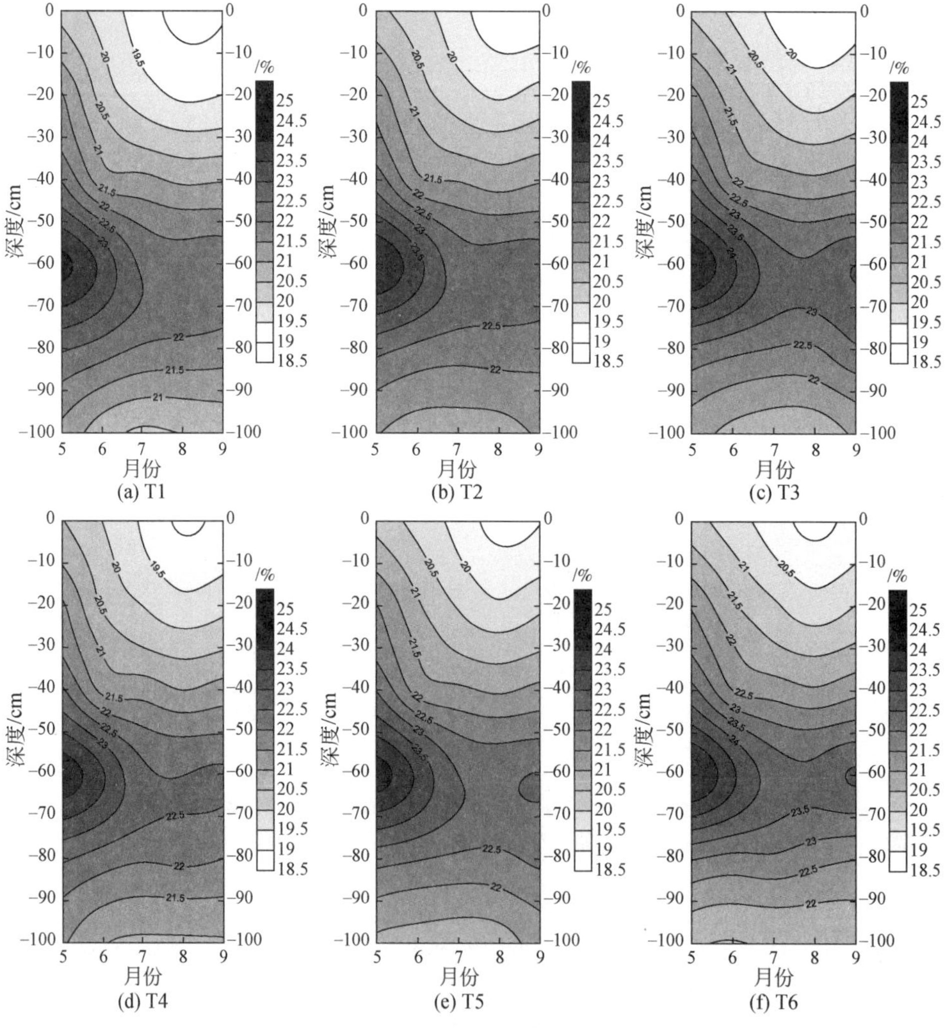

图 4-18　不同种植方式及灌溉定额对土壤含水量的影响

垄沟植的土壤含水量比未起垄种植处理平均高 9.3%。

第五，土壤盐分。土壤垂直剖面的盐分分布受灌水量及土壤初始含盐量的影响。以 2016 年采集的土样分析不同处理对 0 ~ 100cm 土层盐分的影响，如图 4-19 所示。试验结果表明，各处理 5 月的含盐量随土层深度增加呈先增加后减小的趋势。T1 处理在 50cm 土层出现了明显的盐分累积现象，随时间延长累积区域逐渐消失；7 月开始随着夏季气温升高、蒸发强烈，盐分向表层土壤迁移，表层土壤盐分有累积现象；受灌水定额的限制，60cm 以下土层盐分没有向下迁移。T2 处理在 70cm 左右土层出现了盐分累积现象，与 T1 处理相比，累积区域更深，随时间延长累积区域逐渐消失。T3 处理在高灌水定额影响下，0 ~ 60cm 土层含盐量降低明显，在 70 ~ 80cm 土层出现了盐分累积现象，与 T1、T2 处理相比累积区域更深，随时间延长盐分未向上迁移；在 40 ~ 50cm 土层含盐量基本保持稳定，该土层是土壤盐分的传导区。T4 处理在 50cm 以下土层出现了盐分累积现象；7 月开始随着夏季气温升高、蒸发强烈，盐分向表层土壤迁移，表层土壤盐分有累积现象。T5 处理

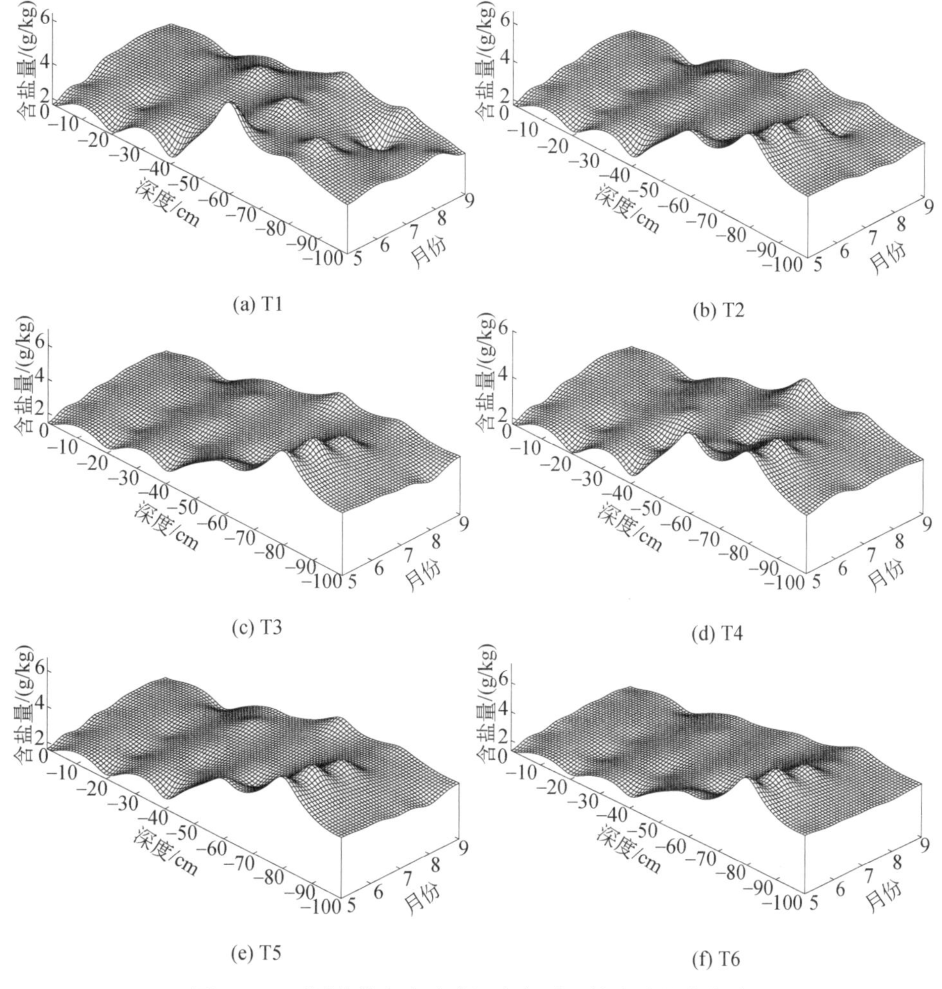

图 4-19　不同种植方式及灌溉定额对土壤含盐量的影响

在 70 ~ 80cm 土层出现了盐分累积现象，与 T4 处理相比，累积区域更深。T6 处理在高灌水定额影响下，0 ~ 60cm 土层含盐量降低明显，在 70cm 左右土层出现了盐分累积现象，与 T4、T5 处理相比，累积区域盐分更高，随时间延长累积区域盐分逐渐变小。灌溉定额为 $8250m^3/hm^2$、$9750m^3/hm^2$ 和 $11\ 250m^3/hm^2$ 条件下，在 0 ~ 40cm 土层相应灌水量下起垄沟植处理土壤含盐量比未起垄种植处理分别平均降低 10.3%、6.1% 和 9.5%，起垄沟植的土壤含盐量比未起垄种植处理平均低 8.6%。

（3）甘肃白银碱化土壤生态恢复乔-灌-草配置试验

根据甘肃白银五合乡碱化土壤特点，在进行土壤改良的基础上，设置红柳+马莲、月季+景天、垂柳+月季+马莲等不同品种结合的配置试验，监测不同配置方式下土壤 pH、含盐量、碱化度等理化指标和林草的成活率、存活率、高度、覆盖度等生长指标，筛选出适合甘肃白银碱化土壤生态恢复的乔-草、灌-草、乔-灌-草品种配置方案。

A. 试验方案

试验设计：每个小区地面撒施脱硫石膏 0.5t/亩、糠醛渣 0.3t/亩、黄沙 20t/亩、牛粪 2t/亩。试验分为灌+草配置模式、乔+草配置模式、乔木+灌配置模式和乔+灌+草配置模式。表 4-3 为配置试验设计，每个处理重复 3 次。于种植当年 8 月测定乔、灌、草相关生长指标，于 10 月采集土样，测定土壤理化性质。

表 4-3　配置试验设计

配置试验	处理	配置	备注
灌+草	1	月季+马莲	月季 40cm×60cm，马莲 40cm×20cm，月季和马莲隔行种植，乔木红柳 1m×2m，马莲 40cm×20cm；草本种植于乔木中间
	2	月季+景天	
	3	紫穗槐+马莲	
	4	紫穗槐+景天	
乔+草	5	乔木红柳+马莲	
	6	9901 柳+马莲	
	7	乔木红柳+景天	
	8	9901 柳+景天	
乔+灌	9	乔木红柳+月季	
	10	9901 柳+月季	
	11	乔木红柳+紫穗槐	
	12	9901 柳+紫穗槐	
乔+灌+草	13	乔木红柳+月季+马莲	
	14	乔木红柳+紫穗槐+马莲	
	15	9901 柳+月季+马莲	
	16	9901 柳+紫穗槐+马莲	
	17	乔木红柳+月季+景天	
	18	乔木红柳+紫穗槐+景天	
	19	9901 柳+月季+景天	
	20	9901 柳+月季+景天	

B. 试验结果

1）灌+草配置模式试验结果如下。

第一，不同灌+草配置对土壤改良的效果不同（表 4-4）：其中月季+景天配置对土壤 pH 影响较大，0 ~ 20cm、20 ~ 40cm 土层 pH 相对于其他 3 个配置最低，分别为 7.45 和 7.55。而紫穗槐+马莲配置对土壤含盐量影响最大，0 ~ 20cm、20 ~ 40cm 土层含盐量相对于其他 3 个配置最低，分别为 3.20g/kg 和 3.77g/kg。综合土壤 pH 和含盐量，月季+景天配置对土壤改良效果较好。

表 4-4　不同灌+草配置土壤改良结果

配置	0 ~ 20cm 土层		20 ~ 40cm 土层	
	pH	含盐量/(g/kg)	pH	含盐量/(g/kg)
月季+马莲	8.18	6.70	8.56	6.82
月季+景天	7.45	4.30	7.55	5.73
紫穗槐+马莲	8.47	3.20	8.64	3.77
紫穗槐+景天	8.22	7.22	8.27	7.63

第二，不同灌+草配置各植物的成活率、保存率和覆盖度均有所不同（表 4-5）：经过前期的土壤改良，植物的成活率和保存率均达到了 80% 以上，其中紫穗槐+马莲配置效果最好，成活率、保存率和覆盖度分别为 87.5%、86.7% 和 58.3%。不同灌+草配置试验效果如图 4-20 所示。

表 4-5　不同灌+草配置植物生长情况　　单位：%

指标	月季+马莲	月季+景天	紫穗槐+马莲	紫穗槐+景天
成活率	82.2	83.4	87.5	83.6
保存率	80.6	81.5	86.7	82.3
覆盖度	53.5	52.7	58.3	56.2

注：表格中成活率、保存率和覆盖度是不同配置下的平均值。

2）乔+草配置模式试验结果如下。

第一，不同乔+草配置对土壤改良的效果不同（表 4-6）：其中 9901 柳+马莲配置对土壤 pH 影响较大，0 ~ 20cm、20 ~ 40cm 和 40 ~ 60cm 土层 pH 相对于其他 3 个配置最低，分别为 7.85、7.91 和 7.98。而乔木红柳+景天配置对土壤含盐量影响最大，0 ~ 20cm、20 ~ 40cm 和 40 ~ 60cm 土层含盐量相对于其他 3 个配置最低，分别为 4.84g/kg、4.53g/kg 和 4.03g/kg。9901 柳+景天配置随着土层的加深，土壤 pH 和含盐量也逐渐增大。综合土壤 pH 和含盐量，9901 柳+马莲配置对土壤改良效果较好。

(a) 紫穗槐+马莲配置　　(b) 月季+景天配置

图 4-20　不同灌+草配置试验效果

表 4-6　不同乔+草配置土壤改良结果

配置	0～20cm 土层		20～40cm 土层		40～60cm 土层	
	pH	含盐量/(g/kg)	pH	含盐量/(g/kg)	pH	含盐量/(g/kg)
乔木红柳+马莲	8.09	11.46	8.12	9.72	8.16	9.34
9901 柳+马莲	7.85	4.85	7.91	4.86	7.98	4.57
乔木红柳+景天	8.12	4.84	8.36	4.53	8.40	4.03
9901 柳+景天	8.22	4.46	8.22	6.86	8.42	7.36

第二，不同乔+草配置各植物的成活率、保存率和覆盖度均有所不同（表 4-7）：经过前期的土壤改良，植物的成活率和保存率均达到了 85.0% 以上，其中 9901 柳+马莲配置效果最好，成活率、保存率和覆盖度分别为 88.4%、86.5% 和 56.4%。不同乔+草配置试验效果如图 4-21 所示。

表 4-7　不同乔+草配置植物生长情况　　单位:%

指标	乔木红柳+马莲	9901 柳+马莲	乔木红柳+景天	9901 柳+景天
成活率	85.2	88.4	85.8	86.3
保存率	82.6	86.5	81.7	83.2
覆盖度	52.8	56.4	53.3	54.6

注：表格中成活率、保存率和覆盖度是不同配置下的平均值。

3）乔+灌配置模式试验结果如下。

第一，不同乔+灌配置对土壤改良的效果不同（表 4-8）：土壤 pH 随着土层加深，呈现出先降低后升高再降低的趋势。其中乔木红柳+紫穗槐配置对土壤 pH 影响较大，0～20cm、20～40cm 和 40～60cm 土层 pH 相对于其他 3 个配置最低，分别为 7.95、8.08 和 8.04。而 9901 柳+紫穗槐配置对土壤含盐量影响最大，0～20cm、20～40cm 和 40～60cm 土层含盐量相对于其他 3 个配置较低，分别为 2.73g/kg、2.17g/kg 和 2.10g/kg。综合土壤

(a) 乔木红柳+马莲　(b) 9901柳+马莲

(c) 乔木红柳+景天　(d) 9901柳+景天

图 4-21　不同乔+草配置试验效果

pH 和含盐量，乔木红柳+紫穗槐配置对土壤改良效果较好。

表 4-8　不同乔+灌配置土壤改良结果

配置	0～20cm 土层		20～40cm 土层		40～60cm 土层	
	pH	含盐量/(g/kg)	pH	含盐量/(g/kg)	pH	含盐量/(g/kg)
乔木红柳+月季	8.19	5.54	8.30	3.85	8.24	5.28
9901 柳+月季	8.18	4.28	8.29	3.48	8.11	5.94
乔木红柳+紫穗槐	7.95	2.63	8.08	2.64	8.04	2.40
9901 柳+紫穗槐	8.26	2.73	8.44	2.17	8.36	2.10

第二，不同乔+灌配置各植物的成活率、保存率和覆盖度均有所不同（表 4-9）：经过前期的土壤改良，植物的成活率达到了 85.0% 以上，而保存率达到了 80.0% 以上，其中乔木红柳+紫穗槐配置效果最好，成活率、保存率和覆盖度分别为 87.5%、85.3% 和 58.4%。不同乔+灌配置试验效果如图 4-22 所示。

表 4-9　不同乔+灌配置植物生长情况　　单位:%

指标	乔木红柳+月季	9901 柳+月季	乔木红柳+紫穗槐	9901 柳+紫穗槐
成活率	86.3	85.4	87.5	85.2
保存率	84.8	83.1	85.3	83.6
覆盖度	54.3	53.5	58.4	56.5

注：表格中成活率、保存率和覆盖度是不同配置下的平均值。

图 4-22　不同乔+灌配置试验效果

4）乔+灌+草配置模式试验结果如下。

第一，不同乔+灌+草配置对土壤改良的效果不同（表 4-10）：土壤 pH 随着土层加深，呈现出逐渐升高的趋势。其中 9901 柳+紫穗槐+马莲配置对土壤 pH 影响较大，0 ~ 20cm、20 ~ 40cm 和 40 ~ 60cm 土层 pH 相对于其他配置较低，分别为 7.51、7.78 和 7.83。而乔木红柳+月季+马莲配置对土壤含盐量影响最大，0 ~ 20cm、20 ~ 40cm 和 40 ~ 60cm 土层含盐量相对于其他配置较低，分别为 2.27g/kg、2.07g/kg 和 2.05g/kg。综合土壤 pH 和含盐量，9901 柳+紫穗槐+马莲配置对土壤改良效果较好。

表 4-10　不同乔+灌+草配置土壤改良结果

配置	0 ~ 20cm 土层		20 ~ 40cm 土层		40 ~ 60cm 土层	
	pH	含盐量/(g/kg)	pH	含盐量/(g/kg)	pH	含盐量/(g/kg)
乔木红柳+月季+马莲	8.17	2.27	8.25	2.07	8.40	2.05
乔木红柳+紫穗槐+马莲	8.23	3.50	8.40	2.54	8.66	2.90
9901 柳+月季+马莲	7.72	6.53	8.12	6.04	8.17	6.51
9901 柳+紫穗槐+马莲	7.51	6.44	7.78	2.17	7.83	2.47
乔木红柳+月季+景天	8.08	5.02	8.18	3.00	8.35	2.15

续表

配置	0～20cm 土层		20～40cm 土层		40～60cm 土层	
	pH	含盐量/(g/kg)	pH	含盐量/(g/kg)	pH	含盐量/(g/kg)
乔木红柳+紫穗槐+景天	8.40	2.05	8.43	2.13	8.44	2.80
9901 柳+月季+景天	7.59	7.41	7.85	4.95	7.93	4.33
9901 柳+紫穗槐+景天	8.25	6.20	8.43	2.76	8.44	2.81

第二，不同乔+灌+草配置各植物的成活率、保存率和覆盖度均有所不同（表 4-11），但是差异不显著：经过前期的土壤改良，植物的成活率和保存率均达到了 80.0% 以上，与灌+草配置、乔+草配置和乔+灌配置相比，乔+灌+草配置的覆盖度最高，均达到了 60.0% 以上。其中 9901 柳+紫穗槐+马莲配置效果最好，成活率、保存率和覆盖度分别为 86.4%、84.2% 和 65.4%。不同乔+灌+草配置试验效果如图 4-23 所示。

表 4-11　不同乔+灌+草配置植物生长情况　　单位：%

配置	成活率	保存率	覆盖度
乔木红柳+月季+马莲	83.2	81.6	61.5
乔木红柳+紫穗槐+马莲	84.5	82.5	63.8
9901 柳+月季+马莲	84.3	82.8	63.0
9901 柳+紫穗槐+马莲	86.4	84.2	65.4
乔木红柳+月季+景天	83.8	81.7	61.9
乔木红柳+紫穗槐+景天	84.6	82.3	63.6
9901 柳+月季+景天	83.5	81.7	61.5
9901 柳+紫穗槐+景天	82.9	80.8	61.7

注：表格中成活率、保存率和覆盖度是不同配置下的平均值。

图 4-23　不同乔+灌+草配置试验效果

(4) 甘肃白银碱化土壤改良示范工作进展

在甘肃靖远县五合乡于 2016 年开展试验示范，面积共 50 亩，其中林草示范 25 亩，硒砂瓜示范 25 亩，林草试验示范如图 4-24 所示。

(a) 林草示范区开沟　(b) 林草示范区垫料　(c) 林草区机械作业　(d) 林草区人工种植　(e) 林草示范区(乔木)　(f) 林草示范区(灌-草)

图 4-24　林草试验示范区

A. 林草示范区。种植的乔木品种有 9901 柳、乔木红柳、白榆和小胡杨，经过品种筛选试验，证明乔木红柳和 9901 柳的适生性更好，成活率更高；而白榆不适合在示范区生长。灌草品种有黑果枸杞、马莲、景天、月季和紫穗槐，黑果枸杞的成活率达到了

86.8%，当年种植当年挂果；紫穗槐和景天的成活率大于月季和马莲。

B. 硒砂瓜示范区。硒砂瓜示范区选择的地块是长年的撂荒盐碱地，经过前期的土壤改良措施（脱硫石膏、黄沙、有机肥）和工程措施（深翻、排水沟、滴灌等），当年种植硒砂瓜就有显著的经济效益，如图 4-25 所示。每亩产量达到 750kg。

(a) 压砂地

(b) 硒砂瓜

图 4-25　压砂瓜试验示范区

C. 2017 年新开垦试验点情况

2017 年，在甘肃靖远县东升乡唐庄新开垦了近 30 亩试验用地。

D. 形成的主要生态恢复技术模式

甘肃地区盐碱土类型大部分属于中重度碱化盐土，土壤基本理化性质表现为 0.4% ≤ 含盐量≤0.8%，20% ≤碱化度≤30%，8.5≤pH≤9.5，形成的主要生态恢复技术如下。

1）深翻晒田+激光平地+深松耕的土地整理技术。造林前一年秋天，深翻晒田，熟化和增加土壤孔隙度，以提高脱盐率。春季造林前，利用激光平地仪平整土地，田面平整误差≤3cm，保证灌水均匀。

2）施用有机肥+脱硫石膏改良技术。将有机肥和少量脱硫石膏按比例分别施于碱化土壤表面（80%）和树坑（20%），改善土壤理化性质。第 1 次施用在整地前，第 2 次施用在造林前，物料采用分期分批施用。第 1 次为地面撒施法，即施用总量的 80%，均匀撒施于地表，旋耕后犁翻使其与 20cm 土层土壤充分混匀；第 2 次为坑施法，即施用总量的 20%，按照单位面积株数，按比例将物料施入改良坑底部，并将其与坑底土壤混匀。

脱硫石膏施用量：重度碱化土壤施用 1.0 ~ 0.8t/亩，中度施用 0.5 ~ 0.7t/亩，撒施于地表深翻或旋耕。

有机肥施用量：重度碱化土壤施用 2 ~ 2.5t/亩，中度施用 1.5 ~ 2.0t/亩，撒施于地表深翻或旋耕。

3）黄沙施用土壤改良技术。针对表层土壤黏重的碱化盐土，可以将一定量的黄沙施入土壤，旋耕后犁翻使其与 20cm 土层土壤充分混匀，改善土壤物理性质，降低土壤容重，增加透水性，提高排水排盐碱效率。

4）灌溉技术。灌溉在脱硫石膏等土壤改良物料第 1 次施用后，多次灌水浸泡，每次浸泡时间在24h以上，保证改良物与碱性成分充分反应，提高脱碱效率。浸泡后采用耙耱等农艺措施进行保墒，防止返盐。第2次灌溉在春季植树前，灌水量为150～200m³/亩。树木生长期间采用常规灌溉法。

5）井渠结合+渠灌沟排+明沟暗沟结合冲洗排盐碱技术。排水是碱化盐土生态恢复的关键技术。建立健全排水系统，因地制宜地采用渠灌沟排、井渠结合等灌排工程设施。每隔15m设立1条小排水沟（沟深0.8m），按照土地布局另设主排水沟（沟深1.5m）。为了降低沟渠对土地的分割和占用，可以将明沟改为暗沟，排水的同时增加造林面积。暗沟间距10m为宜（暗沟宽度40～80cm，深度高于主排水沟10～15cm，沟底铺设40cm砾石或其他垫层，回填）。碱化土壤通透性差，需要设置间距较小（5～10m）的暗沟用于排水排盐碱，底部铺设砾石、秸秆等透水材料，与外部明沟相通，保持区域排水排碱。

6）树坑垫层防盐碱技术。种植前，在树坑底部铺设15～25cm由秸秆等农业废弃物制成的草垫，也可以用机器打好的草捆铺设垫层。灌水后，盐碱成分迅速淋洗到树坑垫层，根系快速脱盐脱碱。在地面蒸发较强时，垫层隔断上下层土壤水分的移动，防止盐分上升。

7）根系浸泡+苗木密植+改良土回填技术。乔木树坑直径以1.0m为宜（灌木树坑直径50cm或沟种），铺设垫层，回填掺有脱硫石膏、改良剂和有机肥的土壤至种植层（30cm左右），栽树（三埋两踩一提苗），小树苗可以采用生根粉浸泡后栽植，初期密植以提高覆盖度，防止返盐，后期稀疏至标准间距即可。

8）大水漫灌+破板结+去除盐斑碱斑+除草修剪田间管理技术。为了提高碱性Na^+置换能力，冬灌和第一次冬灌均需采用大水漫灌方式，让土壤改良剂与土壤碱性成分充分反应。土壤灌水后会出现返盐碱现象，且在地势较高地区会出现盐斑碱斑，需及时破板结。在盐斑碱斑区域增施土壤改良物料，去除盐斑碱斑。在早春、降水和灌水后应及时除草、松土，每年1～2次。

9）品种配置技术。改良中重度盐碱荒地选用耐盐碱、耐瘠薄、抗性好的林草品种。

10）改良过程中注意事项。盐化土壤造林前最好在秋冬季深耕翻，第一次灌水量要大，同时注意防止返盐。可采取深松耕、增施有机肥等措施改良土壤结构，增强土壤保水保肥能力。采用秸秆或薄膜覆盖等方式防止返盐。有机肥以牛粪为主，第一次改良秸秆最好随改良物一同秋施，盐碱荒地改良前最好在夏季进行深耕翻，第一次灌水量要大些，力争有1/3的余水排出。

4.5.2.3 新疆旱区盐碱地资源持续利用

（1）新疆盐碱地改良技术研究

新疆绿洲土壤盐碱化危害不仅制约了区域农牧业和经济的发展，而且对国家粮食和生态安全产生了不利影响，因此自“七五”以来，新疆农业科学院承担了多项科技厅和科技部相关重要科研项目，持续开展了盐碱土的改良和利用技术的研究，对盐碱土的认识也从最初的“盐祸害”，发展到目前的“盐资源”。特别是“十一五”“十二五”以来，科学技术部、农业部、自治区科学技术厅、国家自然科学基金委员会也持续关注新疆盐碱化土壤的改良机理、利用技术研发和应用。包括国家“十一五”科技支撑课题“塔里木盆地西南缘灌区盐渍化土壤改良技术集成与示范”；农业部行业计划项目课题“新疆北部内陆盐碱地农业高效安全利用配套技术模式研究与示范”；“十二五”自治区重大专项课题“盐渍化低产田生产力提升关键技术研发与应用”；自治区科技援疆项目“耐盐型经济作物引进、筛选与配套技术研发与示范”“盐碱土壤改良剂技术引进与应用”；国家自然科学基金项目“滴灌条件下重盐渍化棉田土壤盐分淡化区形成机制及调控”“生物质炭输入对新疆盐渍化土壤水盐运移的影响及生物学响应”。新疆农业科学院 2012 年度优秀青年科技人才基金项目“磷石膏改良盐碱土壤的应用技术研究”。这些项目或课题针对新疆南北疆土壤盐碱化的特性，从不同角度研发了相应改良技术和产品，取得了一定的成效。

综合已有的成果，我们针对不同土壤的含盐量，提出了相应的改良利用方法，主要分为以下 4 类。

A. 重度盐碱土（土壤含盐量>20g/kg）的生物利用技术

新疆农业科学院与江苏盐城绿苑盐土农业公司，利用科技援疆机制，通过执行科技援疆项目，在伊犁察布查尔锡伯自治县重度盐碱土上开展了盐生植物种质资源引进、种植等高耐盐经济植物，发展盐生特色蔬菜（耐盐胡萝卜、耐盐黄秋葵、耐盐小豆等）、高附加值产品–植物盐的碱蓬和海蓬子的适宜性种植试验和示范，形成了重度盐碱土的利用和生物脱盐技术模式。经土壤和植物监测分析表明，采用此方法，每 100kg 海蓬子和碱蓬能带走土壤 2. 0kg 和 1. 4kg 的盐分，种植两年后土壤有机质平均提高 0. 5g/kg，能够在重度盐碱土上进行推广应用（图 4-26 和图 4-27）。

图 4-26　耐盐黄秋葵（伊犁）

B. 中重度盐碱土（土壤含盐量 10 ~ 20g/kg）的修复利用技术

采用种植中度耐盐作物、耐盐绿肥、耐盐小麦品种，配合滴灌水肥技术措施，对中重度盐碱土进行修复利用，提出了内陆垦区盐碱地改良集成模式，其关键技术为机械破黏板层技术、化学改良促保苗技术、高频滴灌控盐技术、覆水压盐技术、推株并垄技术，使用内陆垦区盐碱地改良集成模式两年后，盐碱地棉田的渗水速度由 10 ~ 15 天，下降到 2 ~ 4 天；0 ~ 30cm 土壤盐分由 18g/kg 下降到 10g/kg。棉花出苗率由 20% 提高到 75%，重度盐碱地棉花比对照增产 100 ~ 150kg/亩，中度盐碱地棉田增产 80kg/亩，如图 4-28 所示。

图 4-27　碱蓬（伊犁）

图 4-28　应用技术两年后对比

C. 中度盐碱土（土壤含盐量 6 ~ 10g/kg）的高效利用技术

重点采用化学改良剂缓解作物苗期的土壤盐分毒害，结合高频灌溉技术，达到提高作物保苗率和全生育期盐分控制的目标；同时增施有机肥，提高耕层有机质，推广作物平衡施肥技术，促进作物稳产和高产。以棉花为例（图 4-29），提出了播种前灌水压盐、苗期化学改良剂、蕾期至花铃期高频灌溉的盐碱地棉田分期管理技术模式，取得了良好的改良效果。全生育期盐分监测数据显示，采用此模式，盐分下降到 4. 5g/kg，作物增产 20% 以上，亩增收 287 元。

D. 轻度盐碱土（土壤含盐量 3 ~ 6g/kg）的改良技术

1）固碳增产技术。对于盐分较轻的土壤，以提高盐碱土综合肥力、改善土壤微环境为目标，应用生物质炭和有机肥合理施用技术研究；配合作物水肥高效利用，在合理利用的同时，稳定和降低土壤盐碱化程度，保证作物高产。初步开展了生物质炭在新疆盐碱土上的应用效果试验，获得了不同碳化温度条件下，生物质炭对土壤盐分和 pH 的影响数据，为该技术的应用奠定了基础。

2）暗管排盐技术。田间试验设计：面积为 15m×10m，共铺设 3 根长约 10m，间距为 5m 的暗管（管径为 0. 11m 的双壁波纹管），暗管中心线距土面 0. 6m，坡度为 2‰。波纹管凹槽开缝长 6 ~ 8mm，缝宽 3 ~ 4mm。暗管下周填土压实，上部填放砾石（粒径 3 ~ 6cm），厚度为 0. 2m，其上覆盖约 0. 4m 厚土层，中间用纤维布隔开。小区四周垒土墙 0. 2m，暗管布置如图 4-30 所示，排水电导率随时间变化情况如图 4-31 所示。

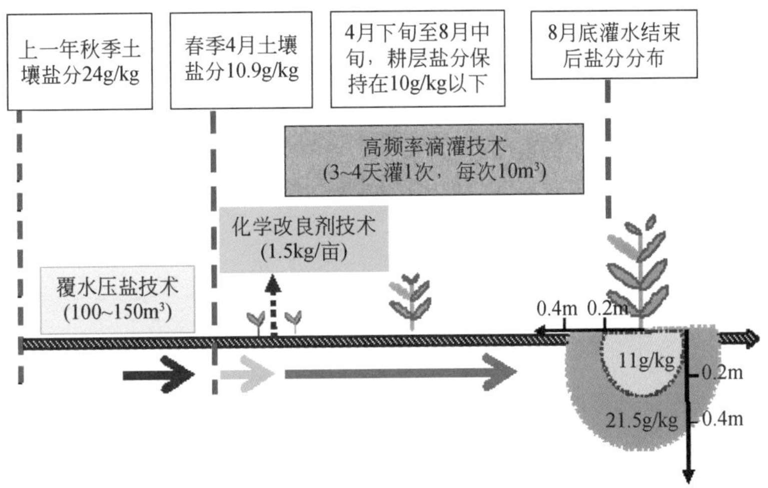

图 4-29　棉花高频滴灌技术模式

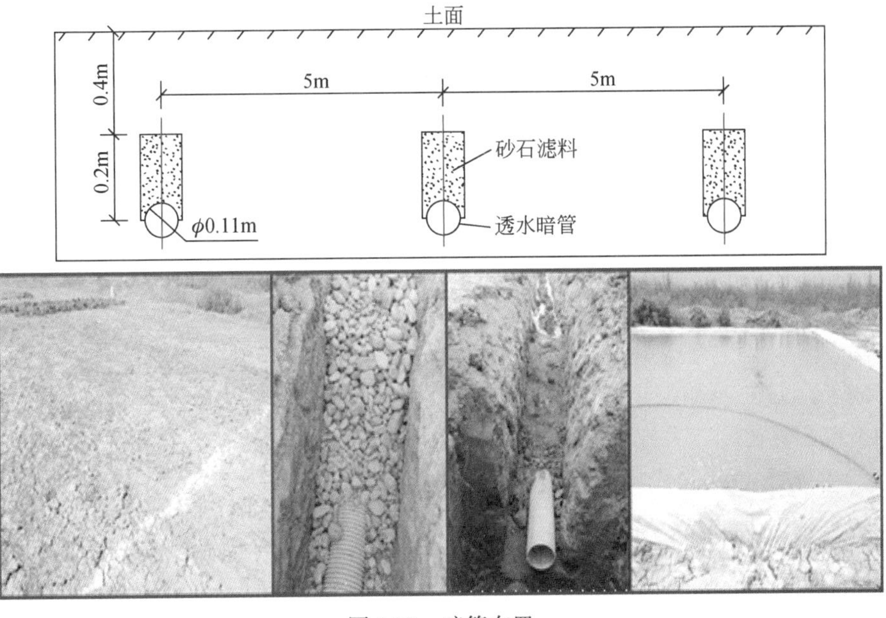

图 4-30　暗管布置

试验期间共灌水 82m^3（灌水深 547mm），灌水开始后第 5 天排水管开始持续出水，至排水结束时，共排水约 4.5m^3，排出盐分约 47.4kg，排盐效果明显。

此外，随着新疆滴灌技术的发展，滴灌导致的次生盐碱化问题日趋明显，因此对滴灌次生盐碱化预防技术具有实际需求，根据次生盐碱化产生的原因，在对滴灌种植条件下水盐运移特征研究的基础上，本研究开展了节水压盐技术模式研发；制定了滴灌作物合理轮作模式；进行了以盐分积累为评价指标的水肥调控技术研究和滴灌次生盐碱化趋势预测，为新疆土壤的可持续利用提供了技术保障。

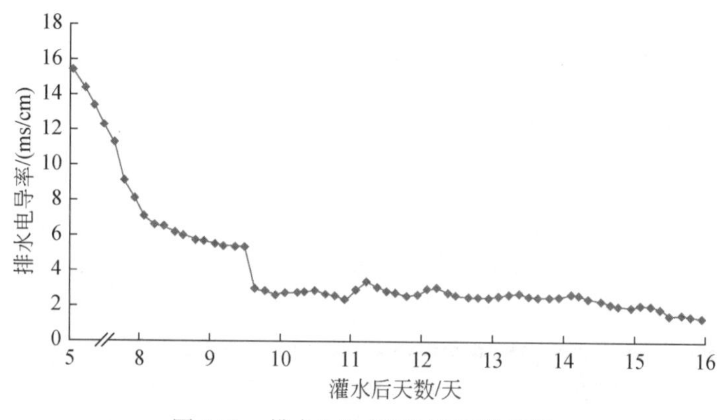

图 4-31　排水电导率随时间变化情况

(2) 新疆盐碱地生态修复模式

A. 经济树种治理盐碱地模式研究

新疆盐碱地严重束缚当地社会、经济、生态可持续发展，利用新疆乡土树种改良当地的盐碱地已成为一种非常有效且持久的方法。黑果枸杞广泛分布新疆南疆大部分地区，因而，本研究选择具有较高经济价值黑果枸杞作为材料，通过不同盐分梯度下栽培黑果枸杞，对比分析黑果枸杞生长状况以及对土壤的改良效果。

1）大田试验。①研究区概况。阿拉尔国家农业科技园区位于新疆阿拉尔市，地理坐标为 81°11′E ~81°20′E，40°31′N ~40°32′N，属于暖温带极端大陆性干旱荒漠气候，极端最高气温为 35℃，极端最低气温为-28℃。垦区年均太阳辐射为 133.7 ~ 146.3kcal/cm^2，年均日照为 2556.3 ~2991.8h，日照率为 5869%。地表蒸发强烈，年均降水量为 40.1 ~ 82.5mm，年均蒸发量为 1876.6 ~2558.9mm。距塔里木河直线距离 2km。分布的主要土壤为塔里木河冲积细土。自然植被有黑果枸杞、胡杨、多枝柽柳，盐爪爪等。②试验设计。2016 年 4 月 23 日，将前一年相同立地条件下播种的一年生黑果枸杞移植于试验地。该试验于 2016 年 5 月初调查采样。黑果枸杞株行距 0.5m×1.2m，样带从河岸带 2km 处起始，垂直河流走向。垂直河岸带以一条样带 12m×15m 等间距，设置 18 个小区，3 条样带，共 54 个小区，依据土壤含盐量可划分为中度盐碱土、重度盐碱土和盐土。土壤层次划分为 0 ~20cm、20 ~40cm、40 ~60cm。野外共采集土壤样品 531 个。试验持续时间为 2016 年 5 ~12 月。③调查与采样。每一盐分梯度上选取长势接近的黑果枸杞 30 株作为挂牌标记，经过 10 天调查每一盐分梯度下植株成活率，分别在 5 月 1 日、7 月 1 日和 9 月 1 日对黑果枸杞的株高、茎粗、果实等生物学性状进行记录。并于 9 月 1 日在每一盐分梯度下随机选取 3 ~5 株黑果枸杞，测量植株体内 K^+、Na^+、Ca^{2+}等离子含量。④样品分析。在每个采样点、每层取 5 个重复样品，混合后采用四分法取样 1kg 带回实验室迅速风干待测。pH 采用电导法，Cl^-采用 $AgNO_3$滴定法，SO_4^{2-} 采用 EDTA 滴定法，Na^+采用火焰原子吸收光谱法。有机质采用重铬酸钾-硫酸法，速效氮采用凯氏定氮仪测定。实验数据采用 Excel2007 和 SPSS17.0 进行差异性与回归分析。⑤结果与分析。塔河沿岸基本理化性质。塔里木河沿岸阿拉尔国家农业科技园区土壤 pH 多大于 8.5，属强碱性土壤。土壤含盐量变化范围较大，为 0.60 ~ 7.30g/kg。影响农林作物生长的主要离子，Na^+、Cl^- 和 SO_4^{2-} 质量分数变化范围分别为 0.13 ~ 2.41g/kg、0.18 ~ 2.84g/kg、0.15 ~ 3.08g/kg。园区土壤有机质质量分数呈现从表及里减小趋势，而且随着土层深度的增加，有机质质量分数趋向均一（表 4-12）。

表 4-12　不同土壤层土壤化学性质描述性统计

土层/cm	极值	pH	含盐量/(g/kg)	Na^+/(g/kg)	Cl^-/(g/kg)	SO_4^{2-}/(g/kg)	有机质/(g/kg)
0 ~ 20	极大值	9.35	7.30	2.41	2.84	3.08	8.41
	极小值	8.14	0.80	0.14	2.35	0.26	2.08
20 ~ 40	极大值	9.24	5.50	1.30	1.49	1.74	6.34
	极小值	8.51	0.60	0.11	0.12	0.15	1.58
40 ~ 60	极大值	9.40	4.20	1.05	1.09	2.36	5.85
	极小值	8.70	0.70	0.13	0.18	0.36	1.47

塔河沿岸河漫滩土壤属性的空间变异特征。如图 4-32 所示，5 月 1 日，不同盐分浓度下，0 ~ 20cm 和 20 ~ 40cm 土层 Cl^- 质量分数差异不明显。9 月 1 日，不同盐分浓度下，不同土层土壤 Cl^- 质量分数差异进一步减小。20 ~ 40cm 土层中，重度盐碱土和盐土两种土壤中 Cl^- 质量分数较大，5 月 1 日分别为 2.79g/kg 和 3.56g/kg。另外发现，5 月 1 日至 9 月 1 日，随着盐分浓度增加，脱氯速率呈增加趋势。

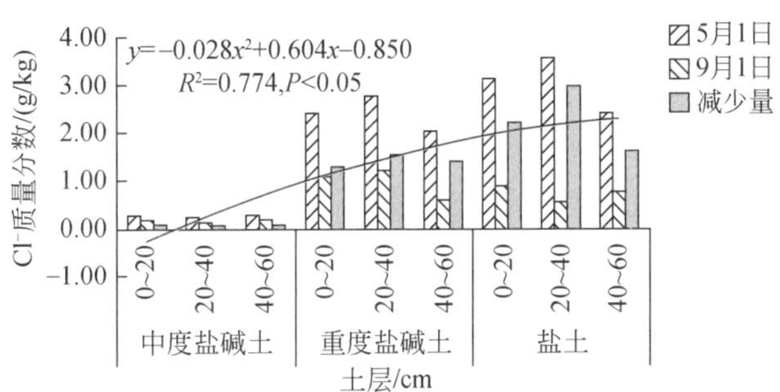

图 4-32　不同时间不同土层土壤 Cl^- 质量分数变化趋势

如图 4-33 所示，5 月 1 日，不同盐分浓度下，0 ~ 20cm 和 20 ~ 40cm 土层 SO_4^{2-} 离子质量分数差异不明显。9 月 1 日，不同盐分浓度下，不同土层土壤 SO_4^{2-} 质量分数表现不一，中度盐碱土不同土层 SO_4^{2-} 质量分数趋向均一，重度盐碱土 SO_4^{2-} 质量分数呈先增加后减少趋势，盐土 SO_4^{2-} 质量分数呈减少趋势。20 ~ 40cm 土层中，重度盐碱土和盐土两种土壤中 SO_4^{2-} 离子质量分数较大，5 月 1 日分别为 1.79g/kg 和 2.24g/kg。另外发现，5 月 1 日至 9 月 1 日，随着盐分浓度增加，SO_4^{2-} 离子质量分数减少。

如图 4-34 所示，5 月 1 日，不同盐分浓度下，0 ~ 20cm 和 20 ~ 40cm 土层 Na^+质量分数差异不明显。9 月 1 日，不同盐分浓度下，不同土层土壤 Na^+质量分数表现不一，中度盐碱土不同土层 Na^+质量分数趋向均一，重度盐碱土 Na^+质量分数呈先增加后减少趋势，盐土 Na^+质量分数呈减少趋势。20 ~ 40cm 土层中，重度盐碱土和盐土两种土壤中 Na^+质量分

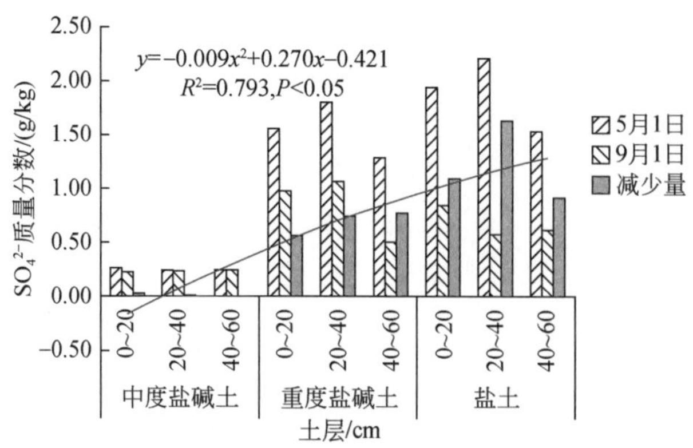

图 4-33 不同时间不同土层土壤 SO_4^{2-} 质量分数变化趋势

数较大，分别为2.79g/kg和3.56g/kg。另外发现，5月1日至9月1日，随着盐分浓度增加，Na^+质量分数减少。

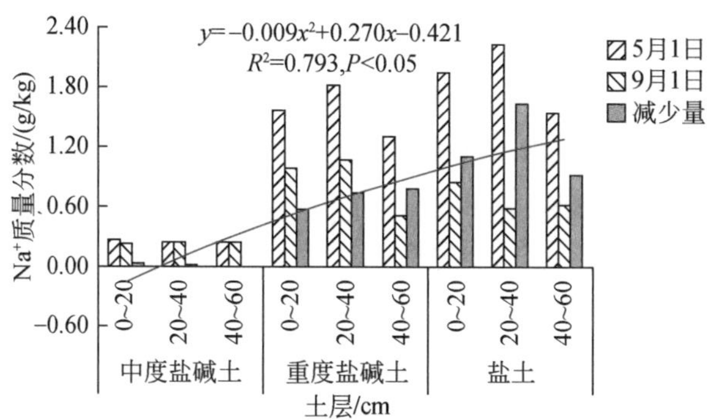

图 4-34 不同时间不同土层土壤 Na^+质量分数变化趋势

如图4-35所示，中度盐碱土和重度盐碱土两种条件下，土壤有机质质量分数随土层深度增加呈减少趋势。5月1日，0～20cm土壤有机质差异较大，且随盐分浓度增加呈减少趋势；20～40cm土壤有机质质量分数差异不明显；40～60cm土壤有机质质量分数差异较大，且土壤有机质质量分数随盐分浓度增加而增加。

如图4-36所示，中度盐碱土和重度盐碱土两种条件下，土壤速效氮质量分数随土壤深度增加呈减少趋势。5月1日，0～20cm土壤速效氮差异较大，且随盐分浓度增加呈减少趋势；20～40cm土壤速效氮质量分数差异不明显；40～60cm土壤速效氮质量分数差异较大，且土壤速效氮质量分数随盐分浓度增加而增加。

不同盐分梯度黑果枸杞生物学特征。植物成活率是植物适应不同生境的最根本保证。在盐碱地生境下，制约植物存活的主要生态因子是土壤盐分。如图4-37所示，当盐浓度≥2%时，黑果枸杞成活率还可达到36.1%；当土壤为重度盐碱土时，黑果枸杞成活率可达93.1%；当土壤为中度盐碱土时，黑果枸杞成活率反而降低至76.2%。

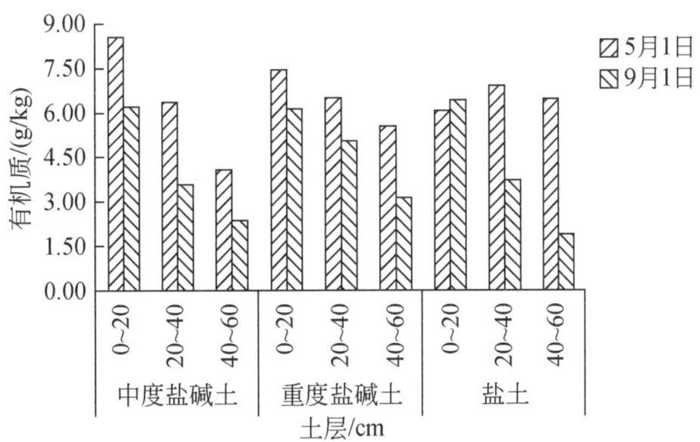

图 4-35　不同时间不同土层土壤有机质质量分数变化趋势

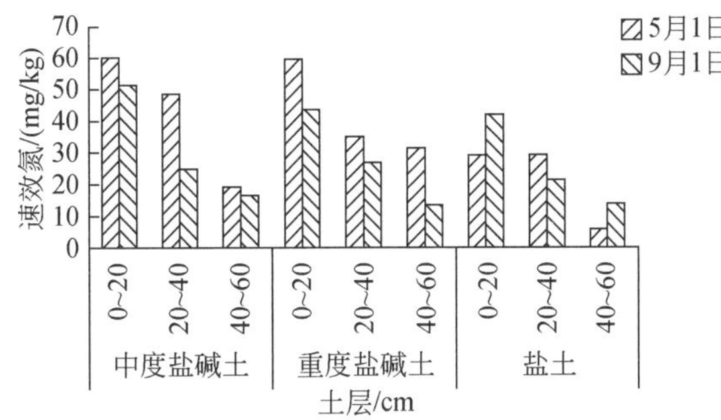

图 4-36　不同时间不同土层土壤速效氮质量分数变化趋势

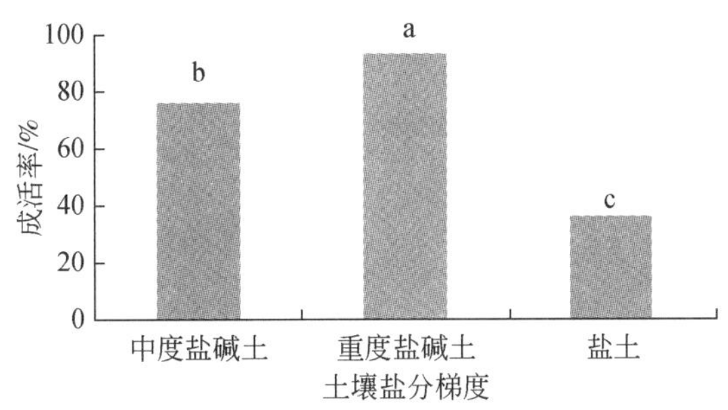

图 4-37　不同盐碱化土壤条件下黑果枸杞成活率

如图 4-38 所示，黑果枸杞成活率与土壤含盐量之间的回归方程为 $y=-1.8615x^2+4.4093x+85.215$，由此可知，随土壤含盐量增加，黑果枸杞成活率呈倒抛物线变化，即黑果枸杞成活率随土壤含盐量增加先增加后减少。当土壤含盐量为 0 时，黑果枸杞成活率为 85.21%；当土壤含盐量为 1.18%，黑果枸杞成活率为 87.82%，可能致黑果枸杞死亡的土壤含盐量为 7.97g/kg。

2）小区试验。①试验设计：在大田实验的基础上，每一盐分梯度设置 6 种处理随机

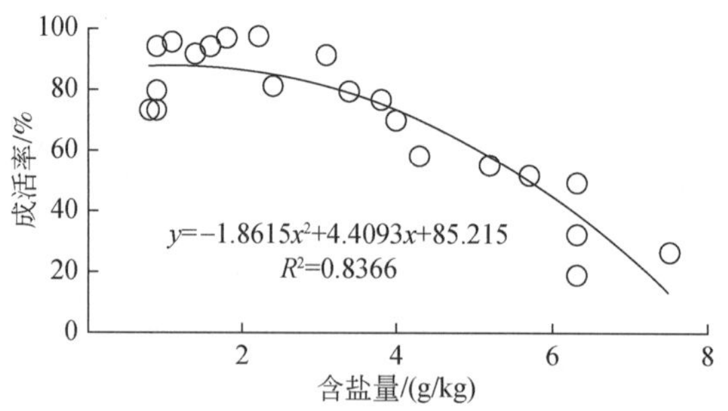

图 4-38　土壤含盐量对黑果枸杞成活率的影响

排列，小区面积为 10.8m²，6 种处理分别为 T1（CK）、T2（有机肥，0.7kg/株）(YJF)、T3（生物炭，0.7kg/株）(BC)、T4（腐殖酸，0.7kg/株）(FZS)、T5（生物炭，1.4kg/株 2BC）和 T6（腐殖酸和生物炭各 0.7kg，共 1.4kg/株）(FZS+BC)。②调查与采样：统计每一小区内每一株黑果枸杞生物学性状，统计指标和大田实验一致。③试验结果：各处理对黑果枸杞主根和侧根影响不一，但总体可划分为四种影响效果。影响主根四类划分，一类 CK；二类生物炭（BC）；三类腐殖酸（FZS），有机肥（YJF）分开使用；四类腐殖酸+生物炭（FZS+BC）。强烈影响主根伸展的处理为 FZS+BC，植株根径达到 16.87mm，影响最小为 2 倍生物炭（2BC），植株根茎为 12.77mm。影响细根四类划分，一类 YJF；二类 FZS；三类 BC；四类 FZS+BC。强烈影响细根伸展的处理为 FZS+BC，植株根径达到 5.47mm，影响最小为 2BC，植株根茎为 1.96mm，FZS+BC 的影响是生物炭单独使用的 3 倍（图 4-39）。

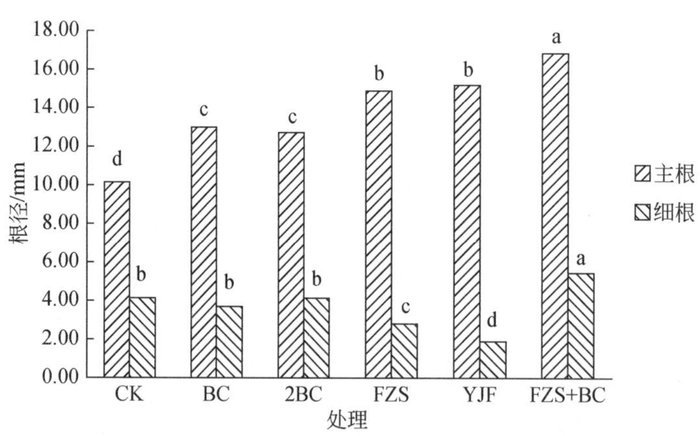

图 4-39　不同处理对黑果枸杞主根与细根的影响

各处理对黑果枸杞叶和地上部影响一致（图 4-40），总体可划分为 3 种影响效果。影响主根三类划分，一类 FZS；二类 FZS+BC 和 2BC；三类 BC 和 YJF。其中 FZS 对地上部影响较大，与其他组合差异显著，是最小影响组合 BC 的 2.7 倍；FZS 对叶影响最大，与其他组合差异显著，是最小影响组合 BC 的 3 倍。

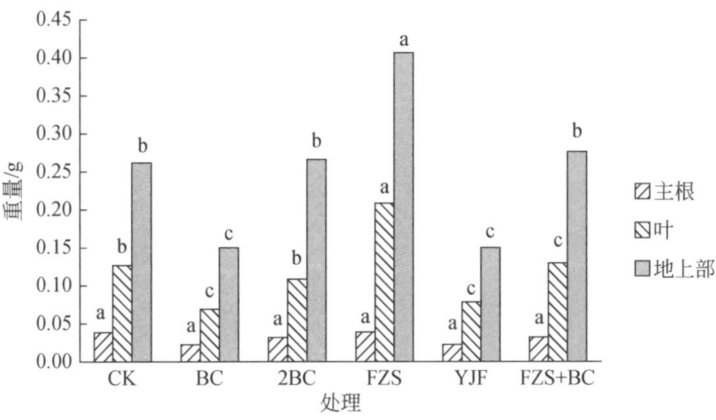

图 4-40　不同处理对主根、叶和地上部的影响

3）核桃–林下作物治理盐碱地模式。该模式调研于新疆沙雅县喀什艾日克村的一村民家中，土壤属于重度盐碱土，而且有严重板结现象。在利用前进行一系列的改良措施，如压碱、施用农家肥、晒碱等。该村民家中田地以核桃树为主，且在核桃林下种植小麦、玉米等作物，发展立体农业，灌溉方式以漫灌为主，每年纯收益为 3400 元/亩。该模式如果使用节水灌溉设施，不但可以节约水资源，也可以降低生产成本。喀什艾日克村典型立体农业如图 4-41 所示。

图 4-41　喀什艾日克村典型立体农业

4）枣作物治理盐碱地模式。红枣是沙雅县的经济树种之一，栽种方式有三种，包括红枣纯林、红枣与棉花间种、红枣与辣椒间种。三种栽种方式都采用膜下滴灌的措施。红枣栽培管理方式可参见新疆地方标准——《红枣矮化密植丰产栽培技术规程》(DB65/T 2835—2007)。红枣的品种为南疆红，南疆红达丰产期时，成本为 3000 元/亩，毛收益为 8250 元/亩。种植棉花成本为 2200 元/亩，纯收益为 930 元/亩。新疆红枣种植及间作模式如图 4-42 所示。

B. 灌水洗盐措施治理模式

1）灌水洗盐营造防护林模式。该模式调研于沙雅县喀什艾日克村南部（图 4-43），200 年前是塔里木河流域，现在是水位下降后产生的盐碱地，土壤属于重度盐碱土，土质为砂质壤土。

图 4-42　新疆红枣种植及间作模式

图 4-43　沙雅县喀什艾日克村压碱排碱水利设施和压碱现场

2）灌水洗盐道路绿化模式。该模式调研于新疆阜康市（图 4-44），道路两旁土壤属于重度盐碱土，所以造林前通过工程措施对土壤进行改良，即造林前经过 1～2 年的排碱和 1 年的压碱（用水压碱），然后进行造林，所使用的造林树种为白榆、俄罗斯杨。为了提高保存率，造林成活后每年定期对路旁绿化带进行漫灌，同时起到了压碱排碱的作用。造林成本相对较高，一般在 3500～10 000 元/亩。

3）移土+灌水排碱造林模式。该模式调研于沙雅县英买力镇库尔玛村（图 4-45），造林区域属于路旁绿化区。土壤为重度盐碱土，土质为砂质壤土。原始植被为梭梭、柽柳，覆盖度约为 90%。造林前采用工程措施把上层 1m 左右盐碱土移除，然后采用漫灌的方式进行排碱。造林绿化树种为新疆杨，造林密度为 1.5m×1m，2015 年春季造林，只进行了一次漫灌排碱，成活率为 30%～40%。

新疆大面积改良土壤盐碱化的方式是以排水洗盐为前提来展开的：以水为中心，建立完整、配套的灌排系统，用大量的水灌溉空地，同时用排碱沟排去盐水，然后再种植作物。优点是洗盐后，作物保苗较好，短期内产量也较好。但是，洗盐时用水量大，每公顷达 6000～10 000m^3，这部分水没有直接产生效益，水资源的利用不充分。同时，排水系统建设，一次性投资大，需要很长时间才能产生效益。另外，排水造成灌区下游土地次

图 4-44 阜康市“灌水洗盐”栽植白榆

图 4-45 沙雅县英买力镇库尔玛村路旁绿化

生盐碱化，恶化环境，影响生态系统良性循环。在新疆的盐碱土区，无论是营造防护林还是路边绿化，都使用工程措施进行前期改良，加之这些年节水灌溉措施大力推广，投入成本很高。综合考虑盐碱度轻重、树种选择及苗木质量等成本因素，一般在 2500 ~ 8000 元/亩。

4）轻度盐碱地常规造林模式。①轻度盐碱土常规造林模式。调研地点位于阜康市产业园（图 4-46），道路两旁土壤属于轻度盐碱土，可用造林树种较多，可大面积造林。道路两旁进行了大面积的带状混交造林，树种有紫穗槐、白榆、大叶白蜡和小叶白蜡等。造林成本较低相对，一般在 1500 ~ 3500 元/亩。②轻度盐碱土营造防护林模式。防护林以阜康市南山林下合作社造林最为典型（图 4-47），阜康市南山为阜康市的南端，靠近天山北麓，海拔相对较高，土壤属于轻度盐碱土。该地造林树种以白榆和大叶榆为主，还有以白榆为砧木嫁接大叶榆。

所调研的林分为 2011 年栽植的一年生小苗，造林前带有土坨，采用常规方式进行造林。造林后铺设滴灌设施，进行节水灌溉以提高保存率，造林成本为 2000 元/亩，共造 3.5 万亩，并以合作社形式外包，同时进行林下养殖，发挥良好的生态效益和经济效益。

图 4-46　阜康市产业园路边绿化

图 4-47　阜康市南山林下合作社造林

4.5.2.4　青海旱区盐碱地资源持续利用

(1) 经济树种治理盐碱地模式

本研究主要调研了青海德令哈市枸杞治理盐碱地模式。

1) 柯鲁柯种植基地枸杞治理盐碱地模式。该种植基地位于德令哈市柯鲁柯镇，海拔为2900m。德令哈市万亩枸杞园柯鲁柯种植示范基地包括林业队、马兰、一大队、平原基地，总面积为30 000 亩，其中林业队为7500 亩，马兰为3000 亩，一大队为3500 亩，平原基地为16 000 亩（图4-48）。

柯鲁柯种植基地土壤为荒漠中度盐碱土，年降水量大部分地区不到100mm。植被稀少，以非常耐旱的肉汁半灌木为主。土壤基本上没有明显的腐殖质层，土质疏松，缺少水

图 4-48　德令哈市柯鲁柯镇枸杞种植

分，土壤剖面几乎全是砂砾，碳酸钙表聚、石膏和盐分聚积多，土壤发育程度差。基地自 2009 年实施节水灌溉，总灌溉面积 27 000 亩，渠道灌溉面积 3000 亩，经测量使用节水灌溉后，每亩需水量由原来的 1600m^3 降为 2012 年的 150m^3，每亩节水 1450m^3。

枸杞为 2009 年栽植的一年苗，栽植品种主要为宁杞 1 号和宁杞 2 号，栽植的株行距为 1m×3m，田间杂草主要为灰绿藜和冰草，基地道路旁绿化树种主要是青杨和棉花柳。经实测，其地径为 3.6～6.2cm，生长高度为 1.2～2m，冠幅为（1.5～1.8）m×（1.5～1.8）m。

柯鲁柯种植基地严格按照“公司+基地+农户”林业产业发展模式，结合全市城乡一体化建设，带动周边农牧民致富，以提高农牧民收入为目标，大力发展林业产业标准化枸杞种植基地。2012 年产果面积 10 000 亩，亩产枸杞干果 100kg，枸杞总产量在 500t，每千克按 40 元计算，产值在 4000 万元左右。通常枸杞树在 4～5 年达到盛果期，在 2017 年以后，30 000 亩枸杞地亩产干果 150kg，年产量达 4500t，年产值 1.8 亿元。枸杞产业的发展在一定程度上解决就业问题，每户年平均增加收入 5000 元，经济效益和社会效益都极其显著。

2）怀头他拉农场枸杞治理盐碱地模式。怀头他拉农场（图 4-49）位于德令哈市西部怀头他拉镇境内，面积为 210km^2。怀头他拉为蒙古语，意为“西面的庄稼”。

怀头他拉农场土壤为沙土，过去不合理开发利用造成土壤次生盐碱化，土壤盐碱化程度较轻。现农场有 3 种模式，红枸杞、黑果枸杞以及红黑果枸杞间作，并采用水肥一体化膜下滴灌的技术措施，同时使用黑色地膜覆盖，不但有保湿的作用，还通过抑制杂草光合作用以达到除草的目的。红枸杞行间距为 1.5m×1m，一般种植密度为 440 株/亩。黑果枸杞和红黑果枸杞间作密度为 3m×1.5m，这样设计是为了便于机械化操作。

3）诺木洪农场枸杞治理盐碱地模式。诺木洪农场（图 4-50）位于海西都兰县境内，处于柴达木盆地中央位置，属典型的沙漠灌溉绿洲农业区。农场东西约 30km，南北约 5km，南面为沙漠、昆仑山，东面、西面和北面为草原，地势呈南高北低。该地区土壤属于次生盐碱土，农场南部盐碱化程度较轻，而农场北部盐碱化程度较重。

(a) 红枸杞纯林地　(b) 黑果枸杞纯林地
(c) 黑果枸杞和红枸杞混交林　(d) 水肥一体化部分设备

图 4-49　怀头他拉枸杞种植基地

图 4-50　诺木洪农场枸杞种植

枸杞造林密度为 1.5m×2m，树龄为 7 年，造林品种为宁杞 1 号。经调查，地径为 4.0 ~ 5.5cm，高为 1.2 ~ 1.8m，冠幅为（1.5 ~ 1.7）m×（1.5 ~ 1.7）m。关于柴达木枸杞种植的详细措施参见青海地方标准——《柴达木地区枸杞栽培技术规程》(DB63/T 858—2009)(俞永科和王玫林，1997)。

(2) 盐碱地封育模式

1) 可鲁克湖-托素湖自然保护区封育。该湖位于柴达木盆地的东北部，海拔为2811m。该调研地由湖水水位下降而次生化为盐碱地，土壤属于重度盐碱土，土质为砂壤土。优势植物为芦苇和白刺，植被覆盖度为85%～90%。白刺生长量调查结果显示，地径为2.5cm，高为1.6m，冠幅为1.8m×1.9m。芦苇的高为1.5～2.5m。可鲁克湖-托素湖自然保护区封育现状（2012年）如图4-51所示。

图 4-51　可鲁克湖-托素湖自然保护区封育现状

2) 可鲁克湖西岸封育。该地区属于可鲁克湖-托素湖自然保护区一部分，土壤同属于重度盐碱土，土质为砂质壤土，土层厚度约为2m。优势植物为白刺，还可见野生黑果枸杞，植被覆盖度约为80%。经调查，地径为3.5～6cm，高为1.8～2.5m，冠幅为(1.5～3)m×(1.5～3)m。

3) 诺木洪农场观桂花草场封育。该封育地位于诺木洪农场北部，以围栏方式进行封育。土质为砂质壤土，优势植物为柽柳和白刺，偶见柠条，植被覆盖度约为95%。柽柳高为3.05m，冠幅为4.7m×4.3m；白刺高为2.3m，冠幅为3.6m×3.7m。柴达木盆地盐碱地治理模式汇总见表4-13。

表 4-13　柴达木盆地盐碱地治理模式汇总

治理模式	种植特点	一次性成本/(元/亩)	第二年以后管理成本/(元/亩)	年均毛效益/(元/亩)	动态回收期/年	适用盐碱地类型
柯鲁柯镇种植基地枸杞治理盐碱地模式	常规种植 粗放管理	7 500	5 300	9 000	2	中度
怀头他拉农场枸杞治理盐碱地模式	水肥一体化技术灌溉	4 200	2 150	12 000	1	中度

续表

治理模式	种植特点	一次性成本/（元/亩）	第二年以后管理成本/（元/亩）	年均毛效益/（元/亩）	动态回收期/年	适用盐碱地类型
诺木洪农场枸杞治理盐碱地模式	常规种植精细管理	9 250	6 250	18 000	1	中度
盐碱地封育治理模式	常规封育	70～100	70～100	—	—	—

4）“隔盐+客土”造林治理模式。该模式调研于德令哈市，德令哈市道路旁土壤一般为盐碱土，绿化树种一般为耐盐碱耐干旱的新疆杨。客土造林程序如下：首先沿造林带把1m深的盐碱土挖掘出来；然后铺一层隔盐薄膜，目的是防止地下盐碱上移；隔盐膜从下到上依次铺盖50cm厚的粗砂、20cm的细沙、30cm的土壤；最后栽植新疆杨。

4.5.2.5 宁夏盐碱地资源持续利用

（1）宁夏中重度盐碱地暗沟排盐造林可持续利用研究

A. 试验方案

试验设置5个处理，暗沟间距3m（T1）、暗沟间距6m（T2）、暗沟间距9m（T3）、暗沟间距15m（T4）、对照（CK）。暗沟设计标准：沟宽0.4m，沟北侧深1.0m，沟南侧深1.2m，沟底石头垫层0.3m，秸秆垫层0.1m。设计如图4-52所示，图中粗线条是设置的暗沟，对照区域宽度为30m。供试树种为垂柳，种植间距为3m×3m。

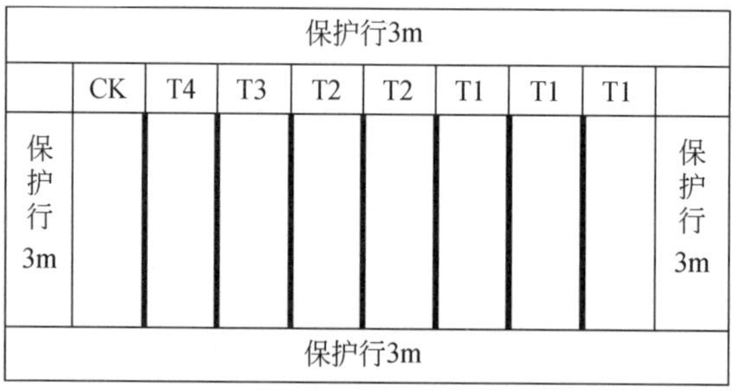

保护行3m									
	CK	T4	T3	T2	T2	T1	T1	T1	
保护行3m									保护行3m
保护行3m									

图4-52 暗沟试验设计

土壤改良措施：每个小区按照脱硫石膏1.5t/亩、糠醛渣1t/亩、牛粪3m³/亩的标准施入改良物料，并通过深翻和旋耕使改良物料与表层土壤充分混合。乔木树坑直径0.8m，深1.0m。在树坑底部设置秸秆垫层0.2m，同时将坑土与脱硫石膏4.5kg/坑、糠醛渣3kg/坑、牛粪0.009m³/坑充分混合后回填。

B. 指标测定

土壤及生长指标：于改良前（2015年5月）、改良1年（2015年10月）、改良2年（2016年10月）、改良3年（2017年8月）分层取样，测定不同处理下0～20cm、20～40cm、40～60cm、60～80cm、80～100cm土层的pH、含盐量和碱化度。于2015年10月、2016年8月、2017年8月测定垂柳成活率、保存率、冠幅、树高。

叶片光合特性：在晴朗无云的 3 天中，对垂柳叶片光合特性进行测定。利用 TPS-2 便携式光合作用分析仪测定垂柳叶片的净光合速率［Pn，μmol/(m^2·s)］、蒸腾速率［Tr，mmol/(m^2·s)］、气孔导度［Gs，mmol/(m^2·s)］和胞间 CO_2浓度（Ci，ppm）。同时记录光合有效辐射［PAR，μmol/(m^2·s)］、空气相对湿度（RH,%）、气温（Ta,℃）、环境 CO_2浓度（Ca，ppm）等环境参数。叶片瞬时水分利用效率（LWUE，μmol/mol）的计算公式为 LWUE = Pn/Tr。

C. 试验结果

1）不同暗沟间距对盐碱化土壤 pH 的影响。不同改良年限土壤 pH 变化如图 4-53 所示。经过 3 年的改良，不同土层 pH 均有不同程度的降低。T1、T2、T3 和 T4 处理 0 ~ 20cm 土层 pH 分别比 CK 降低 0.19、0.21、0.21 和 0.06，T1、T2、T3 优于 T4。T1、T2、T3 和 T4 处理 20 ~ 40cm 土层 pH 分别比 CK 降低 0.45、0.42、0.18 和 0.05，T1、T2 优于 T3 和 T4。

T1、T2、T3 处理 40 ~ 60cm 土层 pH 分别比 CK 降低 0.41、0.41、0.20，T1、T2 优于 T3。T1、T2、T3 和 T4 处理 60 ~ 80cm 土层 pH 分别比 CK 降低 0.33、0.25、0.14、0.10，T4 处理增加 0.01，T1、T2 低于 T3 和 T4。T1、T2、T3 处理 80 ~ 100cm 土层 pH 分别比 CK 降低 0.16、0.19、0.05，T4 处理增加 0.03，T1、T2 优于 T3 和 T4。

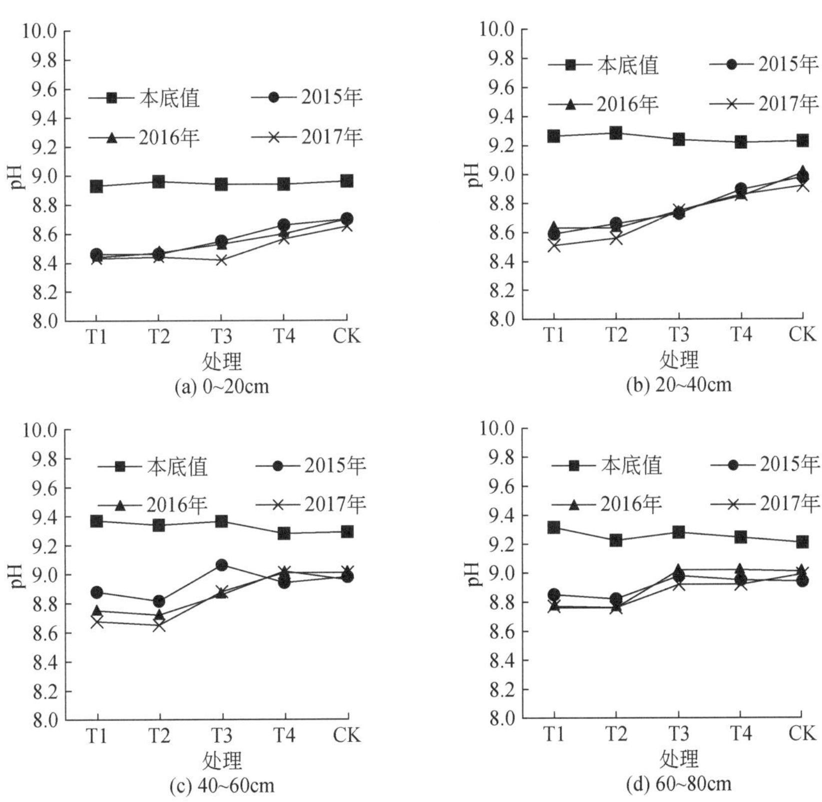

(a) 0~20cm

(b) 20~40cm

(c) 40~60cm

(d) 60~80cm

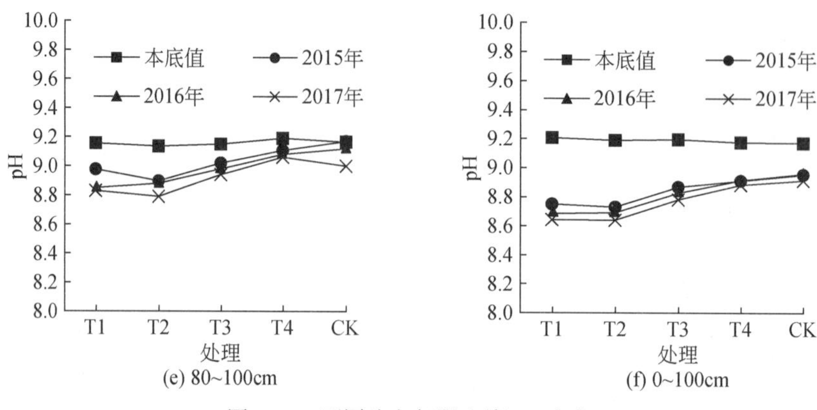

图 4-53 不同改良年限土壤 pH 变化

不同改良年限土壤 pH 降低幅度有显著性差异。其中，2015 年不同土层 pH 平均降低 0. 34，2016 年和 2017 年不同土层 pH 基本没有变化，部分还有略微增加的趋势。这可能与灌溉水水质和取样时间有关。灌溉水 pH 在 8. 0 左右；2 次取样均在最后一次灌水 10 天后，不同年限蒸发量等环境条件对数据有一定影响。

由此可见，20 ~ 40cm 土层 pH 降幅最大，80 ~ 100cm 土层 pH 变化最小。试验结果表明，T1（3m）和 T2（6m）暗沟间距处理效果最佳。

2）不同暗沟间距对盐碱化土壤含盐量的影响。不同处理条件对土壤含盐量的影响如图 4-54 所示。

0 ~ 20cm 土层：随着改良时间的增加，土壤含盐量呈现逐年降低的趋势。2017 年，T1、T2、T3、T4 和 CK 处理土壤含盐量分别降低 92. 3%、90. 9%、89. 9%、83. 1% 和 72. 8%，不同暗沟间距条件的土壤含盐量差异显著（$P<0.05$）。T1、T2、T3、T4 处理分别比 CK 降低 72. 4%、68%、63. 6% 和 38. 9%，T1、T2、T3 处理改良效果较好，土壤含盐量降低到 1g/kg 以下，CK 处理土壤含盐量接近 3g/kg。

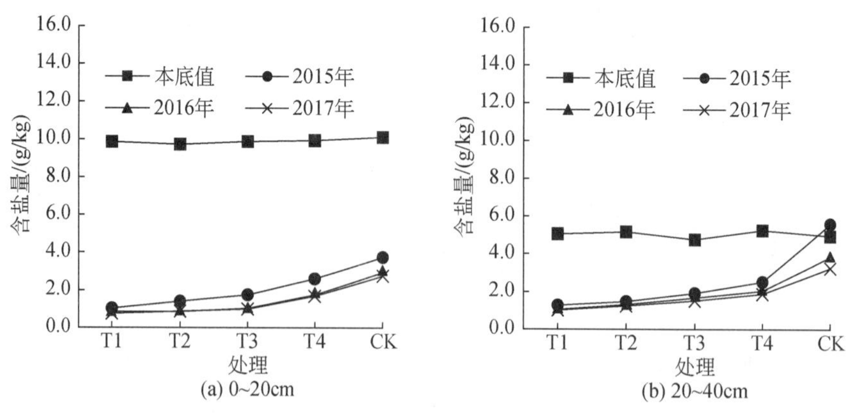

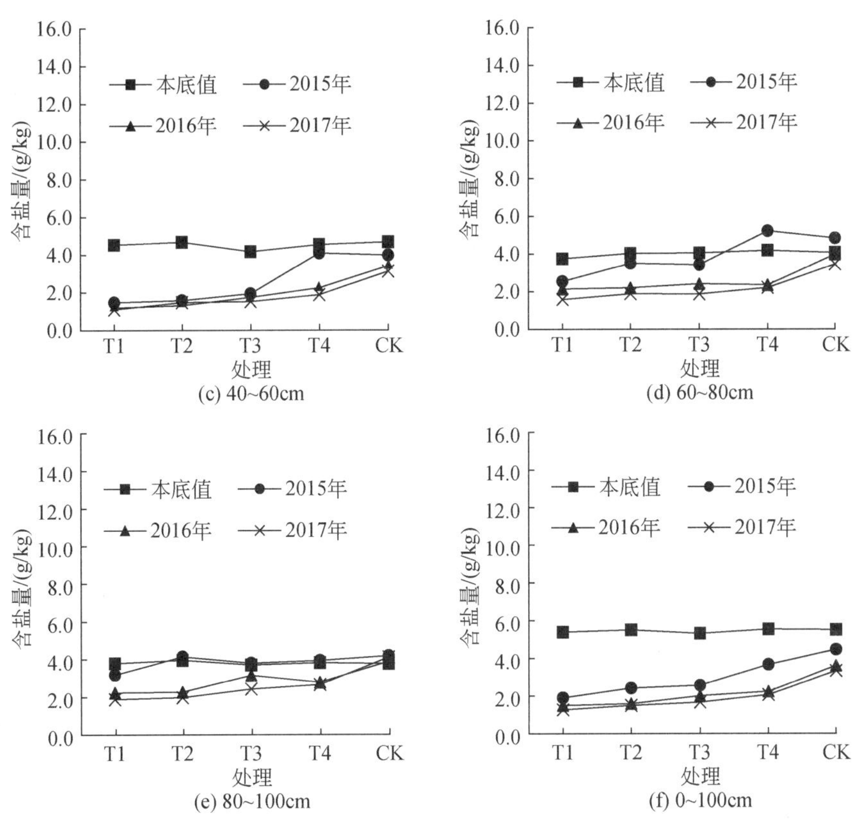

图 4-54　不同处理条件对土壤含盐量的影响

20～40cm 土层：除了 CK 处理 2015 年土壤含盐量有所增加外，其他处理均呈现逐年降低的趋势。2017 年，T1、T2、T3、T4 和 CK 处理土壤含盐量分别降低 79.8%、75.8%、68.1%、64.2% 和 34.2%，不同暗沟间距条件的土壤含盐量差异显著（$P<0.05$），T1、T2、T3、T4 处理分别比 CK 降低 68.6%、61.5%、53.2% 和 42.1%，T1～T4 处理改良效果较好，土壤含盐量降低到 2g/kg 以下，CK 处理土壤含盐量高于 3g/kg。

40～60cm 土层：2017 年，T1、T2、T3、T4 和 CK 处理土壤含盐量分别降低 75.8%、68.4%、63.6%、58.7% 和 33.4%，处理间差异显著（$P<0.05$），T1、T2、T3、T4 处理分别比 CK 降低 64.7%、52.6%、51.3% 和 39.7%，T1～T4 处理改良效果较好，土壤含盐量降低到 2g/kg 以下，CK 处理含盐量高于 3g/kg。T1、T2、T3 处理土壤含盐量在不同改良年限无显著差异，与 CK 处理差异显著。

60～80cm 土层：2015 年，T4 和 CK 处理土壤含盐量有所增加。2017 年，T1、T2、T3、T4 和 CK 处理土壤含盐量分别降低 57.9%、53.3%、54.1%、47.4% 和 15.3%，处理间差异显著（$P<0.05$），T1、T2、T3、T4 处理分别比 CK 降低 54.1%、45.3%、45.9% 和 36.0%，T1～T3 处理土壤含盐量降低到 2g/kg 以下，CK 处理土壤含盐量高于 3g/kg。

80～100cm 土层：2015 年，T2、T3、T4 和 CK 处理土壤含盐量有所增加，这主要是由上层土壤淋洗盐分的积累和下层土壤盐分未及时排出引起的。2017 年，T1、T2、T3、

T4 处理土壤含盐量分别降低 50.6%、50.0%、34.6%、30.5%，CK 处理土壤含盐量比本底值增加 9%，处理间差异显著（$P<0.05$）。T1、T2、T3 和 T4 处理分别比 CK 降低 54.4%、51.9%、41.0% 和 35.4%，T1 和 T2 处理土壤含盐量降低到 2g/kg 以下。

不同改良年限土壤含盐量降低幅度有显著性差异。其中，2015 年改良效果最明显，除 CK 处理外，2015 年不同土层含盐量平均降低 50.0%，2016 年和 2017 年分别降低 25.0% 和 10.0%；试验中也发现部分土层有略微增加的趋势，但无明显差异。

由此可见，不同暗沟间距条件土壤含盐量在不同改良年限间差异显著，土壤含盐量呈现逐年降低的趋势。2017 年，T1、T2、T3、T4 和 CK 处理下 0～100cm 土层的土壤含盐量分别降低 76.5%、72.9%、68.7%、62.7% 和 39.5%，处理间差异显著（$P<0.05$）。T1、T2、T3、T4 处理分别比 CK 降低 62.0%、55.3%、50.1% 和 38.3%，3m、6m 和 9m 暗沟间距处理土壤含盐量降低到 2g/kg 以下，适合大部分树种的栽植，有利于盐碱化土壤的生态恢复。

3）不同暗沟间距对土壤碱化度的影响。与改良前相比较，不同改良年限不同层次土壤碱化度均有不同程度的降低（图 4-55）。

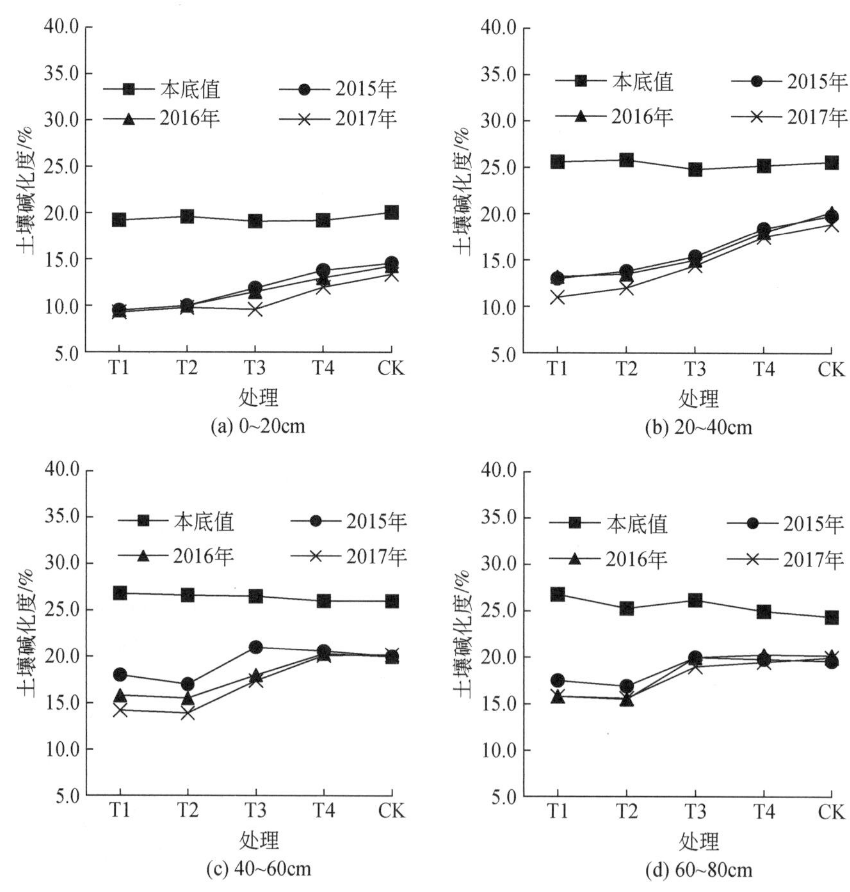

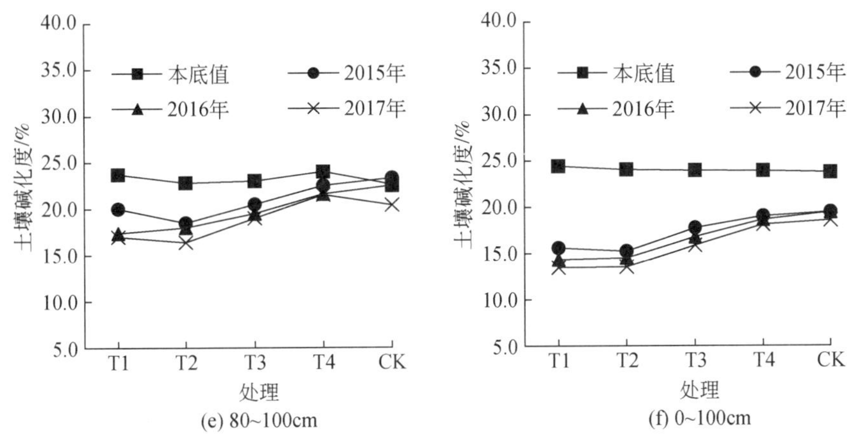

图 4-55　不同处理条件对土壤碱化度的影响

0～20cm 土层：T1、T2、T3、T4 和 CK 处理土壤碱化度分别降低 51.6%、50.0%、49.7%、37.5%和 33.3%。T1、T2、T3 和 T4 处理分别比 CK 降低 30.6%、26.9%、28.4%和 10.4%，T1、T2、T3 处理土壤碱化度降低到 10.0%以下，三者间无显著差异。

20～40cm 土层：T1、T2、T3、T4 和 CK 处理土壤碱化度分别降低 57.0%、53.5%、41.9%、30.5%和 26.2%。T1、T2、T3 和 T4 处理分别比 CK 降低 41.8%、36.5%、23.8%和 7.4%，T1、T2、T3 处理土壤碱化度降低到 15.0%以下，三者间无显著差异。

40～60cm 土层：T1、T2、T3、T4 和 CK 处理土壤碱化度分别降低 47.0%、47.7%、34.3%、22.7%和 22.3%。T1、T2、T3 和 T4 处理分别比 CK 降低 29.7%、31.2%、13.9%和 0.5%，T1、T2 处理土壤碱化度降低到 15.0%以下，T4 和 CK 处理土壤碱化度高于 20.0%。

60～80cm 土层：T1、T2、T3、T4 和 CK 处理土壤碱化度分别降低 41.0%、38.3%、27.5%、22.0%和 18.3%。T1、T2、T3 和 T4 处理分别比 CK 降低 21.0%、22.0%、5.0%和 2.5%，T1、T2 处理土壤碱化度降低到 15.0%以下，其他处理高于 20.0%。

80～100cm 土层：T1、T2、T3、T4 和 CK 处理土壤碱化度分别降低 28.3%、28.1%、17.4%、10.4%和 9.7%。T1、T2 和 T3 处理分别比 CK 降低 16.7%、19.6%、6.9%，T4 略有增加，T1、T2、T3 处理土壤碱化度降低到 20.0%以下，T4 和 CK 处理土壤碱化度高于 20.0%。

不同改良年限土壤碱化度降低幅度有显著性差异。其中，2015 年不同土层土壤碱化度平均降低 27.3%，2016 年和 2017 年分别降低 4.0%和 5.0%。可见，土壤碱化度的降低以 2015 年为主。

由此可见，不同间距暗沟对 0～20cm 和 20～40cm 土层的土壤碱化度改良效果最佳，平均降低 40.0%；对 40～60cm 和 60～80cm 土层的土壤碱化度改良效果较好，平均降低 30.0%；对 80～100cm 土层的土壤碱化度改良效果最差，低于 20.0%。以上试验结果表明：3m 和 6m 间距暗沟处理效果最佳，最有利于盐碱化土壤生态恢复。

4）不同暗沟间距对垂柳保存率等生长指标的影响。不同处理条件对垂柳保存率和生长特征的影响如图 4-56 所示。不同暗沟间距条件下垂柳 2015 年的保存率均在 90. 0% 以上。T1 和 T2 垂柳保存率 100% , T3 和 T4 垂柳保存率高于 90. 0% , CK 处理垂柳保存率仅为 71. 4% 。

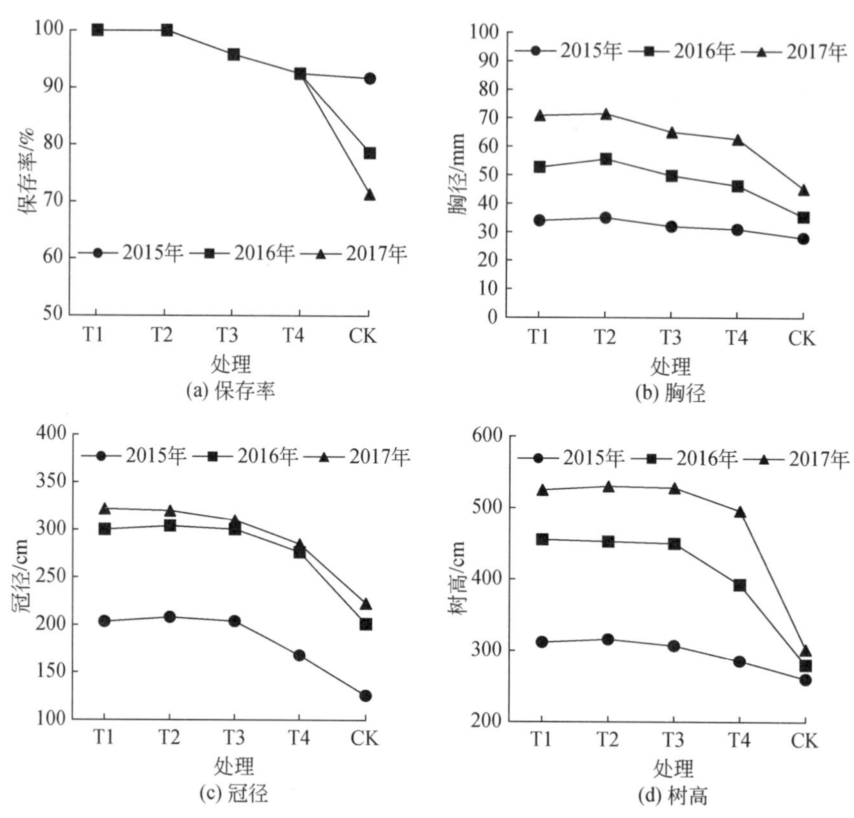

图 4-56　不同处理条件对垂柳保存率和生长特征的影响

胸径结果表明，2017 年，T1 和 T2 处理垂柳胸径大于 70mm，CK 处理垂柳胸径小于 50mm，T1、T2、T3、T4 与 CK 处理垂柳胸径差异极显著（$P<0.01$）。与 2015 年相比，T1、T2、T3、T4 和 CK 处理胸径分别增加 40. 8mm、41. 4mm、35mm、32. 6mm 和 15. 2mm，暗沟处理对垂柳胸径增长影响显著。3m 和 6m 暗沟间距处理无显著性差异。

冠径结果表明，2017 年，T1、T2、T3 处理垂柳冠径大于 300cm，CK 处理仅为 223cm，T1、T2、T3、T4 与 CK 处理差异极显著（$P<0.01$），暗沟处理对垂柳冠径影响显著。

树高结果表明，2017 年，T1、T2、T3 处理垂柳树高大于 520cm，CK 处理仅为 302cm，T1、T2、T3 与 T4、CK 处理垂柳树高差异极显著（$P<0.01$）。与 2015 年相比，T1、T2、T3、T4 处理垂柳树高分别增加 300cm 以上，CK 处理垂柳树高增加 102cm。3m、6m、9m 和 15m 暗沟间距条件下的垂柳树高无显著性差异（$P>0.05$）。

综合考虑垂柳的保存率、胸径、冠径、树高，3m、6m 和 9m 暗沟间距条件下的土壤适合大部分树种的栽植，生态恢复效果最佳。

5）不同暗沟间距对盐碱化土壤生态恢复植被覆盖度的影响。不同处理对生态恢复植被覆盖度的影响相似（图 4-57）。T1、T2、T3、T4 处理植被覆盖度无显著性差异，但均显著高于 CK 处理。2017 年，T1、T2、T3、T4 和 CK 处理植被覆盖度分别为 61.0%、62.0%、60.0%、48.0% 和 25.0%。其中，T1、T2、T3、T4 处理植被覆盖度均高于 40.0%，生态恢复效果较好。

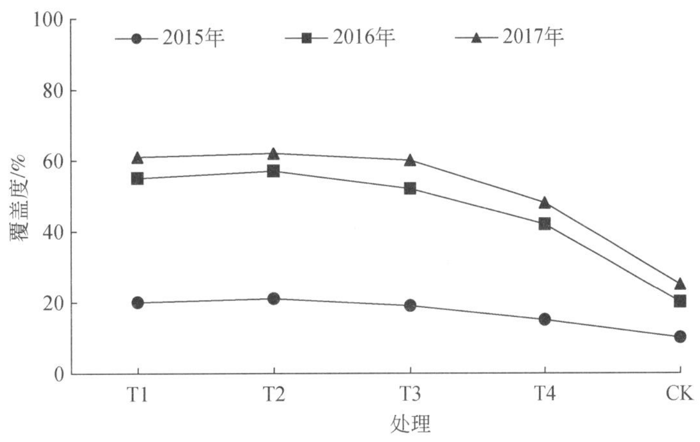

图 4-57　不同处理对生态恢复植被覆盖度的影响

D. 宁夏重度盐碱化土壤暗沟排盐造林技术试验效果

宁夏吴忠重度盐碱化土壤暗沟排盐造林试验效果如图 4-58 所示。

(a) 2017年对照效果

(b) 2017年3m暗沟处理效果

图 4-58　宁夏吴忠重度盐碱化土壤暗沟排盐造林试验效果

（2）宁夏中重度碱化土壤改良持续利用研究

A. 碱化土壤水盐调控模式研究

为了使碱化土壤实现水盐调控，设计开展灌水洗盐、深松耕、防蒸覆盖等试验。试验选在宁夏平罗西大滩。水源以黄河水为主，以机井水为辅，指示作物为油葵。春施前（3

月中旬）对平罗西大滩试验样地进行了本地调查，结果见表4-14。

表 4-14　平罗西大滩碱化土壤理化性质

地点	年份	有机质/(g/kg)	pH	含盐量/(g/kg)	碱化度/%	容重/(g/cm³)	孔隙度/%
试验示范区	2009	5.32	9.98	2.91	35.1	1.6	45.1
非试验示范区	2009	5.09	9.20	3.8	28.6	1.5	46.2

试区土壤盐分组成以碳酸钠-碳酸氢钠为主，不仅土壤碱化度高，而且土质黏重、通透性差，地下水埋深3.5m左右。

1）田间灌水洗盐水盐调控试验。试验设计：采用随机区组划分，采用田间水盐调控技术种植油葵以改良碱化土壤。试验共设4个处理（表4-15），小区面积为6m×8m，试验重复3次。所有处理均于前一年秋季深耕松土、激光平地、当年春季播前整地、减少土表蒸发返盐。于6月中旬在试验小区之间挖渠打埂，高50cm，宽50cm，踩踏夯实，防止串灌。试验统一施用有机肥做底肥。试验地点位于西大滩试验站，土壤属于典型碱化土壤。

表 4-15　不同灌水量措施种植油葵试验设计

处理	灌溉定额/(m³/亩)		改良物组合/(t/亩)
	泡田量	灌水量	
1	100	20	0
2	60	200	2.0
3	80	200	2.0
4	100	200	2.0

注：处理4为对照。

试验灌排水仪器设备如图4-59所示。

图4-59　灌水水表和自制排水用的无喉量水堰

试验结果与分析：不同灌水量措施土壤变化见表4-16，改良后耕层土壤的含盐量、碱化度、pH逐年下降，改良第2年（2010年）较改良前土壤各层pH均显著降低。随灌水量的增加，土壤耕层含盐量、碱化度和pH基本上呈降低趋势；本试验条件下，灌水量越大，改良效果越好，2010年处理4碱化度和pH分别比改良前降低44.6%和14.4%。

表 4-16　不同灌水量措施深耕土壤 0～20cm 各指标变化

测定项目	时间	处理 1	处理 2	处理 3	处理 4
含盐量/(g/kg)	改良前	4. 20	4. 30	3. 90	4. 10
	2009 年	3. 30	2. 90	2. 70	2. 40
	2010 年	2. 90	2. 30	2. 20	2. 00
碱化度/%	改良前	31. 30	31. 80	32. 60	32. 30
	2009 年	25. 70	24. 90	23. 80	22. 60
	2010 年	23. 60	19. 70	18. 50	17. 90
pH	改良前	10. 25	9. 89	10. 11	9. 76
	2009 年	9. 28	8. 76	8. 63	8. 51
	2010 年	8. 79	8. 57	8. 41	8. 35

由图 4-60 可知，随土层深度增加，各处理土壤含盐量和 pH 基本呈升高的趋势；随土层深度增加，各处理土壤碱化度均呈先升高后降低的趋势，以 40～60cm 土层土壤碱化度最高。施用改良物配合灌水泡田能有效降低耕层土壤含盐量、碱化度和 pH。施用改良物处理耕层土壤含盐量、碱化度和 pH 均低于 CK，灌水泡田量越大，改良效果越好，处理 4 的 0～20cm 土层土壤碱化度和 pH 分别比处理 1 降低 18. 4% 和 8. 8%。

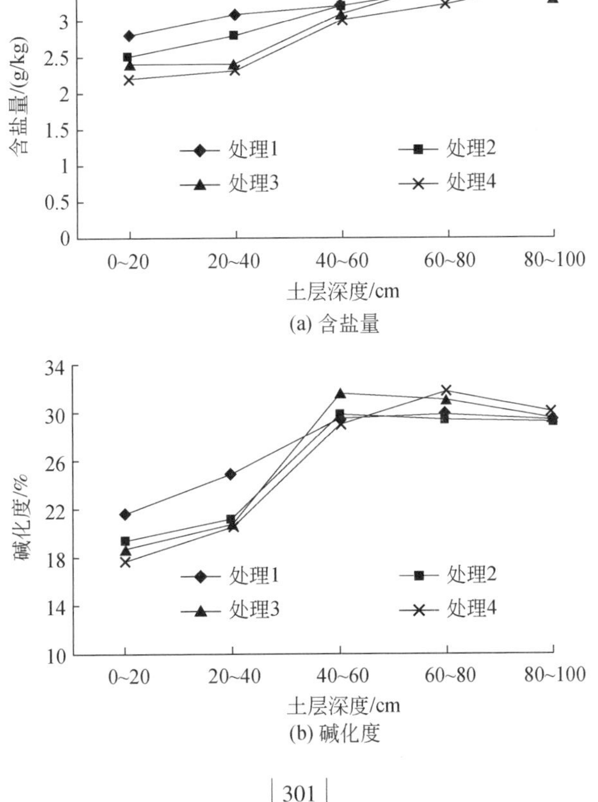

(a) 含盐量

(b) 碱化度

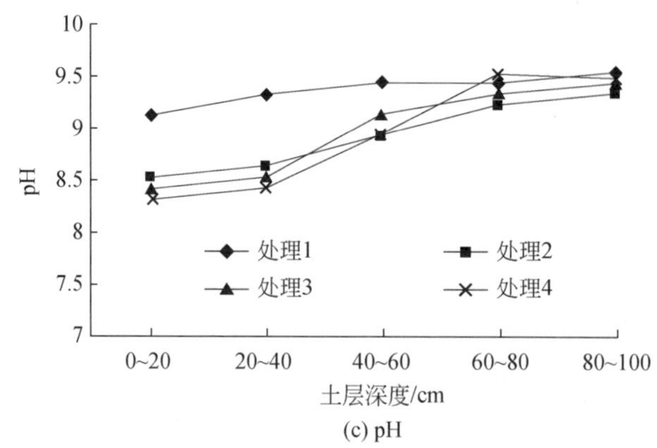

图 4-60　油葵田间水盐调控对土壤含盐量、碱化度和 pH 的影响

由表 4-17 可知，改良物改良碱化土壤后，泡田灌水量越高，越有利于油葵的生长，可见灌水泡田能提高油葵的出苗率、株高、花直径和株地径。随灌水泡田量增加，油葵产量和水分生产效率显著增加，处理 4 产量和水分生产效率分别比处理 1 增加了 75. 2% 和 62. 1%，如图 4-61 所示。

表 4-17　不同灌水量措施油葵生长发育指标

处理	出苗率/%	株高/cm	花直径/cm	株地径/cm
1	85. 2	83. 4	10. 9	1. 7
2	91. 5	93. 5	11. 2	1. 9
3	96. 8	106. 9	11. 6	2. 0
4	97. 6	124. 3	12. 3	2. 2

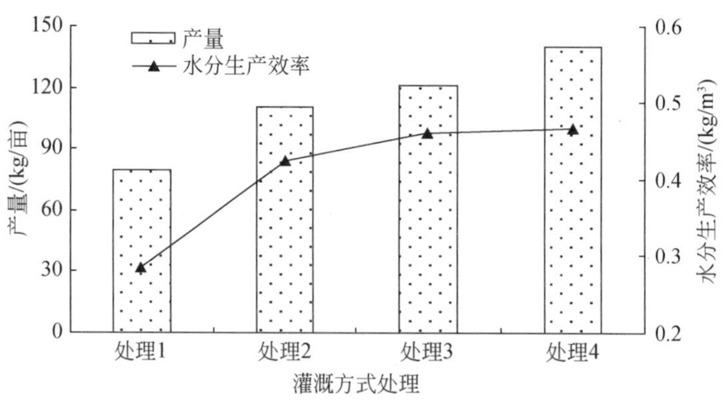

图 4-61　田间水盐调控对油葵产量和水分生产效率的影响

由上述分析可知，改良物改良碱化土壤并配合大水洗碱措施，能降低耕层土壤碱化度和 pH，有利于土壤排碱，从而促进油葵生长，灌水泡田量越大，改良效果越好，油葵产

量和水分生产效率越高。由此可见，盐碱荒地改良必须以灌水洗盐、压盐为前提，充足的灌水量能增强土壤中离子的代换作用。在灌水条件较好的地区，改良碱土型盐碱地须尽可能大水洗盐压盐。

2）田间深松耕试验。试验设计：采用单因素随机区组田间试验设计进行改良物改良碱化土壤深松耕试验研究。试验共设 4 个处理（表 4-18），分别为不深松、深松 25cm、深松 35cm、深松 45cm。试验小区面积为 6m×10m，试验重复 3 次。所有处理均于秋季施用改良物 2. 0t/亩后进行耕作。除耕作措施外，试验各处理其他管理措施一致。试验地点位于西大滩试验站，土壤属于典型碱化土壤。

表 4-18　深松耕试验效果

测定项目	时间	不深松	深松 25cm	深松 35cm	深松 45cm
含盐量/(g/kg)	改良前	4. 10	4. 20	4. 10	4. 30
	2009 年	3. 00	2. 60	2. 50	2. 70
	2010 年	2. 70	2. 10	2. 10	2. 30
碱化度/%	改良前	32. 80	32. 90	31. 70	32. 10
	2009 年	24. 90	24. 10	23. 70	24. 60
	2010 年	22. 10	19. 10	17. 80	19. 30
pH	改良前	9. 72	9. 81	9. 69	9. 76
	2009 年	9. 28	8. 71	8. 68	8. 59
	2010 年	9. 00	8. 49	8. 35	8. 25

注：表中数据为耕层土壤（0 ~40cm）含盐量、碱化度、pH，下同。

试验结果分析，由图 4-62 可见，改良物改良碱化土壤深松耕能够有效降低土壤含盐量、碱化度和 pH。含盐量由改良前的 4. 20g/kg，降至 2. 30g/kg 以下；以深松 25cm 为例，碱化度由改良前的 32. 20%，降至 19. 10%，降低了 13. 80%；pH 由改良前的 9. 81，降至 8. 49；可见改良物施用和深松耕处理改良碱化土壤效果明显。

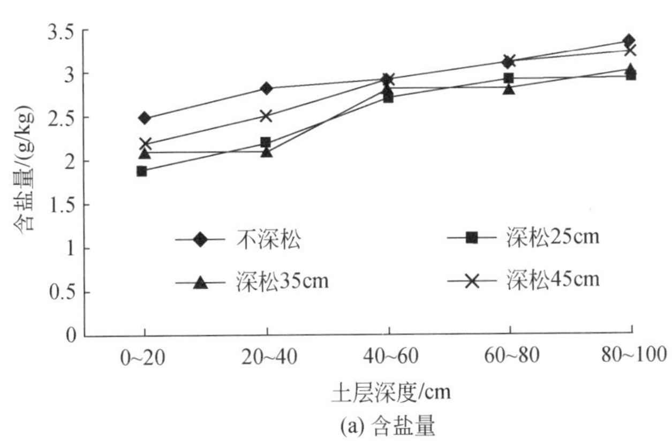

(a) 含盐量

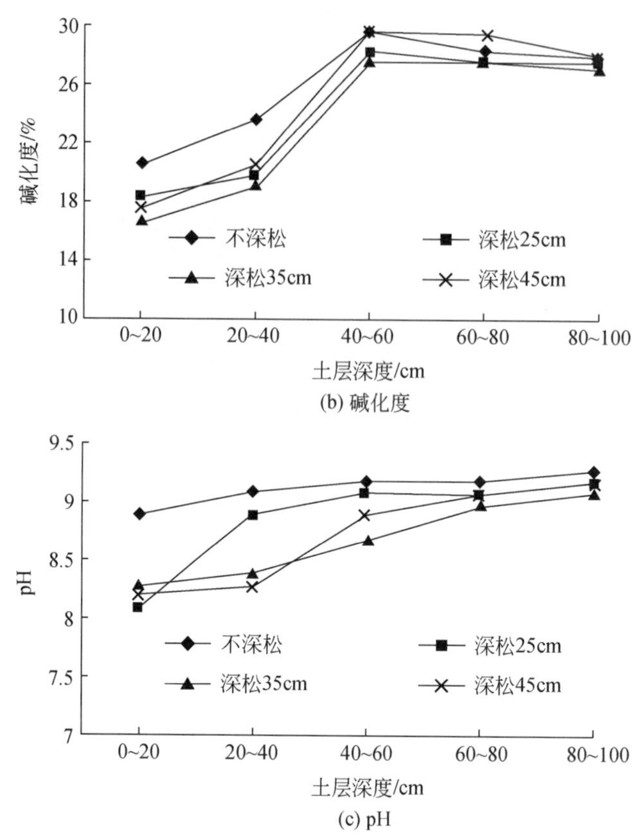

(b) 碱化度

(c) pH

图 4-62 深松耕处理对土壤含盐量、碱化度和 pH 的影响

如图 4-63 所示，深松耕处理能显著降低土壤各层的容重，0 ~ 20cm 土层土壤容重由 1.53g/cm^{3}降至 1.32g/cm^3，深松 35cm 处理比不深松处理 0 ~ 20cm 土壤容重降低了 13.7%。同时，深松耕提高了土壤孔隙度（图 4-64），0 ~ 20cm 土层土壤孔隙度由 45% 升高到 53%，深松 35cm 处理比不深松处理 0 ~ 20cm 土壤孔隙度提高了 17.8%。深松耕处理显著提高了土壤含水量（图 4-65），尤其是 20 ~ 40cm 土层土壤含水量，深松 25cm 处理 20 ~

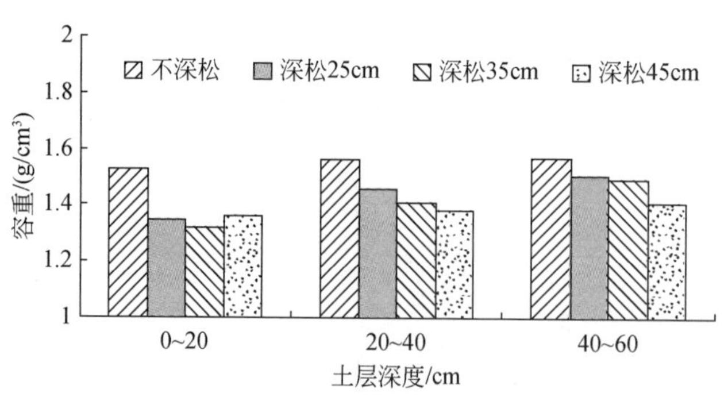

图 4-63 深松耕处理对土壤容重的影响

40cm 土层土壤含水量比不深松处理提高了 23.5%。可见，深松耕处理能够降低耕层土壤容重，提高土壤孔隙度，显著改善土壤物理性状，提高土壤的保水能力。

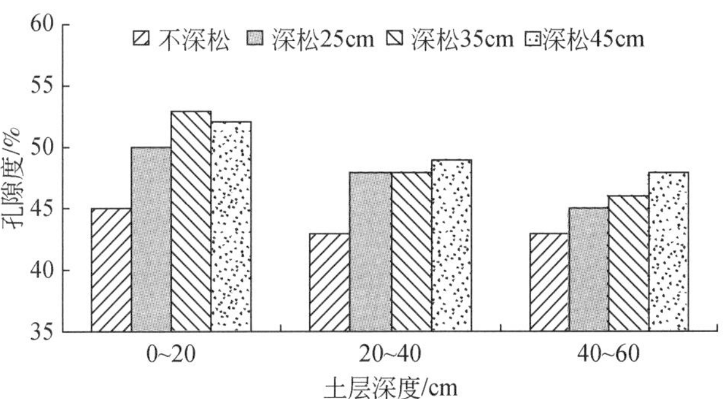

图 4-64　深松耕处理对土壤孔隙度的影响

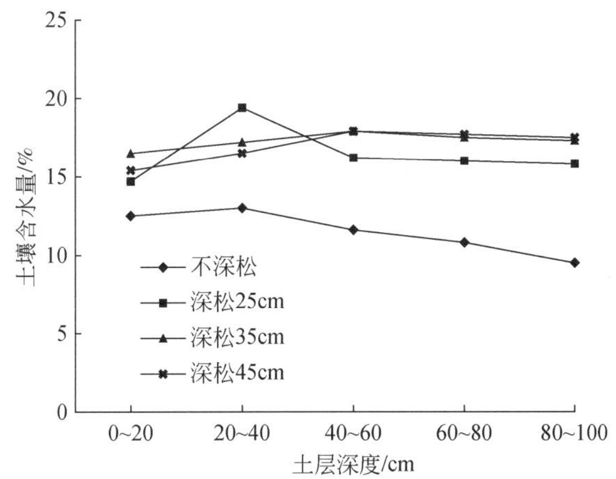

图 4-65　深松耕处理对土壤含水量的影响

由表 4-19 和图 4-66 可知，深松耕处理能提高油葵出苗率，增加株高、花直径和株地径，促进油葵的生长。三个深松耕处理中，深松 35cm 处理对油葵生长的促进效果最好，出苗率、株高、花直径和株地径分别比不深松处理提高了 14.5%、35.7%、36.7% 和 35.3%。

表 4-19　深松耕对油葵生长发育影响试验

处理	出苗率/%	株高/cm	花直径/cm	株地径/cm
不深松	83.6	93.5	10.9	1.7
深松 25cm	91.1	113.2	13.5	2.1
深松 35cm	95.7	126.9	14.9	2.3
深松 45cm	90.3	106.7	13.2	2.0

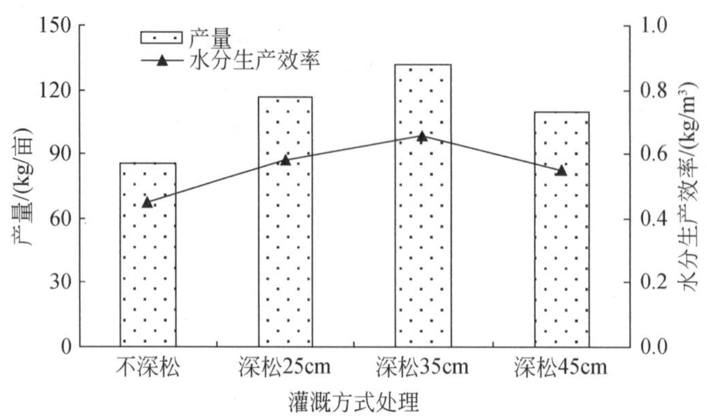

图 4-66　深松耕处理对油葵产量和水分生产效率的影响

深松耕处理对提高油葵产量和水分生产效率均有显著效果。深松 35cm 处理的产量和水分利用效率分别达到 131.6kg/亩和 0.66kg/m^3，比不深松处理提高 53.2% 和 46.7%。

试验结果表明，深松耕能降低耕层土壤碱化度、pH 和容重，提高土壤孔隙度和保水能力，有利于抑制土壤返碱，从而促进油葵生长，最终提高产量和水分生产效率，改良物施用条件下进行深松耕处理改良碱化土壤效果明显。

3）防蒸覆盖试验。试验设计：试验分膜草覆盖、草帘覆盖、地膜覆盖和无覆盖四种种植方式，其中地膜覆盖又分为无色膜与黑膜两种（表 4-20）。

表 4-20　不同覆盖措施种植油葵试验设计　　单位：次

处理	膜草覆盖	草帘覆盖	地膜覆膜		无覆盖	无覆盖（未施）
			无色膜	黑膜		
1	3	3	3		3	3
2	2	2	2		2	2
3	1	1	1		1	1
4	0	0	0		0	0

注：未施指未施改良剂，处理 4 为对照。

由表 4-20 可知，每种种植方式中又以灌水 3 次、2 次、1 次、0 次分 5 个水平，两个重复，其中每次灌水量为 5m^3/亩。所有试验均采用行走式节水补灌机补灌。试验小区南北长 12m，东西宽 4m，如图 4-67 所示。

由各处理的出苗率可知，不同覆盖条件下，油葵出苗率从高至低排列依次为无色膜>膜草>黑膜>无覆盖>草帘>无覆盖（未施）。不同覆盖条件下，无色膜覆盖出苗率最高，膜草覆盖次之；无覆盖（未施）出苗率最低，草帘覆盖出苗率次低。说明无色膜覆盖与膜草覆盖有利于提高油葵出苗率，如图 4-68 所示。

由各处理的成熟期株高可知，不同覆盖条件下，油葵株高从高至低排列依次为膜草>无色膜>无覆盖>黑膜>无覆盖（未施）>草帘。不同覆盖条件下，膜草覆盖株高最高，无色膜覆盖次之；草帘覆盖株高最低，说明膜草覆盖与无色膜覆盖有利于油葵生长，草帘对油葵株高有抑制作用，如图 4-69 所示。

图 4-67　田间试验设置

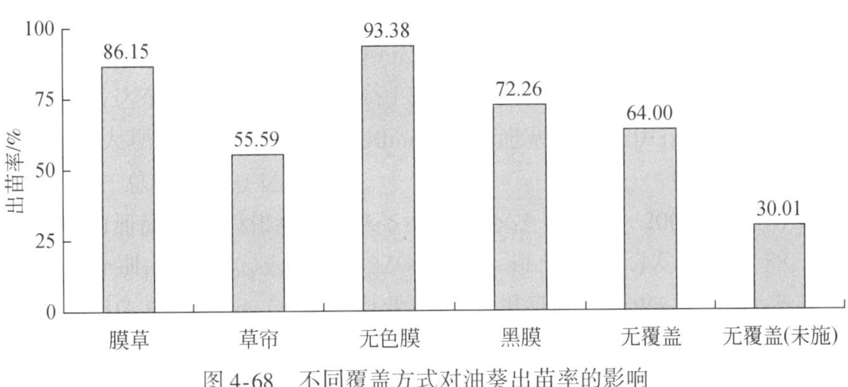

图 4-68　不同覆盖方式对油葵出苗率的影响

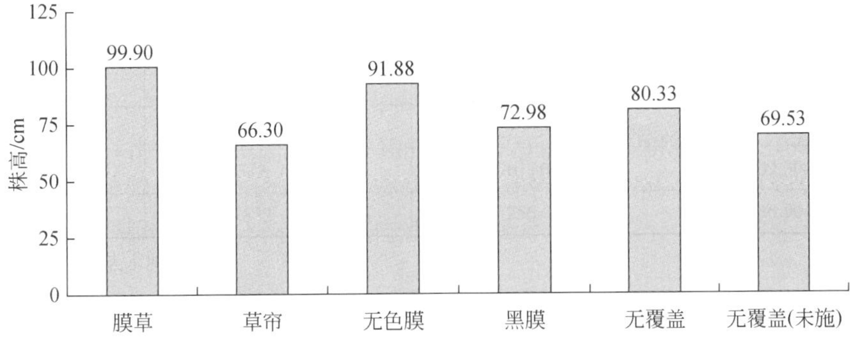

图 4-69　不同覆盖方式对油葵株高的影响

由各处理的千粒重可知，不同覆盖条件下，油葵千粒重从高至低排列依次为膜草>黑膜>无色膜>无覆盖>无覆盖（未施）>草帘。不同覆盖条件下，膜草覆盖千粒重最高，黑膜次之；草帘覆盖油葵千粒重最低，说明膜草覆盖与黑膜覆盖有利于油葵籽粒生长，如图 4-70 所示。

由各处理的产量可知，不同覆盖条件下，油葵产量从高至低排列依次为膜草>黑膜>无

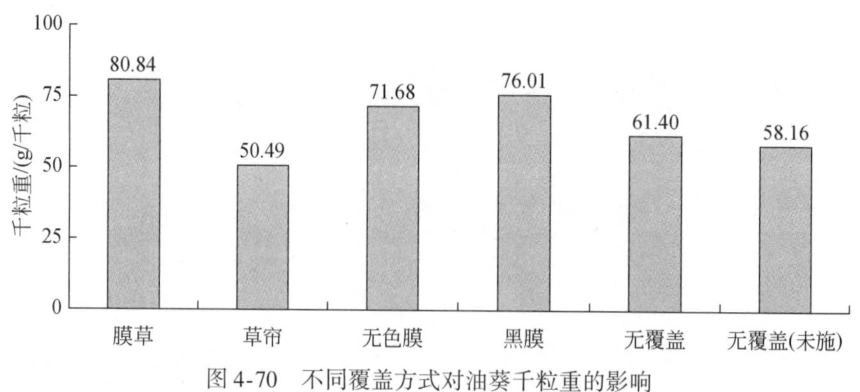

图 4-70　不同覆盖方式对油葵千粒重的影响

色膜>无覆盖>草帘>无覆盖（未施）。不同覆盖条件下，膜草覆盖产量最高，黑膜次之；无覆盖油葵产量最低，草帘覆盖次低。说明膜草覆盖与黑膜覆盖有利于提高油葵产量，如图 4-71 所示。

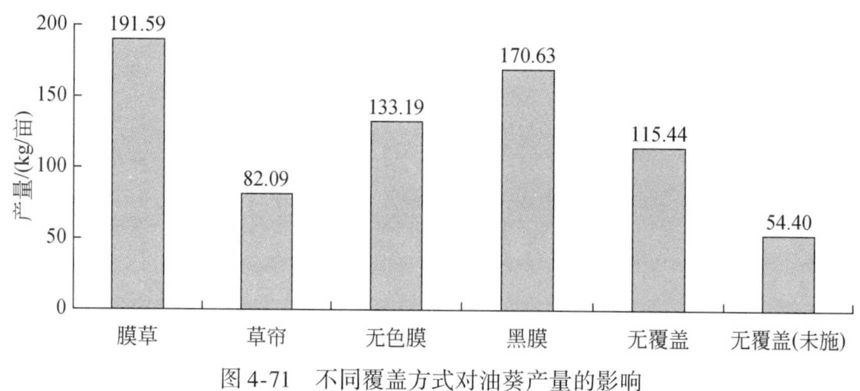

图 4-71　不同覆盖方式对油葵产量的影响

各种覆盖方式中，各处理产量从高至低排列依次为处理 1>处理 2>处理 3>处理 4。其中，膜草覆盖处理平均产量比对照提高 84.15kg/亩，草帘覆盖处理平均产量比对照提高 112.71kg/亩，无色膜覆盖处理平均产量比对照提高 96.80kg/亩，黑膜覆盖处理平均产量比对照提高 88.90kg/亩，无覆盖处理平均产量比对照提高 81.39kg/亩，无覆盖（未施）处理平均产量比对照提高 30.89kg/亩。因此，采用移动式节水补灌机进行补灌对提高油葵产量有显著效果。

从不同覆盖方式的产量来看，不同覆盖方式中处理 3 与对照相比，产量增幅在 10.83 ~ 69.88kg/亩，增产率在 41.46% ~94.00%，不同覆盖方式油葵平均增产率达 70.62%，增产效果十分显著；处理 2 与处理 3 相比，产量增幅在 23.68 ~53.63kg/亩，增产率在 36% ~ 82%，不同覆盖方式油葵平均增产率达 42%，增产效果比较显著；处理 1 与处理 2 相比，产量增幅在 3.81 ~20.49kg/亩，增产率在 5.02% ~14.85%，增产效果比较明显。

由此可见，在灌水定额为 $5m^3$/亩等梯度灌水量试验中，作物不同时期发挥的增产效果也不同。三次补水增产效果从高至低排列依次为第一次>第二次>第三次。分析数据可得出，作物播种后采用移动式节水补灌机进行第一次 5m³/亩补灌可以弥补盐碱地播前墒情不足的缺点。在油葵播种 15 天后（6 月 14 日），作物生长加快，对水分的需求增大，而此时该地区处于降水量较低时期，通过补灌，可有效提高土壤含水量，对作物生长有利。该地区 6 月 17 日至 7 月 7 日累计降水量在 97.9mm 左右，降水较为充足，土壤含水量可以基本满足油葵生长需要，因此进行补灌后，增产效果显著。

不同覆盖条件下土壤水分变化：土壤水分在油葵全生育期内总体呈下降趋势，变化多为 S 形，土壤水分与降水量变化相一致，呈单峰单谷形。各覆盖处理与无覆盖相比，与降水量响应的峰值时间均有推迟。其中无色膜覆盖和草帘覆盖推迟土壤水分峰值 10 天，膜草覆盖与黑膜覆盖推迟土壤水分峰值 30 天。在苗期，作物根系主要分布在0～30cm的土壤中。因此，膜草覆盖与黑膜覆盖推迟 0～30cm 土壤水分峰值 30 天，有效地提高了幼苗的成活率。

不同覆盖条件下碱化土壤含盐量变化：不同覆盖在 0～20cm 土壤含盐量在总生育期总体呈上升趋势。其中无覆盖与无覆盖（未施）土壤含盐量呈单峰双谷态势，与降水量响应较强，土壤含盐量最高值均出现在 8 月上旬，变化幅度较大；膜草覆盖、黑膜覆盖与无色膜覆盖土壤含盐量呈双峰单谷态势，与降水量响应较弱，土壤含盐量最高值均出现在 9 月中旬至 10 月中旬，变化幅度相对较小。

4）不同灌溉方式试验。试验设计：采用单因素大区试验进行改良物改良碱化土壤灌溉方式试验研究。试验共设 3 个处理（表 4-21），分别为传统灌溉、滴灌和喷灌。传统灌溉的灌水量为 200m³/亩，滴灌和喷灌的灌水量均为 30m³/亩；试验小区面积为 15m×30m。所有处理均于秋季施用改良物 2.0t/亩后进行耕作。除灌溉措施外，试验各处理其他管理措施一致。试验地点位于西大滩试验站，土壤属于典型碱化土。

表 4-21　不同灌溉措施种植油葵试验设计

测定项目	年份	传统灌溉	喷灌	滴灌
含盐量/(g/kg)	改良前	4.10	4.00	3.80
	2009 年	2.80	2.60	2.50
	2010 年	2.40	2.10	1.90
碱化度/%	改良前	32.20	31.90	32.50
	2009 年	24.30	24.50	23.70
	2010 年	21.40	20.00	18.20
pH	改良前	9.61	9.72	9.66
	2009 年	9.21	8.95	8.62
	2010 年	9.02	8.81	8.27

由表 4-21 可见，改良物施用条件下，不同灌溉方式对碱化土壤的改良效果不同。传统灌溉的改良效果较差，喷灌和滴灌能够有效降低土壤含盐量、碱化度和 pH，尤其以滴灌改良效果较好。改良后，滴灌处理含盐量降至 1.90g/kg，碱化度降至 18.20%，pH 降至 8.27，分别比改良前降低了 50.0%、44.0% 和 14.4%。

由图4-72可知，随土层深度增加，各处理土壤含盐量和碱化度呈先升高后降低的趋势，以40～60cm土层含盐量和碱化度最高；随土层深度增加，各处理土壤pH均呈升高的趋势。喷灌和滴灌处理耕层土壤含盐量、碱化度和pH均显著低于传统灌溉处理，尤其以滴灌处理改良效果最好，20～40cm土层土壤碱化度和pH分别比传统灌溉处理降低14.7%和8.9%。

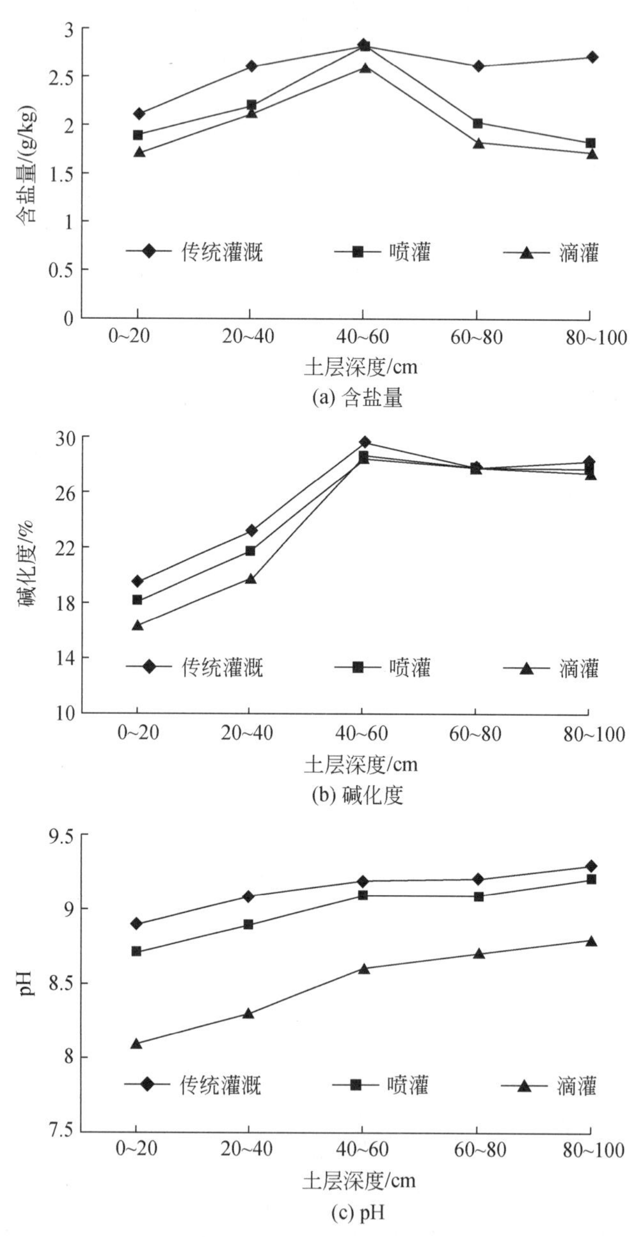

图4-72 灌溉方式处理对土壤含盐量、碱化度和pH的影响

由表 4-22 可知，在灌水量比传统灌溉低很多的条件下，喷灌和滴灌处理对油葵生长非但没有抑制作用，甚至出苗率、株高、花直径和株地径还略有提高。同时，喷灌和滴灌处理提高了油葵产量和水分生产效率。滴灌处理的产量比传统灌溉处理提高 19.7%，其水分生产效率是传统灌溉处理的 7.8 倍，起到了节水增产的作用。

表 4-22　不同灌溉方式对油葵生长发育影响

处理	出苗率/%	株高/cm	花直径/cm	株地径/cm
传统灌溉	93.5	93.4	11.7	1.7
喷灌	97.2	93.7	12.4	1.7
滴灌	99.6	96.8	12.9	1.8

试验结果表明，改良物改良碱化土壤配合滴灌和喷灌措施能降低耕层土壤碱化度和 pH，有利于抑制土壤返碱，从而促进油葵生长，在灌水量较少的条件下，滴灌和喷灌不影响甚至提高油葵产量，最终显著提高水分生产效率，达到节水高效增产的目的。

5）田间水盐调控的水分利用效率测试。试验设计：采用二因素随机区组试验。因素 A 为泡田水量+灌水定额，A1（处理 1）灌溉定额为 100m^3/亩+300m^3/亩，A2（处理 2）为 80m^3/亩+300m^3/亩，A3 为 60m^3/亩+300m^3/亩；因素 B 为施改良物量，B1 为 2t/亩，B2 为不施。试验控制面积为 5 亩，小区面积为 10m×10m，试验重复 3 次。所有处理均于前一年秋季深耕松土、激光平地、当年春季播前整地。于 4 月上旬在试验小区之间挖渠打埂，高 50cm，宽 50cm，踩踏夯实，防止串灌。试验统一施用改良剂、有机肥。

试验结果与分析：施用改良物的处理与对照相比，深层土壤含水量要高，说明施用专用改良剂后土壤理化性质有所改善，土壤渗透性向好的方向发展。

施用改良物和水盐调控后的处理与对照相比，出苗率、株高、花直径、植株地径均有显著差异，而灌水量大的处理比灌水量小的处理各生长指标有显著改善（表 4-23）。

表 4-23　田间泡田水量和灌水量对油葵生长的影响

年份	生长指标	灌水量 200m^3/亩	灌水量 350m^3/亩	灌水量 500m^3/亩
2009	出苗率/%	100.0	95.4	97.2
	株高/cm	80.3ab	81.5ab	89.5a
	花直径/cm	16.4a	17.9a	18.3a
	株地径/cm	2.2ab	2.3ab	2.5a
2010	出苗率/%	94.3	97.1	92.9
	株高/cm	71.2b	77.4ab	89.3a
	花直径/cm	13.1b	14.1ab	17.7a
	株地径/cm	1.7b	1.8ab	2.2a

经过对各实验结果分析和水分利用效率的测试，碱化土壤水盐调控模式采用明沟排水，集成激光平地、改良物施用、黄沙覆盖、深松耕、灌水洗盐等，经过示范，说明该模

式具有调控的效果。试验示范区比非试验示范区耕层土壤 pH 降低 18.38% ~30.43%，耕层土壤含盐量降低 4.08% ~13.33%，耕层土壤碱化度降低 32.83% ~45.16%，作物出苗率提高 80.34% ~84.62%，产量提高 94.03% ~96.96%。同时，也提高了土壤孔隙度和保水能力，有利于抑制土壤返碱，从而促进油葵生长，最终提高产量和水分生产效率，效果明显。

B. 盐化沼泽土水盐调控模式研究

为了使盐化沼泽土实现水盐调控，设计开展井排井灌灌水量试验。试验选在惠农礼和村，于 2009 年 4 月初开始实施。水源以机井水为主，指示作物为油葵。2009 年春施前（3 月中旬）对试验样地进行了调查，结果见表 4-24。

表 4-24　试验区土壤理化性状

土层/cm	容重/(g/cm³)	各级颗粒含量百分数/%			有机质/(g/kg)	土壤质地分类
		砂粒 0 ~0.05mm	粉（砂）粒 0.002 ~0.05mm	黏粒<0.002mm		
0 ~40	1.44	62.0	32.6	5.4	4.29	砂质壤土
40 ~85	1.59	72.5	12.1	15.4	2.13	砂质黏壤土
85 ~150	1.66	70.6	16.1	13.3	1.02	砂质壤土

对土壤理化性质的影响：全生育期土壤盐分运移，2009 年不同处理下土壤剖面含盐量的变化见表 4-25。从表 4-25 可以看出，各处理土壤剖面盐分分布相似，表层土壤含盐量很高，达到 10g/kg 左右，变化强烈，而底层土壤含盐量较低，变化也较平缓；经过灌水洗盐，土壤剖面盐分有明显的下降趋势，但由于惠农灌区大气蒸发力较强，返盐状况严重，短时间内表层土壤盐分又恢复到较高的水平。与 2009 年植物生育初期土壤剖面盐分数据相比，2010 年各处理土壤含盐量均有较大程度的下降，说明经过一年的改良，惠农灌区的土壤处于一个良性的变化过程中，机井抽排、灌水洗盐、种植耐盐植物等措施是逐步改良盐碱土的有效手段。不同处理下，高灌水定额处理下的土壤剖面含盐量下降幅度较中、低灌水定额处理的结果更大，说明在惠农灌区加大淋洗需水量进行灌水洗盐的作用显著，而不同改良物施用水平对土壤剖面含盐量的改善效果并不明显。

表 4-25　试验区土壤离子组成

土层/cm	可溶性盐类含量/(cmol/kg)								pH	可交换性钠/%
	CO_3^{2-}	HCO_3^-	SO_4^{2-}	Cl^-	K^+	Na^+	Ca^{2+}	Mg^{2+}		
0 ~20	0.30	0.20	3.97	5.39	0.05	9.11	0.40	0.30	9.14	17.7
20 ~40	0.40	0.30	1.13	1.47	0.03	4.85	0.27	0.15	9.82	12.5
40 ~60	0.60	0.20	0.95	1.47	0.02	3.01	0.11	0.08	9.56	11.6
60 ~80	0.30	0.30	1.34	1.86	0.02	3.43	0.18	0.17	9.76	9.8
80 ~100	0.40	0.10	1.46	2.06	0.03	3.61	0.22	0.16	9.22	9.9
100 ~120	0.60	0.20	0.63	0.88	0.02	2.09	0.16	0.04	9.47	7.8

对土壤碱化度的影响：可交换性钠是评价碱化土壤中的一个关键参数，土壤黏粒的扩散作用随可交换性钠的增加而增加，黏粒的膨胀使土壤大孔隙减少，且黏粒的扩散和运动进一步堵塞土壤孔隙，可交换性钠为 15% 一般被认为是引起土壤结构恶化的临界值。冬灌后不同处理下土壤可交换性钠如图 4-73 所示，2009 年植物生育期末期土壤可交换性钠表现为，在机井抽排条件下，经过一季耐盐植物的种植及配套的灌水施肥，植物生育期末期土壤可交换性钠较本底值有了明显的下降，下降主要集中在与改良物充分混合的 0 ~ 40cm 土层，而被 Ca^{2+} 置换出的 Na^{+} 随着淋洗水量下移，累积在土层下部，因此底部土层（80 ~ 120cm）反而比本底值有不同程度的提高。不同处理对比可以发现，灌水量水平与可交换性钠的降幅总体呈正相关关系，表现出高水>中水>低水的趋势，而改良物施用水平和可交换性钠的降幅并不呈正相关关系，T9（改良物施用量 0.75t/亩，灌水量 200m^3/亩）土层可交换性钠降幅最大，若改良物施用量继续加大，则会导致可交换性钠的提高。

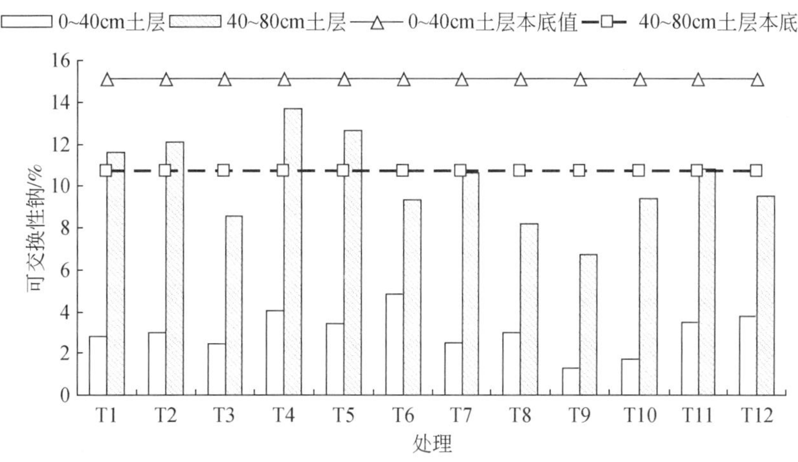

图 4-73　冬灌后不同处理下土壤可交换性钠

试验设计：改良物施用量设计 4 种水平，分别为 0t/亩、0.3t/亩、0.75t/亩、1.0t/亩，3 种灌水量分别为 180m^3/亩、240m^3/亩、300m^3/亩。油葵的田间管理技术措施参照当地大田一般方法执行。2009 年 5 月 2 日灌头水进行洗盐，各灌水水平下灌水量分别为 60m^3/亩、80m^3/亩和 100m^3/亩；5 月 19 日油葵播种，株距为 25cm，行距为 50cm；6 月 27 日第二次灌水，各灌水水平下灌水量分别为 60m^3/亩、80m^3/亩和 100m^3/亩，灌水同时施肥，其中尿素施用量为 10kg/亩，重过磷酸钙施用量为 20kg/亩；9 月 4 日油葵收获。各处理在油葵种植方式、播种时间、种植密度、肥料施用量、田间管理等均相同的情况下，设 12 个处理，每个处理重复 3 次，共计 36 个小区，为防止各处理间产生干扰，在小区与小区之间均设计隔离带。

试验区土壤理化性状较差、土壤板结、水力传导性弱，土壤剖面根据颜色和质地可分为三层，分别为 0 ~ 40cm、40 ~ 85cm、85 ~ 150cm。表层可交换性钠为 17.7% 左右，亚表层可交换性钠为 12.5%，pH 均在 8.0 以上，属于轻度盐化土。

对土壤 pH 的影响：pH 是土壤理化性质的重要指标之一，2009 年植物生育期末期低灌水定额、中灌水定额、高灌水定额下各处理土层 pH 分别见表 4-26 ~ 表 4-28。由表可以看出，经过一年的大田改良，惠农灌区的土层 pH 有了明显的降低，均下降到 8.0 以下，达到了植物可生长的范围，其中降幅较大的是与改良物充分混合的 0 ~ 40cm 土层，而底部土层（80 ~ 120cm）降幅则相对较小。不同灌水定额条件下，改良物施用量为 $10t/hm^2$ 处理的土层 pH 降幅最大，其中 T7 处理 0 ~ 120cm 土层 pH 的平均值为 7.54，T8 处理 0 ~ 120cm 土层 pH 的平均值为 7.81，T9 处理 0 ~ 120cm 土层 pH 的平均值为 7.75。

表 4-26　植物生育期末期低灌水定额（$160m^3$/亩）下各处理土层 pH

土层/cm	本底值	T1	T4	T7	T10
0 ~ 20	9.14	7.45	7.15	7.33	7.50
20 ~ 40	9.82	7.39	7.44	7.43	7.48
40 ~ 60	9.56	7.72	7.68	7.66	7.81
60 ~ 80	9.76	8.18	7.74	7.62	7.93
80 ~ 100	9.22	8.30	7.87	7.58	7.95
100 ~ 120	9.47	8.21	8.01	7.63	7.83
平均值	9.50	7.87	7.65	7.54	7.75

表 4-27　植物生育期末期中灌水定额（$180m^3$/亩）下各处理土层 pH

土层/cm	本底值	T2	T5	T8	T11
0 ~ 20	9.14	7.55	7.36	7.27	7.70
20 ~ 40	9.82	7.64	7.70	7.47	7.90
40 ~ 60	9.56	8.12	8.53	7.95	8.31
60 ~ 80	9.76	8.26	8.45	8.19	8.24
80 ~ 100	9.22	8.19	8.33	7.99	8.18
100 ~ 120	9.47	8.30	8.33	7.99	8.19
平均值	9.50	8.01	8.12	7.81	8.09

表 4-28　植物生育期末期高灌水定额（$200m^3$/亩）下各处理土层 pH

土层/cm	本底值	T3	T6	T9	T12
0 ~ 20	9.14	7.41	7.57	7.46	7.90
20 ~ 40	9.82	7.48	7.66	7.51	7.89
40 ~ 60	9.56	7.74	7.95	7.81	8.28
60 ~ 80	9.76	7.69	7.90	7.76	8.15
80 ~ 100	9.22	8.28	8.10	7.85	8.03
100 ~ 120	9.47	8.29	7.95	8.13	8.40
平均值	9.50	7.81	7.86	7.75	8.11

盐化沼泽土水盐调控模式：采用竖井排水，集成激光平地、专用改良剂施用、有机肥施用、深松耕、灌水洗盐五项配套措施，初步形成了盐土型盐碱地水盐调控技术模式，并在盐土型盐碱地的典型地区——惠农区进行了应用与示范，示范面积为 200 亩。该模式应用后，试验示范区比非试验示范区耕层土壤盐分下降 63.76%，1m 土体土壤脱盐率达 34%，作物出苗率提高 40%。

(3) 宁夏中重度盐化碱土改良持续利用研究

为了使碱化盐土实现水盐调控，设计开展灌水量和起垄沟灌试验。试验选在银川平原绿化带，于 2009 年 4 月初开始实施。水源以机井水为主，指示作物为油葵。2009 年春施前（3 月中旬）对试验样地进行了调查，结果见表 4-29。

表 4-29 银川平原绿化带试验土壤理化性质

地点	年份	有机质 /(g/kg)	全氮 /(g/kg)	pH	全盐 /(g/kg)	碱化度 /%	容重 /(g/cm³)	孔隙度 /%
试验示范区	2009	5.19	0.33	8.77	6.91	23.15	1.61	41.90
非试验示范区	2009	4.99	0.16	8.62	5.80	23.64	1.54	46.21

A. 碱化盐土灌水量试验

试验设计：改良物改良碱化盐土田间水盐调控试验采用二因素试验设计。因素 A 分为 $20m^3$/亩（A1）、$30m^3$/亩（A2）、$40m^3$/亩（A3）3 个灌溉量水平，因素 B 分为 0t/亩（B1）、1t/亩（B2）2 个改良物施用量水平，试验重复 3 次，小区面积为 8m×10m。在试验小区之间挖渠打埂，高 50cm，宽 50cm，踩踏夯实，防止串灌。试验地点位于银川平原绿化带，种植作物为枸杞，试验地碱化度 12.6%，pH 8.5，含盐量 8.4g/kg，土壤属于典型碱化盐土。

由图 4-74 可知，改良后 0～60cm 土层 pH 逐年下降，改良第二年（2010 年）较 2009 年土壤各层 pH 均显著降低。施用改良物的处理 0～20cm 土层 pH 略高于未施用改良物处理，但 20～60cm 土层 pH 均低于未施用改良物处理，表明施用改良物总体上能够降低土层 pH。随着灌水量的增加，0～60cm 土层 pH 呈下降趋势，灌水量 $40m^3$/亩的 pH 低于其他处理，但处理间差异不显著。在三个处理中，pH 随土层深度增加均呈上升趋势。

改良物和灌水量处理对土壤含水量有明显影响。灌水量对 0～60cm 土壤含水量影响显著，在作物生长初期 4 月下旬至 5 月中旬，土壤含水量为 A3>A2>A1，在生育中后期 8 月中旬至 10 月初，土壤含水量为 A2>A3>A1，说明较高的灌水量有利于提高土壤含水量，中等灌水量 A2 处理效果较好。施用改良物能够提高 0～60cm 土壤含水量，前期提高较大，后期差异不大。

由图 4-75 可知，改良物改良盐碱地后，0～60cm 土层含盐量逐年下降，改良第二年（2010 年）较 2009 年土壤各层含盐量均显著降低，A2 处理 0～20cm 土层含盐量降低 37.2%。在三个处理中，土壤含盐量随着土层深度增加均呈降低的趋势。随着灌水量的增加，0～20cm 土层含盐量呈降低趋势，为 A3>A2>A1；但 20～60cm 土层含盐量以 A2 处理最低。试验结果表明，灌水量为 $30m^3$/亩时，土壤含盐量最低，改良效果最好。

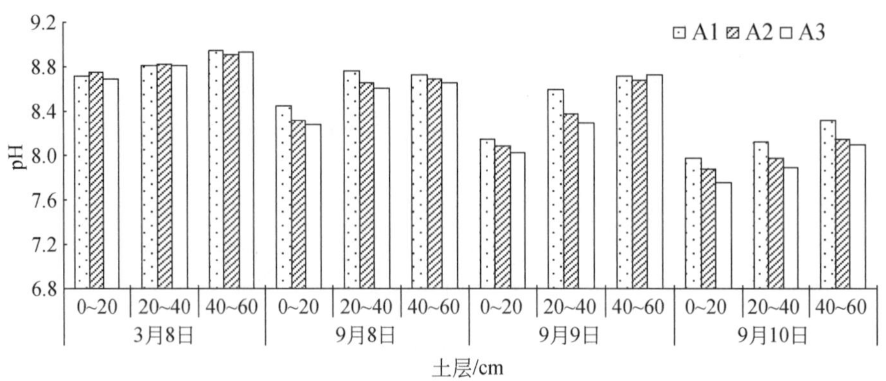

图 4-74　水盐调控对 0～60cm 土壤 pH 的影响

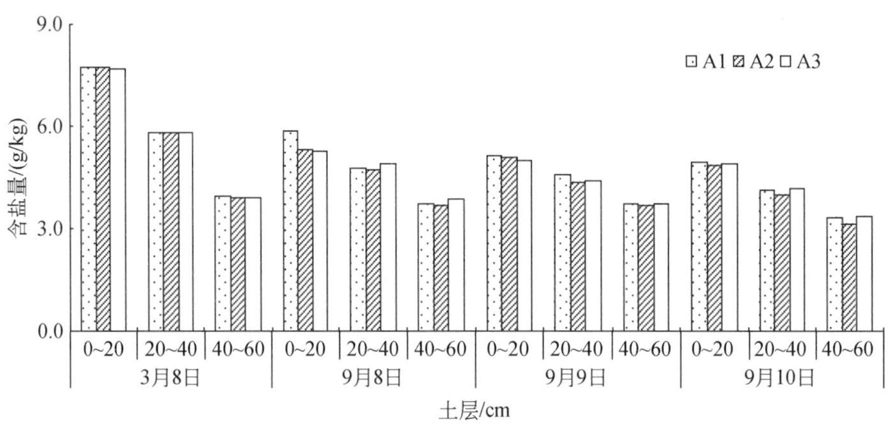

图 4-75　水盐调控对 0～60cm 土壤含盐量的影响

在作物生育期内，土壤主要有 2 个积盐时期，分别为 5～6 月、7～8 月。0～20cm 土层两个积盐时期比较明显，20～60cm 土层第二个积盐过程不明显。在前期，0～20cm 土层含盐量在灌水处理间差异不显著，在第 1 个积盐期过后，A2 和 A3 处理的含盐量显著低于 A1 处理；20～60cm 土层含盐量在各时期均表现为 A1>A3>A2。因此，较大的灌水量可保证充分泡田洗盐，防止返盐，以 $30m^3$/亩灌水量处理洗盐效果最佳。

经过 3 年改良后，试验小区土壤 pH 和含盐量均显著降低，pH 均低于 8.0，表层土壤含盐量低于 5g/kg，专用改良剂施用条件下的水盐调控效果明显，尤其以 A2B2 处理脱盐效果最好。

B. 碱化盐土起垄覆膜试验

采用二因素试验设计进行改良物改良碱化盐土起垄覆膜效果研究。因素 A 为灌水量，按照 $20m^3$/亩（A1）、$30m^3$/亩（A2）、$40m^3$/亩（A3）灌水；因素 B 为起垄覆膜，按照不起垄覆膜（B1）和起垄覆膜（B2）进行试验，小区面积为 8m×10m，试验重复 3 次。除种植方式和灌水量外，其他管理措施相同。试验地点位于银川平原绿化带，试验地土壤碱化度 13.2%，pH 8.7，含盐量 7.9g/kg，土壤属于典型碱化盐土，试验设置如图 4-76 所示。

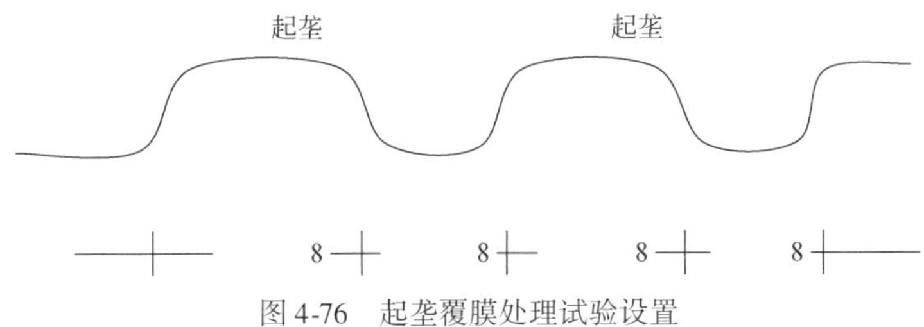

图 4-76　起垄覆膜处理试验设置

改良物改良盐碱地起垄覆膜试验结果表明（图 4-77），改良后 0～60cm 土层 pH 逐年下降。改良后 0～20cm 土层 pH 显著降低，改良第二年（2010 年）较 2009 年 0～20cm 土层 pH 降低 11.3%。40～60cm 土层 pH 也有所降低，但是差异不显著。由此可见，改良物改良盐碱地起垄覆膜能够有效降低土壤表层 pH。

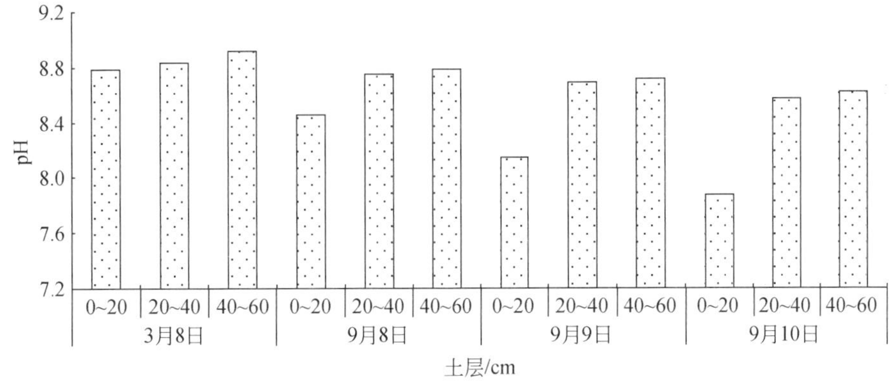

图 4-77　起垄覆膜对 0～60cm 土壤 pH 的影响

起垄覆膜和灌水量处理对土壤含水量有明显影响。起垄覆膜能够显著提高 0～60cm 土壤含水量，7 月底，起垄覆膜处理土壤含水量比不起垄覆膜处理高 35.6%。起垄覆膜条件下，灌水量对 0～60cm 土壤含水量亦有影响显著，4 月下旬至 5 月中旬，土壤含水量为 A2>A3>A1，7 月之后，土壤含水量为 A3>A2>A1，较高的灌水量处理能够提高土壤含水量。试验结果表明，改良物改良盐碱地起垄覆膜有利于提高土壤含水量，可以节约用水。

由图 4-78 可知，改良物改良盐碱地后，0～60cm 土层含盐量逐年下降，改良第三年（2010 年）较 2008 年土壤各层含盐量均显著降低，起垄覆膜处理 0～20cm、20～40cm、40～60cm 土层含盐量分别降低 38.6%、34.4% 和 22.1%。不起垄覆膜和起垄覆膜两处理土壤含盐量均随着土层深度增加呈降低的趋势，各层含盐量均是不起垄覆膜处理高于起垄覆膜处理。试验结果表明，改良物改良盐碱地起垄覆膜能有效降低土壤含盐量，抑制土壤返盐。

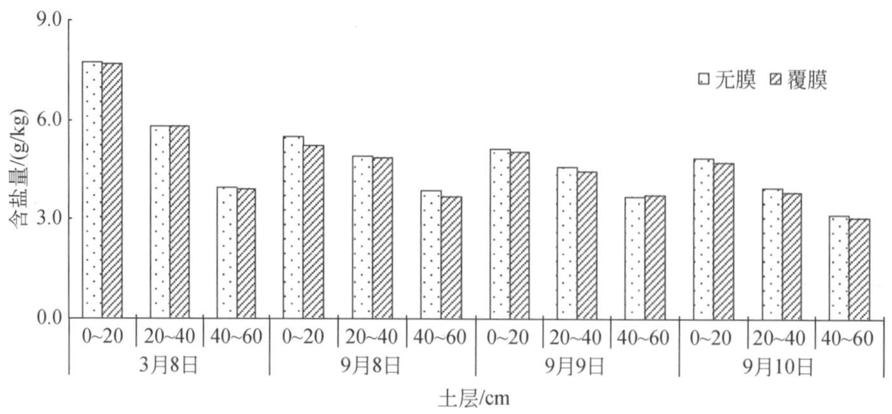

图 4-78　起垄覆膜对 0～60cm 土壤含盐量的影响

4～9 月，0～20cm 土层出现两个积盐高峰，分别为 5 月和 8 月；20～40cm 土层含盐量变化幅度不大，4 月和 7 月含盐量高于其他时期；40～60cm 土层含盐量在 5 月出现一个积盐高峰，6～9 月变化平缓。

随着灌水量的增加，0～20cm 土层土壤盐分呈下降趋势，A1 处理显著高于 A2 和 A3 处理；20～40cm 土层土壤盐分整体上随灌水量的增加而下降，但由于上层盐分随灌水向下累积，A2 和 A3 两处理 20～40cm 土层土壤盐分差异不显著；40～60cm 土层土壤盐分整体上为 A1>A3>A2，由于上层盐分随灌水向下累积，灌水量最高的 A3 处理土壤盐分反而高于灌水量较低的 A2 处理。

试验结果表明，改良物施用条件下起垄覆膜改良效果明显，经 3 年改良，耕作层土壤 pH 和含盐量显著降低，起垄覆膜条件下灌水量 A2 处理压盐和抑制返盐效果最好。根据以上实验，提出盐化碱土水盐调控模式：集成起垄沟灌、覆膜、专用改良剂施用、有机肥施用、灌水洗盐五项配套技术，初步形成盐化碱土水盐调控技术模式，并通过示范，试验示范区比非试验示范区节水 30% 以上，土壤水及潜水蒸发减少 50%，耕层土壤盐分下降 20%，作物出苗率提高 30% 以上，具体如图 4-79 所示。

图 4-79　起垄覆膜沟灌示范区

第5章 阿拉伯国家旱区水土资源持续利用

5.1 阿拉伯国家水土资源概况

5.1.1 阿拉伯国家基本概况

阿拉伯国家指以阿拉伯民族为主的国家。西起大西洋，东至阿拉伯海，北起地中海，南至非洲中部，位于亚洲和非洲两大洲，其中非洲部分占72%，亚洲部分占28%，总面积约为1326万km^2，占世界的8.9%。阿拉伯国家共有22个，包括阿联酋、阿曼、科威特、约旦、巴勒斯坦、叙利亚、卡塔尔、沙特阿拉伯、黎巴嫩、伊拉克、也门、巴林12个西亚国家；埃及、阿尔及利亚、摩洛哥、苏丹、利比亚、突尼斯6个北非国家；还有非洲西部的毛里塔尼亚；非洲东部的索马里、吉布提、科摩罗。阿拉伯国家总人口约3.4亿人，占世界人口的5%。

阿拉伯国家有广阔的海岸线，如大西洋、地中海、阿拉伯海、波斯湾、亚丁湾、红海和印度洋等。阿拉伯国家均属发展中国家，工业化发展较慢，经济结构普遍比较单一，石油、天然气以及农牧业是阿拉伯国家的主要经济支柱，仅少数国家拥有石油和天然气资源。21世纪以来，阿拉伯国家开始经济转型，部分国家的旅游业、服务业和金融业比较发达。

阿拉伯国家以热带和亚热带沙漠气候为主，干燥炎热，昼夜温差大，降水量少，年平均气温在20℃以上，最高气温可达54℃，沙漠化严重，水资源短缺。大部分内陆地区干旱，年降水量不足100mm，部分地区年降水量可达200mm左右，沿岸地区以及某些山地和沙漠夏季潮湿，年降水量在500~1000mm。沙漠分布广泛，热带稀树干草原分布于沙漠四周。在山前平原、沿海平原和内陆地势低洼及地下水位较高的地区分布有绿洲，灌溉农业和畜牧业相对发达，人口相对集中。

5.1.2 阿拉伯国家水资源基本概况

阿拉伯国家水资源只占世界总量的0.4%，年人均水资源量低于1000m^3，是世界上最缺水的地区。据统计，2015年阿拉伯国家有8300万人无法获得干净的饮用水。按照国际公认的标准，人均水资源量低于3000m^{3}为轻度缺水，人均水资源量低于2000m^{3}为中度缺水，人均水资源量低于1000m^{3}为重度缺水，人均水资源量低于500m^{3}为极度缺水。

阿拉伯国家年人均水资源量见表 5-1（王联，2008）。1955 年，卡塔尔和约旦年人均水资源量低于 1000m^3，为重度缺水国家；科威特年人均水资源量低于 500m^3，为极度缺水国家（不包括巴勒斯坦、吉布提、索马里、科摩罗和毛里塔尼亚）；1990 年，重度缺水国家有 9 个，极度缺水国家有 7 个（不包括巴勒斯坦、吉布提、索马里、科摩罗和毛里塔尼亚），其中科威特、卡塔尔的年人均水资源量低于 100m^3，巴林、沙特阿拉伯、约旦、也门和阿联酋的年人均水资源量在 100～500m^3。预计到 2025 年，共有 14 个国家重度缺水，11 个国家极度缺水（不包括巴勒斯坦、吉布提、索马里、科摩罗和毛里塔尼亚），其中，科威特、卡塔尔、巴林的年人均水资源量低于 100m^3，沙特阿拉伯、约旦、也门和阿联酋的年人均水资源量在 100～200m^3，突尼斯、阿尔及利亚、利比亚和阿曼的年人均水资源量在 200～500m^3。

表 5-1　阿拉伯国家年人均水资源量　　单位：m^3

国家	1955 年	1990 年	2025 年
科威特	147	23	9
卡塔尔	808	75	57
巴林	1 427	117	68
沙特阿拉伯	1 266	306	113
约旦	906	327	121
也门	1 098	445	152
阿联酋	6 196	308	176
突尼斯	1 127	540	324
阿尔及利亚	1 770	689	332
利比亚	4 105	1 017	359
阿曼	4 240	1 266	410
摩洛哥	2 763	1 117	590
埃及	2 561	1 123	630
叙利亚	6 500	2 087	732
黎巴嫩	3 088	1 818	1 113
伊拉克	18 441	6 029	2 356
苏丹	11 899	4 792	1 993
巴勒斯坦	—	—	—
吉布提	—	—	—
索马里	—	—	—
科摩罗	—	—	—
毛里塔尼亚	—	—	—

注：—代表无统计数据。

5.1.2.1 地表水

阿拉伯地区 65% 的地表水来源于阿拉伯之外的地区，以尼罗河、底格里斯河、幼发拉底河、约旦河、塞内加尔河等河流为主要水源，预计到 2050 年阿拉伯地区河流的径流量将下降 20% ~30% 。水资源匮乏问题对阿拉伯国家和地区安全构成威胁，为此，一些阿拉伯国家已制定并采取了水资源保护和其他水资源开发的综合性战略措施，并提出国家水资源保护行动计划。

(1) 尼罗河

尼罗河——“非洲主河流之父”，是世界上最长的河流，发源于赤道南部、非洲东北部的布隆迪高原，向北流经坦桑尼亚、布隆迪、卢旺达、肯尼亚、乌干达、刚果（金）、埃塞俄比亚、厄立特里亚、苏丹、埃及 10 国，注入地中海，全长 6671km，年径流量为 840 亿 m^3，流域面积 335 万 km^2，约占非洲总面积的 10% （孔令涛，1999）。尼罗河有两条主要支流：源于东非赤道附近的白尼罗河和源于埃塞俄比亚的青尼罗河，这两条支流均位于东非大裂谷的西侧。其中，白尼罗河的源头是维多利亚湖，青尼罗河的源头是埃塞俄比亚高原上的塔纳湖。在洪水期（6 ~9 月），青尼罗河洪水产生的巨大冲击力会阻碍白尼罗河的水进入尼罗河主流，导致白尼罗河流入尼罗河干流的水量不到 30% 。在低水位期（4 ~5 月），白尼罗河流入尼罗河干流的水量在 80% 以上。

尼罗河流域受东北信风和东南信风的影响，大部分地区炎热干燥，仅埃塞俄比亚高原降水量较多。尼罗河洪灾的发生有一定规律性，4 月苏丹南部开始涨水，7 月中旬受东非高原季风降水的影响，埃及尼罗河水位开始暴涨，9 月中旬水位达到最高，11 ~12 月水位开始下降，次年 3 月，水位降至最低点。

尼罗河从南向北贯穿埃及全境，埃及 90% 以上的人口分布在尼罗河沿岸平原和三角洲地区。第二次世界大战前，尼罗河主要为埃及和苏丹提供灌溉水，水量相对比较充裕，但在埃及和苏丹靠近撒哈拉沙漠边缘的地区，缺水比较严重。每年从埃塞俄比亚境内注入尼罗河的水量占尼罗河总水量的 80% 以上，因此，埃塞俄比亚要求每年至少分得 120 亿 m^3 的尼罗河水，但遭到埃及和苏丹的反对。后来，埃及、苏丹、埃塞俄比亚等国家建设了大量的水利工程，扩大了对尼罗河水资源的利用，尼罗河流域的水资源分配和利用开始出现问题。截至 2003 年，埃及建设大坝 6 个，苏丹建设大坝 4 个。

埃及在尼罗河治理和水资源开发上开展了大量的工作。一是阿斯旺水坝的建设。阿斯旺水坝位于埃及开罗以南 900km 的尼罗河畔，主坝全长 3830m，坝基宽 980m，坝顶宽 40m，坝高 110m，形成了一个面积 5000km^2、蓄水量 1689 亿 m^3 的人工湖——纳赛尔湖，大坝的建成使埃及摆脱了频繁的洪水灾害，新增耕地 600 万 hm^2。二是在北方苏伊士运河修建“和平渠”，引水开发西奈半岛。西奈半岛占埃及总面积的 6% ，由于水资源短缺，经济发展缓慢。该工程从尼罗河三角洲修建萨拉姆渠，引尼罗河水东调，调水从苏伊士运河底经隧洞穿过，继续东调 175km 直达西奈半岛，全长 262km。该工程在 20 世纪 90 年代初全面开工建设，1998 年首次通水。三是在南方的努比亚地区开挖运河，从纳赛尔湖取水灌溉西部 21 万 hm^2 的荒漠土地，将埃及 1/3 的不毛之地变成绿洲。

为了利用尼罗河水灌溉沙漠地区，苏丹也开展了大量的工作，如琼莱运河的修建、森纳尔和卡欣吉尔拉等大坝的建设。琼莱运河全长380km，将尼罗河水引入苏丹南部的沼泽和干旱的草原，使大片土地得以开发，该工程使苏丹每年增加45亿m^3的水资源。此外，埃塞俄比亚也在青尼罗河上游兴建了一系列水坝，拦截120亿m^3的尼罗河水用于灌溉，使流入埃及的水量减少约20%（孔令涛，1999）。

随着人口的增长和经济的快速发展，各国的用水矛盾进一步突出，尼罗河流域水资源的合理分配和高效利用是各国亟待解决的问题。1959年，埃及和苏丹对尼罗河流域水资源的分配达成了协议，埃及555亿m^3，苏丹185亿m^3，其余130亿m^3用于纳赛尔湖的蒸发渗透损失。1977年，苏丹和埃及合作开挖了长达345km的运河，下游水量增加40亿m^3。2004年，埃塞俄比亚、苏丹和埃及三国在尼罗河水资源利用问题上达成协议，共同开发尼罗河水资源。

（2）幼发拉底河–底格里斯河水系

幼发拉底河–底格里斯河水系为西亚最大水系。

幼发拉底河是西亚最长的河流，发源于土耳其东部安纳托利亚高原的托罗斯山脉，流经叙利亚高原上的土耳其萨姆萨特村、伊拉克低地的希特，在伊拉克平原上拓宽，流速降低，流量减少。河流全长2750km，平均流量为818m^3/s，年径流量约为352亿m^3，其中88.7%来自土耳其，11.3%来自叙利亚。河流主要靠高山融雪和山区降水补给，水量较为丰富，但因沿途蒸发、渗漏和灌溉，到中下游流量骤减。幼发拉底河的主要源头之一——卡拉苏河，发源于土耳其东北部埃尔祖鲁姆以北，从高原流向西北的凡湖，再由东向西南方向移动，在凯班水库处与穆拉特河汇合。幼发拉底河自穆赛伊卜以下分成两条支流，分别为东面的希拉河和西面的欣迪耶河。两条支流在离其开端175km的塞马沃附近重新汇合成单一河道，延伸至纳西里耶，之后幼发拉底河分成众多水道，并伸入滩地和哈马尔湖，在哈马尔湖的东端与底格里斯河汇合。

幼发拉底河的支流众多，较大的支流有土耳其境内的图兹拉河、恰尔特河、赫讷斯河、佩里河、托赫马河、卡赫塔河以及阿克苏河，叙利亚境内的萨朱尔河、拜利赫河和哈布尔河，伊拉克境内的豪兰干河、古达夫干河等。

底格里斯河发源于土耳其境内安纳托利亚高原东南部东托罗斯山脉南麓的格尔居克湖，是西亚流量最大的河流。底格里斯河向东南流经土耳其东南部城市——迪亚巴克尔，在土耳其和叙利亚之间形成了约44km的界河，经叙利亚直接流入伊拉克境内，之后沿扎格罗斯山脉西南侧山麓流动。首先穿越伊拉克北部重要油田——基尔库克油田，并流经本区重要石油化工中心——摩苏尔，此后沿左岸汇集了来自山地的大扎卜河、小扎卜河、迪亚拉河等支流，直抵首都巴格达。自巴格达以下，两岸湖泊成群，沼泽密布，于古尔奈与幼发拉底河汇合，改称阿拉伯河，于法奥附近注入波斯湾。从源头到古尔奈，河流全长2045km，年径流量约为525亿m^3，其中，51.9%来自土耳其，48.1%来自伊拉克。河水主要靠高山融雪和上游春季降水补给，每年3月涨水，5月水位最高，4月流量最大，9月流量最小。因沿山麓流动，沿途支流流程短、汇水快，常使河水暴涨，洪水泛滥，在沿岸形成广阔肥沃的冲积平原。

底格里斯河的主要支流有比赫坦河、大扎卜河、小扎卜河、阿贾姆河、迪亚拉河、卡尔黑河等，支流基本位于左岸。底格里斯河的水资源丰富，主要集中于土耳其东南、伊拉克北部干流及支流，水流落差大，适于修建水电工程和其他综合开发。

幼发拉底河–底格里斯河流经土耳其、叙利亚和伊拉克三国，是这三个国家的主要经济命脉。

为了开发利用水资源，土耳其在两河流域兴建了阿塔图尔克大坝等水利工程，叙利亚在两河流域兴建了塔布瓜水电站、蒂斯林水电站、巴阿斯大坝、哈布尔大坝等水利工程。其中，塔布瓜水电站位于叙利亚境内的幼发拉底河上，距拉卡城西部约 40km 处。始建于 1968 年，竣工于 1973 年，高 60m，长 4.5km，体积 4600 万 m^3，是叙利亚境内最大的水坝。蒂斯林水电站位于幼发拉底河上，是叙利亚较大的水电站，主要用于发电。始建于 1994 年，竣工于 1997 年，坝长 1500m，底宽 290m，高 40m，总库容 0.019 亿 m^3，径流式电站装机容量为 63 万 kW，年均发电量为 13.1 亿 kW · h。伊拉克在底格里斯河上修建了摩苏尔水坝、巴杜什大坝，在幼发拉底河上修建了 Kadisiyya 大坝，在大扎卜河上修建了贝克赫姆水电站。其中，摩苏尔水坝最大坝高 100m，坝长 3600m，总库容 81.6 亿 m^3。贝克赫姆水电站水库总库容 170 亿 m^3，最大坝高 230m，体积 3400 万 m^3。德尔本地汉水电站位于迪亚拉河上，在巴格达东北 230km 处，坝高 128m，坝顶长 445m，体积为 720 万 m^3，总库容 30 亿 m^3。哈迪塞大坝位于巴格达西北 140mi① 的哈迪塞市，是伊拉克第二大水电站。摩苏尔大坝坝高 135m，总库容 120 亿 m^3。

各国拥有的两河流域面积和水量见表 5-2 和表 5-3（王联，2008）。土耳其、叙利亚和伊拉克流域面积分别占两河流域面积的 22%、10% 和 51%；幼发拉底河 88.7% 的水量来自于土耳其，11.3% 的水量来自于叙利亚；底格里斯河 51.9% 的水量来自于土耳其，48.1% 的水量来自于伊拉克。土耳其的实际用水量分别占幼发拉底河和底格里斯河的 35% 和 13%，叙利亚的实际用水量分别占幼发拉底河和底格里斯河的 22% 和 4%，伊拉克的实际用水量分别占幼发拉底河和底格里斯河的 43% 和 83%。

表 5-2　各国拥有的两河流域面积　　单位：km^2

河流名称	土耳其	叙利亚	伊拉克
幼发拉底河	124 320（28%）	75 480（17%）	177 600（60%）
底格里斯河	46 512（12%）	776（0.2%）	209 304（54%）
两河流域	170 832（22%）	76 256（10%）	386 904（51%）

注：括号中的数据表示所占比例。

表 5-3　两河水量来源和各国实际用水比例　　单位:%

河流名称	土耳其		叙利亚		伊拉克	
	来水量	实际用水量	来水量	实际用水量	来水量	实际用水量
幼发拉底河	88.7	35	11.3	22	0	43
底格里斯河	51.9	13	0	4	48.1	83

① 1mi = 1.609 344km。

(3) 约旦河

约旦河是世界上海拔最低的河流，全程落差700多米。约旦河流量在56万~1700万 m^3，不同季节流量差异大。冬季雨量充沛，流量较大，其他季节流量较小。约旦河流域面积近1.83万 km^2，主要包括约旦、巴勒斯坦、黎巴嫩、以色列和叙利亚五个阿拉伯国家。约旦河发源于以色列、叙利亚和黎巴嫩三国交界地带的山区，属于西亚裂谷的河流，源头位于叙利亚-黎巴嫩交界地带的谢赫山，向南流经以色列，在约旦境内注入死海，全长约360km，主要支流有雅穆克河、哈罗德河和扎尔卡河（王晓娜，2013）。

约旦河的北部源头主要由以下三条支流汇成：一是源于叙利亚、黎巴嫩、以色列的丹河，平均年供水量约为2.45亿 m^3；二是源于叙利亚，流经以色列和黎巴嫩的哈斯巴尼河，平均年供水量约为1.38亿 m^3；三是源于叙利亚的巴尼亚斯河，平均年供水量约为1.25亿 m^3。三条支流每年的总水量约为5亿 m^3。约旦河的东北部源头主要是叙利亚境内的雅穆克河。约旦河西岸地区、戈兰高地地区、加沙地带等区域的地下水资源也是约旦河流域水资源的重要组成部分。约旦河向南一直注入以色列境内太巴列湖，流出太巴列湖继续向南10km，汇入最大的支流雅穆克河，最后注入死海。约旦河流域在流入太巴列湖之前，河水可以饮用，但流出太巴列湖后，由于盐分加大，基本上不适合人类饮用和农业灌溉。

与其他河流相比，约旦河流域距离短、流域面积小，流域范围内极为缺水。对以色列、黎巴嫩、巴勒斯坦和约旦等水资源极短缺的国家来说，约旦河有限的水资源成了各国争夺的重要资源。约旦河流域各国人口及最低用水量见表5-4（王联，2008）。2000年，约旦和巴勒斯坦人均可用水量为 $234m^3$ 和 $115m^3$。预计到2020年，约旦和巴勒斯坦人均可用水量降低为 $111m^3$ 和 $59m^3$。

表5-4　约旦河流域各国人口及最低用水量

国家	2000年人口/万人	2020年预计人口/万人	可用水量/($\times10^6 m^3/a$)	2000年人均可用水量/m^3	2020年人均可用水量/m^3
以色列	600	980	1500	250	153
约旦	470	990	1100	234	111
巴勒斯坦	260	510	300	115	59

以色列缺水比较严重，境内干旱面积达60%以上。以色列每年得到的水资源约为15亿 m^3，其中75%用于灌溉。以色列移民最先在水源丰富的加利利地区定居，后来，以色列人开始抽取太巴列湖等处的水资源，并计划引地中海的海水到死海发电，解决能源不足问题。在1994年10月的《约以和约》中，两国就约旦河和雅穆克河河水的分配达成协议，以色列同意每年从北部向约旦调运5000万 m^3 淡水，并同意在水资源开发、水污染防止、减少水浪费、缓解水短缺等问题上进行合作。

5.1.2.2 地下水

阿拉伯地区具有相对丰富的地下水资源，但通常跨越国境，几国共有。

(1) 浅层蓄水层

哈马德蓄水层和锡尔汉蓄水层在叙利亚、约旦、沙特阿拉伯与伊拉克之间；巴廷蓄水层在沙特阿拉伯、科威特与伊拉克之间；奈季兰蓄水层和利雅蓄水层在沙特阿拉伯与也门之间；布赖米蓄水层和艾因蓄水层在沙特阿拉伯、阿曼与阿联酋之间。

(2) 深层蓄水层

沃西阿蓄水层和拜亚德蓄水层由沙特阿拉伯、巴林、卡塔尔、阿联酋、阿曼与也门共有；泰布克蓄水层由沙特阿拉伯与约旦共有；乌姆拉德胡马蓄水层由沙特阿拉伯、巴林、卡塔尔、阿联酋、阿曼与也门共有；新近纪蓄水层由沙特阿拉伯与科威特共有；达曼蓄水层由沙特阿拉伯、科威特、巴林、卡塔尔、阿联酋与阿曼共有。

从地表水到地下水，流域水资源分配问题已经成为阿拉伯国家之间矛盾的主要原因之一。除地表水外，阿拉伯国家部分地区生活和生产用水主要来源于地下水。以色列和约旦地下水量分别占全年用水量的 25% 和 55% 。约旦河西岸地区和加沙地带的用水全部来自于地下水。加沙地带的水资源状况比约旦河西岸地区更加严重，加沙地带不仅没有地表河流，而且地下水资源在过度开采后也基本不可使用，随着地下水的过度抽取，海水渗透的情况越来越严重。如果不依靠境外输水，当地居民最基本的用水都难以得到保障（莫正军，2011）。

5.1.2.3 阿拉伯国家水资源利用存在的问题

(1) 水资源匮乏

阿拉伯国家大部分地区属于热带和亚热带，气候干燥炎热，降水量少，人均水资源匮乏。根据 2010 年中国国家统计局数据，22 个阿拉伯国家中，13 个国家的年人均水资源量低于 1000m^3，其中，科威特、卡塔尔、巴林、沙特阿拉伯、阿联酋、巴勒斯坦、利比亚 7 国低于 100m^3。

(2) 水资源分配不均

同一流域，上游国家对水资源的利用量较大，不同国家的水资源分配不均，如尼罗河流域，苏丹和埃及流域面积分别为 197.8 万 km^2 和 32.7 万 km^2，两国的流域灌溉面积分别为 193.5 万 hm^2 和 307.8 万 hm^2，2010 年，苏丹和埃及的人均水资源量分别为 3604m^3 和 1065m^3。幼发拉底河流域，叙利亚和伊拉克流域面积分别为 7.5 万 km^2 和 17.8 万 km^2，实际用水量分别占幼发拉底河流域的 22% 和 43% ，2010 年，叙利亚和伊拉克的人均水资源量分别为 2171m^3 和 3204m^3。

(3) 水资源浪费

阿拉伯国家的水资源利用率一般在 60% 以下，其中约旦只有 41% 。与以色列 88% 的水资源利用率相比，阿拉伯国家的水资源利用率低、浪费问题比较严重。主要原因包括以下几方面。

1) 阿拉伯国家粮食作物以小麦、大麦和玉米为主，经济作物以棉花、橄榄、椰枣、花生、甜菜、阿拉伯树胶等为主，大部分作物耗水量较大。阿拉伯国家部分牧场位于沙漠地区，种植苜蓿等耗水量很大的牧草以供牲畜食用。

2）阿拉伯国家整体的农业灌溉技术比较落后，以漫灌、沟灌为主。虽然很多地区开始采用节水灌溉技术，但管理粗放，没有最大程度的发挥节水灌溉的效率，水资源浪费比较严重。

3）农业水费补贴相关政策在一定程度上鼓励浪费。例如，阿曼农业灌溉不用向政府交纳水费，只需要交纳抽水所用的电费。沙特阿拉伯所有供给农民的水都是免费的，但农业灌溉大部分水分因蒸发而损失。

4）缺少专业性技术培训，农业管理人员和劳动力的整体技术水平不高，在一定程度上影响了新技术的应用。

（4）水资源过度开发

与世界上其他地区相比，虽然阿拉伯国家水资源匮乏，但尼罗河、约旦河、幼发拉底河、底格里斯河等河流每年也可以提供大量的水资源，如果各国合理分配和利用有限的水资源，并积极开发和保护水资源，可以在一定程度上减缓水资源危机。

浅层地下水是阿拉伯国家的一个重要水源。阿拉伯国家拥有世界上最多的地下水资源，大部分在沙漠地区，其中很多是深层的不可补偿的地下水。由于缺乏降水，大部分地区地下水缺乏补充，随着各国对地下水的开发利用量日趋增加，地下水位不断下降，水质也有所下降。例如，巴勒斯坦每年从沙漠的含水层至少抽取 1.2 亿 m^3 地下水，但补给量只有 0.9 亿 m^3，地下水位越来越深。此外，沿海地区地下水的过度开发会引发海水入侵，污染地下水和土壤，进一步会对生态环境造成破坏。

（5）水资源污染

除水资源浪费外，伴随着工农业的发展，水污染问题日益严重。随着灌溉农业的发展，农业的回流水大量增加。为了增产和防治病虫害，农民大量使用化肥和农药，化肥和农药的回流水大部分流入江河，污染地表水，有些甚至渗入地下，污染地下水。大量化肥和农药的残留物直接排入尼罗河，造成尼罗河污染。1992 年，对罗河下游三角洲地区的井水进行检测，1110 个样品中有 25% 不符合饮用水标准，而在东部地区，91 口水井中有 75 口因铁、锰等金属含量过高而不宜饮用（莫正军，2011）。

5.1.3 阿拉伯国家土地资源基本概况

5.1.3.1 土地面积与农业用地面积

阿拉伯国家土地总面积约为 1326.4 万 km^2，占世界的 8.9%。各国土地面积和农业用地面积见表 5-5。其中，阿尔及利亚、沙特阿拉伯、苏丹、利比亚、毛里塔尼亚、埃及的国土面积大于 100 万 km^2，索马里和也门的国土面积在 50 万 ~ 100 万 km^2，摩洛哥、伊拉克等五国的国土面积在 10 万 ~ 50 万 km^2，巴勒斯坦、科摩罗和巴林的国土面积小于 1 万 km^2。

表 5-5　阿拉伯国家土地面积和农业用地面积

国家	国土面积/万 km^2	可耕地面积/万 hm^2	多年生作物面积/万 hm^2	多年生牧场和草场面积/万 hm^2
科威特	1. 8	1	1	14
卡塔尔	1. 2	1	0. 2	5
巴林	0. 1	1	—	—
沙特阿拉伯	225. 0	311	25	17 000
约旦	8. 9	18	9	74
也门	52. 8	116	29	2 200
阿联酋	8. 4	32	4	31
突尼斯	16. 2	284	239	484
阿尔及利亚	238. 0	751	91	3 296
利比亚	176. 0	175	34	1 350
阿曼	31. 0	10	4	170
摩洛哥	45. 9	794	116	2 100
埃及	100. 1	287	80	400
叙利亚	18. 5	461	105	820
黎巴嫩	1. 0	11	13	40
伊拉克	43. 8	400	21	400
苏丹	188. 0	1 706	17	9 145
巴勒斯坦	0. 3	16	—	—
吉布提	2. 3	0	0	170
索马里	63. 8	110	3	4 300
科摩罗	0. 2	8	6	2
毛里塔尼亚	103. 1	45	1	3 925

注：—代表无统计数据。

由表 5-5 可知，阿拉伯国家可耕地总面积为 5538 万 hm^2，其中苏丹可耕地面积最大，为 1706 万 hm^2，摩洛哥和阿尔及利亚可耕地面积大于 500 万 hm^2，叙利亚、伊拉克、沙特阿拉伯等 8 个国家的可耕地面积在 100 万～500 万 hm^2，科摩罗、科威特、卡塔尔等 5 个国家的可耕地面积小于 10 万 hm^2。除了巴林和巴勒斯坦没有统计数据之外，其他阿拉伯国家的多年生作物总面积为 798. 2 万 hm^2，其中突尼斯、摩洛哥、叙利亚的多年生作物面积大于 100 万 hm^2，阿尔及利亚、埃及、利比亚等 8 个国家的多年生作物面积在 10 万～100 万 hm^2，约旦、科摩罗、阿联酋等 9 个国家的多年生作物面积小于 10 万 hm^2。除了巴勒斯坦、巴林没有统计数据之外，其他阿拉伯国家多年生牧场和草场面积合计 45 926 万 hm^2。其中，沙特阿拉伯多年生牧场和草场面积最大，为 17 000 万 hm^2，苏丹、索马里、毛里塔尼亚等 7 个国家的多年生牧场和草场面积在 1000 万～10 000 万 hm^2，叙利亚、突尼斯、埃及等 6 个国家的多年生牧场和草场面积在 100 万～1000 万 hm^2，卡塔尔、科摩罗的多年生牧场和草场面积小于 10 万 hm^2。

5.1.3.2 森林面积

阿拉伯国家1990 年和 2010 年森林面积见表 5-6。在不考虑卡塔尔和巴勒斯坦的条件下，1990 年，阿拉伯国家森林总面积约为 958 975km^2。其中，苏丹森林面积最大，为 763 810km^2，索马里、摩洛哥和阿尔及利亚森林面积大于 10 000km^2，沙特阿拉伯、伊拉克、突尼斯和也门森林面积在 5000 ~ 10 000km^2，毛里塔尼亚、叙利亚、阿联酋、利比亚和黎巴嫩 5 个国家森林面积在 1000 ~ 5000km^2，吉布提、科威特、阿曼和巴林 4 个国家森林面积小于 100km^2。2010 年，阿拉伯国家森林总面积约为 882 660km^2，与 1990 年相比，森林面积减少 76 315km^2（8.0%）。其中，苏丹、索马里、阿尔及利亚、毛里塔尼亚和科摩罗森林面积分别减少 64 320km^2、15 350km^2、1750km^2、1730km^2 和 90km^2，突尼斯和叙利亚森林面积分别增加 3630km^2 和 1190km^2，摩洛哥、阿联酋、埃及和伊拉克森林面积增加在 100 ~ 1000km^2，巴林、科威特和黎巴嫩分别增加 5km^2、30km^2 和 60km^2，沙特阿拉伯、也门、利比亚等 6 个国家森林面积无变化。与 1990 年相比，巴林和科威特的森林面积比 1990 年增加 100%，埃及和突尼斯的森林面积比 1990 年增加 50% ~ 60%，叙利亚和阿联酋的森林面积比 1990 年增加 25% ~ 35%，而科摩罗和毛里塔尼亚的森林面积分别比 1990 年减少 75% 和 41.7%。

2010 年，仅苏丹、黎巴嫩、摩洛哥和索马里的森林覆盖率大于 10%，分别为 29%、13%、11% 和 11%。科威特、埃及、沙特阿拉伯等 7 个国家的森林覆盖率小于 1%。

表 5-6　阿拉伯国家森林面积

国家	1990 年森林面积/km^2	2010 年森林面积/km^2	比 1990 年增减/%	2010 年森林覆盖率/%
科威特	30	60	100.0	-
卡塔尔	—	—	—	-
巴林	5	10	100.0	1
沙特阿拉伯	9 770	9 770	0	-
约旦	980	980	0	1
也门	5 490	5 490	0	1
阿联酋	2 450	3 170	29.4	4
突尼斯	6 430	10 060	56.5	6
阿尔及利亚	16 670	14 920	-10.5	1
利比亚	2 170	2 170	0	-
阿曼	20	20	0	-
摩洛哥	50 490	51 310	1.6	11
埃及	440	700	59.1	-
叙利亚	3 720	4 910	32.0	3

续表

国家	1990 年森林面积/km^2	2010 年森林面积/km^2	比 1990 年增减/%	2010 年森林覆盖率/%
黎巴嫩	1 310	1 370	4.6	13
伊拉克	8 040	8 250	2.6	2
苏丹	763 810	699 490	-8.4	29
巴勒斯坦	—	—	—	—
吉布提	60	60	0	—
索马里	82 820	67 470	-18.5	11
科摩罗	120	30	-75.0	2
毛里塔尼亚	4 150	2 420	-41.7	—

注：—代表无统计数据；-代表 2010 年森林覆盖率低于 1%。

5.2 阿曼水土资源持续利用研究

阿曼属于热带沙漠气候，全年降水稀少且没有规律。阿曼地表水资源非常匮乏，农业水资源主要来源于地下水，特别是年降水量 55mm 的中部地区和年降水量在 100 ~ 300mm 的北部山区的农业完全依靠地下水灌溉，且大部分地区以阿夫拉季灌溉系统（类似于中国的坎儿井）和水井为主要供水来源。如图 5-1 所示，阿曼的水资源有 85% 用于农业消耗，10% 用于家庭消耗，5% 用于工业消耗。

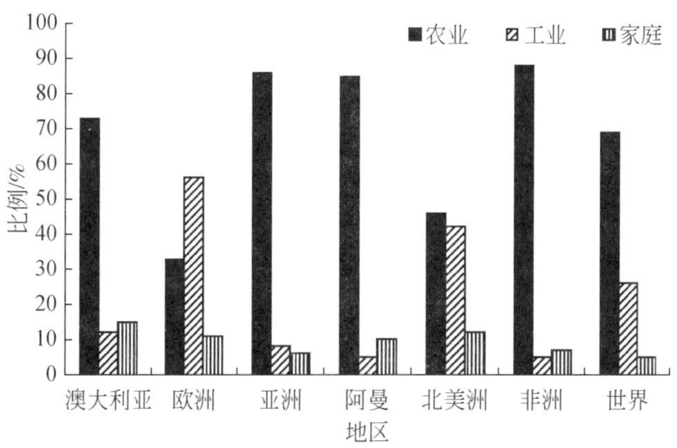

图 5-1　世界范围内不同用途的水资源利用所占比例

阿曼国土面积约为 31.0 万 km^2，其中沙漠占 82%，山区占 15%，沿海平原占 3%。可耕地面积约有 10 万 hm^2，已开垦耕地约为 7.3 万 hm^2，主要种植椰枣、柠檬、香蕉等，其中约 3 万 hm^2 用于种植水果等多年生作物。粮食作物以小麦、大麦、高粱为主，但不能自给。牧场主要种植非洲虎尾草、苜蓿等。另外，据调查，阿曼有 791 651hm^2 的土地（约占全国土地的 2.6%）适于农业生产，另外有 1 431 406hm^2 的土地在增加投入的情况下可用于农业生产（Hayder and Isam，1993）。

5.2.1 阿曼概况

5.2.1.1 区域位置

阿曼位于阿拉伯半岛东南沿海，地处波斯湾通往印度洋要道，西北与阿联酋接壤，西面连接沙特阿拉伯，西南与也门毗邻，东北与东南濒临阿曼湾和阿拉伯海。海岸线长3165km，国土总面积约31.0万km^2，总人口455.9万人（截至2019年4月）。

5.2.1.2 地形地貌

阿曼可划分为四个主要的地理区域：山区、沿海冲积平原、堆积平原和沙漠。山区主要包括北部的哈杰尔干旱山区和南部受季风影响的山区与高原，沿海岸从西北向东南延伸，约占国土面积的1/3，其主峰沙姆山海拔3352m，为阿曼最高峰。沿海冲积平原主要包括北部的巴提奈海岸平原和塞拉莱平原。堆积平原主要包括北部的巴提奈平原、塞拉莱平原、佐法尔平原、索基拉湾平原和北部内陆平原，海拔200m以下。沙漠主要包括西部的鲁卜哈利沙漠和瓦希伯沙漠。西南部为佐法尔高原。境内大部分是海拔200～500m的高原。

（1）干旱山区

干旱山区主要分布于阿曼北部的哈杰尔山脉和穆桑代姆半岛。在马西拉岛和哈拉尼耶岛屿部分地区也属于干旱山区。这些山区地形比较陡峭且土壤贫瘠，基本由火成岩和沉积岩形成（Heshmati and Squires，2013）。哈杰尔山脉从穆桑代姆半岛向南沿阿曼湾向西北和东南延伸，阿曼境内长度约为700km，宽度为30～70km。坡地以裸露的岩石和极浅的土壤层为主，而砂砾土主要出现在山谷和冲积扇中。因哈杰尔山脉对潮湿空气的阻挡，位于阿卡达尔海拔3000m左右的地区是阿曼降水量最多的地方和主要农牧区，种植有椰枣、谷物等，沿着山腰层层而下的梯田分布有大面积的石榴、胡桃木和杜松等，山前分布有很多分散的绿洲，基本采用的是阿夫拉季灌溉系统，主要种植枣椰、橙子、紫花苜蓿等。为了给北部的巴提奈平原和南部的内陆提供水资源，哈杰尔山区分布有一个密集的水资源收集和运输网络系统。

（2）佐法尔高原

佐法尔高原位于阿曼西南部，主要由沉积岩构成，降水形成的溪流在高原冲刷出很多又深又窄的山谷。佐法尔高原土壤很浅，且在过度放牧的条件下日趋贫瘠。

（3）受季风影响的山地和高原

受季风影响的山地和高原主要分布于塞拉莱北部和Rakhyut沿岸，地形多样。陡坡、山腰和山沟以木本植物为主，土壤层较厚，土壤侵蚀现象比较轻。山前平原等比较平坦的地方以草本和灌木为主，土壤层一般较浅，因放牧的影响，土壤侵蚀现象比较严重。该地区水资源比较短缺，仅能利用有限的降水种植豆类和高粱，且种植面积比较小。

（4）堆积平原

堆积平原主要分布于北部的塞拉莱平原、巴提奈平原、佐法尔平原、索基拉湾平原和北部内陆平原。这些堆积平原都是由第三纪冲积扇堆积形成的。其中，索基拉湾平原与其他平原不一样，其大部分地区能看到裸露的岩石。堆积平原土壤以砾石土为主，土壤层一般很深。除塞拉莱外，大部分堆积平原的土壤中都含有石膏，且石膏的含量和胶结程度随着土壤成土年龄的增加而增加。

其中，巴提奈平原和北部内陆平原的水资源比较充足，耕地面积较多。其他地区因水资源短缺耕地面积较少。这些平原以种植椰枣、橙子、紫花苜蓿等为主。

（5）沿海冲积平原

沿海冲积平原主要分布于北部的巴提奈平原和塞拉莱平原。沿海冲积平原是因附近山区形成的河水，在入海口附近因流速减缓，大量沙子和细颗粒物沉积在海岸形成的。这些沿海冲积平原拥有全国质量最好的土壤和相对丰富的水资源，阿曼 50% 左右的耕地位于巴提奈平原。巴提奈平原主要种植椰枣、杧果、橙子、紫花苜蓿、非洲虎尾草等，塞拉莱平原主要种植香蕉、椰子、木瓜等。这些地区耕地的过度开发导致海水入侵，地下水和土壤发生盐碱化。

（6）东部和西部山麓侵蚀平原

东部山麓侵蚀平原主要由坚硬的碳酸盐组成，地势比较平坦，在过去湿润气候的溶蚀作用下，形成了大量的低洼地。该地区土壤层很浅并且包含很多中生代石灰，水资源缺乏，耕地非常少。西部山麓侵蚀平原有轻微的起伏，广泛分布有硫酸盐岩石，土壤中石膏含量较高。在地下水资源相对丰富的 Dawka 地区种植有非洲虎尾草、紫花苜蓿等。

（7）沙漠

阿曼有大面积的沙漠，主要位于阿曼西部的鲁卜哈利沙漠和瓦希伯沙漠。该地区由于沙丘易移动和土壤不适宜种植作物等，耕地面积非常少。该地区分布有荒漠草原，在生长有灌木和低矮树木的地区，有牧民放牧。过度放牧导致该地区土地退化问题越来越严重。

5.2.1.3 气候条件

阿曼不同地区的气候特征不一样。沿海地区炎热潮湿，内陆地区炎热干燥，山区气候相对温和。除东北部山地外，均属热带沙漠气候。全年分两季，5～10 月为热季，气温高达 40℃以上；11 月至次年 4 月为凉季，气温约为 24℃。全国不同地区的年平均气温在 17.8～28.9℃。在高海拔地区，如北部的 Jabal Lakhdarin 山区和南部的 Al Qairoon Hairiti 山区年平均气温较低，分别为 17.8℃和 21.6℃，塞拉莱和塞迈里特地区受西南季风的影响，年平均气温略低于全国水平，为 26.3℃，其他地区的年平均气温在 26.3～28.9℃。总的来说，年平均气温从东到西呈上升趋势。6 月和 7 月是最热的季节，月平均最高气温在 30.7（赛格地区）～46.1℃（费胡德地区）。1 月是最冷的季节，月平均最低气温在 9.4（赛格地区）～24℃（赖苏特地区），0℃以下的气温每年只在赛格地区发生。

5.2.1.4 经济发展状况

阿曼油气、渔业和矿产资源丰富。石油和天然气是阿曼的支柱产业，油气收入占国家财政收入的75%，占国内生产总值的41%，其他工业起步较晚，基础薄弱。阿曼渔业、农业、牧业在国民经济非石油产业中举足轻重，但只能满足国内47.6%的粮食和69%的动物饲料需求，农业产值约占国内生产总值的3%，渔业是阿曼传统产业，自给有余。阿曼主要出口石油和天然气，非石油类出口有化工产品、鱼类、水果、蔬菜等。

5.2.2 阿曼的水资源与利用

阿曼全年降水稀少且没有规律，属于极度缺水的国家。有时候也会发生暴雨灾害，如2012年4月，多个省份发生暴雨，导致至少6人死亡。阿曼地表水资源非常匮乏，水资源主要来源于地下水，大部分地区以坎儿井和水井作为主要供水来源。

5.2.2.1 阿曼的水资源

（1）水井

水井是阿曼当地居民饮用水和农业灌溉水的传统来源之一。21世纪以前，阿曼全国已有水井160 000座，随着农业的发展，这个数量持续增加。城市以外的地区基本每个房子外面都有一口水井，并且90%的井水用于农业灌溉。沿海地区的水以井水为主，井水的可利用量直接决定了当地的农业种植结构和种植面积（Ismaily and Probert，1998）。

阿曼当地的水井主要分为人力水井、畜力水井和平衡支点供水水井三类。其中，人力水井主要通过人力每天提供少量的生活用水。畜力水井主要通过动物将较深层的地下水提到地面进行灌溉，现在基本被水泵代替。平衡支点供水水井利用一个平衡支点提水装置供水，主要应用在地下水位较浅的地区（Costa and Wilkinson，1987）。随着农场数量和耕地面积的迅速增加，对水的需求也相应增加。在一些地区，用水量的增加导致当地地下水位显著下降，并且引发海水入侵，对沿海农业种植产生很大影响。

（2）阿夫拉季灌溉系统

阿夫拉季灌溉系统类似于中国的坎儿井，除阿曼外，坎儿井主要分布在亚洲中西部国家和地区，如伊朗、巴基斯坦、阿富汗、沙特阿拉伯、中国的西北、哈萨克斯坦、乌兹别克斯坦、吉尔吉斯斯坦、印度的西北部、土库曼斯坦、叙利亚、伊拉克、利比亚、约旦、也门等。非洲北部的埃及、利比亚、阿尔及利亚、突尼斯、摩洛哥等也有少量的坎儿井。欧洲和美洲也有极少量的坎儿井，如西班牙的南部、意大利、塞浦路斯、墨西哥、美国、智利、秘鲁等（王春峰，2014）。阿曼是阿拉伯国家拥有坎儿井最多的国家，其中有5个已列入世界遗产。

坎儿井结构如图5-2所示。坎儿井一般都是垂直等水位线布置。坎儿井是由竖井、暗渠、明渠和涝坝四部分组成。竖井是开挖或清理坎儿井暗渠时运送地下泥沙或淤泥的通道，也是送气通风口。暗渠分为集水段和输水段。前部为集水段，位于地下水位以下，发挥截引地下水的作用。后部为输水段，在地下水位以上（张席儒等，1982）。越靠近母井，竖井越深，布置越稀疏，越靠近终井，竖井越浅，布置越密集。坎儿井的设计与地形、水文条件、劳动力、需水要求、地域文化有关，不同国家和地区坎儿井的长度、断面形状、母井深度、竖井个数差别很大。

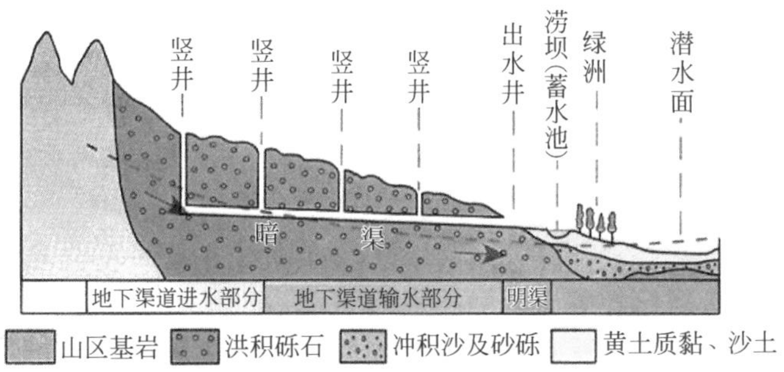

图 5-2　坎儿井结构

坎儿井和水井都是阿曼当地居民重要的传统水资源之一。坎儿井的建设一般需要几年的时间。阿曼坎儿井深度可达 10m，甚至更深，长度可达 15km。阿曼坎儿井的竖井间隔在 15～30m，流速基本在 15～20L/s。坎儿井灌溉系统可以分为三种，一是主井水，通过管道系统将水输送到地表灌溉土地；二是山谷水，是从山谷的沉积物中提取出来的，在低洼地带收集，通过渠道系统输送到地表灌溉土地；三是泉水。坎儿井灌溉系统的水流是自然的，不需要任何的能量输入，具有自我调节使用水资源的作用。目前，阿曼约有 6000 多个阿夫拉季水系统，提供了约 55% 的农田灌溉用水（Hayder and Isam，1993）。该系统虽然提供了大量的水资源，但地表灌溉水利用效率只有 60%，低于现代节水灌溉技术的 85%。水分在运输过程中大量流失，特别是在没有水分运输条件的地区，水分流失更加严重。

(3) 天然泉水

阿曼北部山区的山谷有几百座天然的泉水，主要分布在巴提奈和达卡利亚南部山区、马斯喀特和佐法尔地区。其中，68 个最重要泉水的流量在 3～180L/s。卡斯法哈和阿扎特地区泉水每天可出水 7000～15 000m^3，阿曼全国每天约出水 10 万 m^3。阿曼几乎所有的泉水都可以饮用，有些泉水的温度可达 66℃。

(4) 降水

降水是阿曼唯一可以开发利用的天然淡水资源，地下水的补给完全依赖降水。阿曼全年降水稀少且没有规律，全国年平均降水量为 97mm，内陆地区年平均降水量低于 50mm，沿海地区年平均降水量约为 100mm，哈杰尔山区年平均降水量在100～300mm。南部的佐法尔山区和哈杰尔山区因季风气候的影响有季节性降水，6 月和 10 月降水量较大。佐法尔山区受季风气候影响，年平均降水量在 200～260mm，且雾和露水在这个地区很常见，可为植物生长提供大量的水分。有的年份也会发生暴雨，一次性的降水量几乎等于全年的降水量，易引发洪水灾害。全国 9～11 月很少有降水。沿海地区的月平均相对湿度常年保持在 50% 以上，最高可达 90%，内陆地区稍微干燥一些，连续 4～5 个月的月平均相对湿度低于 50%，绝对最小相对湿度有时会低于 1% 或 2%。

(5) 海水淡化

目前，阿曼的自来水主要由大型海水淡化设施供应，占总产能的 76%，小型海水淡化设施和水井分别提供产能的4%和20%。海水淡化对阿曼自来水供应具有重要意义。1990年之前，阿曼国内有2座海水淡化厂，采取的是蒸发工艺，最大的一个在古卜拉地区，每年可为居民提供77%的淡水。2010~2012年，阿曼建设了10个海水淡化项目，以增强对偏远地区的饮用水供应能力，大部分海水淡化项目的产能在500m³/d左右，只有穆桑代姆半岛的迪坝海水淡化项目产能达到1000m³/d。目前，阿曼不同地区建有多个海水淡化厂，产能在1000~300 000m³/d。其中，位于首都马斯喀特新建的古卜拉三期海水淡化项目设计产能为300 000m³/d，以提供马斯喀特地区居民饮用水，进一步减少地下水的使用量；位于阿曼巴提奈海岸的苏哈尔反渗透海水淡化项目，由西班牙Sacyr集团子公司Valoriza Agua牵头建设，设计产能为250 000m³/d，可满足巴提奈北部地区80%的饮用水需要；位于马斯喀特的古卜拉反渗透海水淡化项目，由马斯喀特海水淡化公司（MCDC）负责建设，设计产能为191 000m³/d；位于阿曼东北部地区古赖亚特海岸的海水淡化项目，设计产能为8000m³/d，主要为古赖亚特及其附近的村庄提供饮用水；位于阿曼古赖亚特地区的海水淡化项目，由新加坡凯发集团（Hyflux）负责建设，设计产能为200 000m³/d。海水淡化除了可以提供大量淡水外，还可以在一定程度上减少地下水的摄取量，为国家水安全提供重要保障。

5.2.2.2 阿曼的农业水资源利用

阿曼的耕地主要分布在巴提奈盆地和塞拉莱盆地。

(1) 巴提奈盆地水资源利用情况

巴提奈盆地水资源利用情况见表5-7和图5-3（Hayder and Isam，1993）。巴提奈盆地总面积为12 183km²，每年消耗约20.890亿m³的水。其中，83%的水蒸发到空气中，17%的水转化为地表径流，地表水和地下水总量约为3.483亿m³。0.755亿m³的水被抽取用于平原上游，沿岸平原的地表水和地下水总量仅剩余2.728亿m³。除流入海洋的0.483亿m³水量外，地下水补给量剩余2.245亿m³。该地区的灌溉需水量约为2.263亿m³，每年亏缺0.018亿m³水量，亏缺的水量将以0.018亿m³/a的速度耗尽地下水。按照目前22%的用水增长率计算，每年缺水约0.45亿m³。

表5-7 巴提奈盆地和塞拉莱盆地水平衡 单位：亿m³

水分组成	巴提奈	塞拉莱
蒸发量	17.407	2.538
平原上游用水量	0.755	0
流入海洋的水量	0.483	0.090
地下水补给量	2.245	0.192
总水量	20.890	2.820
灌溉需水量	2.263	0.320
水分亏缺量	0.018	0.128

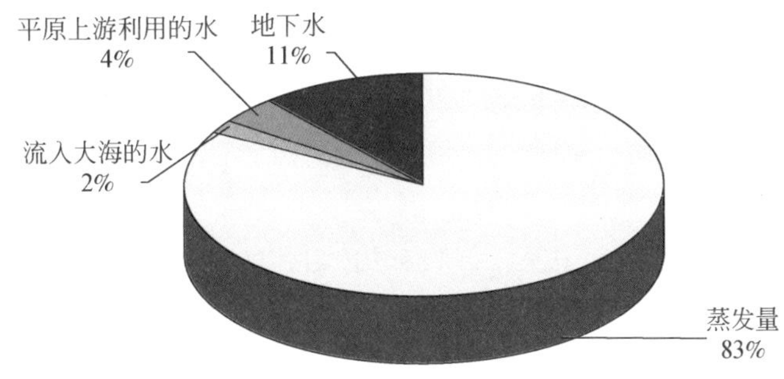

图 5-3 巴提奈盆地水平衡图

(2) 塞拉莱盆地水资源利用情况

塞拉莱盆地水资源利用情况见表 5-7 和图 5-4，塞拉莱盆地总面积为 910km^2，每年消耗约 2.820 亿 m^3 的水。其中，90% 的水蒸发到空气中，10% 的水转化为地表径流，地表水和地下水总量约为 0.282 亿 m^3。除流入海洋的 0.090 亿 m^3 水量外，地下水补给量剩余 0.192 亿 m^3。该地区 1982 年的用水量为 0.22 亿 m^3，其中 0.17 亿 m^3 用于农业。1990 年的用水量为 0.32 亿 m^3，补给量仅为 0.2 亿 m^3，地区缺水 0.12 亿 m^3。通过泉水可补给 0.090 亿 m^3 的需水量，地区最终缺水 0.03 亿 m^3，亏缺的水量将以 0.03 亿 m^3/a 的速度耗尽地下水（Hayder and Isam，1993）。塞拉莱盆地其他地方的补水量和需水量基本平衡，但仍然存在海水入侵等问题。

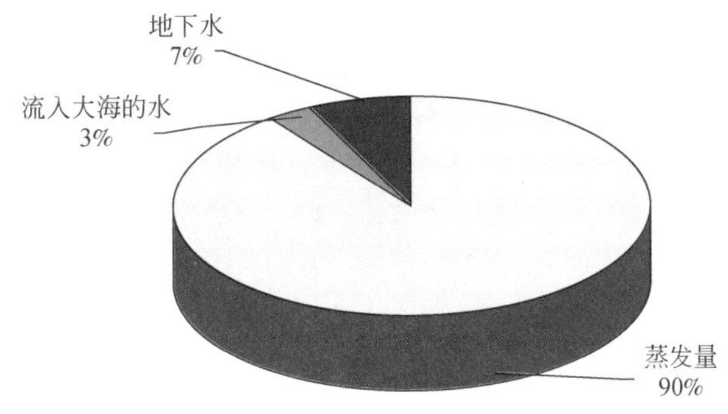

图 5-4 塞拉莱盆地水平衡图

5.2.2.3 阿曼水资源开发措施

随着社会的发展、人口的增加和耕地面积的增加，阿曼对水资源的需求量越来越大。为了应对水资源短缺问题，除现有的地下水资源、海水淡化、降水的收集（修建水坝）等，污水再利用、雾和露水的收集和咸水利用等新的水资源开发利用越来越受到政府和地方部门的重视。

(1) 海水淡化

作为海岸线长达3165km的国家，海水淡化将成为阿曼地下水补充和淡水的重要来源之一。阿曼将在目前的基础上，加强海水淡化企业的建设，推动海水淡化工业化发展进程。

(2) 污水再利用

阿曼是阿拉伯半岛的第三大国家，但只有约1km^{3}的可再生水资源，由于缺乏地表水，阿曼很大程度上依赖地下水和海水淡化。年平均用水量的63%来自地下水，30%来自海水淡化，7%来自污水再利用。

阿曼1992年举办了国际污水再利用研讨会，主要讨论了阿曼的水资源，了解了国际上其他国家在污水再利用方面的成熟经验，并对污水再利用的经济性、对健康和环境的影响等方面进行了深入探讨。研讨会将污水再利用限定在非饮用水范围，并将污水再利用纳入国家的水资源管理体系。1990年，马斯喀特人口约为33万人，按照每人每天产生150L污水和70%的污水回收率计算，每天可回收的污水量约为35 000m^3，处理后的污水可以满足马斯喀特437.5hm^{2}的农业灌溉。2017年，马斯喀特人口约140万人，按照每人每天产生150L污水和70%的污水回收率计算，每天可回收的污水量约为147 000m^3（Ismaily and Probert，1998）。

阿曼目前有超过100 000m^3/d的污水处理能力，仍在建设更多的污水处理厂，预计将在不久后建成的新产能约230 000m^3/d。除用于园林绿化外，处理后的污水还可用于偏远地区的地下水补给和工业循环利用。

(3) 咸水利用

阿曼传统灌溉水的含盐量在0.2‰左右。目前，地下水的过度开采导致地下水位明显下降，阿曼沿海地区约有50%的耕地地下水受海水入侵的影响，部分耕地作物产量开始下降。现有研究表明，微咸水甚至咸水在一定条件下可用于耐盐植物种植灌溉。在排水设施配置较为完善的条件下，部分耐盐作物甚至在6‰的含盐量下仍然具有较高的产量。目前，大量被筛选出来的耐盐作物种植在含盐量高达20‰的沿海沙滩上，以提高水资源利用率（Ismaily and Probert，1998）。例如，西伯利亚滨藜可作为盐碱地的先锋物种进行种植，并可为牲畜提供牧草。

(4) 降水的收集

阿曼虽然降水量少，但降水仍然是水资源的一个重要组成部分，地下水的补充主要发生在降水时期，10mm的降水量相当于每公顷100m^{3}的水量。阿曼每年约有1.2亿m^{3}的降水流入海洋或在沙漠蒸发损失掉。通过修建水坝、堤坝、水渠等设施来拦截和收集降水，可在一定程度上提高降水的利用率，收集的降水可用于农业灌溉和地下水补充，经过处理后的降水也可用于居民生活等。目前，阿曼有60多个水坝用于收集降水，每年可收集约0.5亿m^{3}的降水。

(5) 雾和露水的收集

在水气充足、微风及大气层稳定的情况下，如果接近地面的空气冷却至一定程度时，空气中的水汽便会凝结成细微的水滴悬浮于空中，使地面水平的能见度下降，这种天气现象称为雾。雾由非常小的水滴组成，它们的下落速度可以忽略不计。雾在接触植物后会附着在植物上，与其他液滴结合，最终形成足够大的液滴落在地面。露水是夜晚或清晨近地面的水气冷凝变成小冰晶，然后再融化于物体上的水珠。

雾和露水作为一种水源，可以在沿海地区和部分山区开发利用。丰富的雾和薄雾资源只在世界上很少的地方发生。除拉丁美洲国家的沿海地区外，阿曼佐法尔南部山区也有这种现象发生。目前，可利用特殊的钢丝网收集雾和露水，太阳能冷冻网格可大大增强雾的收集效果和产量。有研究表明，在季风气候发生的季节，设置在 4. 2m 高的收集器收集水量可达 34. 5L/(m^2 · d) (St-Price and Al-Harthy，1986)。虽然通过这个技术可以收集到一定量的水，但雾的收集只在季风发生的时期才可以进行，时间太短，且收集的水量对局部地区的用水量来说是微不足道的。

5. 2. 2. 4 阿曼水资源保护措施

有限的水资源和对水资源日益增长的需求在阿曼引发了全国范围的节水行动。阿曼的土地和土壤调查结果表明，现有的水资源无法满足更多的耕地。作为阿曼农业生产的主要水源，随着农业土地开发面积的增加，地下水用水量逐年增加，开发量已经超出水资源的补给，导致巴提奈平原和塞拉莱平原地下水位下降，引发海水入侵，使地下水土壤含盐量升高，对当地作物的生长产生了一定影响。

水资源保护措施包括合理分配水资源，提高水分利用效率等。事实上，通过减少地表径流和地下渗漏储存的水分越多，水分利用效率就越高。土壤添加物和水分利用方式在很大程度上影响着土壤持水能力。

(1) 通过添加有机质提高土壤持水能力，达到节约水资源的目的

阿曼土壤有机质含量低，土壤持水能力属于中等偏下水平。天然的和合成的有机物质以泥炭藓、牛粪、鸡粪、干草的形式混入土壤，可增加土壤有机质，增加土壤持水能力。阿曼牛粪等有机物质的产量有限，无法有效提高大面积土壤的质量。苜蓿可以作为土壤改良的有机物质来源，虽然阿曼苜蓿种植面积很大，但苜蓿基本作为牲畜的饲料，没有多余的苜蓿可作为干草的形式混入土壤，以改善土壤质量。因此，阿曼每年需要进口大量有机肥用于改善土壤质量。目前，研发出的一种合成物质具有吸收水分和缓慢释放水分的作用，但其在不同土壤中的添加量很难确定、农民很难控制合成物质的施用技术，导致其实际应用效果不明显。

(2) 通过筛选需水量较少的作物，提高水资源利用效率

通过作物筛选、优良品种繁育和其他农艺措施，可以在一定程度上提高水分利用效率，特别是耐干旱、耐盐碱作物的筛选和繁育对平原地区农业的持续发展具有重要意义。如何在最短的时间内，利用最少的水分获得最大的产量是提高水分生产效率的关键。部分学者在灌水量和灌溉频率对作物水分利用效率的影响等方面开展了深入研究，对当地的作物生产具有重要的指导意义。在长期利用传统管理措施种植椰枣的影响下，当地居民对水分利用效率的高效管理技术认识不足，新的农艺措施推广比较困难。此外，与柑橘相比，椰枣更耐盐，大面积的柑橘将被椰枣代替。需水量更少的饲草将取代苜蓿，以节约用水。

(3) 加强对阿夫拉季灌溉系统的管理和规划，提高水资源利用效率

为了缓解日益紧张的水资源利用现状，阿曼农业和渔业资源部对全国的阿夫拉季灌溉系统进行统一管理，并对每一个阿夫拉季灌溉系统进行独立的灌溉管理设计，以适应阿曼当地农业和经济发展需要。传统的阿夫拉季灌溉系统可在一定程度上继续发挥它的作用(Dutton，1995)。

(4) 引进国际先进灌溉技术，提高水资源利用效率

一般来说，现代灌溉系统适用于多种作物和土壤，更加节约水资源，但现代灌溉系统的初始成本是非常高的，特别是当使用大量的管网或先进的系统时，如中心枢轴等。在采用现代灌溉系统中，必须在作物需水量和控制盐分所需的水量之间保持平衡。过度的强调节水，可能会因水分太少难以冲洗土壤中所含的盐分导致作物根区土壤盐分积聚，最终影响作物产量。

目前，阿曼农业和渔业资源部要求新开发的土地必须使用现代灌溉系统，并通过补贴的方式鼓励大家将传统的地表灌溉改为现代节水灌溉。对于面积小于4.2hm^{2}的农场，政府承担现代灌溉系统改造费用的75%，对于面积在4.2~21hm^{2}的农场，政府承担现代灌溉系统改造费用的50%。在政府的支持下，阿曼大部分地区，特别是巴提奈和塞拉莱地区，部分农场已经开始使用现代灌溉系统。虽然政府有很多鼓励措施和奖励政策，但使用现代灌溉系统的农场数量不超过30%，并且大部分农场虽然安装了现代灌溉系统，但在实际生产过程中还是沿用了传统灌溉方式条件下的作物灌水量，水资源浪费现象仍然很严重。此外，政府将开展大量的技术培训，以说服当地更多的农场主使用现代节水灌溉技术。

(5) 其他措施或政策

1) 水资源的优先使用顺序为人类、牲畜、农业和工业。

2) 只能在土壤质量较好和有充足地下水的地区才可以挖新井。

3) 井水只可用于人类生活、牲畜饮用和树木的灌溉。

4) 由政府分配的土地都从中央水井取水灌溉，所有这些土地需安装现代灌溉系统。

5) 除了饮用水井，在现有阿夫拉季主井附近3.5km范围内不得挖井。

5.2.3 阿曼节水灌溉技术研究

5.2.3.1 极端高温条件下节水灌溉种植牧草试验

(1) 试验地概况与试验设计

试验地位于阿曼苏丹卡布斯大学农业实验农场，属于亚热带沙漠气候，土壤为砂壤土，部分区域为砂土，水分渗漏比较严重。试验期间(2016年4~7月)最高气温为48.5℃，最低气温为35.3℃，无有效降水。试验地种植牧草3亩。

(2) 试验结果

采用浅埋式微润管灌溉，管道埋深为5cm。由于蒸发量大，出芽前铺干草根和遮阴网，并采用微喷头喷灌进行土壤保湿，牧草出苗率为90%。观测期为6月14日至8月12

日，共计 60 天，总灌水量为 898.15m^3，平均每日灌水量为 4.99m^3/亩。牧草耗水量主要集中在生长后期，占观测期耗水量的 73.2%。

5.2.3.2 极端高温条件下风光互补智能节水灌溉系统种植椰枣试验

(1) 试验地概况与试验设计

试验地位于阿曼苏丹卡布斯大学农业实验农场。根据当地椰枣树种植情况、灌溉定额和灌溉方式等，设置 4 种不同灌溉定额，其中一种为当地地上小管出流灌溉定额，其他三种为中国 A1、A2、A3 风光互补智能地下节水灌溉系统的灌溉定额，该系统使每株椰枣增加支出 100 元（图 5-5）。

图 5-5 节水灌溉种植牧草试验

具体效益分析：效益=椰枣毛收入-水费-日常管理和肥药等-中国 A 风光互补智能地下节水灌溉系统支出。风光互补设备提水，管道采用地下渗灌管，绕树一周，直径 120cm，埋于地下 15cm。选择移栽定植 10 年的成年椰枣树作为研究对象，行距 5m，株距 5m，30 株/亩。

灌溉方式：每个处理根据季节和生育时期每 2 天灌溉 1 次，灌水量根据当地灌溉经验，最大灌水量为 20 年树龄 50m^3/（株 · a），中国 A 风光互补智能地下节水灌溉系统的方案采用较当地节水 20% 以上进行设计，具体布设方式如图 5-6 所示。

图 5-6 布设地下渗灌管

（2）试验结果

通过比较分析试验，综合椰枣树各处理生长状况和耗水情况，见表5-8。

表5-8　阿曼椰枣树节水灌溉试验

灌溉方式	椰枣株数	灌水次数/[次/(株·a)]	灌水定额/[L/(株·次)]	灌溉定额/[m^3/(株·a)]	椰枣产量/(kg/株)	毛收入/(元/株)	水费/(元/株)	效益/(元/株)
小管出流	7	182	200	36.4	26.6	1596	364	32
中国A1	7	182	80	14.6	23.5	1410	146	-36
中国A2	7	182	120	21.8	27.9	1674	218	156
中国A3	7	182	150	27.3	28.5	1710	273	137

注：椰枣树树龄为10年，椰枣60元/kg；水费单价10.0元/t；日常管理和肥药等均相同1200元/株；中国A1、A2、A3为风光互补智能地下节水灌溉系统，增加支出100元/株，效益=椰枣毛收入-水费-日常管理和肥药等-风光互补智能地下节水灌溉系统支出。

由表5-8可知，采用中国A2风光互补智能地下节水灌溉系统的方案进行灌溉时，较小管出流节水40.1%，且效益最高，净收益达到156元/株。

5.2.3.3　极端高温条件下风光互补智能节水灌溉系统种植西瓜试验

（1）试验地概况与试验设计

试验地位于阿曼苏丹卡布斯大学农业实验农场。试验主要是在施用有机肥后，测定不同管道灌溉条件下的灌水量及对西瓜生长的影响。试验采用阿曼内镶贴片式滴灌管和自主研发的地下渗灌管。在不同管道灌溉区域埋设湿度传感器，通过设置相同湿度阈值控制电磁阀开关，进行分区自动灌溉，本试验湿度范围为19%～23%，湿度传感器埋设深度10cm，与植株水平距离10cm。

每株西瓜埋设渗灌管20cm，中间用盲管连接。滴灌管和渗灌管试验区各0.4亩。观测期为2017年9月12日至12月15日，共计95天。播种前连续灌溉保湿。

（2）试验结果

A. 不同管道种植西瓜的灌水量

不同管道种植西瓜的总灌水量和不同时期灌水量如图5-7和图5-8所示。

从总灌水量来看（图5-7），阿曼滴灌管种植西瓜总灌水量为66.90m^3，地下渗灌管种植西瓜总灌水量为52.57m^3，渗灌管灌溉方式比滴灌管灌溉方式节水21.4%。从不同时期灌水量来看（图5-8），10月15日至11月14日灌水量较多，幼苗期、抽蔓期和结果后期灌水量较多，每天灌水量均高于6m^3。

B. 不同管道种植西瓜的生长指标

出苗后采用自制遮阳花盆进行保苗，滴灌管种植西瓜出苗率为85%，渗灌管种植西瓜出苗率为92.5%；经过补种后，滴灌管种植西瓜成活率为94.6%，渗灌管种植西瓜成活率为97.5%。不同管道西瓜的蔓长如图5-9所示，不同时期，渗灌管种植西瓜蔓长比滴灌管种植西瓜分别长25%、56.2%、36.8%、22.4%、13.5%和11.6%。

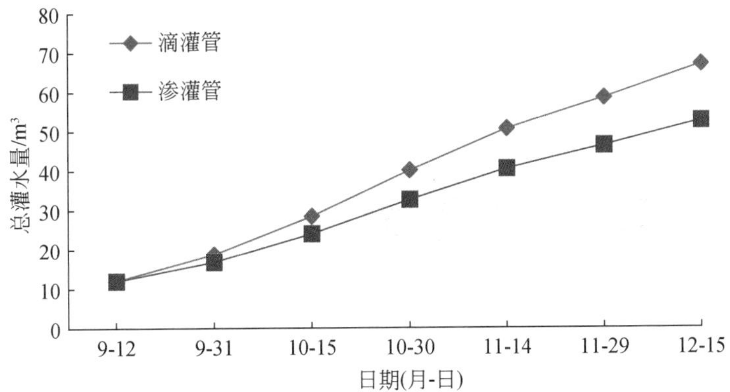

图 5-7　不同管道种植西瓜总灌水量

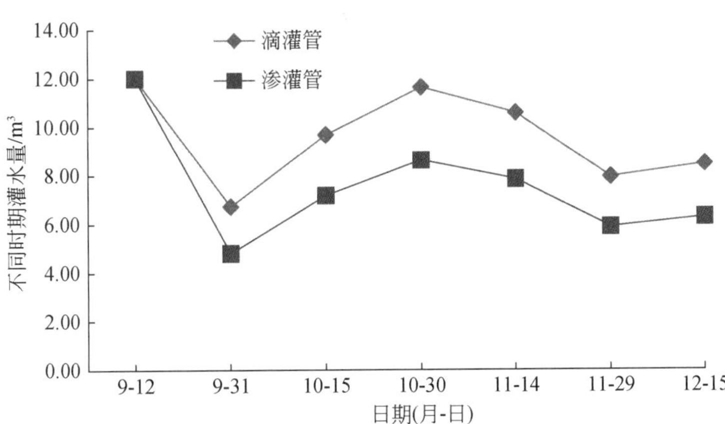

图 5-8　不同时期不同管道种植西瓜灌水量

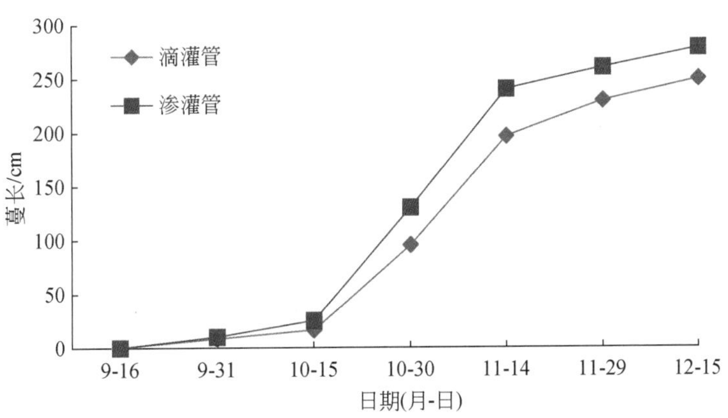

图 5-9　不同管道种植西瓜蔓长

渗灌管种植西瓜产量为66 375kg/hm^2，滴灌管种植西瓜产量为50 745kg/hm^2。渗灌管种植西瓜产量比滴灌管种植方式提高30.8%。

智能节水灌溉系统种植西瓜试验效果如图5-10所示。

图5-10 智能节水灌溉系统种植西瓜试验效果

5.2.3.4 极端高温条件下风光互补智能节水灌溉系统种植柠檬试验

(1) 试验地概况与试验设计

试验地位于阿曼苏丹卡布斯大学农业实验农场。试验主要是在施用有机肥后，测定不同管道灌溉条件下的灌水量及对柠檬生长的影响。试验采用阿曼内镶贴片式滴灌管和自主研发的地下渗灌管。在不同管道灌溉区域埋设湿度传感器，通过设置相同湿度阈值控制电磁阀开关，进行分区自动灌溉，本试验湿度范围为19%~23%，湿度传感器与树体水平距离15cm，垂直距离15cm。

带土移栽种植柠檬树。地下渗灌管埋设深度15cm，每棵树按树苗大小单独绕树一周，直径60cm。观测期为2017年1~12月，共计12个月。

试验区10m×70m，柠檬株行距均为2m。滴灌管3行（105株），渗灌管3行（105株）。

(2) 试验结果

A. 不同管道种植柠檬的灌水量

不同管道种植柠檬的总灌水量和单月灌水量如图5-11和图5-12所示。

从总灌水量来看（图5-11），滴灌管种植柠檬总灌水量为125.8m^3，渗灌管种植柠檬总灌水量为96.52m^3，渗灌管灌溉方式比滴灌管灌溉方式节水23.3%。从单月灌水量来看（图5-12），5~9月的灌水量最多，均高于10m^3，其他月份灌水量较少，1月、2月、3月和12月均低于5m^3。与滴灌管灌溉方式相比，渗灌管灌溉方式4月、6月、7月和10月分别节水20%以下，其他月份节水20%以上。

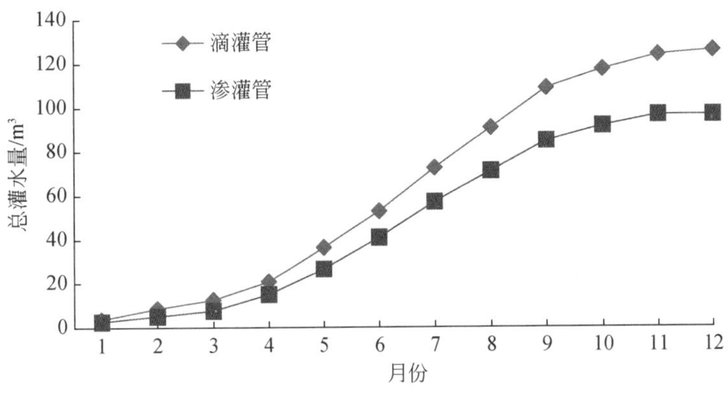

图 5-11　不同管道种植柠檬总灌水量

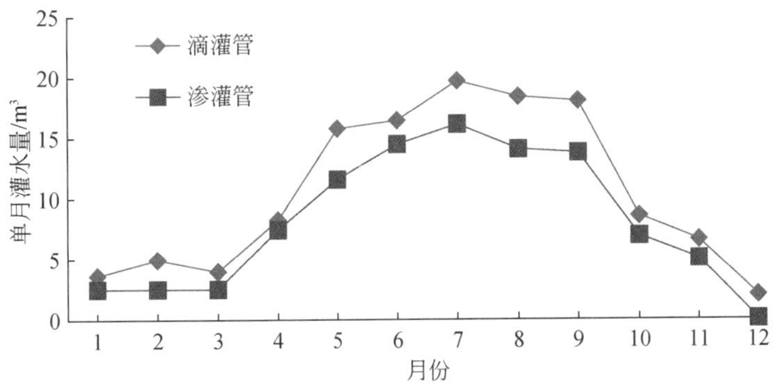

图 5-12　不同管道种植柠檬单月灌水量

B. 不同管道种植柠檬的生长指标

经过 1 年的试验，滴灌管种植柠檬成活率为 89.52%，渗灌管种植柠檬成活率为 95.20%，与滴灌管种植柠檬相比，渗灌管种植柠檬成活率提高了 5.68%。

不同管道柠檬株高如图 5-13 所示，不同试验阶段，渗灌管种植柠檬株高高于滴灌管，1 年后渗灌管种植柠檬株高比滴灌管种植柠檬高 10%。

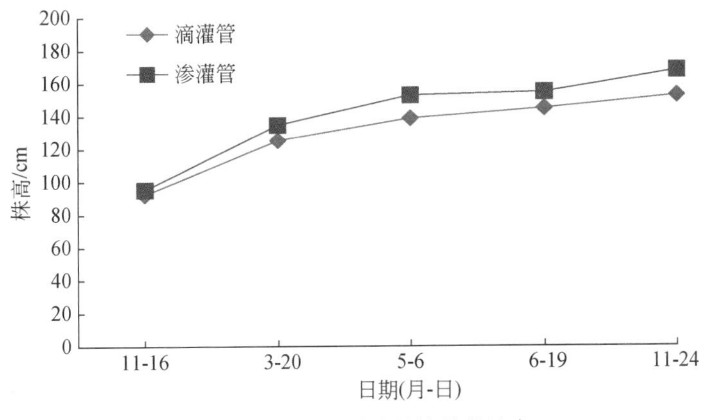

图 5-13　不同管道种植柠檬的株高

智能节水灌溉系统种植柠檬试验效果如图 5-14 所示。

图 5-14　智能节水灌溉系统种植柠檬试验效果

5.2.3.5　极端高温条件下风光互补智能节水灌溉系统种植夹竹桃试验

（1）试验地概况与试验设计

试验地位于阿曼苏丹卡布斯大学农业实验农场。试验主要是在施用有机肥后，测定不同管道灌溉条件下的灌水量及对夹竹桃生长的影响。试验采用阿曼内镶贴片式滴灌管和自主研发的地下渗灌管。在不同管道灌溉区域埋设湿度传感器，通过设置相同湿度阈值控制电磁阀开关，进行分区自动灌溉，本试验湿度范围为 19% ~23%，湿度传感器与树体水平距离 15cm，垂直距离 15cm。

带土移栽种植夹竹桃。地下渗灌管埋设深度 15cm，每棵树按树苗大小单独绕树一周，直径 60cm。观测期为 2017 年 1 ~12 月，共计 12 个月。

试验区 10m×70m，夹竹桃株行距均为 2m。滴灌管 3 行（105 株），渗灌管 3 行（105 株）。

（2）试验结果

A. 不同管道种植夹竹桃的灌水量

不同管道种植夹竹桃的总灌水量和单月灌水量如图 5-15 和图 5-16 所示。

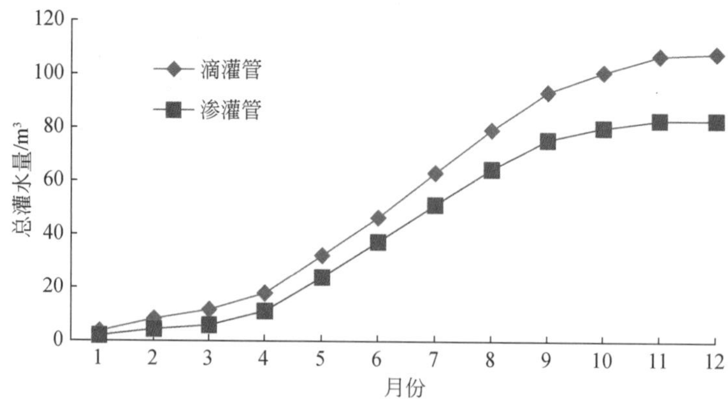

图 5-15　不同管道种植夹竹桃总灌水量

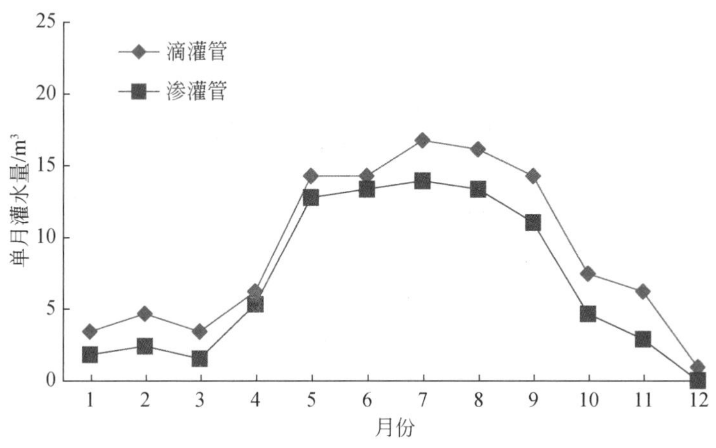

图 5-16　不同管道种植夹竹桃单月灌水量

从总灌水量来看（图 5-15），滴灌管种植夹竹桃总灌水量为 107.88m^3，渗灌管种植夹竹桃总灌水量为 82.94m^3，渗灌管灌溉方式比滴灌管灌溉方式节水 23.1%。从单月灌水量来看（图 5-16），夹竹桃与柠檬灌水量相似，5～9 月的灌水量最多，均高于 10m^3，1 月、2 月、3 月和 12 月的灌水量较少，低于 5m^3。与滴灌管灌溉方式相比，渗灌管灌溉方式 4～8月节水 20% 以下，其他月份节水 20% 以上。

B. 不同管道种植夹竹桃的生长指标

经过 1 年的试验，滴灌管种植夹竹桃成活率为 92.4%，渗灌管种植夹竹桃成活率为 96.2%，与滴灌管种植夹竹桃相比，渗灌管种植夹竹桃成活率提高了 3.8%。

不同管道夹竹桃株高如图 5-17 所示，2017 年 3 月 20 日和 5 月 6 日，渗灌管种植夹竹桃株高与滴灌管种植夹竹桃株高无显著差异；生长后期（6 月 19 日和 11 月 24 日），渗灌管种植夹竹桃株高显著高于滴灌管种植夹竹桃株高，分别比滴灌管种植夹竹桃高 18.7% 和 33.9%。

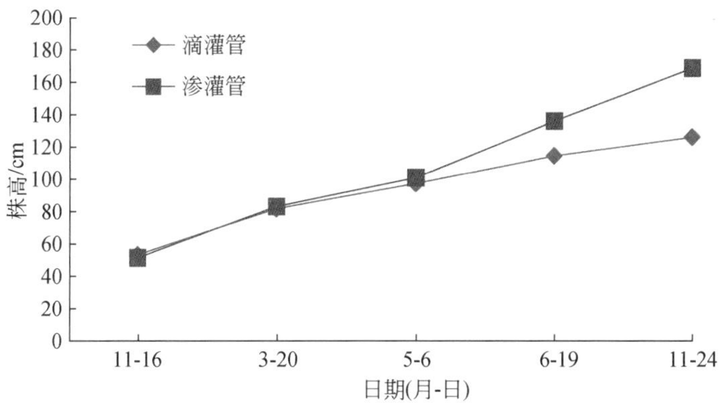

图 5-17　不同管道种植夹竹桃株高

智能节水灌溉系统种植夹竹桃试验效果如图 5-18 所示。

图 5-18　智能节水灌溉系统种植夹竹桃试验效果

5.2.4　阿曼农业及土地资源

5.2.4.1　农业

阿曼属于传统的农业社会，阿曼居民约 40% 从事农业、渔业、牧业，主要种植椰枣、柠檬、香蕉等。粮食作物以小麦、大麦、高粱为主。

阿曼不同作物的种植面积和产量见表 5-9（Hayder and Isam，1993）。在 54 901hm^2 的农业种植区，共种植蔬菜 5370hm^2、大田作物 9747hm^2、水果 33 133hm^2。番茄和西瓜种植面积超过 1000hm^2，分别占蔬菜种植面积的 22.6% 和 23.3%，辣椒、洋葱、甜瓜和白菜种植面积也超过了 500hm^2，秋葵种植面积最小，仅为 53hm^2。苜蓿种植面积占大田作物种植面积的 91.0%，小麦和烟草分别占 4.8% 和 4.2%。椰枣种植面积为 25 000hm^2，占水果种植面积的 75.5%，其次是芒果、柠檬和香蕉，分别占水果种植面积的 11.4%、7.2% 和 4.9%。从整体上看，椰枣、苜蓿和芒果是当地种植面积最大的农作物，分别占总面积的 45.5%、16.2% 和 6.9%。

表 5-9　阿曼不同作物的种植面积和产量

类型	作物	面积/hm^2	总产量/t	单位面积产量/(t/hm^2)
蔬菜	番茄	1 212	26 894.28	22.19
	辣椒	610	5 502.2	9.02
	洋葱	560	7 700	13.75
	大蒜	150	1 200	8.00
	秋葵	53	700.13	13.21
	西瓜	1 250	23 800	19.04
	甜瓜	625	8 200	13.12

续表

类型	作物	面积/hm^2	总产量/t	单位面积产量/(t/hm^2)
蔬菜	白菜	770	17 902.5	23.25
	马铃薯	140	3 500	25.00
	小计	5 370		
大田作物	苜蓿	8 870	337 060	38.00
	小麦	468	702	1.50
	烟草	409	2 000.01	4.89
	小计	9 747		
水果	椰枣	25 000	100 000	4.00
	柠檬	2 400	25 992	10.83
	芒果	3 780	7 597.8	2.01
	香蕉	1 625	22 100	13.60
	椰子	328	5 500.56	16.77
	小计	33 133		
其他	小计	6 651		
合计		54 901		

从总产量来看，番茄、西瓜和白菜是产量最高的蔬菜，分别为 26 894.28t、23 800.00t 和 17 902.50t。秋葵和大蒜产量最低，分别为 700.13t 和 1200.00t。苜蓿、烟草和小麦的产量分别为 337 060.00t、2000.01t 和 702.00t。椰枣、芒果和香蕉是产量最高的水果，产量分别为 100 000.00t、25 992.00t 和 22 100.00t。

阿曼不同地区作物需水量见表 5-10（Hayder and Isam，1993）。巴提奈平原的蔬菜、水果和饲草需水量均最大，分别占各自总需水量的 53.5%、61.4% 和 34.2%，穆桑代姆半岛的蔬菜和饲草需水量最小，分别占蔬菜和饲草总需水量的 1.9% 和 3.2%，佐法尔的水果需水量最小，仅占水果总需水量的 2.0%。不同地区蔬菜总需水量为 $100.47\times10^6m^3/a$，水果 $665.07\times10^6m^3/a$，饲草 $202.51\times10^6m^3/a$ 亿 m^3。巴提奈平原的作物总需水量最大，为 $531.16\times10^6m^3/a$，其次是 Sharqiya & Gaalan 地区和阿曼内陆区，分别为 $153.30\times10^6m^3/a$ 和 $130.69\times10^6m^3/a$，佐法尔和穆桑代姆半岛的作物总需水量最少，分别为 $32.52\times10^6m^3/a$ 和 $22.97\times10^6m^3/a$。根据表 5-10，地下水资源利用量将比预测多得多，水资源的过量利用会导致巴提奈平原海水入侵，进而发生土壤盐碱化，从而导致椰枣树的大量死亡和椰枣种植园的逐步消失。

表 5-10　阿曼不同地区作物需水量　　单位：$10^6m^3/a$

地区	蔬菜	水果	饲草	合计
巴提奈平原	53.77	408.10	69.29	531.16
阿曼内陆区	15.55	72.68	42.46	130.69

续表

地区	蔬菜	水果	饲草	合计
Dhahira & Buraimi	11.18	59.60	26.63	97.41
Sharqiya & Gaalan	13.98	96.97	42.35	153.30
穆桑代姆半岛	1.89	14.62	6.46	22.97
佐法尔	4.10	13.10	15.32	32.52
合计	100.47	665.07	202.51	968.05

5.2.4.2 土地资源

阿曼土壤是年轻的石灰质土壤，有机质和总氮含量低，钠、钙、镁含量不平衡，钾缺失严重，缺锌、铁和磷，遇水渗漏严重。阿曼国土面积约为31.0万km^2，沙漠占陆地总面积的82%，山区占15%，沿海平原占3%。阿曼不同地区耕地利用分布情况见表5-11（Hayder and Isam，1993）。阿曼农业和渔业资源部的统计结果与FAO有一定差异，阿曼的现有耕地和改良后可用耕地面积主要分布在北部的巴提奈地区，分别占全国现有耕地面积的48.3%和全国改良后可用耕地面积的77.1%。

表5-11 阿曼不同地区耕地利用分布情况 单位：hm^2

地区	总面积	耕地面积	改良后可用耕地面积
巴提奈平原	46 126.00	20 750.18	24 861.32
穆桑代姆半岛	1 120.46	1 030.04	90.42
Jahar & Al Gharbi	2 623.72	1 954.48	608.80
Hajar & Al Sharqi	1 955.58	1 235.30	568.92
Jow & Buraima	1 312.52	885.50	427.02
Al Zahira	7 202.36	3 303.08	3 899.28
阿曼内陆区	5 166.70	7 087.30	0.00
Sharqiya & Gaalan	5 817.68	4 284.94	1 514.04
佐法尔	2 706.66	2 413.62	293.04
合计	74 031.68	42 944.44	32 262.84

5.2.5 阿曼土地退化和防治措施

阿曼大部分地区为超干旱和干旱地区，95%的地区属于气候性沙漠或土地退化区。在一定条件下，全国有220多万公顷土地可开发进行农业生产。然而，对这些土地的开发在很大程度上取决于水资源的可用性。

5.2.5.1 土地退化的原因

(1) 自然因素

阿曼大部分地区属于干旱区，气候为热带沙漠气候，引起土地退化的自然因素主要包括以下两个方面：

1）降水稀少且不稳定，气温高，偶尔的暴风雨会引发沙丘移动和水土流失，造成土壤退化。

2）蒸发量大，在部分水资源短缺的地方易发生土地退化。

(2) 人为因素

1）过度放牧在阿曼不同地区均有发生，且南部地区更为严重。过度放牧后的草场短时间内很难恢复，草地会退化为沙地。

2）地下水的过度利用导致巴提奈平原和其他地区的地下水含盐量逐渐增加。长期利用盐分含量较高的地下水进行灌溉，会导致土壤含盐量增加，影响作物生长，甚至导致作物绝收，最终土地退化为盐碱地。

3）对现有森林和植被的破坏。

(3) 作物种植结构

阿曼的农业生产以小型、传统的农场经营为主，这些农场只有种植蔬菜和饲草等耗水量较高的作物才能盈利。

(4) 灌溉制度

现有的灌溉技术以大水漫灌为主，节水灌溉技术需要熟练的劳工、全面的技术指导与服务以及经济支持。现代节水灌溉技术的初期投资比较高，部分农场主很难接受。

(5) 其他因素

1）外籍劳工被认为是农业发展的主要障碍。农业部门认为外籍劳工缺乏农业技术培训，农业生产能力较低，对现有耕地的管理比较粗放。此外，阿曼本地的年轻人不愿意从事农业工作。

2）国家不收取水费的政策在一定程度上让农场主忽略了节水的重要性，导致水资源浪费严重。水资源的过度利用会降低地下水位，进而导致土地退化。

5.2.5.2 土地退化防治及保护

(1) 国家沙漠化防治行动计划

国家沙漠化防治行动计划是由阿曼、联合国环境规划署（United Nations Environment Programme，UNEP）、联合国西亚经济社会委员会（Economic and Social Commission for Western Asia，ESCWA）和联合国粮食及农业组织（Food and Agriculture Organization of the United Nations）联合实施，主要开展阿曼自然资源调查、阿曼社会经济背景调查、阿曼沙漠化现状及其原因分析、阿曼沙漠化防治工作总结，该行动计划提出了 24 个全国范围内的沙漠化防治项目（Heshmati and Squires，2013）。阿曼长期沙漠化防治行动计划（2020年）的主要目标包括以下几方面：

1）提高粮食生产自给率、粮食生产质量和粮食安全状况。

2）防沙治沙规划与工程建设需要适应国家发展目标，并为提高沙漠化地区居民的生活质量和环境保护提供成功经验。

3）根据国家自然资源的需要和潜力，确保水和土地这两个关键资源的可持续发展，健全综合水资源管理和开发土地复垦项目。

4）鼓励公众参与国家沙漠化防治行动计划，提高公众开展沙漠化防治的意识。

5）提高国家和地区的科研能力和技术水平。

6）建立国家荒漠化监测与评价的相关设施。

7）加强沙漠化防治的地区合作和国际合作。

（2）土地退化防治措施

1）开展国家级保护项目。农业和渔业资源部、环境和气候事务部、住房部、地方市政委员会和水资源部联合开展区域土地资源调研，加强土地退化防治。由国家保护策略部门提出的 25 项国家保护项目中，有 11 项是关于土地退化治理方面的。

2）加强区域性的土壤保护和土地利用研究。根据不同地区土地的利用方式、农业种植结构等特征，开展有针对性的保护。同时，对现有的土地利用开展深入研究，以提高土地利用效率，降低用水量。

3）在干旱地区适当的开发农业，增加植被覆盖度。例如，通过调查瓦希伯沙漠东部地区的地下水资源、土壤条件等，筛选适合该地区的作物、植物品种，进行农牧业开发。

4）佐法尔山区奈季德地区的综合开发。佐法尔山区的塞拉莱平原的水资源目前已经无法满足日益增加的人口需求和农业发展需求，而奈季德地区具有较多的地下水资源。通过对奈季德地区进行开发，将塞拉莱平原的部分农牧业搬迁到奈季德地区，以减缓现有居住区的水资源压力（Heshmati and Squires，2013）。

5）加大植树造林和森林保护力度。森林在一定程度上可以增加降水，补充现有的地下水资源。

6）灌溉水资源的田间管理。水质较好的地下水为农业灌溉提供了较好的条件，但大水漫灌每次灌水量大，在土壤渗透性较强的地区，部分灌溉水渗透到地下，未被作物充分吸收，在一定程度上造成了水资源的浪费。通过改变灌溉方式，可以将节约的水资源用于新开垦土地的灌溉，增加植被覆盖度。此外，大水漫灌对地下水资源的过度开发，会引发海水入侵，使地下水和土壤的含盐量升高，加速土地退化。

7）地下水资源利用与适于种植土地的潜力研究。通过开展土地资源利用、水资源分布及持续利用等研究，利用有限的水资源开发更多的退化土地。

8）农业土壤污染研究。除水资源短缺等带来的土地退化外，土壤污染引发的土地退化现象也逐渐受到国家的重视。通过开展不同化学药剂对土壤理化性质影响的研究，掌握农业土地的污染状况，并研究相应的土壤修复技术，保障土地的可持续利用。

9）过度放牧的管理。过度放牧是荒漠草原和牧场退化的主要原因。通过建立围栏控制和管理主要牧区的放牧，开发相应的轮牧技术，以保障草场的持续利用。

10）在全国范围内建设花园、公园和自然保护区，加强生态恢复和保护工作。通过建设自然保护区等，对受威胁的土地资源、森林资源进行保护，并对已经退化的土地进行生态恢复。可在退化土地种植耐旱、耐盐碱、耐贫瘠的植物，增加植被覆盖度（Heshmati and Squires，2013）。

11）增加草场面积，以满足牲畜的饲草来源，减轻过度放牧带来的土地退化。目前的饲草比牛的实际需求量低 20%，Qara 东部饲草缺口最大，盖迈尔缺少 10% 的饲草。骆驼和山羊饲草缺少 30%，Qara 西部缺少 46%，盖迈尔缺少 8%。农场主无法提供充足的饲草，只能将牲畜在野外放牧，野外草地因过度放牧，退化非常严重，有调查表明，佐法尔地区的 Jabals 山地 90% 的植被存在过度放牧现象，部分区域的草被吃光，地表变得光秃秃。一些树木的叶子也被吃光，甚至部分树木的树皮都被牲畜吃掉（Heshmati and Squires，2013）。

12）处理后的生活污水用于绿化带的灌溉。处理后的污水在一定程度上难以满足农业灌溉的需要，但是可用于树木和绿化带的灌溉。

13）建立全国性的地下水监测网络。加强地下水资源保护，特别是在降水稀少的干旱地区。在降水稀少的干旱地区，植物仅依靠根系吸收土壤水或地下水，以维持生存。当地下水位下降到一定程度，植物根系无法吸取地下水时，植被会逐渐退化，进而导致土地退化。

14）开发微咸水和咸水，用于灌溉。

15）监测海水入侵对土壤的影响。海水入侵在一定程度上会提高土壤的含盐量，当土壤含盐量达到一定程度时，会造成土地退化。通过开展海水入侵监测，可及时掌握土地受影响的程度，并制定相关的防治措施。

16）加强现代模拟和模型技术在土地退化防治设计、优化和评价中的应用。项目成果可为不同地区土壤退化防治和土地可持续利用提供理论指导，并提供相关的沙漠化防治策略。

（3）政府专项财政支持沙漠化防治项目

控制佐法尔地区的放牧，并植树造林。控制井水渗漏问题，通过对现有灌溉系统的维护，发展现代节水灌溉技术。在偏远缺水地区开发地下水资源，在沿海地区应用地下水水质监测和海水入侵监测系统。开展微咸水和咸水利用技术的研发与评价。在鲁斯塔格、拜尔卡和哈布尔（Khaboura）建设新的水利工程，开发利用水资源，开发土地（Heshmati and Squires，2013）。

（4）公共参与

政府通过开展土地退化方面的宣传让当地居民参与到土壤资源的保护中，通过各种政策鼓励居民进行土地资源保护。

5.2.5.3 典型区域的沙漠化防治方案

（1）佐法尔山区

佐法尔山区塞拉莱平原的水资源目前已经无法满足日益增加的人口需求和农业发展需求，政府计划将经济中心从塞拉莱平原转移到阿拉吉德（Al Najd）地区，并开展大型牧场向阿拉吉德地区搬迁的试点工程，鼓励佐法尔地区的牧场向阿拉吉德地区搬迁。此外，在佐法尔山脚的贾贝（Jarbeen）地区通过政府补贴的方式重新引入秋季草地轮牧的方式，说服和激励牧民适应草地轮牧以促进牧草的再生，防止草场退化，保障草场的可持续利用。严格管理林木采伐，对未经批准擅自采伐森林的行为进行严厉处罚，并对进口木材进行一定资金补贴，以满足国内的木材需求（Heshmati and Squires，2013）。

（2）瓦希伯沙丘和 Sharqiyah 西南区域

鼓励农民种植防护林，防止沙漠侵蚀。完善城市规划，开发新的可利用水资源。鼓励集耕种和畜牧为一体的经营方式，减少过度放牧对草地的影响。引入草地分区轮牧系统。

（3）Jabal Al-Akhdhar 地区

引入生态农业（如种植防护林等）新技术，防止沙漠侵蚀。

（4）中部平原的沙漠化和半沙漠化地区

研究风力条件下的沙丘移动动力学，并利用微咸水进行经济作物灌溉和牧场开发，利用有限的水资源提高植被覆盖度，保护土地资源（Heshmati and Squires，2013）。

5.3 阿联酋水土资源持续利用研究

阿联酋是世界上水资源最为匮乏的国家之一，也是世界上人均水资源消耗最多的国家。干旱的气候对阿联酋水资源有显著影响，地下水是阿联酋的主要水源。随着人口的增加和社会的快速发展，阿联酋面临缺水危机。降水稀少、地下水补给和开采率之间的失衡是阿联酋面临的最严峻问题。此外，由于炎热潮湿的气候条件及较高的生活水平，阿联酋全国人均日用水量超过 550L，是世界水平的 2.75 倍，仅次于加拿大和美国。以迪拜为例，年用水量是自身可再生水资源的 26 倍，水资源短缺已成为制约阿联酋国民经济可持续发展的瓶颈。

5.3.1 阿联酋概况

5.3.1.1 区域位置

阿联酋位于阿拉伯半岛东部，北濒波斯湾，西和南与沙特阿拉伯交界，东和东北与阿曼毗连，海岸线长 734km，国土面积为 83 600km^2，其中岛屿面积为 5900km^2，首都阿布扎比。阿联酋是一个以产油著称的西亚沙漠国家，有“沙漠中的花朵”的美称。

阿联酋是由阿布扎比、迪拜、沙迦、哈伊马角、富查伊拉、乌姆盖万和阿治曼 7 个酋长国组成的联邦国家。其中，阿布扎比是最大的酋长国，面积为 67 340km^2，占全国 80.6%，人口为 236 万人（2016 年）。迪拜是阿联酋人口最多的城市，面积为 3980km^2，占全国 4.8%，人口约为 310 万人（2018 年）。沙迦面积为 2500km^2，占全国 3.0%，人口为 60 万人（2013 年）。哈伊马角面积为 1684km^2，占全国 2.0%，人口为 20 万人（2013 年）。富查伊拉面积为 1500km^2，占全国 1.8%，人口为 17.3 万人（2011 年）。乌姆盖万面积为 800km²，占全国 1.0%，人口为 1 万人。阿治曼面积为 260km²，占全国 0.3%，人口为 23 万人。

5.3.1.2 地形地貌

阿联酋全境呈新月形，境内无淡水河流或湖泊，沿海是地势较低的平原，东北部属山地，其中哈杰尔山脉最高峰海拔为 2438m。此外，阿联酋大部分地区是海拔 200m 以下的沙漠和洼地（图 5-19）。沙漠占阿联酋总面积的 65%，沙漠中有绿洲，以艾因地区的布赖米绿洲面积最大，该绿洲是阿联酋的主要农业区。

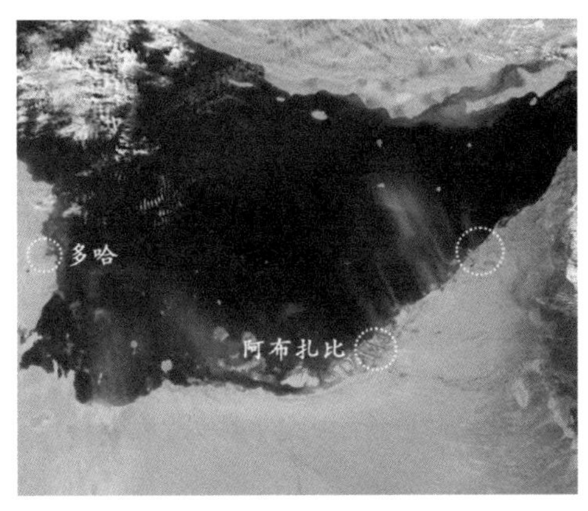

图 5-19 阿联酋地貌

5.3.1.3 气候条件

阿联酋属热带沙漠气候，全年分为两季：夏季（5 ~ 10 月）炎热潮湿，气温高于 40℃，沿海地区白天气温最高可达 45℃以上，湿度保持在 90% 左右；冬季（11 月至次年 4 月）气温在 7 ~ 20℃，气候温和晴朗，有时降水，偶有沙暴。年平均降水量约为 100mm，多集中于 1 ~ 2 月。南部年平均降水量为 40mm，沙漠地区年平均降水量为 160mm，东北山区气候较为凉爽和干燥，年平均降水量经常超过全国平均降水量。年平均蒸发量在 2000 ~ 3000mm。近年来，降水量有逐渐增加的趋势。

5.3.1.4 经济发展状况

阿联酋经济以石油开采和石油化工为主。2018 年，阿联酋人均国内生产总值达到 4 万美元左右，为全球最富裕的国家之一。石油和天然气资源非常丰富，截至 2019 年已探明石油储量约 130 亿 t，天然气储量约 6.1 万亿 m³，均居世界第七位。近年来，阿联酋在发展石化工业的同时，把发展多样化经济、扩大贸易和增加非石化收入在国内生产总值中的占比作为首要任务，努力发展炼铝、水泥、塑料制品、建筑材料、食品加工等产业，加强农业、牧业、渔业发展，充分利用各种资源，重点发展文教、卫生事业，大力发展以信息技术为核心的知识经济，同时注重可再生能源开发利用，2009 年 6 月国际可再生能源署

(International Renewable Energy Agency) 总部设在阿布扎比。

5.3.1.5 农业及种植业

与石化工业相比，阿联酋的农业及种植业并不发达，其中农业、畜牧业和林业的总产值仅占国内生产总值的3%左右，主要种植椰枣、玉米、柠檬等。目前，阿联酋渔业产品和椰枣基本可满足国内需求，粮食和肉类产品主要依赖进口，畜牧业规模很小。近年来，政府采取务农鼓励政策，如向农民免费提供种子、化肥和无息贷款，并对农产品全部实行包购包销，以确保农民收入，使农业得到了一定发展。

5.3.2 阿联酋的水资源与利用

5.3.2.1 阿联酋的水资源

(1) 地表水资源

阿联酋境内没有河流和湖泊，当山区发生强降水时，河谷可形成少量地表水，但由于该国地处降水量少、蒸发强烈的干旱地区，除了南部地区和位于阿联酋东部的阿曼山脉的北部外，其他地区形成的地表水很快会消失，难以利用。

阿联酋地表水资源由季节性洪水、泉水和法拉吉灌溉系统（Falaj，在山脚低处拦截的地下水通过地下通道流至较低地表，形成人工渠或人工河，用于灌溉）组成。由于地表水资源的匮乏，阿联酋建设了大量的水利工程，以拦蓄地表水。截至1995年，阿联酋建有35座规模不等的水坝，以增加地下水补给和预防洪水。截至2007年，阿联酋全国有114座大小规模的水坝，总库容约为1.14亿m^3（Mohamed，2014）。

法拉吉灌溉系统是一种自高而低的人工水渠，利用地势差，将水从山区输送至村庄，一部分藏于地下，减少水分蒸发；一部分露出地面，供人们使用，如图5-20所示。根据

图5-20 阿联酋艾因法拉吉灌溉系统

水源和渠道的种类，法拉吉灌溉系统可分为 3 种。第一种叫达伍迪亚法拉吉，是修筑在地下的水渠，长度达数千米，深数十米，水源来自山区收集的雨水，水流速度与降水量有很大关系。如果降水量小，则水流缓慢；如果降水量大，则水流湍急。第二种叫盖尔法拉吉，是从地表和浅层土壤的流水中汲取水源的渠道，一般长 500 ~ 2000m，深度不超过 4m，水源来自河谷。第三种叫泉水法拉吉，水源直接来自泉水，渠道长 200 ~ 1000m。

（2）地下水资源

阿联酋大部分用水都来自地下水，是高度依赖地下水的国家。阿联酋的地下水资源可分为可再生水资源和非再生水资源两类。可再生水资源大多位于浅层含水层，而非再生水资源大多位于深层含水层。浅层含水层的水主要依赖年际分布不同的降水进行补给，可利用水量相对较小。

阿联酋的地下水现存于不同构造的含水层，条件多变，主要包括石灰岩、蛇绿岩、砾石平原和沙丘四类主含水层。其中，石灰岩含水层包括哈伊马角北部的含水层和艾因以南的哈菲特山石灰岩含水层。蛇绿岩含水层是优质含水层，其分布约占阿联酋国土面积的 8%。砾石平原含水层由山前平原的冲积层形成，位于蛇绿岩含水层的东西两面，砾石平原含水层可分为东部和西部砾石平原含水层。沙丘含水层位于南部和西部。由于阿联酋约 74% 的国土面积为沙丘所覆盖，沙丘含水层是阿联酋的最大含水层。最大的沙丘含水层为第四纪沙丘内的淡水含水层，其位于阿布扎比的利瓦和扎伊德城之间。这一浅层冲积含水层由阿联酋和阿曼两国共享，阿联酋从浅层冲积含水层中获取的地下水约占其总地下水量的 40%（张兰，2007）。

阿联酋的地下水补给率约占其年可再生水资源总量的 45%。目前，地下水的消耗超过了天然补给，一方面造成地下水位下降，阿联酋主含水层严重亏耗；另一方面造成沿海地区海水入侵，地下水含盐量升高。部分地区地下水位的下降已经对现有的农业发展和公共供水带来了很大影响。

地下水最大枯竭区主要位于阿联酋东部和南部地区。据阿联酋环境和水利部门统计，自 20 世纪 90 年代中期，阿联酋地下水位每十年下降 10m，此后几十年总下降约 70m。同时，随着经济的快速发展，阿布扎比和迪拜这两个城市大量排水，使地下水位持续上升，有时地下水位甚至在地表 1m 以上。这引起了人们对地下水污染、地面沉降以及地下水离子浓度增加对建筑物地基影响的担忧。

TDS 在一定程度上可以体现地下水含盐量的高低，一般电导率越高，含盐量越高，TDS 越高。阿联酋大部分地区地下水含盐量偏高，沿海阿尔萨布哈（Al Sabkha）含水层和大部分内陆含水层的 TDS 以>100 000ppm、10 000 ~ 100 000ppm 或 1500 ~ 10 000ppm 为主，均不适合用于灌溉。只有（450ppm<TDS<2000ppm）才符合 FAO 的要求或美国国家二级饮用水中的 TDS 小于 500ppm 的规定，可用于农业灌溉。

（3）降水

阿联酋降水时空分布不均，不同地区差异较大。位于南部沙漠腹地的利瓦绿洲的年平均降水量不足 60mm，而东北部山区约为 160mm。单次暴雨和中雨的降水量分别约为 14. 84mm 和 6. 2mm。1999 ~ 2000 年，阿联酋年平均降水量仅为 7mm，为历年最低，1995 ~

1996 年最高，年平均降水量约为 383mm。1975 ~ 2005 年，阿布扎比、迪拜、艾因、富查伊拉、沙迦和哈伊马角的年平均降水量分别为 72mm、96mm、61mm、103mm、109mm 和 102mm。阿联酋冬季降水量占全年降水量的 90% 左右，60% 左右的降水集中在 2 月和 3 月。夏季 7 ~ 8 月，小型风暴可能形成降水或暴雨，但这种降水很快就蒸发了。

(4) 非常规水资源

由于常规水资源有限，在过去几十年间，阿联酋支持通过利用非常规水资源（包括海水淡化、微咸地下水淡化以及中水利用）来发展和增加可利用水资源。1976 年，阿联酋联邦水电管理局（FEWA）开始利用海水和微咸水生产淡水，首座海水淡化厂建在阿布扎比，生产能力为 250m^3/d。微咸地下水的淡化水量随时间基本持平，而海水淡化水量随时间快速增加。原因可能是地下水严重超采且降水量偏少，阿联酋的大多数含水层已经枯竭，进而导致微咸地下水量减少。1976 ~ 1993 年，阿联酋已投产的海水淡化能力达到 200 万 m^3/d（张兰，2007）。1998 年，阿联酋引进了多效海水淡化法，该方法自 2000 年开始逐渐推广开来。

中水即再生水，是另一类非常规水资源，在阿联酋的可利用水资源中发挥着越来越重要的作用。中水可用于灌溉高尔夫球场草坪、公园植物和高速公路绿化等。

5.3.2.2 阿联酋的水资源利用现状

由于人口的快速增长、社会经济的快速发展以及生活水平的提高，过去几十年间，阿联酋各方面的需水量持续增加。生活和工业用水以海水淡化水为主，农业灌溉用水以地下水为主。各酋长国用水量不同，用水量不同可能与经济发展程度、酋长国面积以及人口增长率等的差异有关。阿联酋不同行业用水量比例如图 5-21 所示。其中，家庭、商业和工业用水占 43%，农业用水占 32%，绿化用水占 14%，森林用水占 11%。

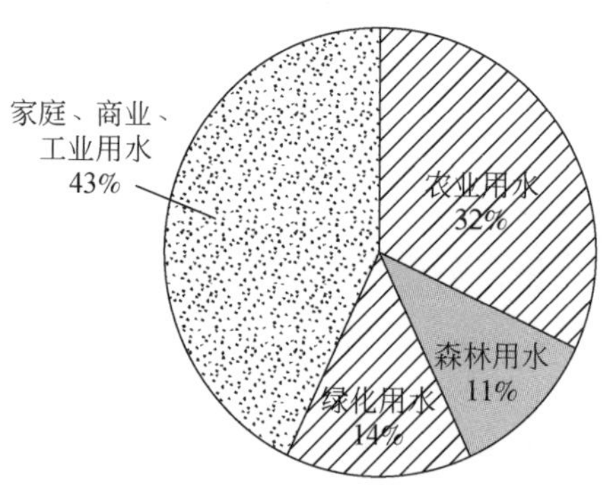

图 5-21　阿联酋不同行业用水量比例

阿联酋环境和水利部门的数据显示（UAE Ministry of Environment and Water，2015），2013 年阿联酋的总耗水量为 42 亿 m^3。其中，41.7% 由海水淡化提供，44.0% 由地下水提供，13.9% 由处理后的废水提供，0.4%（0.16 亿 m^3）由地表蓄水提供。

(1) 农业用水

农业用水占全国用水总量的 32%，全国 80% 的地下水用于农业。以 2013 年阿联酋总耗水量 42 亿 m^3 为准，阿联酋的农业用水量约为 13.4 亿 m^3，每亩灌溉用水量约为 850m^3。阿联酋 85% 以上的农业用地面积集中在阿布扎比，约有 24 000 个农场。2009 年，阿布扎比环境署（Environment Agency Abu Dhabi，EAD）公布的农业用水和地下水抽取量高于全国用水量。根据 EAD 的统计数据（Environment Agency Abu Dhabi，2013），农业用水的 95% 由地下水提供（其余 5% 由海水淡化提供），公园用水的 23% 由地下水提供（其余 46% 和 31% 分别由海水淡化和再生水提供），森林用水均来自于地下水。

阿布扎比的农业平均用水量几乎是全国平均水平的两倍，是美国的（425m^3）3.8 倍，每亩年灌溉用水量为 1617m^3。与阿布扎比气候类似的亚利桑那州、新墨西哥州、得克萨斯州、犹他州每亩年灌溉用水量分别为 1058m^3、705m^3、265m^3 和 555m^3。可见，阿联酋农业用水量处于较高水平。

阿联酋地下含水层的最大年补给量只有 1.40 亿～1.50 亿 m^3，而地下水的年开采量接近 20 亿 m^3，灌溉对地下水的高消耗不利于农业的可持续发展。因此，阿联酋制定了每年约 10 亿 m^3 的农业用水目标，以平衡水资源和灌溉需求。同时，阿联酋大力发展现代化农业节水技术，1993 年总灌溉面积达到 6.67 万 hm^2，2003 年增长到 22.66 万 hm^2，其中滴灌面积大幅度增长，占灌溉总面积的 80% 以上（表 5-12）。

表 5-12　阿联酋农业灌溉面积　　单位：万 hm^2

灌溉面积	1993 年	2003 年
地表灌溉	2.54	2.71
喷灌	0.38	0.40
滴灌	3.76	19.55
总灌溉面积	6.67	22.66

（2）生活用水、商业用水和工业用水

阿联酋生活用水、商业用水和工业用水总量约为 18.06 亿 m^3。与其他阿拉伯国家相比，阿联酋的人均用水量约为 400L/d，几乎是沙特阿拉伯、黎巴嫩和埃及的两倍。随着经济的发展和人口的快速增长，生活用水量持续增加。以阿布扎比和迪拜为例，2015 年阿布扎比人口为 2 784 490 人，2005～2015 年年平均增长率为 7.3%，如果继续保持同样的人口增长率，到 2030 年，阿布扎比人口将增加近三倍。2015 年迪拜人口为 2 446 675 人，2005～2015 年年平均增长率为 5%，如果继续保持同样的人口增长率，到 2030 年人口将翻一番。因此，基于水资源现状，阿联酋制定并实施水价政策和节水措施，以减少生活用水量。

近年来，阿联酋经济发展从单一的石油业转向制造业和其他行业，商业用水和工业用水总量持续增长。1990～2000 年，工业用水增长了 270% 左右。2013 年，阿联酋的商业用水和工业用水总量约为 4 亿 m^3（UAE Ministry of Environment and Water，2015）。

5.3.2.3 阿联酋水资源开发措施

（1）海水淡化

随着人口的增长和经济的发展，生活和工业需水量显著增加，21 世纪前 10 年海水淡化产量增加了两倍，特别是阿布扎比和迪拜等大城市。因此，阿联酋兴建了更多的海水淡化厂以满足人口增长和经济发展的需要。截至 2007 年，阿联酋共有 35 座海水淡化厂，总淡化能力达 7 亿 m^3/a。目前，阿联酋海水淡化产量约占海湾国家总产量的 22%，约占全世界产量的 11%。预计在不久的将来，海水淡化将成为阿联酋主要的基本用水来源（河南水利厅赴埃及、南非、阿联酋进水利工程建设与管理考察访问团，2012）。

（2）污水处理后的再利用

随着地下水短缺和人口增长，阿联酋将污水转化成灌溉用水的年增长率约为 10%。1995 年，再生水约占阿联酋总用水量的 5.1%，2013 年增长到 14.0%。在阿布扎比、迪拜、艾因和沙迦都修建了不同产能的污水处理厂。全球最大的污水处理厂位于阿联酋的阿布扎比市外，当地政府开凿了一条 40km 的污水隧道用于污水回收，若 2030 年全面投入运营，该污水处理厂污水处理量可达 7 万 m^3/h，处理后的水主要用于农业灌溉。

（3）降水的收集

阿联酋年平均降水量约为 100mm，降水仍然是水资源的一个重要组成部分。阿联酋建设了大量的水利工程，以拦蓄地表水。截至 1995 年，阿联酋建有 35 座规模不等的水坝，以增加地下水补给和防止骤发洪水造成破坏。截至 2007 年，阿联酋全国有 114 座大小规模的水坝，总库容约为 1.14 亿 m^3（Mohamed，2014）。

5.3.2.4 阿联酋水资源保护措施

多年来，阿联酋通过实施较为完善的水资源国家战略来解决水资源短缺问题。主要措施如下。

1）加强立法，制定国家战略，为保护水资源提供法律和政策保障，把水资源保护和治理作为国家未来发展计划的重点。

2）人工回灌地下水。阿联酋在全国各地兴建水坝，以拦蓄地表水，逐步提高地下水位。

3）大力发展海水淡化产业。2013 年，阿联酋全国用水量的 41.7% 来自海水淡化，其中 98% 的工业和生活用水由海水淡化厂提供。阿联酋每年投入 32.2 亿美元用于海水淡化，淡化海水成本约 2 美元/m^3。

4）倡导节约用水。政府在草坪、公园等公共绿化设施上安装现代节水灌溉系统，为洗车设备、水龙头等加装节水装置。大力宣传节水观念，号召人民增强节水意识。

在不断加强水资源保护的条件下，水资源可持续发展的关键在于解决阿联酋农业用水问题。阿联酋对发展节水农业也十分重视，对节水灌溉方式进行了系统的科学研究，如无土栽培、管道灌溉种植、喷洒灌溉等，逐渐形成了滴灌、管道灌溉等多种方式结合的节水灌溉系统。阿联酋农业以私营的小农场生产为主，也有少数规模较大的国有农场。农场的建设由国家集中统一规划和高标准设计、施工。农场均建有高标准公路、充足的电力系统及大口径集中输水管线，保证了农场灌溉用水。

5.3.3 阿联酋节水灌溉技术研究

5.3.3.1 极端高温条件下风光互补节水灌溉系统种植西瓜、甜瓜、草坪试验

（1）试验地概况与试验设计

试验地位于迪拜穆什里夫公园（25°13′10″N，55°27′2″E），属于亚热带沙漠气候，试验期间（2015 年 6 ~ 8 月）最高气温 52.8℃，最低气温 35.5℃，无有效降水。试验地面积共计 4 亩。试验安装风光互补节水灌溉系统 1 套，共使用微润管 1200m，滴灌管 600m，各尺寸 PE 管 510m。试验种植西瓜 160 株，甜瓜 250 株，撒播草坪种子 13kg。

（2）节水灌溉种植西瓜、甜瓜生长发育情况

采用浅埋式微润管灌溉种植，平均每米流量为 0.25L/h，管道埋深为 10cm。出苗后采用自制遮阳花盆进行保苗，西瓜出苗率为 81.1%，甜瓜出苗率为 92.5%；经过补种后，西瓜总体成活率为 92.5%，甜瓜成活率为 95.2%。根系分布为 20cm×20cm×20cm（长×宽×高），平均蔓长为 43cm，茎粗为 1.12cm，80% 开花。生育周期（从播种到坐果）共计 54 天，总耗水量为 68.006m^3，平均每日耗水量为 1.259m^3。见表 5-13，西（甜）瓜耗水量主要集中在生长后期（抽蔓期和结果期），占全生育期耗水量的 61.8%。

表 5-13 西（甜）瓜生育期生长环境及其耗水量

生育周期	时间	日间平均气温/℃	土壤温度/℃			耗水量/m^3
			0 ~ 5cm	5 ~ 10cm	10 ~ 15cm	
播种	6 月 9 日	45.2±3	50.7±13.4	37.8±4.4	35.2±3.8	3.637
发芽期	6 月 13 日	46.3±5	48.2±12.2	38.6±3.6	33.0±2.7	7.878
幼苗期	6 月 23 日	45.1±4	47.8±9.6	37.4±2.4	35.0±2.3	14.493
抽蔓期（开花期）	7 月 9 日	45.3±4	46.0±9.8	36.6±2.3	34.6±1.8	9.556
结果期（坐果期）	7 月 15 日至 8 月 2 日	44.6±5	46.2±11.6	36.4±3.6	33.4±2.7	32.442
小计	54 天	—	—	—	—	68.006

迪拜风光互补节水灌溉种植西瓜、甜瓜试验如图 5-22 所示。

（3）节水灌溉种植草坪生长发育情况

采用浅埋式滴灌管和内镶贴片式滴灌管灌溉，平均每米流量为 0.57L/h，管道埋深为 5cm。由于蒸发量大，出芽前铺干草根和遮阴网，并采用微喷头喷灌进行土壤保湿，草坪出苗率为 93%，观测后期覆盖度达到 92%。观测期为 7 月 14 日至 8 月 2 日，共计 19 天，总耗水量为 78.04m^3，平均每日耗水量为 4.11m^3。草坪耗水量主要集中在生长后期，占观测期耗水量的 79.1%。

图 5-22　迪拜极端高温下（6 月中旬）风光互补节水灌溉种植西瓜、甜瓜试验

迪拜风光互补节水灌溉种植草坪试验如图 5-23 所示。

图 5-23　迪拜风光互补节水灌溉种植草坪试验

5.3.3.2 极端高温条件下智能风光互补节水灌溉系统种植夹竹桃试验

夹竹桃喜温暖湿润的气候，耐寒力不强，不耐水湿，要求选择干燥和排水良好的地方栽植，喜光好肥，对阴暗环境有一定的耐受性，但庇荫处花少色淡。夹竹桃萌蘖力强，树体受害后容易恢复。

(1) 试验地概况与试验设计

试验地位于迪拜穆什里夫公园。根据当地夹竹桃种植情况、灌溉定额和灌溉方式等，设置 3 种土壤含水率上下限（17% ~21%、18% ~22%、19% ~24%）和 2 种灌溉方式(内镶贴片式滴灌管、地下渗灌管)，灌溉均采用智能化设备控制（埋设于地下的水分传感器根据土壤含水率的上下限控制灌溉），风光互补设备带动水泵提水，在距树干水平距离 30cm、垂直距离 15cm 处，绕树一周铺设渗灌管。阿联酋管道选用间隔 50cm 的内镶贴片式滴灌管，每株有 1 个滴头灌溉，其余滴头均密封。湿度传感器埋设于距树干水平距离 15cm、垂直距离 15cm 处。选择移栽定植 2 年的夹竹桃作为研究对象，行距 2m，株距 2m，167 株/亩。具体设计见表 5-14。

表 5-14 夹竹桃节水灌溉试验设计 单位:%

处理	土壤含水率上下限	不同灌溉方式
T1	17 ~21	内镶贴片式滴灌管
T2		地下渗灌管
T3	18 ~22	内镶贴片式滴灌管
T4		地下渗灌管
T5	19 ~24	内镶贴片式滴灌管
T6		地下渗灌管

(2) 试验结果

由表 5-15 可知，在相同灌溉方式下，采用内镶贴片式滴灌管，不同处理的株高增长量和冠幅增长量不同，但 T3 和 T5 处理无显著差异；不同处理下的耗水量和灌水量均有显著差异，其中，土壤含水率 19% ~24% 条件下的株高增长量、冠幅增长量、耗水量和需水量均最高。采用地下渗灌管，T2 与 T4、T6 处理株高有显著差异，T4 与 T6 处理无显著差异，不同处理下的耗水量和灌水量均有显著差异，其中，土壤含水率 19% ~24% 条件下的株高增长量、冠幅增长量、耗水量和灌水量均最高。

表 5-15 不同处理下夹竹桃试验期内株高增长量、冠幅增长量、耗水量和灌水量的比较

处理	株高增长量/cm	冠幅增长量/cm	耗水量/(m^3/亩)	灌水量/(m^3/亩)
T1	79.6D	51.5C	80.23D	143.72AC
T2	88.9C	55.4C	83.56D	102.43E
T3	91.2BC	70.9B	91.75C	173.81D

续表

处理	株高增长量/cm	冠幅增长量/cm	耗水量/(m^3/亩)	灌水量/(m^3/亩)
T4	104.3A	81.2A	104.35B	138.42C
T5	96.9B	72.9B	112.74AB	186.30B
T6	108.8A	82.6A	123.04A	153.24A

注：不同英文字母表示不同处理在0.05水平差异显著。

土壤含水率上下限设置得越高，作物灌溉的水量越多，作物耗水量越大，作物的株高增长量和冠幅增长量也越大，阿联酋年平均温度在30℃以上，灌水量越多，棵间蒸发量增加，作物耗水量也会越大。在相同土壤含水率处理下，地下渗灌管在株高增长量、冠幅增长量和耗水量都优于内镶贴片式滴灌管，且T6和T4分别与T5和T3处理之间存在显著差异。从夹竹桃总耗水量来看，内镶贴片式滴灌管种植夹竹桃在相同土壤含水率条件下均低于地下渗灌管，地下渗灌减少了地表蒸发，促使水分在地下与根系接触，更加有利于作物吸收水分，有利于夹竹桃农艺性状长势加快。

不同处理下夹竹桃灌水量与耗水量之间的关系如图5-24所示。耗水量与灌水量线性不相关，灌水量越大，耗水量越大，蒸发量也越大。

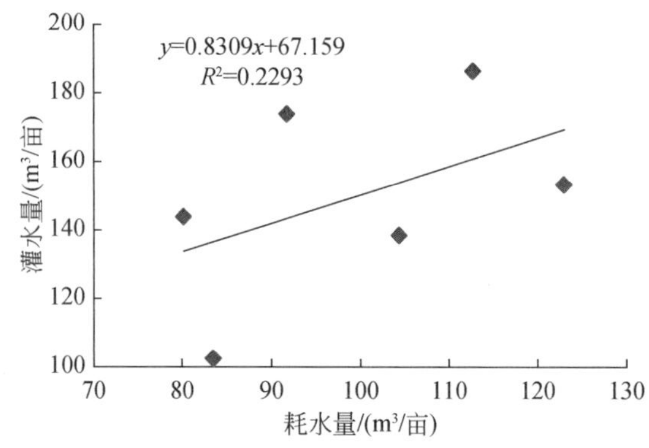

图5-24　不同处理下夹竹桃株灌水量与耗水量之间的关系

5.3.3.3　极端高温条件下智能风光互补节水灌溉系统种植甘蓝试验

甘蓝喜温和湿润的气候，生长需要充足的光照，较耐寒，也有适应高温的能力，生长适宜温度为15~20℃。肉质茎膨大期，如遇30℃以上高温，肉质易纤维化。对土壤的选择不是很严格，适宜在腐殖质丰富的黏壤土或砂壤土中种植。

(1) 试验地概况与试验设计

试验在迪拜穆什里夫公园进行，根据当地甘蓝种植季节、灌溉定额和灌溉方式等，设置3种不同灌溉定额（50m^3/亩、60m^3/亩、70m^3/亩）和2种灌溉方式（内镶贴片式滴灌管、痕量灌溉），试验设计见表5-16。灌溉方式都采用智能化设备控制，控制模式为时间控制，根据当地灌水量设置灌溉时间。移栽选择苗龄30天左右，4~8片真叶壮苗，在早上或傍晚进行定植，行距 55cm，株距 30cm，3500 株/亩。

表 5-16　甘蓝节水灌溉试验设计　　单位：m^3/亩

处理	灌溉定额	不同灌溉方式
T1	50	内镶贴片式滴灌管
T2	50	痕量灌溉
T3	60	内镶贴片式滴灌管
T4	60	痕量灌溉
T5	70	内镶贴片式滴灌管
T6	70	痕量灌溉

灌溉方式：每个处理每天灌溉 1 次，灌水量根据当地灌溉经验值确定。

（2）试验结果

通过分析不同处理下甘蓝果实直径、产量及水分利用效率的影响试验研究。由图 5-25 可以看出，不同处理下的果实直径无显著差异。随着灌水量的增加，蒸腾蒸发量逐渐升高，并且对土壤水的消耗呈降低的趋势，产量呈逐渐增加的趋势；当灌水量增加到一定时，再增加灌水量，产量的增幅逐渐降低，导致水分利用效率降低。

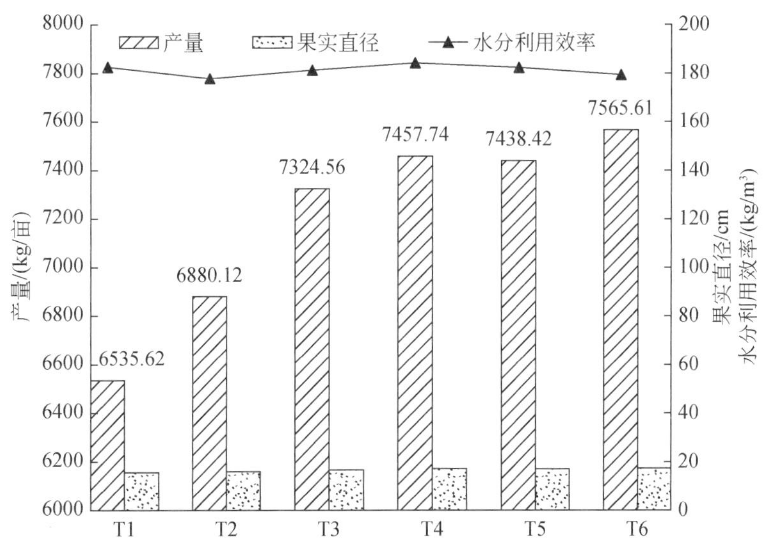

图 5-25　不同处理下甘蓝果实直径、产量和水分利用效率的比较

不同处理对甘蓝产量的影响不同，且各处理间存在显著差异，产量最高的是 T6 处理。在试验区，4～9 月气温都在 40℃左右，蒸发量很大，甘蓝叶片大，可在一定程度上减少地表蒸发，在增加灌水量时，产量增幅不明显。随着灌水量的增加，水分利用效率逐渐降低，T4 处理的水分利用效率最高，为 184. 14kg/m^2，产量较 T6 处理低，但比其他处理产

量高，且 T4 与 T6 处理产量之间无显著差异；根据效益最大原则和土壤水分的可持续利用原则，T4 处理为甘蓝最佳的灌水量和灌溉方式。

5.3.4 阿联酋土地资源

阿联酋国土面积为 83 600km^2，除艾因、利瓦和哈塔等少数几个绿洲外，全国 90% 以上的土地存在荒漠化和盐碱化。艾因绿洲面积约为 1200hm^2，生长着 14 700 棵（100 种以上）椰枣树。阿联酋可耕地面积 32 万 hm^2，仅占国土面积的 3.8%，已开垦耕地面积为 27 万 hm^2，最适宜耕种的土地主要分布在阿联酋北部的哈伊马角和阿布扎比的什维布、艾因、麦子里阿、利瓦等，其中 85% 以上位于阿布扎比。

5.3.5 阿联酋土地退化防治措施

20 世纪中叶，阿联酋开始利用现代科技进行土地荒漠化治理，改善周边的生态环境，从而实现经济社会的可持续发展。

（1）植树造林

从 20 世纪 70 年代开始，阿联酋开始植树造林，在艾因至阿布扎比的公路沿线种下了约 245hm^2 的树木，之后，植树造林的步伐大幅度加快，城区绿化和大规模植树造林同步进行。阿联酋绿化用的树木以桉属、金合欢属、木麻黄属等进口树种为主，或者种植牧豆树等当地耐旱和耐盐树种，最常见是牧豆树和椰枣树。牧豆树是阿联酋的国树，被誉为“生命之树”。牧豆树生命力极其顽强，主根会深深扎入沙土中（超过 30m），在极度干燥和高温的环境不需要任何人工灌溉，牧豆树便可存活数十年乃至上百年。椰枣树具有耐旱、耐碱、耐热且喜欢潮湿等特点，10～15 年可成熟，其果实椰枣含糖量高、含水量低，美味可口，是沙漠地区重要的水果来源。

（2）筛选耐干旱、耐盐碱、耗水量少的植物用于绿化

阿联酋因地制宜，选择一些耐干旱、耐高温的树种用于绿化。结合夏天高温、高湿但无降水的特点，阿联酋林业专家培育出了一种能用叶子吸收空气中水分的新型树种，从而减少了耗水量，同时筛选出了耐盐碱、可在海水中生长的植物。筛选出来的耐盐碱植物可在沙漠中利用海水灌溉进行种植，不仅利用了丰富的海水资源，也节约了海水淡化后用于灌溉的费用。阿联酋在热带沙漠、沙滩植树取得的成功为其他国家的沙漠化防治及水资源高效利用提供了借鉴和指导。

（3）采用节水灌溉技术，提高水资源利用效率

采用节水滴灌技术，可直接将水运送到植物根部，从而避免水分流失，减少水分蒸发，提高水资源的利用率。

（4）建设海水淡化厂，为植树造林工程供水

阿联酋的土地荒漠化治理工作首先从城市和主要交通干线的绿化工作展开。为弥补灌溉水的不足，阿联酋政府在阿布扎比、迪拜和沙迦等城市投入巨资，兴建了大型海水淡化厂，通过铺设大口径的供水管道和高密度的滴灌管网，将淡化水输送到城市和交通干道沿线，通过滴灌技术进行大面积的植树造林。但上述措施存在以下问题：一是海水淡化成本较高；二是埋设的滴灌管网多数采用塑料管制成，其使用寿命约 10 年，故每隔 10 年左右这些管网需更新一次，维护成本较高。相关数据表明，在阿联酋栽活一棵树的成本平均为 120 美元，每公顷的防沙治沙成本超过 1 万美元。预计在未来 10 年阿联酋在防沙治沙方面的投入将高达数百亿美元。

(5) 建造人工湖泊，为沙漠绿化供水

为阻止荒漠化，阿联酋在沙漠中建造人工湖泊。1991 年，阿联酋开始通过大口径水管将海水引入 100 多千米外的沙漠低洼地中，形成人工湖，发展海水养殖的同时，开发出一些特色的沙漠旅游景点。

(6) 建设污水处理厂，为绿化工程供水

阿联酋在各城市修建污水处理厂，将城市居民的生活污水集中并进行处理，然后将其引入绿化灌溉水网。

(7) 在沙漠地区开展无土栽培

阿联酋在萨迪亚特岛以淡化水为水源，建立了 2hm^2 的现代无土栽培温室。不仅解决了沙漠地区高温干旱多风沙且难以发展农业的问题，还建立了“人造绿洲”，用温室蔬菜、粮食来带动沙漠农业，达到了治沙、固沙的目的。

(8) 建立生态保护区

阿联酋对一些偏远地区进行开发，通过引入大量的植物，修建生态保护区。目前阿联酋已经建立了多个生态保护区，有利于沙漠地区人类生存环境的可持续发展。

(9) 加强科学研究

在土地荒漠化治理的科研方面，阿联酋建立了阿布扎比环境署等科研机构，与联合国共同组织防治荒漠化会议，为当地政府的环保决策提供了依据。

5.4 埃及水土资源持续利用研究

埃及大部分位于非洲东北部，只有苏伊士运河以东的西奈半岛位于亚洲西南部。埃及既是亚、非之间的陆地交通要冲，也是大西洋与印度洋之间海上航线的捷径，战略位置十分重要。埃及是中东人口最多的国家，也是非洲人口第二大国，在经济、科技领域方面长期处于领先。埃及气候干热、降水量少，南部属热带沙漠气候，夏季气温较高，昼夜温差较大。尼罗河三角洲和北部沿海地区属亚热带地中海气候，气候相对温和，其余大部地区属热带沙漠气候，气温可达 40℃。埃及干旱少雨，年均降水量为 50 ~ 200mm。每年 4 ~ 5 月常有“五旬风”，夹带沙石，使农作物受灾。

埃及国土面积约为 100.1 万 km^2，沙漠占国土总面积的 95%，99% 的人居住在尼罗河河谷和三角洲地带。全国可耕地面积为 287 万 hm^2，主要种植棉花、小麦、水稻、高粱、玉米、甘蔗、亚麻、花生等。

5.4.1 埃及概况

5.4.1.1 区域位置

埃及跨亚、非两洲，大部分位于非洲东北部。埃及地处欧、亚、非之间的交通要冲，北部经地中海与欧洲相通，东部经阿里什直通巴勒斯坦。西连利比亚，南接苏丹，东临红海并与巴勒斯坦、以色列接壤，北濒地中海，东南与约旦、沙特阿拉伯相望，海岸线长约2900km。埃及东西宽1240km，南北长1024km，面积约100.1万km^2。埃及有着独特的地理位置，在陆路上，连接亚、非两洲；在海路上，通过苏伊士运河及红海连接了地中海及印度洋。苏伊士运河是连接欧、亚、非三洲的交通要道。

5.4.1.2 地形地貌

埃及地形平缓，没有大山，最高峰凯瑟琳山海拔2637m。大部分地区属海拔100～700m低平高原，红海沿岸和西奈半岛有丘陵山地。沙漠与半沙漠分布广泛。西部利比亚沙漠，占全国面积的2/3，大部分为流沙，沙漠中有哈里杰、锡瓦等绿洲；东部阿拉伯沙漠，多砾漠和裸露岩丘。世界第一长河——尼罗河从南到北流贯全境，境内长1350km，两岸形成宽3～16km的狭长河谷，并在首都开罗以北形成总面积为2.4万km^2的尼罗河三角洲。尼罗河谷总长超过1000km，其面积约是尼罗河三角洲的两倍。埃及湖泊主要有大苦湖和提姆萨赫湖，以及阿斯旺水坝形成的非洲最大的人工湖——纳赛尔湖，面积约5000km^2。

5.4.1.3 气候条件

埃及白天大多炎热或温暖，晚上很凉爽，昼夜温差大。尼罗河流域气候极为干旱，高温、相对湿度低、蒸发量高。在沿海地区，冬季平均温度最低为14℃，夏季平均温度为30℃。

埃及有三种类型的气候，北部海岸的地中海气候、内陆地区的沙漠气候以及红海和沙漠海岸气候。

（1）北部海岸的地中海气候

北部海岸地区冬季比较温和，也是唯一出现降水的季节，冬季最高温度为18～19℃，最低温度约为9℃。夏季阳光充足，炎热，最高温度约为30℃。该地区空气相对湿度较高，特别是在尼罗河三角洲最明显。

（2）内陆地区的沙漠气候

在内陆地区，几乎没有降水，越往南气温越高，昼夜温差越大。冬季温和，阳光充足，平均温度约为20℃，夜晚凉爽或寒冷，温度可能接近冰点。夏季炎热，中部地区的高温约为36℃，南部约为40℃。在最热的时候，南部的温度可以达到50℃。

（3）红海和沙漠海岸气候

红海和沙漠海岸的气候属于沙漠性气候，内陆地区的降水很少或完全不存在，但是在海边温差较低，湿度通常较高。在冬季，海岸的温度非常温和，最高温度在21℃左右，最低温度则保持在10℃左右。夏季炎热潮湿，最低温度约为25℃，最高温度约为34℃，风从沙漠吹来，在降低湿度的同时提高了温度。在西奈以东的海岸，夏季盛行的风来自沙漠，热量更强烈，空气湿度更低。

5.4.1.4 经济发展状况

埃及的经济属开放型市场经济，拥有相对完整的工业、农业和服务业体系。2018 年，埃及人均国内生产总值约为 2770 美元。工业以纺织、食品加工等轻工业为主，工业约占国内生产总值的 16%。埃及是传统农业国，农村人口占全国总人口的 55%，农业占国内生产总值的 14%。服务业约占国内生产总值的 50%。埃及历史悠久，名胜古迹较多，具有发展旅游业的良好条件，且政府非常重视发展旅游业，2018 年旅游业收入达 98 亿美元。埃及的石油和天然气探明储量分别位居非洲国家的第五位和第四位，是非洲最重要的石油和天然气生产国。平均原油日产量达 71.15 万桶，天然气日产量达 1.68 亿 m^3，石油和天然气、旅游、侨汇及苏伊士运河是四大外汇收入来源。

5.4.1.5 降水量

埃及尼罗河流域的年均降水量在 1.4～5.3mm，几乎没有降水（Egyptian Meteorological Authority，2014）。越往北，气候越湿润，在三角洲拦河坝和坦塔地区，年均降水量分别为 20.8mm 和 45.5mm。罗塞塔和达米埃塔地区，年均降水量分别为 160mm 和 102mm。法尤姆洼地位于埃及干旱地区，总面积约为 1700km^2，通过一条大型灌溉渠与尼罗河相连，年均降水量约为 14mm。

5.4.1.6 太阳辐射

埃及从北到南的太阳辐射强度在 1970～3200kW·h/(m^2·a)，日照时间为 9～11h，全年阴天很少，总日照时数在 3200～3600h（El-Metwally and Wald，2013）。

5.4.2 埃及的水资源与利用

5.4.2.1 埃及的水资源

(1) 地表水

埃及位于北非干旱半干旱地区，水资源有限，尼罗河是主要淡水来源。由于沿途灌溉、蒸发、渗漏等，尼罗河在埃及的年平均径流量为 909 亿 m^3，尼罗河每年可分配埃及 555 亿 m^3 的水资源。

为了开发利用水资源，埃及建设了很多水利工程设施，其中，最著名的是阿斯旺水坝（图 5-26）。阿斯旺水坝位于埃及境内的尼罗河干流上，在阿斯旺城附近，是一座大型综合水利枢纽工程，具有灌溉、发电、防洪、航运、旅游、水产等多种功能。主坝全长

3830m，坝基宽980m，坝顶宽40m，坝高111m。工程于1960年1月9日开工，1967年10月15日第一台机组投入运行，1970年7月15日全部机组安装完毕并投入运行，同年全部竣工。阿斯旺水坝最大年水量与最小年水量相差很大，年内分配亦很不均匀。其中，8～10月水量最丰，占全年水量70%，2～4月为枯水期。最高洪峰流量为14 000m^3/s，枯水时约为350m^3/s，二者相差40倍。阿斯旺水坝排出的水通过运河和水泵站从尼罗河中分流到下游各个地区。除运河输水外，尼罗河及其支流上的100多个主要泵站也在引水。

图5-26　阿斯旺水坝

阿斯旺水坝的建成使埃及下游河水不再泛滥，有效减少了1964年、1973年的洪水和1972～1973年、1983～1984年的旱灾造成的危害，当非洲大部分地区都在闹饥荒时，埃及的粮食基本自给自足。

阿斯旺水坝的建成为埃及水资源利用和合理调配提供了重要保障，为埃及供应了50%左右的电力，并且有效降低了洪涝和干旱对尼罗河流域的影响。但是，大坝的建设也存在不利影响：一是大坝建设后，尼罗河河水的泥沙被拦截，无法为下游平原的土壤补充肥力，导致下游土壤肥力不断下降；二是河水不再泛滥，无法带走土壤中的盐分，导致尼罗河下游的土地盐碱化日趋严重；三是农田废水的回流和水的大量蒸发等导致水库水质下降，水生生物大量繁殖；四是泥沙的减少导致下游河床受到严重侵蚀。

（2）地下水

埃及的地下水几乎遍布于尼罗河下游的砂质层和砾石层（含水层）以及附近的沙漠地区，主要分布于尼罗河三角洲和尼罗河谷、北部沿海地区、瓦迪埃尔纳特林、西奈半岛、西部沙漠和东部沙漠等，每个地区具有不同特征。

1）尼罗河三角洲和尼罗河谷。尼罗河三角洲和尼罗河谷地下含水层直接与尼罗河相通。尼罗河三角洲和尼罗河谷地下含水层是一个较浅的含水层，井较浅，出水率高（100～300m^3/h），抽水成本低。当地居民广泛采用地表水和地下水结合的方式来灌溉农田，特别是在灌溉高峰期。为了合理利用有限的水资源，埃及已经制定了尼罗河流域和尼罗河三角洲的农业地下水开采政策。因地下水位浅，该地区的地下水极易受到地表源的污染（Hefny and Sahta，2004）。

2）北部沿海地区。北部沿海地区含水层与海岸平行，主要由细粒灰岩组成。靠近海岸的地区由冲积层组成。水层厚度在 40 ~ 60m。除其他水源（海水和污水管网泄漏）外，地下水还可通过降水进行补给。该地区不同深度含水层地下水的含盐量不一样，受地中海和马瑞奥特湖流入的影响，部分地下水 TDS 含量大于 2000ppm，可供人类直接利用的淡水（TDS 在 200 ~ 1000ppm）层很浅（Adeel and Attia，2004）。

3）瓦迪埃尔纳特林地区。瓦迪埃尔纳特林地区是一个狭窄的洼地，位于亚历山大南部约 90km 处，开罗西北 110km 处，毗邻尼罗河三角洲和西部沙漠。该地区地下水质量中等，南部和西南部地下水的 TDS 在 1000 ~ 2000ppm，东部地下水的 TDS 在 2000 ~ 5000ppm。地下水越深的地方，TDS 浓度越高。该地区地下水主要依靠尼罗河三角洲含水层系统的地下水侧向渗漏和降水入渗水补给。

4）西奈半岛。西奈半岛气候干燥、降水稀少。当地农业灌溉和生活用水以地下水为主，大部分水是从西奈北部的第四纪含水层抽取的。目前的总用水量约为 9000 万 m^3/a。此外，西奈半岛地区的地下水很深，且不可再生。

5）西部沙漠。西部沙漠分为南部、北部两个地区，从北部的地中海延伸到埃及的南部边界、从东部的尼罗河谷延伸到西部的利比亚边界。北部地区主要包括北部高原、沿海平原、拜哈里耶绿洲和奈特伦洼地；南部地区主要包括哈里杰、费拉菲拉、达赫拉和萨克艾尔欧纳特。西部沙漠地区含水层的深度高达 1500m，且水质在不断恶化（Hefny and Sahta，2004）。

6）东部沙漠。东部沙漠地下水流向是由东向西的（El-Bihery，2009）。近年来，因农业扩张、工业和旅游业的开发，地下水资源日趋紧张，地下水资源安全问题受到政府的关注。

（3）降水

埃及全年降水稀少，一般仅在冬季以零星阵雨出现，年均降水量在 1.4 ~ 5.3mm，有效年均降水量约为 13 亿 m^3。降水量在时间和空间上的差异性很大，很难形成稳定可用的水资源。

（4）海水淡化

埃及北边濒临地中海，海水资源丰富，但与其他阿拉伯国家相比，海水淡化因成本较高，在埃及并没有作为淡水补充的重要来源进行大量的开发。红海沿岸有几个海水淡化厂，主要为度假村和旅游村提供淡水。西奈半岛的部分地区也建设了地下水脱盐系统为居民生活提供淡水。目前，通过海水淡化每年可提供的淡水总量约为 1 亿 m^3。

（5）废水再利用

经过初级处理的废水，只能用于非农业的灌溉，但经过深度处理的废水和淡水混合后，可作为农业灌溉水资源。2013 年，埃及废水利用总量约为 13 亿 m^3。

（6）回水利用

农田灌溉后通过排水系统排出的水占灌溉总量的 25% ~ 30%，2013 ~ 2014 年农田回水利用量达到 111 亿 m^3。在提高农业用水效率方面，农田回水的利用与现代节水灌溉具有相似作用。

5.4.2.2 埃及的水资源利用现状

埃及2015年的水资源利用情况见表5-17（El-Din，2013）。由表可知，农业、市政、工业和蒸发损失的水量分别占总用水量的79.31%、11.77%、4.96%和3.96%。传统水资源占总供水量的73.1%，其中，尼罗河水占传统水资源的94.1%，深层地下水、降水和海水淡化分别占传统水资源的3.4%、2.2%和0.3%。非传统水资源占总供水量的26.9%，其中，排水再利用占非传统水资源的71.4%。尼罗河是埃及的主要水资源，排水再利用和低洼地水所占比例也较高，海水淡化所占比例非常低。

表5-17　埃及2015年的水资源利用情况　　单位：10亿 m^3

<table>
<tr><th>行业或部门</th><th>用水量</th><th>类别</th><th>水来源</th><th>供水量</th></tr>
<tr><td>市政</td><td>9.50</td><td rowspan="5">传统水资源</td><td>尼罗河</td><td>55.50</td></tr>
<tr><td>工业</td><td>4.00</td><td>深层地下水</td><td>2.00</td></tr>
<tr><td>农业</td><td>64.00</td><td>降水</td><td>1.30</td></tr>
<tr><td>蒸发损失</td><td>3.20</td><td>海水淡化</td><td>0.20</td></tr>
<tr><td rowspan="5">总用水量</td><td rowspan="5">80.70</td><td>小计</td><td>59.00</td></tr>
<tr><td rowspan="3">非传统水资源</td><td>低洼地水</td><td>6.20</td></tr>
<tr><td>排水再利用</td><td>15.50</td></tr>
<tr><td>小计</td><td>21.70</td></tr>
<tr><td colspan="2">合计</td><td>80.7</td></tr>
</table>

1990～2008年尼罗河谷和三角洲地区输水过程中的水分损失情况见表5-18（Hamza and Mason，2004）。1990～2008年阿斯旺水坝平均水量为554.1亿 m^3，渠道平均水量为465.9亿 m^3，田间平均水量为408.3亿 m^3，其中，水坝到渠道的水分损失量为88.2亿 m^3，约占总水量的16%，渠道到田间的水分损失量为57.6亿 m^3，约占总水量的10%。从2000年开始，水分损失量逐年增加。可见，埃及水分输送过程中的蒸发和渗漏非常严重，如果可以采取有效措施，减少水分输送损失，可提供更多田间灌水量，保障现有耕地的灌溉水需求。

表5-18　1990～2008年尼罗河谷和三角洲地区输水过程中的水分损失情况

年份	水量/10亿 m^3			总损失	
	阿斯旺水坝	渠道	田间	水量/10亿 m^3	占总水量的比例/%
1990	56.17	50.26	42.72	13.45	23.95
1995	50.15	49.11	48.07	2.08	4.15
2000	52.50	47.25	39.38	13.12	24.99
2005	46.13	35.44	29.78	16.35	35.44
2006	59.70	47.08	40.94	18.76	31.42

续表

年份	水量/10 亿 m³			总损失	
	阿斯旺水坝	渠道	田间	水量/10 亿 m³	占总水量的比例/%
2007	61. 14	48. 14	42. 08	19. 06	31. 17
2008	62. 10	48. 85	42. 85	19. 25	31. 00
平均	55. 41	46. 59	40. 83	14. 58	26. 02

5. 4. 2. 3 埃及的农业水资源利用

(1) 灌溉用水的区域分配

埃及尼罗河下游地区每年的灌溉用水量最多，约为 215. 82 亿 m^3。在该地区，代盖赫利耶省是最大的用水省份，每年总灌溉用水量为 40. 45 亿 m^3。埃及中部地区每年的灌溉用水量约为 63. 75 亿 m^3，其中，明亚省每年使用约 21. 68 亿 m^3，排在第五位。埃及尼罗河上游地区每年的灌溉用水量约为 66. 85 亿 m^3，其中，基纳省每年使用约 22. 03 亿 m^3（Abdelazim，2017）。

埃及传统农业以地面漫灌为主，主要包括畦灌、分区漫灌、沟灌等。

(2) 地表水在农业中的应用

埃及约在公元前 6000 年利用尼罗河洪水灌溉周围河岸的土地。约在公元前 3000 年，埃及建造了第一批灌溉基础设施，主要包括水坝和运河等，这些设施可将尼罗河的水转移到其他地区，扩大灌溉面积。埃及的灌溉农业区主要分为尼罗河谷和三角洲的旧土地、阿斯旺水坝建设以后的新土地和绿洲 3 个区域。

埃及的灌溉系统延伸到阿斯旺以南 1200km 的地中海。埃及的灌溉系统被认为是一个封闭的系统，主要入口是尼罗河，其他少量的水资源为沿海地区的降水和沙漠中的深层地下水；主要出口是作物蒸发蒸腾和通过排水渠流入地中海。

(3) 地下水在农业中的应用

埃及农业用水量占总用水量的 80% 以上，其中 20% 的灌溉用水通过渗漏和排水系统返回到地下。以 2014 年为例，全国总用水量为 760 亿 m^3，其中 82. 0%（623. 5 亿 m^3）用于农业灌溉，13. 1%（99. 5 亿 m^3）用于市政，1. 6%（12 亿 m^3）用于工业，3. 3%（25 亿 m^3）流失或蒸发（El-Bedawy，2013；Zaghloul，2013）。尼罗河谷和三角洲的浅层地下水是可再生水源，主要从浅井开采，抽水成本相对较低。根据 FAO 的统计，尼罗河谷和三角洲的浅层地下水含水层是尼罗河流域最大的地下水库，但可供使用的实时存储量仅为 75 亿 m^3，2009 年该含水层的抽取量为 70 亿 m^3。当地居民广泛采用地表水和地下水结合的方式来灌溉农田，特别是在灌溉高峰期和地表水灌溉无法到达的地区，地下水是唯一的资源。

在尼罗河三角洲地区，旧土地和新土地的水资源短缺特征不同。在旧土地上，灌溉水的主要来源是尼罗河，但在灌溉渠道的尽头，地下水在很多情况下是唯一可获得的水资源。在西部沙漠（尼罗河以西）地区，农业用水主要依赖深井抽取的地下水。中部和南部沙漠中的浅层含水层与深层含水层相邻，可通过浅井和深井灌溉，用于西部沙漠农业开发。

随着农业规模的扩大、人口增长、城市化和生活水平的提高，对水的需求不断增加，在尼罗河有限的地表水量前提下，地下水开采量将会持续增加。目前的开发方案仅限于在瓦迪浅层开采地下水，地下水使用量约为500万m^3/a，实际可能约为800万m^3/a。此外，努比亚砂岩深层（200～500m）地下水的开发也可用于灌溉。

5.4.2.4 埃及水资源管理

（1）水资源管理部门

虽然尼罗河贯穿埃及全境，淡水资源比较丰富，但各国对尼罗河的不断截流，使尼罗河的水资源开发潜能已经极其有限。埃及有相应的水资源管理法规，未经许可，禁止私人或公司对水资源进行开采，对地下水的管理非常严格。

（2）水资源管理政策

1928年以来，水资源管理政策开始以科学方法为基础，满足生活用水的同时合理地将剩余的水分配到灌溉和其他用水部门。1975年，埃及水资源与灌溉部开始对水的供需进行评估，以评估未来供需之间的平衡关系。1997～2017年，埃及水电政策是根据分配基础制定的政策，就水利预算而言，水资源是根据每一项活动的需要和单位水的收入进行分配的。

（3）水资源管理措施

1）地下水资源开发和管理战略。水资源与灌溉部在埃及启动了地下水资源开发和管理战略。该战略主要结合水资源短缺、污染控制、水质保障和节水技术、工业和农业废物处理、地下水资源保护和气候变化等问题进行水资源规划。该战略强调了提高满足未来需求所需技能和专业知识的重要性。此外，该战略鼓励发展沙漠地区的农业，通过开发沙漠地区，以分散尼罗河谷和三角洲的部分高度集中的人口。虽然在沙漠地区开发新的土地用于农业和生活可减少尼罗河周边地区的人口压力和资源压力，但这种方法会增加沙漠地区的用水量。因此，在土地开发前，需要对地下水情况进行评估，以防止开发后的二次退化和地下水过度利用。

2）尼罗河谷和三角洲地下水资源持续利用措施。①在尼罗河谷和三角洲地区，可使用地下含水层作为储存库，在高峰期补充地表水供应，并在最短需求期进行补给。②在使用地下水作为水源的新开发土地上，使用喷灌、滴灌等节水灌溉方法，提高水资源利用效率。③在埃及南部尼罗河上游地区，使用竖井排水系统，减少水涝，提高作物产量。

3）西部沙漠和西奈半岛的地下水资源持续利用措施。该地区地下水总量约为40 000亿m^3。但地下水含水层很深，属于不可更新水资源。有的地方地下水位超过1500m，需要大量的资金投入才可用于灌溉。为了利用有限的水资源灌溉更多的土地，主要措施包括：①对该地区的地下水进行全面监测和评估，确定含水层的分布、地下水水质、可开采量和安全开采量等，根据评估的水量进行合理的开发和利用。②利用沙漠地区丰富的风能、太阳能等绿色能源给水泵提供电能，最大限度地降低提水成本。③在新开发的地区应用节水灌溉技术，减少田间蒸发，最大限度地提高水资源利用效率。

4）除了对现有淡水资源的开发利用进行合理规划和管理外，政府正在研究微咸水在某些季节性的作物中的灌溉应用，这类水主要在西部和东部沙漠的浅层以及尼罗河谷的边界处，其平均 TDS 在 3000 ~ 12 000ppm。

5）提高农业系统用水效率。为了确保气候变化条件下全球粮食生产的稳定性，提高农业用水效率对农业、工业以及生态系统健康非常重要。①可通过减少水稻、甘蔗等高耗水作物的种植面积，扩大耗水量较少的甜菜等作物种植面积来提高用水效率。②可通过防止渗漏、改善灌溉水输送设施和合理分配水资源来提高供水系统的效率。③可通过计收水费或发放节水补贴等形式来提高农业用水效率。④向社会宣传基于保护原则的节水灌溉技术。

除上述措施外，土地耕作方法改善、作物品种优化等也可以在一定程度上提高用水效率。农业部门通过制定灌溉系统管理、农业实践和育种等方面的制度来维持水资源的合理高效利用。

5.4.2.5 埃及水资源利用影响因素

（1）人口增长对水资源的影响

1967 年埃及人口为 3253 万人，2017 年人口增加到 9755 万人，人口增加了近 2 倍。人口的快速增长导致全国人均水资源量不断下降。据中国国家统计局 2010 年的统计数据，1955 年，埃及人均水资源量为 2561m^3，2010 年降低到 1065m^3，预计到 2025 年，人均水资源量仅为 630m^3，如果采用现有的管理政策，预计缺水量将达到 26 亿 m^3。

（2）经济发展对水资源的影响

埃及是非洲第三大经济体，属于开放型市场经济，拥有比较完整的工业、农业和服务业体系。服务业占国内生产总值的 50%，工业以食品加工、纺织业等轻工业为主，农村人口占总人口的 55%，农业占国内生产总值的 14%。为了适应人口快速增加带来的经济问题，土地扩张越来越严重。埃及水资源面临的最大挑战是水资源供应效率较低和农业水资源利用效率较低。例如，水面蒸发损失、渗漏损失、输水控制系统的不完善、输水效率低、甘蔗和水稻高耗水量作物种植面积过大、深层地下水开发能力较低、节水灌溉的应用面积所占比例不大等。

（3）海水入侵对水资源的影响

海水入侵是指过度抽取地下水使得海水从海洋进入沿海含水层，这是地下水运动的动态平衡，几乎所有与海洋相连的沿海含水层都有这种现象。海水入侵是沿海含水层面临的主要问题。海水入侵的原因主要包括过度抽取地下水、海平面上升、地下水流的季节性变化、气压变化、潮汐效应和地震波等（Farid，1985）。海水入侵会导致地下水含盐量增加，地下水水质下降。尼罗河三角洲海水入侵已经扩展到距离地中海沿岸约 100km 的内陆（Sherif et al.，2012）。海平面每上升 0.38m 将导致海岸线移动 0.75m，预计到 2060 年，尼罗河三角洲农业用地将减少 5%。海平面持续上升将会增加海岸侵蚀和盐水入侵的风险。

这种影响在低地、平坦和沿海冲积平原上更加明显，这些地方可能被海水淹没。

海水入侵对土壤盐度、地下水资源、农业生产力有直接影响（Rattray et al., 1997）。海水入侵可以通过注入淡水、设立地下屏障和抽取海水等方式控制。使用人工地表补给地下水含水层，对控制海水入侵有良好的效果（Javadi et al., 2013）。

（4）气候变化对埃及水资源的影响

研究表明，尼罗河不同源头降水趋势的变化及其对尼罗河流入埃及的水量的影响无法确定。由于气候变化，气温将继续上升，这可能会导致尼罗河在埃及和苏丹的蒸发损失显著增加，气温的上升也会增加农业、家庭和工业用水的需求。在降水量增加的条件下，尼罗河流量也可能会因为温度上升而减少。

5.4.2.6 埃及的水资源开发

（1）废水的再利用

对于像埃及这样干旱缺水的国家，在保证水资源安全性和经济性的前提下，应鼓励废水再利用。加强处理后废水利用的安全性研究，并建设更多的污水处理厂，提供更多可利用的水资源。废水含有较多的营养物质，在合理的管理下，利用处理后废水灌溉农田可在一定程度上提高作物产量，同时可以减少化肥的施用。

从1925年开始，埃及将经过初级处理后的废水用于灌溉沙漠地区新开垦的土地，废水的利用在一定程度上提高了土地的生产力，但是废水存在病原污染等问题。后来，国家规定经过初级处理后的废水只能用于园林绿化或树木灌溉，不能用于作物灌溉。随着城市废水处理技术的提升和产能的增加，部分经过二级处理或深度处理的水可用于作物灌溉（Abdel-Gawad and El-Sayed, 2008）。

为了最大化地利用废水资源，埃及政府制定了一些重要措施。例如，改善排水水质，分开收集和处理生活污水和工业废水，监测和评估排水再利用对环境的影响，规定处理后的废水只能用于非食品作物的灌溉，如棉花、亚麻和树木等。

（2）充分利用降水

在北部沿海地区充分利用降水种植耐旱作物。

5.4.2.7 埃及的水资源高效利用技术

（1）现代化节水灌溉技术的应用

埃及传统灌溉以地面漫灌为主，水资源利用效率低，浪费现象严重。过量的水分可能会对土壤结构和透气性产生影响。多余的水分一方面通过地表径流流失，另一方面通过地下渗漏流失到土壤深层。水分流失的过程中会带走土壤中的养分，进而造成土壤肥力下降、渗透性降低。此外，当土壤长期保持很高的含水率，且超过植物根系生长所需的土壤含水率时，土壤中的氧气含量会降低，植物根系呼吸困难。现代化的节水灌溉技术虽然初期投资成本高，但与传统的地面漫灌相比，具有节约水资源、水分利用效率高的优点。其中，滴灌比漫灌节水30%～50%，还可以减少水涝和盐碱化程度，使灌溉效率达到95%左右。埃及20世纪80年代以后新开辟的农场基本都采用了喷灌和滴灌技术。除了节水灌溉技术的应用外，埃及很多现代化的农场灌溉采用了电脑或智能化控制技术，可按照设定时间、作物需水量、土壤含水率等条件进行自动灌溉，还可以将施肥系统与灌溉系统结合，实现水肥一体化。不仅节水、节肥、节省劳动力，还可以提高作物的产量。

(2) 优化配置作物种植面积

通过种植耗水量少的小麦等作物，代替耗水量大的水稻和甘蔗等作物，可有效提高单位面积的水分利用效率。在干旱地区和盐碱化土壤种植耐干旱、耐盐碱的苋菜、藜麦等作物，不仅可以提高水分利用效率，还可以增加困难立地条件下的植被覆盖度和作物产量。根据埃及农业部门的规划，预计到 2030 年，由于水稻种植面积的减少，可节约用水 124 亿 m^3。其中，南部三角洲的水稻面积将减少 50 万亩，可节约用水 10 亿 m^3。

(3) 培育水分利用效率高的作物品种

通过培育水分利用效率更高的作物品种，节约水资源。埃及培育出的水稻 Giza177 和 Sakha102 比传统水稻的生长期短 40 天，耗水量减少 18%。此外，耐旱品种的培育也是提高水资源利用效率的一种方式。例如，旱作水稻可以每隔 12 ~ 15 天灌溉一次，比传统水稻节水 40%。埃及科研人员开发的抗旱水稻 Oraby 1 和 Oraby 2，当采取沟种沟灌的种植方式时，比传统水稻节水 50%。

5.4.3 埃及的土地资源与利用

5.4.3.1 土地类型

埃及国土面积约为 100.1 万 km^2，其中只有一小部分土地具有农业生产能力。

(1) 旧土地

旧土地位于尼罗河谷和尼罗河三角洲地区，均为冲积土壤。旧土地是埃及最大的灌溉区，这些土地包括部分在沙漠中开垦的土地。旧土地区域的农业种植面积约为 250 万 hm^2，主要利用尼罗河水进行灌溉，并以传统的地面漫灌为主。与现代节水灌溉系统相比，传统漫灌水的利用效率只有 50% (Ministry of Agriculture and Land Reclamation, 2011)。

(2) 新土地

新土地包括最近被开垦的土地，特别是自阿斯旺水坝建设以来开垦的土地，主要位于三角洲的东西两侧，分散在埃及的各个地区。新土地区域的农业种植面积约为 100 万 hm^2。主要利用尼罗河水进行灌溉，但在一些沙漠地区，当地居民利用地下水进行灌溉。政府鼓励在新开垦土地上应用喷灌、滴灌等节水灌溉技术，以节约水资源 (Ministry of Agriculture and Land Reclamation, 2011)。

5.4.3.2 耕地

土地被认为是埃及农业最有限的资源。据 FAO 统计，埃及可耕地面积约为 287 万 hm^2，但实际上，埃及的耕地面积已经超过了这一数值，且 80% 以上的耕地位于尼罗河流域和三角洲地区。1966 ~ 2013 年埃及耕地面积见表 5-19。1966 年埃及耕地面积为 238.9

万 hm^2，2013 年耕地面积增加到 376.1 万 hm^2，耕地面积基本呈现逐年增加的趋势。

表 5-19　1966～2013 年埃及耕地面积　　单位：万 hm^2

年份	耕地面积	年份	耕地面积	年份	耕地面积
1966	238.9	1982	244.5	1998	326.0
1967	236.2	1983	243.5	1999	329.6
1968	239.8	1984	245.8	2000	329.1
1969	243.0	1985	249.6	2001	333.7
1970	241.8	1986	252.8	2002	342.2
1971	241.4	1987	254.6	2003	340.7
1972	242.4	1988	259.7	2004	347.7
1973	243.0	1989	263.3	2005	352.2
1974	242.8	1990	290.6	2006	353.3
1975	245.5	1991	295.0	2007	354.1
1976	246.7	1992	299.6	2008	354.1
1977	243.4	1993	301.5	2009	368.9
1978	203.2	1994	301.3	2010	367.1
1979	244.7	1995	328.1	2011	362.0
1980	244.4	1996	317.6	2012	369.6
1981	246.8	1997	324.5	2013	376.1

埃及的农业种植区可以分为三个地区。一是尼罗河谷和三角洲地区冲积平原，土壤肥沃，总面积在 244 万～260 万 hm^2。二是三角洲和山谷边缘新开垦的土地，特别是在西部和东部三角洲，土壤中等肥力，总面积在 60 万～100 万 hm^2，这个地区的土地适合现代农业灌溉技术。三是西部沙漠地带的旱作农业区，从亚历山大到马特鲁，以及西奈北部的一些地区，总面积约为 40 万 hm^2（Ibrahim et al.，2010）。

5.4.3.3　农业种植土地分布

埃及的农业生态分布和土地利用分布分别如图 5-27 和图 5-28 所示。埃及具有多种多样的农业种植区，不同地区的气候特征、地形地貌、土地利用格局等各不相同。主要可划分为以下几种。

1）北部沿海带：包括西北沿海地区和西奈半岛北部地区。

2）尼罗河流域：包括埃及上游肥沃的冲积平原、三角洲和旧尼罗河流域边缘开垦的沙漠地区。

3）绿洲和南部偏远沙漠地区：包括 Uwienate、Toshki、Darb El-Arbien 地区和西部沙漠绿洲。

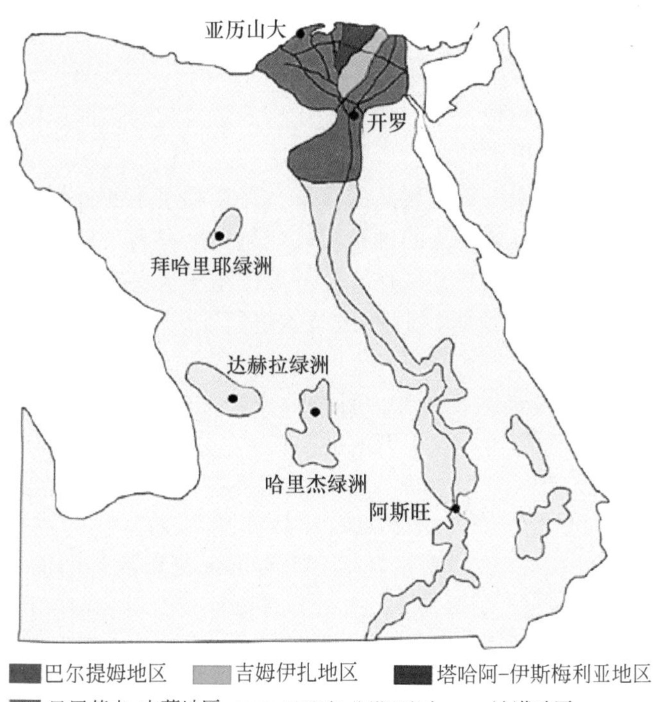

图 5-27　埃及农业生态区分布图

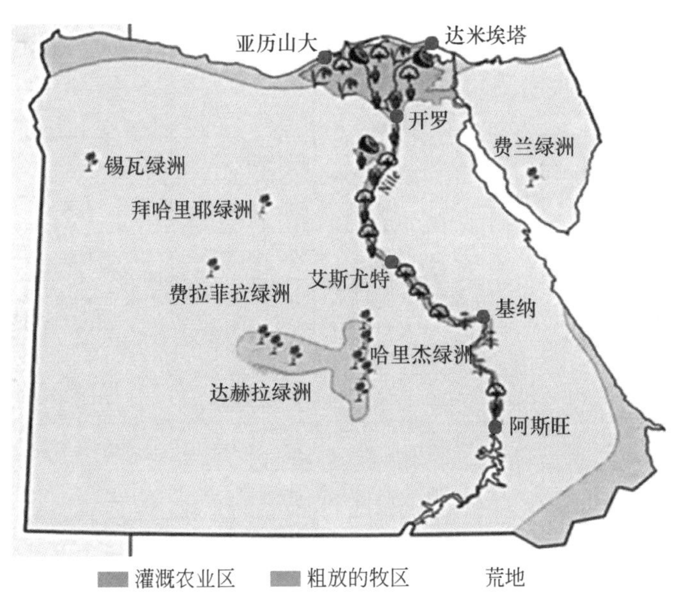

图 5-28　埃及土地利用分布图

4）内陆沙漠：包括西奈高原和干旱河谷，以及东部沙漠南部的高地。

5.4.3.4 农业种植模式

埃及的作物每年可种植两到三季。考虑到作物的效益和种植面积的限制，种植模式从开始的大田作物转移到价值更高的经济作物。棉花和谷物种植面积逐渐减少，玉米和蚕豆种植面积也减少，而管理方便、效益较高的苜蓿、蔬菜和水果的种植面积逐渐增加，水稻和甘蔗种植面积也增加。利益最大化的种植模式变化虽然提高了单位面积的经济效益，但对粮食安全产生了负面影响。此外，水稻、甘蔗等作物耗水量大，不利于提高水分利用效率。政府意识到水资源越来越紧张，对种植结构进行了调整，水稻和甘蔗种植面积逐渐减少。

2014 年埃及作物种植模式见表 5-20。种植的作物主要包括谷物、棉花、饲草、甘蔗、豆类等。冬季作物的总面积约为 246.3 万 hm^2，其中，小麦、苜蓿的种植面积最大，分别占冬季作物种植面积的 57.6%、28.5%，豆类植物种植面积仅占 2.1%。夏季作物的总面积约为 225.9 万 hm^2，其中，玉米、水稻和苜蓿的种植面积最大，分别占夏季作物种植面积的 39.8%、26.4%和 10.4%，洋葱、花生、大豆和向日葵的种植面积比例均低于 1%。其他季节作物的总面积约为 15.9 万 hm^2，玉米和苜蓿种植面积分别占其他季节作物种植面积的 84.6%和 11.0%。大部分作物种植在尼罗河谷和三角洲冲积平原的旧土地上，新土地上主要种植水果和蔬菜。

表 5-20　2014 年埃及作物种植模式　　单位：hm^2

冬季		夏季		其他季节	
农作物	面积	农作物	面积	农作物	面积
小麦	1 418 707.5	棉花	120 424.1	玉米	134 292.9
大麦	33 045.2	甘蔗	138 244.3	高粱	850.5
大豆	48 791.0	玉米	898 488.4	水稻	960.5
扁豆	362.0	高粱	140 776.4	洋葱	4 935.0
香豆	2 217.6	水稻	596 138.8	大豆	4.2
鹰嘴豆	580.4	洋葱	3 341.5	芝麻	67.2
羽扇豆	508.6	花生	6 206.8	苜蓿	17 399.3
甜菜	193 405.0	大豆	9 417.7	向日葵	8.0
苜蓿	701 739.8	芝麻	25 037.0	其他大田作物	276.4
亚麻	1 430.1	向日葵	6 367.6		0.0
洋葱	52 718.4	苜蓿	234 486.0		0.0
大蒜	9 304.3	其他大田作物	79 644.6		0.0
总面积	2 462 810.7		2 258 573.1		158 794.0

从全年的种植面积来看，小麦和玉米种植面积分别约为 141.9 万 hm^2 和 103.3 万 hm^2，苜蓿和水稻种植面积分别约为 95.4 万 hm^2 和 59.7 万 hm^2，甜菜、高粱、棉花、甘蔗和棉花的种植面积在 10 万 ~20 万 hm^2，洋葱、大豆、大麦和芝麻的种植面积在 2 万 ~6 万 hm^2，大蒜、向日葵、香豆、花生和亚麻的种植面积低于 1 万 hm^2，鹰嘴豆、羽扇豆和扁豆的种植面积最小，分别为 580.4hm^2、508.6hm^2、362.0hm^2。

2007 年埃及水果种植模式见表 5-21。水果总种植面积约为 70.8 万 hm^2，其中，橙子、芒果、橄榄的种植面积分别占总种植面积的 22.0%、15.7%、14.1% 和 14.1%，火龙果、杏、梨、李子和扁桃的种植面积少于 7000hm^2，所占面积均低于 1% （Ministry of Agriculture and Land Reclamation，2007）。

表 5-21　2007 年埃及水果种植模式　　单位：hm^2

农作物	面积	农作物	面积
橙子	155 436.5	梨	5 116.4
柑橘	67 337.8	苹果	33 340.9
葡萄	81 032.3	桃子	31 536.1
杧果	111 447.0	李子	1 081.1
香蕉	31 341.2	橄榄	99 730.7
无花果	29 127.4	扁桃	2 737.6
火龙果	1 824.5	混合树	4.2
番石榴	16 218.7	其他	15 496.3
石榴	18 314.1	总面积	708 030.5
杏	6 907.7		

5.4.3.5 埃及的作物需水量和灌溉效率

2016 年埃及三个地区冬季作物的最佳需水量见表 5-22。在冬季，不同作物在不同地区的需水量不一样，埃及中部地区作物的需水量略高于埃及北部地区，埃及南部地区作物的需水量最大。苜蓿是需水量最大的作物，埃及北部、埃及中部和埃及南部的需水量分别为 435m^3/亩、481m^3/亩和 631m^3/亩。其次是甜菜、小麦和洋葱，三种作物在埃及北部和埃及中部的需水量在 300 ~400m^3/亩，在埃及南部的需水量大于 400m^3/亩，豆科植物扁豆、三叶草和鹰嘴豆的需水量小于 200m^3/亩。

表 5-22　2016 年埃及三个地区冬季作物的最佳需水量　　单位：m^3/亩

冬季作物	埃及北部	埃及中部	埃及南部
小麦	315	329	433
蚕豆	282	296	405
大麦	240	237	324

续表

冬季作物	埃及北部	埃及中部	埃及南部
羽扇豆	268	276	378
鹰嘴豆	193	175	240
豌豆	268	276	378
扁豆	183	161	221
三叶草	184	141	196
苜蓿	435	481	631
亚麻	240	237	324
洋葱	303	309	400
甜菜	378	410	—
药物和芳香作物	254	257	351
蔬菜	254	231	310
混合作物	273	275	368

2016 年埃及三个地区夏季作物的最佳需水量见表 5-23。在夏季，不同作物在不同地区的需水量也不一样，埃及中部地区作物的需水量高于埃及北部地区，埃及南部地区作物的需水量最大。甘蔗是需水量最大的作物，埃及北部、埃及中部和埃及南部的需水量分别为 1213m^3/亩、1372m^3/亩和 1816m^3/亩。其次是散沫花、药物和芳香作物、棉花和洋葱。蔬菜在埃及北部、埃及中部和埃及南部的需水量分别为 471m^3/亩、525m^3/亩、681m^3/亩。小麦、饲草和向日葵的需水量最小。

表 5-23　2016 年埃及三个地区夏季作物的最佳需水量　　单位：m^3/亩

夏季作物	埃及北部	埃及中部	埃及南部
棉花	626	691	887
水稻	825	—	—
玉米	437	476	605
高粱	450	492	627
大豆	482	528	672
甘蔗	1213	1372	1816
芝麻	462	507	645
花生	462	507	645
洋葱	613	671	855
散沫花	706	778	1010
向日葵	361	403	522
饲草	386	430	557
药物和芳香作物	640	710	918

续表

夏季作物	埃及北部	埃及中部	埃及南部
蔬菜	471	525	681
混合作物	588	651	835

5.4.4 埃及的土地退化与防治措施

5.4.4.1 土地退化的原因

(1) 干旱气候条件和气候变化

埃及大部分地区属于干旱和极端干旱气候，降水量少，长期干旱是埃及草地和其他土地退化的主要限制因素。当气温升高和极端气候事件频繁发生时，作物产量降低，对边际土地产生负面影响，迫使农民放弃边际土地，加速土地退化。

(2) 土地的过度利用

埃及的气候条件使作物可以种植两到三季，单位面积土地的产量很高，但是土地的连续利用在一定程度上降低了土壤质量。经过一定时期的种植后，土壤需要一段时间来自我调节和恢复。

(3) 旱作农业面积的增加

在降水量 100 ~250mm 的地区，如北部沿海地带和北部西奈半岛，发展了大面积的旱作农业。当干旱年份降水量非常少时，旱作农业区作物生长不良，甚至绝产，最后导致土地退化。

(4) 过度放牧

长期无限制的放牧，使北部沿海地区草地植物种类减少、草地土壤条件变差、植被覆盖度下降，土地退化严重。政府的饲料补贴政策，使牲畜数量逐年增加，草地承载压力越来越大。同时，草地的可持续保护工作难以开展也是土地退化的一个原因。

(5) 海平面上升

海平面上升，使咸水侵入地下水层，通过毛细现象进入植物根系层，使植物生长不良，甚至死亡，植被覆盖度降低加速了土地退化。

(6) 农业机械使用不当

农业机械使用不当，会增加土壤紧实程度，导致土壤孔隙度降低、渗透性下降，影响植物生长。

(7) 土壤盐碱化

沿海地区的浅层地下水含盐量较高，利用浅层地下水进行灌溉，会增加土壤含盐量，当土壤含盐量增加到一定程度后，会影响植物的生长。此外，埃及的高蒸发量容易将灌溉水中的盐分积累到土壤表层，使土壤表层含盐量升高，影响植物生长。

(8) 对草地不合理的开发

部分地区的土壤条件较好，饲草产量高。当地居民将这种草地开发为耕地，种植大麦、小麦等作物，获得了较高的经济效益。但作物需水、需肥量大，经过一段时间的耕种，当种植作物没有利润时，这片土地可能就被闲置，成为退化土地。

(9) 植被的破坏

当地居民为了获得更多的燃料，会砍伐树木，尤其在荒漠草原区，许多乔灌木被连根拔起用做燃料。

(10) 草地经营政策

现行的草地经营利用政策将草地作为公共的开放场所，任何人都可以进行放牧。这种政策对自由放牧没有做出任何限制，导致草地处于无管理状态，退化严重。

(11) 土壤质量引发的土地退化

对于有机质含量低、结构稳定性较差的土壤，降水发生时不易发生入渗，地表径流增加，土壤侵蚀较严重。

5.4.4.2 土地退化的防治措施

1）制定土地退化管理的国家政策，用政策来引导和约束当地居民。

2）提高水资源利用效率，通过改进已有的灌溉系统，引入先进的节水灌溉技术，提高现有水资源的利用效率，利用节约的水资源灌溉更多的土地，增加植被覆盖度，减少土地退化面积。

3）开展优质植物资源的收集工作，将筛选出的耐干旱、耐盐碱、耐贫瘠的植物种植在降水稀少、土壤贫瘠的土地上，降低土地退化的风险。同时，在已经退化的土地上，种植优良植物，增加地表覆盖度。

4）建立土地退化监测网络，对土地退化趋势进行长期监测与评价，特别是对四个主要农业种植区的土地退化类型和现状进行监测评价。

5）开展宣传，加强公众的沙漠化防治意识。同时，为沙漠化防治人员开展技术培训，提高专门机构开展土地退化研究的技术能力。

6）增加土地退化防治的资金支持，特别是西奈半岛的东部和沙漠地区的沙漠化防治工作需要投入大量资金。

7）引进国际先进的沙漠化防治技术。

8）在有条件的地方建设乔灌木防护林，防风固沙，保护作物种植区免受风沙危害。同时，防护林也可以增强草原植被的稳定性。

5.4.4.3 埃及草场退化与防治

埃及草地总面积为400万hm^2，主要分布在三个地区。其中，西海岸北部地区230万hm^2，西奈半岛110万hm^2，埃及东南部萨拉特恩和海拉伊卜地区60万hm^2。除了上述三个主要分布区外，盐碱地和山区、陡峭地形区、雨水灌溉农业区等也有零星分布。现有草地的45%存在较严重的退化，35%受到中等程度的退化，15%属于质量较好，5%属于质量最好，最后两类草地主要位于部落保护区或政府机构保护区。草地总体趋势是面积减小、饲草产量和质量下降、一年生植物种类增加、适口性好的植物种类减少、适口性不好的植物种类增加和有害植物种类增加。过度放牧、木本植物连根拔起和扩大雨养农业种植面积等加剧了优质牧草产量的下降和品种基因库的恶化。在西部沿海地区和西奈半岛北部，饲草产量 1987 ~2017 年下降了 50% ~60%，有 40% ~50% 的植被覆盖区消失。

（1）草地退化的原因

除了上述土地退化成因带来的草地退化外，草地退化还有以下几个方面的原因。

1）旅游的开发。政府将很多荒漠草原、公共地方作为旅游开发的一部分，导致当地居民自由放牧面积减少，从而增加了其他草地面积的压力，导致某些地区的草地退化比较严重。

2）入侵种的增加。人为因素或自然因素导致外来种进入草地，外来种的繁殖会与当地牧草存在水肥竞争，导致草地产量减少。

3）多年生植物所占比例低。多年生植物可以有效保障草地持续利用，但目前多年生植物在草地中所占的比例偏低（3% ~7%），难以有效降低风速、减少雨水的冲刷，易发生土壤侵蚀，导致土壤退化。

（2）草地退化防治及保护

1）制定国家草地管理和保护政策，建设草地自然保护区，通过宣传和培训，提升民众草地保护意识。根据草地的承载力，合理规划牲畜的数量和放牧频率。

2）在退化草地上开展植被恢复建设，筛选种植耐盐碱、耐干旱、耐贫瘠的植物，提高植物覆盖度，固定土壤，逐渐改善土壤理化性质。通过人工造林和自然恢复的措施恢复已经退化的草地。自然条件下的恢复可能比人工干预的效果更好，自然恢复有利于原有牧草资源的恢复。

3）对现有草地进行调查和分类，筛选出营养价值高、牲畜适口性好的牧草，进行优良品种繁育，将优良种苗资源提供给当地居民，并向当地居民介绍种苗繁育和栽培技术。

4）采取牧草轮作方式取代单一牧草种植模式，降低连作障碍，并引入草地轮牧技术，促进牧草的更新和生长，以保障草场的持续利用。

5）加强草地退化成因、防治技术科学研究。

6）建设堤坝等水利工程以及蓄水池储水，开展降水收集，用于荒漠草原的灌溉。

7）在水土流失严重、沙丘移动活跃的地区，种植防风林，特别是干旱季节可有效保护土壤。在草场除了种植草外，种植一定数量的灌木，在一定程度上可以起到防风固沙的作用。

8）应用 3S 技术对草地进行监测和评价。

9）山羊对灌木的啃食比较严重，反复的啃食会导致灌木死亡，可适当减少山羊的数量。

10）改进耕作方式，土地整理前施用动物粪便，播种时施用生物肥料。

第6章　澳大利亚旱区水土资源持续利用

6.1　澳大利亚概况

6.1.1　自然概况

目前，除澳大利亚东南部的大分水岭山脉的西部丘陵地区外，其余地区都要比其他大陆平缓，尤其是在大陆的中部没有高山峻岭。澳大利亚最高的山脉科西阿斯科山位于东南部地区，其延伸范围较小（图6-1），海拔也只有2225m。

(a) 大洋洲主要陆地地形

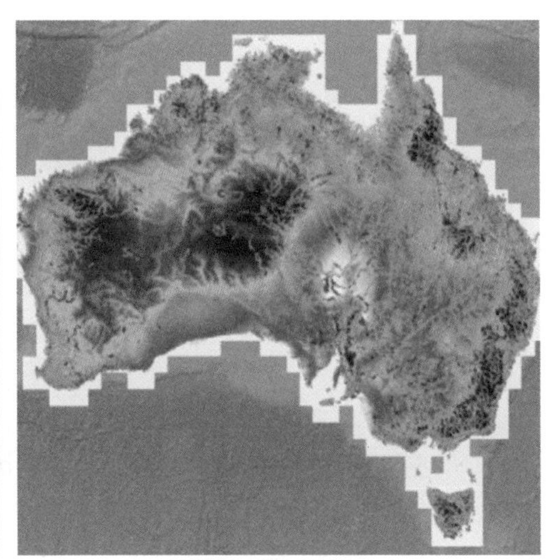
(b) 大洋洲主要陆地河流分布

图6-1　澳大利亚地形示意
资料来源：澳大利亚通信与艺术部

澳大利亚大陆的中部低地、东北部及西部部分地区在侏罗纪时期（距今2.013亿～1.45亿年）处于海平面以下，其地质构造为沉积岩。根据澳大利亚博物馆的资料显示，紧接侏罗纪的白垩纪时期（距今1.45亿～0.721亿年）（Gradstein et al.，2012），澳大利亚与现在的南极洲、新西兰以及南美洲一起被称为冈瓦纳大陆板块（Torsvik and Cocks，2013），后来新西兰逐渐从南大陆漂移出来。当时的澳大利亚大陆凉爽且湿润，在昆士兰西部发现的大量恐龙化石也证明当地具有适宜气候与环境。

至少在侏罗纪以及白垩纪，澳大利亚中部低地、北部的大部分海湾以及东北部的半岛曾经与伊罗曼加海连在一起，这片海曾占大陆 1/3 的面积，此外著名的大自流盆地也基本分布于当时的伊罗曼加海海域。科研人员发现，澳大利亚是大陆漂移后形成的一个孤立大陆，并且至今仍然在以每年 6 ~ 7 cm 的速度向北移动（Oriolo et al.，2017）。

Bowler（1976）发现，约在 2.5 万年前，澳大利亚大陆的湖泊水位相对较高，沙丘也相对稳定；距今 2.5 万年时曾出现了一次大干旱，造成湖泊水位下降以及土地盐碱化，这为黏土沙丘的出现创造了条件；距今 1.6 万 ~ 1.8 万年前，分布在澳大利亚大陆西部、南部和东南部的线性沙丘因干旱而大量扩张，沙丘的形成达到高峰；约在 1.3 万年前，大干旱的程度减弱，沙丘趋于稳定并出现了新的景观（与目前的景观几乎一样）。由于地质时期地壳的抬升，内陆湖泊——艾尔湖的湖底升高后水位迅速降低，强烈的蒸发使湖泊成为季节湖泊。Bowler（1976）还发现澳大利亚大陆的干旱主要是由大气循环增强和降水减少造成的，其出现的时间可能与冰期有关。至少在 30 万年前澳大利亚的东南部就已经出现了沙丘，或许内陆沙漠化出现的更早。

澳大利亚最主要的河流是大陆东南部的墨累-达令河，目前墨累-达令河是澳大利亚农林产品的主产区，每年出产的农林产品产值约占澳大利亚年总产值的 40%，但同时该流域也是水土资源利用问题突出的区域之一。

6.1.2 水土资源环境和国民经济的主要特征

6.1.2.1 占经济主导地位的矿业

矿业是澳大利亚国民经济中最主要的产业，开矿产生的尾矿（煤矸石等）和废料是危及环境的重要污染源。原本埋藏在地下的岩石暴露在空气中会迅速发生氧化反应，释放出各种金属氧化物或络合物，在起风时会造成严重的空气污染，遇水时则迅速溶解并产生酸或其他有害液体，这种液体一旦流出就会造成严重的环境污染。目前，澳大利亚采矿废料区占国土总面积的 0.1%（Williams，2015），自 1770 年以来采矿造成的污染是矿业和整个社会面临的严重环境问题之一。

6.1.2.2 占地巨大的畜牧业

澳大利亚畜牧业用地占国土面积的 54.4%，其中天然草场占 44.9%，改良草场占 9.2%，灌溉畜牧业用地面积占 0.1%，集约畜牧业用地面积占 0.1%。但与矿业相比，2000 年至今，澳大利亚畜牧业占国民经济的比例并不是很高。

6.1.2.3 农林业及水资源利用状况

澳大利亚农林用地占国土面积的 5.6%，其中旱地农业占 3.6%，灌溉农业占 0.2%，灌溉园林用地面积占 0.1%，集约林地占 1.6%（其中天然林占 1.3%，人工林地占 0.3%），干旱果树用地占 0.1%。虽然澳大利亚灌溉农业的耗水量占总耗水量的比例比其他国家的低，但占国土面积0.4%的灌溉农林业却使用了总用水量的63.4%。因此，澳大利亚在农林业的用水方面依然有降低的空间。

6.2 澳大利亚典型旱区水土资源基本概况

澳大利亚大陆地形平缓、地理位置特殊，加之全球大气循环造成其独特的气候特征，澳大利亚被认为是一个干旱大陆。一般来说，大陆的干湿程度取决于季风降水和平流降水。2012年澳大利亚气象局（Bureau of Meteorology Australia，BOM）的水资源报告显示，澳大利亚年均降水量为567mm，其中陆地年均降水量为83mm，年均蒸发量（物理蒸发和植物蒸腾之和）为483mm。此外，农林渔业用水占澳大利亚总用水量的63.4%，其中90%的水用于农业灌溉。最近几年，澳大利亚频繁出现各种极端天气，这印证了联合国政府间气候变化专门委员会（Intergovernmental Panel on Climate Change，IPCC）预测的气候变化模式（Pearman，1995；Greve et al.，2014），即干旱地区趋于更干、湿润地区趋于更湿、极端天气的出现更加频繁。

6.2.1 澳大利亚典型旱区水资源概况

澳大利亚大部分地区地势平缓，缺乏地形降水，整个大陆的干湿程度主要取决于季风降水和平流降水（表6-1）。

表6-1 澳大利亚水资源概览

指标	总量	人均占有量	注
多年平均降水/mm	465.2		1961～1990年的平均值
水储存设施/个	主要设施：500个 小型设施：数千个		
农场蓄水库	200多万座		
可用水储存量/m^3	81 000 000 000	3 250	与其他国家人均占有量相比， 加拿大：23 414 美国：2 287 英国：81
主要城市废水或中水处理/m^3	112 000 000	4.48	
河流水矿化度/（mg/L）	61%的河流矿化度在在1g/L以下，这类水属于可饮用淡水		

据BOM的统计，澳大利亚多年平均降水量（以1961～1990年平均值计算）为465.2mm，年际变化较大。

6.2.2 澳大利亚典型旱区土资源概况

澳大利亚是土地资源大国，也是世界上最干旱的大陆之一，自 20 世纪 90 年代以来，其在干旱土地管理、牧草地管理、湿地管理、海岸带管理、土地利用规划、耕地管理与保护等方面均有突出的成就，赢得了国际社会的肯定。

在澳大利亚，各州农业土地有不同的分类体系。一般而言，优质农业土地主要是指国际公认的"土地能力分类体系"（land capability classification system）中的Ⅰ类、Ⅱ类和Ⅲ类土地，主要涉及耕地，包括部分优质放牧土地。在昆士兰的农业土地分类体系中，优质农业土地主要指 A 类土地和部分 B 类土地。尽管澳大利亚土地面积广阔，人均土地面积达到 35.5hm^2，但优质农业土地在澳大利亚却是相对较稀缺资源。以土壤和气候条件都较好的塔斯马尼亚为例，优质农业土地也仅占其土地面积的 4.3%（表 6-2）。

表 6-2　塔斯马尼亚各土地类型面积及比例

类别	面积/hm^2	比例/%
1	3 055	0.1
2	20 537	0.8
3	84 139	3.4
4	599 647	24.1
5	878 506	35.2
6	835 980	33.5
7	71 834	2.9
总计	2 493 698	100

资料来源：塔斯马尼亚政府网站。

在澳大利亚 769.2 万 km^2 的土地中，耕地面积为 4876 万 hm^2（包括 2700 万 hm^2 的种植牧草地），仅占土地总面积的 6.3%，这个比例低于世界主要国家耕地所占国土面积的比例（表 6-3），也低于世界的平均水平（10.6%）。在澳大利亚特殊的气候和自然地理条件下，一旦优质耕地被占用和破坏，就很难恢复。

表 6-3　2005 年世界主要国家耕地面积所占国土面积的比例　　单位：%

国家	美国	俄罗斯	中国	加拿大	韩国	日本	英国	法国
比例	18.0	7.2	14.9	4.6	16.6	11.6	23.2	33.5
国家	意大利	奥地利	比利时	巴西	保加利亚	印度	克罗地亚	丹麦
比例	26.4	16.6	27.4	6.9	29.9	48.8	25.8	52.6
国家	德国	希腊	匈牙利	白俄罗斯	印度尼西亚	伊朗	哈萨克斯坦	墨西哥
比例	33.1	20.5	49.6	26.8	11.0	9.8	8.3	12.7
国家	乌克兰	土耳其	泰国	瑞典	苏丹	西班牙	南非	葡萄牙
比例	53.8	29.8	27.5	5.9	6.8	27.2	12.1	17.3

资料来源：美国中央情报局（Central Intelligence Agency，CIA）。

6.2.3 干旱指数

确定干旱指数主要有两种方法：一种是布德科法（Budyko，1961），另一种是科本法（Kōppen，1936）。目前布德科法被全世界广泛使用，布德科辐射干旱指数（radiation index of aridity，RIA）表示的是某一区域接收太阳净辐射的能量与水分蒸发能量的比率，布德科辐射干旱指数由式（6-1）计算（Mcmahon，1988）：

$$\mathrm{RIA}=\frac{R}{LP} \tag{6-1}$$

式中，R 为地球表面的年净辐射量；P 为年平均降水量；L 为水的蒸发潜热。

通过布德科辐射干旱指数对区域进行分类，实际上是计算区域降水的耗能以及区域蒸发量的分布，布德科辐射干旱指数的分类数量标准见表 6-4。

表 6-4　布德科辐射干旱指数的分类数量标准

布德科辐射干旱指数	土地类型
>3. 4	沙漠
2. 3 ~ 3. 4	半干旱（半沙漠）
1. 1 ~ 2. 3	干草原

资料来源：Budyko（1961）。

Mcmahon（1988）根据 Budyko（1961）以及 Gibbs 和 Maher（1967）的研究结果，利用布德科辐射干旱指数确定出澳大利亚干旱与半干旱的区域分布（图 6-2）。由图可以看出，Mcmahon（1988）将布德科辐射干旱指数在 2. 3 ~ 3. 4 的地区称为半干旱区而非半沙漠区。

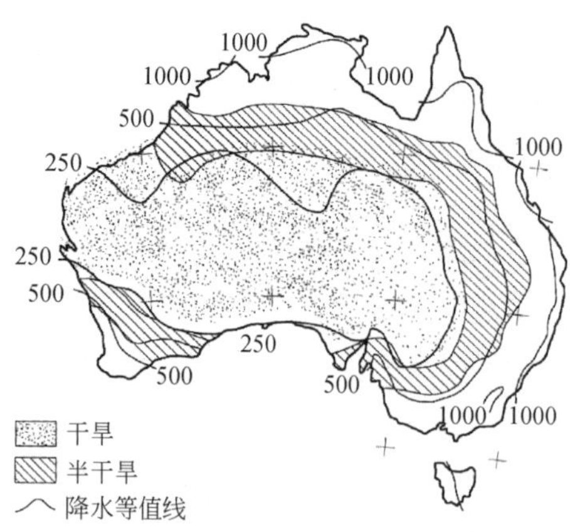

图 6-2　基于布德科辐射干旱指数的大洋洲主要陆地干旱与半干旱区分类示意

资料来源：Mcmahon（1998）

1988 年，Mcmahon 根据布德科辐射干旱指数得出澳大利亚大陆相比于其他大陆有着独特的气候特征，且澳大利亚干旱与半干旱地区占澳大利亚大陆总面积的 75%。同时指出，尽管布德科辐射干旱指数以 RIA>3.4 作为沙漠的界限，但在 $R \geqslant 10$ 的地区依然有植被存在，这是局部地形引起的微气候差异，导致出现了类似于沙漠绿洲。因此，建议将 $R \geqslant 10$ 的地区作为沙漠的分界线。

科本法则是利用月平均和年平均降水量以及年最高温度和年最低温度计算的，与布德科法相比，科本法显然是一种经验方法。由 Peel 等（2007）构建的全球干旱指数图来看，澳大利亚的干旱区面积在世界上排列第二，这与全球大气环流等因素有关。

6.2.4 将干旱地区土壤微生物区系分布作为生物干旱指数

Delgado-Baquerizo 等（2018）发现了世界各干旱地区主要微生物区系的分布规律，其结果表明主要土壤微生物区系的分布与布德科法和科本法两种干旱指数确定的分布基本一致，因此可以将干旱地区土壤微生物区系分布作为生物干旱指数。同时需要指出的是，降水和辐射等气候因素会随时空变动，布德科法和科本法确定的干旱指数也是变量，因此干旱指数图也是随时空变化的动态图。土壤微生物会随着气候等环境因子的变化而调整其分布，因此微生物的分布更适合作为生物适宜性指标，这在农林牧和生态布局特征上有着重要的意义。

6.3 澳大利亚典型旱区水土资源持续利用研究

6.3.1 澳大利亚水土资源持续利用研究发展历程

澳大利亚的原著居民主要以打猎和捕鱼为生，对于他们来说在其传统的生存和信仰中保护水土环境具有很重要的意义。随着澳大利亚人口增加，作为基本生存需求的水土资源逐渐受到人为因素的影响，直到 1770 年以后，澳大利亚才把水土资源管理与持续利用研究作为正式议题。但土地开垦引起土壤营养元素的流失、人为引入的植物成为杂草、引入的动物成为危及生态系统的公害、过度开垦和灌溉引起的次生土地盐碱化等问题导致原有的植被和景观发生改变。

1770 年以后，各级政府采取立法并建立专业机构来应对水土资源的变化，如 Williams（2015）、Burton（1988）等列举了澳大利亚早期的环境问题以及相对应的措施和法律。

19 世纪初期，澳大利亚的一些河流发生退化，部分林地和生物栖息地消失。

1849 年在墨尔本亚拉河（Yarra）附近建立了澳大利亚第一个饮用水处理厂。

1856～1870 年在维多利亚通过了限制杂草的《大蓟限制法案》和限制动物的《限制兔子法案》。

1890～1930 年澳大利亚的农业灌溉面积增加了 4 倍。

1857 年澳大利亚第一个土坝建成（容量为 3000 万 m^3）。

1867 年澳大利亚水委员会成立，以确保悉尼全市的供水。

19 世纪 70～80 年代就永久性引淡水或海水来淹没澳大利亚中部艾尔湖展开争论，此项议题引发的争论延续至今长达 150 年之久，并且目前依然未得出最终结论。1883 年，南澳大利亚州议会慎重地辩论了“构建运河将海水引入艾尔湖”的提案，并且在 1905 年又辩论了这个议案（Wooding，2008）。

1907 年，澳大利亚北部卡奔塔利亚湾（The Gulf of Carpentaria）吉尔伯特·怀特（Gilbert White）向英国皇家地理学会建议开发澳大利亚北部地区。

20 世纪 30 年代，伊德里斯和布莱德菲尔德提出分流昆士兰北部的水资源到澳大利亚中部的建议；1941 年，布莱德菲尔德正式提出一个被称为“布莱德菲尔德方案”的分流设想（Warren，1945），这个方案借鉴了中国远古时代的神农和大禹在开拓农业和治水方面的经验。

1933～1985 年，澳大利亚各州和联邦政府相继在促进土壤保护行动中立法。1933 年，由于沙尘暴的影响，新南威尔士州开始考虑研究减少沙尘的方法，并于 1938 年通过《土壤保持法案》；1938 年和 1944 年，南澳大利亚州和西澳大利亚州分别通过《土壤保持法》；1950 年和 1951 年，维多利亚州和昆士兰州分别通过《土壤保持法》；1956 年，澳大利亚联邦政府设立全国土壤保持常务委员会（Burton，1988），其后地方性机构也随之出现，如 1950 年在新南威尔士州亨特流域成立自然保护协会等。1985 年，澳大利亚土壤保持理事会成立，其目的是协调各州之间的土壤保持活动。20 世纪 80 年代，保护水土资源成为整个国家的重要任务，出现了全流域管理（total catchment management）的概念，后来改称为综合流域管理（integrated catchment management）并得到迅速推广（Mitchell，1997）。尽管流域管理本身不是一个新名词，且 1884 年“荒溪流域管理法”在奥地利实施（王礼先，1991），但澳大利亚学者将涉及土地、水和植被的流域管理概念以及其他地区性社会管理成分和持续发展的概念结合于一体，即将政府的政策和法律、学术研究和教学等方式融合在一起并在全社会实施，这属于水土资源管理与利用的创新，Mitchell（1997）对此进行了详细描述。

1988 年 1 月 1 日，澳大利亚成立了墨累-达令河流域委员会（Murray-Darling basin commission，MDBC），以扩大在此之前的达令河流域委员会。2007 年，联邦政府通过《澳大利亚联邦水法》后，将墨累-达令河流域委员会的职能增强，并改组为墨累-达令河流域局（Murray-Darling basin authority，MDBA），将其由原来的协调机构转变为以专业为基础且具有独立行使法律职能的权力机构。墨累-达令河流域的管理是一个比较成功的例子，澳大利亚国家统计局数据显示，2017 年墨累-达令河流域的用水量占总用水量的 66.8%，其中流域灌溉用水量占总灌溉水量的 70%，说明该流域在澳大利亚的经济中占有很重要的地位。但在 2019 年，监测环境不足及土地管理不当，导致大量河流鱼类在干旱季节死亡，这说明澳大利亚在环境资源管理和生态安全问题上依然存在问题。

6.3.2 澳大利亚水土资源持续利用研究现状

除了澳大利亚联邦政府和各州的法律、行政规则以外，澳大利亚国家级科学研究组织、澳大利亚环境与能源部、澳大利亚农业部、澳大利亚气象局和澳大利亚国家统计局以及各州相关的机构等在水土资源研究、管理和利用等方面开展了大量工作，既有从世界各国学习并引进先进的管理方法，也有本国独创且具有世界意义的研究成果和管理方法。

6.3.2.1 澳大利亚水资源持续利用研究现状

在澳大利亚特殊的自然地理环境下，水土资源、生态环境、工农业生产等都有着密切的联系，并且相互制约、相互影响。自 1992 年以来，澳大利亚各级政府一直关注水资源和水质量的发展问题。1992 年，澳大利亚政府理事会签订“墨累-达令盆地政府间协议”(*MDB Intergovernmental Agreement*)；1994 年，澳大利亚政府理事会（COAG）确定了“水改革框架”(*Water Reform Framework*)；同年，联邦政府又制定并实施了“国家水质量管理战略”(*National Water Quality Management Strategy*)。进入 21 世纪，联邦政府与州政府联合开展了“大自流盆地可持续性计划”(*Great Artesian Basin Sustainability Initiative*)、“国家盐度与水质量行动计划”(*National Action Plan for Salinity and Water Quality*) 以及“国家水计划”(*National Water Initiative*) 等。2004 年 6 月 25 日，在澳大利亚政府理事会会议上，联邦政府与各州政府签署了“国家水计划政府间协议” (*Intergovernmental Agreement National Water Initiative*)，它代表着澳大利亚联邦政府与各州政府间的一个共同承诺，即提高澳大利亚水利用效率，确立充分的肯定性。根据该政府间协议，联邦政府与州政府均承诺：①制定带有环境规定条款的水计划。②研究、解决过度分配或供给紧张的水体系。③引入水权的登记制度和水记账的标准化。④扩大水贸易。⑤改善水储存和供给的定价体系。⑥满足和管理城市水需求等。

6.3.2.2 澳大利亚土资源持续利用研究现状

自 20 世纪 90 年代以来，澳大利亚各州政府都十分重视土地的规划利用，如昆士兰州的“州规划政策 1997”、“硫酸盐土壤海岸开发的规划与管理 2000”、“东南昆士兰区域计划 2005～2026”、“远北昆士兰区域计划 2009～2031” 以及“聪明城市主人计划”(*Smart City Master Plan*) 等；西澳大利亚州的“州规划战略 1997”、2000 年的“土著社区规划”、2002 年的“农业与农村土地利用规划”、2003 年制定并于 2006 年 12 月进行修改的“州海岸规划政策”、2004 年的“珀斯机场附近土地利用规划”，2007 年 6 月，西澳大利亚州政府还出台了“西澳规划系统”等；南澳大利亚州的“阿德莱德大都市规划战略 2006”、“南澳区域规划战略 2003”、“阿德莱德大都市外部区域规划战略 2007” 和“约克半岛区域土地利用框架 2007”等，新南威尔士州、维多利亚州、塔斯马尼亚州等也都有各种规模、各种尺度、各种利用目的的土地利用规划。

6.3.2.3 国家环境状态报告

根据澳大利亚《环境保护和生物多样性保护法案》(1999),澳大利亚政府每隔5年组织一次独立的《环境状态报告》(*The State of the Environment*),该报告包括水土资源报告、土地盐碱化现状报告等,发布这个报告的目的是为澳大利亚人民提供一个最全面、最权威的环境状态报告;为澳大利亚社会、政府和其他与环境管理有关的决策机构提供环境的管理状况及主要环境问题的评估报告。

澳大利亚国家环境与能源部2015年的《环境状态报告》列举了以下几项环境压力,这些因素给环境造成重大的压力或构成威胁。

(1)气候变化造成的压力

在过去的40年中,气候变化对生态系统生产力的影响包括两种:一种是直接影响,包括干旱、热浪等极端天气发生频率的增加、温度增高以及降水减少;另一种是间接影响,包括对原生植被、病虫害及农林生产的影响。

1)对原生植被的影响:过去植被的大量减少依然影响当前的土地环境。根据2015年的《环境状态报告》,澳大利亚原有土生植物2万多种,自1770年欧洲移民定居以来,共引种植物4.1万多种,其中有3175种已被驯化。这也就是说目前澳大利亚大陆共有6.1万种植物,其中有些植物成为杂草(引种植物中有8108种成为杂草),而原有土生植物中有1824种成为杂草。由于杂草往往比有益植物生长的更快且更适应不利环境,这在干旱或其他不利环境下对其他植物是一种巨大的威胁。

2)病虫害:各种病虫寄生于天然植物或与天然植物竞争,降低了土地的农用效率和活力。

3)农林业生产的影响:人工农林地的利用影响了自然生态系统的功能。

(2)区域景观尺度上的压力

(1)灌木火灾:干旱、雷击或其他原因造成的火灾可烧毁植被,使植被环境无法恢复并造成某些动植物的灭绝。

(2)原生植被:自1770年欧洲移民定居以来,约有44%的天然林和灌木被清除,其中有39%的植被是1972年以前清除的,此外,外来植物和杂草的入侵对于土地资源同样也是一种挑战。其问题包括:①原生植被的破碎分布;②原生植被对土壤的不利影响;③入侵物种的影响;④有害病菌的影响;⑤有害动物的影响;⑥各种杂草的影响等。

(3)当前土地的使用压力

1)放牧对于环境的影响。

2)农业包括耕作和营养管理等问题。

3)林木种植业。

4)城乡住宅用地对土地的影响。

5)采矿业:废矿和采矿废物不仅影响自然景观,对生物多样性和人类健康也具有很大的影响。

6)废物污染:各种废物,包括对废物堆放地和回收地的影响。

7）影响自然保护区的生态平衡等问题。

6.3.2.4 水资源信息

自 1963 年以来，澳大利亚就已经统计了水资源信息，如 2007 年《澳大利亚联邦水法》的颁布、国家气象局负责的水资源评价报告以及国家统计局的水土信息统计数据等为研究水土资源的管理提供了很多数据资源。

1）地表水信息系统：澳大利亚气象局、澳大利亚联邦科学与工业研究组织（Commonwealth Scientific and Industrial Research Organisation，CSIRO）和澳大利亚国立大学联合建立的澳大利亚地表水资源信息系统在水土资源分析、水土资源管理方面具有很大的实用价值。

2）澳大利亚水资源评估：根据 2007 年颁布的《澳大利亚联邦水法》，气象局每隔两年将会发布一次水资源评价报告，以评估澳大利亚的水资源利用现状。

3）地下水信息：澳大利亚地质调查局发布的地下水信息同样有很大的实用价值。

4）澳大利亚国家统计局（ABS）定期发布各种与水土资源等相关的统计数据。

6.3.2.5 与水土环境有关的大型国家项目

自 1980 年以来，澳大利亚组织并实施了一系列大型的环境研究与应用项目，这些项目在不同范围为旱区水土资源的保护、开发和利用起到了很好的作用。这些项目具体如下。

土地保育运动（*Land Care*，1989 年发起）以及该项目下启动的大型项目，旨在解决农田、公共土地和水道的退化问题。

“国家旱地盐碱化工程”（*National Dry land Salinity Program*，1993 年实施）；

“国家遗产项目”（*National Heritage Trust*，1997 年实施）；

“国家盐碱和水质行动计划”（*National Action Plan for Salinity and Water Quality*，2000 年实施）；

“国家水土资源审计”（*National Land and Water Resources Audit*，1997 年实施）；

“国家可持续灌溉计划”（*National Program for Sustainable Irrigation*，2011 年实施）等。

“澳大利亚土地联合评价项目”（*Australia Collaborative Land Evaluation Program*，1992 年实施），建立了澳大利亚土地信息系统（The Australian Soil Resources Information System）。1997 ~ 2002 年，国家土地和水资源审计机构（National Land and Water Resources Audit，NLWRA）针对水土问题进行了详细的调查并开展了讨论，分别于 2001 年和 2008 年发布两次清查报告。

从 1990 年起，澳大利亚开始组建合作研究中心（Cooperative Research Centre，CRC）。联合研究中心建成后每隔 7 年会进行一次评估，以决定联合研究中心是否还有继续存在的必要。此外，联合研究中心在水土资源领域的研究和教育（包括研究生联合培养）等方面做出了较好的成就。

6.3.3 旱区水土资源持续利用的主要成果

澳大利亚学术界、私有企业以及政府部门在水土资源环境持续利用的研究领域取得了一系列重要成果，这些理论和研究成果在国际领域中起到了十分重要的作用。

（1）《澳大利亚水文学——200 周年综述》

在澳大利亚庆祝建国 200 周年（1788～1988 年）之际，在 1998 年的水文与水资源研讨会（The Hydrology and Water Resources Symposium）上，澳大利亚工程师协会发表了由 9 篇主题报告和 1 篇专题论文组成的《澳大利亚水文学——200 周年综述》。这些报告和论文至今仍是水土资源领域重要的代表性成果，它们分别是：①澳大利亚经济体系中水资源的作用；②澳大利亚流域管理；③流域尺度的降水-径流模拟；④动态流域水文学；⑤干旱与干旱区水文学；⑥澳大利亚的洪水估计；⑦电脑在水文学中的应用——过去、现在和将来。

以上几篇总结性论文涉及的内容与方法至少有 3 篇在国际上处于首创或领先地位。

1）流域管理是澳大利亚新南威尔士州的流域管理人员创造性提出的，他们起初以全流域管理（total catchment management）命名，后来改称为综合流域管理（integrated catchment management）。目前这种管理方法被多个国家采用，中国于 20 世纪 80 年代中期引入并开始研究（程积民和陈国良，1996）。

2）流域地貌水文模拟方法至今依然处于世界领先水平，目前很少有流域模拟软件能够勾绘出如此仿真的三维产流及水流分布状态。

3）计算机在水文研究中的应用：1959 年，澳大利亚水文学家尼尔（Neil）利用计算机估计流域洪水过程线，这是迄今可以查询到最早使用计算机模拟流域水文的记录。

（2）澳大利亚“科技 2020”预测项目

CSIRO 在 1994 年初举行的高级论坛的基础上，于 1995 年出版了《变化的挑战：2020 年的澳大利亚》，这本书对农业以及与资源环境有关问题进行了大胆探讨和预测，是 CSIRO 在科技预测领域的重要文献。

1995 年，Pearman 根据惠顿（Whetton）的模拟与预测对 2020 年澳大利亚的气候进行了预测估计（表 6-5），估计的结果与目前澳大利亚的气候特征完全一致。

表 6-5 2020 年澳大利亚的气候特征

区域	气候特征
北部沿海（25°S 以内）	气温升高 0.8℃
南部沿海（25°S 以外）	气温升高 1.3℃
距海岸 200km 以外的内陆	气温升高 1.5℃
其他区域相关变化	夏天降水增加 10%
	冬天降水多变，但取决于地区
	降水天数减少，极端天气增加
	海平面上升 3cm

资料来源：Pearman（1995）。

Williams（1995）简述了 1980 ~ 1990 年澳大利亚农业的环境退化问题，并特别提到了 1989 年霍克总理启动的土地保育运动以及环境恢复的可能性，认为 2020 年的澳大利亚将是一个治愈创伤的绿色阶段，土壤水分和营养物质在生态系统内充分循环。这与 1788 年澳大利亚第一任总督阿瑟·菲利普乘船驶入悉尼杰克逊港口时的环境一样。

(3) 土地保育运动

1986 年，自维多利亚州自然保护部长琼·科纳（Joan Kirner）启动“维多利亚州土地保育计划”后，1988 年 1 月，新南威尔士州又展开了“沙丘保育计划”（Dune care），并逐步扩展到整个国家；1989 年 7 月，霍克总理启动土地保育运动，该运动以民众参与为主、技术部门协作的方式执行，并且由政府出资赞助，在财政支出上共花费 3.2 亿澳元，该计划不仅提高了公民的环境意识，而且鼓励全社会人员参与环境恢复行动中来。

(4) 综合流域管理概念的提出及推广

从 1938 年新南威尔士州通过《土壤保持法案》、1956 年澳大利亚联邦政府设立的全国土壤保持常务委员会到 1985 年成立的澳大利亚土壤保持理事会，澳大利亚水土资源持续利用研究项目已经全面开展。在这一期间形成了全流域管理的概念，后逐渐成为全世界所熟悉并积极推广的综合流域管理。

Short（1986）在《全流域管理——一个战略概念的形成》一文中详细记载了这个概念的形成过程：1984 年 1 月，新南威尔士州产业部长杰克·哈勒姆（Jack Hallam）宣布在圭迪尔河流域制定流域管理策略，该流域管理策略便于在全流域的基础上协调新南威尔士州的水土资源管理。1984 年，新南威尔士州政府将全流域管理列为土地管理政策的必须要素。

1986 年，时任新南威尔士州土壤保持局局长涅伯简述了当时开展全流域管理的目的：①保障土壤资源和水资源的持续利用，并且鼓励相关部门和机构等完善流域管理政策。②保证土壤有连续稳定的生产力、保证水资源高质量并符合要求以及保障具有保护性和生产能力的植被。③确保区域内合理利用流域资源，为将来发展提供足够多的选择。从 1987 年 9 月起，水土保持逐渐成为新南威尔士州的政策，并很快成为整个国家的政策，全流域管理概念也被改为综合流域管理。1988 年 5 月，在澳大利亚水资源保护理事会（AWRC）等的组织下召开了第一次全国综合流域管理研讨会。自此，新南威尔士州的全流域管理政策就逐渐成为整个国家的流域管理样板，也成为环境管理的重要议题。Mitchell（1997）对澳大利亚全流域管理和综合流域管理的提出和其他细节也进行了详细的描述。

全流域管理考虑到整个流域内所有土地使用者的需求和追求，以确保他们的活动产生最小的环境影响。综合流域概念的提出为全世界流域水土资源的利用和盐碱化问题的管理改造提供了新的概念和方法，这是澳大利亚环境管理部门的行政和技术人员的贡献。目前，澳大利亚的一些大学仍然设有综合流域管理研究机构并开设相关课程。在 20 世纪 80 年代中期，中国在水土保持方面也开始研究综合流域管理（程积民和陈国良，1996）。按照涅伯的叙述，综合流域管理的概念明显具有持续发展的含义，这个概念的提出要比 1987 年世界环境与发展委员会（World Commission Environment and Development，WCED）提出的持续发展概念更早（Mitchell，1997）。

（5）优质农业土地的保护

一般而言，优质的农业土地主要是指“土地能力分类体系”中的Ⅰ类、Ⅱ类和Ⅲ类土地，涉及耕地以及部分优质牧地。自20世纪末期澳大利亚政府就开始重视保护优质的农业土地，主要包括以下两种因素。

1）尽管澳大利亚的土地面积广阔，但优质的农业土地却是相对稀缺的资源。事实上，澳大利亚的耕地面积仅占国土总面积的6.3%，远远低于世界的平均水平。当前，澳大利亚的农业土地具有不同的分类标准，在澳大利亚大陆独特的气候环境下，如果农业土地遭受人为因素的破坏，那么这些优质土地就很难再恢复。因此，澳大利亚联邦和各州政府管理土地的首要职责就是防止耕地被破坏。

2）澳大利亚的支柱产业是农业，各种农产品，如小麦、大麦、蔗糖、稻米等在澳大利亚的国民经济中占有非常重要地位，因为这些农产品具有很高的经济价值，不仅能满足农民的自身需求，而且还为澳大利亚提供外汇收入。除此之外，澳大利亚的农业就业者约有一半来自于农产品种植业或农产品加工业，这些因素促使澳大利亚联邦和各州政府倡导对优质农业土地的保护。

（6）土壤-植被-大气连续系统概念

Philip（1966）提出将土壤、植被和大气作为一个完整的系统研究，即SPAC（soil-plant-atmosphere continuum）体系，这在环境研究领域是一个很大的创新，因为这为环境数理过程的模拟提供了系统的框架和概念，并且为开发模拟软件提供了非常重要的依据，除此之外，SPAC体系对于测定树木蒸腾的热脉冲设备起到了推进的作用（Swanson，1994）。

（7）土地利用规划

澳大利亚联邦各州政府自20世纪末期以来非常重视土地利用规划，这是因为澳大利亚是全球最干旱的大陆，同时澳大利亚的生态系统十分脆弱。此外，澳大利亚从海岸区到大陆内部具有从湿润带向干旱带的明显转变，如昆士兰州的海岸带地区年平均降水量超过1000mm，而澳大利亚西部干旱区的年平均降水量不足500mm。这一区域内巨大的降水差会导致土壤条件、植被以及生态适应性等有着巨大的差异。因此，若要防止植被和生物退化、实现区域生态的可持续发展，必须科学合理地开发土地，开展土地利用规划（何金祥，2009）。

目前，发展经济仍然是澳大利亚的首要任务，这是因为澳大利亚的经济发展水平并不高，而且各个地区经济的发展不平衡。因此，科学的土地利用规划是发展经济强有力保障，事实上，土地规划不仅可以防止耕地被破坏，而且也可以防止自然景观与历史文化遗产被破坏。最近几年，澳大利亚各州都在制定土地利用计划，包括短期规划和中长期规划，这些规划不仅涵盖大区域发展规划，也涉及地级土地利用规划。例如，2008年10月16日，南澳大利亚州成立了新的政府地方部，这不仅标志着土地利用规划在南澳大利亚州得到进一步重视，也是南澳大利亚州土地利用规划工作的新起点。此外，维多利亚州政府还计划成立新的区域战略规划专家组，以鉴别并且规划未来维多利亚州的农业和农业社区景观的发展。总之，未来澳大利亚各州会继续重视土地利用规划和管理，确保土地资源的持续利用和发展。

(8) 扩大土地使用者的责任范围

扩大土地使用者的责任范围在澳大利亚昆士兰州的《土地法》中有明确的规定，这一规定给土地使用者增加了很多具体的责任和义务，其基本的指导思想就是加强土地使用者和土地所有者保护土地资源及生态环境的观念意识，包括保护土壤、保护水资源、防止土地盐碱化、有效控制害虫、维护生物的多样性、保护湖滨植被、维护原生草地等。目前这些做法得到了其他州（维多利亚州、新南威尔士州）的肯定和效仿，未来澳大利亚联邦及各州政府将会越来越重视土地环境问题。

(9) 水市场的建立

将水作为商品的交易称为水权交易，澳大利亚的水权交易与股票交易一样是十分成熟的资源贸易活动，也是经济研究中的问题之一。水权交易有两种方式：永久交换水权和临时出租（租用）水权。BOM 以及新闻媒体一直都在提供有关水权交易的渠道信息，如在维多利亚中部的古尔本流域灌区常在媒体上发布水权交易信息（Qiang and Grafton, 2012）。

(10) 牧地的管理与研究

在澳大利亚6个州和2个地区的土地利用中，除面积最小的2个州或地区（塔斯马尼亚州和首都地区）外，牧地都占有最大的比例，且有4个州或地区（昆士兰州、新南威尔士州、南澳大利亚洲和北方领土地区）的牧地面积占总面积的一半以上（表6-6）。

表6-6 澳大利亚牧地面积所占总面积的比例 单位：%

西澳大利亚洲	昆士兰州	新南威尔士州	南澳大利亚洲	维多利亚州	塔斯马尼亚	北方领土地区	首都地区
41.4	82.0	68.3	51.0	29.2	13.0	53.1	8.3

由于澳大利亚地域广阔，澳大利亚牧民对于休牧和轮牧及在恢复和持续利用草原方面有着丰富的经验（Scanlan et al., 2014），科研人员最近几年也提出了一些重要的指导方案（Hunt et al., 2014）。在6.1.2.2节中曾提到澳大利亚畜牧业用地占国土面积的54.4%，然而虽然畜牧业用地的面积巨大，但畜牧业却不再是国民经济中最重要的行业。即便如此，牧地在生态环境的恢复中依然十分重要，因为牧地管理的好坏影响着澳大利亚土地资源的可持续发展（Hamblin, 2009; Scanlan et al., 2014）。在国土资源管理方面，澳大利亚政府一直十分重视牧地管理，当前澳大利亚的牧地分为天然牧场、人工牧场和半天然半人工牧场，不同气候条件下不同类型牧场的草地类型、土壤状况（土壤盐度和酸碱度等）、牧草生长条件、施肥条件、放牧形式及牧地管理方式等都有着很大的差别。因此，保持澳大利亚畜牧业的健康可持续发展要求加强牧地管理。

事实上，澳大利亚有许多州在牧地管理方面制定了完善的法律和政策，如南澳大利亚州1989年的《放牧土地管理与保护法》（*Pastoral Land Management and Conservation*）及1992年北方领土地区的《放牧土地法》（*Pastoral Land*），2004年7月北方领土地区又对该法进行了评估，西澳大利亚州政府在1997年发布的《土地管理法》中还专门规定了放牧租约的管理问题，包括成立土地委员会等。未来关于牧地持续管理和利用的研究仍是土地资源持续利用重要的问题。

（11）高效率水分利用创新方法与理论

澳大利亚科技人员在高效率灌溉理论及方法的研究方面有着突出贡献。目前在世界各地广泛使用的几种高效节水的灌溉方法均来自于澳大利亚，以下列举几项理论方法。

1）调亏灌溉：为了节省灌溉用水，在亏缺灌溉（deficit irrigation）的基础上进行调亏灌溉，调亏灌溉共有两种方法，分别是分期调亏灌溉（regulated deficit irrigation）（Mitchell and Chalmers，1982；Mitchell et al.，1984）和根系分区间歇灌溉（partial root drying）（Talluto et al.，2008）。这两种方法都是在节约水资源的前提下尽可能使用更少的水来灌溉植物，前者是在植物的某个生长阶段供应少量水分，后者是在根系的部分区域分别以干湿交替的方法进行灌溉。目前，这两种方法被世界各地的灌区广泛采用（Talluto et al.，2008）。1937 年，维多利亚州中部灌溉区设立的研究站开展了大量的灌溉农业研究，并取得了一系列成绩，后来这个研究站成为澳大利亚持续农业研究所（Institute of Sustainable Irrigated Agriculture），后更名为维多利亚初始工业部农业研究局，是澳大利亚最早建立的灌溉研究基地。

2）加氧气灌溉：加气滴灌（aerated subsurface drip irrigation）是一种新颖且有很大潜力的高效节水、节能的灌溉方法（Su et al.，2005）。它在减少水分利用的同时，能够增强植物的产量和总体健康能力，提高根区氧气含量以利于好氧土壤微生物的活动，激活潜在养分以及改善土壤水分的再分布等。中央昆士兰大学（Central Queensland University）的研究人员在加氧灌溉方面做出了重要贡献，他们使用了一个新词——“氧灌”（oxygation）来表达这种方法（Su et al.，2005），并且对多种植物进行了系统实验。后来，这种方法也被陆续引入中国以及世界其他地区。

3）二次水灌溉：利用灌溉后的废水再次向植物灌溉，被称为盐分的连续生物浓缩（serial biological concentration，SBC）。该方法起源于美国加利福尼亚州，并于 1983 年引入澳大利亚。在维多利亚州中部干旱灌溉区的研究表明，随着灌溉水含盐量的增加，植物的盐分胁迫也逐渐增加（Su et al.，2005）。目前，在“留盐于土”的灌溉区盐分管理政策和总体环境政策要求下，澳大利亚灌溉农业面临着严重的挑战——既要提高农作物产量、节约用水，又要减少盐分和农用化学物质的输出。

（12）地下水补给

目前国际上有很多国家在进行地下水人工补给，但在没有地表水的地区，地下水往往是农林牧业灌溉的主要来源，但由于地下水的过度开采，在水量减少的同时水质也会恶化。自古以来人类就开始治水，如 5200 年前（公元前 3200 年），古埃及就已经有了水利工程；5000 年前（公元前 3000 年），古埃及的水坝工程、古印度和中东地区的地下水补给工程以及 2016 年发现的约 3940 年前中国大禹治水的证据（Wu et al.，2016）。许多国家自 20 世纪以来进行了大量地下水补给研究和实验，其中，印度 1951 ~ 1990 年地下水补给井从 386 万口增加到 949 万口（GHD and AGT，2011）。

1965 年，昆士兰中部的伯德金地区在地下水补给方面制定了一些较好的规范措施

(Dillon et al., 2009; Jadeja et al., 2018)。据统计，截至 2009 年，澳大利亚最早的地下水补给区——伯德金依然是澳大利亚最大的地下水补给区，但地下水补给的设施主要集中在城市周边，规模也不大。因此，澳大利亚地下水补给的潜力很大，应该成为资源持续利用的重要方式。

澳大利亚研究人员在地下水补给方法理论层面开展了很多原创性研究，如 Vellidis 等（1990）利用示踪元素研究土壤和地下水补给；Cook 等（1989）研究了半干旱地区地下水补给的空间变异以及对现代和古代地下水补给量进行了区分（Cook et al., 1992）；Cook 和 Kilty（1992）利用直升机搭载设备研究了半干旱地区的土壤和地下水补给；Su（1994）根据地下水运动方程提出了地下水补给的计算方法；Villeneuve 等（2015）根据季节性河床的水力特征提出了计算地下水补给量的方法；等等。

(13) 干旱地区水文学

澳大利亚大部分地区属于干旱和半干旱区，因此干旱区水文学研究十分活跃（Mcmahon, 1998）。Mcmahon（1988）的论文是澳大利亚工程师协会“澳大利亚水文学——200 周年综述”的文章之一，文中详细介绍了多种干旱区水文学的研究成果，包括使用布德科辐射干旱指数划分整个大陆干旱区以及对干旱地区水文特征的研究。这些研究包括径流年平均值变异系数及流域面积变化与世界流域水文特征进行比较、分析干旱枯水期的频率和周期、降水-径流模拟、干旱预测、改进干旱区的水文工作以及水土保持措施等，这些研究对于制定干旱区水土资源利用与管理的方法都具有很大的意义。

(14) 高新技术的应用和开发

澳大利亚州政府的技术部门和一些公司在开发应用电子化或数字化硬件设备与软件方面进行了大量工作，设计并制造了一些富有创新性的设备，如 1981 年生产的微型数字化数据自动采集仪（data flow system）能够测定土壤温度、土壤水分电导度、河流或地下水位以及降水量等；多变量土壤数据测定探头能够同时测定土壤温度、土壤热导率、土壤水分和电导率（Bristow et al., 2001）；电磁感应设备能够在不同面积、不同搭载机械上（包括直升机、拖拉机）测定土壤含盐量；自动电子数据采集仪能够利用卫星数据进行大面积土壤水分参数的测定等（Grayson and Western, 1998; Grayson et al., 2002）。

(15) 遥感软件的开发和应用

1979 年，澳大利亚开发的大型遥感信息分析处理系统 MicBRIAN 销往中国等国家，该系统在水土资源分析以及资源评价等领域具有重要作用。农牧业系统的模拟软件 APSIM 和 GRAZPLAN 等（Donnelly et al., 1997）以及其他一系列的大型软件为旱区水土资源的研究利用提供了强有力的工具。

(16) 流域水文过程的计算机模拟

虽然流域水文模拟开始于马尔瓦尼（Mulvany）确定的流量推理公式（Todini, 2007），并且该方法依然是计算流域降水径流和洪峰流量的重要方法，但在 20 世纪 50 年代后期只有很少的几个国家能够模拟流域水文参数并运用到流域数学模型中。

值得一提的是，20 世纪 80 年代，澳大利亚流域研究中心（Australian Centre for Catchment Hydrology）展开了流域水文过程模拟以及受地貌特征和植物生长影响的流域泥沙及盐碱问题的计算机模拟。该中心依托 CSIRO 水资源研究所研发的 TOPOG 模型，将流域水文模型和流域地貌数字高度图结合，在世界上首次实现了仿真模拟三维流域水文过程（图 6-3）。

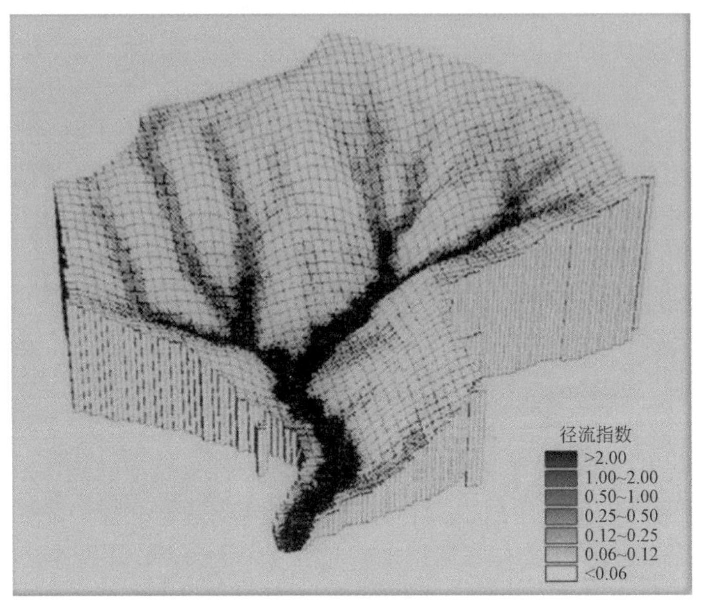

图 6-3　TOPOG 模型仿真模拟的降水-径流过程

21 世纪初，澳大利亚研究人员在已有研究的基础上开发了一系列大型多功能模拟软件，Pettit 等（2008）总结了一些资源分析、模拟和图解演示的计算机模型。

（17）土壤水分运动模型和环境物理模型

1911 年，Green 和 Ampt 在国际上第一次提出土壤水入渗模型，该模型常被称为 Green-Ampt 模型，是水文学和土壤物理学教科书中的必学模型。

Green 和 Ampt（2011）根据达西定律和水力学原理，建立了水-气混合的入渗模型，这也是第一个两相流模型。这个模型将水分入渗率简化为 f，该模型表达为

$$f=\frac{\mathrm{d}L_f}{\mathrm{d}t}=\frac{K_s(h_0+\varphi+L_f)}{L_f} \tag{6-2}$$

式中，L_f 为入渗锋深度；K_s 为土壤饱和导水率；h_0 为土壤表层积水深度；φ 为入渗前锋土壤基质势（吸力）；t 为时间。这个模型适合分析地表积水时的灌溉水力学和水文平衡问题。

当地表积水深度忽略不计时，式（6-2）可改写为（Tak and Bras，1990）：

$$f=K_s\left(1+\frac{\varphi\theta_i}{I(t)}\right) \tag{6-3}$$

式中，θ_i 为土壤初始含水量；$I(t)$ 为累积入渗量。

Green 和 Ampt（2011）根据式（6-2）得到如下表达式：

$$\frac{K_s t}{\varphi}=L_f-(h_0+c)\ln\left(1+\frac{L_f}{h_0+c}\right) \tag{6-4}$$

式中，c 为常数；ln 为自然对数。之后，研究人员根据不同条件将 Green-Ampt 模型改写成了多种形式，包括式（6-3）以及 Mein 和 Larson（1971）在初期研究阶段重新构建的 Green-Ampt 模型。

$$i(t)=K_s t+\varphi(\theta_s-\theta_i)\ln\left(1+\frac{I(t)}{\varphi(\theta_s-\theta_i)}\right) \tag{6-5}$$

式中，$i(t)$ 为入渗率；$I(t)$ 为累积入渗量；φ 为入渗锋的土壤水势（吸力）；θ_s 和 θ_i 分别为饱和含水量和初始含水量。

继 Green-Ampt 模型后，1957 年，澳大利亚著名环境学家和土壤物理学家菲利普（Philip）根据理查兹（Richards）方程推导出两参数入渗模型，简称菲利普模型，表达式为

$$I(t)=At+St^{1/2} \tag{6-6}$$

式中，A 为最后入渗率；S 为土壤吸附率；t 为时间。与 Green-Ampt 模型一样，菲利普模型也是水文学和土壤物理学教科书中的必学模型。

Su（2014）根据随机理论原理推导出分数阶偏微分方程。同时在研究土壤水分的运动过程中，考虑膨胀土壤的土粒具有收缩-扩张的性质。因此，选择颗粒质量坐标取代笛卡儿坐标的固定距离，用于分析研究膨胀土壤的水分运动特征，表达式为

$$b_1\frac{\partial^{\beta_1}\theta}{\partial t^{\beta_1}}+b_2\frac{\partial^{\beta_2}\theta}{\partial t^{\beta_2}}=\frac{\partial}{\partial m}\left[D_m(\theta)\frac{\partial\theta}{\partial m}\right]-(\gamma_n\alpha-1)\frac{\mathrm{d}K_m(\theta)}{\mathrm{d}\theta}\frac{\partial\theta}{\partial m} \tag{6-7}$$

对于非膨胀土壤，在使用常规笛卡儿坐标时，这个模型的三维表达式为（Su，2014）：

$$b_1\frac{\partial^{\beta_1}\theta}{\partial t^{\beta_1}}+b_2\frac{\partial^{\beta_2}\theta}{\partial t^{\beta_2}}=\frac{\partial}{\partial x_i}\left(D_0\frac{\partial^{\eta}\theta^{b+1}}{\partial x_i^{\eta}}\right)-\frac{\partial}{\partial z}(K_0\theta^k) \tag{6-8}$$

式中，θ 为土壤含水率；D_m 为水分扩散系数；K_m 为水分传导率；β_1 和 β_2 为导数阶；γ_n 为土壤容重；α 为土壤颗粒收缩率；b_1 和 b_2 为土壤颗粒小孔隙 ϕim 和大孔隙 ϕm 占总孔隙度的比率 ϕ，即 $b_1=\phi im/\phi$，$b_2=\phi m/\phi$，t 为时间。

若将土壤孔隙当作均匀孔隙时，Su（2014）根据上述模型推导出一组土壤水入渗方程，这组入渗方程的表达式为

$$I(t)=At+St^{\beta/(2\lambda-1)} \tag{6-9}$$

式中，β 和 λ 分别为时间和空间的分数阶数。

若将土壤孔隙当作非均匀孔隙时，入渗率表达式为

$$I(t)=At+S\left(\frac{t^{\beta_2+\beta_1}}{S_1t^{\beta_2}+S_2t^{\beta_1}}\right)^{1/(2\lambda-1)} \tag{6-10}$$

式中，S_2 和 S_1 分别为土壤大孔隙和小孔隙的吸附率；β_2 和 β_1 分别为土壤大孔隙和小孔隙的时间分数阶数；λ 为空间的分数阶数。

这类模型在连续时间随机行走（CTRW）模型的基础上考虑到土壤的膨胀特性，以分数阶偏微分方程的形式描述了土壤水分运动的时间-质量或时间-空间关系，并将这两种关系连接起来，以建立分数阶偏微分方程以及随机走动模型参数和分型参数间的函数关系。

这些模型较好地反映了自然界土壤水运动的特征，同时也能更深层次研究时间–质量或时间–空间的数理集合关系。

（18）加强水资源管理力度

澳大利亚是全球水资源管理做得最好的国家之一。目前，澳大利亚的水资源属于联邦政府，但地方拥有最重要的管理权。为有效缓解水资源短缺的问题，2003 年，澳大利亚联邦政府开展了六大方面的改革。

1）成立澳大利亚农业和水资源部：澳大利亚总理制定出国家水战略规划，即将其原本的管理人员从原环境部门分离出来组合成一个州执行委员会，直接负责州的水资源开发利用、保护、管理、审批以及向用户发放用水许可证及并且进行监督管理。

2）执行新的水资源管理法令：修订 1914 年 R/Wi 条例，改革水资源管理的政策，制定水资源保障计划以监督各涉水部门的日常运作。

3）增加财政投入：增加财政投入以及管理投资的力度，以确保水资源的合理分配和利用。

4）加强监测力度：政府部门通过水表检测各用户的用水量，如果用户的用水量超过用水许可标准则给予警告，若严重超出标准则实行罚款，直至没收水权。

5）增加农民的权力：给农民提供管理水资源的权利，鼓励农民将水土条件好的优质土地作为高产出的园艺用地。

6）实施最严格的水质保护措施：在水资源持续利用各管理层面设立环保部门并建立多道水源保护屏障，对公共饮水水源地（水源保护区、地下水污染控制区和集水区）实行特殊的保护措施，并对主要污染物进行分类。此外，联邦政府还在公共饮水水源地制定了五等级水源保护标准，将距水源地 2km 范围内的区域全部划入保护区。

2008 年 7 月 3 日，澳大利亚联邦总理与新南威尔士州总理、维多利亚州总理、南澳大利亚州总理、昆士兰州总理和首都地区首席部长签订了关于“墨累–达令盆地改革政府间协议”，该协议首次提出建立独立的墨累–达令盆地管理局并加强澳大利亚竞争和消费者委员会在管理、规范水市场与水收费方面的作用。2008 年，澳大利亚联邦也将“澳大利亚水工业智能计划”（*Water Smart Australia Program*）的管理权从国家水委员会转移到联邦环境、水、遗产和艺术部等，确保澳大利亚创新技术的发展。此外，为进一步加强水资源管理，联邦于 2009 年制定了《水修正法案 2009》（*Water Amendment Regulations 2009*），以形成更为有效的水定价体系和机制。

6.4 澳大利亚典型旱区盐碱地资源持续利用研究

6.4.1 盐碱地的主要问题、现状和挑战

据报告，澳大利亚几乎有 2/3 的土地受到人为因素的改变，其主要形式为在天然草地上进行放牧。牧业用地占农牧业用地总面积的 82%，其造成的环境问题包括放牧地的适宜

性丧失、表土流失、土壤盐碱化、土壤水质量问题等。此外，天然或人为引进的动物也会造成环境破坏，如引进的兔子、山羊和骆驼等（Myers，1970；Rolls，1984）。

CSIRO 的主要研究人员发现（Vellidis et al.，1990），铲除原生植被可以使土壤入渗率提高 2 个数量级，增加地下水补给会提高径流盐碱度。此外，他们预计未来 50 年河流水的盐分含量将以每年 1mg/g 的速度增加。

2016 年发布的《环境状态报告》表明，土地退化造成了严重的土壤盐碱化。基于《澳大利亚水资源政策计划报告》的数据，在水量平衡的条件下，到 2050 年澳大利亚旱区盐碱地面积将从 570 万 hm^2 扩展到 1700 万 hm^2，即 2001 ~ 2050 年，平均每年盐碱地面积增加 22.5 万 hm^2。除此之外，McFarlane 等（2016）利用 2015 年 FAO 和 2002 年澳大利亚国家统计局的数据分析表明，目前澳大利亚共有 200 多万公顷的土地受到旱地盐碱化影响，其中约有 50% 分布在西澳大利亚洲。

6.4.2 次生盐碱地的管理及治理

McFarlane 等（2016）对澳大利亚次生盐碱地的现状、盐碱地对植物的影响、盐分的积累和运移以及几种盐碱问题的比较等进行了详细论述，同时也对盐碱地的形成机理、测定方法、管理和治理等问题进行了概述。

6.4.2.1 盐碱地的形成

McFarlane 等（2016）简述盐碱地的形成必须有两个过程，即土壤盐分的积累和土壤盐分的运移。

6.4.2.2 盐碱地的测定和估计

对于盐碱地的测定和估计问题，McFarlane 等（2016）总结了以下几种方法：①通过调查土地所有者的信息来确定可能存在的盐碱化问题。②利用航天航空照片判读测量盐碱地。③利用地下水位监督测定土地盐碱化。④地球物理方法测定土壤电导度。⑤航空遥感测量。澳大利亚研究人员在 20 世纪 90 年代就曾利用直升机搭载土壤盐分电磁测定仪测定土壤盐碱度（Cook and Kilty，1992）。⑥卫星遥感测量。

6.4.2.3 盐碱地土地的管理

对于盐碱化土地的管理，McFarlane 等（2016）简述了以下几种方法：①土壤恢复。针对土壤盐碱化问题采取土壤恢复措施，使土壤尽快恢复到自然状态。②防止盐碱扩散。针对具体问题限制盐分的扩散。③适应。接受土壤盐碱化的现实，采取适当方法使盐碱地产生经济效益。

Peck 和 Hatton（2002）提出旱地盐碱问题的管理策略有三条：控制地表水入渗、增加排水以及与盐共生。他们提出的第二种方法依然是传统的排盐方式，但在那个时期控制灌溉区盐分向区外排放成为地区性盐碱化防治的主要方法。

6.4.2.4 盐碱地治理方法

对于盐碱地具体的治理方法，McFarlane 等（2016）简述了三种方法：①生物方法。尤其推荐栽培深根性多年生植物。②工程方法。工程排水是最传统的方法，目前在排水方面有许多成熟的方案。③综合方法。采取盐碱地流域综合治理的方法，这是治理盐碱地的重要手段。

在以恢复原生植被为目的的盐碱化土壤治理方案中，Nulsen 和 Baxter（1982）总结了前人在澳大利亚南部的研究结果，概述了澳大利亚原生景观的普遍特征，建议将其作为植被恢复的依据：①盐碱地的年降水基本全部被蒸发或蒸散。②大多数到达土壤的降水只是入渗到土壤当中，到达河流的地表径流量很少。③原生植被的水分利用在冬天少，夏季多，且大部分的生理活动在夏天进行。④与降水量相比，地下水半承压水层和承压水层的补给量很少，每年一般在 1mm 以下。⑤有限的地下水和地下径流支持着水流地带有限的植被，在旱季，这类植被只能从地下水中获取水。⑥个别地区有地下水出流形成的盐碱化水体环境，洪积平原的地表水没有盐碱化问题。⑦农作区一般很少或没有地下水形成的基流（或低水流量）。

6.4.3 盐碱化的牧地管理

除了不合理开垦、不合理灌溉等活动造成的农地盐碱化问题外，过度放牧或不合理的经营也会造成盐碱化问题。Bell 等（2014）对澳大利亚牧地现状进行了详细的阐述，并且对于未来牧地持续发展、提高牧地生产率等问题提出了合理的建议。

6.4.3.1 牧地管理现状

Bell 等（2014）对澳大利亚牧地现状进行了详细的阐述，其中澳大利亚牧地面积占土地总面积的 50% 以上，草地生产输出占澳大利亚农业输出总和的 40%；此外，澳大利亚牧业生产体系可归结为以下四类：①牧地。澳大利亚北部和中部的干旱与半干旱区牧地主要是低密度（$<0.4km/hm^2$）且未经改良的土地，一般用于牧牛。②作物-牲畜混合体系。主要分布在半干旱地区，作物和畜牧业混合镶嵌。③高雨量区畜牧体系。在沿海和高地的高雨量区永久牧地。④奶业畜牧地区。覆盖环境很广且生产密集的奶业畜牧区。

Bell（2014）研究发现，澳大利亚的经济和环境的压力驱动了畜牧业的变化，这些变化要求草地要改善持续性和生产力、解决生态问题（如盐碱化和生物多样性的丧失）、改善土地管理方法以及改善径流水质等，同时也要应对气候变化并减少温室气体排放以及将碳储存在草地生态系统等。

6.4.3.2 草地生态系统的管理展望

Bell（2014）对草地生产体系未来的效率问题提出了多种设想：①引进新品种以填补草地生产力的不足。②在降水较多的地区引种温带多年生豆科植物与多年生草本植物，建立混合体系以改善土壤氮素不足的问题。③在降水较低的地区建立多年生草本植物与温带作物-畜牧业混合体系。④在地中海气候区（如西澳大利亚的西南部等）建立多年生草本饲料的作物-畜牧业混合体系。⑤在热带和亚热带草原引种豆科植物以改善土壤氮素的需求。⑥培育高抗性和高潜力的农业品种。⑦注重解决限制草原生产力的问题。⑧拓宽畜生食品的供应范围。⑨在奶制品基地建立饲料植物种植体系以弥补当前喂养体系的不足。⑩在作物-畜生混合体系中建立综合饲料源。⑪实行精准的遥感草地管理体系。⑫从生态服务中获得经济价值。⑬减少各种温室气体的排放。⑭考虑是否可以建立粮食生产草原。

由于最近几年澳大利亚北部开发计划的兴起，澳大利亚人民对北澳草原的开发有了新的认识，Hunt（2014）概括了澳大利亚北部牧地的管理方式，并建议以下四个指导原则：①管理载畜量。根据牧地的状态将其分为四类进行管理。②实行休牧制度。休牧或轮牧制度在澳大利亚很常见，但要注意在热带和亚热带气候区的陆地环境与其他地区不同。③实行控制火烧的方法清理草地。④实行分块制管理牧区。

6.4.4 澳大利亚旱区盐碱地综合治理政策

旱区次生盐碱地的形成涉及农牧业、水利部门、矿业以及其他部门，其治理同样也涉及很多部门。澳大利亚著名农业经济专家、澳大利亚农业资源经济科学局原局长大卫·潘内尔（David Pannell）总结了澳大利亚盐碱地的形成背景（形成原因、生物物理的影响范围、防治问题以及社会问题）、农民和农场主的观点（对于土壤盐碱化看法）、治理盐碱地的经济问题（农业、非农业部门和公私部门的支出）以及盐碱地的治理政策等。综合上述问题，大卫·潘内尔总结了两条结论：①治理盐碱地需要精准而且更严格。②对于开发治理盐碱地的技术要给予更多的重视（包括防治土地盐碱化和适应盐碱地环境的技术支持）。

6.5 澳大利亚水土资源持续利用的问题、挑战及前景

澳大利亚是世界土地面积第六大国，也是世界水土地资源管理强国。了解澳大利亚未来水土资源管理的走向和发展趋势，对改善我国水土资源管理，应对世界水土资源持续利用的发展大有帮助。

6.5.1 澳大利亚水土资源面临的问题和挑战

综合澳大利亚有关水土资源研究的观点和模型预测，当前在水土资源开发领域有许多问题急需解决。

1）降水变化大，气候变干、变热。最近几年的极端高温天气证实了 1995 年 CSIRO“科技 2020”计划对于气候的预测。气候变干变热是全球趋势，人口的增加以及各行业需水量的增加给水土资源产生了很大压力。因此，降水入渗补给地下水和降水储蓄显得越来

越重要。

2）土壤盐碱化。土壤盐碱化问题消耗了珍贵的土地资源，以往掠夺式开发的方式依然没有彻底改变。

3）水体污染。除工业和生活污染物外，用城乡污水处理后的淤泥（或称淤泥干、生物质）施肥会引起重金属污染。澳大利亚从 1970 年开始使用淤泥施肥，1987 年新南威尔士州农业部颁布《废水/废物灌溉指南》。2018 年统计数据显示，废水处理后的半干物质（生物质）在农田的使用量逐渐加大——从 2010 年生物质总量的 55% 增加到 2013 年的 59%，2015 年增加到 64%，2016～2017 年可达 75%。虽然目前使用生物质的重金属浓度依然在环境安全范围以内，但仍不清楚长期使用淤泥，土壤重金属是否富集（Su et al., 2018）。

干旱和半干旱地区的水土资源研究与其他地区类似，如生物炭的使用，在农牧集约作业区使用无人机管理，在部分干旱地区使用大型室内高密度循环种植装置、降水收集装置以及大量的小型农庄向少量的大型农庄转变。

虽然约 6.5 万年前人类就已经涉足这片土地，但与其他国家相比，澳大利亚水土资源开发利用的历史很短。特别自第二次世界大战以来，水土资源的开发利用非常迅速，尤其以土地盐碱化和天然植被的清除尤为突出。为此，澳大利亚政府在资源清理、建立水土资源研究项目、建立面向世界的资源信息网络和数据库等方面做出了很多努力并取得了较好的成绩。澳大利亚科学家、学者和相关技术部门在水土资源管理上做出了开拓性的成就。目前，澳大利亚仍以持续性发展和环境恢复为基础，资源的持续利用也进入了一个崭新的阶段，而利用降水入渗提高降水利用率、减少污泥施肥以及在土壤盐碱化问题上选择适应干热气候的植物资源仍有着广阔的前景。

6.5.2 澳大利亚水资源持续利用前景

在未来的土地资源管理中，澳大利亚政府还会继续重视水资源与水质量管理，这可从以下联邦政府的一些行动和计划中得到进一步证实（何金祥，2009）。

（1）积极制定相关水立法

2007 年，联邦政府正式通过了《澳大利亚联邦水法》。为有效管理联邦获得的水权利，该法还正式建立了联邦环境水持有者机构（Commonwealth Environmental Water Holder），负责管理联邦所获得的水权利和水权利特别账户，这些水权利可用于保护和恢复湿地、河流等自然资产。该法同时赋予了 BOM 新的收集水信息的职能等。2008 年 12 月澳大利亚联邦议会又通过了《水法修正案 2008》（2008 年 12 月 15 日正式实施），该法案对《澳大利亚联邦水法》进行了修改和完善，对相关机构的职能进行了明确。

（2）评估澳大利亚水资源

2005 年，为履行《国家水委员会法 2004》要求和贯彻国家水计划政府间协议，国家水委员会出台了《澳大利亚水资源 2005》（*Australian Water Resources* 2005），为国家水计划的启动进行水资源的基准评估，对包括水的可得性、水的使用、河流和湿地健康、水资源开发等方面问题进行了全方位评估。

(3) 出台水管理远景蓝图

2006 年 9 月，国家水委员会出台了《澳大利亚水管理：一个光明未来的展望》(*Water Management in Australia*：*a Vision of a Positive Future*)，简述了澳大利亚政府对于未来水管理的目标远景，包括共同的国家目标、高度有效的水规划与决策、环境可持续性、世界级的水管理等方面。

(4) 设立新项目，加大投资力度

2009 年 4 月 29 日，联邦气候变化与水资源部部长宣布，联邦政府将在未来 10 年内，在未来水项目中投资 129 亿澳元，着手进行应对气候变化行动、合理使用水、确保水供给、维护健康的河流与水道 4 个方面的优先课题。

(5) 制定水规章

为进一步细化水资源管理，联邦政府又在当前实施的《水法修正案 2008》基础上，紧锣密鼓地制定了《水修正法案 2009》，以促进更有效的水定价体系和机制形成，完善墨累-达令盆地的水基础设施建设等。

由上述可知，未来一段时间内，澳大利亚政府还会继续重视并强化对水质量的管理和水资源的可持续利用。

6.5.3 澳大利亚土地资源持续利用前景

澳大利亚是全球最干旱的大陆，约 40% 的土地处在绝对干旱区中，同时澳大利亚也是生态最多元化、最丰富、最敏感的国家之一。一方面，澳大利亚从南部塔斯马尼亚岛向北部大陆，气候带经历温带—亚热带—热带的转变。另一方面，从海岸区向大陆内部，气候带经历海岸湿润带—内陆半干旱区—干旱带的转变。澳大利亚重要的耕地、湿地等大多分布在海岸带地区或附近，而这些地带又是主要的工农业生产区、经济活动区以及居民生活区。澳大利亚通过制定法律化的规划方案，确立和明确各种土地的具体用途和变更程序，可有效防止一些宝贵的耕地资源、湿地资源等被破坏。在全球气候变化日趋明显的前提下，以及澳大利亚独特的自然地理与气候条件下，要想实现生态可持续发展，防止自然环境恶化，澳大利亚就必须审慎、科学、合理地开发和使用土地资源，达到可持续利用的目的（何金祥，2009）。

6.5.4 “布莱德菲尔德方案”

1907 年，吉尔伯特·怀特建议开发澳大利亚北部地区。20 世纪 30 年代，伊德里斯和布莱德菲尔德提出从降水充足的昆士兰调水到澳大利亚中部，以改善内陆地区的干旱情况。伊德里斯和布莱德菲尔德分别就这个方案提出过多次建议（Wooding，2008；Miller et al.，2013），前者的观点缺乏细节而没有受到政府重视，而布莱德菲尔德是澳大利亚著名工程师、悉尼港湾大桥和布里斯班大桥的设计者，因此他的方案受到联邦政府财政部长罗伯特

·凯西（Robert Casey）的重视。1939 年，布莱德菲尔德向联邦政府总理约瑟夫·莱恩斯（Joseph Lyons）递交了他的设想蓝图，但同年接任的新总理罗伯特·孟席斯（Robert Menzies）拒绝了这个设想，此后布莱德菲尔德又扩充了他之前的设想。在布莱德菲尔德去世后，昆士兰州政府和澳大利亚联邦政府都曾考虑过这个方案。1945 年，Warren 根据澳大利亚气象局高级气象学家奎尔（Quayle）的研究论文开展了认真的研究论证，并提交了报告。

Warren（1945）的报告中提到，1941 年，布莱德菲尔德提交的方案多次被他的支持者以“昆士兰和澳大利亚中部水资源保持方案”的名称递交。“布莱德菲尔德方案”设想在澳大利亚降水充足的东北部地区的河流上建造水库蓄水，并且分流到中部干旱地区用于灌溉。

“布莱德菲尔德方案”除了受到澳大利亚气象局和政界的考虑和研究外，英国政府也注意到了这个设想（Wooding，2008）；Penman（1963）从植被与降水的关系以及环境治理的角度讨论了“布莱德菲尔德方案”，并讨论了使用草本植物代替土生树木后是否能够增加降水？如果回答是肯定的，那么在澳大利亚中部实行“布莱德菲尔德方案”是有意义的。

Warren（1945）研究了地面水源与灌溉对降水和气候的影响以及“布莱德菲尔德方案”的可行性，并且其附件报告中描述了借鉴“古今澳外”的治水经验，其中包括：①中国远古时代的神农和大禹在开拓农业和治水领域的经验，此外，布莱德菲尔德在“布莱德菲尔德方案”中也引述了中国古代四川的治水方案。②古埃及尼罗河的灌溉方案。③埃及卡塔拉低地的治理方案。④美国南加利福尼亚州索尔顿海的问题。⑤伊朗与苏联之间的里海低地的灌溉方案。

“布莱德菲尔德方案”涉及面积巨大，仅艾尔湖流域的面积就有 114 万 km^2，约占澳大利亚国土面积的 1/7，这个方案比中国长江三峡大坝的规模还要大。这个方案至今仍在讨论，其中包括：①BOM 和 CSIRO 的科技人员对“布莱德菲尔德方案”实施后增加降水的模拟评估。②2007 年昆士兰州长彼得·比蒂（Peter Beattie）提出重新考虑“布莱德菲尔德方案”。③美国科学家提出利用太阳能将南部海域的水引到艾尔湖。

2015 年，澳大利亚联邦政府前总理托尼·阿博特（Tony Abbot）提出开发澳大利亚北部的 20 年计划，这是干旱及热带季风气候区水土资源利用研究的新起点，未来相关的技术细节有待进一步研究（Wheeler et al.，2017）。

第 7 章　美国旱区水土资源持续利用

7.1　美国自然基本概况

美国地处北美洲中部，由 50 个州和哥伦比亚特区组成，国土面积约为 937 万 km^2。辽阔的地域上平原、山脉、丘陵、沙漠、湖泊、沼泽等各种地貌类型均有分布（任万芳，2017）。

美国西临太平洋，东濒大西洋，地理分布西高东低，东南部是沿大西洋平原；东部是阿巴拉契亚山脉；中部是密西西比大平原；西部是以落基山脉和内华达山脉为主的山地。山地占 1/3，丘陵及平原占 2/3。境内地势东西两侧高，中间低，东部与西部大致以南北向的落基山脉东麓为界，也是美国太平洋水系和大西洋水系的分水岭，两边的气候和自然条件差异较大。

7.2　美国水土资源概况

7.2.1　美国水资源概况

7.2.1.1　水资源总量

根据降水量的自然分布，美国水资源特点可以概括为东多西少，人均丰富。美国年降水总量为 58 008 亿 m^3，降水深约为 760mm。

据 2003 年 FAO 发布的《各国水资源评论》(*Review of World Water Resources by Country*)，美国境内地表水资源量为 18 620 亿 m^3，地下水资源量为 13 000 亿 m^3，扣除地表水和地下水重复计算部分后，境内年平均水资源量为 20 000 亿 m^3，本土水资源总量为 20 710 亿 m^3（包括境外流入的水资源量），2000 年人均水资源量为 7407m^3，是水资源较为丰富的国家之一，见表 7-1。

表 7-1　美国水资源量统计表　　单位：亿 m^3

项目	美国本土	阿拉斯加	夏威夷
年平均降水量（1961～1990 年）	58 008	—	320
境内地表水资源量	18 620	—	52

续表

项目	美国本土	阿拉斯加	夏威夷
境内地下水资源量	13 000	—	132
重复计算水资源量	11 620	—	—
境内水资源量	20 000	8 000	184
境外流入的水资源量	710	1 800	—
水资源总量	20 710	9 800	184

（1）河流

美国河流大都为南北走向，总长度约为 290 万 km。水系主要分为墨西哥湾水系，包括密西西比河及其支流（如密苏里河、阿肯色河、俄亥俄河、田纳西河等）；与墨西哥分界的格兰德河，以及注入墨西哥湾的诸河，其流域面积约占美国本土面积的 2/3。太平洋水系，包括西部山区注入太平洋的科罗拉多河、哥伦比亚河和加利福尼亚州的萨克拉门托河、圣华金河等。大西洋水系，包括阿巴拉契亚山脉以东直入大西洋的诸河，其中以波托马克河最为著名，该河流经美国首都华盛顿，是美国南北的分界线。白令海水系，包括阿拉斯加州的育空河及诸河。北冰洋水系，包括阿拉斯加州注入北冰洋的河流。美国主要河流特征值及主要河流分布、流域划分见表 7-2。

表 7-2　美国主要河流特征值及主要河流分布、流域划分

水系	河流名称	注入	长度/km	流域面积/万 km^2	河口平均流量/(m^3/s)
墨西哥湾水系	密西西比河	墨西哥湾	5 970	297.9	16 972
	密苏里河	密西西比河	4 088	137.0	2 518
	格兰德河	墨西哥湾	3 058	87.0	—
	阿肯色河	密西西比河	2 350	41.7	1 161
	阿查法拉亚河	墨西哥湾	2 285	24.6	1 642
	雷德河	阿查法拉亚河	2 076	24.1	186
	布拉索斯河	墨西哥湾	2 060	11.8	—
	普拉特河	密苏里河	1 593	22.0	—
	佩科斯河	格兰德河	1 490	11.5	—
	加拿大人河	阿肯色河	1 458	12.1	—
	田纳西河	俄亥俄河	1 426	10.6	1 926
	科罗拉多（得克萨斯州）河	墨西哥湾	1 387	11.0	—
	莫比尔河	墨西哥湾	1 246	1.6	1 903
	堪萨斯河	密苏里河	1 196	15.4	—
	黄石河	密苏里河	1 114	18.1	—

续表

水系	河流名称	注入	长度/km	流域面积/万 km²	河口平均流量/(m³/s)
太平洋水系	科罗拉多河	加利福尼亚湾	2 333	63.7	—
	俄亥俄河	太平洋	2 108	52.6	7 957
	哥伦比亚河	太平洋	1 996	66.8	7 504
	希拉河	科罗拉多河	1 045	15.1	—
大西洋水系	圣劳伦斯河	大西洋	3 058	102.6	9 854
	斯内克河	哥伦比亚河	1 674	28.0	1 611
	北加拿大人河	加拿大河	1 287	4.6	—
白令海水系	育空河	白令海	3 186	85.0	6 371
	卡斯科奎姆河	白令海	1 165	12.4	1 897

注：以发源于美国北部的艾塔斯卡湖的上密西西比河为河源，全长 3767km。通常以发源于美国西部落基山脉的密苏里河支流红石溪为河源，则全长为 6021km。密西西比河、育空河、圣劳伦斯河、哥伦比亚河的流域面积包括加拿大境内部分。阿查法拉亚河为独立入海河流，长度和流域面积计入其支流雷德河的部分。

（2）湖泊

美国天然湖泊面积超过 25km² 的有 150 多个。五大湖为美洲最大的淡水湖系，包括苏必利尔湖、密歇根湖、休伦湖、伊利湖和安大略湖。密歇根湖全部在美国境内，其他四个湖是美国和加拿大交接湖泊。五大湖的水经圣劳伦斯河注入大西洋。水域总面积约为 24.42 万 km²，美国境内湖面积为 15.59 万 km²，总蓄水量约为 226 800 亿 m³。五大湖之间由运河和船闸相连。伊利湖和安大略湖之间是尼亚加拉瀑布。五大湖为天然航道，密歇根湖经伊利诺伊水道与密西西比河相通（表 7-3），除五大湖外，美国其他较大的淡水湖泊特征值见表 7-4。美国最大咸水湖是位于犹他州的大盐湖，湖面面积为 4756km²。

表 7-3 美国五大湖特征值

湖泊名称	湖面面积/km²	湖水体积/亿 m³	最大水深/m	平均水深/m	岸线长度/m
苏必利尔湖	82 100（53 243）	121 000	406	147	4 385
密歇根湖	57 866	492 000	282	85	2 633
休伦湖	59 600（22 792）	35 400	229	59	6 157
伊利湖	25 700（13 036）	4 840	64	19	1 402
安大略湖	18 960（8 926）	16 400	244	86	1 146

注：表中特征数据包括美国和加拿大。密歇根湖湖面面积全在美国境内，其他湖泊括号内的数字为在美国境内的湖面面积。

表 7-4 美国较大的淡水湖泊特征值 单位：km²

湖泊名称	所在地	湖面面积
格林湾	密歇根州、威斯康星州	3617
伊利亚姆纳	阿拉斯加州	2646
奥基乔比	佛罗里达州	1717

续表

湖泊名称	所在地	湖面面积
伍兹湖	明尼苏达州与加拿大安大略省交界	1196
别恰罗夫湖	阿拉斯加州	1158
上雷德湖和下雷德湖	明尼苏达州	483（上雷德湖），666（下雷德湖）
尚普兰湖	纽约州、佛蒙特州，部分在加拿大	1072
圣克莱尔湖	密歇根州与加拿大安大略省交界	416

注：伍兹湖、尚普兰湖、圣克莱尔湖为跨国湖，表中湖面面积为美国部分。

(3) 地下水

美国地下水资源丰富，据美国地质调查局（United States Geological Survey，USGS）的估计，在美国本土地壳上层800m厚度范围内，存储地下水的体积大约为208.4亿m^3。地下水补给量约每天37.85亿m^3，即每年约13 815亿m^3。

7.2.1.2 美国水资源分布

美国本土48个州大部分处于北温带，由于幅员辽阔，地形差别较大，各地气候差异明显（任万芳，2017），具体见表7-5。

表7-5 美国水资源时空分布

分布区域	气候特征
东北部沿海和五大湖地区	属温带大陆性气候，受拉布拉多寒流和北方冷空气的影响，冬季寒冷的季节较长，1月平均温度为-16℃左右，年降水量为1000mm
东南部	属亚热带季风性湿润气候，受墨西哥湾暖流的影响，温暖湿润，1月平均温度为9℃左右，7月为24～27℃，夏末秋初墨西哥湾沿岸常有飓风侵袭，年降水量在1500mm以上
中部中央平原	属温带大陆性气候，冬季寒冷，夏季炎热，气温较高，湿度大；南部的年降水量受大西洋及墨西哥湾的影响高达1500mm，此地的平均气温虽然很高，但常受北方寒流的侵袭
西部高原	年温差高达25℃，山岳地区山势越高，气候越低，纬度的差异对平均气温的影响也很大，从哥伦比亚高原到科罗拉多高原，冬季平均气温高出10℃，夏季则更明显；年降水量在500mm以下，高原荒漠地带年降水量不到250mm
太平洋沿岸北部	属温带海洋性气候区，冬暖夏凉，雨量充沛，1月平均气温在4℃以上，8月平均气温不超过22℃，年降水量为1300～1500mm
太平洋沿岸南段	属于亚热带地中海式气候，夏季炎热干旱，冬季温和多雨

早期美国主要采取了工程性措施来解决水资源分布不均造成的一系列问题。中西部地区由于干旱少雨，水资源紧缺，农业灌溉、工业用水紧张，水资源问题已经严重影响社会经济的发展。例如，加利福尼亚州是一个半干旱地区，降水时空分布不均，降水集中在11月初至次年4月末，其西北部地区水量较多，全州有1/3的径流来自西北部地区，而这一水源地必须修建水利工程其丰富的水资源才能被中部和南部利用，州水利工程、中央河谷工程两大引水工程的建成，为城市和经济的发展提供了水资源保障。而在东部地区，由于

水资源相对比较丰富，水资源开发利用程度不及西部地区高，主要是采用加强调度，如在河流水量减少的情况下，发布干旱警报，限制如洗车等用水的方式进行管理（任万芳，2017）。

7.2.1.3 美国旱区水资源分布

美国大部分地区属温带和亚热带气候，气候适宜、降水丰富。例如，美国东北部沿海地区属大陆性温带阔叶林气候，降水表现为夏季多、冬季少的特点；墨西哥湾沿岸地带属亚热带森林气候，降水表现为夏季多、冬季少、春季明显的特点；中部平原地区属大陆性气候特征，降水表现为夏季多、冬季少的特点，太平洋沿岸地区，北段全年湿润多雨，南段夏季干旱少雨，冬季多雨；而美国西部内陆地区全年少雨干旱。降水在空间上分布总体表现为东多西少的特点，造成这种现象的主要原因是美国复杂的地形条件及河流湖泊的分布（图 7-1）。

(a) 夏季丰水期

(b) 冬季枯水期

图 7-1 美国夏季丰水期和冬季枯水期

根据降水量的自然分布，以 95°W 为界，可将美国本土划分成两个不同区域：西部 17 个州为干旱和半干旱区，年降水量在 500mm 以下，西部内陆地区只有 250mm 左右，科罗拉多河下游地区不足 90mm，且大部分降水集中在冬季，是水资源较为紧缺的地区；东部年降水量为 800 ~ 1000mm，是湿润与半湿润地区，且东北部五大淡水湖为美国东部提供了丰富的淡水资源（任万芳，2017）。很显然，水资源空间分布不均、西南部淡水资源储备量不足，成为美国水资源的突出问题（余萍，2005；吴佳驹，2013）。

美国干旱区是世界干旱区农业最为发达的地区。美国干旱区地处温带和亚热带，太阳辐射强度大，年总太阳辐射在 53.5 亿 ~ 86.8 亿 J/m^2。因有南北走向的海岸山脉和位居中西部腹地的落基山脉等构成的迪勒拉山系的阻隔，受太平洋暖湿气流影响的湿润空气难以内伸，又远离东部的大西洋，降水量少，成为美国半干旱和干旱农业区，整个范围内的年降水量在 300 ~ 500mm，只有西北部的喀斯喀特山区及海岸山脉西侧狭长区域降水量超过 500mm，属半湿润气候区，西部盆地和中部大平原西半部多为半干旱或半湿润易旱的旱作农区；南部的亚利桑那、新墨西哥及加利福尼亚等的南缘沙区为亚热带干旱灌溉农业地区，这种降水格局与中国中西部类似（王立祥，1989）。

7.2.2 美国旱区土地资源概况

美国国土总面积为937万km^2，75%为农业、林业、牧业用地，森林面积为2.87亿hm^2，覆盖率为31%，草原牧场面积为2.4亿hm^2，耕地面积为1.87亿hm^2，占土地总面积的20%，每年耕种约1.33亿hm^2，0.54亿hm^2闲置，尚有0.55亿hm^2宜耕可垦地。美国总面积与中国相仿，但中国2/3是山地，而美国2/3是丘陵平地（张展羽，1998）。1994年美国总人口达2.603亿人，平均每人占有耕地0.8hm^2，是中国人均耕地面积的8倍多，农场数由1970年的233万个减少到1993年的175万个，但平均每个农场的面积却不断增加，如堪萨斯州平均每个农场的面积从1970年的232.13hm^2增加到1993年的297.33hm^2。总体上，由于农场数的不断减少，美国农场总的面积下降了4.2%。美国农业人口仅占总人口的3%，但每个劳动力生产粮食近85t，高度集约化和机械化的农业生产使美国每个劳动力的产出居世界首位（张展羽，1998）。

美国干旱地区通常是指落基山脉地区，约占国土总面积的2/5（不包括阿拉斯加）。鲍威尔在1878年《美国干旱地区土地调查报告》中指出，西部干旱地区的土地可分为三类。第一类是河岸两边的可灌溉土地，第二类是山上的林地，第三类是位于二者之间的牧场土地（孙朦朦，2015）。

（1）可灌溉土地

干旱地区可灌溉土地仅占一小部分，农业灌溉主要使用大溪流，小溪流不应该被用于灌溉，因为其会干扰大溪流的使用，所以这些可灌溉土地大多位于大溪流附近。总体看来，在干旱地区通过利用水源的存储来增加可灌溉土地的数目是很有必要的，到1889年底，鲍威尔灌溉勘测队共勘测出147个水库库址——其中加利福尼亚33个，科罗拉多46个，新墨西哥39个，内华达2个。此外，灌溉勘测队还勘测出了335英里的高地水渠线路。这些水库的勘测发现，对于干旱地区的土地灌溉具有很大的帮助（孙朦朦，2015）。

（2）林地

干旱地区有价值的木材一般分布在高原和大山上。木材的成长主要依靠气候条件——温度和湿度。正是因为这两种条件把森林限制在了高原地区。

（3）牧场土地

干旱地区的牧场、农场需要大量的资源。未来建立和提高农场与牧场利用率最好的办法就是有计划、合理的和共同使用土地。

7.3 美国典型旱区水资源持续利用研究

美国西部干旱缺水，与中国相类似。美国西部以山地高原为主，主要由太平洋沿岸地区、哥伦比亚高原、科罗拉多高原以及落基山山地组成。太平洋沿岸地区属温带海洋性气候，夏季干旱无雨，以冬季降水为主，尤其是毗邻太平洋的加利福尼亚州，人口密度最大，工业和城市化程度很高，水资源不足长期以来是美国联邦政府和加利福尼亚州政府十分关注的主要问题（李俊国，2008）。20 世纪 40 年代，美国政府逐渐意识到水资源危机的紧迫性及淡水资源的重要性，经过 70 多年的努力，美国水资源利用率已经得到极大的提高，主要通过推广节水灌溉技术、兴建调水工程、海水淡化处理、加强水资源管理、污水处理等措施来实现（张所续等，2006）。

7.3.1 节水灌溉

美国中西部属沙漠气候，年降水量在 500mm 以下，为保证作物高产必须进行灌溉。美国在 20 世纪 50 年代就开始普遍推广农业节水灌溉。目前整个灌溉面积中已有一半采用了喷灌、滴灌，其所占比例还在不断提高。在没有灌溉措施的农场，普遍采用了土地平整、轮作制、免耕法等节水保水措施。粮食作物也大多采用大型喷灌机灌溉。目前，占美国全部耕地面积 15% 的灌区创造的农业产值已占到全国农业总产值的 40%（余萍，2005）。

美国西部属干旱、半干旱地区，但是全国农业灌溉最集中的地区，也是全国粮食的主产区。2015 年美国灌溉面积达 2715 万 hm^2，约占耕地面积的 19.4%。美国约 80% 的灌溉面积位于西部 17 个州，因而西部灌溉发展基本上代表了美国农业灌溉的主要成就。美国政府十分重视节水方面的发展，每年都拿出一定资金用于节水灌溉技术的研究与推广，节水灌溉措施有明显的节水增产效果。采用节水措施，农业产值逐年上升，在节水灌溉面积中，摇臂式喷灌面积和微灌面积有明显增加，且灌溉效益也非常明显，农业产值大幅度提升。

美国降水时空分布不均，东西部降水差别很大。东部降水充沛，农田一般不进行灌溉。而中西部属沙漠性气候，降水量很少，水资源紧缺，农田必须进行灌溉，这些地区是发展节水灌溉的重点地区。美国节水灌溉技术已经达到世界先进水平，美国特别重视微灌系统的配套性、可靠性和先进性的研究，将计算机模拟技术、自控技术、先进的制造成模工艺技术相结合开发高水力性能的微灌系列新产品、微灌系统施肥装置和过滤器。美国西部特别是加利福尼亚州自然条件与中国西北地区的宁夏、甘肃、新疆等地的情况十分相似（赵裕明等，2014）。田间通过激光平整、脉冲灌水、尾水回收利用等技术，灌水均匀度很高，水流均匀入渗，从而提高灌水效率。输水防渗、田间改造加之相应的配套设备，构成美国地面灌溉节水的三个核心内容。同时，开发的摇臂式、不同仰角的多功能喷头，具有防风、多功能利用、低压工作的显著特点（许迪和康绍忠，2002）。

在农艺节水技术方面，美国开发出抗旱节水制剂（保水剂、吸水剂）的系列产品，在经济作物上广泛使用，取得了良好的节水增产效果。美国将聚丙烯酰胺（PAM）喷施在土壤表面，起到了抑制农田水分蒸发、防止水土流失、改善土壤结构的明显效果；利用沙漠植物和淀粉类物质成功地合成了生物类的高吸水物质，取得了显著的保水效果（曹国栋，2006）。

在水管理节水技术方面，美国将作物水分和养分的需求规律与农田水分和养分的实时状况相结合，利用自控的滴灌系统向作物同步精确供给水分和养分，既提高了水分和养分的利用率，最大限度地降低了水分和养分的流失与污染的危险，也优化了水肥耦合关系，提高了农作物的产量和品质。

7.3.2 兴建调水工程

在美国漫长的西部开发历史中，水资源的开发利用始终是重中之重。早在 1902 年，美国联邦政府就设立了垦务局，致力于中西部水资源的开发利用，经过 100 多年的努力，在西部已经建成水库 348 座、泵站 267 座、渠道 21.6 万 km、输水干管 2300km、水电站 58 座。著名的调水工程主要有纽约调水工程、洛杉矶水道工程、伊利诺伊调水工程、中央河谷工程、加利福尼亚水道工程、博尔德河谷工程、中亚利桑那工程、科罗拉多-大汤普森工程、全美灌溉系统及中央犹他工程等（李运辉等，2006）。美国的跨流域调水工程则很好地兼顾了社会效益、经济效益和生态效益，为世界上其他国家的大型跨流域调水工程地建设提供了范例样本（陈天慧，2018a）。

位于美国西部的加利福尼亚州属地中海型气候，干湿两季分明，冬季多雨，夏季干燥，同时南北降水量时空分布极不均匀，北部降水量多达 1000mm，中央谷地降水量为 200～500mm，而南加利福尼亚州干旱少雨，降水量不足 100mm。加利福尼亚州工农业都极为发达，其中央谷地是主要的农作物区，物产富饶，蔬菜、水果产量居全国前茅。南加利福尼亚州人口则更为密集、工农业高度发达，城市化进程迅速且耕地资源丰富，因此在生活、工业和农业方面的需水量占到全州的 80% 左右。降水量分布不均匀，南部严重缺水，使得加利福尼亚州南部及沿海地区的供水危机日趋紧张，成为供水矛盾最为突出的地区。因此，跨流域调水工程的建设显得极为必要，加利福尼亚水道工程应运而生（陈天慧等，2018b）。

综上可以看出，关键的跨流域调水工程对于水资源贫乏地区的经济发展起到重大促进作用。同时，美国联邦政府在重视国家经济社会发展的同时，并没有以牺牲环境利益为代价，而是及时发现问题并迅速采取对策去解决问题，值得借鉴与学习。

7.3.3 海水淡化处理

海水淡化处理是利用电渗析、反渗透、蒸馏法等新技术实现水资源利用。通过施行新技术的海水淡化处理，不仅可以降低美国海边城市淡水成本，而且水质好，技术可实施性高。利用海水脱盐生产淡水，将有效解决部分地区淡水资源不足的问题。美国加利福尼亚州、亚利桑那州、得克萨斯州以及其他一些沿海城市长期承受着干旱的压力，从其他州调运淡水往往会增加成本。对此，发展海水淡化技术对经济的发展具有重要意义。位于得克萨斯州的弗里波特是美国历史上第一座海水淡化厂。据相关统计，2004 年美国拥有海水淡化厂 2560 多家，淡化水日产量约 360 万 t，居世界第一。2017 年 9 月美国得克萨斯州莱斯大学纳米技术水处理中心（NEWT）表示，已经掌握了利用太阳能淡化海水的关键性步骤，在海水淡化技术上取得重要突破（吴佳驹等，2013），对经济产生重要影响。

7.3.4 污水处理

美国对污水的管理非常严格，污水处理厂 24h 不间断运行，一般是二级半以上的处理，污水处理率已达 90% 以上。圣波那迪诺市位于南加利福尼亚州大洛杉矶地区，年降水量为 350mm，人口约 18.5 万人，主要使用地下水源。圣波那迪诺市污水处理厂修建于 1958 年，1972 年交由圣波那迪诺市水管理局下属污水处理部门负责运行、管理和维护。采用一级机械处理去除粗颗粒及沉淀物、二级曝气池生物氧化处理等程序，将工业污水和居民生活污水进行传统常规处理，日处理量为 12.5 万 t。处理后的淤泥用于肥料加工，处理污泥中产生的沼气用于发电。1996 年 3 月，圣波那迪诺市和科尔顿市联合兴建了污水三级处理系统，运用快速渗透技术，将经过二级处理后的污水通过渗透池渗入地下，再将经渗透过滤的水抽出、经紫外线杀菌后部分排入圣安娜河，部分回灌补充地下水，有效地保护了水环境，实现了《清洁水法案》中所期望的“每一个公民都能够在圣安娜河里安全游泳”（余萍，2005）。

7.3.5 中水回用

目前，美国在污水再生资源化，即中水回用方面也做了大量有益的努力，取得了明显成绩。1975 年以来，美国实施了 536 个中水回用工程，大多位于干旱和半干旱的西部、西南部，包括加利福尼亚、亚利桑那、科罗拉多和得克萨斯，甚至像佛罗里达等一些湿润地区也增加了中水回用工程。随着经济的发展，水的循环使用和中水回用有增无减。以圣波那迪诺市为例，1975 年中水回用量仅 265 万 m^3，2000 年达到 1817 万 m^3，年增长率为 8%。

随着河流湖泊中越来越多的水被使用，海水入侵的风险也随之增大。地下水补给系统每天生产的 37.9 万 m^3 水中有 13.2 万 m^3 被注入沿海的壁垒井，成为防止海水入侵的屏障。

7.3.6 水资源综合管理

美国实现可持续环境资源管理的基本策略是守护水资源，基于此，促进水循环健康，强化蓄水机制成为可持续水资源管理的重要工作目标。综观近年来美国的发展情况，其水资源管理的主要执行任务包括：①湿地经管。②雨水汇集。③蓄水及流域管理（黄金良等，2018）。

（1）湿地经管

湿地经管的中心构想是对涉及湿地、在湿地中或在其周围（包括自然湿地与人工湿地）进行的任何活动都加以管制，以期达到保护、复原、优化，提升湿地的功能和价值的目的。

因此湿地经管的具体做法：①通过设定湿地的指定用途，如防止水污染、储存雨水、发挥缓冲功能、提供野生栖息地，或防止洪灾来达到保护湿地的目的（简言之，就是保护湿地的功能与价值）；②以法规管制任何涉及自然湿地的活动，以尽量降低发展或土地使用项目对湿地造成的伤害或冲击；③若湿地遭受伤害或冲击，则依法规要求开发进行湿地的再造与复原，以补偿的方式发挥湿地的功能与价值；④在水质不符标准的地区以创建人工湿地的方式来改进当地的水质，如动物污水人工湿地处理、水环境非点源人工湿地处理（黄金良等，2018）。

（2）雨水汇集

雨水汇集的目的为防治水污染、减少洪灾、保护水资源。雨水汇集通常由下述三个方式来达成：①自然湿地；②人工积水潭；③注水沟井。

自然湿地有储存雨水的功能，其经管的办法前已述及。人工积水潭是指以工程的方式在地下或地面构建一个储水池塘，使雨水径流能停留在这个结构中。若该积水潭设有出水口，则暂时储存雨水后让其流入其他水体的称滞留池。若该积水潭不设出水口，而让雨水长期滞留其中使雨水经由过滤下渗慢慢到达地下水层的称为沉淀池。注水沟井是指以工程的方式在地层中构建一个沟或井使雨水径流能快速下渗流到地下水库。两者上方均铺有碎石及砂土，两者也都有过滤雨水引导雨水渗入地下水库的功能，同时兼具防洪效益（黄金良等，2018）。

（3）蓄水及流域管理

1）蓄水及流域管理依其定义通常指的是水资源综合管理（integrated water resources management，IWRM）。这是整合水源保育与河流管理的一套全方位、系统性做法。要求政府各部门，如城建、水务、环生等充分协作。此管理系统涉及各方面的考量，包括水质、水量、生态平衡、土地规划利用、社区发展和全区管控机制。

2）蓄水及流域管理政策，要使 IWRM 行之有效，下列政策必须先行到位：①维持生态平衡的水量分配；②核发用水涉水许可证；③安全排放生活、工业用水及废水；④管控农业用水及肥料/农药；⑤制定各项用水的水质标准；⑥修订地下水抽取/使用的法规；⑦制定饮用水及各类用水政策；⑧水土保育；⑨将水源/湿地保育纳入国家社会经济发展议题；⑩严格规范对水有影响的入侵物种。

3）蓄水及流域管理项目，流域管理具体要做的项目有八类：①土地使用规划；②土地保育；③水域缓冲带保护；④优势区域设计；⑤冲刷与沉积控制；⑥雨水最佳管理措施；⑦非雨水排放；⑧流域守护。

值得一提的是，IWRM 执行所需的经费庞大。除各级政府负担外，部分费用也需由受益人来负担。例如，会征收下述两项税：①雨水/洪水控制税（stormwater flood control）；②清洁水法案费（clean water act fee）。这种做法不但合乎公平付费的原则，也可增加大众对水资源安全的重视（贾颖娜等，2016）。

综合清净、保育、存蓄的水资源管理模式将使大自然的水循环系统更健康。美国国家环境保护局（Environmental Protection Agency）资料显示，在自然情况下应有 50% 雨水渗入地下而只有 10% 的雨水滞留在地表形成径流，所以让雨水回归地下不但可以维护生态平衡，也兼收蓄水防洪之效益。这就是美国可持续雨水管理的核心做法（弗里亚斯等，2011）。

7.4 美国典型旱区土地资源持续利用研究——以盐碱地为例

7.4.1 美国土地资源利用概况

美国是世界上最重视土壤保护，并在土壤保护中投入资金最多的国家。美国政府土壤保护政策的目标主要是保护土壤，防止各种形式的土质退化，修复被侵蚀和地力耗竭的土壤，保护农作物需要的养分和水分，并采取其他措施以保证获得最高单产和农业收入，主要通过法律法规、经济激励和技术咨询服务等途径来实现。其中经济激励主要包括政府项目投资和私人或市场激励。土壤保护工程和措施往往投资大，投资周期长，外部性强，见效慢，仅依靠市场利润来激励农场主采取土壤保护措施很困难，所以政府的激励计划和示范引导作用十分重要（王俊，2014；Dana 和韦向新，2007）。

（1）采取积极干预政策

一方面实施土壤保护计划，通过现金补贴、提供租金、成本分摊、减免税收、贷款计划等经济措施激励农场主积极展开土壤保护；另一方面通过投资建造较大规模土壤保护工程，开展土壤保护示范，免费向农场主推广各种保护性耕作措施，还通过教育、科研和推广“三结合”体系开展技术咨询服务及相关政策措施，努力提高农业生产者的文化素质、技术水平和环境保护意识，促进公众积极参与土壤保护行动（王红和柯炳繁，2000）。

（2）以法律法规予以保障

自 2002 年以来，农场主得到了不断增加的土壤保护项目津贴。例如，2007 年《农场安全和农村投资行动计划》投资接近 50 亿美元，其中大多数保护资金用于土地退耕或休耕。《2002—2007 环境质量激励计划》增设了保护安全项目和农场耕地保护项目，该计划投入资金高达 58 亿美元。现在美国农民非常重视土壤保护，土地生产力很高，只占 1/4 美国耕地总面积的大农场却生产出美国农业的 2/3 总产量。

（3）实行农牧结合的经营模式

美国十分重视农业投入的管理，农产品安全意识较强。目前，美国已有 2 万多个生态农场。这些生态农场成为美国可持续农业发展的试验田，除了精确农作外，在节水、减药、病虫害防治和有机肥再利用技术等方面起到了很好的示范作用。农牧结合是美国大部分大型农场的共同特征，农场注重养殖业与种植业之间在饲料、肥料等方面的相互促进与相互协调关系（王俊，2014）。

7.4.2 美国盐碱地概况

美国耕地面积约 20 亿～22 亿亩，其中灌溉面积占 12% 左右，即 2.4 亿～2.64 亿亩。美国西部的盐碱地面积占灌溉区面积的一半左右，每年因盐碱产量降低 25% 以上。（计矗和贾义，1990a，1990b）。

美国西部多山，它由其东西的落基山脉，西面的喀斯喀特山脉及内华达山脉和太平洋沿洋的海岸山脉共同组成了科迪勒拉山系。以这些山脉为骨架构成的西部地形地势，制约着西部各州的气候、水、土地等资源状况与农业生产的发展。地处西北部的俄勒冈州，因其西面濒临太平洋沿岸北部，为海洋性气候，冬暖夏凉，雨量充沛。1 月平均温度在 4℃以上，8 月平均温度不超过 14℃，盆地夏季很少超过 27℃。年平均降水量在山区超过 1500mm，河谷盆地在 1000mm 左右，降水季节集中于 10 月至次年 6 月，7～9 月为旱季。俄勒冈州以海岸山脉为屏障，往东有喀斯喀特山脉自北向南延伸，其间拥有许多山湖和小瀑布，水资源丰富。俄勒冈州降水量较多，故并非灌溉农业区，土壤盐碱化问题不大（计矗和贾义，1990a，1990b）。

美国西部存在土壤盐碱化问题的主要区域是科罗拉多河流域的上、下游盆地，即七州一国，它们是美国的科罗拉多、犹他、内华达、怀俄明、新墨西哥、亚利桑那和加利福尼亚 7 个州和墨西哥的墨西加利盆地。其形成盐碱土的原因，在上游盆地主要由成土母质引起。有限降水后由于干旱的气候环境，加剧了土表蒸发与盐分积累。科罗拉多河的排水区域近 62.6 万 km^2，下游盆地主要由上游河水下泄而造成。对下游盆地，《美国环境法》规定，不得将含盐分的咸水排入太平洋，只能内排。要靠地面河水和深层地下淡水给以冲淡，而淡水资源又很不足，从而造成下游盆地土壤严重盐碱化（计矗和贾义，1990a，1990b）。

7.4.3 美国典型盐碱地可持续利用

全世界大部分地区土壤盐碱化的原因已基本查明，但是合理的治理方法尚未确定。自 20 世纪初期，国内外专家围绕盐碱地的治理开展了大量研究。目前，全世界盐碱地改良利用已形成两类主导技术：一是通过灌排技术改良土壤；二是发展耐盐植物利用盐碱土（王佳丽等，2011）。通过对美国典型盐碱地可持续利用大量研究的总结和提炼，发现有很多先进经验值得借鉴。

7.4.3.1 通过国家立法统一管理水资源，控制土壤盐分

科罗拉多河经七州一国，均系干旱半干旱地区，只要有灌溉条件，农业增产潜力很大。但美国西部工矿业十分发达，城市发展也很迅速，也都需要大量的水。因此，为了合理使用有限的水资源，政府必须实行有效的宏观管理。科罗拉多河的排水面积为 626 780km^2，河水的水质问题是从源头到下游盐分急剧增加，主要冲击下游的 3 个州和墨

西哥的墨西加利盆地。高浓度的含盐河水影响着 1100 万人民的生活和 600 万亩高土地生产力的灌溉农田，年均含盐浓度从河首为 50mg/L，到怀俄明州的帝国坝几乎达到 900mg/L，乃至该坝以下的墨西哥北部边界达 1100mg/L（计矗和贾义，1990a，1990b）。

7.4.3.2 循环利用水资源，控制土壤盐分

为了保证西部各州工农业生产和城市发展用水，美国联邦政府和加利福尼亚州政府除从宏观上根据南北、东西的水资源的丰歉余缺情况，兴建“北水南调”“东水西借”等耗资巨大的工程以进行区域平衡用水外，同时采取了河、湖水资源重复利用的办法。农田灌溉后排出的水流向下一级水库，由于接纳排水盐分上升，用水泵将水库中的水扬至渠中，盐分较高的库水与渠水进行混合，再灌入下一级农田，如此循环往复，可以充分提高水的利用效率。但水质必须保证在 0.15% 的标准以下。也有通过用深井（500m 以下）的地下淡水（<0.03%）与含盐量为 0.15% 以上的上游水库水混合灌溉。对于水库盐分浓度的监测，采用太阳能自记仪器装置通过地球卫星遥感测定，半月反馈一次，输入电脑，使管理机构能及时掌握动态，进而进行指导（计矗和贾义，1990a，1990b）。

7.4.3.3 节水灌溉控盐

土壤盐碱化的主要原因是不合理的灌溉和土壤管理措施以及不完善的农田排水设施，过量的可溶性盐和可交换钠积累，从而引起土壤盐碱化。在美国，虽然不同灌区的耕作方法可能有所不同，但有关盐碱地的一般原则具有普遍适用性。

美国盐碱土研究所的研究结果指出，最低限度冲洗的概念是可行的。依此原则，灌溉地区可减少盐分排出。同时发现，如果给作物灌水，保证给作物根系活跃层（上层）供给淡化水，此时作物吸收盐分不多，而对根系下层，即使土壤含盐量很高，也不会影响作物生长。通过观察温室栽培作物根系生长情况，发现盐分聚积在根系下层，从土壤剖面可见盐分的分布及累积状况。后来通过大量的田内试验，进一步证实了这个概念的可行性（USDA，1954；Rhoades et al.，1991），这为在精心控制的条件下，采用喷灌、滴灌系统，保证灌水高度均匀一致和灌溉效率（低冲洗因素）较高提供了理论根据。通过精准管理可使灌溉效率达到 90% 以上。采用最低限度的冲洗法，只要能在土壤根系活跃层（30cm 左右）保持盐分淡化即可，并不要求大水冲洗。这种水盐平衡的论点对于干旱半干旱地区发展节水控盐的灌溉农业很有现实意义。

（1）控制灌溉水量

可溶性盐含量在作物根区的变化，取决于盐分的净向下移动量与灌溉用水和其他来源的净盐输入量的大小关系。灌溉用水的数量和质量以及浸出和排水效果，对土壤中盐分的平衡是至关重要的。灌溉农业要想得到可持续发展，就必须对土壤盐分进行控制。有研究表明，在斗渠上设水位自记仪器装置，已知渠道的断面和流速，由浮筒反映水位变化，即可计算出单位时间的输水量。一般排除渗漏 8%，水面蒸发 12% 等参数后，准确率在 70% 以上，误差约为 10%。农户则在农渠的水泥边坡上自作水位标记测算，准确率达 80% 以上，误差为 5% 以上，由此看来，通过准确标记水位可以严格控制灌水量，进而防止返盐。

（2）设置合理灌溉时间

农业科研、推广单位要利用土壤、作物和气象资料预测需水时间与需水量，安排灌溉。这样，既补充了土壤水分，满足淋溶需求，又不致过量灌溉。这个信息要及时告知农户，让他们按时序表进行灌溉。但在决定灌溉时要了解两个重要的可变参数：一是需要灌溉的作物所要求的蒸发蒸腾量，二是在根系所保持的土壤水分。时序法因灌水及时、适量而可获得增产。此法同喷灌、滴灌法配合效果最好，能使灌溉系统井然有序地进行，同时也很节水。

（3）提高灌溉效率

要提高灌溉效率，所用的灌溉方法必须适当，能保证全田表面输水均匀。有研究人员认为一种灌溉系统应通过质量参数来检验（计矗和贾义，1990a，1990b）。有关参数是：①地面灌溉用水的均匀一致性。②满足作物需水的适合性。③浪费水量的状况，如深层渗漏的损失等。④积留在田间的多余水分，如尾水等的状况。根据上述内容，他评价了现行的几种灌溉方法。

地面灌溉：美国西部广泛应用的是沟灌。它要求土壤质地较细，田面平整，高低差小于1‰～1.5‰的农田。其特点是：成本低、要求劳力多、灌水均匀一致性差、深层渗漏和尾水损失水分较多、灌溉效率低。

喷灌系统：灌水均匀一致，能减少深层渗漏损失并消除尾水损失。Walker 和 Lin（1978）在科罗拉多州格兰德河谷的调查报告指出，依靠机动喷灌系统来降低盐分成本低廉，且固定的座架系统每吨需投入 300 美元。但其节省劳力可以部分抵消高投资和开机运转的费用。这种方法可以根据作物对水分的需要及时供水，尤其在幼苗期灌溉，能减少土面蒸发损失。此外，喷灌能同喷肥、喷药结合，及时除草、施肥和防治病虫害，这也可省劳力和节能。若设计升降式座架，还可为果园等多年生作物防霜冻。

滴灌按照作物需水要求，通过管道系统与安装在毛管上的灌水器，将水和作物需要的水分和养分一滴一滴、均匀而又缓慢地滴入作物根区土壤，可以淡化土壤盐分，阻止过量盐分累积。

7.4.3.4 工程措施控盐

在犹他州德尔塔地区的渠道已有 70% 用塑料布铺底。方法是先开挖渠道断面，然后铺厚度约 1mm 的塑料布，布上加压 30cm 厚的土覆盖，采取塑料布铺底的防渗砌护渠道，可大幅度提高使用年限，且造价仅为水泥砌护渠道的 1/10。美国土地平整技术先进，平整土地可使水分均匀下渗，提高降水淋盐和灌溉洗盐的效果，防止土壤斑状盐碱化。

7.4.3.5 筛选耐盐作物

加利福尼亚州面临的问题是水污染和土壤污染。为解决这个问题，一是要控制灌溉水量。少灌就可以少排，就有减轻水污染的可能。二是要研究最适当的用水量。但除农业外，还有工业排出废水的问题。必须设法控制水从土表流失和渗入地下的问题。因此对排出的咸水和废水进行重复利用和耐盐作物的种植很重要。

7.4.3.6 采用有效的耕作栽培措施

除选用耐盐作物和相应的品种外，还采用了某些改良盐碱地的有效耕作栽培措施。

1）每隔 3 ~5 年进行一次深松耕翻，深度约 1m，以使盐分随水下移，淡化耕作层。

2）在农闲季节大水冲洗压盐；在农田轮休一年期间冲洗，下年种植。

3）精细整地、准备种床，避盐下种（如棉花播种）。

4）及时、适耕少耕，减少蒸发耗水，保证在旱季正常生产。

7.4.3.7 关于排水系统问题

美国西部由于水源不足，地下水位较低（如犹他州在 2m 以下，加利福尼亚州西边农业试验站为 3 ~6m)，同时该地区倡导以低冲洗定额维持作物根系水分淡化，所以大型排水设施较少。在犹他州德尔塔地区是将排水流入水库，然后再与渠水掺和淡化重新灌溉农田。加利福尼亚州中南部的圣荷昆河灌区要重复利用排出的咸水进行灌溉，原本要利用排水系统将盐分去除，但政府环保部门严禁将排出的咸水及工业废水排入海中；若把咸水排入内陆湖泊，又会由于水中含硒过多，伤害到迁徙鸟类；若将咸水、废水排入蓄水池，又会占去 20% 的土地，同时，加利福尼亚州法律对建造蓄水池有严格的要求，池中一定要铺双层塑料布，在下层铺布之上要铺层沙子，再铺上一层塑料布，这种办法耗材、耗力，农户承担不起。因此，利用深钻 900 ~1000m 的深井，将咸水、废水排入其中。

综上所述，美国西部在排水问题上并未投资修建浩大的排水系统工程，而主要做法是研究多种途径重复利用农田排出的咸水和城市废水；从理论上探索出以低冲洗定额保持耕作层淡化，使作物根系活跃层能正常吸收水分和养分。这对全球盐碱地改良利用具有深刻的借鉴意义。

7.4.4 美国典型盐碱地改良利用的思考

美国西部，特别是犹他州、科罗拉多州和加利福尼亚州，干旱经常伴随的土壤次生盐碱化是共同的问题。因此，把盐分控制在既不影响作物生长，也不会排入河流的范围之内，如发展喷灌、滴灌和渠道衬砌，运用激光技术机械平地已达到理想的程度，利用卫星遥感等技术进行灌溉和盐分监测，使灌溉过程实现了自动化、机械化，从而防止土壤次生盐碱化。我国西北地区与美国西部同属干旱半干旱地区，但是两国的人口与资源、作物布局、农业装备与管理水平均不同，在防治土壤盐碱化的理论和实践方面也有所不同。因此，在考虑如何改进灌溉技术，改进盐碱地改良工作时，必须考虑这些异同之处，结合当地的实际情况，因地制宜，量力而行。

第 8 章　典型旱区水土资源持续利用模式

旱区水土资源能够持续利用的标志是连续产生稳定的经济效益、社会效益和生态效益。在开发旱区水土资源，尤其是沙化、盐碱化等中低产田及劣质水时，只有结合当地实际，研发高效技术，配置优势特色物种，形成具有明显经济效益的技术方案，取得连续稳定的高生产力，才能保障旱区水土资源持续利用。因此，构建沙化土壤、极端高温沙化土壤、盐碱化土壤等旱区水土资源持续利用技术模式，对于全球典型旱区经济、社会发展具有极为重要的现实和长远意义。

8.1　全球沙化土壤水资源配置及持续利用模式

水资源的合理和高效利用在沙化土壤治理过程中尤为重要。沙化土壤中的水源主要有地下水、河道水和降水，沙化土壤区域的降水不稳定，一般随气候变化而变化。沙化土壤地下水较稳定，且沙层厚，有一定的隔热作用，使水在地下持续保存。沙化土壤颗粒粗糙，渗水快，保水性能差，只有在定量精准灌溉条件下才能种植植物。如果从植物根系呼吸需求出发，沙化土壤的优势比较明显。因此，在现代精准节水灌溉时代，切实利用好沙化土壤的隔热作用和提高植物根系呼吸作用等优势，扬长避短，就能使沙化土壤变成“黄金土壤”，得到持续利用。

8.1.1　中国沙化土壤风光互补节水灌溉系统种植经济作物持续利用模式

中国沙化土壤分布区干旱少雨、蒸发量大、沙漠化程度严重，但太阳能和风能丰富，对于开展风光互补节水灌溉系统种植各种植物具有明显优势。通过长期对风光互补节水灌溉技术的研究与应用，探索出了不同植物的灌水时间、灌水次数、灌水定额等灌溉制度，形成了沙化土壤风光互补节水灌溉系统种植西瓜等技术模式，并取得了明显的经济效益。

8.1.1.1　中国沙化土壤风光互补节水灌溉系统种植经济作物持续利用模式关键技术效益分析

(1) 采用风光互补节水灌溉系统进行分区灌溉技术

对沙化土壤利用风光互补节水灌溉系统种植西瓜、甜瓜、黑枸杞的田间生长情况如图 8-1 所示。

图 8-1　沙化土壤风光互补节水灌溉系统种植西瓜、甜瓜、黑枸杞田间生长情况

（2）建立旱区特色经济作物灌溉制度

西瓜灌溉制度见表 8-1。

表 8-1　西瓜灌溉制度

灌溉制度	播种期	出苗期	开花期	坐果期	成熟期	合计
灌水时间	4 月中旬	4 月下旬至 5 月中旬	5 月中旬至 6 月上旬	6 月上旬至 7 月中旬	7 月中旬	
灌水次数	2	3	2	2		9
灌水定额/(m^3/亩)	5 ~ 6	8 ~ 10	10 ~ 12	10 ~ 12		
灌水量/(m^3/亩)	10 ~ 12	24 ~ 30	20 ~ 24	20 ~ 24		74 ~ 90

甜瓜灌溉制度见表8-2。

表8-2 甜瓜灌溉制度

灌溉制度	播种期	出苗期	开花期	坐果期	成熟期	合计
灌水时间	4月中旬	4月下旬至5月中旬	5月中旬至下旬	5月下旬至6月下旬	6月下旬	
灌水次数	2	3	2	2		9
灌水定额/(m^3/亩)	5~6	8~10	10~12	6~8		
灌水量/(m^3/亩)	10~12	24~30	20~24	12~16		66~82

玉米灌溉制度见表8-3。

表8-3 玉米灌溉制度

灌溉制度	播种期	苗期	拔节期	抽雄期	灌浆期	成熟期	合计
灌水时间	5月上旬	5月中旬至6月中旬	6月下旬至7月下旬	8月上旬至8月下旬	9月上旬至中旬	9月中旬至10月上旬	
灌水次数	1	1	3	4	2	1	12
灌水定额/(m^3/亩)	10~12	14~16	15~18	15~18	16~18	15~18	
灌水量/(m^3/亩)	10~12	14~16	45~54	60~72	32~36	15~18	176~208

枸杞灌溉制度见表8-4。

表8-4 枸杞灌溉制度

灌溉制度生育期	萌芽期	春梢生长期	开花初期	果熟期	落叶期	休眠期	合计
灌水时间	4月上旬至下旬	4月下旬至5月上旬	5月上旬至下旬	5月下旬至7月下旬	7月下旬至9月上旬	10月下旬	
灌水次数	1	2	2	6	2	1	14
灌水定额/(m^3/亩)	30~40	14~16	8~12	8~12	14~16	40	
灌水量/(m^3/亩)	30~40	28~32	16~24	48~72	28~32	40	190~240

马铃薯灌溉制度见表8-5。

表8-5 马铃薯灌溉制度

灌溉制度	发芽期	苗期	块茎形成期	块茎膨大期	淀粉积累期	合计
灌水时间	5月上旬至下旬	6月上旬至下旬	6月下旬至7月中旬	7月中下旬至8月上旬	8月中旬	
灌水次数	1	2	3	3	1	10
灌水定额/(m^3/亩)	10	10	12	12	10	
灌水量/(m^3/亩)	10	20	36	36	10	112

黑枸杞灌溉制度见表 8-6。

表 8-6　黑枸杞灌溉制度

灌溉制度	萌芽期	春梢生长期	开花初期	果熟期	落叶期	休眠期	合计
灌水时间	4 月上旬至下旬	4 月下旬至 5 月上旬	5 月上旬至下旬	5 月下旬至 7 月下旬	7 月下旬至 9 月上旬	10 月下旬	
灌水次数	1	2	2	4	2	1	12
灌水定额/(m^3/亩)	15 ~ 20	8 ~ 10	6 ~ 8	6 ~ 8	10 ~ 12	25	
灌水量/(m^3/亩)	15 ~ 20	16 ~ 20	12 ~ 16	24 ~ 32	20 ~ 24	25	112 ~ 137

(3) 中国沙化土壤风光互补节水灌溉系统种植经济作物效益分析

中国沙化土壤风光互补节水灌溉系统种植经济作物效益分析见表 8-7 和表 8-8。采用风光互补滴灌处理后，不仅当年农作物产量比对照提高 20% 以上，产值增加 22% 以上，而且连续多年经济效益显著。

表 8-7　中国沙化土壤风光互补节水灌溉系统种植经济作物效益分析

作物	对比	投入/(元/亩)								合计	产出		产投比
		种子苗木	设备费	底肥	水费(含人工)	耕作(含人工)	田间管理				产量/(kg/亩)	产值/(元/亩)	
							人工	化肥	农药				
甜瓜	示范	75	174	160	136	60	300	20	22	947	3062	3369	3. 56
	对照	75	—	160	175	60	200	40	22	732	1983	2182	2. 98
红葱	示范	500	182	75	200	100	230	15	—	1302	950	2850	2. 19
	对照	500	—	75	30	100	230	40	—	975	676	2028	2. 08
枸杞	示范	210	180	40	140	30	200	56	40	896	188	3388	3. 78
	对照	210	—	40	240	30	200	80	40	840	159	2866	3. 41
玉米	示范	40	220	35	130	60	150	70	15	720	1010	1616	2. 24
	对照	40	30	35	190	60	150	200	15	720	940	1504	2. 09
西瓜	示范	80	174	35	136	60	350	28	15	878	4100	2460	2. 80
	对照	80	—	35	200	60	350	40	15	780	3100	1860	2. 38
马铃薯	示范	40	170	20	60	60	100	14	—	464	1480	1184	2. 55
	对照	40	40	20	145	60	100	20	—	425	1244	995	2. 34
中药材	示范	180	174	—	75	60	150	35	—	674	171	3078	4. 57
	对照	180	—	—	—	60	150	35	—	425	139	2502	5. 89
黑枸杞	示范	600	220	40	180	30	600	70	40	1780	27	8608	4. 84
	对照	600	—	40	240	30	600	100	40	1650	17	5408	3. 28

续表

作物	对比	投入/(元/亩)									产出		产投比
		种子苗木	设备费	底肥	水费（含人工）	耕作（含人工）	田间管理			合计	产量/(kg/亩)	产值/(元/亩)	
							人工	化肥	农药				
红枣	示范	100	120	—	96	—	40	35	10	401	263	3682	9. 18
	对照	100	—	—	—	—	150	65	10	325	208	2912	8. 96

注：耕作费用包括播种、犁地、耙、耱、耥等租用农机具的费用。设备费包括节水灌溉设备费和管道费用。甜瓜市场销售价为 1. 1 元/kg；红葱市场销售价为 3. 0 元/kg；枸杞市场销售价为 18. 0 元/kg；玉米市场销售价为 1. 6 元/kg；西瓜市场销售价为 0. 6 元/kg；马铃薯市场销售价为 0. 8 元/kg；中药材市场销售价为 18 元/kg；黑枸杞市场销售价为 320 元/kg；红枣市场销售价为 14 元/kg。

表 8-8　连续多年中国沙化土壤风光互补节水灌溉系统种植经济作物产值分析

年份	对比	甜瓜/(元/亩)	红葱/(元/亩)	枸杞/(元/亩)	玉米/(元/亩)	西瓜/(元/亩)	马铃薯/(元/亩)	中药材/(元/亩)	黑枸杞/(元/亩)	红枣/(元/亩)	平均增加/%
2013	对照	2181. 9	2080. 1	2865. 6	1504. 4	1860. 0	995. 2	2502. 1	5408. 1	2912. 3	30. 8
	示范	3368. 7	2850. 2	3387. 6	1616. 0	2460. 2	1184. 0	3078. 4	8608. 2	3682. 1	
2015	对照	2099. 2	2034. 5	2755. 6	1403. 5	1765. 6	901. 2	2236. 7	3499. 7	2865. 7	48. 7
	示范	3133. 4	2901. 2	3387. 8	1688. 9	2454. 5	1199. 4	3267. 4	8700. 9	3900. 5	
2017	对照	2212. 3	1999. 2	2345. 6	1245. 6	1499. 5	980. 3	2399. 7	4544. 8	2687. 7	46. 2
	示范	3480. 5	3011. 2	3465. 5	1789. 6	2309. 4	1201. 2	3111. 6	7877. 7	3678. 6	
增加/%		53. 7	43. 4	29. 6	23. 8	41. 8	24. 9	32. 9	93. 7	33. 1	41. 9

截至目前，该模式通过技术辐射推广，在中国西部宁夏、甘肃、新疆、内蒙古等地辐射推广面积达到 112. 61 万亩。

根据每两年一次对中国沙化土壤改造提升后生产能力的跟踪统计，连续 6 年 9 种特色经济作物平均新增产值 41. 9%，而且每年都保持着很高的生产能力。说明该技术模式对于中国沙化土壤生产能力提升有明显效果；也说明该技术模式可使中国沙化土壤能够得到持续利用。据此提出沙化土壤风光互补节水灌溉系统种植经济作物持续利用模式。

8. 1. 1. 2　中国沙化土壤风光互补节水灌溉系统种植经济作物持续利用模式

（1）中国沙化土壤风光互补节水灌溉系统种植黑枸杞持续利用模式

1）选种。从青海等地引进野生黑枸杞，最小的地径为 0. 4cm，高为 25cm；最大的地径为 0. 8cm，高为 40cm。

2）种植时间。栽植时间为每年 4 月 10 ~ 20 日。

3）种植方法。株行距 1. 0m×2. 0m。栽植前，挖坑直径为 40cm，深度为 60cm，在坑底部施入腐熟有机肥 3 ~ 5kg，然后填表熟土至适当栽植深度。栽植时，要做到苗木端正，根系舒展，细湿土埋根，分层覆土，适当深栽（覆土超过原土 2 ~ 3cm），压紧，使根系与土壤紧密接触。栽植后，立即浇足定根水。

4）智能风光互补节水灌溉。采用风能和太阳能发电系统+手机 APP 智能化控制滴灌，适时、适量、科学合理的精细灌溉。

5）水肥管理。黑枸杞定植后应立即灌透水，根据土壤墒情进行滴灌。滴灌次数根据土壤墒情和土地排水情况而定，在不影响植株正常生长的情况下，能少灌就尽量少灌，以利于黑枸杞根系的生长。黑枸杞喜肥也耐肥，尤其对腐熟有机肥有很强的耐肥力。因此，为实现黑枸杞早果丰产，应充分发挥肥料在黑枸杞苗幼龄期间的扩冠和增产作用。幼龄树可在树冠外缘的行间 30cm，两边各挖一条深 20～30cm 的长方形或月牙形小沟施肥，成年树多在树冠外援 40cm 深的环状沟施肥。在 5 月上旬现蕾开花和春梢、寸枝旺盛期进行第一次追肥。6 月上旬或中旬，寸枝进入盛花期，进行第二次追肥。幼龄树每次每株施 50g 左右尿素或复合肥，成年树可加倍。在花果期，要用 1%～2% 的氮磷钾水溶肥，或用 0.3% 的磷酸二氢钾、黄腐酸叶面喷施。入冬前施肥，可选用油渣、羊粪、牛粪、马粪、猪粪、炕土及氮磷复合肥等，在冬灌前施入。

6）田间管理。在黑枸杞苗生长期间，需进行中耕锄草 2～3 次。

7）整形修剪。黑枸杞一般 1 年挂果，3 年进入盛果期。修剪整形必须在定植前 2 年完成。定植当年在高 30～40cm 时剪截多余枝条，留 4～5 个发育良好的主枝，以此为基础枝条，然后每生长 30～40cm 留 1 层，每层留 3～5 个主枝条，最终将整个树形修剪成一个3～4层的伞状形态，每株黑枸杞可有几十个结果的主干枝条，以便保持一定的结果产量。

8）病虫害防治。黑果枸杞主要病虫害是蚜虫、黑枸杞负泥虫、黑枸杞白粉病、煤烟病等，可用 40% 氧化乐果 1000 倍液和多菌灵 1000 倍液等药剂喷雾防治。

（2）中国沙化土壤风光互补节水灌溉系统种植西瓜持续利用模式

1）选种。选择抗病、抗旱、丰产、耐储运、商品性好的优良品种。主要有金城 5 号、西农 8 号、高抗冠龙、黑美人等。

2）种植时间。3 月中旬育苗，4 月初覆膜种植。

3）种植方法。采用手工点播。松土后，点播 2～3 粒种子，最后在土层上覆砂 2～3cm。株行距 0.7m×1.0m。

4）智能风光互补节水灌溉。采用风能和太阳能发电+手机 APP 智能化控制滴灌。西瓜滴灌定额为 60m^3/亩左右，自移栽至大田中起，每隔 10 天灌水一次，共灌水 8 次，每次灌水量在 5～15m^3/亩。

5）水肥管理。滴灌次数根据土壤墒情和土地的排水情况而定，在不影响植株正常生长的情况下节约灌溉。种前施底肥，滴灌间隔一次施用一次液体肥。

6）田间管理。主要是放苗炼苗，膜内温度超过 35℃时，及时放苗、通风炼苗，防止徒长与烧苗，及时间苗。及时整枝压蔓、选瓜、定瓜，在第 13～15 节留瓜。

7）病虫害防治。地膜覆盖要及时通风，减少病菌的传染；及时预测预报病害，病害发生后根据病害的种类喷施枯萎立克、农抗 120、绿亨一号、地菌灵、重茬剂一号等低毒农药。

(3) 中国沙化土壤风光互补节水灌溉系统种植玉米技术模式

1）选种。选择出苗率高、优质、高产、抗倒伏的品种。

2）整地。采取秋翻、深松的方式整地，前一年收获后深翻灭茬，深度 25～35cm，播种前耙、耱整地，使田面整齐平整，达到齐、平、松、碎、净、墒的标准。

3）种植时间。播种最佳时期一般在 4 月 18 日至 5 日 1 日。

4）种植方法。种植采用膜侧双行靠模式，宽窄行设计，宽行 0.7m，窄行 0.3m，宽行覆膜，滴灌带宽行正中央埋入。种植密度为 6000 株/亩。

5）智能风光互补节水灌溉。采用风能和太阳能发电+手机 APP 智能化控制滴灌，玉米膜下滴灌灌水定额为 170m^3/亩左右，自移栽至大田中起，播种期灌水 1 次，苗期灌水 1 次，拔节期灌水 3 次，抽雄期灌水 4 次，灌浆期灌水 2 次，成熟期灌水 1 次，每次灌水量为 15m^3/亩左右。

6）水肥管理。玉米施肥一般要求施足底肥，底肥每亩施农家肥 2000kg，追肥为滴灌间隔一次增施液体肥一次。一般情况下，结合机械播种作业，施用 5kg/亩磷酸二铵作为种肥。

7）田间管理。在放苗过程中，若发现有缺苗断垄时，可及时催芽补种或缓后移苗补栽，或在相邻处留双株。定苗时留壮苗、大苗。当留苗密度大于 4500 株/亩时，须在可见叶 6～9 叶时（拔节期前）喷化控剂金得乐、玉黄金等，缩短基部节间长度，增强基部节的韧性，促进根系生长，防止玉米倒伏。

8）病虫害防治。病虫害防治符合《农药合理使用准则（九）》（GB/T 8321.9—2009）和《农药安全使用规范总则》（NY/T 1276—2007）的有关规定。

(4) 中国沙化土壤风光互补节水灌溉系统种植红枣持续利用模式

1）选种。选择耐寒、耐旱、高产优质的优势品种。

2）土壤管理。春秋深翻土壤，随根系的生长，扩大深翻的深度，保证 80～100cm 的活土层。

3）种植方法。现代矮化品种株行距 1.5m×3.0m，每亩 150 株。用四轮带耙整地，疏松沙土，挖坑、施肥后种植。深度以将主根埋住为宜。种植后及时浇透水。

4）智能风光互补节水灌溉。采用风能和太阳能发电系统+手机 APP 智能化控制滴灌。田间浅埋渗灌管，平均埋入深度为 10cm；灌溉定额为 80m^3/亩，生育期内的灌溉水量分配如下：苗期 10%，开花期 30%，结果期 60%。追肥为滴灌间隔一次增施液体肥一次。

5）田间管理。修剪小冠稀疏层形状，适合 55～83 株植物的密度。整棵树有 5～7 个主枝，中心分为三层，第一层为 3 层，第二层为 1～2 层，第三层为 1 层。

6）病虫害防治。每年 4 月中旬，在树干上涂抹 20cm 宽的废机油或粘虫胶，以防止芽状甲虫。当枣树发芽时掌握芽和枣芽的损伤，用 2% 溴氰菊酯、20% 的速灭杀丁、2.5% 功夫菊酯 3000 倍液或 40% 枣虫净 2000 倍液喷洒。

8.1.2 阿拉伯国家极端高温沙化土壤风光互补节水灌溉系统种植经济作物持续利用模式

阿拉伯国家土壤沙化严重，但有丰富的太阳能和风能，对于开展风光互补节水灌溉系统种植各种经济特色作物具有明显优势。面对淡水资源更加缺乏，气温更高的不利条件，在利用风光互补节水灌溉系统的基础上，需应用地下浅埋式渗灌管等，以期望突破阿拉伯国家高温干旱环境下不能开展大田种植的瓶颈，形成40℃以上极端高温沙化土壤风光互补节水灌溉系统种植经济作物可持续利用模式，并取得了明显的经济效益。

通过近 10 年的技术试验示范和转移，2017 年 9 月，阿曼、阿联酋迪拜园林农业局等与中国宁夏大学签订了 1.5 亿元技术转移协议（图 8-2）。

图 8-2　田间试验及签约仪式

8.1.2.1 阿曼极端高温沙化土壤风光互补节水灌溉系统种植经济作物持续利用模式

(1) 阿曼沙化土壤经济作物节水灌溉制度

A. 椰枣的节水灌溉制度

椰枣营养价值高，果肉味甜，既是食品，又是制糖、酿酒的原料，是阿拉伯国家的优势特色树种。椰枣具有耐旱、耐碱、耐热的特点，适应沙漠绿洲的气候条件，在阿拉伯国家的生态和经济建设中发挥着重要作用。椰枣适宜栽植于温暖而土层深厚、排水良好的缓坡地，椰枣适宜土壤 pH 为5.5～7.5。椰枣植株生长较快，株高达6～15m，水肥需求量较大，一年只有一次抽梢、开花、结果，常因管理好坏而产量差异较大。

通过试验分析，综合椰枣各处理生长状况和耗水情况，确定高温下椰枣节水灌溉制度见表 8-9。

表 8-9　高温下椰枣节水灌溉制度

生育期	灌水时间	生育时期/天	灌水次数/(次/株)	灌水定额/(L/株)	灌溉定额/(m^3/株)	生育期内均温/℃	生育期降水量/mm
开花期	1 月下旬至 3 月上旬	64	32	80～90	2.56～2.88	24	36
坐果期	4 月下旬至 7 月下旬	114	57	120	6.84	35	17
成熟期	7 月上旬至 9 月下旬	70	35	140～160	4.9～5.6	43	3
休眠期	10 月上旬至次年 1 月上旬	116	58	90～100	5.22～5.8	27	15
全年		364	182	430～470	19.52～21.12	35	71

注：阿曼气温较高，椰枣树冠较大，树根部围埂较小，降水多为无效降水。气温高时灌水多，气温低时灌水少。

B. 柠檬的节水灌溉制度

柠檬喜温暖、耐阴、不耐寒，柠檬适宜气温为 17～19℃，适宜栽植于温暖而土层深厚、排水良好的缓坡地，柠檬最适宜土壤 pH 为 5.5～7.0。柠檬植株生长较快，植株高达 3～6m，需肥量较大，一年多次抽梢、开花、结果，常因管理好坏而产量差异较大。柠檬繁殖的方法分为有性繁殖和无性繁殖两大类。有性繁殖由种子播种培育而来，又叫实生苗；无性繁殖由部分营养器官培养而来，又叫营养繁殖，有嫁接、扦插、压条、组织培养等方法，其中以嫁接繁殖最为普遍。

通过试验分析，综合柠檬各处理生长状况和耗水情况，确定高温下柠檬节水灌溉制度见表 8-10。

表 8-10　高温下柠檬节水灌溉制度

生育期	灌水时间	生育时期/天	灌水次数	灌水定额/(m^3/亩)	灌水量/(m^3/亩)	生育期均温/℃
苗期	12 月上旬至 12 月下旬	30	30	0.32～0.36	9.6～10.8	23
生长期	1 月上旬至 2 月下旬	56	56	0.32～0.36	17.92～20.16	21
开花初期	3 月上旬至 3 月下旬	28	28	0.32～0.36	8.96～10.08	27
开花盛期	4 月上旬至 11 月下旬	252	504	0.32～0.36	161.28～181.44	38
全年		366	618		197.76～222.48	

（2）阿曼沙化土壤经济作物效益分析

阿曼沙化土壤风光互补节水灌溉系统种植经济作物效益分析见表 8-11。

表 8-11 阿曼沙化土壤风光互补节水灌溉系统种植经济作物效益分析

作物	对比	投入/(元/亩)									产出		产值增加/%
		种子苗木	修剪	底肥	水费(含人工)	耕作(含人工)费	田间管理			合计	产量/(kg/亩)	产值/(元/亩)	
							人工	补肥	农药				
椰枣	示范	600	220	40	180	30	100	70	40	1280	46.2	2310	68.0
	对照	600	—	40	240	30	100	100	40	1140	27.5	1375	
柠檬	示范	100	120	40	96	40	40	35	10	481	563	1841	26.4
	对照	100	—	40	120	40	150	65	10	645	408	1456	

注：耕作费用包括播种、犁地、耙、耱、耥等租用农机具的费用；设备费包括节水灌溉设备费和管道费用；椰枣、柠檬市场销售价为 50 元/kg。

截至目前，该模式通过技术辐射推广，在阿曼、阿联酋、埃及等地辐射推广面积达到 3000 多亩。由此，形成阿曼、阿联酋、埃及等阿拉伯国家沙化土壤经济作物持续利用模式。

(3) 阿曼极端高温沙化土壤风光互补节水灌溉系统种植椰枣等经济作物持续利用模式

1）选种。选择没有病虫害的健壮苗木。

2）种植方法。种植株行距 5m×3.0m，每亩 35 株。种植前用四轮拖拉机带耙整理沙地，耙的宽度为 3m，在耙两头分别焊接两个大犁头，在四轮拖拉机牵引过程中开沟，沟中撒施羊粪（3t/亩）。种植前在沟中按每 5m 挖定植穴定植，然后覆土浇透水。

3）智能风光互补节水灌溉。采用风能和太阳能发电系统+手机 APP 智能化控制滴灌。树根基部浅埋渗灌管，平均埋入深度为 15cm；开花期灌水 30～35 次，每次灌水 80L/株，坐果期灌水 55～60 次，每次灌水 120L/株，成熟期灌水 30～35 次，每次灌水 150L/株，休眠期灌水 50～60 次，每次灌水 90L/株。每年 3 月施足底肥，6～8 月适时进行追肥。椰枣追肥期滴灌间隔 5 次施用液体肥 1 次。

4）田间管理。以除草为主。从开春到果实成熟，根据杂草的多少除草松土，以没有杂草为宜。

5）病虫害防治。每年在挂果前打两次多菌灵。

利用风光互补节水灌溉技术在沙化土壤种植植物（如椰枣等）的成活率比对照提高 83.5%，株高、冠幅和胸径都明显高于对照。

8.1.2.2 阿联酋特极端高温沙化土壤风光互补节水灌溉系统种植经济作物持续利用模式

(1) 阿联酋高温条件下甘蓝的节水灌溉制度

甘蓝是阿拉伯国家人们的常用蔬菜之一，具有喜温和湿润等特点，对土壤的选择不是很严格，但宜于腐殖质丰富的黏壤土或砂壤土中种植。

通过试验分析，综合甘蓝各处理生长状况和耗水情况，确定高温下甘蓝节水灌溉制度，见表 8-12。

表 8-12 高温下甘蓝节水灌溉制度

模式	生育期	灌水时间	生育时期/天	灌水次数	灌水定额/(m^3/亩)	灌溉定额/(m^3/亩)	生育期均温/℃
第一茬	苗期	2月上旬至中旬	20～25	20～25	0.6	12～15	24
	莲座期	3月上旬至下旬	25～30	25～30	0.9	22.5～27	27
	结球期	4月上旬至下旬	25～30	25～30	1.0	25～30	31
第二茬	苗期	5月中旬至下旬	20～25	20～25	0.8	16～20	35
	莲座期	6月上旬至下旬	20～25	20～25	1.1	22～27.5	39
	结球期	7月上旬至中旬	20～25	20～25	1.2	24～30	42
第三茬	苗期	10月上旬至中旬	20～25	20～25	0.7	14～17.5	32
	莲座期	11月上旬至下旬	25～30	25～30	0.9	22.5～27	26
	结球期	12月上旬至次年1月下旬	25～30	25～30	0.9	22.5～27	25
全年		2月上旬至次年1月下旬	200～245	200～245	8.2	180.5～221	

(2) 阿联酋高温条件下种植夹竹桃的节水灌溉制度

夹竹桃喜温暖湿润气候，要求选择干燥和排水良好的地方栽植，也能适应较阴的环境，但庇荫处栽植花少色淡。

通过试验分析，综合夹竹桃各处理生长状况和耗水情况，确定高温下夹竹桃节水灌溉制度，见表 8-13。

表 8-13 高温下夹竹桃节水灌溉制度

生育期	灌水时间	生育时期/天	灌水次数	灌水定额/[L/(株·次)]	灌溉定额/(L/株)	生育期均温/℃
展叶期	2月上旬至4月下旬	90	15	12～16	180～240	23
开花期	5月上旬至10月下旬	180	36	15～20	540～720	39
坐果期	11月上旬至12月下旬	60	10	14～16	140～160	26
落果期	次年1月上旬至1月下旬	35	5	10～12	50～60	25
全年		365	66	51～64	910～1180	

8.1.2.3 极端高温沙化土壤风光互补节水灌溉设备安装

根据灌溉面积，选择不同型号的风光互补节水灌溉系统。包括风光互补发电、储水、过滤、增压灌溉、智能化控制系统等部分，主要原理是利用太阳能和风能为动力，通过提水、增压和智能化田间控制系统等程序，实现地下渗灌和农田高效节水灌溉。

(1) 安装前注意事项

1）安装工作应在晴朗无风的天气下进行。

2）由于阿拉伯国家夏季温度很高，安装风光互补节水灌溉设备须在专业人员指导下，做好防暴晒、抗紫外线等措施下才能实施。

3）请勿将控制器及蓄电池放在潮湿、雨淋、震动、腐蚀及强烈电磁环境中，也不要放置在太阳直射地方。

（2）安装前准备工作

1）检查工作。根据设备清单及配件检查包装箱内的部件及配件、说明书是否齐全，以确保组件正常进行。

2）准备工具。水泥桩（3个）、大锤、米尺、挖土工具、成套扳手、30cm活口扳手、万能表、螺丝刀、电线若干。

3）安装操作流程。①开挖地基。地基基础坑开挖尺寸应符合设计规定（60cm×60cm×60cm），混凝土强度等级不低于C25（混凝土的强度），基础内设电缆保护管，从基础中心穿出并应超出基础平面30～50cm，基坑须排除坑内积水。②风力发电机控制器安装。风力发电机控制器注意“+”“-”极，先接蓄电池，再接风力发电机。

4）太阳能电池板组件安装。按照设计高度将组件支架固定在风机支撑杆上，注意角度应与设计要求一致。将太阳能组件与组件支架固定好。

（3）滴灌管道的铺设

1）滴灌带在安装时需要注意防止堵塞，配套过滤系统。

2）铺设地上滴灌带注意不宜过紧，防止滴灌带管内进入沙、土等异物。

3）铺设地下渗灌管注意开沟整齐一致，沟深15～30cm，果树等根据树龄大小，绕树根基部铺设一圈，埋深15cm。安装完成后，通水进行检测。检查出水量和有无漏水点，发现漏点及时处理，然后填土掩埋。

8.2 中国盐碱化土壤水盐调控及持续利用模式

盐碱土壤理化性质不良，影响植物正常生长，是制约当地农业可持续发展的瓶颈之一。在盐碱土改良过程中研究学者经历了由消极被动到积极主动、由盐分治理到盐分调控、由单一措施到综合改良等认识的转变；逐渐意识到要根据地势、土壤盐碱分布和气候特点因地制宜地制定改良措施，使盐碱土壤得到有效遏制。通过长期对盐碱地改良与水盐调控技术的研究与应用，形成了中国碱化土壤、盐化土壤、碱化盐土等不同类型盐碱地水盐调控植物配置可持续利用模式，并取得了明显经济效益。

8.2.1 中国碱化土壤水盐调控乔-灌-草配置可持续利用模式

8.2.1.1 碱化土壤理化性质

中国碱化土壤理化性质见表8-14。

表 8-14　中国碱化土壤理化性质

土层/cm	含盐量/(g/kg)	pH	容重/(g/cm³)	碱化度/%
0～20	2.68	9.12	1.47	24.66
20～40	2.49	9.05	1.39	24.76
40～60	2.35	9.08	1.54	22.39
60～80	2.26	8.83	1.58	21.08
80～100	2.32	8.72	1.46	19.60

8.2.1.2　中国碱化土壤改良技术及效果

针对以上土壤理化性质，采用地面撒施脱硫石膏 2.75t/亩、糠醛渣 1.0t/亩、牛粪 3t/亩进行深翻改良，然后将枸杞套种西瓜等（图 8-3）。

图 8-3　碱化土壤改良种植枸杞套种西瓜田间效果

种植枸杞+西瓜生态恢复模式第 1 年盈利 609 元/亩，第 2 年盈利 3509 元/亩，第 3 年盈利 5912 元/亩，3 年内共盈利 10 030 元/亩。3 年后每年盈利 5912 元/亩以上，生态恢复经济效益显著。种植枸杞+甜高粱生态恢复模式第 1 年盈利 352 元/亩，第 2 年盈利 4215 元/亩，第 3 年盈利 5945 元/亩，3 年内共盈利 10 512 元/亩。3 年后每年盈利 5945 元/亩以上，生态、恢复经济效益显著（表 8-15）。碱化土壤改良后种植枸杞的成活率和保存率均高于 85.0%。其中，种植枸杞+甜高粱 3 年后的年纯收入均高于 5945 元/亩，可作为区域碱化土壤生态恢复可持续优先选择的模式。

表 8-15　中国碱化土壤可持续利用模式效益分析

项目	类别	第 1 年		第 2 年		第 3 年	
		枸杞+西瓜	枸杞+甜高粱	枸杞+西瓜	枸杞+甜高粱	枸杞+西瓜	枸杞+甜高粱
投入/(元/亩)	改良投入	325	325	0	0	0	0
	整地投入	180	180	150	150	150	150

续表

项目	类别	第 1 年		第 2 年		第 3 年	
		枸杞+西瓜	枸杞+甜高粱	枸杞+西瓜	枸杞+甜高粱	枸杞+西瓜	枸杞+甜高粱
投入/(元/亩)	滴灌投入	844	844	0	0	0	0
	种植投入	388	356	112	192	112	192
	管理投入	1216	893	1816	693	2716	2393
	合计	2953	2598	2078	1035	2978	2735
产量/(kg/亩)		62+1850	57+3100	120+2160	117+4350	216+2620	220+5200
产值/(元/亩)		3562	2950	5587	5250	8890	8680
效益/(纯收入)(元/亩)		609	352	3509	4215	5912	5945

注：1kg 枸杞干果=4kg 枸杞鲜果；枸杞鲜果采摘费 2.4 元/kg；枸杞产值=枸杞产量×30 元/kg；西瓜产值=西瓜产量×0.92 元/kg；甜高粱产值=甜高粱产量×0.4 元/kg；纯收入=总产值-总投入；滴灌设备五年不用更换。第一年，改良投入包括脱硫石膏（28 元/亩）、糠醛渣（42 元/亩）、秸秆（80 元/亩）、黄沙（25 元/亩）、有机肥（150 元/亩）；整地投入包括开沟（30 元/亩）、整地（150 元/亩）；滴灌投入 844 元/亩；种植投入包括西瓜种子 112 元/亩（0.4 元/株，280 株/亩），甜高粱种子 60 元/亩（30 元/kg，2kg/亩），枸杞苗子 276 元/亩（1.2 元/株，230 株/亩）；管理投入包括灌水（28 元/亩）、枸杞采摘费用（600 元/亩）、甜高粱收割费（80 元/亩），西瓜覆膜及人工费用（400 元/亩），肥料（80 元/亩）。第二年，整地投入（150 元/亩）；种植投入包括甜高粱种子 60 元/亩（30 元/kg，2kg/亩），西瓜种子 112 元/亩（0.4 元/株，280 株/亩）；管理投入包括灌水（28 元/亩）、枸杞采摘费用（1200 元/亩）、甜高粱收割费（80 元/亩）、西瓜覆膜及人工费用（400 元/亩）、肥料（80 元/亩）。第三年，整地投入 150 元/亩；种植投入包括甜高粱种子 60 元/亩（30 元/kg，2kg/亩），西瓜种子 112 元/亩（0.4 元/株，280 株/亩）；管理投入包括灌水（28 元/亩）、枸杞采摘费用（2100 元/亩）、甜高粱收割费（80 元/亩）、西瓜覆膜及人工费用（400 元/亩）、肥料（80 元/亩）。

8.2.1.3 中国碱化土壤水盐调控可持续利用模式技术方案

(1) 整地与开沟

土地整理技术主要包括深翻晒田、激光平地和深松耕等。造林前一年秋天，深翻晒田，熟化和增加土壤孔隙度。春季造林前，利用激光平地仪平整土地，田面平整误差≤3cm，保证灌水均匀，根据行距开沟。

(2) 改良物料施用方法

针对中度碱化土壤碱化度较高、容重高、有机质含量较低的问题，选择脱硫废弃物、糠醛渣和牛粪作为土壤改良与培肥物料。将土壤改良物料按比例分别施于土壤表面（80%）和树坑（20%），改善土壤理化性质。第 1 次施用在整地前，第 2 次施用在造林前，物料采用分期分批施用。第 1 次为地面撒施法，即施用总量的 80%，均匀撒施于地表，旋耕后犁翻使其与 20cm 土壤充分混匀；第 2 次为坑施法，即施用总量的 20%，按照单位面积数目株数，按比例将物料施入改良坑底部，并将其与坑底土壤混匀。

(3) 改良物料施用量

脱硫废弃物 0.8～1.2t/亩；糠醛渣 0.5～0.8t/亩；牛粪 2.5～3.0m^3/亩。

(4) 建立灌排系统

排水是碱化土壤生态恢复的关键技术，因此，必须建立健全灌排系统。灌排系统主要是明沟、暗沟结合。明沟间距 30m，沟深 1.5m；暗沟间距 10 ~ 12m，并与明沟相连通。

(5) 树坑垫层防碱技术

种植前，在树坑底部铺设 15 ~ 25cm 由秸秆等农业废弃物制成的垫层，也可以用机器打好的草捆铺设垫层。灌水后，碱性成分迅速淋洗到树坑垫层，根系快速脱碱；同时，树坑秸秆垫层逐渐变成了有机肥。

(6) 碱化土壤植被种植技术

乔灌木种植过程中，需将回填土与脱硫废弃物等改良物料按比例混合（比例为 5 : 1）进行回填，小树苗可以采用生根粉浸泡后栽植，初期以密植为主，以提高覆盖度。

(7) 及时破板结+去除碱斑+除草修剪田间管理技术

土壤灌水后常会出现返碱现象，且在地势较高地区会出现碱斑，因此，需要及时破板结。主要措施有在碱斑区域增施土壤改良物料，去除碱斑；在早春、降水和灌水后应及时除草、松土。

8.2.2 中国盐化土壤水盐调控乔灌草配置可持续利用模式

8.2.2.1 盐化土壤理化性质

中国盐化土壤理化性质见表 8-16。

表 8-16 中国盐化土壤理化性质

土层/cm	含盐量/(g/kg)	pH	容重/(g/cm^3)	碱化度/%
0 ~ 20	10.11	8.55	1.36	22.66
20 ~ 40	7.79	9.24	1.51	24.62
40 ~ 60	6.21	10.1	1.62	27.09
60 ~ 80	5.88	9.37	1.68	25.94
80 ~ 100	6.10	9.29	1.59	25.90

8.2.2.2 中国盐化土壤改良技术及效果

针对以上土壤理化性质，采用地面撒施脱硫石膏 0.75t/亩、糠醛渣 0.5t/亩、牛粪 3m^3/亩进行深翻改良，在田间间隔 9m 构建暗沟排盐，然后搭配种植，乔木种植速生杨、盐柳、垂柳，灌木种植乔木柽柳、金叶榆、山桃、紫穗槐以及点播沙打旺。试验准备工作如图 8-4 所示。乔-灌-草配置模式及间距如图 8-5 所示，乔-灌-草配置田间效果如图 8-6 所示，速生杨、盐柳和垂柳的保存率在 90% 以上，紫穗槐保存率在 95% 以上，金叶榆等灌木保存率在 85% 以上，植被覆盖度在 80% 以上。

(a) 撒施改良物料

(b) 暗沟铺设

图 8-4　试验准备工作

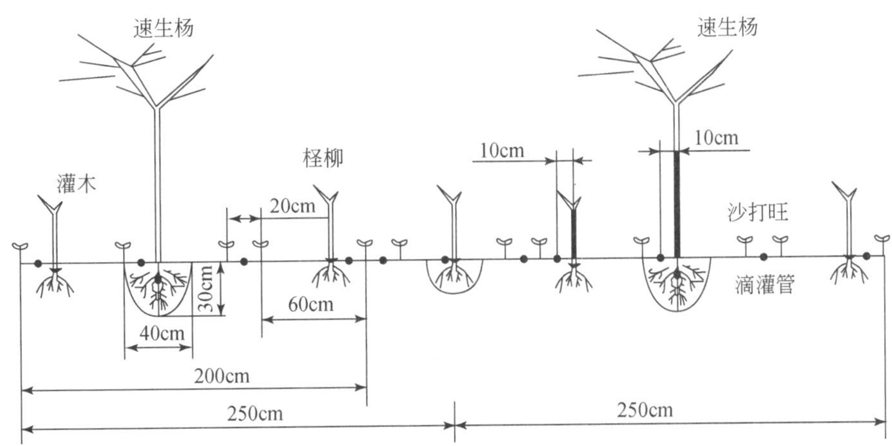

图 8-5　乔-灌-草配置模式及间距

图 8-6　乔-灌-草配置田间效果

8.2.2.3 中国盐化土壤水盐调控可持续利用模式技术方案

(1) 整地与起垄

种植前要求深松翻（深度为40~50cm），平整土地，用大型起垄机械起垄，垄高（垄面到垄沟的高度）≥0.8m，垄间距≤4m，垄面宽≤2m。

(2) 移栽

选用带营养土球的植物苗，乔木种植在垄中间，株距3m，树穴直径0.4m，深度0.3m，穴内填充非盐渍土；灌木交错种植在垄面两侧距离垄间20cm处，其配置方式为每垄两行不同种类灌木；草本行播于垄面，离滴灌带间距10cm左右。

(3) 滴灌带铺设及草帘覆盖

在垄中心及灌木种植行铺设滴灌带。

(4) 水盐调控

将水盐调控灌溉分为三个阶段，分别为3~5天的强化淋洗阶段、控制土壤水基质势在-5kPa以上的常规盐分淋洗阶段和控制土壤水基质势在-20kPa以上的精准水盐调控阶段。每年生育期开始和结束分别进行春灌和冬灌，灌水量均为40mm。

(5) 滴灌施肥

常规盐分淋洗阶段和精准水盐调控阶段均可根据需要，在每次的灌溉水中加入液体肥料或速溶性固体肥料，进行滴灌施肥以补充养分。总的施肥量为常规客土绿化施肥量。建议氮：磷：钾的比例为5：4：3，其中施氮量为10g/(m^3·a)，施磷量为8g/(m^3·a)，施钾量为6g/(m^3·a)。重度盐碱地上建议采用尿素、磷酸、磷酸二氢钾或硝酸钾充当氮肥、磷肥和钾肥。

(6) 田间管理

在每个灌溉季节开始前，应检查地面管网、各级阀门、连接管件、田间管网、滴灌带/管等是否有缺损，如有缺损应及时更换或修理。滴灌系统安装完，在灌溉前必须进行管道冲洗，冲洗次序为干管、分干管、支管，最后是毛管。滴灌系统运行每隔2~3个月后要对管道再次进行冲洗。

定期对苗木进行整形修剪，根据各种苗木的生态特性，采用相对应的修剪方式，防止大风对苗木的影响。此外，要做好植物过冬防护。当年刚栽植的苗木可以在主干部分刷一层熟石灰。

(7) 病虫害防治

病虫害防治应当做到及时全面有效，必须以“预防为主、综合防治”为原则，同时注意保护环境，减少农药污染。

8.2.3 中国低洼盐碱地造林和植被恢复与持续利用关键技术模式

(1) 低洼盐碱地理化性质

中国低洼盐碱地理化性质见表8-17。

表 8-17 中国低洼盐碱地理化性质

土层/cm	含盐量/(g/kg)	pH	容重/(g/cm^3)	碱化度/%
0 ~ 20	8.91	8.77	1.61	23.15
20 ~ 40	9.28	8.20	1.22	18.89
40 ~ 60	10.23	8.54	1.43	20.24
60 ~ 80	12.80	8.62	1.54	23.64
80 ~ 100	11.98	8.02	1.32	17.65

(2) 中国低洼盐碱地改良技术及效果

针对土壤理化性质，采用地面撒施脱硫石膏 0.75t/亩、糠醛渣 0.5t/亩、牛粪 3m^3/亩进行深翻改良，在田间间隔 9m 构建暗沟排盐，然后种植垂柳、甜高粱等。暗沟机械化开沟示意图如图 8-7 所示，低洼盐碱地暗沟排盐田间效果如图 8-8 所示，垂柳保存率为 93%，植被覆盖度为 45%。垂柳搭配甜高粱种植，植被覆盖度在 70% 以上。

图 8-7 暗沟机械化开沟示意图

图 8-8 低洼盐碱地暗沟排盐田间效果

(3) 中国低洼盐碱地水盐调控可持续利用模式技术方案

1) 深翻+激光平地+深松的土地整理技术。造林前对土壤进行深翻 (30cm) 和深松 (50～70cm), 打破盐碱土壤的不透水层, 改善土壤物理性质, 提高土壤孔隙度, 增加透水性。同时, 利用激光平地仪平整土地, 田面平整误差≤3cm, 保证灌水均匀, 防止灌水后出现盐斑碱斑。

2) 土壤改良与施肥技术。选取脱硫废弃物、改良剂、黄沙作为土壤改良物料, 选择牛粪作为有机肥。将脱硫废弃物、改良剂、有机肥按比例分别施于土壤表面 (80%) 和树坑 (20%), 改善土壤理化性质。脱硫废弃物适用于碱化度>5%、总碱度>0.3cmol/kg 的盐碱土壤。针对不同程度盐碱土壤, 脱硫废弃物推荐的施用量为重度碱化土壤施用 1.6～1.8t/亩 (碱化度≥30%); 中度施用 1.2～1.4t/亩 (15%≤碱化度<30%); 轻度施用 0.8～1.0t/亩 (碱化度<15%) 脱硫废弃物的最佳施用时期为夏秋季。施用时, 将脱硫废弃物均匀撒施于地表, 结合耕地或旋耕翻入土中, 深度≥25cm, 使脱硫废弃物与土壤混合均匀。

土壤改良剂 (宁夏大学专利) 施用: 重度碱化土壤施用 1.0t/亩 (碱化度≥30%); 中度施用 0.75t/亩 (15%≤碱化度<30%); 轻度施用 0.5t/亩 (碱化度<15%); 撒施于地表深翻或旋耕。专用改良剂的最佳施用时期为秋季。施用时, 将专用改良剂均匀撒在地表后采用旋耕机旋耕入土, 施用深度为≥25 cm, 耙、耱、耥使其与土壤耕作层充分混匀。

有机肥施用: 有机肥主要为腐熟的牛粪、羊粪、猪粪或鸡粪。根据项目周边有机肥状况, 推荐使用腐熟的牛粪。

3) 灌溉技术。灌溉在脱硫废弃物等土壤改良物料第 1 次施用后, 多次灌水浸泡, 每次浸泡时间在 24h 以上, 保证改良物与碱性成分充分反应, 提高脱盐效率。浸泡后采用耙、耱等农艺措施进行保墒, 防止返盐。第 2 次灌溉在春季植树前, 灌水量 200～230m^3/亩。树木生长期间采用常规灌溉法。

4) 暗沟排水排盐碱技术。局部埋设暗管或挖排盐沟, 深度 1.5m 以下, 宽度 60～80cm, 暗沟间距 5～15m, 沟底铺设 40cm 砾石或其他垫层, 上面覆土种植。

5) 树坑垫层防碱技术。种植前, 在树坑底部铺设 15～25cm 由秸秆等农业废弃物制成的草垫, 也可以用机器打好的草捆铺设垫层, 增加根系渗水的同时防止返盐碱。

6) 苗木栽植技术。种植前挖坑铺设垫层, 回填掺有脱硫废弃物、改良剂和有机肥的土壤至种植层 (30cm 左右), 栽树 (三埋两踩一提苗), 小树苗可以采用生根粉浸泡后栽植, 初期密植以提高覆盖度防止返盐, 后期稀疏至标准间距即可。

7) 大水漫灌+破板结+去除盐斑碱斑+除草修剪田间管理技术。为了提高碱性钠离子置换能力, 冬灌和第 1 次冬灌均需采用大水漫灌方式, 让土壤改良剂与土壤碱性成分充分反应。碱化土壤灌水后会出现返盐碱现象, 且在地势较高地区会出现盐斑碱斑, 需及时破板结。在盐斑碱斑区域增施土壤改良物料, 去除盐斑碱斑。在早春、降水和灌水后应及时除草、松土, 每年 1～2 次。

8) 树种选择。改良当年选择耐盐碱较好的植物品种, 如沙枣、柽柳、紫穗槐、枸杞、垂柳、刺槐、胡杨等, 改良第 2 年林间可以增加耐盐碱性金叶榆、丁香、月季、丝棉木、黑麦草、早熟禾、景天、马莲、苜蓿等灌草。

9）其他注意事项。盐碱荒地造林前最好在秋冬季深耕翻，第一次灌水量要大，同时注意防止返盐。可采取深松耕、增施有机肥等措施改良土壤结构，增强土壤保水保肥能力，减少水分蒸发，抑制返盐。还可采用秸秆或薄膜覆盖防止返盐。

8.3 澳大利亚盐碱土壤水盐调控乔灌草配置可持续利用模式

澳大利亚有将近 1/3 的面积是盐碱地，约有 200 万 hm^2 盐碱化农田，每年因盐碱化使澳大利亚农业蒙受 13 亿澳元损失。

有学者在澳大利亚沿海地带发现了一种喜盐、吸水性强的植物——盐生灌木，学名滨藜。这种植物不但容易在盐碱地生长，而且还有非常发达的根系，可以较快地降低地下水位，并大量吸收土壤盐分，是山羊、绵羊的优质饲草。牲畜吃盐生灌木树叶后身体发育良好，体格健壮。因此，澳大利亚农民在盐碱地改良的初期就得到一定的畜牧业方面的收益。

澳大利亚盐碱地主要分布在地势较低的区域，通过开展盐碱地改良种植乔灌草配置试验，得到较好的经济效益和生态效益。澳大利亚盐碱土壤水盐调控乔灌草配置可持续利用模式如下。

1）土地整理技术。土地整理技术主要包括深翻晒田、激光平地和深松耕等。深翻晒田，达到熟化和增加土壤孔隙度的目的。造林前，利用激光平地仪平整土地，田面平整误差≤3cm，保证灌水均匀。

2）暗沟排盐碱技术。盐随水来、随水去。针对地下水位高，土壤容重高的盐碱化土壤，需设置暗沟、暗管来提高灌水排盐碱的速度，同时可降低地下水位。

3）改良物料施用。针对盐碱化土壤碱化度较高、容重高、有机质含量较低的问题，选择脱硫废弃物、糠醛渣和牛粪作为土壤改良和培肥物料。

将土壤改良物料按比例分别施于土壤表面（80%）和树坑（20%），改善土壤理化性质。第 1 次施用在整地前，第 2 次施用在造林前，物料采用分期分批施用。第 1 次为地面撒施法，即施用总量的 80%，均匀撒施于地表，旋耕后犁翻使其与 20 cm 土壤充分混匀；第 2 次为坑施法，即施用总量的 20%，将物料施入坑底部，并将其与坑底土壤混匀。脱硫废弃物 0.5 ~ 1.0t/亩；糠醛渣 0.3 ~ 0.5t/亩；牛粪 2.0 ~ 2.5m^3/亩。

4）建立灌排系统。排水是碱化盐土生态恢复的关键技术，因此，必须建立健全灌排系统，灌排系统主要是明沟、暗沟结合。

5）灌水洗盐技术。冬灌、春灌均采用大水漫灌方式，大水漫灌洗盐 3 次，每次灌水量控制在 220m^3/亩。灌溉需在脱硫废弃物等土壤改良物料第 1 次施用后进行。灌水洗盐后耙、耱、保墒破除板结，防止返盐。林草种植后生长期间每次灌水量控制在 120m^3/亩，每次灌水后耙、耱、保墒破除板结。

6）树坑垫层防盐碱技术。种植前，在树坑底部铺设 10cm 左右由秸秆等农业废弃物制成的垫层，可在灌水洗盐过程中加速树坑土壤脱盐脱碱。同时，夏季地面蒸发较强时，垫层阻隔土壤水分上下移动，防止返盐。

7）盐生灌木林间作、轮作农作物，或休耕放牧。宽行种植的澳大利亚滨藜生长3～4年后，地下水位大大降低，土壤中的含盐量明显减少，然后在盐生灌木树行间种植大麦、燕麦等作物。在种完第一茬作物后，一般休耕一年（放牧），让土壤地力自然恢复。其后，农民免耕种植豆科作物，如苜蓿、鹰嘴豆或燕麦等，主要目的是继续恢复和培肥地力。

8）循序渐进，逐步改良。在改造盐碱地时采用分步法，把大面积的盐碱地分成不同的地块，分期、分批地重复上述的做法，使大片的盐碱地逐步得到改良。此外，收获农作物时，在田间保留足够的根茬，以免土壤裸露，达到保护环境和增加土壤有机质的目的。

8.4 美国盐碱土壤水盐调控乔灌草配置可持续利用模式

美国盐碱地主要分布在地势较低的沿河区域，通过开展盐碱地改良种植乔灌草配置试验，得到较好的经济效益和生态效益。自1974年开始实施“科罗拉多河盐碱控制计划”，主要是采取渠道衬砌以减少渗漏；鼓励采用喷灌和滴灌，提高灌溉效率；减少咸水排泄量；拦截地下咸水；对灌区排出的含盐量很高的水，经淡化水厂处理等；以及把灌区的排水道延至加利福尼亚湾直接入海等。

美国盐碱生态修复不仅改善盐碱地区的生态环境，丰富当地绿化景观格局，为生物多样性提供新的生境，同时还能更好地解决盐碱地区环境发展及经济发展中遇到的问题，为实现社会、经济和生态良性循环及可持续发展，提供广阔空间。美国盐碱土壤水盐调控乔灌草配置可持续利用模式如下。

1）区域性配备水利设施改良。在盐碱化土壤地区，配备完善的灌、排水设施，在雨季及时把含有盐碱的水排出，达到区域脱盐的目的。

2）培肥土壤，增施有机肥。有机肥在土壤中分解成腐殖酸，具有改善土壤酸碱性，促进植物体内的酶活性、物质的合成、运输和积累，增施有机肥有利于快速改良盐碱地。

3）客土改良。在重度盐碱地，经常出现盐斑，治理方法是将盐斑处深挖40cm，客土回填。

4）覆砂改良。盐碱化程度较轻的土壤，施用4m^3/亩的砂土，掺入土壤耕层，防止返盐。

5）化学改良。中重度盐碱地通常施用2000～2300kg/亩的脱硫石膏和一定量的腐殖酸作为基肥进行改良，见效快，需多次施用。

参 考 文 献

鲍超，方创琳．2006. 内陆河流域用水结构与产业结构双向优化仿真模型及应用．中国沙漠，26（6）：1033-1040.

鲍超，方创琳．2008. 干旱区水资源开发利用对生态环境影响的研究进展与展望．地理科学进展，（3）：38-46.

蔡鸿毅，程诗月，刘合光．2017. 农业节水灌溉国别经验对比分析．世界农业，（12）：4-10.

曹国栋．2006. 现代节水农业技术的研究进展及发展趋势．农产品加工，（6）：57-60.

柴海珍．2015. 甘肃省土地资源可持续性利用研究．时代农机，42（7）：55-57.

陈海霞．2016. 有机肥抛撒机设计与试验．农村牧区机械化，（5）：12-15.

陈敏．2014. 西北地区沙产业可持续发展研究．现代矿业，30（4）：159-162.

陈敏建，王浩，王芳，等．2004. 内陆河干旱区生态需水分析．生态学报，24（10）：2136-2142.

陈平．2011. 华北地区常用的土壤改良措施与方法．科技风，（9）：225.

陈天慧．2018a. 美国水资源的开发利用之主要调水工程概述．企业科技与发展，（8）：158-159.

陈天慧．2018b. 美国重点调水工程之中央河谷工程概述．科技风，（21）：102-133.

陈伟．2016. 对我国干旱半干旱地区土壤盐渍化问题研究．农业科技与信息，（8）：85.

陈晓杰．2011. 日光温室节水灌溉技术．农业科技与装备，（4）：102-103，105.

陈永金，陈亚宁，李卫红，等．2006. 塔里木河下游输水条件下浅层地下水化学特征变化与合理生态水位探讨．自然科学进展，16（9）：1130-1137.

程国栋，赵传燕．2006. 西北干旱区生态需水研究．地球科学进展，21（11）：1101-1108.

程国栋．2003. 虚拟水——中国水资源安全战略的新思路．中国科学院院刊，（4）：260-265.

程积民，陈国良．1996. 黄土丘陵区小流域综合治理研究——以固原上黄试区为例．土壤侵蚀与水土保持学报，（3）：42-47.

慈龙骏，贾宝全．2000. 新疆生态用水量的初步估算．生态学报，（2）：243-250.

党进谦，张新和，李靖．2003. 水土保持与耕地资源持续利用．农业工程学报，（6）：285-288.

范琳，邓晶．2018. 宁夏退化土地生态修复工程规划．陕西林业科技，46（6）：110-114，123.

方创琳．2002. 黑河流域生态经济带分异协调规律与耦合发展模式．生态学报，22（5）：699-708.

冯浩．2001. 小流域雨水资源化潜力及网络化利用模式研究．西安：西北农林科技大学博士学位论文．

冯浩，邵明安，吴普特．2001. 黄土高原小流域雨水资源化潜力计算与评价初探．自然资源学报，（2）：140-144.

弗里亚斯，李红梅，孔祥林．2011. 美国可持续水规划采用的水资源管理技术．水利水电快报，32（9）：1-4.

高凤．2013. 双螺旋变螺距旋耕起垄机的研究与设计．南昌：江西农业大学硕士学位论文．

高新生．2017. 新疆沙产业的发展历程和前景分析．吉林农业，（11）：107.

耿庆玲．2014. 西北旱区农业水土资源利用分区及其匹配特征研究．北京：中国科学院研究生院（教育部水土保持与生态环境研究中心）博士学位论文．

耿艳辉，闵庆文．2004. 西北地区水土资源优化配置问题探讨．水土保持研究，（3）：100-102.

关惠平，王生花．2002. 甘肃河西走廊水资源与生态环境状况分析．兰州铁道学院学报（自然科学版），21（4）：17-21.

郭蓓，邱丽娟，李向华．1999. 植物盐诱导基因的研究进展．农业生物技术学报，（4）：401-408.

郭金平．2007. 基于虚拟样机技术的多功能开沟机液压系统建模与仿真．西安：西安建筑科技大学博士学位论文.
郭文聪，樊贵盛.2011. 原生盐碱荒地的盐分积累与运移特性. 农业工程学报，27（3）：84-88.
何金祥.2009. 简论澳大利亚土地资源管理的若干发展趋势（上）. 国土资源情报，（10）：2-8.
何进，李洪文，张学敏，等.2009. 1QL-70 型固定垄起垄机设计与试验. 农业机械学报，40（7）：55-60.
河南水利厅赴埃及、南非、阿联酋进水利工程建设与管理考察访问团.2012. 埃及、南非、阿联酋三国水利工程建设管理及水资源管理体制给我们的启示. 河南水利与南水北调，23：10-12.
黄金良，卢豪良，王思齐.2018. 可持续雨水管理与海绵城市构建的美国经验. 中国环境管理，10（5）：97-103.
黄月艳.2010. 荒漠化治理效益与可持续治理模式研究. 北京：北京林业大学博士学位论文.
计矗，贾义.1990a. 美国西部盐碱土改良利用状况的考察报告. 宁夏农林科技，（1）：49-52.
计矗，贾义.1990b. 美国西部盐碱土改良利用状况的考察报告（续）. 宁夏农林科技，（2）：43-46.
贾宝全，慈龙骏，杨晓晖，等.2000. 人工绿洲潜在景观格局及其与现实格局的比较分析. 应用生态学报，（6）：912-916.
贾颖娜，赵柳依，黄燕.2016. 美国流域水环境治理模式及对中国的启示研究. 环境科学与管理，41（1）：21-24.
江凌，肖燚，饶恩明，等.2016. 内蒙古土地利用变化对生态系统防风固沙功能的影响. 生态学报，36（12）：3734-3747.
江雪飞.2007. 温室甜瓜（Cucumis melo L.）对咸水灌溉的适应机理研究及盐害发生的风险分析. 杨凌：西北农林科技大学博士学位论文.
江雪飞，乔飞，邹志荣.2007. 咸水灌溉对砂培甜瓜各器官生长和盐离子分布的影响. 西北农林科技大学学报（自然科学版），（8）：114-120.
姜海刚.2013. 秋季全膜覆盖增产机理及关键技术. 农村经济与科技，24（4）：173，177.
姜艳丰.2018. 内蒙地区荒漠沙化防治对策探析. 现代园艺，（20）：184-186.
蒋林君，李丹.2015. 小城镇水资源利用与保护指南. 天津：天津大学出版社.
焦炳忠.2017. 宁夏扬黄灌区不同灌溉模式对玉米生长及土壤水分时空分布的影响. 银川：宁夏大学博士学位论文.
金蓉，石培基，王雪平，等.2005. 张掖绿洲水循环经济发展探讨. 中国沙漠，25（6）：922-927.
孔令涛.1999. 世纪忧患-阿拉伯国家的水资源问题. 阿拉伯世界，2：18-21.
李彬，王志春，孙志高，等.2005. 中国盐碱地资源与可持续利用研究. 干旱地区农业研究，（2）：154-158.
李芳松.2013. 对新疆土地资源可持续利用的探讨. 新疆农垦科技，36（5）：67-69.
李海英，彭红春，牛东玲，等.2002. 生物措施对柴达木盆地弃耕盐碱地效应分析. 草地学报，（1）：63-68.
李佳鸣，冯长春.2019. 基于土地利用变化的生态系统服务价值及其改善效果研究——以内蒙古自治区为例. 生态学报，（13）：1-9.
李金耀，张富春，马纪，等.2003. 采用 RT-PCR 扩增方法从犁苞滨藜中扩增 NHX 基因. 植物生理学通讯，（6）：585-588.
李俊国.2008. 西吉县聂家河流域水资源高效利用技术研究. 杨凌：西北农林科技大学硕士学位论文.
李俊国，张彦仁，苟斌.2008. 西吉县聂家河流域库坝池窖水资源应用研究. 陕西林业科技，（1）：28-31.
李凯，毛罕平，李百军.2001. 实时施肥灌溉自动控制系统的研制. 江苏理工大学学报（自然科学版），

（1）：12-15，78.
李克尧 . 2007. 双行起垄犁的开发与试验分析 . 南方农机，（3）：28-29.
李鹏飞 . 2011. 高速公路服务区雨水利用技术研究 . 西安：长安大学硕士学位论文 .
李晓菊 . 2007. 西北地区土地资源非持续性利用研究 . 兰州交通大学学报，（5）：37-39.
李新虎，宋郁东，李岳坦，等 . 2007. 湖泊最低生态水位计算方法研究 . 干旱区地理，30（4）：526-530.
李学平，刘萍 . 2016. 深旋耕秸秆还田对内陆盐碱地土壤肥力和作物产量的效应 . 江苏农业科学，44（1）：133-135.
李阳 . 2017. 新疆未利用土地开发评价与动态变化研究 . 北京：中国地质大学（北京）博士学位论文 .
李勇，王超，杨金虎 . 2003. 蓄集雨水污染成因分析及防治对策 . 干旱区资源与环境，（4）：108-112.
李运辉，陈献耘，沈艳忱 . 2006. 美国调水工程社会经济效益与生态问题研究 . 水利经济，（1）：74-76，84.
刘宝勤，封志明，姚治君 . 2006. 虚拟水研究的理论、方法及其主要进展 . 资源科学，28（1）：120-127.
刘福汉，王遵亲 . 1993. 潜水蒸发条件下不同质地剖面的土壤水盐运动 . 土壤学报，（2）：173-181.
刘国良，何伟宁，赵毅彬，等 . 2006. 温室电动松土机松土部件的数学研究 . 农业装备与车辆工程，（5）：9-11.
刘鹏举 . 2018. 推进山水林田湖草生态修复，建设美丽中国 . 环境与发展，30（10）：6-7.
刘庆庭，莫建霖，李廷化，等 . 2011. 我国甘蔗种植机技术现状及存在的关键技术问题 . 甘蔗糖业，（5）：52-58.
刘莎，孙鹏举，毛翔南 . 2015. 土地整理是甘肃省土地资源可持续发展的必然选择 . 农业科技与信息，（1）：60-61，68.
刘希锋，孙士明，钱晓辉，等 . 2016. 有机肥撒施机的种类与性能分析 . 农机化研究，38（6）：259-263.
刘小勇，吴普特 . 2000. 雨水资源集蓄利用研究综述 . 自然资源学报，（2）：189-193.
刘黎明 . 2010.《土地资源学》（第五版）. 北京：中国农业大学出版社 .
刘振让 . 2007. 自动草帘编织机 . http://cprs. patentstar. com. cn/Search/Detail? ANE=9BGA8HBA9IFE9EGH7FAA9HHF9HHFFHIABIBABCIA8BHA8CBA［2019-7-16］.
吕长山，李瑞兰，孙文军，等 . 2000. 日光节能温室中节水增效的几项技术措施 . 黑龙江农业科学，（3）：26-27.
罗先香，杨建强 . 2003. 中国西北干旱区水资源可持续利用对策研究 . 地域研究与开发，（1）：73-76.
罗岩，王新辉，沈永平，等 . 2006. 新疆内陆干旱区水资源的可持续利用 . 冰川冻土，（2）：283-287.
马承新 . 1999. 美国加州农业节水灌溉及其启示 . 中国农村水利水电，（1）：40-41.
马德娣 . 2010. 室内模拟降雨地表径流污染物输移规律 . 兰州：兰州交通大学博士学位论文 .
马金虎，杜守宇，李海阳，等 . 2007. 秋覆膜抗旱节水种植技术 . 宁夏农林科技，（5）：80，115.
马艳平，周清 . 2007. 中国土地沙漠化及治理方法现状 . 江苏环境科技，（S2）：89-92.
毛振强，宇振荣，马永良 . 2003. 微咸水灌溉对土壤盐分及冬小麦和夏玉米产量的影响 . 中国农业大学学报，（S1）：20-25.
孟炜 . 2009. 温室电动松土机的研制 . 泰安：山东农业大学博士学位论文 .
孟炜，李明利，李汝莘 . 2009. 温室电动松土机的研制 . 山东农业大学学报（自然科学版），40（2）：269-272.
莫正军 . 2011. 中东水资源安全问题研究 . 湘潭：湘潭大学博士学位论文 .
穆兴民，徐学选，陈国良 . 1992. 黄土高原降雨量的地理地带性研究 . 水土保持通报，（4）：27-32.
聂永珍 . 2009. 保护性耕作机具选型中的一些经验 . 农业机械，（19）：91.

牛东玲，王启基．2002. 盐碱地治理研究进展．土壤通报，33（6）：449-455.
牛文全，冯浩，高建恩，等．2005. 流域雨水利用智能决策系统的研制与开发．干旱地区农业研究，（4）：165-168，185.
庞奖励，黄春长，孙根年．2001. 西安污灌区土壤重金属含量及对西红柿影响研究．土壤与环境，（2）：94-97.
朴海平．2011. 一种自动草帘机．http://cprs. patentstar. com. cn/Search/ResultList? CurrentQuery = KOS4gOenjeiHquWKqOiNieW4mOacui9ZWSk = &type = cn［2019-7-16］.
朴义浩．1990. 草袋自动编织机．http://cprs. patentstar. com. cn/Search/Detail? ANE = 9FAE9BEF9GIH9GHE9CFHAGFA9BDD5CDA［2019-7-16］.
祁丽燕．2010. 城市雨水资源利用分析．水科学与工程技术，（S1）：35-36.
钱正英，沈国舫，潘家铮．2004. 西北地区水资源配置生态环境建设和可持续发展战略研究（综合卷）. 北京：科学出版社.
乔光建，马静，刘斌．2010. 北方干旱地区日光温室大棚节水技术及效益分析．水利经济，28（1）：59-62，78.
覃国良．2009. 链式开沟机刀具优化设计及其切削过程的数值模拟．武汉：华中农业大学硕士学位论文.
覃国良，廖庆喜，周善鑫，等．2009. 基于 MATLAB 的链式开沟机功耗的优化设计与分析．湖北农业科学，48（1）：210-214.
任宝香．2011. 关于机械化深松的探讨．当代农机，（1）：66-67.
任万芳．2017. 全球化视角下的英美国家社会文化研究 2. 长春：东北师范大学出版社.
邵玉翠，任顺荣，廉晓娟，等．2009. 盐渍化土壤施用有机物-脱硫石膏改良剂效果的研究．水土保持学报，23（5）：175-178，183.
沈桂花．2018. 美国水资源多层次治理体系及其对中国的启示．晋中学院学报，35（6）：9-13.
司慧娟．2018. 青海省国土空间综合功能分区与管制研究．北京：中国地质大学（北京）.
宋辉．2016. 2000 ~ 2010 年陕西省土地利用/覆被及生态退化时空特征研究．西安：西北大学硕士学位论文.
宋卫堂．2000. 2FL-I 型离心式化肥撒施机．农业机械化与电气化，（5）：30.
粟晓玲，康绍忠．2003. 生态需水的概念及其计算方法．水科学进展，14（6）：740-744.
孙建伟．2007. 邯郸市雨水利用及入渗补给地下水的研究．邯郸：河北工程大学硕士学位论文.
孙朦朦．2015. 对约翰·韦斯利·鲍威尔 1878 年《美国干旱地区土地调查报告》的探究．沈阳：辽宁大学硕士学位论文.
孙三祥，马德娣，张国珍，等．2010. 模拟降雨地表径流污染物输移规律试验研究．水土保持学报，24（2）：44-47.
孙兆军，何俊，韩磊，等．2012. 零能耗风光互补全自动精准节水灌溉系统 http://cprs. patentstar. com. cn/Search/Detail? ANE = 4CAA9GEB8BGA2BAA9IBC9FEA7DAA9HDHBHEA9HCB9DIH3BAA［2019-7-16］.
唐豪杰．2017. 简析西北地区荒漠化的防治．绿色环保建材，（9）：238.
田龙．2016. 西北旱区土地资源安全综合评价．杨凌：西北农林科技大学硕士学位论文硕士学位论文.
土地利用管理处．2013. 当前青海省土地管理形势与建议．青海国土经略，（6）：32-34.
万育生，张继群，姜广斌．2005. 我国水资源管理制度的研究．中国水利，（7）：16-20.
汪恕诚．2003. 资源水利——人与自然和谐相处（修订版）. 北京：中国水利水电出版社.
汪秀丽．2007. 河流生态流量浅论．水利电力科技，33（1）：20-29.
王长军，徐秀梅．2012. 宁夏地区土地退化现状及对策．现代农业科技，（21）：339-341.

王春峰 . 2014. 国内外坎儿井综述 . 地下水，36（6）：28-30.
王发明 . 2011. 机械化深松技术和机型选择 . 农业开发与装备，（5）：56-58.
王芳，王浩，陈敏建，等 . 2002. 中国西北地区生态需水研究（2）——基于遥感和地理信息系统技术的区域生态需水计算及分析 . 自然资源学报，17（2）：129-137.
王红，柯炳繁 . 2000. 美国农业水土保护的经验 . 中国农村经济，（11）：75-78.
王佳丽，黄贤金，钟太洋，等 . 2011. 盐碱地可持续利用研究综述 . 地理学报，66（5）：673-684.
王京风 . 2010. 微型果园开沟机的设计分析与优化 . 杨凌：西北农林科技大学硕士学位论文 .
王俊 . 2014. 国外农业土壤质量管理对中国农田地力补偿的启示 . 世界农业，（2）：59-62.
王礼先 . 1991. 流域管理与林业科学 . 世界林业，4：50-56.
王力 . 2018. 宁夏同心旱地西瓜膜下滴灌水肥耦合试验研究 . 银川：宁夏大学硕士学位论文 .
王立祥 . 1989. 美国中西部旱区农业 . 干旱地区农业研究，（1）：76-82.
王联 . 2008. 论中东的水争夺与地区政治 . 国际政治研究，1：85-100.
王秋兵 . 2003. 土地资源学（面向 21 世纪课程教材）. 北京：中国农业出版社 .
王胜 . 2016. 一种新型盐碱地脱硫石膏改良剂专用撒施机 . http：//cprs. patentstar. com. cn/Search/Detail?ANE=7DCA5BEA5CCA8CAA9GHF9GFCAIIA5FAA9EAD9DED3AAA6DBA［2019-7-16］.
王伟 . 2011. 旋耕机工作机理与使用技术探析 . 农机使用与维修，（6）：60.
王伟，王淑琴 . 2007. 我国西部农村地下水利用中存在的问题及对策探讨 . 青海民族学院学报，（4）：100-102.
王晓娜 . 2013. 约旦河流域水资源国际政治问题研究 . 青岛：青岛大学硕士学位论文 .
王新平，赵春艳，加孜拉，等 . 2010. 不同土壤改良剂对新疆盐碱土壤的改良效果研究 . 灌溉排水学报，29（4）：133-135.
王秀兰，玉海 . 1998. 土地利用动态变化研究方法探讨 . 地理科学进展，8（8）：81-87.
王雪梅，唐梦迎，席瑞 . 2014. 新疆土地利用空间结构和布局分析 . 山东国土资源，30（6）：97-100.
王颖慧，蒙美莲，陈有君，等 . 2013. 覆膜方式对旱作马铃薯产量和土壤水分的影响 . 中国农学通报，29（3）：147-152.
王玉珍，刘永信，魏春兰，等 . 2006. 6 种盐生植物对盐碱地土壤改良情况的研究 . 安徽农业科学，（5）：951-952，957.
王云超 . 2004. 链式挖沟机挖沟器动态特性研究 . 长春：吉林大学硕士学位论文 .
王振生 . 1985. 2FYA—4. 2—2 液氨施肥机 . 新疆农垦科技，（3）：46-47.
王遵亲 . 1985. 对合理开发利用我国盐渍土资源的几点建议 . 干旱区研究，（1）：36-37.
魏由庆 . 1995. 从黄淮海平原水盐均衡谈土壤盐渍化的现状和将来 . 土壤学进展，23（2）：18-25.
翁伟 . 2006. HPB-Ⅳ型液压式生物质（秸秆）成型机的设计及试验研究 . 郑州：河南农业大学硕士学位论文 .
吴吉人，郎业广，韩梅，等 . 1964. 旋耕犁在盐碱地稻区耕作的农业意义 . 辽宁农业科学，（5）：27-30.
吴佳驹，王霄 . 2013. 浅谈美国水资源状况及应对措施 . 科技经济市场，（3）：47-49.
吴凯，王千 . 1997. 秸秆类覆盖物的覆盖参数的研究 . 农业工程学报，（A00）：282-287.
吴凌波，高聚林，木兰，等 . 2007. 不同覆膜方式对玉米表层土壤含水量、产量和水分利用效率的影响 . 内蒙古农业科技，（3）：18-20.
吴宁 . 2016. 2F50 有机肥撒施机开发研究 . 北京：中国农业机械化科学研究院硕士学位论文 .
夏玉立 . 2007. 澳大利亚西澳大利亚州水资源保障与水土保持经验 . 水利发展研究，7（8）：56-58.
肖峰，陈前利 . 2016. 浅谈新疆土地利用/覆被变化对生态环境的影响 . 农村经济与科技，27（7）：42-

43，140.
肖正昆 . 1998. 稻草加工设备——草席机及草帘机 . 粮油加工与食品机械，(6)：25，27.
辛学磊 . 2012. 基于生态足迹模型的青海省土地利用总体规划研究 . 北京：中国地质大学（北京）硕士学位论文 .
信乃诠 . 1998. 北方旱地农业研究与开发的重大进展与突破 . 干旱地区农业研究，(4)：4-11.
徐中民，龙爱华，张志强 . 2003. 虚拟水的理论方法及在甘肃省的应用 . 地理学报，58（6)：861-869.
许迪，康绍忠 . 2002. 现代节水农业技术研究进展与发展趋势 . 高技术通讯，(12)：103-108.
严登华，王浩，王芳，等 . 2007. 我国生态需水研究体系及关键研究命题初探 . 水利学报，38（3)：267-273.
杨宝中，徐君冉，雷霞，等 . 2008. 河南省干旱特点及水资源开发利用的研究 . 华北水利水电学院学报，(4)：1-3.
杨化伟，刘利明 . 2008. 基于 SolidWorks 的水平直元线犁体曲面参数化设计 . 农业装备与车辆工程，(9)：22-26.
杨立彬，王树生，于继洋 . 1998. 草帘机 . http：//cprs. patentstar. com. cn/Search/Detail? ANE = FFIA9CBB9GCB8EEA9FBA9IEF1AAADIFA［2019-7-16］.
杨璐瑶，王永涛，张和喜，等 . 2016. 一种风光电互补提水灌溉控制装置 . http：//cprs. patentstar. com. cn/Search/Detail? ANE=9AHA7EDA8EDA9HDH9HHH9EID9DDCBEIA9CGE9BHE6DBADGGA［2019-7-16］.
杨志峰，崔保山，刘静玲，等 . 2003. 生态环境需水量理论、方法与实践 . 北京：科学出版社 .
姚发业，岳钦艳，刘文英 . 2001. 人口增长对资源的压力分析 . 中国人口·资源与环境，11（51)：90-91.
姚喜军，吴全，靳晓雯，等 . 2018. 内蒙古土地资源利用现状评述与可持续利用对策研究 . 干旱区资源与环境，32（9)：76-83.
叶湾大，张建瓴 . 2010. 一种小型旋耕起垄机的设计 . 现代农业装备，(4)：44-46.
尤泳 . 2008. 我国草地的机械改良技术发展分析//中国奶业协会 . 中国奶业协会年会论文集 2008（上册). 中国奶业协会：中国奶牛编辑部 .
于建国，孟庆华 . 2006. 植树挖坑机钻头主轴扭转振动数学建模与求解 . 林业科学，(11)：101-105.
余萍 . 2005. 美国节水及水资源开发利用的若干做法 . 城市道桥与防洪，(6)：183-185.
俞永科，王玫林 . 1997. 浅议柴达木盆地盐碱土成因与暗排技术的应用 . 青海环境，(1)：19-21.
袁安贵，李俊 . 2005. 西北地区水资源态势及可持续发展途径分析［J］. 资源开发与市场，(2)：129-131.
虞亚楠 . 2016. 陕西省土地利用变化图谱分析 . 杨凌：西北农林科技大学硕士学位论文 .
曾小辉 . 2016. 悬挂翻转式深翻犁的结构优化与性能试验 . 石河子：石河子大学硕士学位论文 .
占车生，夏军，丰华丽，等 . 2005. 河流生态系统合理生态用水比例的确定 . 中山大学学报（自然科学版），44（2)：121-124.
张恒 . 2017. 美国农业经济发展的政策研究 . 长春：吉林大学博士学位论文 .
张宏志，金飞 . 2014. 美国农业水资源利用与保护 . 世界农业（12)：130-133.
张俊华，贾科利，孙兆军 . 2009. 宁夏银北地区盐化土壤改良成效研究 . 干旱地区农业研究，27（6)：232-235.
张兰 . 2007. 阿联酋水资源综合评价 . 水利水电快报，28（23)：1-4.
张丽芳 . 2000. 浅议甘肃土地资源的可持续利用 . 国土资源科技管理，(3)：4-9.
张丽娟，韩江，王铁生 . 2000. 美国节水灌溉的现状 . 水土保持科技情报，(2)：59-60.

张亮亮 . 2017. 陕西省土壤与土地利用多样性关联分析 . 杨凌：西北农林科技大学硕士学位论文 .
张宁 . 2005. 中亚国家的水资源合作 . 俄罗斯中亚东欧市场，(10)：29-35.
张所续，张悦 . 2006. 美国水资源管理与利用 . 西部资源，(5)：40-41.
张太平 . 2002. 西北干旱地区水资源特征及利用 . 地下水，(3)：167-168.
张席儒，陈永东，董新光 . 1982. 新疆坎儿井利用与改良的调查研究 . 新疆农业大学学报，4：21-28.
张翔 . 2015. 西北旱区农业水土资源利用分区研究 . 杨凌：西北农林科技大学硕士学位论文 .
张晓梅 . 2017. 马铃薯秋覆膜垄上微沟种植技术优势及对策建议 . 现代农村科技，(7)：20-21.
张学伟 . 2017. 我国地下水资源开发利用现状及保护措施探讨 . 地下水，39 (3)：55-56.
张岩松，朱山涛 . 2012. 积极推进西北地区发展高效节水灌溉 . 中国水利，(21)：34-36.
张艳红，秦贵，秦国成，等 . 2011. 2F-5000 型链耙刮板式大肥量有机肥撒施机设计 . 农业机械，(21)：74-76.
张展羽 . 1998. 美国的水土保持及小流域治理 . 水利水电科技进展，(5)：8-12，67.
张竹胜，刘三明，程国明，等 . 2011. 一种风光互补灌溉系统 . http：//cprs. patentstar. com. cn/Search/Detail? ANE=9DEA9HFD9FGD9FDA9FEC1ABA9BGD8DBA9EIF9HDG9DHD9GBG [2019-7-16] .
赵宝峰 . 2010. 干旱区水资源特征及其合理开发模式研究 . 西安：长安大学博士学位论文 .
赵哈林，赵学勇，张铜会，等 . 2011. 我国西北干旱区的荒漠化过程及其空间分异规律 . 中国沙漠，31 (1)：1-8.
赵西宁 . 2004. 黄土高原雨水集蓄利用研究进展//中国水利学会雨水利用专业委员会 . 第四次全国雨水利用技术研究会暨学术年会专辑论文集 . 中国水利学会雨水利用专业委员会：《四川水利》编辑部 .
赵西宁，吴普特，王万忠，等 . 2005. 生态环境需水研究进展 . 水科学进展，(4)：617-622.
赵裕明，田云，史洁，等 . 2014. 国内外节水灌溉技术的发展及趋势 . 黑龙江科技信息，(30)：244，295.
赵芸晨，秦嘉海 . 2005. 几种牧草对河西走廊盐渍化土壤改土培肥的效应研究 . 草业学报，(6)：63-66.
郑青松，孙志国，赵海燕 . 2016. 盐土改良剂用撒施装置 . http：//cprs. patentstar. com. cn/Search/Detail? ANE=9BIC7CFA9CIC9EFF9HBB9HHF9CEG8AEA8GCA9DDGBIEACGIA [2019-7-16] .
钟华平，刘恒，耿雷华，等 . 2006. 河道内生态需水估算方法及其评述 . 水科学进展，17 (3)：430-434.
朱祖良 . 2009. 烟草生产机械化的现状与发展建议 . 农业装备技术，35 (3)：4-6.
祝建波 . 1995. 在高盐碱地区利用微区改土进行城市绿化 . 石河子农学院学报，(3)：37-40.
左建，孔庆瑞 . 1987. 沸石改良碱化土壤作用的初步研究 . 河北农业大学学报，(3)：58-64.
Abdelazim M N. 2017. Conventional Water Resources and Agriculture in Egypt. The Handbook of Environmental Chemistry.
Abdel-Gawad S，El-Sayed A I. 2008. The effective use of agricultural wastewater in the Nile river delta for multiple uses and livelihoods needs. Final report，National Water Research Center.
Adeel Z，Attia F. 2002. Summary Report of the Workshop. The 5th International Workshop："Sustainable Management of Marginal Drylands-Application of Indigenous Knowledge for Coastal Drylands" Alexandrina，E-gypt.
Adil A R. 1999. Integrated water resources management (IWRM)：an approach to face the challenges of the next century and to avert future crises. Desalination，124 (1-3)：145-153.
Agrawala S，et al. 2004. Development and climate change in Egypt：focus on coastal resources and the Nile. Organisation for Economic Cooperation and Development，Paris.
Bell L W，Hayes R C，Pembleton K G，et al. 2014. Opportunities and challenges in Australian grasslands：

pathways to achieve future sustainability and productivity imperatives. Crop and Pasture Science, 65 (6): 489.

Bell L W, Moore A D, Kirkegaard J A. 2014. Evolution in crop-livestock integration systems that improve farm productivity and environmental performance in Australia. European Journal of Agronomy, 57 (1): 10-20.

Bowler IR . 1976. The Adoption of Grant Aid in Agriculture. Transactions of the Institute of British Geographers (New Series), 1 (2): 143-158.

Bristow K L, Kluitenberg G J, Goding C J, et al. 2001. A small multi-needle probe for measuring soil thermal properties, water content and electrical conductivity. Computers and Electronics in Agriculture, 31 (3): 265-280.

Budyko M I . 1961. The Heat Balance of the Earth's Surface. Soviet Geography, 2 (4): 3-13.

Burton C J M . 1988. The history of the British Meteorological Office to 1905. Open University.

Cook P G, Kilty, S. 1992. A helicopter-borne electromagnetic survey to delineate groundwater recharge rates. Water Resources Research, 28 (11): 2953-2961.

Cook P G, Walker G R, Buselli G, et al. 1992. The application of electromagnetic techniques to groundwater recharge investigations. Journal of Hydrology, 130 (1-4): 201-229.

Cook P G, Walker G R, Jolly I D. 1989. Spatial variability of groundwater recharge in a semiarid region. Journal of Hydrology, 111 (1): 195-212.

Costa P M, Wilkinson T J. 1987. The hinterland of Sohar: archaeological surveys and excavations within the region of an Omani sea-faring city. Journal of Omani Studies, 9: 35-38.

Cunningham G M. 1986. Total catchment management resource management for the future. Journal of Soil Conservation New South Wales, 1986.

Dana L. Hoag, 韦向新. 2007. 美国的土壤保护：给中国农业借鉴. 广西农学报, (4): 89-93.

Deketh H J R, Grima M A, Hergarden I M, et al. 1998. Towards the prediction of rock excavation machine performance. Bulletin of Engineering Geology and the Environment, 57 (1): 3-15.

Delgado-Baquerizo M, Oliverio A M, Brewer T E, et al. 2018. A global atlas of the dominant bacteria found in soil. Science, 359.

Dillon P, Gale I, Contreras S, et al. 2009. Managing aquifer recharge and discharge to sustain irrigation livelihoods under water scarcity and climate change//Improving Integrated Surface & Groundwater Resources Management in A Vulnerable and Changing World Symposium Js3 at the Joint Convention of the International Association of Hydrological Sciences & the International Associaiton of Hydrogeologists Held in Hyderabad.

Donnelly J R, Moore A D, Freer M. 1997. GRAZPLAN: Decision support systems for Australian grazing enterprises—I. Overview of the GRAZPLAN project, and a description of the MetAccess and LambAlive DSS. Agricultural Systems, 54 (1): 57-76.

Dutton R. 1995. Towards a secure future for theAflaj in Oman. Conference proceedings water-resources management in arid countries. Muscat, Sultanate of Oman, 2: 16-24.

Egyptian Meteorological Authority. 2014. Drought condition and management strategies in Egypt.

El-Bedawy R. 2013. Water resources management: alarming crisis for Egypt. Journal Manage Sustainable, 4 (3): 1925-1942.

El-Bedawy R. 2014. Water resources management: alarming crisis for Egypt. Journal of Management and

Sustainability, 4 (3): 108-124.

El-Bihery M A. 2009. Groundwater flow modeling of quaternary aquifer Ras Sudr, Egypt. Environmental Geology (Berlin), 58 (5): 1095-1105.

El-Din MMN. 2013. Proposed climate change adaptation strategy for the Ministry of Water Resources and Irrigation in Egypt. UNESCO, Cairo.

El-Metwally M, Wald L. 2013. Monthly means of daily solar irradiation over Egypt estimated from satellite database and various empirical formulae. International Journal of Remote Sensing, 34 (22): 8182-8198.

Environment Agency Abu Dhabi. 2013. EAD 2013 Water Resources Management Strategy for the Emirate of Abu Dhabi: A High Level Strategy and Action Plan for the Efficient Management and Conservation of Water Resources, p101.

Farid M S. 1985. Management of groundwater system in the Nile Delta. Cairo: Cairo University.

Gibbs W J, Maher J V. 1967. Rainfall deciles as drought indicators, bureau of meteorology bulletin no. 48. Commonwealth of Australia, Melbourne, 29.

Glennie K. 2005. TheGeology of Oman Mountains: an Outline of Their Origin. Scientific Press, Beaconsfield, Bucks, UK.

Gradstein F M, Ogg J G, Smith A G. 2012. The Geologic Time Scale 2012. https: //www. sciencedirect. com/science/article/pii/B9780444594259180011 [2019-7-16] .

Grayson R B, Blöschl G, Western A W, et al. 2002. Advances in the use of observed spatial patterns of catchment hydrological response. Advances in Water Resources, 25 (8): 1313-1334.

Grayson R B, Western A W. 1998. Towards areal estimation of soil water content from point measurements: Time and space stability of mean response. Journal of Hydrology, 207 (1-2): 68-82.

Green W H, Ampt G A. 1911. Studies on Soil Phyics. Journal of Agricultural Science, 4 (1): 1-24.

Greve B, Jensen S, Kim Brügger, et al. 2014. Genomic comparison of archaeal conjugative plasmids from Sulfolobus. Archaea-an International Microbiological Journal, 1 (4): 231.

Hamblin A. 2009. Policy directions for agricultural land use in Australia and other post-industrial economies. Land Use Policy, 26 (4): 1195-1204.

Hamza W, Mason S. 2004. Water availability and food security challenges in Egypt. In: International Forum on Food Security under water scarcity in the Middle East: Problems and solutions, Como.

Hayder A A, Isam M A. 1993. Water conservation in Oman. Water International Journal, 18: 95-102.

Hefny K, Sahta A. 2004. Underground water in Egypt. Ministry of Water Supplies and Irrigation, Egypt. Annual Meeting, Egypt, Commission on Mineral and Thermal Waters, Handouts, Cairo, 25: 11-23.

Heshmati G A, Squires V R. 2013. Combating Desertification in Asia, Africa and the Middle East: Proven practices, Springer Science Business Media Dordrecht.

Hunt L P, McIvor J G, Grice A C, et al. 2014. Principles and guidelines for managing cattle grazing in the grazing lands of northern Australia: stocking rates, pasture resting, prescribed fire, paddock size and water points-a review. Rangeland Journal, 36 (2): 105.

Ibrahim S, Jacinto F F, Bassiony H. 2010. A review of agricultural policy evolution, agricultural data sources, and food supply and demand studies in Egypt. Center for Agricultural and Rural Development Publications.

Ismaily H A, Probert D. 1998. Water-resource facilities and management strategy for Oman. Applied Energy, 61: 125-146.

Jadeja Y, Maheshwari B, Packham R, et al. 2018. Managing aquifer recharge and sustaining groundwater use: developing a capacity building program for creating local groundwater champions. Sustainable Water Resources Management, (7): 1-13.

Javadi A A, Hussain M S, Abd-Elhamid H F, et al. 2013. Numerical modelling and control of seawater intrusion in coastal aquifers. In: Proceedings of the 18th international conference on soil mechanics and geotechnical engineering, Paris.

Kōppen W. 1936. Das geographisca System derKlimate//Kōppen W, Geiger G. Handbuchder Klimatologie, 1. C. Gebr, Borntraeger, 1-44.

Lai R. 2000. Integrated watershed management in the global ecosystem Boca Raton. FL: CRC Press.

Matondo J I. 2002. A comparison between conventional and integrated water resources planning and management. Physics and Chemistry of the Earth, 27 (11-12): 831-838.

Mccown R L, Hammer G L, Hargreaves J N G, et al. 1996. APSIM: a Novel Software System for Model Development, Model Testing and Simulation in Agricultural Systems Research. Agricultural Systems, 50 (3): 255-271.

McFarlane D J, George R J, Barrett- Lennard E G, et al. 2016. Salinity in Dryland Agricultural Systems: Challenges and Opportunities//Innovations in Dryland Agriculture. Springer International Publishing.

Mcmahon T A. 1988. Drought and arid zone hydrology//Philips B C, Flemming M, Body N. Special Issue: Australian Hydrology-A Bicentennial Review, Civil Eng. Trans., Inst. Eng. Australia, CE30 (4), 175-185.

Mein R G, Larson C L. 1971. Modeling the in filtration component of the rain fall- run off process, Water Resources Research Center (WRRC) Bulletin43, University of Minnesota Graduate School, Minneapolis, Minnesota, USA.

Miller AD, Versace V L, Matthews T G, et al. 2013. Ocean currents influence the genetic structure of an intertidal mollusc in southeastern Australia-implications for predicting the movement of passive dispersers across a marine biogeographic barrier. Ecology and Evolution, 3 (5): 1248-1261.

Ministry of Agriculture and Land Reclamation. 2007. Economic Affairs Sector, Agricultural Economics Bulletin.

Ministry of Agriculture and Land Reclamation. 2011. Bulletin of agricultural prices, cost and net returns, part 1: Winter Crops.

Mitchell B. 1997. Resource and Environmental Management, Longman, Essex, England.

Mitchell P D, Chalmers D J. 1982. The effect of reduced water supply on peach tree growth and yields [Irrigation levels]. Journal American Society for Horticultural Science, 107: 853-856.

Mitchell P D, Jerie P H, Chalmers D J. 1984. The effects of regulated water deficits on pear tree growth, flowering, fruit growth, and yield. Journal American Society for Horticultural Science, 109: 604-606.

Mohamed M M. 2014. An integrated water resources management strategy for Al-Ain City. United Arab Emirates, 364 (3): 273-278.

Morrish L, Cartmell M, Taylor A. 1997. Geometry and kinematics of multicable spreader lifting gear. Journal of Mechanical Engineering Science, 211 (3): 185-194.

Myers K. 1970. The rabbitin Australia//den Boer P J, Gradwell G R. Proceedings of the Advanced Study Institute on Dynamics of Numbers in Populations, Oosterbeek, the Netherlands, 7-18Sept. 1970, Wageningen, 1971.

Norman K, Inglis J, Clarkson C, et al. 2018. An early colonisation pathway into northwest Australia 70-60, 000 years ago. Quaternary Science Reviews, 180: 229-239.

Nulsen R A, Baxter I N. 1982. The potential of agronomic manipulation for controlling salinity in Western Australia. Journal of the Australian Institute of Agricultural Science, 48 (4): 222-226.

Oriolo S, Oyhantçabal P, Wemmer K, et al. 2017. Contem poraneous assembly of Western Gond wana and final Rodinia break-up: Implications for the super continent cycle. Geoscience Frontiers, 8: 1431-1445.

Pearman G. 1995. Predicting the environment: Living with variability//Eckersley R, Jeans K. Challenge to Change, Australiain 2020. Melbourne: CSIRO Publishing.

Peck A J, Hatton T. 2002. Salinity and the discharge of salts from catchments in Australia. Journal of Hydrology, 272 (1): 191-202.

Peel M C, Finlayson B L, Mcmahon T A. 2007. Updated world map of the Köppen- Geiger climate classification. Hydrology and Earth System Sciences, 11 (3): 259-263.

Penman H L. 1963. Vegetation and Hydrology, Commonwealth Agricultural Bureaux (CAB), Technical Communication No. 53, Commonwealth Bureau of Soil, Harpenden, England.

Pettit C, Cartwright W, Bishop I, et al. 2008. Landscape Analysis and Visualisation- Spatial Models for Natural Resource Management and Planning. Berlin: Springer- Verlag.

Philip R J. 1966. Plant Water Relations: Some Physical Aspects. Annual Review of Plant Physiology, 17 (1): 245-268.

Portnov B A, Safriel U N. 2004. Combating desertification in the Negev: dryland agriculture vs. dryland urbanization. Journal of Arid Environments, 56 (4): 659-680.

Posth C, Nägele K, Colleran H, et al. 2018. Language continuity despite population replace mentinremote Oceania. Nature Ecology and Evolution, 2 (4): E144.

Qiang J, Grafton R Q. 2012. Economic effects of climate change in the Murray- Darling Basin, Australia. Agricultural Systems, 110 (5): 10-16.

Rattray W, Jelen P, Selders P, et al. 1997. Vulnerability assessment of the coastal zone of the Nile delta of Egypt, to the impacts of sea level rise. Ocean and Coastal Management, 37 (37): 29-40.

Rhoades J D, Chanduvi F, Lesch S. 1991. Soil Salinity Assessment: Methods and Interpretation of Electrical Conductivity Measurements. Rome: FAO.

Rolls E C. 1984. They All Ran Wild. London: Angus and Robertson.

Ruder W, Smalley R. 1997. Underground storage tank waste retrieval strategies using a high- pressure waterjet scarifier http://xueshu. baidu. com/usercenter/paper/show? paperid = e9ebe33a69686293e8666bafed34222f&site = xueshu_ se&hitarticle=1 [2019-7-16].

Scanlan J C, McIvor J G, Bray S G, et al. 2014. Resting pasture stoim provel and conditioninnor thern Australia: guidelines based on the literature and simulation modelling, RangelandJ, 36: 429-443.

Schrock J A, Ii W B R, Lawson K, et al. 2015. High-mobility stable 1200-V, 150-A 4H-SiC DMOSFET long-term reliability analysis under high current density transient conditions. Power Electronics IEEE Transactions on,

30 (6): 2891-2895.

Sherif M M, Sefelnasr A, Javadi A. 2012. Areal simulation of seawater intrusion in the Nile Delta aquifer// Proceedings of world environmental and water resources congress 2012: crossing boundaries, 22-28.

Short G I. 1986. Total catchment management-the development of astrategic concept. Journal of Soil Conservation, 42 (1), 72-75.

Smith M A. 1987. Pleistocene occupation in arid Central Australia. Nature, 328 (6132): 710-711.

St-Price M R, Al-Harthy A H, Whitcombe R P. 1986. Fog Moisture and its Ecological Effects in Oman, Ministry of Water Resources, Muscat, Oman.

Su L, Zhang C, Wang S, et al. 2018. Electrochemical microfluidics techniques for heavy metal ion detection. Analyst, 143: 1039.

Su N, Bethune M, Mann L, et al. 2005. Simulating water and salt movement in tile-drained fields irrigated with saline water under a Serial Biological Concentration management scenario. Agricultural Water Management, 78 (3): 0-180.

Su N, Midmore D J. 2005. Two-phase flow of water and air during aerated subsurface drip irrigation. Journal of Hydrology, 313 (3-4): 0-165.

Su N. 1994. A formula for computation of time-varyingre charge of groundwater. Journal of Hydrology, 160: 123-135.

Su N. 2014. Mass-time and space-time fractional partial differential equations of water flow in soils: the oretical frame work and application to infiltration. Journal of Hydrology, 519: 1792-1803.

Swanson R H. 1994. Significant historical developments in thermal methods for measuring sap flow in trees. Agricultural and Forest Meteorology, 72 (1-2): 113-132.

Tak L D V D, Bras R L. 1990. Incorporating hillslope effects into the geomorphologic instantaneous unit hydrograph. Water Resources Research, 26 (10): 2393-2400.

Talluto G, Farina V, Volpe G, et al. 2008. Effects of partial rootzone drying and rootstock vigour on growth and fruit quality of 'Pink Lady' apple trees in Mediterranean environments. Crop and Pasture Science, 59 (9): 785-794.

Todini E. 2007. Hydrological catchment modelling: past, present and future. Hydrology and Earth System Sciences, 11 (1): 468-482.

Torsvik T, Cocks L. 2013. Gond wana from toptobase in spaceand time. Gondwana Res., 3-4: 990-1030.

UAE Ministry of Environment and Water. 2015. MOEW 2015 State of Environment Report: United Arab Emirates, p57.

USDA. 1954. Diagnoses and Improvement of Saline and Alkali Soils. Riverside: United Sates Salinity Laboratory.

Van der Zaag. 2005. Integrated water resources management: Relevant concept or irrelevant buzzword? Physics and Chemistry of the Earth, 30 (11-16): 867-871.

Vellidis G, Ghate S R, Asmussen L E, et al. 1990. Using ground-penetrating radar (GPR) to detect soil water movement under microirrigation laterals. http: //agris. fao. org/agris-search/search. do? recordID = US9311671 [2019-7-16].

Villeneuve S, Cook P G, Shanafield M, et al. 2015. Groundwater recharge via infiltration through an ephemeral riverbed，central Australia. Journal of Arid Environments，117：47-58.

Walker M E，Lin K H T . 1978. Price，yield，and gross revenue variability for selected Georgia crops. Southern Journal of Agricultural Economics，10（1）：71-75.

Warren H N. 1945. Brad field scheme for “watering the inland”，Meteorological Aspects，Australian Commonwealth Meteorol. Bureau Bull.，34.

Wheeler S A，Hatton Macdonald D，Boxall P. 2017. Water policy debate in Australia：Understanding the tenets of stakeholders’ social trust. Land Use Policy，63：246-254.

Williams J. 2015. Soil governance in Australia：Challenges of cooperative federalism，Internl. J. Rural Law and Policy，1：1-12.

Wooding R. 2008. Populate，parchandpanic：two centuries of dreaming aboutnation-building in inland Australia// Butcher J. Australia Under Construction-Nation-buildingpast，present and future. Canberra：ANU Press.

Wu Q，Zhao Z，Liu L，et al. 2016. Outburst flood at 1920 BCE supports historicity of Chinas Great Flood and the Xia dynasty. Science，353（6299）：579-582.

Zaghloul S S. 2013. Consideration of the agricultural problems as a base of water resource management in Egypt. Seventeenth International Water Technology Conference，17：5-7.